Zum Autor

Dipl.-Ing. **Wilfried Hennig** war über 20 Jahre auf dem Gebiet der Mittel- und Niederspannung tätig und verantwortlich für die Planung und das Betreiben von Elektroenergieversorgungsanlagen. Er führt Seminare mit Messpraktikum zur Einhaltung der VDE-Schutzmaßnahmen durch, nimmt als Dozent Lehraufträge an der Fachhochschule Hannover wahr und hat im DKE-Unterkomitee UK 221.1 die DIN VDE 0100-600 aktiv mitgestaltet. Weiterhin arbeitet er im Richtlinienausschuss des VDI „Kalibrieren von Messmitteln für elektrische Größen" mit und ist seit 2007 Sachverständiger des BDSF für den Fachbereich Elektrotechnik „Prüfen von elektrischen Anlagen und Betriebsmitteln".

VDE-Schriftenreihe Normen verständlich **43**

VDE-Prüfung nach BetrSichV, TRBS und DGUV-Vorschrift 3 (BGV A3)

Erläuterungen zu
DIN VDE 0100 Teile 410, 430, 510, 540 und 600,
DIN VDE 0404, DIN VDE 0105-100, DIN VDE 0701-0702,
DIN EN 61557 (VDE 0413), DIN EN 62353 (VDE 0751-1),
DIN EN 60204-1 (VDE 0113-1)

Dipl.-Ing. Wilfried Hennig

11., überarbeitete Auflage 2015

VDE VERLAG GMBH

Auszüge aus DIN-Normen mit VDE-Klassifikation sind für die angemeldete limitierte Auflage wiedergegeben mit Genehmigung 112.015 des DIN Deutsches Institut für Normung e.V. und des VDE Verband der Elektrotechnik Elektronik Informationstechnik e.V. Für weitere Wiedergaben oder Auflagen ist eine gesonderte Genehmigung erforderlich.

Die zusätzlichen Erläuterungen geben die Auffassung der Autoren wieder. Maßgebend für das Anwenden der Normen sind deren Fassungen mit dem neuesten Ausgabedatum, die bei der VDE VERLAG GMBH, Bismarckstr. 33, 10625 Berlin und der Beuth Verlag GmbH, Burggrafenstr. 6, 10787 Berlin erhältlich sind.

Bibliografische Information der Deutschen Nationalbibliothek
Die Deutsche Nationalbibliothek verzeichnet diese Publikation in der Deutschen National-bibliografie; detaillierte bibliografische Daten sind im Internet über http://dnb.dnb.de abrufbar.

ISBN 978-3-8007-3939-4
ISSN 0506-6719

© 2015   VDE VERLAG GMBH · Berlin · Offenbach
            Bismarckstr. 33, 10625 Berlin

Alle Rechte vorbehalten.

Druck: CPI – Ebner & Spiegel GmbH, Ulm
Printed in Germany   2015-05

Vorwort

Die Verbesserung unseres Lebensstandards, die zunehmende Automatisierung bedingen eine weiter fortschreitende Elektrifizierung. Es werden immer mehr Verbraucherstellen installiert und immer mehr Geräte in Betrieb genommen. Um gegen Unfälle mit elektrischem Strom sicher zu sein, sind eine fachgerechte Erstellung und vor der Inbetriebnahme sowie in angemessenen Abständen Überprüfungen erforderlich. Die Prüfung von Arbeitsmitteln, überwachungsbedürftigen sowie überwachungspflichtigen Anlagen wird seit 2. Oktober 2002 durch die Betriebssicherheitsverordnung (BetrSichV, [1.1]) gesetzlich geregelt. Damit wird auch für die Personen, die Prüfungen durchführen müssen, eine sachbezogene Aus- und Weiterbildung gefordert. Im Jahr 2006 wurden dazu die TRBS 1111, 1201, 1203 erlassen [1.2–1.4]. Sie wurden mehrfach aktualisiert. Der Band 43 enthält die aktuellen Fassungen. Ab Juni 2015 gilt die novellierte BetrSichV – einige aktuelle Hinweise wurden bereits eingearbeitet –, sodass auch im Laufe dieses Jahrs mit Aktualisierungen der TRBS zu rechnen ist. Das wird vor allen Dingen der Verweis auf die Paragrafen der novellierten BetrSichV sein. Die Erfahrungen, die mit der Unfallverhütungsvorschrift BGV A3 (jetzt DGUV-Vorschrift 3) [1.5] der Berufsgenossenschaft Energie Textil Elektro Medienerzeugnisse (BG ETEM, [3.1]) gesammelt wurden, können für die Prüfung elektrischer Anlagen und Betriebsmittel sehr hilfreich sein.

In der Unfallstatistik stehen Unfälle mit elektrischem Strom trotz ihrer Gefährlichkeit an letzter Stelle. Das ist nicht zuletzt darauf zurückzuführen, dass erhebliche Sicherheitsvorkehrungen getroffen werden. Die Tatsache, dass leider immer wieder tödliche Unfälle geschehen, verpflichtet jeden Fachmann, die Sicherheitsbestimmungen genau einzuhalten, d. h. nicht nur die entsprechenden Schutzmaßnahmen vorzusehen, sondern auch ihre Wirksamkeit zu prüfen bzw. durch Messungen nachzuweisen. Das wird nun gesetzlich gefordert. Das berufsgenossenschaftliche Vorschriften- und Regelwerk (BGVR) ist seit April 1999 neu gegliedert und bezeichnet worden. In der neuen Systematik gibt es drei Ebenen: Vorschriften „BGV", Regeln „BGR" und Informationen „BGI". Diese drei Ebenen gibt es auch weiterhin, allerdings als DGUV-Vorschriften, DGUV-Regeln und DGUV-Informationen. Seit Mai 2014 gibt es eine 75 Seiten umfassende Transferliste, in der die alten Bezeichnungen den neuen gegenübergestellt werden. Es wurde vor allen Dingen die DGUV-Vorschrift 1 (BGV A1) überarbeitet und im Oktober 2014 in der neuen Fassung veröffentlicht. In dem vorliegenden Buch werden einmal die Forderungen des Gesetzgebers und Erfahrungen sowie bisherigen Forderungen der Berufsgenossenschaft (BG) aufgezeigt und weiterhin die Schutzmaßnahmen nach VDE, deren Prüfung, die Messverfahren und Messgeräte beschrieben.

Im Oktober 1996 ist die letzte aktuelle Durchführungsanweisung zur BGV A3 (jetzt DGUV-Vorschrift 3) erschienen [1.6]. Sie wurde im April 1997 durch den Hauptverband der gewerblichen Berufsgenossenschaften (HVBG, heute Deutsche Gesetzliche Unfallversicherung, DGUV, [3.2]) für alle Bereiche als verbindlich erklärt.

Die Bestimmungen sollen nicht nur als Vorschriften angesehen werden, sondern stellen auch einen Erfahrungsschatz dar, der sich aus Untersuchungen der Unfälle ergeben hat.

Ziel soll sein, dem Praktiker eine Anleitung an die Hand zu geben, mit der er schnell und einfach die geforderten Prüfungen, die einzuhaltenden Werte und die Messverfahren und Messgeräte kennenlernen kann. Hierzu dient besonders eine Reihe von Tabellen. Mit Erscheinen von DIN 57100-410 (**VDE 0100-410**):1983-11 (zwischenzeitlich zurückgezogen [2.1]) und der Neufassung DIN VDE 0100-410:2007-06 [2.2] werden Werte gefordert, die teilweise von älteren Anlagen nicht eingehalten werden. Es wird dann nach den geforderten Werten aus Z DIN VDE 0100:1973-05 [2.3] bzw. Z DIN VDE 0100g:1976-07 [2.4] geprüft. Die aufgeführten Tabellen haben deshalb meist zwei Teile, einen für die alten und einen für die neuen Forderungen. Dieses Buch soll vor allen Dingen eine fachliche Anleitung für die notwendigen Prüfungen sein. Auf den rechtlichen Zusammenhang zwischen BetrSichV, TRBS und DGUV-Vorschrift 3 (BGV A3) wird kurz hingewiesen. Ausführliche Informationen dazu sind in dem Band 121 der VDE-Schriftenreihe „Betriebssicherheitsverordnung in der Elektrotechnik" [1] von Dr.-Ing. *Thorsten Neumann* zu finden.

Das vorliegende Buch ist entstanden aus Unterlagen von VDE-Seminaren mit Praktikum, die Dipl.-Ing. *Werner Rosenberg* † und Dipl.-Ing. *Wilfried Hennig* gehalten haben und der Autor auch noch hält. Viele der Teilnehmer haben durch ihre Diskussionen zum Umfang und zur Darstellung des Stoffs beigetragen. Der Dank gilt auch Herrn Dipl.-Ing. *Michael Kreienberg*, der als Chefredakteur des Lektorats Elektrotechnik im VDE VERLAG bei der Gestaltung dieses Buchs stets Hilfe und Unterstützung gab. Ein weiterer Dank gilt den Fachkollegen der Firmen, die Mess- und Prüfgeräte sowie Schutzeinrichtungen herstellen und damit auch an der fachlichen Weiterentwicklung mitgewirkt haben. Besonderer Dank gebührt meiner Frau *Gudrun*, die mir bei der Erstellung des Manuskripts stets sehr behilflich war.

Der erste Elektrounfall

Eine Geschichte aus der guten alten Zeit ...

1879 berichtete die Zeitschrift für angewandte Elektricitätslehre [2]: „Im Reichstagsgebäude zu Berlin fand am 4. November abends die Probe der neu eingerichteten elektrischen Erleuchtung statt. Es waren im ganzen acht Flammen in Thaetigkeit gesetzt."

Folgende Geschichte in Zusammenhang mit diesem Ereignis ging in die Chronik ein:

„Ein bemerkenswerter Vorgang trug sich im Reichstagsgebäude zu, kurz nachdem die Anlage in Betrieb gesetzt war. Ein Angestellter wollte einigen Herren erklären, wie die Lampen arbeiten. Zu diesem Zweck hatte er eine von den Laternen heruntergelassen, die an Aufziehvorrichtungen hingen. Dabei war er unvorsichtig, berührte bei geöffnetem Stromkreise beide Pole und fiel infolge des Schlages zu Boden.

Einer der umstehenden Herren machte den Vorschlag, den in den Körper eingedrungenen Strom unschädlich in die Erde abzuleiten. Der Verunglückte wurde sofort in den Garten geschafft, wo beide Hände in den Erdboden gesteckt wurden. Dort lag der Elektrisierte, bis er sich erholt hatte."

Das also war der erste Unfall durch Elektrizität und die wundersame Heilung.

Aus dem Informationsbrief „Die Sicherheitsfachkraft" 3/82 der Bau-Berufsgenossenschaft [3].

Inhalt

Teil B   Schutzmaßnahmen – Schutz gegen elektrischen Schlag nach DIN VDE 0100-410:2007-06, HD 60364-4-41:2007 (IEC 60364-4-41:2005)

11

Teil C   Prüfungen

13

Teil D   Anlage

Teil A   Gefahren, Gesetze, VDE-Bestimmungen, Netzsysteme

1   Gefahren bei Anwendung der elektrischen Energie

Die Anwendung von Elektrizität kann mit Gefahren verbunden sein. Eine sachgerechte Errichtung elektrischer Anlagen trägt dazu bei, das Risiko auf ein Minimum zu reduzieren. Als wesentliche Gefahren lassen sich nennen:

- elektrochemische Korrosion durch Gleichstrom,
- elektrodynamische Wirkung, insbesondere durch Kurzschlussströme,
- Explosionsgefahr in explosionsfähiger Atmosphäre, z. B. bereits durch kleine Schaltfunken,
- Brandgefahr durch unzulässig hohe Entwicklung von Verlustwärme an nicht vorgesehenen Stellen,
- Verbrennung des menschlichen Körpers durch äußere Einwirkungen von Lichtbögen,
- gefährlicher Stromfluss durch den menschlichen Körper, kurz gefährlicher Körperstrom genannt.

Von der Vielzahl dieser möglichen Gefahren wird hier nur der Stromfluss durch den menschlichen Körper behandelt. Dieser Gefahrenaspekt ist Grundlage der VDE-Bestimmungen DIN VDE 0100-410 [2.2] und DIN VDE 0100-540 [2.5].

Die meisten der nachstehend genannten Unfälle, insbesondere der Todesfälle, werden durch gefährlichen Körperstrom verursacht. Diese besondere Gefahr wird im Abschnitt 1.3 näher behandelt.

1.1   Unfälle mit elektrischem Strom

Im Jahr 2012 starben durch Unfälle in der Bundesrepublik Deutschland, laut Angaben des Statistischen Bundesamts in Wiesbaden (Destatis, [3.3]), insgesamt 20 822 Menschen, davon 3 817 (18,3 %) im Straßenverkehr, 8 158 (39,2 %) im Haushalt und 563 (2,7 %) am Arbeitsplatz. Im Jahr 2012 gab es bei Unfällen mit elektrischem Strom 45 Todesfälle zu beklagen, das ist ein Anteil von etwa 0,22 %. Damit stehen Unfälle mit elektrischem Strom in der Statistik mit an letzter Stelle. Dabei darf man nicht vergessen, dass ca. 80 % der Brände auf elektrische Ursachen zurückzuführen und hier auch Todesfälle zu beklagen sind. Das ist nicht in allen Ländern so, sondern nur dort, wo strenge Sicherheitsvorschriften bestehen. Auch in der Bundesrepublik Deutschland war das nicht immer so. In früheren Jahren waren die Todesfälle absolut und auch relativ viel höher. **Bild 1.1** zeigt die Entwicklung der Stromerzeugung, der Einwohnerzahl und der Todesfälle durch elektrischen Strom seit dem Jahr 1950. Wenn man dabei bedenkt, dass die Stromerzeugung im Jahr 2011 gut 15-mal höher war als im Jahr 1950, die Einwohnerzahl in dem Zeitraum um den Faktor 1,64 anstieg, aber dennoch bei den tödlichen Elektrounfällen ein Rückgang um den Faktor 4,4 erreicht werden konnte, ist das ein sehr gutes Ergebnis.

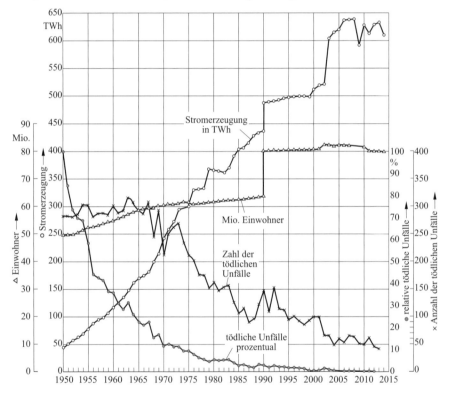

Bild 1.1 Die Entwicklung der Unfälle mit elektrischem Strom in der Bundesrepublik Deutschland (bis zum Jahr 1990 alte Bundesländer) seit dem Jahr 1950 – Quellen: Statistisches Bundesamt, Wiesbaden (Destatis, [3.3])

Das ist der Erfolg der Sicherheitsbestimmungen und deren Einhaltung. Es darf aber nicht vergessen werden, dass hinter jedem Unfall stets tragische Einzelschicksale stehen. Das verpflichtet Fachkräfte und Verantwortliche, die Einhaltung und Verbesserung der Sicherheitsbestimmungen zu garantieren. Elektrischer Strom ist bei Nichtbeachten der Sicherheitsmaßnahmen, außer bei leistungsschwachen Kleinspannungen, sehr gefährlich, 230 V wirken absolut tödlich, wenn zwei unter Spannung stehende leitfähige Teile mit den Händen umfasst werden! Von einem Institut zur Erforschung von Unfällen durch elektrischen Strom, das von der Berufsgenossenschaft Energie Textil Elektro Medienerzeugnisse (BG ETEM, [3.1]) in Köln unterhalten wird, werden vorwiegend die Arbeitsunfälle von Arbeitnehmern untersucht. Hier waren in den 1970er-Jahren von 19 920 gemeldeten Unfällen durch elektrischen Strom 727 Unfälle tödlich. Das ist ein relativ hoher Anteil von 3,6 %! Tabelle 1.1 zeigt in der letzten Zeile diese Zahlen. Hier sind auch die einzelnen Unfallursachen aufgezeigt. Ein hoher Anteil an Todesfällen wird durch fehlende Schutzmaßnahmen und fehlende Aufsicht verursacht.

Unfallursachen	Anzahl der Unfälle	Anteil der tödlichen Unfälle	
		Anzahl	Anteil in %
Steckvorrichtung oder Isolation defekt	3 641	47	1,3
Kupplung verkehrt zusammensteckbar	353	8	2,3
Schutzleiterdefekte	1 695	81	4,8
mangelhafter Schutz gegen Berühren	1 291	32	2,5
zu hohe Berührungsspannung	694	50	7,2
Aufsicht fehlte, beging Fehler	2 030	275	13,6
Verschulden Dritter bei Instandsetzung	1 797	64	3,6
ungenügende Ausbildung und Belehrung	544	8	1,5
sonstige Unfallursachen	7 875	162	2,1
Gesamtzahl der Unfälle	19 920	727	3,6

Tabelle 1.1 Unfälle nach Unfallursachen

Andererseits ereigneten sich 2011 insgesamt 1,2 Mio. meldepflichtige Arbeitsunfälle, inkl. Wegeunfälle, wovon 1 064 tödlich waren, das sind 0,09 %! Bei den elektrischen Unfällen beträgt der Anteil 3,6 %! Auch hieraus wird offensichtlich, wie gefährlich der elektrische Strom ist. Vielfach kommen wir mit einem Schrecken davon, weil wir meist isoliert stehen oder nicht umfassen. Das Nervensystem wirkt wie ein Schutzschalter, man zuckt zurück. Im Bereich der Hochspannung liegt der Anteil der Todesfälle mit 13,8 % wohl an der Spitze aller Geschehnisse (**Tabelle 1.2**). Deshalb sind hier besonders strenge Sicherheitsvorkehrungen erforderlich.

Spannungshöhe	Anzahl der Unfälle	Anteil der tödlichen Unfälle	
		Anzahl	Anteil in %
Niederspannung insgesamt	37 724	547	1,5
Hochspannung insgesamt	3 540	487	13,8

Tabelle 1.2 Unfälle nach Höhe der Nennspannung

Zusammenfassend kann eingeschätzt werden: Die gesteigerten Sicherheitsvorkehrungen bei elektrischen Anlagen und Betriebsmitteln haben in den vergangenen Jahrzehnten zu einem erheblichen Rückgang der Todesfälle geführt. Es lohnt sich also, Sicherheit zu praktizieren, und das sollte in angemessenem Maße weiter fortgesetzt werden.

1.2 Statistik über Fehler in Anlagen

Unsere anspruchsvolle und schnelllebige Zeit verleitet Fachleute immer wieder dazu, die Kontrolle der erforderlichen Schutzmaßnahmen unvollständig oder gar nicht durchzuführen. Anfang der 1970er-Jahre wurde eine Prüfung von 1 000 elektrischen Anlagen vorgenommen (**Tabelle 1.3**). Die genannten drei Schutzmaßnahmen (Nullung, Schutzerdung, FI-Schutz) entsprechen der alten Darstellung nach Z DIN VDE 0100:1973-05 [2.3]. Die Hälfte aller Anlagen mit Schutzerdung war nicht in Ordnung; meist durch zu großen Erdungswiderstand, der nur durch eine Messung überprüft werden kann. Weiter ist hier zu erkennen, dass die Schutzmaßnahme „Nullung" die wenigsten Fehler aufweist. Offenbar wegen ihrer Einfachheit und vielleicht auch deshalb, weil die Messungen hier unkompliziert und ohne Schwierigkeiten durchführbar sind.

Festgestellte Fehler	Nullung 500 Anlagen	Schutzerdung 250 Anlagen	Fehlerstromschutz (RCD) 250 Anlagen
Schutzleiter unterbrochen	7,1 %	13,4 %	9,5 %
Schutzleiter vertauscht	0,4 %	0,1 %	0,1 %
Erdung im Nullungsgebiet bzw. Nullung im Erdungsgebiet	–	3,9 %	1,9 %
Erdungswiderstand zu groß	–	33,0 %	5,7 %
Fehlerstromschutzeinrichtung (RCD) defekt	–	–	1,3 %
Summe der unwirksamen Schutzmaßnahmen	7,5 %	51,4 %	18,5 %

Tabelle 1.3 DIN VDE 0100 – unwirksame Schutzmaßnahmen in 1 000 überprüften Anlagen

Die Fehlerstatistiken haben Ende der 1970er-Jahre Anlass gegeben, die VBG 4 [1.6] (heute DGUV-Vorschrift 3, [1.5]) zu überarbeiten, besondere Prüfungen zu fordern und Fristen zu nennen.

Die messtechnische Prüfung der Schutzmaßnahmen ist unbedingt erforderlich und durch die BetrSichV [1.1] sowie die DGUV-Vorschrift 3 (BGV A3) [1.5] und die VDE-Bestimmungen vorgeschrieben. Erfreulicherweise ist die Anzahl der Beanstandungen in den vergangenen Jahren geringer geworden. So sind z. B. im Baugewerbe die kontrollierten Anlagen mit Fehlerstromschutzeinrichtung (RCD) von 25 % fehlerhaften im Jahr 1968 auf heute 5 % zurückgegangen.

Die VDE-Bestimmung VDE 0100[1] existiert als letzte geschlossene Broschüre aus dem Jahr 1973 [2.3]. Sie wird seit 1980 nach und nach durch einzelne Teile abgelöst. Den derzeitigen Stand zeigt eine Übersicht im Abschnitt 3.

1.3   Körperströme und Berührungsspannung

Elektrische Anlagen und Betriebsmittel müssen gegen direktes Berühren der spannungsführenden Teile geschützt sein. Das geschieht durch Isolation oder Abdeckung. Weiterhin muss ein Schutz gegen die Gefahr bei indirektem Berühren gegeben sein. Diese Gefahr besteht, wenn leitfähige Teile des Gehäuses eines Betriebsmittels durch einen Körperschluss unter Spannung geraten (**Bild 1.2**).

Fehlerspannung ist die Spannung zwischen einer gegebenen Fehlerstelle und der Bezugserde bei einem Isolationsfehler. Eine Fehlerspannung tritt zwischen Körper und Bezugserder auf, wenn ein Fehler durch leitende Verbindung zwischen spannungsführenden Teilen und Körpern, durch Körperschluss, entsteht (siehe Bild 1.2 und **Bild 1.3**). Sie kann auch zwischen Betriebsmitteln auftreten und wird mittels eines Spannungsmessers gemessen.

Bezugserde ist ein elektrisch leitfähig angesehener Teil der Erde, der außerhalb des Einflussbereichs von Erdungsanlagen liegt und dessen elektrisches Potential vereinbarungsgemäß gleich null gesetzt wird (DIN VDE 0100-200:2006-06 [2.6]).

Der **Bezugserder**, in den Bildern 1.2 und 1.3 das Erdungszeichen, ist derjenige Bereich der Erde, in dem das niedrigste Potential herrscht, d. h., dass zwischen beliebigen Punkten dieses Bereichs keine vom Erdungsstrom herrührende Spannung auftritt. Er ist praktisch gegeben durch einen Erdspieß, der in hinreichendem Abstand von der Anlage in das neutrale Erdreich gesteckt wird. Der Bereich des Bezugserders ist andererseits die Unendlichkeit des Erdreichs mit dem Widerstand null.

---

[1] Alte Bezeichnung VDE 0100/05.73 (und Ergänzung, siehe Kapitel 19), danach bis ins Jahr 1984 Bezeichnung DIN 57100-…/VDE 0100-…
ab dem Jahr 1985 neue Bezeichnung DIN VDE 0100 Teil …
Die zusätzliche Bezeichnung „DIN" gilt für alle als DIN-Norm anerkannten VDE-Bestimmungen.

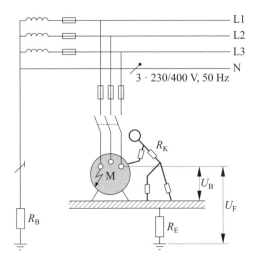

Bild 1.2 Fehlerspannung U_F und Berührungsspannung U_B bei nicht isolierendem Fußboden;
Netz-Nennspannung bisher: 3 · 230/400 V, 50 Hz
R_B Summe der Erdungswiderstände des Verteilnetzes
R_E Erdungswiderstand am Standort
R_K Körperwiderstand
M Motor
↯ Körperschluss

Die **örtliche Erde** ist der Teil der Erde, der sich in elektrischem Kontakt mit einem Erder befindet und dessen elektrisches Potential nicht notwendigerweise null ist (DIN VDE 0100-200:2006-06 [2.6]).

Die **Erdspannung** ist die bei Stromfluss durch einen Erder oder eine Erdungsanlage zwischen diesen und dem Bezugserder auftretende Spannung. Sie wird mit einem Spannungsmesser gemessen.

Die **Berührungsspannung** ist die Spannung zwischen leitfähigen Teilen, wenn diese gleichzeitig von einem Menschen oder einem Tier berührt werden, siehe Bilder 1.2 und 1.3.

Das **Erdernetz** ist Teil einer Erdungsanlage, der nur die Erder und ihre elektrischen Verbindungen untereinander umfasst (DIN VDE 0100-200:2006-06 [2.6]).

Schutzerdung ist die Erdung eines Punkts oder mehrerer Punkte eines Netzes, einer Anlage oder eines Betriebsmittels zu Zwecken der elektrischen Sicherheit (DIN VDE 0100-200:2006-06 [2.6]).

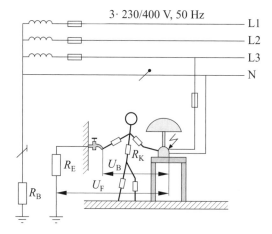

Bild 1.3 Fehlerspannung U_F und Berührungsspannung U_B bei isolierendem Fußboden;
Netz-Nennspannung: 3 · 230/400 V, 50 Hz
R_B Summe der Erdungswiderstände des Verteilnetzes
R_E Erdungswiderstand am Standort
R_K Körperwiderstand
↯ Körperschluss

Funktionserdung ist die Erdung eines Punkts oder mehrerer Punkte eines Netzes, einer Anlage oder eines Betriebsmittels zu anderen Zwecken als die elektrische Sicherheit (DIN VDE 0100-200:2006-06 [2.6]).

Betriebserdung eines Netzes (Netzbetriebserdung) ist Schutzerdung und Funktionserdung eines oder mehrerer Punkte in einem Elektrizitätsversorgungsnetz (DIN VDE 0100-200:2006-06 [2.6]).

Die vorstehend genannten Definitionen entsprechen DIN VDE 0100-200:2006-06 [2.6].

Der Schutz bei indirektem Berühren ist der Schutz von Personen und Nutztieren vor Gefahren, die sich im Fehlerfall aus einer Berührung mit Körpern oder fremden leitfähigen Teilen ergeben. Die Berührungsspannung darf eine bestimmte Grenze nicht überschreiten bzw. muss die Betriebsspannung bei Überschreitung der zulässigen Grenze der Berührungsspannung automatisch abschalten. Das geschieht durch **Schutzmaßnahmen**.

Die **dauernd** zulässige Berührungsspannung U_L ist in den vergangenen Jahren mit internationaler Abstimmung neu festgelegt worden. Sie beträgt für Wechselspannungen im Niederfrequenzbereich zwischen 10 Hz und 1 000 Hz:

- für normale Betriebsräume $\qquad\qquad\qquad$ $U_L = \text{AC } 50 \text{ V}$,
- für besondere Betriebsbedingungen $\qquad$ $U_L = \text{AC } 25 \text{ V}$,
  (medizinisch genutzte Räume, Spielzeug)

- für Badewannen und Duschen[2)] $U_L = $ AC 12 V,
  (DIN VDE 0100-701 [2.7])
- für medizinische Geräte, die in den $U_L = $ AC 6 V,
  Körper des Patienten eingeführt werden

für Gleichspannung:

- in normalen Betriebsräumen $U_L = $ DC 120 V,
- in besonderen Betriebsräumen $U_L = $ DC 60 V.

Die genannten Werte von AC 50 V bzw. AC 25 V gelten nach Z DIN VDE 0100-410:1983-11 [2.1] für Anlagen, die ab November 1985 in Betrieb gesetzt wurden. Für die Anlagen mit Inbetriebnahme vor November 1985 gelten die Werte der alten Z DIN VDE 0100:1973-05 [2.3] von 65 V für normale Betriebsräume und 24 V für besondere Betriebsräume.

Die vorgenannten Spannungen resultieren aus Untersuchungen über die zulässigen Körperströme, wobei man den Weg des Körperstroms von der linken Hand zu beiden Füßen annimmt.

Körperstromstärke	in mA bei 50 Hz	~ 0,5	~ 10	0,5 bis 25	25 bis 80	80 bis 3 000	> 3 000
Erforderliche Berührungs- spannung ungefähr	in V			bis 50	50 bis 100	100 bis 3 000	3 000
Wahrnehmbarkeitsschwelle		+					
Loslassschwelle; Unfähigkeit, den spannungsführenden Leiter loszulassen			+				
Muskelreizung				(+)	+	+	+
Schmerz				(+)	+	+	+
Vorhofflimmern, zusätzliche Herzschläge					(+)	+	+
Lebensgefährliches Herzkammerflimmern						+	+
Lebensgefährliche Verbrennungen							+

Alle Angaben sind Näherungswerte. Ein (+) besagt, dass die Erscheinung unter ungünstigen Umständen eintreten kann.

Tabelle 1.4 Überblick der Wirkungen von 50-Hz-Körperströmen in Anlehnung an Prof. *Siegfried Koeppen* und DIN IEC/TS 60479-1 (**VDE V 0140-479-1**) [2.9], gültig für dauernd anliegende Spannung ($t \geq 5$ s)

Aus **Tabelle 1.4** ist zu entnehmen, dass ab ca. 10 mA die Loslassschwelle erreicht ist. Man bedenke, dass Isolationsmessgeräte mit Strömen zwischen 1,3 mA bis 7 mA

[2)] In DIN VDE 0100-702 [2.8] „Schwimmbäder und andere Becken" wird seit 1992-06 AC 12 V gefordert. Die niedrigere Berührungsspannung ist immer anzuraten, wenn nackte Körperteile großflächig mit Erde Verbindung haben können.

arbeiten und diese Ströme bereits heftige Schmerzen verursachen. Bei 10 mA sind die Schmerzen noch heftiger, und das Loslassen ist dann nicht mehr möglich!

Allgemein sind folgende Aspekte zu berücksichtigen:

- Stromstärke,
- Einwirkdauer des Stroms,
- Stromweg durch den Körper,
- Stromform bezüglich Wechselstrom, Gleichstrom und Frequenz sowie Impulsdauer.

Tabelle 1.4 gibt einen Überblick über die Wirkung verschiedener Stromstärken auf den Körper, wenn die Spannung dauernd anliegt.

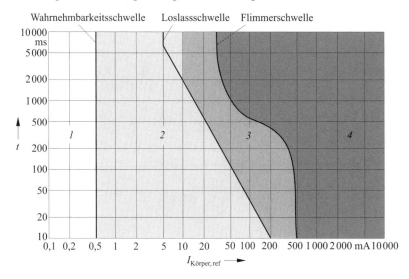

Bild 1.4 Zeit-Strom-Gefährdungsbereiche von Körperwechselströmen (15 Hz bis 100 Hz) gemäß DIN IEC/TS 60479-1 (**VDE V 0140-479-1**):2007-05 (Vornorm, [2.9]); gültig für Erwachsene bei einem Stromweg „linke Hand zu beiden Füßen"

1 gewöhnlich keine Reaktion bis zur Wahrnehmbarkeitsschwelle,

2 gewöhnlich keine schädliche Wirkung bis zur Loslassschwelle,

3 gewöhnlich kein organischer Schaden zu erwarten. Mit zunehmenden Strom- und Zeitwerten sind Störungen bei Bildung und Weiterleitung der Impulse im Herzen, Vorhofflimmern und Herzstillstand ohne Herzkammerflimmern möglich. Ebenso können für die Zeiten $t > 10$ s oberhalb der Loslassschwelle Muskelverkrampfungen und Atembeschwerden auftreten.

4 Herzkammerflimmern wahrscheinlich. Ferner können die Auswirkungen des Bereichs *3* und mit zunehmenden Strom- und Zeitwerten krankhafte Veränderungen auftreten. Als Beispiele lassen sich Herzstillstand, Atemstillstand und schwere Verbrennungen nennen.

27

Die Einwirkdauer des Stroms spielt eine sehr wesentliche Rolle. Für kurze Impulse von 10 ms bis 20 ms sind bis 500 mA zulässig, bevor eine Gefährdung eintritt; andererseits kann für dauernd anliegenden Strom bereits ein Wert von über 30 mA gefährlich sein. **Bild 1.4** zeigt die Loslassschwelle für verschiedene Einwirkdauern des Stroms. Bei der Flimmerschwelle tritt Herzkammerflimmern ein. Darunter versteht man, dass der normale periodische Herzschlag zunächst in eine höhere, meist doppelte Frequenz übergeht und danach in ein völlig unregelmäßiges chaotisches Schlagen. Damit verliert das Herz die Fähigkeit, hinreichend Blut zu pumpen. Die Folge ist Sauerstoffmangel im Gehirn, und das führt wiederum innerhalb weniger Minuten zum Tod. Während dieses kurzen Zeitabschnitts kann das Herz durch Wiederbelebung und mittels eines Stromimpulses des Defibrillators wieder zur normalen Tätigkeit angeregt werden. Erste Hilfe, siehe DGUV-Vorschrift 1 (BGV A1) [1.7].

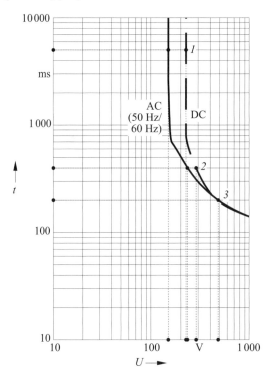

Bild 1.5 Höchstzulässige Dauer von Berührungsspannungen – beide Hände zu beiden Füßen (IEC/ TR 60479-5:2007-11 [2.10]

Nach HD 60364-4-41, DIN VDE 0100-410:2007-06 [2.2] werden bei der Schutzmaßnahme „TN-System mit Überstromschutz" Abschaltzeiten nach Tabelle 4.2 in diesem Buch gefordert. Geht man davon aus, dass bei Körperschluss am Körper gegen Erde höchstens die halbe Nennspannung anliegt (Spannungsfall am Außenleiter = Spannungsfall am Schutzleiter), ergeben sich folgende zulässige Berührungsspannungen U_B:

1 für Zeiten ab **5 s** $U_B \leq$ AC 50 V oder $\leq$ DC 120 V,
2 für Zeiten bis **0,4 s** $U_B \leq$ AC 115 V oder $\leq$ DC 180 V,
3 für Zeiten bis **0,2 s** $U_B \leq$ AC 200 V,
4 für Zeiten bis **40 ms** $U_B \leq$ AC 250 V aus Z DIN 57100 (**VDE 0100-410**):1983-11 [2.1]

Kurzzeitig sind höhere Berührungsspannungen zulässig. Die wichtigsten Eckpunkte sind mit *1, 2, 3* und *4* in **Bild 1.5** dargestellt. Hiervon machen die Messgeräte Gebrauch, die Prüfimpulse von 0,3 s/0,2 s bzw. 0,02 s verwenden, die auch im Fehlerfall keine Gefahr darstellen.

Nach DIN VDE 0100-410:2007-06 [2.2] sind für die Schutzmaßnahme TN-System mit Überstromschutz längere Zeiten zulässig, z. B. für die Spannung in Punkt *2* (AC 115 V) anstelle von 0,2 s, eine Abschaltzeit von 0,8 s, siehe Tabelle 4.2 in diesem Buch.

Alle vorstehend genannten Werte für Wechselspannung gelten bis zu einer Frequenz von 1 000 Hz. Für höhere Frequenzen sind größere Spannungen zulässig, wie in **Bild 1.6** gezeigt.

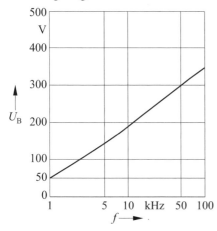

Bild 1.6 Zulässige Berührungsspannung U_B in Abhängigkeit von der Betriebsfrequenz f nach DIN VDE 0800-1 [2.11]

Für andere Stromwege können die Werte in den Bildern 1.4 und 1.5 größer oder kleiner sein. Das wird durch den Herzstromfaktor F_1 definiert:

$$F_1 = \frac{I_{Körper,ref}}{I_{Körper}}, \text{ mit} \qquad (1.1)$$

$I_{Körper,ref}$ Referenzkörperstrom für Stromweg „linke Hand zu beiden Füßen", wie die Werte in den Bildern 1.4 und 1.5,

$I_{Körper}$ Körperstrom für einen anderen Stromweg, der die gleiche Wirkung wie der Referenzkörperstrom hervorruft.

29

Stromweg	Herzstromfaktor F_1
linke Hand zum linken Fuß, rechten Fuß oder zu beiden Füßen	1,0
beide Hände zu beiden Füßen	1,0
linke Hand zur rechten Hand	0,4
rechte Hand zum linken Fuß, rechten Fuß oder zu beiden Füßen	0,8
Rücken zur rechten Hand	0,3
Rücken zur linken Hand	0,7
Brust zur rechten Hand	1,3
Brust zur linken Hand	1,5
Gesäß zur linken Hand, rechten Hand oder zu beiden Händen	0,7
linker Fuß zum rechten Fuß	0,04

Tabelle 1.5 Herzstromfaktoren F_1 für verschiedene Wege von Körperströmen nach DIN IEC/TS 60479-1 (**VDE V 0140-479**):2007-05 [2.9]

Für verschiedene Stromwege sind die zugehörigen Herzstromfaktoren F_1 in **Tabelle 1.5** aufgeführt. Sie dürfen nur als grobe Abschätzung angesehen werden.

2 Gesetzliche Forderungen und die DGUV-Vorschrift 3 (BGV A3)

Sowohl das DIN Deutsches Institut für Normung [3.4] als auch der VDE Verband der Elektrotechnik Elektronik Informationstechnik [3.5] sind eingetragene Vereine und somit privatrechtlich organisierte Institutionen. Trotzdem haben DIN-Normen und das VDE-Vorschriftenwerk für den Praktiker Gesetzescharakter. Diese Bedeutung erlangen sie erst durch die Einbeziehung in Gesetze und in andere Rechtsvorschriften.

Geschichtlich gewachsen ist eine Vielzahl von Rechtsvorschriften, die Anforderungen an die Sicherheit im Bereich der Elektrotechnik stellen. Die wichtigsten davon sind in den folgenden Abschnitten erläutert.

Eine wesentliche Neuerung stellt in diesem Zusammenhang die Betriebssicherheitsverordnung (BetrSichV, [1.1]) in Verbindung mit den technischen Regeln dar, auf die später noch weiter eingegangen wird. Besondere Bedeutung haben die Unfallverhütungsvorschriften der Berufsgenossenschaften auch als Erfahrungsschatz.

Nach dem siebten Sozialgesetzbuch (SGB VII, [1.8]) ist der Arbeitgeber verpflichtet, seine Arbeitnehmer gegen Betriebsunfälle zu versichern. Der Versicherungsträger ist die fachlich zuständige Berufsgenossenschaft. Sie hat das Recht und die Pflicht, Unfallverhütungsvorschriften herauszugeben und auf deren Einhaltung zu achten.

Im Lauf der Jahre ist von den verschiedenen Berufsgenossenschaften eine Reihe von Unfallverhütungsvorschriften entstanden. Diese werden gegenwärtig schrittweise in die neuen technischen Regeln für Betriebssicherheit (TRBS) eingearbeitet. Weiterhin wird in den nachstehend genannten und in weiteren Gesetzen die „Einhaltung der anerkannten Regeln der Technik sowie der Arbeitsschutz- und Unfallverhütungsvorschriften" gefordert. Sie sind rechtsverbindlich. Hierdurch erhalten die technischen Regeln und so auch die VDE-Bestimmungen indirekt Gesetzescharakter.

Für den Bereich der Elektrotechnik ist die Unfallverhütungsvorschrift „Elektrische Anlagen und Betriebsmittel" (DGUV-Vorschrift 3, [1.5]) noch bindend.

2.1 Gesetzliche Forderungen

Es gibt eine Reihe von Gesetzen, die alle Bereiche, also auch den privaten Bereich, d. h. Haushalte und Wohnungen, umfassen. Die wichtigsten sind in den folgenden Abschnitten aufgeführt. Weiterhin sind noch Forderungen in den Bauordnungen der Länder, der Gewerbeordnung (GewO, [1.12]), den Zusatzbedingungen der Sachversicherer und andere gegeben.

31

Im Allgemeinen unterscheiden wir der Wertigkeit nach folgende rechtliche Begriffe:

- EU-Vorschriften, Verordnungen, Richtlinien (Europäische Union). Für alle Mitgliedstaaten unmittelbar geltendes Recht. Richtlinien können in nationale Fassungen umgesetzt werden.

- Staatliche Gesetze, Verordnungen, Richtlinien (Bund und Länder). Sie sind das geltende Recht für Bund und Länder. Die Gesetze enthalten grundsätzliche Forderungen und bilden die Grundlage für Verordnungen, Richtlinien, Unfallverhütungs- und andere Vorschriften.

- Unfallverhütungsvorschriften von verschiedenen Stellen. Deren Einhaltung wird vom Gesetzgeber in verschiedenen Rechtsvorschriften gefordert.

- Technische Normen sind „Anerkannte Regeln der Technik". Wenn bei Nichteinhaltung Gefahr für Leben und Gesundheit besteht, schreibt der Gesetzgeber die Einhaltung in verschiedenen Rechtsvorschriften vor.

- Technische Richtlinien sind eine Vorstufe zur Norm. Wenn sich technische Richtlinien in der Wirtschaft als brauchbar erwiesen haben, werden sie im Regelfall in verkürzter Form als Norm herausgegeben.

Um die richtige Rang- und Reihenfolge einzuhalten, ist es wichtig zu wissen, dass die grundsätzlichen Regelungen das Grundgesetz, das Arbeitsschutzgesetz (ArbSchG, [1.13]), die Arbeitsstättenverordnung (ArbstättV, [1.14]), das Produktsicherheitsgesetz (ProdSG), die Produktsicherheitsverordnung (ProdSV) und die Betriebssicherheitsverordnung (BetrSichV, [1.1]) sind.

Die untergesetzliche Ebene stellen dar:

- innerbetriebliche Vorschriften (Arbeitsanweisungen);

- technische Regeln;

- berufsgenossenschaftliche Vorschriften;

- DIN-VDE-Bestimmungen.

Es sind also in erster Linie die Gesetze zu erfüllen. Die anerkannten Regeln in Form von DIN-VDE-Bestimmungen tragen zur Erfüllung der Forderungen bei. Gerichtsurteile sagen in diesem Zusammenhang Folgendes aus (Quelle: VDE-Schriftenreihe Band 120, [4]):

- DIN-Normen sind private technische Regelungen mit Empfehlungscharakter, die die anerkannten Regeln der Technik zwar wiedergeben, aber auch schlechthin falsch sein können (Quelle: BGH-Urteil, Az: VII ZR 184/97 vom 14.5.1998, [5]).

- Die Berücksichtigung des technischen Regelwerks allein schließt eine Haftung nicht aus! (OLG Hamm, Az: 19 U 113/02 – nicht veröffentlicht).

Daraus ist zu schlussfolgern, dass es in erster Linie darauf ankommt, die gesetzlichen Forderungen zu erfüllen.

Dass VDE-Bestimmungen falsch oder besser gesagt nicht ganz korrekt sind, sollen folgende Beispiele unterstreichen:

- In DIN EN 60204-1 (**VDE 0113-1**):2007-06 [2.12] wird PELV mit Schutzkleinspannung erklärt, es muss aber korrekt heißen „Funktionskleinspannung mit sicherer Trennung",

- in DIN EN 60204-1 (**VDE 0113-1**):2007-06 [2.12] wird unter Prüfmethoden im TN-System bei Prüfung 1 auf Bild 3 verwiesen; es muss aber Bild 2 heißen,

- in DIN EN 60204-1 (**VDE 0113-1**):2007-06 [2.12] sind in Tabelle 10 Sicherungsnennwerte von 16, 20, 25 A bei 5-s-Abschaltzeit aufgeführt; doch sind gemäß VDE 0100-410:2007-06 [2.2] Abschaltzeiten bis max. 5 s nur für Verteilungsstromkreise und Endstromkreise größer 32 A erlaubt,

- wurde in Z DIN VDE 0701-240:1986-04 [2.126] die Prüfung der Spannungsfreiheit berührbarer leitfähiger Teile mit einem Strommesser mit $R_i \leq 2$ kΩ beschrieben (galt bis 2008-06),

- werden in DIN VDE 0105-100:2009-10 [2.14] noch die alten Begriffe verwendet, obwohl der Hauptpotentialausgleich neu als Schutzpotentialausgleich definiert ist.

Diese Beispiele sollen zeigen, dass gerade Elektrofachkräfte, die als befähigte Personen Prüfungen durchführen müssen, fachlich korrekte Entscheidungen zu treffen haben, wobei das erworbene Fachwissen stets anzuwenden ist.

Die nachstehend aufgeführten Gesetze in den Abschnitten 2.1.1 bis 2.1.5 sind für die hier behandelte Thematik wichtig.

2.1.1   Energiewirtschaftsgesetz (EnWG)

Dieses Gesetz stammt bereits aus den 1930er-Jahren und wurde in den 1950er-Jahren von der Bundesregierung überarbeitet. Das aktuelle Energiewirtschaftsgesetz wurde am 7. Juli 2005 als „Gesetz über die Elektrizitäts- und Gasversorgung" in Kraft gesetzt [1.15].

Im Teil 6 „Sicherheit und Zuverlässigkeit der Energieversorgung" werden im § 49 Anforderungen an Energieanlagen wie folgt beschrieben:

*(1) Energieanlagen sind so zu errichten und zu betreiben, dass die technische Sicherheit gewährleistet ist. Dabei sind vorbehaltlich sonstiger Rechtsvorschriften die **allgemein anerkannten Regeln der Technik** zu beachten.*

(2) Die Einhaltung der allgemein anerkannten Regeln der Technik wird vermutet, wenn bei Anlagen zur Erzeugung, Fortleitung und Abgabe von

1. Elektrizität die technischen Regeln des Verbands der Elektrotechnik Elektronik Informationstechnik e. V.

2. ...

eingehalten worden sind.

Unter dem Begriff „Energieanlagen" werden „Anlagen zur Erzeugung, Speicherung, Fortleitung oder Abgabe von Energie, soweit sie nicht lediglich der Übertragung von Signalen dienen, dies schließt die Verteileranlagen der Letztverbraucher ... ein" genannt.

2.1.2 Gesetz über die Bereitstellung von Produkten auf dem Markt (Produktsicherheitsgesetz ProdSG)

Das neue **Produktsicherheitsgesetz** (ProdSG [1.16]) trat am 1. Dezember 2011 in Kraft.

Dieses Gesetz dient der Umsetzung der Richtlinien:

- 765/2008/EG zur Akkreditierung und Marktüberwachung (maßgeblich) [1.17],
- 2001/95/EG des Europäischen Parlaments über die allgemeine Produktsicherheit [1.18],
- 2006/95/EG des Europäischen Parlaments und des Rates vom 12. Dezember 2006 zur Angleichung der Rechtsvorschriften betreffend elektrischer Betriebsmittel [1.19],
- 94/9/EG zur Angleichung der Rechtsvorschriften für Geräte und Schutzsysteme zur bestimmungsgemäßen Verwendung in explosionsgefährdeten Bereichen [1.20] sowie zahlreicher weiterer Richtlinien.

Abschnitt 1 regelt „Allgemeine Vorschriften",

Abschnitt 2 regelt die Voraussetzungen für die Bereitstellung von Produkten auf dem Markt sowie für das Ausstellen von Produkten,

Abschnitt 3 regelt Bestimmungen über die Befugnis erteilende Behörde,

Abschnitt 4 regelt die Notifizierung von Konformitätsbewertungsstellen,

Abschnitt 5 regelt das GS-Zeichen,

Abschnitt 6 regelt die Marktüberwachung,

Abschnitt 7 regelt Informations- und Meldepflichten,

Abschnitt 8 regelt besondere Vorschriften,

Abschnitt 9 regelt Überwachungsbedürftige Anlagen,

Abschnitt 10 regelt Straf- und Bußgeldvorschriften.

Gemäß § 1 gilt dieses Gesetz, wenn im Rahmen einer Geschäftstätigkeit Produkte auf dem Markt bereitgestellt, ausgestellt oder erstmals verwendet werden sowie für die Errichtung und den Betrieb überwachungsbedürftiger Anlagen (ausgenommen der Fahrzeuge von Magnetschwebebahnen, des rollenden Materials von Eisenbahnen, Unternehmen des Bergwesens).

Im § 2 **Begriffsbestimmungen** werden Begriffe erläutert wie: Akkreditierung, Ausstellen, Anbieten, Aufstellen oder Vorführen, Aussteller, Bereitstellung auf dem Markt, bestimmungsgemäße Verwendung, übliche Verwendung, CE-Kennzeichnung, Einführer, ernstes Risiko, GS-Stelle, Händler, harmonisierte Norm, Hersteller, Inverkehrbringen, Konformitätsbewertung, Konformitätsbewertungsstelle, Marktüberwachung, Marktüberwachungsbehörde, Rücknahme, Rückruf, Verbraucherprodukte, verwendungsfertig, vorhersehbare Verwendung.

Der § 3 regelt das „Bereitstellen von Produkten auf dem Markt sowie das Ausstellen". Danach **darf ein Produkt** nur auf dem Markt bereitgestellt werden, wenn es die darin vorgesehenen Anforderungen erfüllt.

Ein Produkt darf nur auf dem Markt bereitgestellt werden, wenn es bei bestimmungsgemäßer oder vorhersehbarer Verwendung die Sicherheit und Gesundheit von Personen nicht gefährdet.

Bei der Bereitstellung auf dem Markt ist hierfür eine Gebrauchsanleitung in deutscher Sprache mitzuliefern.

§ 4 Harmonisierte Normen: Bei der Beurteilung, ob ein Produkt den Anforderungen nach § 3 entspricht, können gemäß § 4 harmonisierte Normen zugrunde gelegt werden.

Ist gemäß § 5 die Marktüberwachungsbehörde der Auffassung, dass eine Norm oder andere technische Spezifikation den von ihr abgedeckten Anforderungen nach § 3 nicht vollständig entspricht, so unterrichtet sie hiervon unter Angabe der Gründe die Bundesanstalt für Arbeitsschutz und Arbeitsmedizin. Diese informiert den Ausschuss für Produktsicherheit.

Gemäß § 6 haben der Hersteller, sein Bevollmächtigter und der Einführer jeweils im Rahmen ihrer Geschäftstätigkeit bei der Bereitstellung eines Verbrauchsprodukts auf dem Markt sicherzustellen, dass der Verwender die notwendigen Informationen erhält und Namen und die Kontaktanschrift des Herstellers anzubringen ist.

Der Hersteller, sein Bevollmächtigter und der Einführer haben jeweils Stichproben durchzuführen, Beschwerden zu prüfen sowie die Händler zu unterrichten.

Die Marktüberwachungsbehörde ist zu unterrichten, wenn ein Verbraucherprodukt ein Risiko darstellt.

Der Händler hat dazu beizutragen, dass nur sichere Verbraucherprodukte auf dem Markt bereitgestellt werden.

Gemäß § 7 gelten für die CE-Kennzeichnung die allgemeinen Grundsätze nach Artikel 30 der Verordnung (EG) Nr. 765/2008 des Europäischen Parlaments und des Rates vom 9. Juli 2008 über die Vorschriften für die Akkreditierung und Marktüberwachung.

Es ist verboten, ein Produkt auf dem Markt bereitzustellen, wenn das Produkt mit der CE-Kennzeichnung versehen ist, ohne dass die Anforderungen erfüllt sind oder das nicht mit der CE-Kennzeichnung versehen ist, obwohl eine Rechtsverordnung ihre Anbringung vorschreibt.

Die CE-Kennzeichnung muss sichtbar, lesbar und dauerhaft auf dem Produkt oder seinem Typenschild angebracht sein.

Die CE-Kennzeichnung muss angebracht werden, bevor das Produkt in den Verkehr gebracht wird.

Gemäß § 9 erteilt die Befugnis erteilende Behörde Konformitätsbewertungsstellen auf Antrag die Befugnis, bestimmte Konformitätsbewertungstätigkeiten durchzuführen.

Gemäß § 10 haben die Länder die Befugnis erteilende Behörde so einzurichten, dass es zu keinerlei Interessenkonflikt mit den Konformitätsbewertungsstellen kommt. Der § 13 regelt die Anforderungen an die Konformitätsbewertungsstelle.

Die notifizierte Stelle führt gemäß § 16 die Konformitätsbewertung im Einklang mit den Konformitätsbewertungsverfahren gemäß den Rechtsverordnungen unter Wahrung der Verhältnismäßigkeit durch.

Falls gemäß § 19 die Befugnis erteilende Behörde feststellt oder darüber unterrichtet wird, dass eine notifizierte Stelle die in § 13 genannten Anforderungen nicht mehr erfüllt oder dass sie ihren Verpflichtungen nicht nachkommt, widerruft sie ganz oder teilweise die erteilte Befugnis. Sie unterrichtet unverzüglich die Europäische Kommission und die übrigen Mitgliedsstaaten darüber.

Die Zuerkennung des GS-Zeichens regelt § 20.

Ein verwendungsfertiges Produkt darf mit dem GS-Zeichen versehen werden, wenn das Zeichen von einer GS-Stelle auf Antrag des Herstellers oder seines Bevollmächtigten zuerkannt worden ist.

Dies gilt nicht, wenn das verwendungsfertige Produkt mit der CE-Kennzeichnung versehen ist und die Anforderungen an diese CE-Kennzeichnung mit den nachfolgenden gemäß § 21 mind. gleichwertig sind.

Gemäß § 21 Pflichten der GS-Stelle darf diese das GS-Zeichen nur zuerkennen, wenn

1. das geprüfte Baumuster den Anforderungen nach § 3 entspricht und, wenn es sich um ein Verbraucherprodukt handelt, zusätzlich den Anforderungen nach § 6 entspricht,

2. das geprüfte Baumuster den Anforderungen anderer Rechtsvorschriften hinsichtlich der Gewährleistung des Schutzes von Sicherheit und Gesundheit von Personen entspricht,

3. bei der Prüfung des Baumusters die vom Ausschuss für Produktsicherheit für die Zuerkennung des GS-Zeichens ermittelten Spezifikationen angewendet worden sind,

4. Vorkehrungen getroffen wurden, die gewährleisten, dass die verwendungsfertigen Produkte mit dem geprüften Baumuster übereinstimmen.

Die GS-Stelle hat zu dokumentieren, dass diese Anforderungen erfüllt sind.

Die GS-Stelle hat eine Bescheinigung über die Zuerkennung des **GS-Zeichens** auszustellen. Die Zuerkennung ist auf höchstens fünf Jahre zu befristen oder auf ein bestimmtes Fertigungskontingent oder -los zu beschränken. Die GS-Stelle hat eine Liste der ausgestellten Bescheinigungen zu veröffentlichen.

Die GS-Stelle trifft die erforderlichen Maßnahmen, wenn sie Kenntnis davon erhält, dass ein Produkt ihr GS-Zeichen ohne gültige Zuerkennung trägt.

Die GS-Stelle stellt Informationen, die ihr zu Fällen des Missbrauchs des GS-Zeichens vorliegen, der Öffentlichkeit auf elektronischem Weg zur Verfügung.

Die GS-Stelle hat die Herstellung der verwendungsfertigen Produkte und die rechtmäßige Verwendung des GS-Zeichens mit geeigneten Maßnahmen zu überwachen.

Gemäß § 25 Aufgaben der Marktüberwachungsbehörden haben die Marktüberwachungsbehörden eine wirksame Marktüberwachung auf der Grundlage eines Überwachungskonzepts zu gewährleisten. Das Überwachungskonzept soll insbesondere umfassen:

die Erhebung und Auswertung von Informationen zur Ermittlung von Mängelschwerpunkten und Warenströmen,

die Aufstellung und Durchführung von Marktüberwachungsprogrammen, auf deren Grundlage die Produkte überprüft werden; die Marktüberwachungsprogramme sind regelmäßig zu aktualisieren.

Die Marktüberwachungsbehörden überprüfen und bewerten regelmäßig, mind. alle vier Jahre, die Wirksamkeit des Überwachungskonzepts.

Gemäß § 29 Unterstützungsverpflichtung, Meldeverfahren haben die Marktüberwachungsbehörden und die Bundesanstalt für Arbeitsschutz und Arbeitsmedizin einander zu unterstützen und sich gegenseitig über Maßnahmen nach diesem Gesetz zu informieren.

Trifft die Marktüberwachungsbehörde eine Maßnahme, durch die die Bereitstellung eines Produkts auf dem Markt untersagt oder eingeschränkt oder seine Rücknahme oder sein Rückruf angeordnet wird, so unterrichtet sie hiervon die Bundesanstalt für Arbeitsschutz und Arbeitsmedizin und begründet die Maßnahme.

Ist das Produkt mit der CE-Kennzeichnung versehen und folgt dieser die Kennnummer der notifizierten Stelle, so unterrichtet die Marktüberwachungsbehörde die notifizierte Stelle sowie die Befugnis erteilende Behörde über die von ihr getroffene Maßnahme. Ist das Produkt mit dem GS-Zeichen versehen, so unterrichtet die Marktüberwachungsbehörde die GS-Stelle, die das GS-Zeichen zuerkannt hat, sowie die Befugnis erteilende Behörde über die von ihr getroffene Maßnahme.

Gemäß § 30 **Schnellinformationssystem RAPEX** wird u. a. Folgendes geregelt:

- Trifft die Marktüberwachungsbehörde eine Maßnahme oder beabsichtigt sie dies, so unterrichtet sie die Bundesanstalt für Arbeitsschutz und Arbeitsmedizin unverzüglich über diese Maßnahme. Dabei gibt sie auch an, ob der Anlass für die Maßnahme außerhalb des Geltungsbereichs dieses Gesetzes liegt oder ob die Auswirkungen dieser Maßnahme über den Geltungsbereich dieses Gesetzes hinausreichen. Außerdem informiert sie die Bundesanstalt für Arbeitsschutz und Arbeitsmedizin unverzüglich über Änderungen einer solchen Maßnahme oder ihre Rücknahme.

- Ist ein Produkt auf dem Markt bereitgestellt worden, das ein ernstes Risiko darstellt, so unterrichtet die Marktüberwachungsbehörde die Bundesanstalt für Arbeitsschutz und Arbeitsmedizin ferner über alle Maßnahmen, die ein Wirtschaftsakteur freiwillig getroffen und der Marktüberwachungsbehörde mitgeteilt hat.

Die Bundesanstalt für Arbeitsschutz und Arbeitsmedizin macht gemäß § 31 Anordnungen, die unanfechtbar geworden sind oder deren sofortiger Vollzug angeordnet worden ist, öffentlich bekannt.

Die Bundesanstalt für Arbeitsschutz und Arbeitsmedizin ermittelt und bewertet gemäß § 32 im Rahmen ihres allgemeinen Forschungsauftrags präventiv Sicherheitsrisiken und gesundheitliche Risiken, die mit der Verwendung von Produkten verbunden sind, und macht Vorschläge zu ihrer Verringerung.

Beim Bundesministerium für Arbeit und Soziales wird gemäß § 33 ein Ausschuss für Produktsicherheit eingesetzt.

Die Ordnungswidrigkeit kann in bestimmten Fällen mit einer Geldbuße bis zu 100 000 €, in den übrigen Fällen mit einer Geldbuße bis zu 10 000 € geahndet werden, gemäß § 39 Straf- und Bußgeldvorschriften.

Mit Freiheitsstrafe bis zu einem Jahr oder mit Geldstrafe wird bestraft, wer eine vorsätzliche Handlung beharrlich wiederholt oder durch eine solche vorsätzliche Handlung Leben oder Gesundheit eines anderen oder fremde Sachen von bedeutendem Wert gefährdet (gemäß § 40 Strafvorschriften).

2.1.3   Gewerbeordnung (GewO, [1.12])

Nach GewO § 120a (Betriebssicherheit – mit Erscheinen des Arbeitsschutzgesetzes im August 1996 ist dieser Paragraf hier gestrichen worden und erscheint in diesem, siehe Abschnitt 2.1.5) ist der Gewerbeunternehmer verpflichtet, die Arbeitsräume, Betriebsvorrichtungen, Maschinen und Gerätschaften so einzurichten und zu unterhalten und den Betrieb so zu regeln, dass die Arbeitnehmer gegen Gefahren für Leben und Gesundheit so weit geschützt sind, wie es die Natur des Betriebs gestattet. Die Gewerbeaufsichtsbehörde ist nach § 120d befugt, im Weg der Verfügung Maßnahmen anzuordnen, welche die Sicherheit gewährleisten.

Nach § 147 kann eine Ordnungswidrigkeit mit einem Bußgeld bis 5 000 € belegt werden.

2.1.4   Arbeitsschutzgesetz (ArbSchG)

Das Arbeitsschutzgesetz (ArbSchG, [1.13]) ist, wie sein Titel schon aussagt, vorwiegend ausgerichtet, wie auch die DGUV-Vorschrift 3 (BGV A3) [1.5] und die DGUV [3.2], auf Forderungen zur Unfallverhütung, während die anderen aufgeführten Gesetze noch andere Bereiche betreffen.

Das Arbeitsschutzgesetz ist eine Rechtsvorschrift der deutschen Bundesregierung und in seiner Fassung vom 7. August 1996 [1.13] auch ein Gesetz zur Umsetzung der

EG-Rahmenrichtlinie Arbeitsschutz [1.22] und weiterer Arbeitsschutzrichtlinien (z. B. [1.23]). Es beinhaltet die §§ 1 bis 26, von denen für unsere Thematik die wichtigsten sind (Auszug):

Artikel 1 ArbSchG

Erster Abschnitt, §§ 1 und 2

Das Gesetz verpflichtet die Arbeitgeber, für Sicherheit und Gesundheitsschutz der Beschäftigten bei der Arbeit in allen Bereichen zu sorgen. **Ausgenommen sind private Hausangestellte**, Beschäftigte auf Seeschiffen und solche, die dem Bundesberggesetz (BBergG, [1.24]) unterliegen.

Bei der Umsetzung des ArbSchG [1.13] ist zu beachten, dass eine gewisse Reihenfolge einzuhalten ist. Ist eine Schutzmaßnahme wegen erkannter Gefahr erforderlich, dann ist zuerst nach einer technischen Lösung (T) zu suchen. Nur wenn diese nicht möglich ist, dann kann eine organisatorische Lösung (O) ausgearbeitet werden, und nur, wenn diese nicht möglich ist, auf eine persönliche Schutzmaßnahme (P) zurückgegriffen werden. Somit gilt immer die Reihenfolge T O P.

Zweiter Abschnitt, §§ 3 bis 14

Gemäß § 3 Grundpflichten des Arbeitgebers hat er eine Verbesserung von Sicherheit und Gesundheitsschutz der Beschäftigten anzustreben.

Der Arbeitgeber hat bei Maßnahmen des Arbeitsschutzes von folgenden allgemeinen Grundsätzen auszugehen:

- Die Arbeit ist so zu gestalten, dass eine Gefährdung für Leben und Gesundheit möglichst vermieden und die verbleibende Gefährdung möglichst gering gehalten wird;

- Gefahren sind an ihrer Quelle zu bekämpfen;

- bei den Maßnahmen sind der Stand der Technik, Arbeitsmedizin und Hygiene sowie sonstige gesicherte arbeitswissenschaftliche Erkenntnisse zu berücksichtigen;

- Maßnahmen sind mit dem Ziel zu planen, Technik, Arbeitsorganisation, sonstige Arbeitsbedingungen, soziale Beziehungen und Einfluss der Umwelt auf den Arbeitsplatz sachgerecht zu verknüpfen;

- individuelle Schutzmaßnahmen sind nachrangig zu anderen Maßnahmen;

- spezielle Gefahren für besonders schutzbedürftige Beschäftigtengruppen sind zu berücksichtigen;

- den Beschäftigten sind geeignete Anweisungen zu erteilen;

- mittelbar oder unmittelbar geschlechtsspezifisch wirkende Regelungen sind nur zulässig, wenn dies aus biologischen Gründen zwingend geboten ist.

Dokumentation: Der Arbeitgeber muss über die je nach Art der Tätigkeiten und der Zahl der Beschäftigten erforderlichen Unterlagen verfügen, aus denen das Ergebnis der Gefährdungsbeurteilung, die von ihm festgelegten Maßnahmen des Arbeitsschutzes und das Ergebnis ihrer Überprüfung ersichtlich sind.

Besondere Gefahren: Der Arbeitgeber hat Maßnahmen zu treffen, damit nur Beschäftigte, die zuvor geeignete Anweisungen erhalten haben, Zugang zu besonders gefährlichen Arbeitsbereichen haben.

Unterweisung: Der Arbeitgeber hat die Beschäftigten über Sicherheit und Gesundheitsschutz bei der Arbeit während ihrer Arbeitszeit ausreichend und angemessen zu unterweisen.

Der Arbeitgeber kann zuverlässige und fachkundige Personen schriftlich beauftragen, ihm obliegende Aufgaben nach diesem Gesetz in eigener Verantwortung wahrzunehmen.

Dritter Abschnitt, §§ 15 bis 17

Pflichten der Beschäftigten:

Die Beschäftigten sind verpflichtet, nach ihren Möglichkeiten sowie gemäß der Unterweisung und Weisung des Arbeitgebers für ihre Sicherheit und Gesundheit bei der Arbeit Sorge zu tragen. Sie haben insbesondere Maschinen und Geräte und sonstige Arbeitsmittel sowie Schutzvorrichtungen und Schutzausrüstungen bestimmungsgemäß zu verwenden.

Sie haben dem Arbeitgeber jede von ihnen festgestellte unmittelbare erhebliche Gefahr sowie an den Schutzsystemen festgestellte Defekte unverzüglich zu melden.

Fünfter Abschnitt, §§ 21 bis 26

Die für den Arbeitsschutz zuständige Landesbehörde kann mit Trägern der gesetzlichen Unfallversicherung vereinbaren, dass diese die Einhaltung dieses Gesetzes überwachen.

Ordnungswidrig handelt, wer vorsätzlich oder fahrlässig der Rechtsverordnung als Arbeitgeber oder als Beschäftigter zuwiderhandelt.

Die Ordnungswidrigkeit kann mit einer Geldbuße bis 25 000 € geahndet werden. Mit Freiheitsstrafe bis zu einem Jahr oder mit Geldstrafe wird bestraft, wer Verstöße beharrlich wiederholt oder Leben oder Gesundheit eines Beschäftigten gefährdet.

Artikel 4

Änderung der Gewerbeordnung

Die Gewerbeordnung in der Fassung der Bekanntmachung vom 1. Januar 1987, zuletzt geändert durch Artikel 1 des Gesetzes vom 23. November 1994 [1.12], wird wie folgt geändert: Die §§ 120a, 139b Abs. 5a, die §§ 139g, 139h und 139m werden aufgehoben.

Die Forderungen von § 120a werden hier im Artikel 1, Abschnitt 2 § 4 gestellt.

2.1.5 Betriebssicherheitsverordnung – BetrSichV

Auf den nachfolgenden Seiten werden die Forderungen der Betriebssicherheitsverordnung (BetrSichV, [1.1]), die im engen Zusammenhang mit der in diesem Buch behandelten Thematik stehen, auszugsweise wiedergegeben. Damit soll deutlich gemacht werden, dass diese neuen Forderungen teilweise über die bisherigen hinausgehen und von den Verantwortlichen beachtet werden müssen, speziell hinsichtlich der Errichtung und des Betreibens von Arbeitsmitteln und auch von elektrischen Anlagen bzw. Betriebsmitteln.

An dieser Stelle ist es wichtig, auf die Unterschiede von DGUV-Vorschrift 3 (BGV A3) [1.5] und BetrSichV [1.1] hinzuweisen.

Die DGUV-Vorschrift 3 (BGV A3) regelt die Verantwortung der Unternehmer aus versicherungsrechtlicher Sicht, die BetrSichV dagegen die Verantwortung, die zu strafrechtlichen Konsequenzen führen kann.

Die mit der DGUV-Vorschrift 3 (BGV A3) zusammenhängenden Forderungen werden im Abschnitt 2.3 dargestellt.

Hier geht es um die Erfahrungen, die mit der DGUV-Vorschrift 3 (BGV A3) in den vergangenen Jahren gewonnen wurden.

In der novellierten BetrSichV wird aber gesetzlich gefordert, dass der Arbeitgeber nur Arbeitsmittel bereitstellen darf, für die eine Gefährdungsbeurteilung vor der erstmaligen Verwendung der Arbeitsmittel vorliegt, die geeignet sind und bei deren bestimmungsgemäßer Benutzung Sicherheit und Gesundheitsschutz gewährleistet wird (BetrSichV § 4).

Dazu hat der Arbeitgeber eine Gefährdungsbeurteilung nach dem Arbeitsschutzgesetz (ArbSchG §§ 4 und 5, [1.13]) durchzuführen und die Art, den Umfang und die erforderlichen Prüffristen festzulegen.

Da diese Forderungen bereits seit Oktober 2002 bestehen, kann jeder Arbeitgeber, der diesen Forderungen bisher noch nicht nachgekommen ist, strafrechtlich zur Verantwortung gezogen werden.

Mit der BetrSichV erhalten die Arbeitgeber mehr Eigenverantwortung, aber sie müssen auch mit den rechtlichen Konsequenzen rechnen, wenn sie dieser Verantwortung nicht nachkommen.

Ein Arbeitgeber kann durchaus Kosten sparen, wenn er aufgrund einer entsprechenden Gefährdungsbeurteilung die Prüffristen selbst festlegt und im Unternehmen durchsetzt.

Das setzt aber auch voraus, dass er in seiner Verantwortung die Elektrofachkräfte umfassend schult oder schulen lässt, damit sie als „befähigte Personen" die Prüfungen ordnungsgemäß durchführen können. Der eindeutige Vorteil ist, dass sowohl Arbeitsmittel (Geräte, Maschinen, Anlagen) als auch Arbeitsplätze einer Gefährdungsbeurteilung unterzogen werden können und damit der Aufwand in vertretbaren Grenzen bleibt.

Eine softwaregestützte Gefährdungsanalyse mit anschließender Gefährdungsbeurteilung und Festlegung der Prüffristen ist aufgrund des dafür notwendigen Zeitaufwands zu empfehlen. Das Programm „ELEKTROmanager" [6] bietet neben der Dokumentation der Prüfergebnisse, die im § 11 der BetrSichV gefordert wird (für elektrische Anlagen, Maschinen und Geräte), auch die Option, zugleich die Gefährdungsanalyse/-beurteilung durchzuführen.

Sehr umfangreiche Ausführungen zu dieser Problematik werden in der VDE-Schriftenreihe Band 121 [1] gemacht. Deshalb sollen auch die Ausführungen dieses Bands 43 der VDE-Schriftenreihe vorwiegend auf die fachlichen Belange der Prüfungen gerichtet sein, ohne darauf zu verzichten, die gesetzlichen Forderungen zumindest in Form der Paragrafen und einiger damit verbundener Hinweise darzustellen.

2.1.5.1   BetrSichV Abschnitt 1 – Allgemeine Vorschriften

§ 1 Anwendungsbereich

(1) Diese Verordnung gilt für die Bereitstellung von Arbeitsmitteln durch Arbeitgeber sowie für die Benutzung von Arbeitsmitteln durch Beschäftigte bei der Arbeit.

(2) Diese Verordnung gilt auch für überwachungsbedürftige Anlagen im Sinne des § 2 Abs. 2a des Gerätesicherheitsgesetzes, soweit es sich handelt um

1. *Dampfkesselanlagen, Druckbehälteranlagen, Füllanlagen, Leitungen unter innerem Überdruck für entzündliche, leicht entzündliche, hoch entzündliche, ätzende oder giftige Gase, Dämpfe oder Flüssigkeiten;*

2. *Aufzugsanlagen;*

3. *Anlagen in explosionsgefährdeten Bereichen;*

4. *Lageranlagen, Füllstellen, Tankstellen und Flugfeldbetankungsanlagen sowie Entleerstellen.*

§ 2 Begriffsbestimmungen

(1) Arbeitsmittel im Sinne dieser Verordnung sind Werkzeuge, Geräte, Maschinen oder Anlagen. Anlagen im Sinne von Satz 1 setzen sich aus mehreren Funktionseinheiten zusammen, die zueinander in Wechselwirkung stehen und deren sicherer Betrieb wesentlich von diesen Wechselwirkungen bestimmt wird; hierzu gehören insbesondere überwachungsbedürftige Anlagen im Sinne des § 2 Abs. 2a des Gerätesicherheitsgesetzes.

(2) Bereitstellung im Sinne dieser Verordnung umfasst alle Maßnahmen, die der Arbeitgeber zu treffen hat, damit den Beschäftigten nur der Verordnung entsprechende Arbeitsmittel zur Verfügung gestellt werden können. Bereitstellung im Sinne von Satz 1 umfasst auch Montagearbeiten wie den Zusammenbau eines Arbeitsmittels einschließlich der für die sichere Benutzung erforderlichen Installationsarbeiten.

Anmerkung zur novellierten BetrSichV § 2 Abs. 2: Hier geht es um die Verwendung der Arbeitsmittel:

(2) Die Verwendung von Arbeitsmitteln umfasst jegliche Tätigkeit mit diesen. Hierzu gehören insbesondere das Montieren und Installieren, Bedienen, An- oder Abschalten oder Einstellen, Gebrauchen, Betreiben, Instandhalten, Reinigen, Prüfen, Umbauen, Erproben, Demontieren, Transportieren und Überwachen.

Damit wurde die novellierte BetrSichV in dieser Hinsicht entscheidend erweitert.

(3) Benutzung im Sinne dieser Verordnung umfasst alle ein Arbeitsmittel betreffenden Maßnahmen, wie Erprobung, Ingangsetzen, Stillsetzen, Gebrauch, Instandsetzung und Wartung, Prüfung, Sicherheitsmaßnahmen bei Betriebsstörung, Um- und Abbau und Transport.

(4) Betrieb überwachungsbedürftiger Anlagen im Sinne des § 1 Abs. 2 Satz 1 umfasst die Prüfung durch zugelassene Überwachungsstellen oder befähigte Personen und die Benutzung nach Abs. 3 ohne Erprobung vor erstmaliger Inbetriebnahme, Abbau und Transport.

(5) Änderung einer überwachungsbedürftigen Anlage im Sinne dieser Verordnung ist jede Maßnahme, bei der die Sicherheit der Anlage beeinflusst wird. Als Änderung gilt auch jede Instandsetzung, welche die Sicherheit der Anlage beeinflusst.

(6) Wesentliche Veränderung einer überwachungsbedürftigen Anlage im Sinne dieser Verordnung ist jede Änderung, welche die überwachungsbedürftige Anlage so weit verändert, dass sie den Sicherheitsmerkmalen einer neuen Anlage entspricht.

*(7) **Befähigte Person im Sinne dieser Verordnung ist eine Person, die durch ihre Berufsausbildung, ihre Berufserfahrung und ihre zeitnahe berufliche Tätigkeit über die erforderlichen Fachkenntnisse zur Prüfung der Arbeitsmittel verfügt** (siehe dazu TRBS 1203, [1.4]). **Die befähigte Person wird in der novellierten BetrSichV im Abs. 6 geregelt.***

(8) Explosionsfähige Atmosphäre im Sinne dieser Verordnung ist ein Gemisch aus Luft und brennbaren Gasen, Dämpfen, Nebeln oder Stäuben unter atmosphärischen Bedingungen, in dem sich der Verbrennungsvorgang nach erfolgter Entzündung auf das gesamte unverbrannte Gemisch überträgt.

(9) Gefährliche explosionsfähige Atmosphäre ist eine explosionsfähige Atmosphäre, die in einer solchen Menge (gefahrdrohende Menge) auftritt, dass besondere Schutzmaßnahmen für die Aufrechterhaltung des Schutzes von Sicherheit und Gesundheit der Arbeitnehmer oder anderer erforderlich werden.

(10) Explosionsgefährdeter Bereich im Sinne dieser Verordnung ist ein Bereich, in dem gefährliche explosionsfähige Atmosphäre auftreten kann. Ein Bereich, in dem explosionsfähige Atmosphäre nicht in einer solchen Menge zu erwarten ist, dass besondere Schutzmaßnahmen erforderlich werden, gilt nicht als explosionsgefährdeter Bereich.

(11) Lageranlagen im Sinne dieser Verordnung sind Räume oder Bereiche, ausgenommen Tankstellen, in Gebäuden oder im Freien, die dazu bestimmt sind, dass in ihnen entzündliche, leicht entzündliche oder hoch entzündliche Flüssigkeiten in ortsfesten oder ortsbeweglichen Behältern gelagert werden.

(12) Füllanlagen im Sinne dieser Verordnung sind:

1. *Anlagen, die dazu bestimmt sind, dass in ihnen Druckbehälter zum Lagern von Gasen mit Druckgasen aus ortsbeweglichen Druckgeräten befüllt werden;*

2. *Anlagen, die dazu bestimmt sind, dass in ihnen ortsbewegliche Druckgeräte mit Druckgasen befüllt werden, und*

3. *Anlagen, die dazu bestimmt sind, dass in ihnen Land-, Wasser- oder Luftfahrzeuge mit Druckgasen befüllt werden.*

(13) Füllstellen im Sinne dieser Verordnung sind ortsfeste Anlagen, die dazu bestimmt sind, dass in ihnen Transportbehälter mit entzündlichen, leicht entzündlichen oder hoch entzündlichen Flüssigkeiten befüllt werden.

(14) Tankstellen im Sinne dieser Verordnung sind ortsfeste Anlagen, die der Versorgung von Land-, Wasser- und Luftfahrzeugen mit entzündlichen, leicht entzündlichen oder hoch entzündlichen Flüssigkeiten dienen, einschließlich der Lager- und Vorratsbehälter.

(15) Flugfeldbetankungsanlagen im Sinne dieser Verordnung sind Anlagen oder Bereiche auf Flugfeldern, in denen Kraftstoffbehälter von Luftfahrzeugen aus Hydrantenanlagen oder Flugfeldtankwagen befüllt werden.

(16) Entleerstellen im Sinne dieser Verordnung sind Anlagen oder Bereiche, die dazu bestimmt sind, dass in ihnen mit entzündlichen, leicht entzündlichen oder hoch entzündlichen Flüssigkeiten gefüllte Transportbehälter entleert werden.

(17) Personen-Umlaufaufzüge (Paternoster) im Sinne dieser Verordnung sind Aufzugsanlagen, die ausschließlich dazu bestimmt sind, Personen zu befördern, und die so eingerichtet sind, dass Fahrkörbe an zwei endlosen Ketten aufgehängt sind und während des Betriebs ununterbrochen umlaufend bewegt werden.

(18) Bauaufzüge mit Personenbeförderung im Sinne dieser Verordnung sind auf Baustellen vorübergehend errichtete Aufzugsanlagen, die dazu bestimmt sind, Personen und Güter zu befördern, und deren Förderhöhe und Haltestellenzahl dem Baufortschritt angepasst werden kann.

(19) Mühlen-Bremsfahrstühle im Sinne dieser Verordnung sind Aufzugsanlagen, die dazu bestimmt sind, Güter oder Personen zu befördern, die von demjenigen beschäftigt werden, der die Anlage betreibt; bei Mühlen-Bremsfahrstühlen erfolgt der Antrieb über eine Aufwickeltrommel, die über ein vom Lastaufnahmemittel zu betätigendes Steuerseil für die Aufwärtsfahrt an eine laufende Friktionsscheibe gedrückt und für die Abwärtsfahrt von einem Bremsklotz abgehoben wird.

2.1.5.2 BetrSichV Abschnitt 2 – Gemeinsame Vorschriften für Arbeitsmittel

§ 3 Gefährdungsbeurteilung

(1) Der Arbeitgeber hat bei der Gefährdungsbeurteilung nach § 5 des Arbeitsschutzgesetzes unter Berücksichtigung der Anhänge 1 bis 5, des § 16 der Gefahrstoffverordnung und der allgemeinen Grundsätze des § 4 des Arbeitsschutzgesetzes die notwendigen Maßnahmen für die sichere Bereitstellung und Benutzung der Arbeitsmittel zu ermitteln. Dabei hat er insbesondere die Gefährdungen zu berücksichtigen, die mit der Benutzung des Arbeitsmittels selbst verbunden sind und die am Arbeitsplatz durch Wechselwirkungen der Arbeitsmittel untereinander oder mit Arbeitsstoffen oder der Arbeitsumgebung hervorgerufen werden.

(2) Kann nach den Bestimmungen des § 16 der Gefahrstoffverordnung die Bildung gefährlicher explosionsfähiger Atmosphären nicht sicher verhindert werden, hat der Arbeitgeber zu beurteilen

1. *die Wahrscheinlichkeit und die Dauer des Auftretens gefährlicher explosionsfähiger Atmosphären;*

2. *die Wahrscheinlichkeit des Vorhandenseins, der Aktivierung und des Wirksamwerdens von Zündquellen, einschließlich elektrostatischer Entladungen;*

3. *das Ausmaß der zu erwartenden Auswirkungen von Explosionen.*

(3) Für Arbeitsmittel sind insbesondere Art, Umfang und Fristen erforderlicher Prüfungen zu ermitteln. Ferner hat der Arbeitgeber die notwendigen Voraussetzungen zu ermitteln und festzulegen, welche die Personen erfüllen müssen, die von ihm mit der Prüfung oder Erprobung von Arbeitsmitteln zu beauftragen sind.

Gemäß § 3 der novellierten BetrSichV kommen vor allen Dingen folgende Aspekte zum Tragen:

(1) Der Arbeitgeber hat vor der Verwendung von Arbeitsmitteln die auftretenden Gefährdungen zu beurteilen (Gefährdungsbeurteilung) und daraus notwendige und geeignete Schutzmaßnahmen abzuleiten. Das Vorhandensein einer CE-Kennzeichnung am Arbeitsmittel entbindet nicht von der Pflicht zur Durchführung einer Gefährdungsbeurteilung. […]

(2) In die Beurteilung sind alle Gefährdungen einzubeziehen, die bei der Verwendung von Arbeitsmitteln ausgehen, und zwar von

1. *den Arbeitsmitteln selbst,*

2. *der Arbeitsumgebung und*

3. *den Arbeitsgegenständen, an denen Tätigkeiten mit Arbeitsmitteln durchgeführt werden.*

Bei der Gefährdungsbeurteilung sind weitere Hinweise zu berücksichtigen. Weiterhin wird gefordert, dass Höchstprüffristen nicht überschritten werden dürfen und vor der erstmaligen Verwendung der Arbeitsmittel das Ergebnis der Gefährdungsbeurteilung zu dokumentieren ist.

§ 4 Anforderungen an die Bereitstellung und Benutzung der Arbeitsmittel

(1) Der Arbeitgeber hat die nach den allgemeinen Grundsätzen des § 4 des Arbeitsschutzgesetzes erforderlichen Maßnahmen zu treffen, damit den Beschäftigten nur Arbeitsmittel bereitgestellt werden, die für die am Arbeitsplatz gegebenen Bedingungen geeignet sind und bei deren bestimmungsgemäßer Benutzung Sicherheit und Gesundheitsschutz gewährleistet sind. Ist es nicht möglich, demgemäß Sicherheit und Gesundheitsschutz der Beschäftigten in vollem Umfang zu gewährleisten, hat der Arbeitgeber geeignete Maßnahmen zu treffen, um eine Gefährdung so gering wie möglich zu halten. Die Sätze 1 und 2 gelten entsprechend für die Montage von Arbeitsmitteln, deren Sicherheit vom Zusammenbau abhängt.

Die Inhalte des § 4 werden in der novellierten BetrSichV im § 5 sinngemäß geregelt.

In der novellierten BetrSichV werden im

§ 4 Grundpflichten des Arbeitgebers

folgende Forderungen erhoben:

(1) Arbeitsmittel dürfen erst verwendet werden, nachdem der Arbeitgeber

1. eine Gefährdungsbeurteilung durchgeführt hat,

2. die dabei ermittelten Schutzmaßnahmen nach dem Stand der Technik getroffen hat

und

3. festgestellt hat, dass die Verwendung der Arbeitsmittel nach dem Stand der Technik sicher ist.

(2) Ergibt sich aus der Gefährdungsbeurteilung, dass Gefährdungen durch technische Schutzmaßnahmen nach dem Stand der Technik nicht oder nur unzureichend vermieden werden können, hat der Arbeitgeber geeignete organisatorische und personenbezogene Schutzmaßnahmen zu treffen. Technische Schutzmaßnahmen haben Vorrang vor organisatorischen, diese haben wiederum Vorrang vor personenbezogenen Schutzmaßnahmen. Die Verwendung persönlicher Schutzausrüstung ist für jeden Beschäftigten auf das erforderliche Minimum zu beschränken.

(2) Bei den Maßnahmen nach Abs. 1 sind die vom Ausschuss für Betriebssicherheit ermittelten und vom Bundesministerium für Arbeit und Sozialordnung im Bundesarbeitsblatt veröffentlichten Regeln und Erkenntnisse zu berücksichtigen. Die Maßnahmen müssen dem Ergebnis der Gefährdungsbeurteilung nach § 3 und dem Stand der Technik entsprechen.

(3) Der Arbeitgeber hat sicherzustellen, dass Arbeitsmittel nur benutzt werden, wenn sie gemäß den Bestimmungen dieser Verordnung für die vorgesehene Verwendung geeignet sind.

(4) Bei der Festlegung der Maßnahmen nach den Abs. 1 und 2 sind für die Bereitstellung und Benutzung von Arbeitsmitteln auch die ergonomischen Zusammenhänge zwischen Arbeitsplatz, Arbeitsmittel, Arbeitsorganisation, Arbeitsablauf und Arbeitsaufgabe zu berücksichtigen; dies gilt insbesondere für die Körperhaltung, die Beschäftigte bei der Benutzung der Arbeitsmittel einnehmen müssen.

§ 5 Explosionsgefährdete Bereiche

(1) Der Arbeitgeber hat explosionsgefährdete Bereiche im Sinne von § 2 Abs. 10 entsprechend Anhang 3 unter Berücksichtigung der Ergebnisse der Gefährdungsbeurteilung gemäß § 3 in Zonen einzuteilen.

(2) Der Arbeitgeber hat sicherzustellen, dass die Mindestvorschriften des Anhangs 4 angewendet werden.

§ 6 Explosionsschutzdokument

(1) Der Arbeitgeber hat unabhängig von der Zahl der Beschäftigten im Rahmen seiner Pflichten nach § 3 sicherzustellen, dass ein Dokument (Explosionsschutzdokument) erstellt und auf dem letzten Stand gehalten wird.

§ 7 Anforderungen an die Beschaffenheit der Arbeitsmittel

(1) **Der Arbeitgeber darf den Beschäftigten erstmalig nur Arbeitsmittel bereitstellen,** *die*

1. *solchen* **Rechtsvorschriften entsprechen,** *durch die Gemeinschaftsrichtlinien in deutsches Recht umgesetzt werden, oder,*

2. *wenn solche Rechtsvorschriften keine Anwendung finden, den sonstigen Rechtsvorschriften entsprechen, mind. jedoch den Vorschriften des Anhangs 1.*

(2) Arbeitsmittel, die den Beschäftigten vor dem 3. Oktober 2002 erstmalig bereitgestellt worden sind, müssen

1. *den im Zeitpunkt der erstmaligen Bereitstellung geltenden Rechtsvorschriften entsprechen, durch die Gemeinschaftsrichtlinien in deutsches Recht umgesetzt worden sind, oder,*

2. *wenn solche Rechtsvorschriften keine Anwendung finden, den im Zeitpunkt der erstmaligen Bereitstellung geltenden sonstigen Rechtsvorschriften entsprechen, mind. jedoch den Anforderungen des Anhangs 1 Nr. 1 und 2.*

Unbeschadet des Satzes 1 müssen die besonderen Arbeitsmittel nach Anhang 1 Nr. 3 spätestens am 1. Dezember 2002 mind. den Vorschriften des Anhangs 1 Nr. 3 entsprechen.

(3) Arbeitsmittel zur Verwendung in explosionsgefährdeten Bereichen müssen den Anforderungen des Anhangs 4 Abschnitt A und B entsprechen, wenn sie nach dem 30. Juni 2003 erstmalig im Unternehmen den Beschäftigten bereitgestellt werden.

(4) Arbeitsmittel zur Verwendung in explosionsgefährdeten Bereichen müssen ab dem 30. Juni 2003 den in Anhang 4 Abschnitt A aufgeführten Mindestvorschriften entsprechen, wenn sie vor diesem Zeitpunkt bereits verwendet oder erstmalig im Unternehmen den Beschäftigten bereitgestellt worden sind und

> 1. *keine Rechtsvorschriften anwendbar sind, durch die andere Richtlinien der Europäischen Gemeinschaften als die Richtlinie 1999/92/EG in nationales Recht umgesetzt werden, oder*
>
> 2. *solche Rechtsvorschriften nur teilweise anwendbar sind.*

(5) **Der Arbeitgeber hat die erforderlichen Maßnahmen zu treffen, damit die Arbeitsmittel während der gesamten Benutzungsdauer den Anforderungen der Abs. 1 bis 4 entsprechen.**

In der novellierten BetrSichV sind die hier gestellten Forderungen bereits über die §§ 3 und 4 (neu) geregelt.

§ 8 Sonstige Schutzmaßnahmen

Ist die Benutzung eines Arbeitsmittels mit einer besonderen Gefährdung für die Sicherheit oder Gesundheit der Beschäftigten verbunden, hat der Arbeitgeber die erforderlichen Maßnahmen zu treffen, damit die Benutzung des Arbeitsmittels den hierzu beauftragten Beschäftigten vorbehalten bleibt.

§ 9 Unterrichtung und Unterweisung *(wird in der novellierten BetrSichV über § 12 geregelt)*

(1) Bei der Unterrichtung der Beschäftigten nach § 81 des Betriebsverfassungsgesetzes und § 14 des Arbeitsschutzgesetzes hat der Arbeitgeber die erforderlichen Vorkehrungen zu treffen, damit den Beschäftigten

> 1. *angemessene Informationen, insbesondere zu den sie betreffenden Gefahren, die sich aus den in ihrer unmittelbaren Arbeitsumgebung vorhandenen Arbeitsmitteln ergeben, auch wenn sie diese Arbeitsmittel nicht selbst benutzen, und,*
>
> 2. *soweit erforderlich,* **Betriebsanweisungen** *für die bei der Arbeit benutzten Arbeitsmittel in für sie* **verständlicher Form und Sprache** *zur Verfügung stehen. Die Betriebsanweisungen müssen mind. Angaben über die Einsatzbedingungen, über absehbare Betriebsstörungen und über die bezüglich der Benutzung des Arbeitsmittels vorliegenden Erfahrungen enthalten.*

(2) Bei der Unterweisung nach § 12 des Arbeitsschutzgesetzes hat der Arbeitgeber die erforderlichen Vorkehrungen zu treffen, damit

1. *die Beschäftigten, die Arbeitsmittel benutzen, eine angemessene Unterweisung insbesondere über die mit der Benutzung verbundenen Gefahren erhalten und*

2. *die mit der Durchführung von Instandsetzungs-, Wartungs- und Umbauarbeiten beauftragten Beschäftigten eine angemessene spezielle Unterweisung erhalten.*

§ 10 Prüfung der Arbeitsmittel *(wird in der novellierten BetrSichV der § 14 regeln)*

*(1) Der Arbeitgeber hat sicherzustellen, dass die Arbeitsmittel, deren Sicherheit von den **Montagebedingungen** abhängt, nach der Montage und vor der ersten Inbetriebnahme sowie nach jeder Montage auf einer neuen Baustelle oder an einem neuen Standort geprüft werden. Die Prüfung hat den Zweck, sich von der ordnungsgemäßen Montage und der sicheren Funktion dieser Arbeitsmittel zu überzeugen. **Die Prüfung darf nur von hierzu befähigten Personen durchgeführt werden.***

*(2) Unterliegen Arbeitsmittel **Schäden verursachenden Einflüssen**, die zu gefährlichen Situationen führen können, hat der Arbeitgeber die Arbeitsmittel entsprechend den nach § 3 Abs. 3 ermittelten Fristen durch hierzu befähigte Personen überprüfen und erforderlichenfalls erproben zu lassen. Der Arbeitgeber hat Arbeitsmittel einer außerordentlichen Überprüfung durch hierzu befähigte Personen unverzüglich zu unterziehen, wenn **außergewöhnliche Ereignisse** stattgefunden haben, die schädigende Auswirkungen auf die Sicherheit des Arbeitsmittels haben können. Außergewöhnliche Ereignisse im Sinne des Satzes 2 können insbesondere Unfälle, Veränderungen an den Arbeitsmitteln, längere Zeiträume der Nichtbenutzung der Arbeitsmittel oder Naturereignisse sein. Die Maßnahmen nach den Sätzen 1 und 2 sind mit dem Ziel durchzuführen, Schäden rechtzeitig zu entdecken und zu beheben sowie die Einhaltung des sicheren Betriebs zu gewährleisten.*

*(3) Der Arbeitgeber hat sicherzustellen, dass Arbeitsmittel nach **Instandsetzungsarbeiten**, welche die Sicherheit der Arbeitsmittel beeinträchtigen können, durch befähigte Personen auf ihren sicheren Betrieb geprüft werden.*

(4) Der Arbeitgeber hat sicherzustellen, dass die Prüfungen auch den Ergebnissen der Gefährdungsbeurteilung nach § 3 genügen.

Anmerkung: Im § 14 der novellierten BetrSichV sind auch Forderungen hinsichtlich des Fälligkeitstermins enthalten, aber auch Forderungen zu den notwendigen Aufzeichnungen.

§ 11 Aufzeichnungen

*Der Arbeitgeber hat die Ergebnisse der Prüfungen nach § 10 aufzuzeichnen. Die zuständige Behörde kann verlangen, dass ihr diese Aufzeichnungen auch am Betriebsort zur Verfügung gestellt werden. Die Aufzeichnungen sind über einen angemessenen Zeitraum aufzubewahren, **mind. bis zur nächsten Prüfung**. Werden Arbeitsmittel, die § 10 Abs. 1 und 2 unterliegen, außerhalb des Unternehmens verwendet, ist ihnen ein Nachweis über die Durchführung der letzten Prüfung beizufügen.*

Anmerkung: In der novellierten BetrSichV sind diese Forderungen im § 14 enthalten.

2.1.5.3   BetrSichV Abschnitt 3 – Besondere Vorschriften für überwachungsbedürftige Anlagen

§ 12 Betrieb

(1) Überwachungsbedürftige Anlagen müssen nach dem Stand der Technik montiert, installiert und betrieben werden. Bei der Einhaltung des Stands der Technik sind die vom Ausschuss für Betriebssicherheit ermittelten und vom Bundesministerium für Arbeit und Sozialordnung im Bundesarbeitsblatt veröffentlichten Regeln und Erkenntnisse zu berücksichtigen.

(2) Überwachungsbedürftige Anlagen dürfen erstmalig und nach wesentlichen Veränderungen nur in Betrieb genommen werden,

1. *wenn sie den Anforderungen der Verordnungen nach § 4 Abs. 1 des Gerätesicherheitsgesetzes (neu: Geräte- und Produktsicherheitsgesetz) entsprechen, durch die die in § 1 Abs. 2 Satz 1 genannten Richtlinien in deutsches Recht umgesetzt werden, oder,*

2. *wenn solche Rechtsvorschriften keine Anwendung finden, sie den sonstigen Rechtsvorschriften, mind. dem Stand der Technik entsprechen.*

Überwachungsbedürftige Anlagen dürfen nach einer Änderung nur wieder in Betrieb genommen werden, wenn sie hinsichtlich der von der Änderung betroffenen Anlagenteile dem Stand der Technik entsprechen.

(3) Wer eine überwachungsbedürftige Anlage betreibt, hat diese in ordnungsgemäßem Zustand zu erhalten, zu überwachen, notwendige Instandsetzungs- oder Wartungsarbeiten unverzüglich vorzunehmen und die den Umständen nach erforderlichen Sicherheitsmaßnahmen zu treffen.

(4) Wer eine Aufzugsanlage betreibt, muss sicherstellen, dass auf Notrufe aus einem Fahrkorb in angemessener Zeit reagiert wird und Befreiungsmaßnahmen sachgerecht durchgeführt werden.

(5) Eine überwachungsbedürftige Anlage darf nicht betrieben werden, wenn sie Mängel aufweist, durch die Beschäftigte oder Dritte gefährdet werden können.

§ 14 Prüfung vor Inbetriebnahme

(1) Eine überwachungsbedürftige Anlage darf erstmalig und nach einer wesentlichen Veränderung nur in Betrieb genommen werden, wenn die Anlage unter Berücksichtigung der vorgesehenen Betriebsweise durch eine zugelassene Überwachungsstelle auf ihren ordnungsgemäßen Zustand hinsichtlich der Montage, der Installation, der Aufstellungsbedingungen und der sicheren Funktion geprüft worden ist.

(2) Nach einer Änderung darf eine überwachungsbedürftige Anlage im Sinne des § 1 Abs. 2 Satz 1 Nr. 1 bis 3 und 4 Buchstabe a bis c nur wieder in Betrieb genommen werden, wenn die Anlage hinsichtlich ihres Betriebs auf ihren ordnungsgemäßen Zustand durch eine zugelassene Überwachungsstelle geprüft worden ist, soweit der Betrieb oder die Bauart der Anlage durch die Änderung beeinflusst wird.

§ 15 Wiederkehrende Prüfungen

(1) Eine überwachungsbedürftige Anlage und ihre Anlagenteile sind in bestimmten Fristen wiederkehrend auf ihren ordnungsgemäßen Zustand hinsichtlich des Betriebs durch eine zugelassene Überwachungsstelle zu prüfen. Der Betreiber hat die Prüffristen der Gesamtanlage und der Anlagenteile auf der Grundlage einer sicherheitstechnischen Bewertung zu ermitteln. Eine sicherheitstechnische Bewertung ist nicht erforderlich, soweit sie im Rahmen einer Gefährdungsbeurteilung im Sinne von § 3 dieser Verordnung oder § 3 der Allgemeinen Bundesbergverordnung bereits erfolgt ist. § 14 Abs. 3 Sätze 1 und 2 finden entsprechende Anwendung.

(2) Prüfungen nach Abs. 1 Satz 1 bestehen aus einer technischen Prüfung, die an der Anlage selbst unter Anwendung der Prüfregeln vorgenommen wird, und einer Ordnungsprüfung. Bei Anlagenteilen von Dampfkesselanlagen, Druckbehälteranlagen außer Dampfkesseln, Anlagen zur Abfüllung von verdichteten, verflüssigten oder unter Druck gelösten Gasen, Leitungen unter innerem Überdruck für entzündliche, leicht entzündliche, hoch entzündliche, ätzende oder giftige Gase, Dämpfe oder Flüssigkeiten sind Prüfungen, die aus äußeren Prüfungen, inneren Prüfungen und Festigkeitsprüfungen bestehen, durchzuführen.

(3) Bei der Festlegung der Prüffristen nach Abs. 1 dürfen die in den Absätzen 5 bis 9 und 12 bis 16 für die Anlagenteile genannten Höchstfristen nicht überschritten werden. Der Betreiber hat die Prüffristen der Anlagenteile und der Gesamtanlage der zuständigen Behörde innerhalb von sechs Monaten nach Inbetriebnahme der Anlage unter Beifügung anlagenspezifischer Daten mitzuteilen. Satz 2 findet keine Anwendung auf überwachungsbedürftige Anlagen, die ausschließlich in § 14 Abs. 3 Satz 1 genannte Anlagenteile enthalten.

(4) Soweit die Prüfungen nach Abs. 1 von zugelassenen Überwachungsstellen vorzunehmen sind, unterliegt die Ermittlung der Prüffristen durch den Betreiber einer Überprüfung durch eine zugelassene Überwachungsstelle. Ist eine vom Betreiber ermittelte Prüffrist länger als die von einer zugelassenen Überwachungsstelle ermittelte Prüffrist, darf die überwachungsbedürftige Anlage bis zum Ablauf der von der zugelassenen Überwachungsstelle ermittelten Prüffrist betrieben werden; die zuge-

lassene Überwachungsstelle unterrichtet die zuständige Behörde über die unterschiedlichen Prüffristen. Die zuständige Behörde legt die Prüffrist fest. Für ihre Entscheidung kann die Behörde ein Gutachten einer im Einvernehmen mit dem Betreiber auszuwählenden anderen zugelassenen Überwachungsstelle heranziehen, dessen Kosten der Betreiber zu tragen hat.

§ 19 Prüfbescheinigungen

(1) Über das Ergebnis der nach diesem Abschnitt vorgeschriebenen oder angeordneten Prüfungen sind Prüfbescheinigungen zu erteilen. Soweit die Prüfung von befähigten Personen durchgeführt wird, ist das Ergebnis aufzuzeichnen.

(2) Bescheinigungen und Aufzeichnungen nach Abs. 1 sind am Betriebsort der überwachungsbedürftigen Anlage aufzubewahren und der zuständigen Behörde auf Verlangen vorzuzeigen.

§ 20 Mängelanzeige

Hat die zugelassene Überwachungsstelle bei einer Prüfung Mängel festgestellt, durch die Beschäftigte oder Dritte gefährdet werden, so hat sie dies der zuständigen Behörde unverzüglich mitzuteilen.

§ 21 Zugelassene Überwachungsstellen

(1) Zugelassene Überwachungsstellen für die nach diesem Abschnitt vorgeschriebenen oder angeordneten Prüfungen sind Stellen nach § 14 Abs. 1 und 2 des Gerätesicherheitsgesetzes.

(2) Voraussetzungen für die Akkreditierung einer zugelassenen Überwachungsstelle sind über die Anforderungen des § 14 Abs. 5 des Gerätesicherheitsgesetzes hinaus:

1. Es muss eine Haftpflichtversicherung mit einer Deckungssumme von mind. 2,5 Mio. € bestehen;

2. sie muss mind. die Prüfung aller überwachungsbedürftigen Anlagen vornehmen können;

3. sie muss eine Leitung haben, welche die Gesamtverantwortung dafür trägt, dass die Prüftätigkeiten in Übereinstimmung mit den Bestimmungen dieser Verordnung durchgeführt werden;

4. sie muss ein angemessenes wirksames Qualitätssicherungssystem mit regelmäßiger interner Auditierung anwenden;

5. sie darf die mit den Prüfungen beschäftigten Personen nur mit solchen Aufgaben betrauen, bei deren Erledigung ihre Unparteilichkeit gewahrt bleibt;

6. die Vergütung für die mit den Prüfungen beschäftigten Personen darf nicht unmittelbar von der Anzahl der durchgeführten Prüfungen und nicht von deren Ergebnissen abhängen.

(3) Als zugelassene Überwachungsstellen können Prüfstellen von Unternehmen im Sinne von § 14 Abs. 5 Satz 3 des Gerätesicherheitsgesetzes benannt werden, wenn die Voraussetzungen des Absatzes 2 Nr. 3 bis 6 erfüllt sind.

2.1.5.4 BetrSichV Abschnitt 4 – Gemeinsame Vorschriften, Schlussvorschriften

§ 24 Ausschuss für Betriebssicherheit

(1) Zur Beratung in allen Fragen des Arbeitsschutzes für die Bereitstellung und Benutzung von Arbeitsmitteln und für den Betrieb überwachungsbedürftiger Anlagen wird beim Bundesministerium für Arbeit und Sozialordnung der Ausschuss für Betriebssicherheit gebildet, in dem sachverständige Mitglieder der öffentlichen und privaten Arbeitgeber, der Länderbehörden, der Gewerkschaften, der Träger der gesetzlichen Unfallversicherung, der Wissenschaft und der zugelassenen Stellen angemessen vertreten sein sollen. Die Gesamtzahl der Mitglieder soll 21 Personen nicht überschreiten. Die Mitgliedschaft im Ausschuss für Betriebssicherheit ist ehrenamtlich.

(4) Zu den Aufgaben des Ausschusses gehört es,

1. dem Stand der Technik, Arbeitsmedizin und Hygiene entsprechende Regeln und sonstige gesicherte arbeitswissenschaftliche Erkenntnisse

   a) für die Bereitstellung und Benutzung von Arbeitsmitteln sowie

   b) für den Betrieb überwachungsbedürftiger Anlagen unter Berücksichtigung der für andere Schutzziele vorhandenen Regeln und, soweit dessen Zuständigkeiten berührt sind, in Abstimmung mit dem technischen Ausschuss für Anlagensicherheit nach § 31a Abs. 1 des Bundes-Immissionsschutzgesetzes

   zu ermitteln,

2. Regeln zu ermitteln, wie die in dieser Verordnung gestellten Anforderungen erfüllt werden können, und

3. das Bundesministerium für Arbeit und Sozialordnung in Fragen der betrieblichen Sicherheit zu beraten.

Bei der Wahrnehmung seiner Aufgaben soll der Ausschuss die allgemeinen Grundsätze des Arbeitsschutzes nach § 4 des Arbeitsschutzgesetzes berücksichtigen.

§ 25 Ordnungswidrigkeiten

(1) Ordnungswidrig im Sinne des § 25 Abs. 1 Nr. 1 des Arbeitsschutzgesetzes handelt, wer vorsätzlich oder fahrlässig

1. *entgegen § 10 Abs. 1 Satz 1 nicht sicherstellt, dass die Arbeitsmittel geprüft werden,*
2. *entgegen § 10 Abs. 2 Satz 1 ein Arbeitsmittel nicht oder nicht rechtzeitig prüfen lässt oder*
3. *entgegen § 10 Abs. 2 Satz 2 ein Arbeitsmittel einer außerordentlichen Überprüfung nicht oder nicht rechtzeitig unterzieht.*

(2) Ordnungswidrig im Sinne des § 16 Abs. 2 Nr. 1 Buchstabe a des Gerätesicherheitsgesetzes handelt, wer vorsätzlich oder fahrlässig

1. *entgegen § 15 Abs. 3 Satz 2 eine Mitteilung nicht, nicht richtig, nicht vollständig oder nicht rechtzeitig macht oder*
2. *entgegen § 18 Abs. 1 eine Anzeige nicht, nicht richtig, nicht vollständig oder nicht rechtzeitig erstattet.*

(3) Ordnungswidrig im Sinne des § 16 Abs. 2 Nr. 1 Buchstabe b des Gerätesicherheitsgesetzes (neu: Geräte- und Produktsicherheitsgesetz) handelt, wer vorsätzlich oder fahrlässig

1. *eine überwachungsbedürftige Anlage*

   a) *entgegen § 12 Abs. 5 betreibt oder*

   b) *entgegen § 14 Abs. 1 oder 2 oder § 15 Abs. 20 in Betrieb nimmt,*
2. *ohne Erlaubnis nach § 13 Abs. 1 Satz 1 eine dort genannte Anlage betreibt,*
3. *entgegen § 15 Abs. 1 Satz 1 eine überwachungsbedürftige Anlage oder einen Anlagenteil nicht, nicht richtig, nicht vollständig oder nicht rechtzeitig prüft oder*
4. *entgegen § 16 Abs. 3 eine vollziehbar angeordnete Prüfung nicht oder nicht rechtzeitig veranlasst.*

§ 26 Straftaten

(1) Wer durch eine in § 25 Abs. 1 bezeichnete vorsätzliche Handlung Leben oder Gesundheit eines Beschäftigten gefährdet, ist nach § 26 Nr. 2 des Arbeitsschutzgesetzes strafbar.

(2) Wer eine in § 25 Abs. 3 bezeichnete Handlung beharrlich wiederholt oder durch eine solche Handlung Leben oder Gesundheit eines anderen oder fremde Sachen von bedeutendem Wert gefährdet, ist nach § 17 des Gerätesicherheitsgesetzes (neu: Geräte- und Produktsicherheitsgesetz) strafbar.

Anhang 1 – Mindestvorschriften für Arbeitsmittel gemäß § 7 Abs. 1 Nr. 2

1. Vorbemerkung

Die Anforderungen dieses Anhangs gelten nach Maßgabe dieser Verordnung in den Fällen, in denen mit der Benutzung des betreffenden Arbeitsmittels eine entsprechende Gefährdung für Sicherheit und Gesundheit der Beschäftigten verbunden ist. Für bereits in Betrieb genommene Arbeitsmittel braucht der Arbeitgeber zur Erfüllung der nachstehenden Mindestvorschriften nicht die Maßnahmen gemäß den grundlegenden Anforderungen für neue Arbeitsmittel zu treffen, wenn

a) der Arbeitgeber eine andere, ebenso wirksame Maßnahme trifft oder

b) die Einhaltung der grundlegenden Anforderungen im Einzelfall zu einer unverhältnismäßigen Härte führen würde und die Abweichung mit dem Schutz der Beschäftigten vereinbar ist.

2. Allgemeine Mindestvorschriften für Arbeitsmittel

2.1 Befehlseinrichtungen von Arbeitsmitteln, die Einfluss auf die Sicherheit haben, müssen deutlich sichtbar und als solche identifizierbar sein und ggf. entsprechend gekennzeichnet werden. [...]

2.2 Das Ingangsetzen eines Arbeitsmittels darf nur durch absichtliche Betätigung einer hierfür vorgesehenen Befehlseinrichtung möglich sein. [...]

2.3 Kraftbetriebene Arbeitsmittel müssen mit einer Befehlseinrichtung zum sicheren Stillsetzen des gesamten Arbeitsmittels ausgerüstet sein. [...]

2.4 Kraftbetriebene Arbeitsmittel müssen mit mind. einer Notbefehlseinrichtung versehen sein. [...]

2.5 Ist beim Arbeitsmittel mit herabfallenden oder herausschleudernden Gegenständen zu rechnen, müssen geeignete Schutzvorrichtungen vorhanden sein.

2.6 Arbeitsmittel und ihre Teile müssen durch Befestigung oder auf anderem Weg gegen eine unbeabsichtigte Positions- und Lageänderung stabilisiert sein.

2.7 Die verschiedenen Teile eines Arbeitsmittels sowie die Verbindungen untereinander müssen den Belastungen aus inneren Kräften und äußeren Lasten standhalten können.

2.8 Arbeitsmittel müssen mit Schutzeinrichtungen ausgestattet sein, die den unbeabsichtigten Zugang zum Gefahrenbereich von beweglichen Teilen verhindern oder welche die beweglichen Teile vor dem Erreichen des Gefahrenbereichs stillsetzen. Die Schutzeinrichtungen

- müssen stabil gebaut sein,
- dürfen keine zusätzlichen Gefährdungen verursachen,
- dürfen nicht auf einfache Weise umgangen oder unwirksam gemacht werden können,

- *müssen ausreichend Abstand zum Gefahrenbereich haben,*
- *dürfen die Beobachtung des Arbeitszyklus nicht mehr als notwendig einschränken,*
- *müssen die für Einbau oder Austausch von Teilen sowie für die Instandhaltungs- und Wartungsarbeiten erforderlichen Eingriffe möglichst ohne Demontage der Schutzeinrichtungen zulassen, wobei der Zugang auf den für die Arbeit notwendigen Bereich beschränkt sein muss.*

2.9 Die Arbeits- bzw. Instandsetzungs- und Wartungsbereiche des Arbeitsmittels müssen entsprechend den vorzunehmenden Arbeiten ausreichend beleuchtet sein.

2.10 Sehr heiße oder sehr kalte Teile eines Arbeitsmittels müssen mit Schutzeinrichtungen versehen sein, die verhindern, dass die Beschäftigten die betreffenden Teile berühren oder ihnen gefährlich nahe kommen.

2.11 Warneinrichtungen und Kontrollanzeigen eines Arbeitsmittels müssen leicht wahrnehmbar und unmissverständlich sein.

2.12 Instandsetzungs- und Wartungsarbeiten müssen bei Stillstand des Arbeitsmittels vorgenommen werden können. Wenn dies nicht möglich ist, müssen für ihre Durchführung geeignete Schutzmaßnahmen ergriffen werden können, oder die Instandsetzung und Wartung muss außerhalb des Gefahrenbereichs erfolgen können. Sind Instandsetzungs- und Wartungsarbeiten unter angehobenen Teilen oder Arbeitseinrichtungen erforderlich, so müssen diese mit geeigneten Einrichtungen gegen Herabfallen gesichert werden können. Können in Arbeitsmitteln nach dem Trennen von jeder Energiequelle in Systemen mit Speicherwirkung noch Energien gespeichert sein, so müssen Einrichtungen vorhanden sein, mit denen diese Systeme energiefrei gemacht werden können. Diese Einrichtungen müssen gekennzeichnet sein. Ist ein vollständiges Energiefreimachen nicht möglich, müssen entsprechende Gefahrenhinweise an Arbeitsmitteln vorhanden sein.

2.13 Arbeitsmittel müssen mit deutlich erkennbaren Vorrichtungen (z. B. Hauptbefehlseinrichtungen) ausgestattet sein, mit denen sie von jeder einzelnen Energiequelle getrennt werden können. Beim Wiederingangsetzen dürfen die betreffenden Beschäftigten keiner Gefährdung ausgesetzt sein. Diese Vorrichtungen (z. B. Hauptbefehlseinrichtungen) müssen gegen unbefugtes oder irrtümliches Betätigen zu sichern sein; dabei ist die Trennung einer Steckverbindung nur dann ausreichend, wenn die Kupplungsstelle vom Bedienungsstand überwacht werden kann.

Diese Vorrichtungen, ausgenommen Steckverbindungen, dürfen jeweils nur eine „Aus"- und „Ein"-Stellung haben.

2.14 Arbeitsmittel müssen zur Gewährleistung der Sicherheit der Beschäftigten mit den dazu erforderlichen Kennzeichnungen (z. B. Hersteller, technische Daten) oder Gefahrenhinweisen versehen sein.

2.15 Bei Produktions-, Einstellungs-, Instandsetzungs- und Wartungsarbeiten an Arbeitsmitteln muss für die Beschäftigten ein sicherer Zugang zu allen hierfür notwendigen Stellen vorhanden sein.

An diesen Stellen muss ein gefahrloser Aufenthalt möglich sein.

2.16 Arbeitsmittel müssen für den Schutz der Beschäftigten gegen Gefährdung durch Brand oder Erhitzung des Arbeitsmittels oder durch Freisetzung von Gas, Staub, Flüssigkeiten, Dampf oder anderen Stoffen ausgelegt werden, die in Arbeitsmitteln erzeugt, verwendet oder gelagert werden.

2.17 Arbeitsmittel müssen so ausgelegt sein, dass jegliche Explosionsgefahr, die von den Arbeitsmitteln selbst oder von Gasen, Flüssigkeiten, Stäuben, Dämpfen und anderen freigesetzten oder verwendeten Substanzen ausgeht, vermieden wird.

2.18 Arbeitsmittel müssen mit einem Schutz gegen direktes oder indirektes Berühren spannungsführender Teile ausgelegt sein.

2.19 Arbeitsmittel müssen gegen Gefährdungen aus der von ihnen verwendeten nicht elektrischen Energie (z. B. hydraulische, pneumatische, thermische) ausgelegt sein.

Leitungen, Schläuche und andere Einrichtungen zum Erzeugen oder Fortleiten dieser Energien müssen so verlegt sein, dass mechanische, thermische oder chemische Beschädigungen vermieden werden.

Anhang 2 – Mindestvorschriften zur Verbesserung der Sicherheit und des Gesundheitsschutzes der Beschäftigten bei der Benutzung von Arbeitsmitteln

1. Vorbemerkung

Die im Folgenden aufgeführten Mindestanforderungen zur Bereitstellung und Benutzung von Arbeitsmitteln sind bei der Gefährdungsbeurteilung nach § 3 einzubeziehen.

2. Allgemeine Mindestvorschriften

2.1 Der Arbeitgeber beschafft die erforderlichen Informationen, die Hinweise zur sicheren Bereitstellung und Benutzung der Arbeitsmittel geben. Er wählt die unter den Umständen seines Betriebs für die sichere Bereitstellung und Benutzung der Arbeitsmittel bedeutsamen Informationen aus und bezieht sie bei der Festlegung der Schutzmaßnahmen ein. Er bringt den Beschäftigten die erforderlichen Informationen zur Kenntnis.

Diese sind bei der Benutzung der Arbeitsmittel zu beachten.

2.2 Die Arbeitsmittel sind so bereitzustellen und zu benutzen, dass Gefährdungen für Beschäftigte durch physikalische, chemische und biologische Einwirkungen vermieden werden.

Insbesondere muss gewährleistet sein, dass

- *Arbeitsmittel nicht für Arbeitsgänge und unter Bedingungen eingesetzt werden, für die sie entsprechend der Betriebsanleitung des Herstellers nicht geeignet sind,*
- *der Auf- und Abbau der Arbeitsmittel entsprechend den Hinweisen des Herstellers sicher durchgeführt werden kann,*
- *genügend freier Raum zwischen beweglichen Bauteilen der Arbeitsmittel und festen oder beweglichen Teilen in ihrer Umgebung vorhanden ist,*
- *alle verwendeten oder erzeugten Energieformen und Materialien sicher zugeführt und entfernt werden können.*

Können Gefährdungen für Beschäftigte bei der Benutzung von Arbeitsmitteln nicht vermieden werden, so sind angemessene Maßnahmen festzulegen und umzusetzen.

2.3 Bei der Benutzung der Arbeitsmittel müssen die Schutzeinrichtungen benutzt werden und dürfen nicht unwirksam gemacht werden.

2.4 Der Arbeitgeber hat Vorkehrungen zu treffen, damit

- *bei der Benutzung der Arbeitsmittel eine angemessene Beleuchtung gewährleistet ist;*

- *die Arbeitsmittel vor der Benutzung auf Mängel überprüft werden und während der Benutzung, soweit möglich, Mängelfreiheit gewährleistet ist. Bei Feststellung von Mängeln, die Auswirkungen auf die Sicherheit der Beschäftigten haben, dürfen die Arbeitsmittel nicht benutzt werden. Werden derartige Mängel während der Benutzung festgestellt, dürfen die Arbeitsmittel nicht weiter benutzt werden;*

- *Änderungs-, Instandsetzungs- und Wartungsarbeiten nur bei Stillstand des Arbeitsmittels vorgenommen werden. Das Arbeitsmittel und seine beweglichen Teile sind während dieser Arbeiten gegen Einschalten und unbeabsichtigte Bewegung zu sichern. Ist es nicht möglich, die Arbeiten bei Stillstand des Arbeitsmittels durchzuführen, so sind angemessene Maßnahmen zu treffen, welche die Gefährdung für die Beschäftigten verringern. Maßnahmen der Instandsetzung und Wartung sind zu dokumentieren; sofern ein Wartungsbuch zu führen ist, sind die Eintragungen auf dem neuesten Stand zu halten;*

- *zur Vermeidung von Gefährdungen bei der Benutzung von Arbeitsmitteln an den Arbeitsmitteln oder in der Umgebung angemessene, verständliche und gut wahrnehmbare Kennzeichnungen und Gefahrenhinweise angebracht werden. Diese müssen von den Beschäftigten beachtet werden;*

- *die Benutzung von Arbeitsmitteln im Freien angepasst an die Witterungsverhält-nisse so erfolgt, dass Sicherheit und Gesundheitsschutz der Beschäftigten ge-währleistet ist.*

2.5 Die Benutzung der Arbeitsmittel bleibt dazu geeigneten, unterwiesenen oder be-auftragten Beschäftigten vorbehalten. Trifft dies für Beschäftigte nicht zu, dürfen diese Arbeitsmittel nur unter Aufsicht der Beschäftigten nach Satz 1 benutzt werden.

2.6 Die Arbeitsmittel sind so aufzubewahren, dass deren sicherer Zustand erhalten bleibt.

2.7 Bei der Benutzung von Arbeitsmitteln müssen angemessene Möglichkeiten zur Verständigung sowie Warnung bestehen und bei Bedarf genutzt werden, um Gefähr-dungen für die Beschäftigten abzuwenden. Signale müssen leicht wahrnehmbar und unmissverständlich sein. Sie sind ggf. zwischen den beteiligten Beschäftigten zu ver-einbaren.

Anhang 3 – Zoneneinteilung explosionsgefährdeter Bereiche

1. Vorbemerkung

Die nachfolgende Zoneneinteilung gilt für Bereiche, in denen Vorkehrungen gemäß den §§ 3, 4 und 6 getroffen werden müssen. Aus dieser Einteilung ergibt sich der Umfang der zu ergreifenden Vorkehrungen nach Anhang 4 Abschnitt A. Schichten, Ablagerungen und Aufhäufungen von brennbarem Staub sind wie jede andere Ursa-che, die zur Bildung einer gefährlichen explosionsfähigen Atmosphäre führen kann, zu berücksichtigen. Als Normalbetrieb gilt der Zustand, in dem Anlagen innerhalb ihrer Auslegungsparameter benutzt werden.

2. Zoneneinteilung

Explosionsgefährdete Bereiche werden nach Häufigkeit und Dauer des Auftretens von gefährlicher explosionsfähiger Atmosphäre in Zonen unterteilt.

2.1 Zone 0 ist ein Bereich, in dem gefährliche explosionsfähige Atmosphäre als Ge-misch aus Luft und brennbaren Gasen, Dämpfen oder Nebeln ständig, über lange Zeiträume oder häufig vorhanden ist.

2.2 Zone 1 ist ein Bereich, in dem sich bei Normalbetrieb gelegentlich eine gefähr-liche explosionsfähige Atmosphäre als Gemisch aus Luft und brennbaren Gasen, Dämpfen oder Nebeln bilden kann.

2.3 Zone 2 ist ein Bereich, in dem bei Normalbetrieb eine gefährlich explosionsfähige Atmosphäre als Gemisch aus Luft und brennbaren Gasen, Dämpfen oder Nebeln normalerweise nicht oder aber nur kurzzeitig auftritt.

2.4 Zone 20 ist ein Bereich, in dem gefährliche explosionsfähige Atmosphäre in Form einer Wolke aus in der Luft enthaltenem brennbaren Staub ständig, über lange Zeit-räume oder häufig vorhanden ist.

2.5 Zone 21 ist ein Bereich, in dem sich bei Normalbetrieb gelegentlich eine gefähr-
liche explosionsfähige Atmosphäre in Form einer Wolke aus in der Luft enthaltenem
brennbaren Staub bilden kann.

2.6 Zone 22 ist ein Bereich, in dem bei Normalbetrieb eine gefährliche explosions-
fähige Atmosphäre in Form einer Wolke aus in der Luft enthaltenem brennbaren Staub
normalerweise nicht oder aber nur kurzzeitig auftritt.

Anhang 4

A. Mindestvorschriften zur Verbesserung der Sicherheit und des Gesundheits-
schutzes der Beschäftigten, die durch gefährliche explosionsfähige Atmosphäre
gefährdet werden können

[...]

B. Kriterien für die Auswahl von Geräten und Schutzsystemen

[...]

Anhang 5 – Prüfung besonderer Druckgeräte nach § 17

Übersicht

  1. Außenliegende Heiz- oder Kühleinrichtungen

  2. Druckgeräte mit Gaspolster in Druckflüssigkeitsanlagen

  3. Druckgeräte elektrischer Schaltgeräte und -anlagen

  4. Druckgeräte in Kälteanlagen und Wärmepumpenanlagen

  5. Schalldämpfer

  6. Druckgeräte für Feuerlöschgeräte und Löschmittelbehälter

  7. Druckgeräte mit Auskleidung oder Ausmauerung

  8. Druckgeräte mit Einbauten

  9. Ortsfeste Druckgeräte für körnige oder staubförmige Güter

  10. Fahrzeugbehälter für flüssige, körnige oder staubförmige Güter

  11. Druckgeräte für nicht korrodierend wirkende Gase oder Gasgemische

  12. Druckgeräte für Gase oder Gasgemische mit Betriebstemperaturen unter –10 °C

  13. Druckgeräte für Gase oder Gasgemische in flüssigem Zustand

  14. Rotierende dampfbeheizte Zylinder

  15. Steinhärtekessel

  16. Druckgeräte aus Glas

  17. Staubfilter in Gasleitungen

  18. Druckgeräte in Wärmeübertragungsanlagen

  19. Versuchsautoklaven

20. *Heizplatten in Wellpappenerzeugungsanlagen*

21. *Wassererwärmungsanlagen für Trink- oder Brauchwasser*

22. *Pneumatische Weinpressen (Membranpressen, Schlauchpressen)*

23. *Plattenwärmetauscher*

24. *Lagerbehälter für Getränke*

25. *Verwendungsfertige Aggregate*

26. *Druckgeräte mit Schnellverschlüssen*

2.2 Technische Regeln für Betriebssicherheit (TRBS)

Da das Regelwerk der TRBS relativ neu ist, ist es hier angebracht, einige Zusammenhänge darzustellen und auch Regeln anzuführen, die zum besseren Verständnis des Gesamtzusammenhangs beitragen sollen.

So gibt die TRBS 1001 [1.10] die Struktur und die Anwendung der TRBS wieder. Daraus kann dann auch entnommen werden, welchen Stellenwert die neuen TRBS für die gesamte Thematik haben. Die für dieses Thema wichtigen TRBS werden nachfolgend dargestellt.

Vorbemerkung zu den folgenden TRBS (gilt allgemein): Diese technischen Regeln für Betriebssicherheit (TRBS) geben den Stand der Technik, Arbeitsmedizin und Hygiene entsprechende Regeln und sonstige gesicherte arbeitswissenschaftliche Erkenntnisse für die Bereitstellung und Benutzung von Arbeitsmitteln sowie für den Betrieb überwachungsbedürftiger Anlagen wieder. Sie werden vom Ausschuss für Betriebssicherheit [3.7, 3.8] und vom Bundesministerium für Arbeit und Soziales (BMAS, [3.9]) u. a. im Bundesarbeitsblatt (Erscheinen im Jahr 2006 eingestellt, [7]) dem Bundesanzeiger [8] sowie im Gemeinsamen Ministerialblatt (GMBl., [9]) bekannt gemacht.

Die **technische Regel konkretisiert die Betriebssicherheitsverordnung** (BetrSichV, [1.1]) hinsichtlich der Ermittlung und Bewertung von Gefährdungen sowie der Ableitung von geeigneten Maßnahmen. Bei Anwendung der beispielhaft genannten Maßnahmen kann der Arbeitgeber insoweit die Vermutung der Einhaltung der Vorschriften der Betriebssicherheitsverordnung für sich geltend machen. Wählt der Arbeitgeber eine andere Lösung, hat er gleichwertige Erfüllung der Verordnung schriftlich nachzuweisen.

2.2.1 TRBS 1001 – Struktur und Anwendung der technischen Regeln für Betriebssicherheit

Bekanntmachung des Bundesministeriums für Arbeit und Soziales vom 15. September 2006; BAnz. 232a vom 9.12.2006 (TRBS 1001, [1.10]).

1 Die technischen Regeln für Betriebssicherheit

1.1 Ermittlung von TRBS

Die technischen Regeln für Betriebssicherheit werden auf Grundlage von § 24 der Betriebssicherheitsverordnung (BetrSichV) ermittelt. Sie geben dem Stand der Technik, Arbeitsmedizin und Hygiene entsprechende Regeln und sonstige gesicherte arbeitswissenschaftliche Erkenntnisse für die Bereitstellung und Benutzung von Arbeitsmitteln sowie den Betrieb überwachungsbedürftiger Anlagen wieder. Die technischen Regeln werden vom Ausschuss für Betriebssicherheit ermittelt, der Entwicklung entsprechend angepasst und vom Bundesministerium für Arbeit und Soziales im Bundesarbeitsblatt und im Bundesanzeiger bekannt gemacht.

1.2 Berücksichtigung von TRBS

Der Arbeitgeber hat bei der Gefährdungsbeurteilung nach § 3 der BetrSichV die notwendigen Maßnahmen für die sichere Bereitstellung und Benutzung der Arbeitsmittel zu ermitteln. Dabei hat er insbesondere die Gefährdungen zu berücksichtigen, die mit der Bereitstellung und Benutzung des Arbeitsmittels selbst verbunden sind und die am Arbeitsplatz durch Wechselwirkungen der Arbeitsmittel untereinander oder mit Arbeitsstoffen oder der Arbeitsumgebung hervorgerufen werden. Der Betreiber einer überwachungsbedürftigen Anlage hat nach § 12 der BetrSichV für den sicheren Betrieb zu sorgen.

Durch die technischen Regeln zur Betriebssicherheitsverordnung werden die jeweiligen Verpflichtungen näher bestimmt.

Die Vermutungswirkung geht von der Anwendung der beispielhaft genannten Maßnahmen aus. Weicht ein Arbeitgeber von den in einer TRBS beispielhaft genannten Maßnahmen ab, so kann er den geforderten Nachweis einer gleichwertigen Erfüllung der Verordnung z. B. durch Dokumentation der Ergebnisse der Gefährdungsbeurteilung, durch Begehungsprotokolle oder durch kommentierte Betriebsanleitungen leisten.

Öffentlich-rechtliche Sicherheitsvorschriften, wie die BetrSichV und das Haftungsrecht, sind getrennte Rechtsgebiete. Die Erfüllung der Anforderungen der BetrSichV ist eine Grundvoraussetzung, um im Haftungsfall ein regelkonformes Handeln nachweisen zu können. Im Haftungsfall ist dies aber ggf. nicht ausreichend. Wenn trotz Einhaltung der sicherheitstechnischen Regeln Gefahren erkennbar sind, haben Arbeitgeber oder Betreiber hierauf zu reagieren und erforderlichenfalls weitere Maßnahmen zu ergreifen.

2 Aufbau der technischen Regeln

2.1 Gefährdungsorientierter Ansatz

Das Ergebnis der Gefährdungsbeurteilung ist entscheidend für die vom Arbeitgeber zu treffenden Maßnahmen bei der Bereitstellung und Benutzung von Arbeitsmitteln.

Gleiches gilt für das Ergebnis der sicherheitstechnischen Bewertung durch den Betreiber für den Betrieb überwachungsbedürftiger Anlagen.

Die technischen Regeln sollen dem Arbeitgeber Hilfestellung für die von ihm durchzuführende Gefährdungsbeurteilung oder dem Betreiber für die sicherheitstechnische Bewertung sowie für die zu treffenden Maßnahmen geben. Die technischen Regeln beschreiben gefährdungsabhängig die gesetzlichen Schutzziele und nennen beispielhafte Maßnahmen. Mit diesem modularen Aufbau wird erreicht, dass ein widerspruchsfreies, kohärentes Regelwerk für alle Arbeitsmittel sowie für überwachungsbedürftige Anlagen entsteht.

Nicht Gegenstand der technischen Regeln sind Gefährdungen, die allein von Gefahrstoffen gemäß § 3 der Gefahrstoffverordnung herrühren und deren daraus resultierende Gefährdungen gemäß § 7 Gefahrstoffverordnung ermittelt werden.

2.2 Gruppen technischer Regeln

Das Regelwerk enthält allgemeine und gefährdungsbezogene Regeln. Lösungen für technische Einzelprobleme werden nur im Ausnahmefall aufgezeigt. Allgemeine Regeln (1 000er-Reihe) behandeln zum einen die Sachverhalte, die Gültigkeit für das gesamte Regelwerk haben (z. B. Begriffe) und zum anderen Verfahrensregeln. Verfahrensregeln vermitteln dem Arbeitgeber/Betreiber in geeigneter Form, was und wie er etwas zu tun hat und wen er zu beteiligen oder zu beauftragen hat. Dabei werden Systematik und Lösungsansätze beschrieben.

Die gefährdungsbezogenen Regeln (2 000er-Reihe) geben hinsichtlich einer Gefährdungsart Hilfestellung bei der Ermittlung und Bewertung der Gefährdung und nennen beispielhafte Maßnahmen.

In Ausnahmefällen können auch spezifische Regeln für Arbeitsmittel, überwachungsbedürftige Anlagen oder Tätigkeiten festgelegt werden (3 000er-Reihe).

3 Gliederung des Regelwerks

Technische Regeln werden entsprechend der folgenden thematischen Gliederung in das Regelwerk eingefügt:

1   Allgemeines und Grundlagen (TRBS 1001 ... 1009)
1.1   Methodisches Vorgehen
1.1.1 Gefährdungsbeurteilung und sicherheitstechnische Bewertung (TRBS 1111 ... 1119)
1.1.2 Änderung und wesentliche Veränderung (TRBS 1121 ... 1129)
1.1.3 Dokumentation (TRBS 1131 ... 1139)
1.1.4 Information und Kennzeichnung (TRBS 1141 ... 1149)
1.1.5 Ergonomische Zusammenhänge (TRBS 1151 ... 1159)
1.2   Prüfungen (TRBS 1201 ... 1209)
1.3   Erfassung und Behandlung von Unfällen und Schadensfällen (TRBS 1301 ... 1309)

4 Anwendung der TRBS

4.1 Anwendung

Der Arbeitgeber hat die bei der Bereitstellung und Benutzung von Arbeitsmitteln auftretenden Gefährdungen zu ermitteln. Ebenso hat der Betreiber die beim Betrieb überwachungsbedürftiger Anlagen auftretenden Gefährdungen zu ermitteln. Die einzelne TRBS gibt Hilfestellung bei der Ermittlung und Bewertung der jeweiligen Gefährdung und nennt beispielhaft Maßnahmen. Die Festlegung der notwendigen Maßnahmen für die Bereitstellung und Benutzung des Arbeitsmittels oder für den Betrieb der überwachungsbedürftigen Anlage ergibt sich dann aus der Summe dieser Einzelbetrachtungen.

4.2 Auslösen der Vermutungswirkung

Eine TRBS wird veröffentlicht und entfaltet bei Anwendung der beispielhaft genannten Maßnahmen ihre Vermutungswirkung.

2.2.2 TRBS 1111 – Gefährdungsbeurteilung und sicherheitstechnische Bewertung

Bekanntmachung des Bundesministeriums für Arbeit und Soziales vom 15. September 2006; BAnz. 232a vom 9.12.2006 (TRBS 1111, [1.2]).

1 Anwendungsbereich

Diese technische Regel beschreibt die Vorgehensweise zur Ermittlung und Bewertung von Gefährdungen sowie zur Ableitung der notwendigen Maßnahmen für

- *die Bereitstellung von Arbeitsmitteln,*
- *die Benutzung von Arbeitsmitteln und*
- *das Betreiben überwachungsbedürftiger Anlagen.*

1.1 Gefährdungsbeurteilung

Der Arbeitgeber hat die notwendigen Maßnahmen für die sichere Bereitstellung und Benutzung der Arbeitsmittel auf der Grundlage einer Gefährdungsbeurteilung nach § 5 des Arbeitsschutzgesetzes in Verbindung mit § 3 BetrSichV zu ermitteln. Dabei sind auch überwachungsbedürftige Anlagen zu berücksichtigen, die als Arbeitsmittel von Beschäftigten bei der Arbeit benutzt werden.

1.2 Sicherheitstechnische Bewertung

Gemäß § 12 Abs. 1 BetrSichV hat der Betreiber eine überwachungsbedürftige Anlage nach dem Stand der Technik zu montieren, zu installieren und zu betreiben. Nach Abs. 3 hat er die Anlage in ordnungsgemäßem Zustand zu erhalten, zu überwachen, notwendige Instandsetzungs- oder Wartungsarbeiten unverzüglich vorzunehmen und die den Umständen nach erforderlichen Sicherheitsmaßnahmen zu treffen. Eine überwachungsbedürftige Anlage darf nicht betrieben werden, wenn sie Mängel aufweist, durch die Beschäftigte oder Dritte gefährdet werden können (§ 12 Abs. 5 Betr-SichV).

Zur Erfüllung dieser Verpflichtungen hat der Betreiber die notwendigen Maßnahmen für das sichere Betreiben einer überwachungsbedürftigen Anlage auf der Grundlage einer sicherheitstechnischen Bewertung festzulegen. Die Ermittlung der Prüffristen nach § 15 Abs. 1 BetrSichV erfolgt auf der Grundlage dieser Bewertung. Eine gesonderte sicherheitstechnische Bewertung ist nicht erforderlich, soweit sie bereits im Rahmen der Gefährdungsbeurteilung im Sinne von § 3 BetrSichV erfolgt ist.

2 Verantwortung

Für die Durchführung der Gefährdungsbeurteilung ist der Arbeitgeber, für die Durchführung der sicherheitstechnischen Bewertung ist der Betreiber verantwortlich. Sie können sich fachkundig beraten lassen (z. B. durch Fachkräfte für Arbeitssicherheit und Betriebsärzte). Dies wird dem Arbeitgeber oder Betreiber empfohlen, sofern er nicht selbst über die erforderlichen Kenntnisse verfügt.

Hinsichtlich der Beteiligungsrechte des Betriebsrats/Personalrats gelten die Bestimmungen des Betriebsverfassungsgesetzes.

3 Gefährdungsbeurteilung

3.1 Bereitstellung von Arbeitsmitteln

Ziel der Ermittlung und Bewertung der Gefährdungen bei der Bereitstellung von Arbeitsmitteln ist die Auswahl eines geeigneten Arbeitsmittels, bei dessen bestimmungsgemäßer Benutzung Sicherheit und Gesundheitsschutz der Beschäftigten gewährleistet sind. Dabei hat der Arbeitgeber die ergonomischen Erfordernisse zu berücksichtigen.

Die Bereitstellung umfasst auch Montagearbeiten, wie den Zusammenbau eines Arbeitsmittels, einschließlich der für die sichere Benutzung erforderlichen Installationsarbeiten. Die dadurch auftretenden Gefährdungen sind bei der Auswahl des Arbeitsmittels zu berücksichtigen.

Weiterhin hat der Arbeitgeber die Anforderungen an das bereitzustellende Arbeitsmittel hinsichtlich möglicher Wechselwirkungen des Arbeitsmittels mit bereits vorhandenen Arbeitsmitteln, Arbeitsstoffen und der Arbeitsumgebung zu ermitteln. Diese sind dahingehend zu bewerten, ob hierdurch neue Gefährdungen (z. B. beengte Raumverhältnisse durch Aufstellen einer zusätzlichen Maschine) auftreten oder bereits vorhandene Gefährdungen (z. B. bereits vorhandene Lärmquellen) verändert werden.

Für Arbeitsmittel, deren Sicherheit vom Zusammenbau und der Installation abhängt, müssen außerdem die Gefährdungen ermittelt und bewertet werden, die sich aus der Montage ergeben können und die erforderlichen Maßnahmen festgelegt werden, um eine sichere Benutzung zu gewährleisten.

Auf Grundlage der Bewertung sind die Anforderungen an das Arbeitsmittel und die Voraussetzungen für seine Bereitstellung festzulegen. Bei komplexen Arbeitsmitteln sind Vorgaben für die Herstellung (Einsatz bestimmter Werkstoffe, Berücksichtigung sich anschließender fertigungstechnischer Einheiten) im Hinblick auf die sichere Benutzung und den sicheren Betrieb sinnvoll, z. B. in Form eines Pflichtenhefts.

3.2 Benutzung von Arbeitsmitteln

Ziel der Ermittlung und Bewertung der Gefährdungen bei der Benutzung von Arbeitsmitteln ist die Ableitung notwendiger Maßnahmen einschließlich notwendiger Prüfungen, um Sicherheit und Gesundheitsschutz der Beschäftigten bei der Benutzung der Arbeitsmittel gemäß § 2 Abs. 3 BetrSichV zu gewährleisten. Dabei sind auch Gefährdungen durch Betriebsstörungen und bei der Störungssuche zu berücksichtigen.

Gegenstand der Ermittlung und Bewertung sind die Gefährdungen, die von der Benutzung des Arbeitsmittels selbst ausgehen (z. B. durch Funkenflug bei einem Handschleifgerät) wie auch Gefährdungen, die durch Wechselwirkungen mit anderen Arbeitsmitteln, mit Arbeitsstoffen oder der Arbeitsumgebung (z. B. durch Lichtbögen beim Schweißen) hervorgerufen werden.

Bei der Ermittlung und Bewertung der Gefährdungen sind die Fähigkeiten und die Eignung der Beschäftigten, die das Arbeitsmittel benutzen, einzubeziehen.

3.3 Durchführung der Gefährdungsbeurteilung und Folgemaßnahmen

3.3.1 Allgemeines

Das Arbeitsschutzgesetz (ArbSchG) verpflichtet den Arbeitgeber dazu, zu ermitteln, ob Gefährdungen für Sicherheit und Gesundheit am Arbeitsplatz bestehen und diese zu bewerten. Auf dieser Grundlage hat er die notwendigen Maßnahmen zu treffen und die Wirksamkeit der Maßnahmen zu überprüfen. Diese Gefährdungsbeurteilung nach § 5 ArbSchG wird durch die Anforderungen der BetrSichV für die Bereitstellung und Benutzung von Arbeitsmitteln konkretisiert.

*In dieser TRBS 1111 wird der grundsätzliche Ablauf zur Ermittlung und Bewertung der Gefährdungen sowie zur Ableitung von Maßnahmen beschrieben (**Bild 2.1**). Die gefährdungsbezogenen technischen Regeln (2 000er-Reihe) können für die jeweils identifizierte Gefährdung konkrete Hilfestellung zur Ermittlung und Bewertung geben. Bezogen auf die Gefährdung nennen sie beispielhaft Maßnahmen, wie der Gefährdung begegnet werden kann.*

Der Umfang und die Methodik der Gefährdungsbeurteilung orientiert sich an der Art des einzelnen Arbeitsmittels und den betrieblichen Gegebenheiten. Bei gleichartigen Arbeitsmitteln und Gefährdungen reicht die Durchführung der Gefährdungsbeurteilung für ein Arbeitsmittel aus.

Bei Änderungen an Arbeitsmitteln, Arbeitsstoffen, der Arbeitsumgebung oder bei dem das Arbeitsmittel benutzenden Personal ist zu prüfen, ob sich diese auf die Ergebnisse der bestehenden Gefährdungsbeurteilung auswirken und ob in deren Folge zusätzliche oder ergänzende Maßnahmen erforderlich sind. Ebenso können neue Erkenntnisse, z. B. aufgrund von Prüfungen, Unfällen oder Schadensfällen, dies erfordern.

3.3.2 Informationen beschaffen

Zur Vorbereitung der Gefährdungsbeurteilung hat der Arbeitgeber die erforderlichen Informationen zu beschaffen, z. B. über

- *rechtliche Grundlagen,*
- *vorliegende Gefährdungsbeurteilungen,*
- *Hersteller- und Lieferinformationen,*
- *Informationen zu Arbeitsstoffen und zur Arbeitsumgebung,*
- *Erfahrungen der Beschäftigten,*
- *das Unfallgeschehen und*
- *Fähigkeiten und Eignung der Beschäftigten, die das Arbeitsmittel benutzen.*

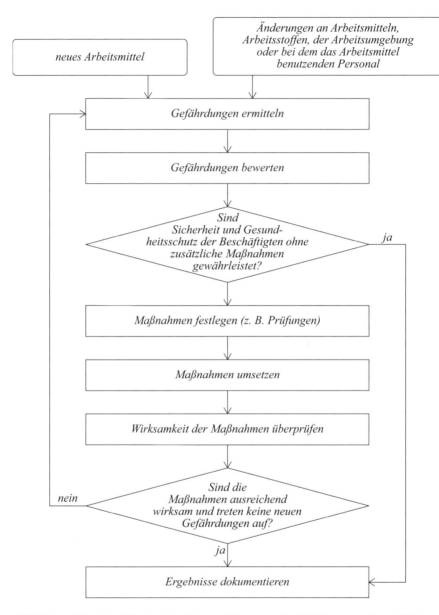

Bild 2.1 *Grundsätzlicher Ablauf zur Ermittlung und Bewertung der Gefährdungen sowie zur Ableitung von Maßnahmen (Bild 1 in TRBS 1111, [1.2])*

68

3.3.3 Gefährdungen ermitteln

Zur Ermittlung von Gefährdungen muss geprüft werden, ob durch die Bereitstellung oder Benutzung des zu betrachtenden Arbeitsmittels Beeinträchtigungen der Sicherheit und Gesundheit der Beschäftigten zu erwarten sind.

Gefährdungen sind z. B.

- *mechanische Gefährdungen,*
- *Gefährdungen durch Absturz von Personen, Lasten oder Materialien,*
- *elektrische Gefährdungen,*
- *Gefährdungen durch Dampf und Druck,*
- *Brand- und Explosionsgefährdung,*
- *thermische Gefährdungen und*
- *Gefährdungen durch physikalische Einwirkungen, z. B. Lärm, Erschütterungen.*

Dabei sind die Gefährdungen, die von dem Arbeitsmittel selbst ausgehen können oder die durch Wechselwirkungen mit anderen Arbeitsmitteln, Arbeitsstoffen oder mit der Arbeitsumgebung auftreten können, zu berücksichtigen.

3.3.4 Gefährdungen bewerten

Die ermittelten Gefährdungen sind dahingehend zu bewerten, ob Sicherheit und Gesundheitsschutz der Beschäftigten ohne weitere Maßnahmen gewährleistet sind. Ist dies nicht der Fall, sind die notwendigen zusätzlichen Maßnahmen festzulegen. Hierbei sind die gefährdungsbezogenen technischen Regeln als Entscheidungsmaßstab zu berücksichtigen.

Darüber hinaus können beispielsweise folgende Quellen zur Bewertung herangezogen werden:

- *Betriebserfahrungen und eigene Einschätzungen,*
- *Betriebsanleitungen,*
- *Vorschriften und Regelwerke der Unfallversicherungsträger,*
- *Expertenmeinungen,*
- *Messergebnisse.*

3.3.5 Maßnahmen festlegen

Als Ergebnis der Beurteilung der Gefährdungen legt der Arbeitgeber die notwendigen Maßnahmen fest. Die Maßnahmen dienen dazu, die Gefährdung zu vermeiden oder hinreichend zu begrenzen. Bei der Festlegung von Maßnahmen sind die allgemeinen Grundsätze nach § 4 ArbSchG zu berücksichtigen. Die nachfolgenden Maßnahmen sind in der vorliegenden Rangfolge auf Realisierbarkeit zu prüfen:

1. *Vermeidung der Gefährdung,*
2. *verbleibende Gefährdung möglichst gering halten,*

3. *Schutz vor Gefährdung durch Einsatz technischer Maßnahmen,*
4. *Personen aus dem Gefahrenbereich fernhalten,*
5. *schulen und unterweisen,*
6. *Schutz vor Gefährdungen durch Einsatz persönlicher Schutzausrüstung.*

Dabei sind die Zusammenhänge zwischen Arbeitsplatz, Arbeitsmittel, Arbeitsorganisation, Arbeitsablauf und Arbeitsaufgabe zu berücksichtigen. Die gefährdungsbezogenen technischen Regeln (2 000er-Reihe) berücksichtigen, bezogen auf die jeweilige konkrete Gefährdung, diese Rangfolge bei den genannten Maßnahmen.

Für Prüfungen der Arbeitsmittel ist die konkrete Vorgehensweise zur Ermittlung von Prüfart, Prüfumfang und Prüffrist sowie der Auswahl der mit der Prüfung zu beauftragenden Person in der TRBS 1201 beschrieben. Anforderungen an die Auswahl der befähigten Person sind in der TRBS 1203 enthalten.

Als Ergebnis der Beurteilung der Gefährdungen können auch Anforderungen an die Qualifikation der Beschäftigten, die das Arbeitsmittel benutzen, festgelegt werden (z. B. Benutzung eines Gabelstaplers nur durch geschulte Personen).

3.3.6 Maßnahmen umsetzen

Der Arbeitgeber hat die Voraussetzungen zu schaffen und dafür zu sorgen, dass die festgelegten Maßnahmen umgesetzt und eingehalten werden.

3.3.7 Wirksamkeit der Maßnahmen überprüfen

Bei der Kontrolle der Wirksamkeit muss der Arbeitgeber insbesondere feststellen, ob

- *die Maßnahmen geeignet und ausreichend wirksam sind und*
- *sich aus diesen Maßnahmen keine neuen Gefährdungen ergeben haben.*

Wird festgestellt, dass die Maßnahmen nicht ausreichend wirksam sind oder sich daraus neue Gefährdungen ergeben, muss der beschriebene Prozess der Gefährdungsbeurteilung erneut durchlaufen werden (Bild 2.1).

3.3.8 Dokumentation

Die Dokumentation nach § 6 ArbSchG muss darauf geprüft werden, ob Ergänzungen im Hinblick auf die Ermittlung der Prüffristen nach Art, Frist, Umfang und Prüfpersonen für Arbeitsmittel nach § 3 Abs. 3 BetrSichV notwendig sind.

Bei gleichartigen Arbeitsmitteln und Gefährdungen ist es ausreichend, wenn die Dokumentation zusammengefasste Angaben enthält.

4 Sicherheitstechnische Bewertung überwachungsbedürftiger Anlagen

Zur Erfüllung seiner Verpflichtungen nach § 12 BetrSichV ermittelt der Betreiber die notwendigen Maßnahmen für das sichere Betreiben einer überwachungsbedürftigen Anlage in einer sicherheitstechnischen Bewertung zum Schutz Beschäftigter oder Dritter. Die Ermittlung der Prüffristen nach § 15 Abs. 1 BetrSichV erfolgt auf der

Grundlage dieser Bewertung. Der folgende Ablauf der sicherheitstechnischen Bewertung berücksichtigt auch den Fall, dass der Betreiber nicht Arbeitgeber ist und deshalb nicht den Abschnitt 2 der BetrSichV zu berücksichtigen hat. Der folgende Ablauf kann entfallen, soweit die Aspekte der sicherheitstechnischen Bewertung bereits vollständig in einer Gefährdungsbeurteilung berücksichtigt sind.

4.1 Informationen beschaffen

Zur Vorbereitung hat der Betreiber einer überwachungsbedürftigen Anlage die erforderlichen Informationen zu beschaffen, z. B. über

- *rechtliche Grundlagen,*

- *vorliegende sicherheitstechnische Bewertungen und Gefährdungsbeurteilungen,*

- *Hersteller- und Lieferinformationen,*

- *die Personen, denen die überwachungsbedürftige Anlage nicht als Arbeitsmittel bereitgestellt wurde, die aber die Anlage nutzen,*

- *Personen, die durch den Betrieb der überwachungsbedürftigen Anlage gefährdet werden können und*

- *das Unfall- und Schadensgeschehen.*

4.2 Gefährdungen ermitteln

Es sind die Gefährdungen zu ermitteln, die beim Betrieb einer überwachungsbedürftigen Anlage auftreten können. Hierzu können z. B. gehören:

- *mechanische Gefährdungen,*

- *Gefährdungen durch Absturz von Personen, Lasten oder Materialien,*

- *elektrische Gefährdungen,*

- *Gefährdungen durch Dampf und Druck,*

- *Brand- und Explosionsgefährdung,*

- *thermische Gefährdungen und*

- *Gefährdungen durch physikalische Einwirkungen.*

Dabei sind die Gefährdungen, die von dem Betrieb einer überwachungsbedürftigen Anlage selbst ausgehen können oder die durch Wechselwirkungen mit anderen Anlagen oder der Umgebung entstehen können, zu berücksichtigen.

4.3 Gefährdungen bewerten

Die ermittelten Gefährdungen sind dahingehend zu bewerten, ob der Schutz von Beschäftigten oder Dritten ohne zusätzliche Maßnahmen gewährleistet ist. Ist dies nicht der Fall, sind die notwendigen Maßnahmen festzulegen. Hierbei sind die technischen Regeln als Entscheidungsmaßstab zu berücksichtigen. Darüber hinaus können beispielsweise folgende Quellen zur Bewertung herangezogen werden:

- *Betriebserfahrungen und eigene Einschätzungen,*

71

- *Angaben zur Auslegung und Fertigung sowie Betriebsanleitungen,*
- *Expertenmeinungen,*
- *Ergebnisse aus Prüfungen.*

4.4 Maßnahmen festlegen

Maßnahmen dienen dazu, den sicheren Betrieb einer überwachungsbedürftigen Anlage zu gewährleisten. Dazu gehören

- *Sicherstellung des Betriebs innerhalb der festgelegten Parameter,*
- *Festlegung von Prüfungen (Art und Umfang der Prüfung, Prüffristen, Auswahl der Prüfer, soweit nicht vom Gesetzgeber vorgegeben),*
- *Instandsetzungs- und Wartungsarbeiten und*
- *Information, z. B. Verbots- oder Hinweisschilder.*

Für Prüfungen der überwachungsbedürftigen Anlage ist die konkrete Vorgehensweise zur Ermittlung von Prüfart, Prüfumfang und Prüffrist sowie der Auswahl der neben der zugelassenen Überwachungsstelle mit Prüfungen zu beauftragenden Personen in der TRBS 1201 beschrieben. Anforderungen an die Auswahl der befähigten Person sind in der TRBS 1203 enthalten.

4.5 Maßnahmen umsetzen

Der Betreiber der überwachungsbedürftigen Anlage hat die Voraussetzungen zu schaffen und dafür zu sorgen, dass die festgelegten Maßnahmen umgesetzt und eingehalten werden.

4.6 Wirksamkeit der Maßnahmen überprüfen

Bei der Kontrolle der Wirksamkeit muss der Betreiber insbesondere feststellen, ob

- *die Maßnahmen geeignet und ausreichend wirksam sind und*
- *sich aus diesen Maßnahmen keine neuen Gefährdungen ergeben haben.*

Wurde festgestellt, dass die Maßnahmen nicht ausreichend wirksam sind oder sich daraus neue Gefährdungen ergeben haben, muss der beschriebene Prozess der sicherheitstechnischen Bewertung erneut durchlaufen werden.

2.2.3 TRBS 1201 – Prüfungen von Arbeitsmitteln und überwachungsbedürftigen Anlagen

Bekanntmachung des Bundesministeriums für Arbeit und Soziales vom 15. September 2006; BAnz. 232a vom 9.12.2006 – zuletzt geändert am 24. Juni 2014; GMBl. Nr. 43 vom 7.8.2014 (TRBS 1201, [1.3]).

1 Anwendungsbereich

Diese Technische Regel konkretisiert die Betriebssicherheitsverordnung (BetrSichV) hinsichtlich

1. der Ermittlung und Festlegung von Art, Umfang und Fristen erforderlicher Prüfungen nach den Bestimmungen des Abschnitts 2 oder 3 der BetrSichV,

2. der Verfahrensweise zur Bestimmung der mit der Prüfung zu beauftragenden Person oder zugelassenen Überwachungsstelle,

3. der Durchführung der Prüfungen und

4. der Erstellung der ggf. erforderlichen Aufzeichnungen oder Bescheinigungen.

2 Begriffsbestimmungen

2.1 Prüfung

(1) Die Prüfung eines Prüfgegenstands umfasst

1. die Ermittlung des Istzustands,

2. den Vergleich des Istzustands mit dem Sollzustand sowie

3. die Bewertung der Abweichung des Istzustands vom Sollzustand.

(2) Der Istzustand umfasst den durch die Prüfung festgestellten Zustand des Prüfgegenstands.

(3) Der Sollzustand ist der vom Arbeitgeber bzw. Betreiber festgelegte sichere Zustand des Prüfgegenstands, welcher sich bei Arbeitsmitteln aus dem Ergebnis der Gefährdungsbeurteilung ergibt.

(4) In dieser TRBS wird davon ausgegangen, dass die Begriffe Prüfungen und Überprüfungen nach der Betriebssicherheitsverordnung als inhaltlich gleich anzusehen sind.

2.2 Prüfart

(1) Prüfarten werden unterschieden nach der Methode und dem Verfahren der Durchführung.

Prüfarten sind

1. Ordnungsprüfungen,

2. technische Prüfungen.

(2) Bei der Ordnungsprüfung wird insbesondere festgestellt, ob

- die zur Durchführung der Prüfung erforderlichen Unterlagen vorhanden und schlüssig sind,

- der Prüfgegenstand gemäß dem Ergebnis der Gefährdungsbeurteilung eingesetzt und verwendet wird,

- die erforderlichen Prüfparameter definiert sind (Prüfumfang, Prüffrist),

- *die technischen Unterlagen mit der Ausführung übereinstimmen,*
- *die Beschaffenheit des Prüfgegenstands oder die Betriebsbedingungen seit der letzten Prüfung geändert worden sind,*
- *die von der Behörde ggf. geforderten Auflagen im Erlaubnis- oder Genehmigungsbescheid eingehalten sind.*

(3) Bei der technischen Prüfung werden die sicherheitstechnisch relevanten Merkmale eines Prüfgegenstands auf Zustand, Vorhandensein und ggf. Funktion am Objekt selbst mit geeigneten Verfahren geprüft. Hierzu gehören beispielsweise die folgenden Prüfarten:

- *äußere oder innere Sichtprüfung,*
- *Funktions- und Wirksamkeitsprüfung,*
- *Prüfung mit Mess- und Prüfmitteln,*
- *labortechnische Untersuchung,*
- *zerstörungsfreie Prüfung,*
- *Prüfung mit datentechnisch verknüpften Messsystemen (z. B. Online-Überwachung).*

(4) Geeignete Prüfverfahren sind solche, die den Zweck der Prüfung gemäß Abschnitt 2.1 zuverlässig erfüllen und dem Stand der Technik entsprechen. Die Prüfaussage der Prüfverfahren muss aussagekräftig und nachvollziehbar sein.

2.3 Prüfumfang

Der Prüfumfang umfasst sowohl die Auswahl der Prüfgegenstände (z. B. Komponenten, Stichproben) als auch die Tiefe der jeweiligen Prüfung.

2.4 Prüffrist

Die Prüffrist ist der festgelegte Zeitraum zwischen zwei Prüfungen. Sie muss so festgelegt werden, dass der Prüfgegenstand nach allgemein zugänglichen Erkenntnisquellen und betrieblichen Erfahrungen im Zeitraum zwischen zwei Prüfungen sicher benutzt werden kann.

2.5 Prüfgegenstand

Prüfgegenstand können Arbeitsmittel, überwachungsbedürftige Anlagen oder Teile hiervon sein.

3 Ermittlung und Festlegung erforderlicher Prüfungen

3.1 Allgemeines

(1) Durch Prüfungen ist insbesondere sicherzustellen, dass Arbeitsmittel den Anforderungen der Verordnung entsprechen. Entsprechendes gilt für den Betrieb überwachungsbedürftiger Anlagen. Für die einzelnen Prüfungen sind Prüfart, Prüfumfang und ggf. Prüffristen unter Berücksichtigung der jeweiligen Beanspruchung festzule-

74

gen. Wenn Arbeitsmittel Schäden verursachenden Einflüssen unterliegen, die zu gefährlichen Situationen führen können, können die Anforderungen nach § 10 Abs. 2 Satz 1 BetrSichV auch durch ständige Überwachung erfüllt werden. Arbeitsmittel gelten als ständig überwacht, wenn sie unter verantwortlicher Einbeziehung der befähigten Person durch qualifiziertes Fachpersonal instand gehalten werden und durch messtechnische Maßnahmen überwacht werden. Dabei muss sichergestellt sein, dass Schäden rechtzeitig entdeckt werden können.

(2) Ausgehend von der Gefährdungsbeurteilung und den Maßgaben des Abschnitts 3 der BetrSichV hat der Arbeitgeber bzw. der Betreiber die im Hinblick auf Prüfungen zutreffenden

- *Informationen des Herstellers des Arbeitsmittels bzw. der überwachungsbedürftigen Anlage,*

- *Regelwerke und weitere Erkenntnisse der gesetzlichen Unfallversicherungsträger,*

- *Erkenntnisse der staatlichen Arbeitsschutzverwaltungen (z. B. Veröffentlichungen des LASI),*

- *frei zugänglichen Erkenntnisse der zugelassenen Überwachungsstellen oder von notifizierten Stellen,*

- *betrieblichen Erfahrungen,*

- *relevanten Informationen zu den einzuhaltenden Anforderungen dem Stand der Technik entsprechend*

zu berücksichtigen.

(3) Die Prüfungen nach BetrSichV beinhalten nicht die Prüfungen, welche vom Hersteller oder Inverkehrbringer im Zuge des zutreffenden Konformitätsbewertungsverfahrens nach den Vorschriften zum Inverkehrbringen durchzuführen sind.

3.2 Festlegung des Sollzustands

Der Arbeitgeber bzw. der Betreiber legt den Sollzustand gemäß den Anforderungen der BetrSichV für die sichere Bereitstellung und Benutzung des Arbeitsmittels, für den sicheren Betrieb der überwachungsbedürftigen Anlage sowie für die Überprüfungen nach Anhang 4 Abschnitt A Nr. 3.8 BetrSichV fest. Bei der Festlegung des Sollzustands berücksichtigt er z. B.

- *Informationen des Herstellers zum Prüfgegenstand, z. B. Betriebsanleitung,*

- *Rechtsvorschriften und technische Regeln mit Anforderungen an Arbeitsmittel und überwachungsbedürftige Anlagen,*

- *standardisierte oder vereinbarte Betriebsbedingungen wie Herstellerspezifikationen, Sicherheitsabstände, Umgebungsbedingungen wie Klima und Beleuchtung, Schallleistungspegel, Leistungsaufnahme, zulässige Abnutzungsraten, erforderliche Schutzeinrichtungen wie Lichtschranken, Kontaktleisten, Schutzgitter,*

- *Grenzbedingungen (z. B. Drehzahl, Geschwindigkeiten, Lasten, Bearbeitungs-zeiträume) und*
- *Betriebsabläufe.*

Beispiel für die Festlegung des Sollzustands: Erforderliche Schutzart einer Boden-leuchte mind. IP55 zum Einsatz auf Baustellen.

3.3 Festlegung der mit der Prüfung zu beauftragenden Person

(1) Nach § 3 Abs. 3 BetrSichV hat der Arbeitgeber zu ermitteln und festzulegen, wel-che Voraussetzungen die Personen erfüllen müssen, die von ihm mit Prüfungen von Arbeitsmitteln beauftragt werden.

(2) Überprüfungen von Arbeitsmitteln nach Anhang 2 Nr. 2.4 BetrSichV sind als re-gelmäßige Kontrollen in Form von Sichtprüfungen (z. B. auf Vollständigkeit, ord-nungsgemäße Befestigung, ordnungsgemäßen Zustand, Schutzwirkung) oder als einfache Funktionsprüfungen zu verstehen.

(3) Nach den §§ 10, 14 und 15 BetrSichV sind vom Arbeitgeber bzw. vom Betreiber befähigte Personen oder zugelassene Überwachungsstellen mit der Prüfung zu be-auftragen. Nach Anhang 4 Abschnitt A Nr. 3.8 BetrSichV sind befähigte Personen mit besonderen Kenntnissen auf dem Gebiet des Explosionsschutzes mit der Überprü-fung zu beauftragen.

*(4) Die in der Betriebssicherheitsverordnung sowie in der TRBS 1203 genannten Konkretisierungen sind zu beachten bzw. zu berücksichtigen (siehe **Bild 2.2**).*

3.3.1 Festlegen der Personen, die Überprüfungen von Arbeitsmitteln nach Anhang 2 Nr. 2.4 BetrSichV durchführen sollen

(1) Im Rahmen seiner Gefährdungsbeurteilung legt der Arbeitgeber fest, bei welchen Arbeitsmitteln und in welchem Umfang Überprüfungen im Sinne von Kontrollen durch vom Arbeitgeber unterwiesene Beschäftigte nach Anhang 2 Nr. 2.4. BetrSichV durchgeführt werden müssen.

(2) Für die Durchführung von Überprüfungen nach Anhang 2 Nr. 2.4 BetrSichV hat der Arbeitgeber Beschäftigte so ausreichend und so angemessen zu unterweisen, dass sie in der Lage sind, die Kontrollen vor und während der Arbeit durchzuführen und dabei Mängel zu erkennen.

(3) Bei diesen Kontrollen ist in der Regel davon auszugehen, dass

- *Gefährdungen, die vom Prüfgegenstand ausgehen, ohne oder mit einfachen Hilfs-mitteln offensichtlich feststellbar sind,*
- *der Sollzustand einfach vermittelbar ist,*
- *der Istzustand leicht erkennbar ist,*
- *der Prüfumfang nur wenige Prüfschritte umfasst und*
- *die Abweichung zwischen Ist- und Sollzustand einfach bewertbar ist.*

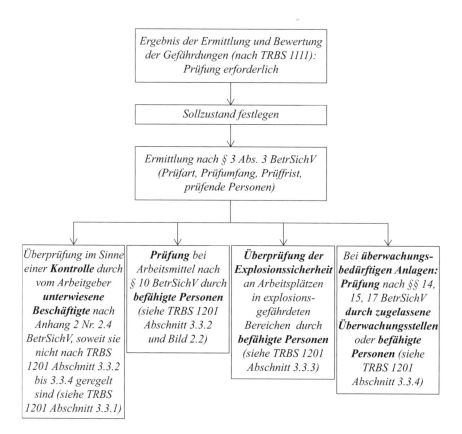

Bild 2.2 *Mit der Prüfung zu beauftragende Personen (Bild 1 in TRBS 1201, [1.3])*

(4) Gleiches gilt für den Betreiber einer überwachungsbedürftigen Anlage, der für den ordnungsgemäßen Betrieb seiner Anlage Maßnahmen zur Einhaltung des ordnungsgemäßen Zustands treffen muss.

(5) Das Ergebnis einer Überprüfung (Kontrolle) kann eine eingehendere Prüfung erforderlich machen (siehe Abschnitt 3.3.2, 3.3.3 oder 3.3.4).

3.3.2 Festlegung der mit Prüfungen nach § 10 BetrSichV zu beauftragenden befähigten Personen

(1) Die Anforderungen an befähigte Personen sind in der TRBS 1203 konkretisiert.

*(2) Die Prüfung des Arbeitsmittels durch eine befähigte Person (siehe **Bild 2.3**) ist erforderlich nach*

1. *§ 10 Abs. 1 Satz 1 BetrSichV, wenn die Sicherheit der Arbeitsmittel von den Montagebedingungen abhängt,*

2. *§ 10 Abs. 2 Satz 1 BetrSichV, wenn die Arbeitsmittel Schäden verursachenden Einflüssen unterliegen, die zu gefährlichen Situationen führen können,*

3. *§ 10 Abs. 2 Satz 2 BetrSichV, wenn außergewöhnliche Ereignisse stattgefunden haben, die schädigende Auswirkungen auf die Sicherheit der Arbeitsmittel haben können sowie*

4. *§ 10 Abs. 3 BetrSichV nach Instandsetzungsarbeiten, welche die Sicherheit der Arbeitsmittel beeinträchtigen können.*

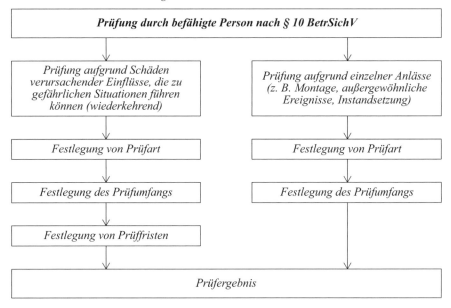

Bild 2.3 *Prüfungen nach § 10 BetrSichV (Bild 2 in TRBS 1201, [1.3])*

Beispiele

a) Beispiele für Schäden verursachende Einflüsse, die zu gefährlichen Situationen führen können:

    – *Schwingungen, die zu Materialermüdung führen,*

    – *Überlast der Tragmuttern an einer Fahrzeughebebühne,*

    – *korrosive Medien bei Lagerbehältern,*

    – *abrasive Medien bei Rohrleitungen,*

    – *Verschmutzung von Isolierstrecken an elektrischen Arbeitsmitteln,*

- *UV-Strahlung, die zur Versprödung von Kunststoffteilen führt,*
- *Alterung,*
- *längere Zeiten der Nichtbenutzung,*
- *besondere Bedingungen (Witterung, Verschmutzung).*

Mängel, die augenscheinlich durch Personen nach Abschnitt 3.3.1 erkennbar sind und vor der Benutzung abgestellt werden, führen in o. g. Sinne nicht zu gefährlichen Situationen.

b) *Beispiele für Arbeitsmittel, deren Sicherheit von den Montagebedingungen abhängen kann:*

- *Baustellenkrane,*
- *Zentrifugen,*
- *Arbeitsmittel, die vor Inbetriebnahme zusammengesetzt, montiert und aufgestellt werden (z. B. Hebezeuge, Baustromverteiler),*
- *Gerüste.*

c) *Beispiele für außergewöhnliche Ereignisse, die schädigende Einflüsse auf die Sicherheit der Arbeitsmittel haben können:*

- *Naturereignisse (Blitzschlag, Sturm, Überschwemmung),*
- *Unfälle (umstürzendes Arbeitsmittel, Abstürzen eines Arbeitsmittels, Zusammenstoß),*
- *Veränderungen an Arbeitsmitteln (Aufspielen einer neuen Software mit sicherheitsrelevanten Änderungen, Austausch der Antriebe mit solchen anderer Kenndaten, Änderung der Betriebsparameter, Erweiterung der Funktion wie z. B. Anbau einer Beschickungsvorrichtung),*
- *längere Zeiträume der Nichtbenutzung (Stillstandszeiten des Arbeitsmittels, die den Zeitraum zwischen den wiederkehrenden Prüfungen überschreiten).*

d) *Beispiele für Instandsetzungsarbeiten, welche die Sicherheit der Arbeitsmittel beeinträchtigen können:*

- *Austausch von Steuerungselementen,*
- *Austausch von Schutzeinrichtungen,*
- *Austausch einer elektrischen Netzanschlussleitung.*

3.3.3 Festlegen der Personen zur Überprüfungen der Explosionssicherheit nach Anhang 4 Abschnitt A Nr. 3.8 BetrSichV

Überprüfungen der Explosionssicherheit in explosionsgefährdeten Bereichen nach Anhang 4 Abschnitt A Nr. 3.8 BetrSichV werden in TRBS 1201 Teil 1 Abschnitt 3.5.3 konkretisiert.

3.3.4 Festlegungen zu Prüfungen von überwachungsbedürftigen Anlagen durch zugelassene Überwachungsstellen oder befähigte Personen

(1) Die Prüfung einer überwachungsbedürftigen Anlage durch eine zugelassene Überwachungsstelle oder befähigte Person ist erforderlich nach

1. § 14 Abs. 1 BetrSichV vor erstmaliger Inbetriebnahme und vor Inbetriebnahme nach einer wesentlichen Veränderung,

2. § 14 Abs. 2 BetrSichV nach einer Änderung, soweit der Betrieb oder die Bauart der Anlage durch die Änderung beeinflusst wird,

3. § 14 Abs. 6 BetrSichV nach Instandsetzung von Geräten, Schutzsystemen oder Sicherheits-, Kontroll- oder Regelvorrichtungen im Sinne der Richtlinie 94/9/ EG[3],

4. Prüfungen überwachungsbedürftiger Anlagen durch eine zugelassene Überwachungsstelle oder befähigte Person sind wiederkehrend erforderlich nach § 15 BetrSichV und bei besonderen Druckgeräten nach § 17 BetrSichV in Verbindung mit Anhang 4.

(2) Der Betreiber erteilt einer zugelassenen Überwachungsstelle den Prüfauftrag und stimmt die Vorgehens-weise zur Durchführung des Prüfauftrages mit der zugelassenen Überwachungsstelle ab. Der Prüfauftrag des Betreibers muss so gestaltet sein, dass die Prüfungen gemäß Abschnitt 3 der BetrSichV durchgeführt werden können. Die zugelassene Überwachungsstelle kann den Prüfauftrag ablehnen.

(3) Die zugelassene Überwachungsstelle unterliegt im Rahmen ihrer Prüftätigkeit keinen fachlichen Weisungen durch den Betreiber.

(4) Einzelheiten zu Prüfungen überwachungsbedürftiger Anlagen werden in den Folgeteilen dieser TRBS konkretisiert. Dabei handelt es sich um die mit dem Betrieb überwachungsbedürftiger Anlagen verbundenen spezifischen Gefährdungen. Sind die überwachungsbedürftigen Anlagen zugleich Arbeitsmittel, ist im Rahmen der Gefährdungsbeurteilung zu klären, ob auch Prüfungen nach Abschnitt 3.3.1 und 3.3.2 erforderlich sind.

3.4 Festlegung von Prüfart und Prüfumfang

3.4.1 Festlegung von Prüfart und Prüfumfang bei Überprüfungen von Arbeitsmitteln nach Anhang 2 Nr. 2.4 BetrSichV

Diese Überprüfungen von Arbeitsmitteln beschränken sich auf die Feststellung leicht erkennbarer Mängel, die in der Regel durch einfache Sichtprüfung (z. B. auf Vollständigkeit, ordnungsgemäße Befestigung, ordnungs-gemäßen Zustand, Schutzwirkung) und sofern erforderlich durch einfaches Testen der Funktion ermittelt werden.

Beispiele:

● *Sichtprüfung vor Arbeitsaufnahme, um zu erkennen, ob am Hammerkopf der Keil fehlt,*

---

[3] Befähigte Personen benötigen für Prüfungen nach § 14 Abs. 6 eine behördliche Anerkennung

- *Funktionsprüfungen der Bedienungseinrichtungen an einem Kran bei Arbeitsbeginn,*

- *Funktionsprüfung von Bremsen an Flurförderzeugen vor Beginn jeder Arbeitsschicht,*

- *Kontrollen an elektrischen Arbeitsmitteln, z. B. Feststellung defekter Anschlussleitungen, Gehäuseschäden, äußerlich defekte Stecker, Zustand der Schutzabdeckungen,*

- *Kontrolle von Leitern, z. B. Feststellung defekter Stufen.*

3.4.2 Festlegung von Prüfart und Prüfumfang bei Prüfungen nach § 10 BetrSichV

(1) Für Arbeitsmittel, die von der befähigten Person entsprechend Abschnitt 3.3.2 dieser Technischen Regel geprüft werden, sind die zu prüfenden Merkmale in Abhängigkeit von den Erfordernissen der bestimmungs-gemäßen Benutzung und den erforderlichen Eigenschaften festzulegen.

*(2) Die Prüfung besteht aus der **Ordnungsprüfung und der technischen Prüfung** gemäß Abschnitt 2.2. Die technische Prüfung ist unter angemessenen technisch-organisatorischen Rahmenbedingungen, ggf. verbunden mit einer Zerlegung des Arbeitsmittels und eingehender Funktionsprüfung, durchzuführen.*

(3) Für die Festlegung der Prüfart und des Prüfumfangs sind u. a. die folgenden Fragen durch den Arbeitgeber zu beantworten:

- *Welche sicherheitstechnisch relevanten Merkmale sind für das jeweilige Arbeitsmittel festgelegt? (Zum Beispiel Warn- und Signalfarbe, max. zulässige Drehzahl, notwendige elektrische Schutzart, zulässiger Lärmpegel, zulässige Toleranz, Vorhandensein von Schutzeinrichtungen).*

- *Mit welchen Abweichungen vom Sollzustand muss gerechnet werden?*

- *Wie können Abweichungen vom Sollzustand erkannt werden?*

- *Mit welcher Prüfart und welchem Prüfumfang kann der Istzustand ermittelt werden?*

- *Welche Hilfsmittel sind dazu erforderlich?*

(4) Der Prüfumfang kann eine Kombination mehrerer Prüfarten umfassen. Prüfungen können in mehreren aufeinander abgestimmten Teilprüfungen durchgeführt werden, wobei erforderlichenfalls das Zusammenwirken von Teilkomponenten eines Arbeitsmittels zu berücksichtigen ist.

Beispiele:

- *Sicht- und Funktionsprüfung an Lastaufnahmemitteln,*

- *Sicht- und Funktionsprüfung des Zustands der Bauteile und Einrichtungen, einschließlich des bestimmungsgemäßen Zusammenbaus auf Vollständigkeit und Wirksamkeit der Sicherheitseinrichtungen,*

- *technische Teilprüfungen von elektrischen und mechanischen Merkmalen mit unterschiedlichen Anforderungen, wobei die jeweiligen Befähigungen vorliegen müssen.*

3.4.3 Festlegung von Prüfart und Prüfumfang bei Überprüfungen der Explosionssicherheit nach Anhang 4 Abschnitt A Nr. 3.8 BetrSichV

Prüfart und -umfang der Überprüfungen nach Anhang 4 Abschnitt A Nr. 3.8 BetrSichV sind in TRBS 1201 Teil 1 Abschnitt 5.2 konkretisiert.

3.4.4 Festlegung von Prüfart und Prüfumfang bei Prüfungen von überwachungsbedürftigen Anlagen

Prüfart und -umfang sind nach den Maßgaben des Abschnitts 3 der BetrSichV festzulegen, soweit sie nicht bereits Bestandteil der Gefährdungsbeurteilung sind.

3.4.5 Neue oder weiterentwickelte Prüfverfahren

Neue oder weiterentwickelte Prüfverfahren müssen in der Prüfaussage den herkömmlichen Prüfverfahren mind. gleichwertig sein. Der Arbeitgeber bzw. der Betreiber kann davon ausgehen, dass das Prüfverfahren mind. gleichwertig ist, wenn es nach den üblichen Verfahren und Abläufen von einer fachlich anerkannten, unabhängigen und unparteilichen Institution, Einrichtung oder Organisation validiert wurde.

3.5 Festlegung der Prüffrist

3.5.1 Festlegung zu Überprüfungen von Arbeitsmitteln nach Anhang 2 Nr. 2.4 BetrSichV

Eine Festlegung einer Prüffrist entfällt, da eine Überprüfung z. B. arbeitstäglich oder vor jeweiliger Benutzung erfolgt. Prüffristen nach Abschnitt 3.5.2 und 3.5.3 sind hierdurch nicht berührt.

3.5.2 Festlegung der Prüffrist für Prüfungen nach § 10 BetrSichV

(1) Die Festlegung von Prüffristen nach Abschnitt 3.3.2 erfolgt für Arbeitsmittel, die Schäden verursachenden Einflüssen unterliegen, welche die Sicherheit der Arbeitsmittel beeinträchtigen können. In den übrigen in § 10 BetrSichV genannten Fällen erfolgt die Prüfung aufgrund der genannten Ereignisse (Montage, außergewöhnliche Anlässe, Instandsetzung).

(2) Kriterien für die Festlegung von Prüffristen sind:

- *Einsatzbedingungen (spezielle Belastungen, Benutzungszeit je Tag, Qualifikation der Beschäftigten, usw.), bei denen das Arbeitsmittel benutzt wird,*
- *Herstellerhinweise, die in der Betriebsanleitung enthalten sind,*
- *Schädigung des Arbeitsmittels, Erfahrungen mit dem „Ausfallverhalten" des Arbeitsmittels,*
- *Unfallgeschehen oder Häufung von Mängeln an vergleichbaren Arbeitsmitteln.*

(3) Aufgrund der Ergebnisse durchgeführter Prüfungen kann eine Änderung der Prüffristen im Sinne einer Verlängerung oder Verkürzung möglich bzw. erforderlich sein. Dabei sind die o. g. Kriterien ebenfalls zu berücksichtigen.

Beispiele:

[...]

b) Beispiel: elektrische Arbeitsmittel

Zur Erhaltung des ordnungsgemäßen Zustands werden elektrische Arbeitsmittel in bestimmten Zeitabständen geprüft. Als Maß für die ausreichende Bemessung von Prüffristen für elektrische Arbeitsmittel können die Fehlerquote oder die festgelegten Toleranzwerte für Abweichungen vom Sollzustand herangezogen werden. Aufgrund von Betriebserfahrungen und arbeitsmittelbezogenen Fehlerquoten haben sich folgende Richtwerte für Prüffristen von elektrischen Arbeitsmitteln bewährt, z. B.:

Bisher bewährte Prüffrist für ortsveränderliche elektrische Arbeitsmittel: soweit erforderlich, jedoch mind. jährlich.

Betriebliche Situation	Mögliche Auswirkung auf die Prüffrist
handgeführte elektrische Arbeitsmittel und andere während der Benutzung bewegte oder ähnlich stark beanspruchte elektrische Arbeitsmittel, Verlängerungs- und Geräteanschlussleitungen mit Steckvorrichtungen	*Verkürzung der Prüffrist (auf die Hälfte)*
wie oben, aber auf Baustellen	*erhebliche Verkürzung der Prüffrist (auf ein Viertel)*
bewegliche Leitungen mit Stecker und Festanschluss, Anschlussleitungen mit Stecker in Büros oder unter ähnlichen Bedingungen	*Verlängerung der Prüffrist (Verdoppelung)*

Tabelle 2.1 *Vergleich mit der eigenen betrieblichen Situation (Beurteilung der konkreten Gefährdung) (TRBS 1201, [1.3])*

Bisher bewährte Prüffrist für ortsfeste elektrische Arbeitsmittel: soweit erforderlich, jedoch mind. alle vier Jahre.

Betriebliche Situation	Mögliche Auswirkung auf die Prüffrist
stark beanspruchte elektrische Arbeitsmittel	**Verkürzung der Prüffrist**

Tabelle 2.2 *Vergleich mit der eigenen betrieblichen Situation (Beurteilung der konkreten Gefährdung) (TRBS 1201, [1.3])*

[...]

3.5.3 Prüffristen bei Überprüfungen der Explosionssicherheit nach Anhang 4 Abschnitt A Nr. 3.8 BetrSichV

Eine erneute Überprüfung nach Anhang 4 Abschnitt A Nr. 3.8. BetrSichV ist nur erforderlich, wenn die zur Gewährleistung des Explosionsschutzes erforderlichen Bedingungen soweit verändert wurden, dass die Explosionssicherheit beeinträchtigt wurde. Siehe hierzu TRBS 1201 Teil 1.

3.5.4 Prüffristen bei Prüfungen von überwachungsbedürftigen Anlagen

(1) Auf der Grundlage der sicherheitstechnischen Bewertung legt der Betreiber die Prüffristen für die Gesamtanlage und die Anlagenteile fest. Die Prüffristen sind unter Berücksichtigung der in § 15 BetrSichV genannten Höchstfristen so festzulegen, dass nach allgemein zugänglichen Erkenntnisquellen, Detailuntersuchungen und betrieblichen Erfahrungen zu erwarten ist, dass im Zeitraum zwischen den Prüfungen ein sicherer Anlagenbetrieb gewährleistet ist. Sind die wiederkehrenden Prüfungen von zugelassenen Überwachungsstellen vorzunehmen, unterliegt die Ermittlung der Prüffrist durch den Betreiber gemäß § 15 Abs. 4 BetrSichV einer Überprüfung durch eine zugelassene Überwachungsstelle. Dabei ist zu beachten, dass bei Verlängerung der in § 15 genannten Höchstfristen die Zustimmung der zuständigen Behörde erforderlich ist.

(2) Ergeben sich beispielsweise aus den wiederkehrenden Prüfungen besondere Feststellungen (erkennbare Korrosion, erhöhter Verschleiß etc.), ist die sicherheitstechnische Bewertung zu überprüfen, erforderlichenfalls sind weitere Maßnahmen festzulegen und die Prüffristen zu verändern.

4 Durchführung der Prüfung

(1) Der Arbeitgeber bzw. der Betreiber ist für die Festlegungen zur Durchführung der Prüfung verantwortlich und hat die erforderlichen Voraussetzungen zu schaffen.

Hierzu gehören

- *die Bereitstellung der für die Prüfung erforderlichen Hilfsmittel und Unterlagen,*
- *die Gewährleistung der Zugänglichkeit zu dem zu prüfenden Arbeitsmittel/der zu prüfenden überwachungsbedürftigen Anlage,*
- *ausreichend bemessene Zeit für die Prüftätigkeit und*
- *für die Prüfung geeignete und für den Prüfer sichere Arbeitsbedingungen.*

(2) Bei Vergabe eines Prüfauftrags haben sich Auftraggeber und -nehmer dazu abzustimmen.

*(3) Die Durchführung der Prüfungen ist im folgenden Schema dargestellt (**Bild 2.4**). Die Überprüfungen nach Anhang 4 Abschnitt A Nr. 3.8 BetrSichV (siehe Abschnitt 3.3.3) sind in der TRBS 1201 Teil 1 beschrieben und werden im nachfolgenden Schema (Bild 2.4) nicht dargestellt.*

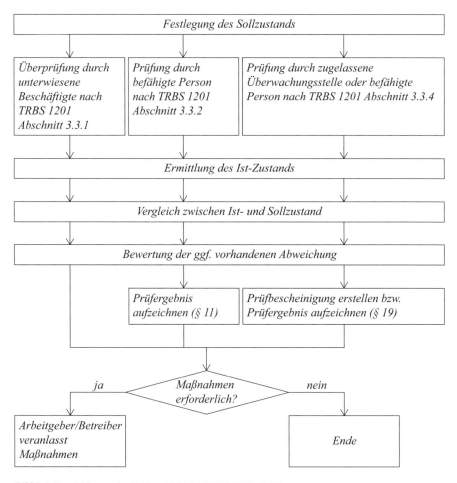

Bild 2.4 *Durchführung der Prüfung (Bild 3 in TRBS 1201, [1.3])*

4.1 Vergleich und Bewertung

(1) Der ermittelte Istzustand wird durch Vergleich mit dem Sollzustand bewertet. Die Bewertung enthält eine Aussage darüber, ob und unter welchen Bedingungen das Arbeitsmittel weiterhin sicher benutzt werden kann bzw. ob sich die überwachungsbedürftige Anlage in einem ordnungsgemäßen Zustand befindet.

(2) Ist die Abweichung (positiv oder negativ) unzulässig groß, kann dies ein Anlass zur Anpassung der bislang festgelegten Prüffristen (Verlängerung, Verkürzung) sein.

85

Beispiele für eine Überprüfung nach Abschnitt 3.3.1

a) *„Hammer"*

1. *Sollzustand: Hammerkopf durch Keil an Hammerstiel befestigt.*

2. *Istzustand (Sichtprüfung): Keil fehlt.*

3. *Negative Abweichung zwischen Soll und Ist besteht.*

Mögliche Maßnahme: Hammer der Benutzung entziehen

b) *„Hydraulische Presse"*

1. *Sollzustand: Der Handschutz ist durch ein sicheres Werkzeug gewährleistet. Beim Wechseln des Werkzeugs hat der Arbeitgeber deshalb die Überprüfung nach jedem Einrichten festgelegt.*

2. *Istzustand (Sichtprüfung): Presse ist mit einem Werkzeug eingerichtet, dessen Schutzeinrichtung die Möglichkeit des rückwärtigen Eingriffs in die Quetschstelle gibt.*

3. *Negative Abweichung zwischen Soll und Ist besteht.*

Mögliche Maßnahme: Werkzeuggestaltung so ändern, dass keinerlei Eingriff in den Gefahrenbereich möglich ist.

Beispiele für eine Prüfung nach Abschnitt 3.3.2

a) *„Hydraulische Presse"*

1. *Sollzustand: Schutzmaßnahmen durch sicheren Zustand insbesondere mechanischer und hydraulischer Art gewährleistet.*

2. *Istzustand: Ausbau und Beschaltungskontrolle ergibt Fehlfunktion des Pressensicherheitsventils.*

3. *Negative Abweichung zwischen Soll und Ist besteht.*

Mögliche Maßnahme: „Pressensicherheitsventil ersetzen".

4. *Erneute Prüfung nach Einbau des Pressensicherheitsventils, durch Kenntnis der erhöhten Ausfallwahrscheinlichkeit des verwendeten Pressensicherheitsventils mit Verkürzung der Prüffrist.*

b) *Prüfung eines handgeführten elektrischen über eine Steckvorrichtung angeschlossenen Arbeitsmittels*

1. *Sollzustand: Vorgegebene Werte im Rahmen der grundlegenden Sicherheitsanforderungen (z. B. für den Schutzleiterwiderstand).*

2. *Ermittlung des Istzustands:*

   – *Sichtprüfung: Besichtigung des Arbeitsmittels auf äußerlich erkennbare Mängel (z. B. Schäden am Gehäuse, sicherheitsbeeinträchtigende Verschmutzung und Korrosion) ggf. nach Öffnung der Gehäuse.*

   – *Überprüfung der Schutzleiterverbindung durch Widerstandsmessung oder durch sonstige Ermittlung, ob der Grenzwert eingehalten ist.*

– Messen des Isolationswiderstands, des Schutzleiterstromes, des Berührungsstroms und des Ableitstroms mit geeigneten Messgeräten. Anmerkung: Schutzleiterstrom und Berührungsstrom sind Ableiterströme. Deshalb muss hier die Aussage lauten: Messen des Ableiterstroms in Form von Schutzleiter- und/oder Berührungsstrom.

– Erproben des Arbeitsmittels und Überprüfen der Funktionsfähigkeit der Schutzeinrichtungen.

– Abgleich Ist-Soll: Die Werte des ermittelten Istzustands weichen sicherheitstechnisch kritisch von den Werten der zutreffenden Normen ab.

3. Abweichung Ist-Soll besteht. Mögliche Maßnahme: Reinigen oder Anschlussleitung ersetzen.

4. Erneute Ermittlung des Istzustands.

4.2 Aufzeichnungen

4.2.1 Aufzeichnungen von Überprüfungen nach Abschnitt 3.3.1

Für die Ergebnisse der Überprüfungen (Kontrollen) nach Abschnitt 3.3.1 besteht keine Aufzeichnungspflicht nach §§ 11 oder 19 BetrSichV.

4.2.2 Aufzeichnungen von Prüfungen nach Abschnitt 3.3.2

(1) Der Arbeitgeber legt fest, wie das Ergebnis der Prüfung durch die befähigte Person nach Abschnitt 3.3.2 aufgezeichnet wird. Die Aufzeichnungen müssen der Art und dem Umfang der Prüfung angemessen sein und sollen dementsprechend folgende Angaben enthalten:

● Datum der Prüfung,

● Art der Prüfung,

● Prüfgrundlagen,

● was wurde im Einzelnen geprüft?

● Ergebnis der Prüfung,

● Bewertung festgestellter Mängel und Aussagen zum Weiterbetrieb,

● Name des Prüfers.

(2) Prüfungen können auch in elektronischen Systemen und zusätzlich in Form einer Prüfplakette dokumentiert werden.

4.2.3 Prüfbescheinigungen und Aufzeichnungen von Prüfungen nach Abschnitt 3.3.3

Das Ergebnis der Überprüfung nach Anhang 4 Abschnitt A Nr. 3.8 BetrSichV ist zu dokumentieren und dem Explosionsschutzdokument beizufügen.

4.2.4 Prüfbescheinigungen und Aufzeichnungen von Prüfungen nach Abschnitt 3.3.4

Für die Erteilung von Prüfbescheinigungen durch zugelassene Überwachungsstellen oder die Aufzeichnung der Ergebnisse von Prüfungen von überwachungsbedürftigen Anlagen durch befähigte Personen gelten die Regelungen des § 19 BetrSichV. Prüfbescheinigungen oder Aufzeichnungen über Ergebnisse von Prüfungen können auch in elektronischen Systemen geführt werden, wenn die Datensicherheit gewährleistet ist.

Anlage Prüfanforderungen für gängige Arbeitsmittel

Prüfungen vor Inbetriebnahme

Grundsätzlich sollten kraftbetriebene Arbeitsmittel vor der ersten Inbetriebnahme durch eine befähigte Person geprüft werden. Ausgenommen hiervon sind solche Prüfungen, die bereits vom Hersteller im Zuge der Konformitätsbewertung durchgeführt worden sind. Der Prüfumfang wird in der Gefährdungsbeurteilung unter Berücksichtigung der Herstellerangaben festgelegt; er umfasst eine Sicht- und Funktionsprüfung insbesondere der Schutzeinrichtungen sowie der Einrichtungen mit Schutzfunktion und ihrer Verriegelungen.

*Hiervon abweichende oder konkretisierende Empfehlungen und Empfehlungen für weitere Arbeitsmittel sind beispielhaft in der **Tabelle 2.3** genannt. Erkenntnisse aus der Gefährdungsbeurteilung sind stets zusätzlich zu berücksichtigen und können zu abweichenden Ergebnissen führen. Tabelle 2.3 befasst sich nicht mit Prüfungen von überwachungsbedürftigen Anlagen.*

Arbeitsmittel	Prüfende Person[4]	Prüfung vor Inbetriebnahme	Prüfumfang
Lastaufnahme-mittel	*befähigte Person*	*ja*	*Sicht- und Funktionsprüfung: Zustand der Bauteile, Einrichtungen, bestimmungsgemäßer Zusammenbau, Vollständigkeit und Wirksamkeit der Schutzeinrichtungen*
Bauaufzüge zur Beförderung von Gütern	*befähigte Person*	*ja, am jeweiligen Einsatzort*	*unter Berücksichtigung von Einsatzort und Einsatzbedingungen: ordnungsgemäße Aufstellung, Ausrüstung, Betriebsbereitschaft (Zustand von Konstruktionsteilen, die beim Aufstellen und Umrüsten montiert bzw. verändert werden müssen, auf das Funktionieren der Sicherheitseinrichtungen und der Steuerung sowie auf das Vorhandensein von Einrichtungen, die ein Abstürzen von Personen verhindern)*
ortsfeste elektrische Arbeitsmittel	*befähigte Person*	*ja*	*Einhaltung der elektrotechnischen Regeln*

***Tabelle 2.3** Prüfungen vor Inbetriebnahme (Tabelle 1 in TRBS 1201, [1.3])*

Arbeitsmittel	Prüfende Person[4]	Prüfung vor Inbetriebnahme	Prüfumfang
Hubarbeitsbühne	Person nach Abschnitt 3.3.1	ja und vor und jeder erneuten Inbetriebnahme am neuen Einsatzort	ordnungsgemäße Auflage von Abstützungen auf geeignetem Untergrund
Kompressoren (ohne Druckbehälter)	befähigte Person	ja, ausgenommen ortsveränderliche Luftkompressoren sowie stationäre Luftkompressoren < 100 MW	Aufstellung, Ausrüstung, Betriebsbereitschaft u. a. Anordnung der Stellteile von Not-Befehlseinrichtungen (Not-Aus) und Hauptschalter, Eignung des Aufstellungsorts, elektrische Ausrüstung, Schwingungsübertragung, Standsicherheit der Anlage, Vollständigkeit der Ausrüstung, Sicherung der Ansaugöffnung, Sicherung von Gefahrstellen durch trennende Schutzreinrichtungen, elektrostatische Erdung, automatische Abschalteinrichtungen, Schutz vor heißen Oberflächen, Druckentlastungseinrichtung, Druckanzeige
Schmiedehämmer	befähigte Person	ja	ordnungsgemäße Installation, Funktion und Aufstellung, Wirksamkeit der Schutzeinrichtungen
Zentrifugen	befähigte Person	ja	ordnungsgemäße Aufstellung, Ausrüstung, Betriebsbereitschaft

Tabelle 2.3 (Fortsetzung) Prüfungen vor Inbetriebnahme (Tabelle 1 in TRBS 1201, [1.3])

Bewährte Prüffristen für wiederkehrende Prüfungen/Überprüfungen

Grundsätzlich müssen Arbeitsmittel in angemessenen Zeitabständen gemäß Punkt 3.4 und 3.5 durch eine zur Prüfung befähigte Person nach Punkt 3.3 geprüft werden. Werden Arbeitsmittel während der üblichen Arbeitszeiten betrieben (z. B. Einschichtbetrieb), hat sich ein jährlicher Prüfabstand bewährt. In Abhängigkeit der Einsatzbedingungen und der betrieblichen Verhältnisse (z. B. Mehrschichtbetrieb) können darüber hinaus Prüfungen in kürzeren Zeitabständen erforderlich sein. Die Sicht- und Funktionsprüfung als Bestandteil der täglichen Inaugenscheinnahme ist in Tabelle 2.5 zu finden. Hiervon abweichende oder konkretisierende Empfehlungen und Empfehlungen für weitere Arbeitsmittel sind (in Tabelle 2.4 gezeigt).

---

[4] Bei Personen nach Abschnitt 3.3.1, z. B. vom Arbeitgeber unterwiesene Beschäftigte; bei befähigten Personen entsprechend der jeweiligen Prüfaufgabe hierzu befähigte Personen; die jeweiligen Befähigungen müssen entsprechend der vorhandenen Gefährdungsmerkmale vorliegen.

Arbeitsmittel	Prüffrist	Prüfumfang
Anschlagmittel, Lastaufnahmemittel und Tragmittel	ein mal pro Jahr	Zustand der Bauteile, Einrichtungen, Wirksamkeit der Schutzeinrichtungen
Anschlagmittel: Hebebänder mit aufvulkanisierter Umhüllung	ein mal pro Jahr alle drei Jahre	Zustand der Bauteile Drahtbrüche und Korrosion
Anschlagmittel: Rundstahlketten	ein mal pro Jahr alle drei Jahre	Zustand der Bauteile Rissfreiheit
Arbeitsbühnen (ortsveränderlich) zur Beförderung von Gütern und Personen	ein mal pro Jahr	Zustand der Bauteile und Einrichtungen, Vollständigkeit und Wirksamkeit der Befehls- und Sicherheitseinrichtungen
Arbeitsmittel, die Gase und Dämpfe mit gefährlichen Eigenschaften enthalten	ein mal pro Jahr bei Prüfung sicherheitstechnisch relevante Mängel festgestellt: Nachprüfung nach drei Monaten	Dichtheitsprüfung (zum Erhalt der technischen Dichtheit)
stationäre, horizontal arbeitende Ballenpressen	ein mal pro Jahr	Zustand der Bauteile und Einrichtungen, Vollständigkeit und Wirksamkeit der Befehls- und Sicherheitseinrichtungen
Bauaufzüge zur Beförderung von Gütern	ein mal pro Jahr	Zustand der Bauteile und Einrichtungen, Vollständigkeit und Wirksamkeit der Befehls- und Sicherheitseinrichtungen
Bügelmaschine, Bügelpressen und Fixierpressen, bei denen im Arbeitsablauf wiederkehrend in den Gefahrbereich gegriffen werden muss	ein mal alle sechs Monate ein mal pro Jahr	Wirksamkeit der Not-Befehlseinrichtungen, bei Zweihandschaltungen und Schutzeinrichtungen mit Annäherungsfunktion: Nachlaufweg beachten. Sicherheitseinrichtungen, Steuerungen und Antrieb
Druckmaschinen und Maschinen der Papierverarbeitung	ein mal pro Jahr	Schutzeinrichtungen, Verriegelungen, sicherer Zustand
Druckmaschinen und Maschinen der Papierverarbeitung (bei denen regelmäßig zwischen Werkzeugteile gegriffen werden muss), z. B. Planschneidemaschinen, halbautomatische Siebdruckmaschinen, Etikettenstanzen	alle drei Jahre alle fünf Jahre	Prüfung nach den geltenden elektrotechnischen Regeln, wenn sicherheitsbezogene Steuerung nicht redundant und ohne Fehlererkennung ist (in der Regel Baujahr vor 1988), wenn weitergehende sicherheitstechnische Maßnahmen getroffen sind. Prüfung nach den geltenden elektrotechnischen Regeln, wenn sicherheitsbezogene Steuerung redundant und mit Fehlererkennung ist („sichere" Steuerung).

Tabelle 2.4 Bewährte Prüffristen für wiederkehrende Prüfungen/Überprüfungen (Tabelle 2 in TRBS 1201, [1.3])

Arbeitsmittel	Prüffrist	Prüfumfang
elektrische Arbeitsmittel (ortsfest)	alle vier Jahre	Prüfung nach den geltenden elektrotechnischen Regeln
elektrische Arbeitsmittel (ortsfest in Betriebsstätten, Räumen und Anlagen besonderer Art, z. B. DIN VDE 0100 Gruppe 700)	ein mal pro Jahr	Prüfung nach den geltenden elektrotechnischen Regeln
elektrische Arbeitsmittel (ortsveränderlich – soweit benutzt) auch: Verlängerungs- und Geräteanschlussleitung	alle sechs Monate bei Fehlerquote < 2 %: in allen Betriebsstätten außerhalb von Büros: ein mal pro Jahr in Büros: alle zwei Jahre	Prüfung nach den geltenden elektrotechnischen Regeln. Wird bei den Prüfungen eine Fehlerquote < 2 % erreicht, kann die Prüffrist auf die in der Spalte „Prüffrist" angegebenen Fristen verlängert werden. Bei der Berechnung der Fehlerquote ist darauf zu achten, dass nur Arbeitsmittel aus gleichen bzw. vergleichbaren Bereichen herangezogen werden, z. B. nur Werkstatt, nur Fertigung, nur Bürobereich.
elektrische Arbeitsmittel auf Baustellen (ortsveränderlich – soweit benutzt) auch: Verlängerungs- und Geräteanschlussleitung	alle drei Monate bei Fehlerquote < 2 %: mind. ein mal pro Jahr	Prüfung nach den geltenden elektrotechnischen Regeln. Wird bei den Prüfungen eine Fehlerquote < 2 % erreicht, kann die Prüffrist auf die in der Spalte „Prüffrist" angegebenen Frist verlängert werden. Bei der Berechnung der Fehlerquote ist darauf zu achten, dass nur Arbeitsmittel aus gleichen bzw. vergleichbaren Bereichen herangezogen werden.
Erd- und Straßenbaumaschinen, Spezialtiefbaumaschinen	ein mal pro Jahr	Zustand der Bauteile und Einrichtungen, Vollständigkeit und Wirksamkeit der Befehls- und Sicherheitseinrichtungen
Flurförderzeuge	ein mal pro Jahr	Zustand der Bauteile und Einrichtungen, Vollständigkeit und Wirksamkeit der Befehls- und Sicherheitseinrichtungen
Grabenverbaugeräte	ein mal pro Jahr	Zustand der Bauteile und Einrichtungen
Hebebühnen	ein mal pro Jahr	Zustand der Bauteile und Einrichtungen, Vollständigkeit und Wirksamkeit der Befehls- und Sicherheitseinrichtungen
Hubarbeitsbühnen und Teleskoplader/-stapler (Telehandler)	ein mal pro Jahr	Zustand der Bauteile und Einrichtungen, Vollständigkeit und Wirksamkeit der Befehls- und Sicherheitseinrichtungen

Tabelle 2.4 (Fortsetzung) *Bewährte Prüffristen für wiederkehrende Prüfungen/Überprüfungen (Tabelle 2 in TRBS 1201, [1.3])*

91

Arbeitsmittel	Prüffrist	Prüfumfang
Kompressoren (ohne Druckbehälter)	ein mal pro Jahr	Funktionsprüfung der Sicherheitseinrichtungen an Kompressoren (z. B. Druck-, Temperaturüberwachung, Druckentlastungseinrichtungen, Pumpverhütungseinrichtung, elektrische Steuerung, automatische Abschalteinrichtungen), dabei Überprüfung von: • Zustand der Bauteile und Ausrüstungen, • Vollständigkeit und Wirksamkeit der Sicherheitseinrichtungen; Prüfung druckführender Schlauchleitungen, Prüfung der Fundamentbefestigung, Prüfung der elektrischen Installation und Verkabelung auf Verschleiß und Beschädigung, Überprüfung der Sicherung von Gefahrstellen durch trennende Schutzeinrichtungen und der Sicherung der Ansaugöffnungen
Leder- und Schuhpressen, Leder- und Schuhstanzen, Textilstanzen, bei denen im Arbeitsablauf wiederkehrend in den Gefahrenbereich gegriffen werden muss	ein mal pro Jahr alle 6 Monate	Handschutz, Steuerung, Antrieb Wirksamkeit der Not-Befehlseinrichtungen, bei Zweihandschaltungen, Sicherheitshub oder Schutzeinrichtung mit Annäherungsreaktion: Reaktions- und Nachlaufzeit der Maschine sowie Sicherheitsabstand
Maschinen und Geräte des Rohrleitungsbaus	ein mal pro Jahr	Zustand der Bauteile und Einrichtungen, Vollständigkeit und Wirksamkeit der Befehls- und Sicherheitseinrichtungen
Nahrungsmittelmaschinen	ein mal pro Jahr	Zustand der Bauteile und Einrichtungen, Vollständigkeit und Wirksamkeit der Befehls- und Sicherheitseinrichtungen, Funktionsprüfung der Schutzeinrichtungen und Absaugeinrichtungen
Pressen der Metallbe- und -verarbeitung, bei denen im Arbeitsablauf wiederkehrend in den Gefahrenbereich gegriffen werden muss	ein mal pro Jahr	Zustand der Bauteile und Einrichtungen Vollständigkeit und Wirksamkeit der Befehls- und Sicherheitseinrichtungen wie z. B. Handschutz, Steuerung, Antrieb, Not-Befehlseinrichtungen, Reaktions- und Nachlaufzeit der Maschine, Die Prüfvorgaben des Herstellers sind hierbei zu berücksichtigen.
Regalbediengeräte	ein mal pro Jahr	Zustand der Bauteile und Einrichtungen, Vollständigkeit und Wirksamkeit der Befehls- und Sicherheitseinrichtungen

Tabelle 2.4 (Fortsetzung) Bewährte Prüffristen für wiederkehrende Prüfungen/Überprüfungen (Tabelle 2 in TRBS 1201, [1.3])

Arbeitsmittel	Prüffrist	Prüfumfang
Regale (auch kraftbetrieben)	ein mal pro Jahr	Zustand der Bauteile und Einrichtungen, Vollständigkeit und Wirksamkeit der Befehls- und Sicherheitseinrichtungen, Kennzeichnung
Schmiedehämmer	ein mal pro Jahr	Zustand der Bauteile und Einrichtungen, Vollständigkeit und Wirksamkeit der Befehls- und Sicherheitseinrichtungen (Funktionsprüfungen der Steuerung, der Stellteile von Fußschaltern, Steuerhebeln und Ausschalteinrichtungen der Annahmebereitschaftseinrichtung, Betriebsartenwahlschalter, der Hammerbärsicherung)
Schweiß- und Schneidgeräte: Sicherheitseinrichtungen mit Mehrfachfunktion, z. B. Gebrauchsstellenvorlagen	ein mal pro Jahr	Dichtheit, Durchfluss, Sicherheit gegen Gasrücktritt
Schweißtechnik: elektrische Einrichtungen	im Werkstattbetrieb: alle sechs Monate im Baustellenbetrieb: alle drei Monate	Prüfung der elektrischen Schutzmaßnahmen entsprechend normativer Vorgaben in Verbindung mit innerer Reinigung soweit erforderlich
schwimmende Geräte	ein mal pro Jahr	Zustand der Bauteile und Einrichtungen, Vollständigkeit und Wirksamkeit der Befehls- und Sicherheitseinrichtungen
Stetigförderer	ein mal pro Jahr	Zustand der Bauteile und Einrichtungen, Vollständigkeit und Wirksamkeit der Befehls- und Sicherheitseinrichtungen
Tauchgeräte	ein mal pro Jahr	Zustand und Funktionsfähigkeit der Bauteile, Vollständigkeit und Wirksamkeit der Sicherheitseinrichtungen

Tabelle 2.4 (Fortsetzung) Bewährte Prüffristen für wiederkehrende Prüfungen/Überprüfungen (Tabelle 2 in TRBS 1201, [1.3])

Bewährte Fristen zur Inaugenscheinnahme vor der Verwendung und der Funktionsprüfung

Grundsätzlich hat der Arbeitgeber dafür zu sorgen, dass Arbeitsmittel vor ihrer jeweiligen Verwendung durch Inaugenscheinnahme und erforderlichenfalls durch eine Funktionskontrolle auf offensichtliche Mängel kontrolliert werden. Schutz- und Sicherheitseinrichtungen müssen einer regelmäßigen Funktionskontrolle unterzogen werden. Funktionskontrolle und Inaugenscheinnahme werden vom Bediener eines Arbeitsmittels vorgenommen und ersetzen in keinem Fall eine Prüfung durch eine befähigte Person. Bei der Funktionskontrolle und der Inaugenscheinnahme stellt der Bediener fest, dass Arbeitsmittel und Schutz- und Sicherheitseinrichtung augenscheinlich vollständig und funktionsfähig sind. Dabei sind die jeweiligen, konkreten Verwendungsbedingungen, insbesondere auch die Arbeitsumgebung und die Arbeitsgegenstände, zu berücksichtigen.

Hiervon abweichende oder konkretisierende Empfehlungen und Empfehlungen für weitere Arbeitsmittel sind (in **Tabelle 2.5** gezeigt)

Arbeitsmittel	Frist	Umfang der Inaugenscheinnahme/ Funktionskontrolle
Ballenpressen	arbeitstäglich	Wirksamkeit der Sicherheitseinrichtungen
Bauaufzüge zur Beförderung von Gütern	nach jedem Aufstellen	Einrichtungen, die ein Abstürzen von Personen an Ladestellen verhindern
Druckmaschinen und Maschinen der Papierverarbeitung	arbeitstäglich	Funktion der Schutzeinrichtungen, Absaugeinrichtungen
Lederverarbeitungs- und Schuhmaschinen, Lege-, Zuschneide- und Nähmaschinen	arbeitstäglich vor Inbetriebnahme	Wirksamkeit der Handschutzeinrichtung
Leitern	vor jedem Gebrauch	Sichtprüfung auf Beschädigungen und Vollständigkeit
Pressen mit der Betriebsart Einzelhub	arbeitstäglich	Sicherheitseinrichtungen (z. B. Prüfstab bei einem Lichtvorhang)
RCD: Prüfung der einwandfreien Funktion der Fehlerstromschutzeinrichtungen (RCDs)		
• in stationären Anlagen,	alle sechs Monate	Betätigung der Prüfeinrichtung (Prüftaste)
• in nicht stationären Anlagen, z. B. Bau- und Montagestellen	arbeitstäglich	Betätigung der Prüfeinrichtung (Prüftaste)
Schmiedehämmer	arbeitstäglich	Sichtprüfung auf feste Verbindung zwischen Abstandhalter und Vorwärmeinrichtung, auf Rissbildung an Hammerbären, die zum Abplatzen von Splittern führen kann, auf festen Sitz der Befestigungselemente, die Schwingungsbeanspruchung ausgesetzt sind
Verseilmaschinen und Stacheldrahterstellungsmaschinen	vor Beginn der Schicht bzw. nach dem Einrichten	ordnungsgemäße Schließstellung der Spulenbefestigung

Tabelle 2.5 *Bewährte Fristen zur Inaugenscheinnahme vor der Verwendung und der Funktionsprüfung (Tabelle 3 in TRBS 1201, [1.3])*

94

2.2.4   TRBS 1203 – Befähigte Personen

Neufassung Ausgabe: Februar 2012; GMBl. Nr. 21 vom 26. April 2012

1   Anwendungsbereich

*Der **Arbeitgeber** muss befähigte Personen mit der Prüfung von Arbeitsmitteln und überwachungsbedürftigen Anlagen auf der Grundlage der Gefährdungsbeurteilung nach § 3 BetrSichV bzw. der sicherheitstechnischen Bewertung beauftragen, wenn Bestimmungen der §§ 10, 14, 15 und 17 BetrSichV zur Anwendung kommen.*

*Gemäß § 2 Abs. 7 BetrSichV müssen **befähigte Personen** für die in Satz 1 genannten Prüfungen über die erforderlichen Fachkenntnisse verfügen. Diese werden erworben durch*

- *Berufsausbildung,*
- *Berufserfahrung und*
- *zeitnahe berufliche Tätigkeit.*

2   Allgemeine Anforderungen an befähigte Personen

Aufgrund der Fachkenntnisse aus Berufsausbildung, Berufserfahrung und zeitnaher beruflicher Tätigkeit muss ein zuverlässiges Verständnis sicherheitstechnischer Belange gegeben sein, damit Prüfungen ordnungsgemäß durchgeführt werden können. In Abhängigkeit von der Komplexität der Prüfaufgabe (Prüfumfang, Prüfart, Nutzung bestimmter Messgeräte) können die erforderlichen Fachkenntnisse variieren.

2.1   Berufsausbildung

Die befähigte Person muss eine Berufsausbildung abgeschlossen haben, die es ermöglicht, ihre beruflichen Kenntnisse nachvollziehbar festzustellen. Als abgeschlossene Berufsausbildung gilt auch ein abgeschlossenes Studium. Die Feststellung soll auf Berufsabschlüssen oder vergleichbaren Qualifikationsnachweisen beruhen.

2.2   Berufserfahrung

Berufserfahrung setzt voraus, dass die befähigte Person eine nachgewiesene Zeit im Berufsleben praktisch mit den zu prüfenden vergleichbaren Arbeitsmitteln umgegangen ist und deren Funktions- und Betriebsweise im notwendigen Umfang kennt. Dabei hat sie genügend Anlässe kennengelernt, die Prüfungen auslösen, z. B. im Ergebnis der Gefährdungsbeurteilung und aus arbeitstäglicher Beobachtung.

Durch Teilnahme an Prüfungen von Arbeitsmitteln hat sie Erfahrungen über die Durchführung der anstehenden Prüfung oder vergleichbarer Prüfungen gesammelt und die erforderlichen Kenntnisse im Umgang mit Prüfmitteln sowie hinsichtlich der Bewertung von Prüfergebnissen erworben.

Berufserfahrung schließt ein, beurteilen zu können, <u>ob ein vorgeschlagenes Prüfver-</u>
<u>fahren für die durchzuführende Prüfung des Arbeitsmittels geeignet ist</u>. Hierzu gehört
auch, dass die Gefährdungen durch die Prüftätigkeit und das zu prüfende Arbeitsmit-
tel erkannt werden können.

2.3 Zeitnahe berufliche Tätigkeit

Eine zeitnahe berufliche Tätigkeit im Sinne von § 2 Abs. 7 BetrSichV umfasst eine
Tätigkeit im Umfeld der anstehenden Prüfung des Prüfgegenstands sowie eine ange-
messene Weiterbildung.

Zur zeitnahen beruflichen Tätigkeit gehört die Durchführung von mehreren Prüfun-
gen pro Jahr (Erhalt der Prüfpraxis).

Bei längerer Unterbrechung der Prüftätigkeit müssen durch die Teilnahme an Prü-
fungen Dritter erneut Erfahrungen mit Prüfungen gesammelt und die notwendigen
fachlichen Kenntnisse erneuert werden.

Die befähigte Person muss über Kenntnisse zum Stand der Technik hinsichtlich des zu
prüfenden Arbeitsmittels und der zu betrachtenden Gefährdungen verfügen und diese
aufrechterhalten. Sie muss mit der Betriebssicherheitsverordnung und deren techni-
schem Regelwerk sowie mit weiteren staatlichen Arbeitsschutzvorschriften für den
betrieblichen Arbeitsschutz (z. B. ArbSchG, GefStoffV) und deren technischen Regel-
werken sowie Vorschriften mit Anforderungen an die Beschaffenheit (z. B. ProdSG,
einschlägige ProdSV [1.21]), mit Regelungen der Unfallversicherungsträger und
anderen Regelungen (z. B. Normen, anerkannte Prüfgrundsätze) soweit vertraut sein,
dass sie den sicheren Zustand des Arbeitsmittels beurteilen kann.

[…]

3.3 Elektrische Gefährdungen (Punkt 3.3 aus TRBS 1203)

Berufsausbildung:

Ergänzend muss die befähigte Person für die Prüfungen zum Schutz vor elektrischen
Gefährdungen eine elektrotechnische Berufsausbildung (Elektroniker der Fachrich-
tungen Energie- und Gebäudetechnik, Automatisierungstechnik oder Informations-
und Telekommunikationstechnik, Systemelektroniker, Informationselektroniker
Schwerpunkt Bürosystemtechnik oder Geräte- und Systemtechnik, Elektroniker für
Maschinen und Antriebstechnik sowie vergleichbare industrielle Ausbildungen) ab-
geschlossen haben, ein abgeschlossenes Studium der Elektrotechnik oder eine ande-
re für die vorgesehenen Prüfaufgaben ausreichende elektrotechnische Qualifikation
besitzen.

Berufserfahrung:

Bezogen auf ihre Berufserfahrung muss die befähigte Person für die Prüfungen zum
Schutz vor elektrischen Gefährdungen eine mind. einjährige Erfahrung mit der Er-
richtung, dem Zusammenbau oder der Instandhaltung von elektrischen Arbeitsmit-
teln oder Anlagen besitzen.

Personen mit der o. g. elektrotechnischen Berufsausbildung verfügen in der Regel über die erforderliche Berufserfahrung für befähigte Personen für die Prüfungen zum Schutz vor elektrischen Gefährdungen im jeweiligen Tätigkeitsfeld.

Zeitnahe berufliche Tätigkeit:

Die befähigte Person für die Prüfungen zum Schutz vor elektrischen Gefährdungen muss ihre Kenntnisse der Elektrotechnik aktualisieren, z. B. durch Teilnahme an Schulungen oder an einem einschlägigen Erfahrungsaustausch.

Geeignete zeitnahe berufliche Tätigkeiten von befähigten Personen für die Prüfungen zum Schutz vor elektrischen Gefährdungen können z. B. sein:

- *Reparatur-, Service- und Wartungsarbeiten und abschließende Prüfung an elektrischen Geräten,*
- *Prüfung elektrischer Betriebsmittel in der Industrie, z. B. in Laboratorien, an Prüfplätzen,*
- *Instandsetzung und Prüfung von elektrischen Geräten unter Leitung und Aufsicht einer befähigten Person.*

2.3 Unfallverhütungsvorschrift: „Elektrische Anlagen und Betriebsmittel" – DGUV-Vorschrift 3 (BGV A3), Vorbetrachtung

Im Grundgesetz (GG, [1.9]) ist das Recht auf Leben und körperliche Unversehrtheit verankert.

Der Verbrauch an elektrischer Energie hat sich seit dem Jahr 1950 verzehnfacht, seit dem Jahr 1970 verdoppelt. Die Anzahl der elektrischen Geräte, vor allem der Handgeräte, hat sich in den letzten Jahrzehnten mehr als verzehnfacht. Auch in anderen Bereichen der Technik ist der Gebrauch von Geräten stark angestiegen. Das erfordert, dass:

- der Gesetzgeber entsprechende Vorschriften erlässt, siehe Abschnitt 2.1:
  - Energiewirtschaftsgesetz (EnWG, [1.15]),
  - Produktsicherheitsgesetz (ProdSG, [1.16]),
  - Gewerbeordnung (GewO, [1.12]),
  - Arbeitsschutzgesetz (ArbSchG, [1.13]),
  - Betriebssicherheitsverordnung (BetrSichV, [1.1]),
  - technische Regeln für Betriebssicherheit (TRBS);
- das VDE-Vorschriftenwerk an den technischen Fortschritt angepasst wird;
- die Unfallverhütungsvorschriften (UVV) ergänzt und erweitert werden.

Die Unfallverhütungsvorschriften sind rechtsverbindlich.

Die Unfallverhütungsvorschriften der Berufsgenossenschaften basieren auf den Forderungen verschiedener Gesetze. Auch aus versicherungsrechtlichen Gründen ist nach dem Siebten Sozialgesetzbuch (SGB VII, [1.8]) jeder Arbeitgeber verpflichtet, seine Arbeitnehmer gegen Betriebsunfälle zu versichern. Der Versicherungsträger ist die fachlich zuständige Berufsgenossenschaft. Sie hat das Recht und die Pflicht, Unfallverhütungsvorschriften herauszugeben und auf deren Einhaltung zu dringen. Für den Bereich der Elektrotechnik ist die Unfallverhütungsvorschrift „Elektrische Anlagen und Betriebsmittel" DGUV-Vorschrift 3 (vormals BGV A3, [1.5]) bindend. Von der Berufsgenossenschaft der Feinmechanik und Elektrotechnik (heute Berufsgenossenschaft Energie Textil Elektro Medienerzeugnisse [3.1]) mit Sitz in Köln ist die Unfallverhütungsvorschrift BGV A3 (jetzt DGUV-Vorschrift 3) mit Gültigkeit ab 1. April 1979 herausgegeben worden. Hierzu sind noch Durchführungsanweisungen vom Oktober 1980, überarbeitet April 1986 und Oktober 1996, erschienen. Die aktualisierte Nachdruckfassung zu den Durchführungsanweisungen vom April 1997 wurde im Januar 2005 herausgegeben.

Das Berufsgenossenschaftliche Vorschriften- und Regelwerk (BGVR, [1.25]) ist seit April 1999 neu gegliedert und bezeichnet worden. In der neuen Systematik gibt es drei Ebenen:

1. **Berufsgenossenschaftliche Vorschriften „BGV" DGUV-Vorschriften (seit Mai 2014)**

   A Allgemeine Vorschriften, **B** Einwirkung, **C** Betriebsart, **D** Arbeitsplatz und -verfahren, z. B. **BGV A1** bisher VBG 1, **BGV A3** bisher VBG 4, **BGV C14** bisher VBG 2.

2. **BG-Regeln für Sicherheit und Gesundheit bei der Arbeit „BGR" DGUV-Regeln.**

3. **Berufsgenossenschaftliche Informationen „BGI" DGUV-Informationen**

   – Die DGUV-Vorschrift 1 (BGV A1) und die DGUV-Vorschrift 3 (BGV A3)

   – Die neue DGUV-Vorschrift 1 Grundsätze der Prävention ist am 1. Oktober 2014 in Kraft getreten. Damit wurden die Unfallverhütungsvorschriften BGV A1 und GUV-V A1 zur DGUV-Vorschrift 1 vereint. Damit gilt das staatliche Recht für alle Versicherten. Im § 2 wurde neu aufgenommen: „Die in staatlichem Recht bestimmten Maßnahmen gelten auch zum Schutz von Versicherten, die keine Beschäftigten sind."

   – Ein wesentlicher Punkt der DGUV-Vorschrift 1 ist die Inbezugnahme staatlichen Arbeitsschutzrechts.

   Die DGUV-Vorschrift 1 (BGV A1) ist eine Basis-Unfallverhütungsvorschrift. Sie regelt die „Grundsätze der Prävention" seit 2004-01. Das sind z. B.

   • allgemeine Vorschriften,

- Pflichten des Unternehmers und der Versicherten, Organisation des betrieblichen Arbeitsschutzes,
- sicherheitstechnische und betriebsärztliche Betreuung, Sicherheitsbeauftragte,
- Maßnahmen bei besonderen Gefahren,
- Erste Hilfe, persönliche Schutzausrüstungen,
- Ordnungswidrigkeiten.

DGUV-Vorschrift 1 (BGV A1) § 4 „Unterweisung der Versicherten" lautet:

*(1) Der Unternehmer hat die Versicherten über Sicherheit und Gesundheitsschutz bei der Arbeit, insbesondere über die mit ihrer Arbeit verbundenen Gefährdungen und die Maßnahmen zu ihrer Verhütung, entsprechend § 12 Abs. 1 Arbeitsschutzgesetz sowie bei einer Arbeitnehmerüberlassung entsprechend § 12 Abs. 2 Arbeitsschutzgesetz zu unterweisen; die Unterweisung muss erforderlichenfalls wiederholt werden, **mindestens** aber **einmal jährlich** erfolgen; sie **muss dokumentiert** werden.*

*(2) Der Unternehmer hat den Versicherten die für ihren **Arbeitsbereich** oder für ihre **Tätigkeit** relevanten Inhalte der geltenden **Unfallverhütungsvorschriften** und **Regeln der Unfallversicherungsträger** sowie des einschlägigen staatlichen **Vorschriften- und Regelwerks** in verständlicher Weise zu vermitteln.*

Die DGUV-Vorschrift 1 (BGV A1) ist die grundlegende Unfallverhütungsvorschrift und trägt präventiven Charakter.
Sie bleibt auch nach dem Außerkraftsetzen anderer Unfallverhütungsvorschriften in Kraft.

Die DGUV-Vorschrift 3 (BGV A3) ist eine fachliche Vorschrift für den Bereich der Elektrotechnik, sie wird durch die neuen technischen Regeln (TRBS) abgelöst.

- **Die DGUV-Vorschrift 3 (BGV A3) und die VDE-Bestimmungen**

  Die DGUV-Vorschrift 3 (BGV A3) nimmt Bezug auf die allgemein anerkannten Regeln der Technik, besonders auf die VDE-Bestimmungen, die in der Fachwelt seit Jahrzehnten eingeführt sind und sich bewährt haben. Die Einhaltung der VDE-Bestimmungen wird gefordert.

  Mit dem Begriff **„elektrotechnische Regel"** ist eine enge Verknüpfung zwischen Unfallverhütungsvorschrift und Normenwerk hergestellt worden. Damit werden auch die in VDE-Bestimmungen enthaltenen Normen **zur Unfallverhütungsvorschrift erhoben** und rechtlich aufgewertet.

- **Die Forderungen aus dem Unfallgeschehen**

  Die Forderungen der Unfallverhütungsvorschriften resultieren aus den Erfahrungen und dem Studium von Unfällen. Die Berufsgenossenschaft Energie Textil

Elektro Medienerzeugnisse (BG ETEM, [3.1]) unterhält in Köln ein **Institut zur Erforschung elektrischer Unfälle**.

Das Institut hat festgestellt, dass folgende Ursachen häufig zu Unfällen führten:

– **nicht fachgerechtes Arbeiten** bei der Erstellung und Instandsetzung von Anlagen und Betriebsmitteln. Hieraus resultiert die Forderung, dass bestimmte Arbeiten nur von Elektrofachkräften ausgeführt werden dürfen.

– **Schäden an elektrischen Betriebsmitteln** sind vielfach Ursache für elektrische Unfälle. Durch eine regelmäßige Prüfung können Schäden rechtzeitig erkannt und anschließend beseitigt werden. In der DGUV-Vorschrift 3 (BGV A3) [1.5] wurde deshalb eine **detaillierte Regelung** für die **Prüfung** elektrischer Anlagen und Betriebsmittel aufgenommen.

– **Personen verunglücken** besonders häufig, wenn Arbeiten in der Nähe unter Spannung stehender aktiver Teile durchgeführt werden. Deshalb muss künftig durch **technische Maßnahmen** dafür gesorgt werden, dass die **Berührung** unter Spannung stehender aktiver Teile bei Tätigkeiten in deren Nähe **verhindert** wird.

• **Die Gliederung der DGUV-Vorschrift 3 (BGV A3)**

Die DGUV-Vorschrift 3 (BGV A3) [1.5] besteht aus folgenden Hauptabschnitten:

A Die Paragrafen 1 bis 10, die Grundsatzforderungen für die Gefahrenabwehr enthalten. Der Umfang dieses Abschnitts beträgt im Original vier Seiten im Format DIN A5, letzte Fassung 1. April 1979.

B Die Durchführungsanweisung zu den Paragrafen. Sie sind Erkenntnisquellen, Erläuterungen und sollten eine Entscheidungshilfe für die verantwortlichen Personen sein. Dieser Teil ist in Abständen von mehreren Jahren überarbeitet worden, z. B. 1980, 1986, 1996 und 2005. Der Umfang dieses Abschnitts beträgt im Original 16 Seiten im Format DIN A5.

C Erläuterungen zu den Paragrafen und Durchführungsanweisungen. In dem Buch „Elektrische Anlagen und Betriebsmittel BGV A3" von Ing. *Helmut Gothsch*, herausgegeben von der damaligen Berufsgenossenschaft der Feinmechanik und Elektrotechnik, wurden 1998 erstmals Erläuterungen zu den unter A und B genannten Abschnitten gegeben [10, 11].

D Anhänge 1 bis 3 und Anhang A: In einem Anhang werden Schwerpunkte benannt, in denen eine Anpassung älterer Anlagen an neue Normen gefordert wird. Es werden Bezugsquellen und Rechtsverordnungen angegeben. Im Anhang A werden Kriterien für die Ausbildung von Mitarbeitern als Elektrofachkraft für „festgelegte Tätigkeiten" aufgezeigt.

E Die herangezogenen Normen: Hier wurden in einem Abschnitt die VDE-Bestimmungen aufgeführt, die einzuhalten sind. Der Umfang dieses Abschnitts betrug im Original 56 Seiten im Format DIN A5. Die Übersicht wird seit dem

Jahr 1997 nicht mehr herausgegeben. Der aktuelle Stand findet sich in der Online-Datenbank des VDE VERLAGs [3.10].

Anmerkung: Sicheres Handeln setzt die Verknüpfung der Inhalte von A, B und E voraus.

Im nachfolgenden Abschnitt 2.4 werden die vorgenannten Abschnitte A, B und C der DGUV-Vorschrift 3 (BGV A3) [1.5] mit Zustimmung des Herausgebers, der Berufsgenossenschaft, aufgeführt, die als Erfahrung in bzw. bei der Anwendung der neuen TRBS einfließen sollten. Zu den jeweiligen Paragrafen werden gleich die zugehörigen Durchführungsanweisungen und Erläuterungen genannt.

- **Geltungsbereich der DGUV-Vorschrift 3 (BGV A3)**

  Die Gültigkeit der DGUV-Vorschrift 3 (BGV A3) [1.5] erstreckt sich nicht nur auf den Bereich der Berufsgenossenschaft Energie Textil Elektro Medienerzeugnisse (BG ETEM, [3.1]), d. h. auf den Bereich des Herausgebers, sondern gilt für alle anderen Berufsgenossenschaften. Die Unfallverhütungsvorschriften der Berufsgenossenschaften gelten grundsätzlich überall dort, wo Arbeitnehmer bei der Berufsgenossenschaft versichert sind.

  Die DGUV-Vorschrift 3 (BGV A3) kann auch in anderen Bereichen als Unfallverhütungsvorschrift gültig sein. So haben Bundesdienststellen, z. B. die Wasser- und Schifffahrtsverwaltung des Bundes [3.11], per Verordnung die Gültigkeit der DGUV-Vorschrift 3 (BGV A3) für ihren Bereich erklärt. Die Berufsgenossenschaften und die Unfallversicherungträger der öffentlichen Hand sind zur Deutschen Gesetzlichen Unfallversicherung (DGUV, [3.2]) verschmolzen.

2.4 Der Inhalt der DGUV-Vorschrift 3 (BGV A3) und der Durchführungsanweisungen sowie Erläuterungen[5)]

Durchführungsanweisung[6)] zu DGUV-Vorschrift 3 (BGV A3) § 1 Abs. 2
Zu den nicht elektrotechnischen Arbeiten zählen z. B. das Errichten von Bauwerken in der Nähe von Freileitungen und Kabelanlagen (siehe § 7) sowie Annäherungen bei anderen Arbeiten, wie Bau-, Montage-, Transport-, Anstrich- und Ausbesserungsarbeiten.

[5)] Der Inhalt der DGUV-Vorschrift 3 (BGV A3) in den folgenden Abschnitten: „Paragrafen 1 bis 10", „Durchführungsanweisungen DA zu §§ 1 bis 8" und „Erläuterungen zu Durchführungsanweisungen", wurde mit Genehmigung der Berufsgenossenschaft Energie Textil Elektro Medienerzeugnisse (BG ETEM, [3.1]) und des Autors dem in [11] aufgeführten Werk entnommen.

[6)] DA zu § … betrifft die Durchführungsanweisung zur DGUV-Vorschrift 3 (BGV A3) vom Oktober 1996/Januar 2005.

DGUV-Vorschrift 3 (BGV A3) *§ 1 Geltungsbereich*

(1) Diese Unfallverhütungsvorschrift gilt für elektrische Anlagen und Betriebs-mittel.

(2) Diese Unfallverhütungsvorschrift gilt auch für nicht elektrotechnische Arbeiten in der Nähe elektrischer Anlagen und Betriebsmittel.

Erläuterungen zu DGUV-Vorschrift 3 (BGV A3) § 1 Abs. 1

Der Geltungsbereich dieser Unfallverhütungsvorschrift umfasst alle elektrischen Anlagen und Betriebsmittel, unabhängig von der Höhe oder Art der in ihnen erzeugten Spannung oder der Spannung, mit der sie betrieben werden. Sie enthält Anforderungen an elektrische Anlagen und die einzelnen Betriebsmittel und regelt den Umgang mit ihnen wie auch das Arbeiten an diesen.

Da in allen Betrieben zumindest elektrische Energie genutzt wird, muss diese Unfallverhütungsvorschrift in jedem Unternehmen berücksichtigt werden. In jedem Betrieb muss geprüft werden, welche Paragrafen dieser Unfallverhütungsvorschrift von den Vorgesetzten und Versicherten beachtet werden müssen.

Erläuterungen zu DGUV-Vorschrift 3 (BGV A3) § 1 Abs. 2

Auch bei Arbeiten, die nur in der Nähe einer elektrischen Anlage durchgeführt werden, kann von der benachbarten Anlage eine Gefahr ausgehen. Solche Arbeiten können z. B. Transport- und Baggerarbeiten unter und neben Freileitungen sein. Die Unfallverhütungsvorschrift gilt deshalb auch für solche und andere nicht elektrotechnischen Arbeiten in der Nähe elektrischer Anlagen.

DGUV-Vorschrift (BGV A3) *§ 2 Begriffe*

*(1) **Elektrische Betriebsmittel** im Sinne dieser Unfallverhütungsvorschrift sind alle Gegenstände, die als Ganzes oder in einzelnen Teilen dem Anwenden elektrischer Energie (z. B. Gegenstände zum Erzeugen, Fortleiten, Verteilen, Speichern, Messen, Umsetzen und Verbrauchen) oder dem Übertragen, Verteilen und Verarbeiten von Informationen (z. B. Gegenstände der Fernmelde- und Informationstechnik) dienen. Den elektrischen Betriebsmitteln werden gleichgesetzt Schutz- und Hilfsmittel, soweit an diese Anforderungen hinsichtlich der elektrischen Sicherheit gestellt werden. Elektrische Anlagen werden durch Zusammenschluss elektrischer Betriebsmittel gebildet.*

*(2) **Elektrotechnische Regeln** im Sinne dieser Unfallverhütungsvorschrift sind die allgemein anerkannten Regeln der Elektrotechnik, die in den VDE-Bestimmungen enthalten sind, auf die die Berufsgenossenschaft in ihrem Mitteilungsblatt verwiesen hat. Eine elektrotechnische Regel gilt als eingehalten, wenn eine ebenso wirksame andere Maßnahme getroffen wird; der Berufsgenossenschaft ist auf Verlangen nachzuweisen, dass die Maßnahme ebenso wirksam ist.*

*(3) Als **Elektrofachkraft** im Sinne dieser Unfallverhütungsvorschrift gilt, wer aufgrund seiner fachlichen Ausbildung, Kenntnisse und Erfahrungen sowie Kenntnis der einschlägigen Bestimmungen die ihm übertragenen Arbeiten beurteilen und mögliche Gefahren erkennen kann.*

Erläuterungen zu DGUV-Vorschrift 3 (BGV A3) § 2 Abs. 1

Dadurch, dass Schutz- und Hilfsmittel elektrischen Betriebsmitteln gleichgesetzt werden, wird der Geltungsbereich dieser Unfallverhütungsvorschrift auch auf diese ausgeweitet. Schutz- und Hilfsmittel sind z. B. persönliche Schutzausrüstungen und spezielle Werkzeuge, wie Isolierstangen oder isolierte Werkzeuge. Um mit ihnen an elektrischen Anlagen sicher arbeiten zu können, müssen sie bestimmten Anforderungen hinsichtlich der Sicherheit entsprechen.

Elektrische Anlagen werden aus elektrischen Betriebsmitteln „zusammengesetzt". Für elektrische Anlagen gelten deshalb evtl. zusätzliche Sicherheitsanforderungen, die nicht von jedem dieser elektrischen Betriebsmittel erfüllt werden.

Durchführungsanweisung zu DGUV-Vorschrift 3 (BGV A3) § 2 Abs. 2

Die Berufsgenossenschaft verweist in ihrem Mitteilungsblatt auf die im Anhang 3 der DGUV-Vorschrift 3 (BGV A3) aufgeführten elektrotechnischen Regeln in der jeweils gültigen Fassung.

Erläuterungen zu DGUV-Vorschrift 3 (BGV A3) § 2 Abs. 2

Entsprechen elektrische Anlagen oder Betriebsmittel den hierfür geltenden elektrotechnischen Regeln, kann davon ausgegangen werden, dass sie dann auch der Unfallverhütungsvorschrift entsprechen.

Wird andererseits eine elektrotechnische Regel nicht eingehalten, muss im Zweifelsfall der Nachweis erbracht werden, dass die gleiche Sicherheit auf andere Weise erreicht wurde.

Durchführungsanweisung zu DGUV-Vorschrift 3 (BGV A3) § 2 Abs. 3

Die fachliche Qualifikation wird im Regelfall durch den erfolgreichen Abschluss einer Ausbildung, z. B. als Elektroingenieur, Elektrotechniker, Elektromeister, Elektrogeselle, nachgewiesen. Sie kann auch durch eine mehrjährige Tätigkeit mit Ausbildung in Theorie und Praxis nach Überprüfung durch eine Elektrofachkraft nachgewiesen werden. Der Nachweis ist zu dokumentieren.

*Sollen Mitarbeiter, die die obigen Voraussetzungen nicht erfüllen, für festgelegte Tätigkeiten, z. B. nach § 5 Handwerksordnung, bei der Inbetriebnahme und Instandhaltung von elektrischen Betriebsmitteln eingesetzt werden, können diese durch eine entsprechende Ausbildung eine Qualifikation als „**Elektrofachkraft für festgelegte Tätigkeiten**" erreichen. Diese Qualifikation wird nicht als Nachweis der erforderlichen Kenntnisse und Fertigkeiten zur Erteilung der Ausübungsberechtigung* *gemäß § 7a Handwerksordnung angesehen* (hierfür gilt der DGUV-Grundsatz 303-001, [1.27]).

Festgelegte Tätigkeiten sind gleichartige, sich wiederholende Arbeiten an Betriebsmitteln, die vom Unternehmer in einer Arbeitsanweisung beschrieben sind. In eigener Fachverantwortung dürfen nur solche festgelegten Tätigkeiten ausgeführt werden, für die die Ausbildung nachgewiesen ist.

Diese festgelegten Tätigkeiten dürfen nur in Anlagen mit Nennspannungen bis zu AC 1000 V bzw. DC 1500 V und grundsätzlich nur im freigeschalteten Zustand durchgeführt werden. Unter Spannung sind Fehlersuche und Feststellen der Spannungsfreiheit erlaubt.

Die Ausbildung muss Theorie und Praxis umfassen. Die theoretische Ausbildung kann innerbetrieblich oder außerbetrieblich in Absprache mit dem Unternehmer erfolgen. In der theoretischen Ausbildung müssen, zugeschnitten auf die festgelegten Tätigkeiten, die Kenntnisse der Elektrotechnik, die für das sichere und fachgerechte Durchführen dieser Tätigkeiten erforderlich sind, vermittelt werden.

Die praktische Ausbildung muss an den infrage kommenden Betriebsmitteln durchgeführt werden. Sie muss die Fertigkeiten vermitteln, mit denen die in der theoretischen Ausbildung erworbenen Kenntnisse für die festgelegten Tätigkeiten sicher angewendet werden können.

Die Ausbildungsdauer muss ausreichend bemessen sein. Je nach Umfang der festgelegten Tätigkeiten kann eine Ausbildung über mehrere Monate erforderlich sein.
Die Ausbildung entbindet den Unternehmer nicht von seiner Führungsverantwortung. In jedem Fall hat er zu prüfen, ob die in der o. g. Ausbildung erworbenen Kenntnisse und Fertigkeiten für die festgelegten Tätigkeiten ausreichend sind.

Erläuterungen zu DGUV-Vorschrift 3 (BGV A3) § 2 Abs. 3

Um als Elektrofachkraft angesehen zu werden, bedarf es einer besonderen fachlichen Qualifikation. Diese wird im Regelfall durch eine Ingenieur-, Techniker-, Meister- oder Facharbeiterprüfung (Gesellenprüfung) in einem elektrotechnischen Ausbildungsberuf nachgewiesen. Auch eine mehrjährige Tätigkeit kann zur Qualifikation einer Elektrofachkraft führen, in der die erforderlichen theoretischen Kenntnisse und praktischen Fertigkeiten vermittelt werden. Hiermit wird ein neuer Weg zur Erlangung der Qualifikation aufgezeigt, der bei noch laufender bzw. jetzt oder in Zukunft stattfindender Ausbildung berücksichtigt werden soll.

Es ist stets dabei zu berücksichtigen, dass immer nur ein begrenzter Teil der Elektrotechnik abgedeckt wird. Eine Ausbildung ist dann ausreichend, wenn die Kenntnisse und Fertigkeiten vermittelt werden, die für die übertragenen Aufgaben benötigt werden. Das heißt aber auch, dass die Ausbildung evtl. ergänzt werden muss, wenn andere Arbeiten übertragen werden.

Eine, wenn auch mehrjährige, bloße Ausübung von Tätigkeiten führt nicht zur Qualifikation einer Elektrofachkraft.

Im Jahr 1994 wurde die Handwerksordnung (HwO, [1.28]) mit dem Ziel geändert, dass Handwerker auch eine Tätigkeit in Fremdgewerken ausüben können. Diese Tätigkeiten müssen mit dem eigenen Gewerk zusammenhängen oder es wirtschaftlich ergänzen. Auch in Betrieben, die nicht zum Handwerk gehören, fallen Arbeiten an, die nur in zeitlicher Reihenfolge von unterschiedlich ausgebildeten Fachleuten erledigt werden können. Zunehmend besteht aus Gründen der Wirtschaftlichkeit besonders in der Industrie das Verlangen, diese starre „Aufgabenteilung" aufzuheben.

Bei der Inbetriebnahme von elektrischen Betriebsmitteln, bei Instandhaltung und beim Kundendienst in Verbindung mit nicht elektrotechnischen Gewerken werden daher elektrotechnische Arbeiten, die nach der Unfallverhütungsvorschrift „Elektrische Anlagen und Betriebsmittel" (DGUV-Vorschrift 3 (BGV A3), [1.5]) grundsätzlich Elektrofachkräften vorbehalten sind, zunehmend von „Nichtelektrikern" durchgeführt.

Eine Legalisierung, dass auch diese Personen bisher nur Elekrofachkräften vorbehaltene Tätigkeiten eigenständig ausführen dürfen, kann nur in Verbindung mit einem Nachweis für eine entsprechende Zusatzausbildung erfolgen. In Abhängigkeit von der Vorbildung kann diese mitunter mehrere Monate dauern.

In die Durchführungsanweisung (DA) zu § 2 wurde zur Eingliederung des o. g. Personenkreises in das Vorschriftenwerk der Begriff „Elektrofachkraft für festgelegte Tätigkeiten" aufgenommen. Dadurch soll ein Weg aufgezeigt werden, der den Erfordernissen in Handwerk und Industrie unter Einhaltung der Unfallverhütungsvorschriften gerecht wird.

Der Tätigkeitsbereich einer „Elektrofachkraft für festgelegte Tätigkeiten" ist stark eingeschränkt. So sind Arbeiten an elektrischen Anlagen, z. B. Versorgungsnetzen oder Anlagen in Gebäuden, ausgeschlossen. Auch kann z. B. ein Hausmeister durch eine solche Ausbildung nicht in die Lage versetzt werden, Instandhaltungsarbeiten an einer elektrischen Anlage durchzuführen. Die Tätigkeiten sind vielmehr auf solche beschränkt, die in engem Zusammenhang mit der eigentlichen handwerklichen Tätigkeit stehen.

Typische Tätigkeiten sind Arbeiten eines Kundendienstmonteurs, wie das Anschließen elektrischer Geräte über vorhandene Klemmen oder das Austauschen von Baugruppen. Ausgeschlossen sind Arbeiten zur Erweiterung einer elektrischen Anlage, auch wenn sie nur dem Anschluss eines elektrischen Betriebsmittels dienen.

Eine weitere Einschränkung wurde auch mit folgendem Satz getroffen: „Diese festgelegten Tätigkeiten dürfen nur in Anlagen mit Nennspannungen bis AC 1 000 V bzw. DC 1 500 V und grundsätzlich nur im freigeschalteten Zustand durchgeführt werden. Unter Spannung sind die Fehlersuche und das Feststellen der Spannungsfreiheit erlaubt."

Aber auch die festgelegten Tätigkeiten stellen hohe Anforderungen an die Personen, die diese eigenständig durchführen sollen. Es gilt daher folgende Definition, die sich nur hinsichtlich des erlaubten Tätigkeitsumfangs von der für die Elektrofachkraft unterscheidet:

Elektrofachkraft für festgelegte Tätigkeiten ist, wer aufgrund seiner fachlichen Ausbildung in Theorie und Praxis, Kenntnisse und Erfahrungen sowie Kenntnisse der bei diesen Tätigkeiten zu beachtenden Bestimmungen die ihm übertragenen Arbeiten beurteilen und mögliche Gefahren erkennen kann.

In der Definition wird einerseits deutlich ausgedrückt, dass die erforderliche Qualifikation durch die erlaubten Tätigkeiten bestimmt wird. Andererseits darf nicht unbeachtet bleiben, dass die erforderliche Ausbildung dazu befähigen muss, die übertragenen Arbeiten zu beurteilen.

Es ist daher eine ausreichende und umfassende Ausbildung, die Theorie und praktische Übungen umfassen muss, erforderlich (zum Umfang der Ausbildung siehe Anhang A in DGUV-Grundsatz 303-001, [1.27]). In diesem Zusammenhang wird in den Durchführungsanweisungen auch noch ein Wort an den Unternehmer gerichtet: „Die Ausbildung entbindet den Unternehmer nicht von seiner Führungsverantwortung. In jedem Fall hat er zu prüfen, ob die in der o. g. Ausbildung erworbenen Kenntnisse und Fertigkeiten für die festgelegten Tätigkeiten ausreichend sind." Deshalb ist es auch erforderlich, dass in einer Ausbildungsbestätigung, die dem Teilnehmer nach bestandener Abschlussprüfung ausgehändigt wird, klar angegeben wird, welche Tätigkeiten Gegenstand der Ausbildung waren. In DGUV-Grundsatz 303-001, Anhang A [1.27] sind Kriterien aufgeführt, die bei entsprechenden Kursen berücksichtigt werden müssen.

Da nur Elektrofachkräfte die Ausbildung zur Elektrofachkraft für festgelegte Tätigkeiten durchführen können, ist es nicht erlaubt, dass nach erfolgreicher Teilnahme an einem Kurs die Teilnehmer selbst solche Kurse abhalten (siehe hierzu **Bild 2.5**).

Elektrotechnisch unterwiesene Personen

Die Elektrofachkraft muss mögliche Gefahren erkennen und ihr übertragene Arbeiten eigenverantwortlich beurteilen, also Fachverantwortung tragen. Die elektrotechnisch unterwiesene Person gilt als **ausreichend qualifiziert**, wenn sie **angelernt** und **unterwiesen** ist über:

- die Durchführung der ihr übertragenen Arbeiten und die fachliche Ausführung,
- die möglichen Gefahren bei unsachgemäßem Handeln sowie
- die notwendigen Schutzeinrichtungen und Schutzmaßnahmen bei den Arbeiten.

Man kann aber von der unterwiesenen Person **fachgerechtes Verhalten** und ordnungsgemäßes Ausführen der Arbeiten verlangen. Sie darf **nicht selbstständig** elektrische Anlagen und Betriebsmittel errichten, ändern und instand halten (§ 3 Abs. 1, DGUV-Vorschrift 3 (BGV A3), [1.5]). Dies darf nur unter Leitung und Aufsicht einer Elektrofachkraft geschehen. Die Elektrofachkraft ist also höher qualifiziert als die elektrotechnisch unterwiesene Person.

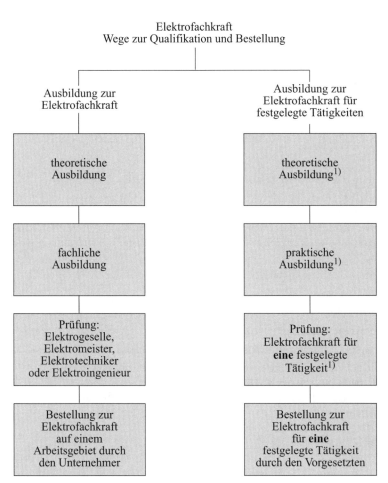

Elektrofachkraft
Wege zur Qualifikation und Bestellung

Ausbildung zur Elektrofachkraft	Ausbildung zur Elektrofachkraft für festgelegte Tätigkeiten
theoretische Ausbildung	theoretische Ausbildung[1]
fachliche Ausbildung	praktische Ausbildung[1]
Prüfung: Elektrogeselle, Elektromeister, Elektrotechniker oder Elektroingenieur	Prüfung: Elektrofachkraft für **eine** festgelegte Tätigkeit[1]
Bestellung zur Elektrofachkraft auf einem Arbeitsgebiet durch den Unternehmer	Bestellung zur Elektrofachkraft für **eine** festgelegte Tätigkeit durch den Vorgesetzten

[1] auf die konkrete, festgelegte Tätigkeit bezogen

Bild 2.5 Elektrofachkraft – Wege zur Qualifikation und Bestellung

Elektrotechnischer Laie

Elektrotechnische Laien dürfen nach DGUV-Vorschrift 3 (BGV A3) [1.5] im Zusammenhang mit elektrischen Anlagen und Betriebsmitteln **nur folgende Tätigkeiten** ausführen:

- **Bestimmungsgemäßes Verwenden** elektrischer Anlagen und Betriebsmittel mit **vollständigem Berührungsschutz** (z. B. Verwenden von Bohrmaschinen, Elektrowärmegeräten, Beleuchtungseinrichtungen usw.).

107

- **Austauschen von Teilen** ist nach DIN EN 50110-1 (**VDE 0105-1**) [2.15] Laien gestattet, wenn Personen gegen direktes Berühren und vor den Auswirkungen eines möglichen Kurzschlusses geschützt sind, z. B. Sicherungen und Glühlampen (vollständiger Schutz gegen direktes Berühren als Voraussetzung).

- **Mitwirken beim Errichten, Ändern und Instandhalten** elektrischer Anlagen und Betriebsmittel **unter Leitung und Aufsicht einer Elektrofachkraft.**

- **Durchführen** von Tätigkeiten in der Nähe unter Spannung stehender aktiver Teile, z. B. Freileitungen, **unter ständiger Leitung und Aufsicht** einer Elektrofachkraft.

Verantwortliche Elektrofachkraft – DIN VDE 1000-10:2009-01 [2.16]

Verantwortliche Elektrofachkraft ist, wer als Elektrofachkraft die Fach- und Aufsichtsverantwortung übernimmt und vom Unternehmer dafür beauftragt ist. Für die verantwortliche fachliche Leitung eines elektrotechnischen Betriebs oder Betriebsteils ist eine verantwortliche Elektrofachkraft erforderlich und grundsätzlich eine Ausbildung

- zum staatlich geprüften Techniker,
- zum Industriemeister,
- zum Handwerksmeister,
- zum Diplom-Ingenieur, Bachelor oder Master

auf dem Gebiet der Elektrotechnik Voraussetzung.

In Betrieben, in denen der Unternehmer nicht selbst verantwortliche Elektrofachkraft ist, muss er die Fach- und Aufsichtsverantwortung einer verantwortlichen Fachkraft übertragen, wobei je nach Anforderung und Gefahrenpotenzial die geeignete Fachkraft auszuwählen ist.

> DGUV-Vorschrift 3 (BGV A3) *§ 3 Grundsätze*
>
> *(1) Der Unternehmer hat dafür zu sorgen, dass elektrische Anlagen und Betriebsmittel nur von einer Elektrofachkraft oder unter Leitung und Aufsicht einer Elektrofachkraft den elektrotechnischen Regeln entsprechend errichtet, geändert und instand gehalten werden. Der Unternehmer hat ferner dafür zu sorgen, dass die elektrischen Anlagen und Betriebsmittel den elektrotechnischen Regeln entsprechend betrieben werden.*
>
> *(2) Ist bei einer elektrischen Anlage oder einem elektrischen Betriebsmittel ein Mangel festgestellt worden, d. h., entsprechen sie nicht oder nicht mehr den elektrotechnischen Regeln, so hat der Unternehmer dafür zu sorgen, dass der Mangel unverzüglich behoben wird, und, falls bis dahin eine dringende Gefahr besteht, dafür zu sorgen, dass die elektrische Anlage oder das elektrische Betriebsmittel im mangelhaften Zustand nicht verwendet wird.*

Durchführungsanweisung zu DGUV-Vorschrift 3 (BGV A3) § 3 Abs. 1

Leitung und Aufsicht durch eine Elektrofachkraft sind alle Tätigkeiten, die erforderlich sind, damit Arbeiten an elektrischen Anlagen und Betriebsmitteln von Personen, die nicht die Kenntnisse und Erfahrungen einer Elektrofachkraft haben, sachgerecht und sicher durchgeführt werden können.

Die Forderung „unter Leitung und Aufsicht einer Elektrofachkraft" bedeutet die Wahrnehmung von Führungs- und Fachverantwortung, insbesondere:

- *das Überwachen der ordnungsgemäßen Errichtung, Änderung und Instandhaltung elektrischer Anlagen und Betriebsmittel,*
- *das Anordnen, Durchführen und Kontrollieren der zur jeweiligen Arbeit erforderlichen Sicherheitsmaßnahmen einschließlich des Bereitstellens von Sicherheitseinrichtungen,*
- *das Unterrichten elektrotechnisch unterwiesener Personen,*
- *das Unterweisen von elektrotechnischen Laien über sicherheitsgerechtes Verhalten, erforderlichenfalls das Einweisen,*
- *das Überwachen, erforderlichenfalls das Beaufsichtigen der Arbeiten und der Arbeitskräfte, z. B. bei nicht elektrotechnischen Arbeiten in der Nähe unter Spannung stehender Teile.*

Das Betreiben umfasst alle Tätigkeiten (Bedienen und Arbeiten) an und in elektrischen Anlagen sowie an und mit elektrischen Betriebsmitteln. Zum Instandhalten (siehe DIN 31051, [2.17]) gehören die Inspektion (Kontrolle), die Wartung und Instandsetzung.

Erläuterungen zu DGUV-Vorschrift 3 (BGV A3) § 3 Abs. 1

Die Verantwortung dafür, dass die elektrischen Anlagen und Betriebsmittel im Unternehmen den elektrotechnischen Regeln entsprechen, liegt beim Unternehmer. Deshalb muss er, wenn er die Arbeiten nicht selbst ausführt, eine geeignete Elektrofachkraft auswählen, der er die Durchführung der Arbeiten überträgt.

Der Unternehmer muss also zunächst eine Elektrofachkraft einsetzen, die über die spezielle Fachkunde verfügt. So wird z. B. eine Elektrofachkraft, die im Bereich der Niederspannungsinstallation gearbeitet hat, nicht über die Fachkunde verfügen, die für Arbeiten in Hochspannungsanlagen erforderlich ist. Auch ist zu bedenken, dass eine **Elektrofachkraft, die längere Zeit nicht mit elektrotechnischen Arbeiten betraut wurde, Defizite in Kenntnissen und Fertigkeiten haben kann. Diese Defizite können, bevor eine solche Fachkraft wieder als Elektrofachkraft tätig wird, in entsprechenden Kursen ausgeglichen werden**.

Sollen für die Arbeiten an elektrischen Anlagen auch Personen eingesetzt werden, die selbst nicht Elektrofachkraft sind, muss eine Elektrofachkraft über sie Leitung und Aufsicht ausüben. Inwieweit Leitung und Aufsicht gehen, kann nicht generell angegeben werden. Wichtig ist das Ziel, das durch Leitung und Aufsicht erreicht werden muss. Hierbei ist zu berücksichtigen, dass die unter Leitung und Aufsicht arbeitenden Personen unterschiedliche Kenntnisse und Erfahrungen haben können. Der Umfang der Leitung und Aufsicht muss sich an deren Kenntnisstand orientieren. Insbesondere wenn Arbeiten einige Jahre durchgeführt werden und eine begleitende theoretische Ausbildung erfolgt, kann der Umfang der Leitung und Aufsicht zurückgenommen werden. Andererseits zeigt dies aber auch, dass bei noch unerfahrenen Personen eine intensive Leitung und Aufsicht erforderlich sind. Weiter ist auch zu berücksichtigen, welche Arbeiten schon gefahrlos durchgeführt werden können. Eine Elektrofachkraft, die Leitung und Aufsicht ausübt, übernimmt all die Pflichten, die einem Vorgesetzten obliegen. Bei der Auswahl einer Elektrofachkraft, die Leitung und Aufsicht ausüben soll, hat der Unternehmer deshalb zu prüfen, ob sie zum Vorgesetzten geeignet ist.

Durchführungsanweisung zu DGUV-Vorschrift 3 (BGV A3) § 3 Abs. 2

Im Allgemeinen liegt ein Mangel nicht vor, wenn beim Erscheinen neuer elektrotechnischer Regeln an neue Anlagen oder Betriebsmittel andere Anforderungen gestellt werden.

Die Berufsgenossenschaft verweist in ihrem Mitteilungsblatt auf die im Anhang 1 DGUV-Vorschrift 3 (BGV A3) aufgeführten Anpassungen vorhandener elektrischer Anlagen und Betriebsmittel an elektrotechnische Regeln.

Erläuterungen zu DGUV-Vorschrift 3 (BGV) A3 § 3 Abs. 2

Bei einem Mangel entspricht eine elektrische Anlage oder ein elektrisches Betriebsmittel nicht mehr den einschlägigen elektrotechnischen Regeln, die bei der Errichtung oder Herstellung gültig waren. In der Regel besteht dann eine Gefahr, der sofort begegnet werden muss. Dabei ist zu unterscheiden, ob durch provisorische Maßnahmen die akute Gefahr beseitigt werden kann und für einen begrenzten Zeitraum die elektrische Anlage oder das elektrische Betriebsmittel weiter benutzt werden können, falls dies aus betrieblichen Gründen erforderlich ist. Natürlich ist eine umgehende Beseitigung des Mangels sofort einzuleiten.

Kann der bestehenden Gefahr nicht durch provisorische Maßnahmen begegnet werden, muss die elektrische Anlage oder das elektrische Betriebsmittel stillgelegt und gegen Benutzung gesichert werden.

Aufgrund eines in der Vergangenheit festgestellten Unfallgeschehens kann es erforderlich sein, dass elektrische Anlagen und Betriebsmittel an geänderte elektrotechnische Regeln angepasst werden.

In der Vergangenheit waren in den elektrotechnischen Regeln selbst die Anpassungsforderungen aufgeführt. Wegen der europäischen Normen, die bestehende Anlagen nicht berücksichtigen, ist dies in Zukunft nicht mehr der Fall. Die Berufsgenossenschaft verweist deshalb im Anhang 1 zur Unfallverhütungsvorschrift „Elektrische Anlagen und Betriebsmittel" (DGUV-Vorschrift 3 (BGV A3), [1.5]) auf die zur Anwendung vermeidbarer Unfallgefahren erforderlichen Nachrüstungen und greift so auch in älteren VDE-Bestimmungen erhobene Nachrüstungsforderungen auf.

Hinweis: Die Berufsgenossenschaft kann eine Anpassung vorhandener Anlagen und Betriebsmittel fordern, wenn:

- sie wesentlich erweitert oder umgebaut werden,
- ihre Nutzung wesentlich geändert wird oder
- nach der Art des Betriebs vermeidbare Gefahren für Leben oder Gesundheit der Versicherten zu befürchten sind.

Anhang 1 der Durchführungsanweisung der DGUV-Vorschrift 3 (BGV A3) [1.5]: Anpassung elektrischer Anlagen und Betriebsmittel an elektrotechnische Regeln

Eine Anpassung an neu erschienene elektrotechnische Regeln ist nicht allein schon deshalb erforderlich, weil in ihnen andere, weitergehende Anforderungen an neue elektrische Anlagen und Betriebsmittel erhoben werden. Sie enthalten aber mitunter Bau- und Ausrüstungsbestimmungen, die wegen besonderer Unfallgefahren oder auch eingetretener Unfälle neu in VDE-Bestimmungen aufgenommen wurden. Eine Anpassung bestehender elektrischer Anlagen an solche elektrotechnischen Regeln kann dann gefordert werden.

Wegen vermeidbarer besonderer Unfallgefahren werden die folgenden Anpassungen gefordert:

- *Realisierung des teilweisen Berührungsschutzes für Bedienvorgänge nach DIN VDE 0106-100:1983-03 [2.18] bis zum 31.12.1999,*
- *Sicherstellen des Schutzes beim Bedienen von Hochspannungsanlagen nach DIN VDE 0101:1989-05 [2.20] Abschnitt 4.4 bis zum 31.10.2000,*
- *Anpassung elektrischer Anlagen auf Baustellen an die „Regeln für Sicherheit und Gesundheitsschutz – Auswahl und Betrieb elektrischer Anlagen und Betriebsmittel auf Baustellen" (DGUV-Information 203-006, [1.29]) bis zum 31.12.1997,*
- *Sicherstellen des Zusatzschutzes in Prüfanlagen nach DIN VDE 0104:1989-10 [2.23] Abschnitte 3.2 und 3.3 bis zum 31.12.1997,*
- *Kennzeichnung ortsveränderlicher elektrischer Betriebsmittel gemäß Auswahl und Betrieb ortsveränderlicher elektrischer Betriebsmittel nach Einsatzbereichen (DGUV-Information 203-005, [1.30]) bis zum 30.6.1998.*

Insbesondere für die neuen Bundesländer gilt:

- *Umstellen von Drehstromsteckvorrichtungen nach der alten Norm DIN 49450/ DIN 49451 (Flachsteckvorrichtung, [2.25, 2.26]) auf das Rundsteckvorrichtungssystem nach DIN 49462/DIN 49463 [2.27, 2.28, 2.31, 2.32] bis zum 31.12.1997,*

- *Anpassung von Innenraumschaltanlagen ISA 2000 an die „Regeln für Sicherheit und Gesundheitsschutz – Sicherer Betrieb von Niederspannungsinnenraumschaltanlagen ISA 2000" (DGUV-Information 203-013, [1.31]) bis zum 31.12.1999,*

- *Anpassung von Schutz- und Hilfsmitteln, sofern an diese elektrotechnische Anforderungen gestellt werden, an die elektrotechnischen Regeln bis zum 31.12.1997,*

- *Trennung von Erdungsanlagen in elektrischen Verteilungsnetzen und Verbraucheranlagen von Wasserrohrnetzen bis zum 31.12.1997,*

- *Ausrüstung von Leuchtenvorführständen mit Zusatzschutz nach DIN VDE 0100-559:1983-03 [2.33] Abschnitt 6 bis zum 31.12.1997.*

Anmerkung:
Die angegebenen Anpassungsforderungen sind terminlich so fixiert, dass sie alle bereits erfüllt sein müssten. Hinweise und Kontrollen beweisen jedoch, dass noch nicht alle Forderungen erfüllt sind. In DIN VDE 0105-100:2009-10 [2.14] wird im Abschnitt „Wiederkehrende Prüfungen sonstiger Art" gefordert, dass auch festgestellt werden muss, ob geforderte Anpassungen bei bestehenden elektrischen Anlagen durchgeführt sind.

DGUV-Vorschrift 3 (BGV A3) *§ 4 Grundsätze beim Fehlen elektrotechnischer Regeln*

(1) Soweit hinsichtlich bestimmter elektrischer Anlagen und Betriebsmittel keine oder zur Abwendung neuer oder bislang nicht festgestellter Gefahren nur unzureichende elektrotechnische Regeln bestehen, hat der Unternehmer dafür zu sorgen, dass die Bestimmungen der nachstehenden Abs. eingehalten werden.

(2) Elektrische Anlagen und Betriebsmittel müssen sich in sicherem Zustand befinden und sind in diesem Zustand zu erhalten.

(3) Elektrische Anlagen und Betriebsmittel dürfen nur benutzt werden, wenn sie den betrieblichen und örtlichen Sicherheitsanforderungen im Hinblick auf Betriebsart und Umgebungseinflüsse genügen.

(4) Die aktiven Teile elektrischer Anlagen und Betriebsmittel müssen entsprechend ihrer Spannung, Frequenz, Verwendungsart und ihrem Betriebsort durch Isolierung, Lage, Anordnung oder fest angebrachte Einrichtungen gegen direktes Berühren geschützt sein.

(5) Elektrische Anlagen und Betriebsmittel müssen so beschaffen sein, dass bei Arbeiten und Handhabungen, bei denen aus zwingenden Gründen der Schutz gegen direktes Berühren nach Abs. 4 aufgehoben oder unwirksam gemacht werden muss,

  – der spannungsfreie Zustand der aktiven Teile hergestellt und sichergestellt werden kann oder

– die aktiven Teile unter Berücksichtigung von Spannung, Frequenz, Verwendungsart und Betriebsort durch zusätzliche Maßnahmen gegen direktes Berühren geschützt werden können.

(6) Bei elektrischen Betriebsmitteln, die in Bereichen bedient werden müssen, wo allgemein ein vollständiger Schutz gegen direktes Berühren nicht gefordert wird oder nicht möglich ist, muss bei benachbarten aktiven Teilen mind. ein teilweiser Schutz gegen indirektes Berühren vorhanden sein.

(7) Die Durchführung der Maßnahmen nach Abs. 5 muss ohne eine Gefährdung z. B. durch Körperdurchströmung oder durch Lichtbogenbildung möglich sein.

(8) Elektrische Anlagen und Betriebsmittel müssen entsprechend ihrer Spannung, Frequenz, Verwendungsart und ihrem Betriebsort Schutz bei indirektem Berühren aufweisen, sodass auch im Fall eines Fehlers in der elektrischen Anlage oder in dem elektrischen Betriebsmittel Schutz gegen gefährliche Berührungsspannungen vorhanden ist.

Durchführungsanweisung zu DGUV-Vorschrift 3 (BGV A3) § 4 Abs. 2

Der sichere Zustand ist vorhanden, wenn elektrische Anlagen und Betriebsmittel so beschaffen sind, dass von ihnen bei ordnungsgemäßem Bedienen und bestimmungsgemäßer Verwendung weder eine unmittelbare (z. B. Berührungsspannung) noch eine mittelbare (z. B. durch Strahlung, Explosion, Lärm) Gefahr für den Menschen ausgehen kann.

Der geforderte sichere Zustand umfasst auch den notwendigen Schutz gegen zu erwartende äußere Einwirkungen (z. B. mechanische Einwirkungen, Feuchtigkeit, Eindringen von Fremdkörpern).

Erläuterungen zu DGUV-Vorschrift 3 (BGV A3) § 4 Abs. 2
Absatz 2 und die folgenden Abs. des § 4 enthalten Schutzziele, nach denen elektrische Anlagen und Betriebsmittel ausgewählt werden können, wenn es keine hierfür geltenden elektrotechnischen Regeln gibt und somit eine Beurteilung hinsichtlich der Eignung anhand solcher nicht möglich ist.

Durchführungsanweisung zu DGUV-Vorschrift 3 (BGV A3) § 4 Abs. 3

Elektrische Anlagen und Betriebsmittel können in ihrer Funktion und Sicherheit durch Umgebungseinwirkungen (z. B. Staub, Feuchtigkeit, Wärme, mechanische Beanspruchung) nachteilig beeinflusst werden. Daher sind sowohl die einzelnen Betriebsmittel als auch die gesamte Anlage so auszuwählen und zu gestalten, dass ein ausreichender Schutz gegen diese Einwirkungen über die üblicherweise zu erwartende Lebensdauer gewährleistet ist. Hierzu zählen u. a. die Auswahl der Schutzart, der Isolationsklasse sowie der Kriech- und Luftstrecken. Bei der Auswahl sind in jedem Fall die speziellen Einsatzbedingungen zu berücksichtigen, z. B. auf Baustellen oder in aggressiver Umgebung.

Durchführungsanweisung zu DGUV-Vorschrift 3 (BGV A3) § 4 Abs. 5

Als zusätzliche Maßnahmen, die bei der Aufhebung des betriebsmäßigen Schutzes gegen direktes Berühren anzuwenden sind, gelten z. B. das Abdecken oder Abschranken.

Durchführungsanweisung zu DGUV-Vorschrift 3 (BGV A3) § 4 Abs. 6

Ein vollständiger Schutz gegen direktes Berühren ist häufig die einfachste und in jedem Fall die wirkungsvollste Schutzmaßnahme. Dies gilt vor allem für Betriebsmittel, die für betriebsmäßige Vorgänge bedient werden müssen, aber auch an und in der Nähe von Betriebsmitteln, zu denen nur Elektrofachkräfte und elektrotechnisch unterwiesene Personen Zutritt oder Zugriff haben.

*In Bereichen, die nur mind. elektrotechnisch unterwiesenen Personen zugänglich sind, genügt bei Betriebsmitteln, die nicht betriebsmäßig, sondern nur zum Wiederherstellen des Soll-Zustands bedient werden, z. B. Einstellen oder Entsperren eines Relais, Auswechseln von Meldelampen oder Schraubsicherungen, bei Nennspannungen bis 1 000 V ein teilweiser Schutz gegen direktes Berühren, z. B. Abdeckung, nach DIN EN 50274 (**VDE 0660-514**) [2.19] „Niederspannungs-Schaltgerätekombinationen – Schutz gegen elektrischen Schlag – Schutz gegen unabsichtliches direktes Berühren gefährlicher aktiver Teile". Solche Abdeckungen erfüllen ihren Zweck, wenn sie gegen unbeabsichtigtes Verschieben oder Entfernen gesichert sind oder nur mit Werkzeug oder Schlüssel entfernt werden können.*

Durchführungsanweisung zu DGUV-Vorschrift 3 (BGV A3) § 4 Abs. 7

Diese Forderung ist z. B. erfüllt, wenn:

- *die Anlage oder Abschnitte der Anlage freigeschaltet werden können,*
- *die erforderlichen Hilfsmittel und Einrichtungen zum Sichern gegen Wiedereinschalten sowie ein Verbotszeichen mit der Aussage „Nicht schalten" und erforderlichenfalls der zusätzlichen Aussage „Es wird gearbeitet/Ort .../ Entfernen des Schilds nur durch ..." oder bei ferngesteuerten Anlagen entsprechende Einrichtungen vorhanden sind und angebracht werden können,*
- *am freigeschalteten Anlageteil das Feststellen der Spannungsfreiheit möglich ist,*
- *die Anlagenteile, soweit erforderlich, mit Einrichtungen zum Erden und Kurzschließen, z. B. Erdungsschalter, Erdungswagen, Anschließstellen, ausgerüstet sind oder Einrichtungen zum Erden und Kurzschließen, z. B. Seile oder Schienen mit ausreichendem Querschnitt, vorhanden sind und angebracht werden können und*
- *Hilfsmittel zum Abdecken und Abschranken, z. B. Abdecktücher, Isolierplatten, Führungsschienen für isolierende Schutzplatten, vorhanden sind.*

In Anlagen mit Nennspannungen über 1 kV müssen zum Freischalten die erforderlichen Trennstrecken hergestellt werden können.

Einrichtungen zum Sichern gegen Wiedereinschalten sind z. B. ein- oder mehrfach verschließbare Schalter, Schalterabdeckungen, Steckkappen für Schalter, abnehmbare Schalthebel, Blindeinsätze für Schraubsicherungen, Absperr- und Entlüftungseinrichtungen für Druckluft, Mittel zum Unwirksammachen der Federkraft, Mittel zum Unterbrechen der Hilfsspannung.

Bei ferngesteuerten Anlagen müssen Kennzeichnungen, Hinweise und Anweisungen so gestaltet sein, dass der Schaltzustand der Anlage und die Zuständigkeiten und Möglichkeiten für eine Schaltung, z. B. von der zentralen Fernsteuerstelle aus, eindeutig erkennbar sind.

Einschiebbare isolierende Schutzplatten werden im Allgemeinen nur in Führungsschienen sicher gehalten.

Erläuterung der Begriffe

Schutz gegen direktes Berühren (neue Bezeichnung: Schutz gegen elektrischen Schlag unter normalen Bedingungen, siehe Abschnitt 5 in diesem Buch) ist gegeben, wenn die Berührung von aktiven Teilen elektrischer Betriebsmittel mit Körperteilen, bei Handgeräten mind. mit einem kleinen Finger, nicht möglich ist.

Fingersicher: Mit Prüffinger (nach DIN EN 60529 (**VDE 0470-1**) [2.35]) dürfen aktive Teile nicht berührt werden können.

Durch Isolierung, Abdeckung, Bauart oder Anordnung müssen die aktiven Teile gegen direktes Berühren geschützt sein, siehe Abschnitte 4 und 5 in diesem Buch.

Handrückensicher (siehe Abschnitt 5.2.1, Tabelle 5.1 in diesem Buch) wird erreicht, wenn aktive Teile mit einer Kugel von einem Durchmesser von 50 mm unter den in DIN EN 60529 (**VDE 0470-1**) [2.35] festgelegten Bedingungen nicht berührt werden können.

Schutz bei direktem Berühren (siehe Abschnitt 5.6 in diesem Buch) wird erreicht, indem beim Berühren unter Spannung stehender aktiver Teile die Spannung sofort abgeschaltet wird, z. B. durch Fehlerstromschutzeinrichtungen (RCD).

Schutz bei indirektem Berühren (neue Bezeichnung: Schutz gegen elektrischen Schlag unter Fehlerbedingungen, siehe Abschnitt 6 in diesem Buch) wird durch Schutzmaßnahmen erreicht, die bei Auftreten gefährlicher Berührungsspannungen (meist durch Fehler) an Körpern (Gehäusen) sofort abschalten oder sie überhaupt nicht auftreten lassen.

DGUV-Vorschrift 3 (BGV A3) *§ 5 Prüfungen*

(1) Der Unternehmer hat dafür zu sorgen, dass die elektrischen Anlagen und Betriebsmittel auf ihren ordnungsgemäßen Zustand geprüft werden:

1. *Vor der ersten Inbetriebnahme und nach einer Änderung oder Instandsetzung vor der Wiederinbetriebnahme durch eine Elektrofachkraft oder unter Leitung und Aufsicht einer Elektrofachkraft und*

2. *in bestimmten Zeitabständen.*

   Die Fristen sind so zu bemessen, dass entstehende Mängel, mit denen gerechnet werden muss, rechtzeitig festgestellt werden.

(2) Bei der Prüfung sind die sich hierauf beziehenden elektrotechnischen Regeln zu beachten.[7]

(3) Auf Verlangen der Berufsgenossenschaft ist ein Prüfbuch mit bestimmten Eintragungen zu führen.

(4) Die Prüfung vor der ersten Inbetriebnahme nach Abs. 1 ist nicht erforderlich, wenn dem Unternehmer vom Hersteller oder Errichter bestätigt wird, dass die elektrischen Anlagen und Betriebsmittel den Bestimmungen dieser Unfallverhütungsvorschrift entsprechend beschaffen sind.

Durchführungsanweisung zu DGUV-Vorschrift 3 (BGV A3) § 5 Abs. 1 Nr. 1

Elektrische Anlagen und Betriebsmittel dürfen nur in ordnungsgemäßem Zustand in Betrieb genommen werden und müssen in diesem Zustand erhalten werden.

Diese Forderung ist z. B. erfüllt, wenn vor Inbetriebnahme, nach Änderung oder Instandsetzung (Erstprüfung) sichergestellt wird, dass die Anforderungen der elektrotechnischen Regeln eingehalten werden. Hierzu sind Prüfungen nach Art und Umfang der in den elektrotechnischen Regeln festgelegten Maßnahmen durchzuführen. Nur unter bestimmten Voraussetzungen dürfen Erstprüfungen elektrischer Anlagen und Betriebsmittel entfallen (siehe DA zu DGUV-Vorschrift 3 (BGV A3) § 5 Abs. 4).

Erläuterungen zu DGUV-Vorschrift 3 (BGV A3) § 5 Abs. 1 Nr. 1[7]

Prüfung vor der ersten Inbetriebnahme

Der Unternehmer ist dafür verantwortlich, dass neue elektrische Anlagen und Betriebsmittel sicher betrieben und benutzt werden können. Er ist daher gut beraten, wenn er sich vom Errichter oder Hersteller ausdrücklich bestätigen lässt, dass die von ihm errichteten Anlagen und hergestellten Betriebsmittel den Bestimmungen der Unfallverhütungsvorschrift entsprechen.

Um diese Bestätigung abgeben zu können, werden elektrische Niederspannungsanlagen (bis 1 000 V Wechselspannung) deshalb vor der Inbetriebnahme entsprechend der DIN VDE 0100-600 [2.39] „Errichten von Niederspannungsanlagen – Prüfungen" geprüft.

Bei elektrischen Betriebsmitteln ist durch Prüfungen, die in den jeweiligen elektrotechnischen Regeln aufgeführt sind, festzustellen, ob sie den elektrotechnischen Regeln entsprechen.

Als Ersatz für eine Bestätigung des Herstellers kann für anschlussfertige elektrische Betriebsmittel ein Prüfzeichen wie das GS-Zeichen angesehen werden. Gleiches gilt für das CE-Zeichen, wenn in der zugehörigen Konformitätserklärung auf die eingehaltenen Normen verwiesen wird.

---

[7] Anmerkung: Mess- und Prüfgeräte müssen DIN VDE 0404 [2.36], DIN EN 61010 (**VDE 0411**) [2.37], DIN EN 61557 (**VDE 0413**) [2.38] entsprechen.

Prüfung nach Änderung und Instandsetzung

Eine Prüfung des ordnungsgemäßen Zustands ist auch nach Änderung und Instandsetzung erforderlich. Immer dann, wenn Arbeiten ausgeführt wurden, die in den Funktionsablauf der Einrichtung eingreifen und darum die Kenntnisse einer Elektrofachkraft erfordern, müssen die Schutzmaßnahmen überprüft werden.

Elektrische Anlagen werden danach entsprechend den Bestimmungen, die für das Errichten gelten, geprüft, Niederspannungsanlagen also nach DIN VDE 0100-600 (alt: 610) [2.39].

Für elektrische Betriebsmittel, z. B. Elektrohandwerkszeuge, Büromaschinen, gilt für die Prüfung nach Änderung, Instandsetzung und Wiederholungsprüfung die DIN VDE 0701-0702 [2.13].

Durchführungsanweisung zu DGUV-Vorschrift 3 (BGV A3) § 5 Abs. 1 Nr. 2

Zur Erhaltung des ordnungsgemäßen Zustands sind elektrische Anlagen und Betriebsmittel wiederholt zu prüfen.

Anhand der folgenden Tabellen (Tabellen 2.6 bis 2.8) *können Prüffristen festgelegt werden, wenn die elektrischen Anlagen und Betriebsmittel normalen Beanspruchungen durch Umgebungstemperatur, Staub, Feuchtigkeit oder dergleichen ausgesetzt sind. Dabei wird unterschieden zwischen ortsveränderlichen und ortsfesten elektrischen Betriebsmitteln und stationären und nicht stationären Anlagen.*

Ortsveränderliche elektrische Betriebsmittel *sind solche, die während des Betriebs bewegt werden oder die leicht von einem Platz zum anderen gebracht werden können, während sie an den Versorgungsstromkreis angeschlossen sind (s. a. DIN VDE 0100-200 [2.6] Abschnitte 2.7.4 und 2.7.5).*

Ortsfeste elektrische Betriebsmittel *sind fest angebrachte Betriebsmittel oder Betriebsmittel, die keine Tragevorrichtung haben und deren Masse so groß ist, dass sie nicht leicht bewegt werden können. Dazu gehören auch elektrische Betriebsmittel, die vorübergehend fest angebracht sind und über bewegliche Anschlussleitungen betrieben werden (s. a. Abschnitte 2.7.6 und 2.7.7 DIN VDE 0100-200 [2.6]).*

Stationäre Anlagen *sind solche, die mit ihrer Umgebung fest verbunden sind, z. B. Installationen in Gebäuden, Baustellenwagen, Containern und auf Fahrzeugen.*

Nicht stationäre Anlagen *sind dadurch gekennzeichnet, dass sie entsprechend ihrem bestimmungsgemäßen Gebrauch nach dem Einsatz wieder abgebaut (zerlegt) und am neuen Einsatzort wieder aufgebaut (zusammengeschaltet) werden. Hierzu gehören z. B. Anlagen auf Bau- und Montagestellen, fliegende Bauten.*

Die Verantwortung für die ordnungsgemäße Durchführung der Prüfungen obliegt einer Elektrofachkraft.

Stehen für die Mess- und Prüfaufgaben geeignete Mess- und Prüfgeräte zur Verfügung, dürfen auch elektrotechnisch unterwiesene Personen unter Leitung und Aufsicht einer Elektrofachkraft prüfen. Anmerkung: Diese Aussage ist gemäß BetrSichV nicht mehr zutreffend.

Ortsfeste elektrische Anlagen und Betriebsmittel

Für ortsfeste elektrische Anlagen und Betriebsmittel sind die Forderungen hinsichtlich Prüffrist und Prüfer erfüllt, wenn die in **Tabelle 2.6** genannten Festlegungen eingehalten werden.

Die Forderungen sind für ortsfeste elektrische Anlagen und Betriebsmittel z. B. auch erfüllt, wenn diese von einer Elektrofachkraft ständig überwacht werden.

Ortsfeste elektrische Anlagen und Betriebsmittel gelten als ständig überwacht, wenn sie:

• von Elektrofachkräften instand gehalten und

• durch messtechnische Maßnahmen im Rahmen des Betreibens (z. B. Überwachen des Isolationswiderstands) geprüft werden.

Die ständige Überwachung als Ersatz für die Wiederholungsprüfung gilt nicht für die elektrischen Betriebsmittel der **Tabellen 2.7 und 2.8**.

Ortsveränderliche elektrische Betriebsmittel

Tabelle 2.7 enthält Richtwerte für Prüffristen. Als Maß, ob die Prüffristen ausreichend bemessen sind, gilt die bei den Prüfungen in bestimmten Betriebsbereichen festgestellte Quote von Betriebsmitteln, die Abweichungen von den Grenzwerten aufweisen (Fehlerquote). Beträgt die Fehlerquote höchstens 2 %, kann die Prüffrist als ausreichend angesehen werden.

Schutz- und Hilfsmittel

Die Prüffristen für Schutz- und Hilfsmittel zum sicheren Arbeiten in elektrischen Anlagen sind in Tabelle 2.8 angegeben.

Anlage/Betriebsmittel	Prüffrist	Art der Prüfung	Prüfer
elektrische Anlagen und ortsfeste Betriebsmittel	*4 Jahre*	auf ordnungsgemäßen Zustand	Elektrofachkraft
elektrische Anlagen und ortsfeste elektrische Betriebsmittel in „Betriebsstätten, Räumen und Anlagen besonderer Art" (DIN VDE 0100 Gruppe 700)	*1 Jahr*		
Schutzmaßnahmen mit Fehlerstromschutzschaltungen in nicht stationären Anlagen	*1 Monat*	auf Wirksamkeit	Elektrofachkraft oder elektrotechnisch unterwiesene Person bei Verwendung geeigneter Mess- und Prüfgeräte

Tabelle 2.6 Wiederholungsprüfungen ortsfester elektrischer Anlagen und Betriebsmittel (Tabelle 1A in DGUV-Vorschrift 3 (BGV A3), [1.5])

Anlage/Betriebsmittel	Prüffrist	Art der Prüfung	Prüfer
Fehlerstrom-, Differenzstrom- und Fehlerspannungsschutz- schalter: • in stationären Anlagen, • in nicht stationären Anlagen	6 Monate arbeitstäglich	auf einwandfreie Funktion durch Betätigen der Prüfeinrichtung (Prüftaste)	Benutzer

Tabelle 2.6 (Fortsetzung) *Wiederholungsprüfungen ortsfester elektrischer Anlagen und Betriebsmittel (Tabelle 1A in DGUV-Vorschrift 3 (BGV A3), [1.5])*

Anlage/Betriebsmittel	Prüffrist Richt- und Maximalwerte	Art der Prüfung	Prüfer
ortsveränderliche elektrische Betriebsmittel (soweit benutzt) Verlängerungs- und Geräteanschlussleitungen mit Steckvorrichtungen Anschlussleitungen mit Stecker bewegliche Leitungen mit Stecker und Festanschluss	Richtwert **6 Monate**, auf Baustellen **3 Monate**[1] Wird bei den Prüfungen eine **Fehlerquote <2 %** erreicht, kann die Prüffrist entsprechend verlängert werden **Maximalwerte**: auf Baustellen, in Fertigungsstätten und Werkstätten oder unter ähnlichen Bedingungen **ein Jahr**, in Büros oder unter ähnlichen Bedingungen **zwei Jahre**	auf ordnungs- gemäßen Zustand	Elektrofachkraft, bei Verwendung geeigneter Mess- und Prüfgeräte auch elektrotechnisch unterwiesene Person
[1] Konkretisierung siehe DGUV-Information „Auswahl und Betrieb elektrischer Anlagen und Betriebsmittel auf Baustellen", DGUV-Information 203-006 [1.29]			

Tabelle 2.7 *Wiederholungsprüfungen ortsveränderlicher elektrischer Betriebsmittel (Tabelle 1B in DGUV-Vorschrift 3 (BGV A3), [1.5])*

Prüfobjekt	Prüffrist	Art der Prüfung	Prüfer
isolierende Schutzbekleidung (soweit benutzt)	vor jeder Benutzung	auf augenfällige Mängel	Benutzer
	12 Monate 6 Monate für isolierende Handschuhe	auf Einhaltung der in den elektrotechnischen Regeln vorgegebenen Grenzwerte	Elektro- fachkraft
isolierte Werkzeuge, Kabelschneidgeräte; isolierende Schutzvorrichtungen sowie Betätigungs- und Erdungsstangen	vor jeder Benutzung	auf äußerlich erkennbare Schäden und Mängel	Benutzer
Spannungsprüfer, Phasenvergleicher		auf einwandfreie Funktion	
Spannungsprüfer, Phasenvergleicher und Spannungsprüfsysteme (kapazitive Anzeigesysteme) für Nennspannungen über 1 kV	6 Jahre	auf Einhaltung der in den elektrotechnischen Regeln vorgegebenen Grenzwerte	Elektro- fachkraft

Tabelle 2.8 *Prüfungen für Schutz- und Hilfsmittel (Tabelle 1C in DGUV-Vorschrift 3 (BGV A3), [1.5])*

119

Erläuterungen zu DGUV-Vorschrift 3 (BGV A3) § 5 Abs. 1 Nr. 2

Die Gefahren des elektrischen Stroms erfordern besondere Schutzmaßnahmen. Ob diese Schutzmaßnahmen immer wirksam sind, kann ein Laie und auch eine Elektrofachkraft bei der Benutzung elektrischer Betriebsmittel nicht immer erkennen.

Auch kann sich ein Mangel, der zunächst nicht erkannt wird und noch nicht eine Gefährdung zur Folge hat, ausweiten. Es sind deshalb regelmäßige Prüfungen erforderlich, die ein rechtzeitiges Erkennen eines sich einstellenden Mangels ermöglichen.

In der Unfallverhütungsvorschrift „Elektrische Anlagen und Betriebsmittel" wird deshalb gefordert, dass regelmäßig in solchen Zeitabständen geprüft wird, dass zu erwartende Mängel rechtzeitig festgestellt werden.

Hierbei ist zu berücksichtigen, dass bei den Prüfungen nur die Schutzmaßnahmen gegen Gefahren durch elektrischen Strom kontrolliert werden. Das heißt, dass andere Prüfungen, die z. B. in anderen Unfallverhütungsvorschriften gefordert werden, zusätzlich durchgeführt werden müssen.

Die Unfallverhütungsvorschrift gibt keine festen Prüffristen vor, sondern verpflichtet den Unternehmer, die für sein Unternehmen richtigen Prüffristen selbst festzulegen.

Die Länge der Prüffristen ist abhängig vom Grad der Beanspruchung und muss daher für die einzelnen Bereiche in einem Betrieb spezifisch festgelegt werden.

In den Durchführungsanweisungen zu DGUV-Vorschrift 3 (BGV A3) § 5 findet man Angaben, die bei der Festlegung der Prüffrist hilfreich sind. So wird zunächst einmal zwischen ortsfesten und ortsveränderlichen Betriebsmitteln unterschieden.

Wiederholungsprüfungen verursachen Kosten, und einem Unternehmen wird daran gelegen sein, die Prüffristen so festzulegen, dass das Schutzziel des Paragrafen erreicht wird, aber andererseits auch nicht zu häufig geprüft wird.

Ein Hilfsmittel hierfür ist die Fehlerquote. Die Fehlerquote sagt aus, an wie vielen Betriebsmitteln bei der Wiederholungsprüfung Mängel festgestellt wurden. Unter Mangel wird hier nicht ein in jedem Fall schon für den Benutzer gefährlicher Zustand verstanden. **Ein Mangel liegt schon dann vor, wenn ein Abweichen von den festgelegten Grenzwerten festgestellt wurde.**

Eine Prüffrist ist dann nicht zu lang, wenn die Fehlerquote 2 % nicht überschritten wird. Hierbei muss natürlich darauf geachtet werden, dass bei der Berechnung der Fehlerquote nur Betriebsmittel aus gleichen Betriebsbereichen herangezogen wurden. Es dürfen also nicht Betriebsmittel aus dem Bürobereich, aus der Fertigung und von Baustellen für die Ermittlung einer gesamten Fehlerquote ausgewählt werden, sondern für jeden dieser Bereiche ist die Fehlerquote festzustellen. Auch muss beachtet werden, dass eine ausreichend große Anzahl von Betriebsmitteln betrachtet wird oder die Fehlerquote über einen langen Zeitraum ermittelt wird.

Wiederholungsprüfungen sind auch beschrieben in VDE-Bestimmungen für den Betrieb elektrischer Anlagen.

Für die Prüfung elektrischer Betriebsmittel kann meist DIN VDE 0701-0702 [2.13] „Prüfung nach Instandsetzung, Änderung elektrischer Geräte – Wiederholungsprüfung elektrischer Geräte – Allgemeine Anforderungen für die elektrische Sicherheit" herangezogen werden.

Bei der Wiederholungsprüfung elektrischer Betriebsmittel wird das Gehäuse nicht geöffnet. Es können daher auch elektrotechnisch unterwiesene Personen diese Betriebsmittel prüfen, wenn Prüfgeräte zur Verfügung stehen, an denen das Ergebnis leicht abgelesen werden kann und ein automatischer Funktionsablauf gewährleistet ist. Anmerkung: Diese Aussage ist gemäß BetrSichV nicht mehr zutreffend.

Die Wiederholungsprüfungen elektrischer Anlagen sind wegen der teilweise komplexen Verhältnisse ausschließlich Elektrofachkräften vorbehalten.

Für die Einhaltung der Prüffristen muss gesorgt werden. Dies ist durch Registrierung in Prüfbüchern und Karteien möglich. Auch das Anbringen von Prüfmarken hat sich bewährt. Hierbei sollte jedoch darauf geachtet werden, dass nicht jeder Benutzer die erforderliche Prüffrist kennt. Es ist deshalb besser, nicht das Datum der Prüfungen, sondern den zukünftigen Termin einzutragen.

Auf Wiederholungsprüfungen kann nur unter bestimmten Bedingungen verzichtet werden. Diese Ausnahme gilt nur für ortsfeste elektrische Anlagen und Betriebsmittel. Es muss gewährleistet sein, dass die laufenden Instandhaltungsarbeiten zusammen mit den im Rahmen des Betreibers erforderlichen Messungen ähnlich wie Wiederholungsprüfungen vorhandene Mängel aufzeigen. Diese Bedingungen sind i. d. R. in den Netzen der Netzbetreiber erfüllt. Anders ist die Situation in Betrieben zu beurteilen, wenn zwar ein Betriebselektriker beschäftigt wird, dieser aber nicht laufend Instandhaltungsarbeiten am innerbetrieblichen Versorgungsnetz durchführt.

Zu Tabelle 2.6: Betriebsstätten, Räume und Anlagen besonderer Art (DIN VDE 0100 Gruppe 700)

Die in Tabelle 2.6 genannten Prüffristen beziehen sich u. a. auf die in den folgenden VDE-Bestimmungen genannten Anlagen und Betriebsmittel:

DIN VDE 0100-701	Räume mit Badewanne oder Dusche
DIN VDE 0100-702	Becken von Schwimmbädern und andere Becken
DIN VDE 0100-703	Räume und Kabinen mit Saunaheizungen
DIN VDE 0100-704	Baustellen
DIN VDE 0100-706	Leitfähige Bereiche mit begrenzter Bewegungsfreiheit
DIN VDE 0100-720	Feuergefährdete Betriebsstätten (zurückgezogen, Nachfolgedokument DIN VDE 0100-420:2013-02 [2.41])
DIN VDE 0100-723	Unterrichtsräume mit Experimentiereinrichtungen

DIN VDE 0100-726	Hebezeuge (zurückgezogen, Nachfolgedokument DIN EN 60204-32 (**VDE 0113-32**):2009-03 [2.40])
DIN VDE 0100-737	Feuchte und nasse Bereiche und Räume und Anlagen im Freien
DIN VDE 0100-740	Vorübergehend errichtete elektrische Anlagen für Aufbauten, Vergnügungseinrichtungen und Buden auf Kirmesplätzen, Vergnügungsparks und für Zirkusse

Zur Prüfung von Schutz-Hilfsmitteln nach Tabelle 2.7

Die für isolierte Schutzbekleidung geltenden VDE-Bestimmungen liegen zum Teil noch nicht als Weißdrucke vor. Die folgenden Auszüge aus Normen oder Normentwürfen enthalten Angaben zur Durchführung der Prüfungen.

Zur Prüfung von Handschuhen: Auszug aus DIN EN 60903 (VDE 0682-311) Anhang E

E.5 Wiederholungsprüfungen

Handschuhe der Klassen 1, 2, 3 und 4 sowie dem Lager entnommene Handschuhe dieser Klassen sollten ohne vorherige Prüfung nicht benutzt werden, sofern die letzte elektrische Prüfung länger als sechs Monate zurückliegt. Die üblichen Prüfintervalle betragen zwischen 30 und 90 Tagen.

Die Prüfungen bestehen aus dem Aufblasen mit Luft, um zu prüfen, ob Löcher vorhanden sind, einer Sichtprüfung am aufgeblasenen Handschuh und einer elektrischen Stückprüfung nach Abschnitt 8.4.2.1 und 8.4.3.1 sowie 10.3 der DIN EN 60903 (**VDE 0682-311**) [2.42] *für lange mehrschichtige Handschuhe.*

Für Handschuhe der Klassen 00 und 0 sind eine Prüfung auf Luftlöcher und eine Sichtprüfung ausreichend. Jedoch kann eine elektrische Stückprüfung auf Wunsch des Besitzers durchgeführt werden.

Die Prüfung gefütterter Handschuhe muss mit einem geeigneten Prüfgerät durchgeführt werden, um den einwandfreien Zustand nachzuweisen.

Zur Prüfung von isolierenden Anzügen der Klasse 00 (bis 500 V): Auszug aus DIN EN 50286 (VDE 0682-301) Anhang A

A.2.2 Elektrische Prüfungen

Die elektrischen Prüfungen müssen mit der Prüfanordnung und dem Prüfablauf entsprechend Abschnitt 5.3.3 der DIN EN 50286 (**VDE 0682-301**) [2.43], *jedoch mit den folgenden Abweichungen vorgenommen werden:*

Die Prüfspannung von 1,5 kV muss an die Schutzkleidung mit einem Druck von 3 N für 3 s an folgenden Prüfstellen angelegt werden:

- *Die Kapuze muss an ihrer obersten Stelle geprüft werden.*

- Die Jacke muss unterhalb einer Achselhöhle sowie an beiden Ellbogen geprüft werden.
- Die Hose muss am Gesäß und an beiden Knien geprüft werden.
- Der Overall muss unterhalb einer Achselhöhle, am Gesäß, an beiden Knien sowie an beiden Ellbogen geprüft werden.

Diese Prüfstellen dürfen keine Nähte enthalten.

Die Prüfung muss mit den in **Bild 2.6** dargestellten Elektroden an der kompletten Schutzkleidung vorgenommen werden.

Anmerkung: Die Prüfspannung sollte zunächst mit 50 % des Prüfwerts angelegt und dann gleichmäßig erhöht, nach Abschluss der Prüfperiode auf 50 % des Prüfwerts abgesenkt und dann abgeschaltet werden.

Die Prüfung gilt als bestanden, wenn kein Durchschlag erfolgt. Sollte irgendein Fehler auftreten, muss die Schutzkleidung ausgesondert werden.

Monat, Jahr und Prüfinstitut müssen dauerhaft auf dem entsprechenden Kennzeichnungsetikett vermerkt werden, wenn die Wiederholungsprüfung bestanden wurde.

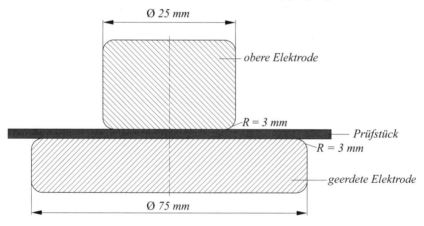

Bild 2.6 *Beispiel einer Anordnung von Prüfelektroden für Stückprüfung und Wiederholungsprüfungen (DIN EN 50286 (**VDE 0682-301**) [2.43])*

Zur Prüfung von isolierender Fußbekleidung

Die Prüfung von isolierenden Schutzanzügen, Handschuhen, isolierender Fußbekleidung und Gesichtsschutzschirmen, Matten zur Standortisolierung und Abdecktüchern wird in internationalen Normen geregelt. DIN VDE 0680-1 [2.44] beinhaltet lediglich die Prüfung von isolierenden Schutzvorrichtungen, Umhüllungen, Faltabdeckungen sowie von Formstücken.

123

Durchführungsanweisung zu DGUV-Vorschrift 3 (BGV A3) § 5 Abs. 4

Die Bestätigung des Herstellers oder Errichters bezieht sich auf betriebsfertig installierte oder angeschlossene Anlagen, Betriebsmittel und Ausrüstungen. Sie kann i. d. R. nur vom Errichter abgegeben werden, da nur er die für den sicheren Einsatz der Anlage maßgebenden Umgebungs- und Einsatzbedingungen kennt.

Erläuterung der Begriffe

Elektrische Anlage. Gesamtheit der zugeordneten elektrischen Betriebsmittel mit abgestimmten Kenngrößen zur Erfüllung bestimmter Zwecke.

Elektrisches Betriebsmittel. Produkt, das zum Zweck der Erzeugung, Umwandlung, Übertragung, Verteilung oder Anwendung von elektrischer Energie benutzt wird, z. B. Maschinen, Transformatoren, Schaltgeräte und Steuergeräte, Messgeräte, Schutzeinrichtungen, Kabel und Leitungen, elektrische Verbrauchsmittel.

Ortsfestes Betriebsmittel. Fest angebrachtes elektrisches Betriebsmittel oder elektrisches Betriebsmittel ohne Tragevorrichtung, dessen Masse so groß ist, dass es nicht leicht bewegt werden kann. Anmerkung: Der Wert dieser Masse ist in IEC-Normen für Geräte für den Hausgebrauch mit mind. 18 kg festgelegt.

Fest angebrachtes elektrisches Betriebsmittel. Elektrisches Betriebsmittel, das auf einer Haltevorrichtung angebracht oder in einer anderen Weise fest an einer bestimmten Stelle montiert ist.

Ortsveränderliches elektrisches Betriebsmittel. Elektrisches Betriebsmittel, das während des Betriebs bewegt wird oder leicht von einem Platz zu einem anderen gebracht werden kann, während es an den Versorgungsstromkreis angeschlossen ist.

Elektrisches Handgerät. Elektrisches Betriebsmittel, das dazu bestimmt ist, während des üblichen Gebrauchs in der Hand gehalten zu werden.

Weitere Prüffristen

Sie sind z. B. gegeben durch:

- Produktsicherheitsgesetz (ProdSG, [1.16]),
- Betriebssicherheitsverordnung (BetrSichV, [1.1]),
- Bauordnung des jeweiligen Bundeslands,
- Zusatzbedingungen der Sachversicherer.

Werden danach kürzere Prüffristen als in § 5 der DGUV-Vorschrift 3 (BGV A3) [1.5] gefordert, ist dies zu beachten. Zum Beispiel fordern die Sachversicherer für feuergefährdete Betriebsstätten kürzere Prüffristen.

DGUV-Vorschrift 3 (BGV A3) § 6 Arbeiten an aktiven Teilen

(1) An unter Spannung stehenden aktiven Teilen elektrischer Anlagen und Betriebsmittel darf, abgesehen von den Festlegungen in DGUV-Vorschrift 3 (BGV A3) § 8, nicht gearbeitet werden.

(2) Vor Beginn der Arbeiten an aktiven Teilen elektrischer Anlagen und Betriebsmittel muss der spannungsfreie Zustand hergestellt und für die Dauer der Arbeiten sichergestellt werden.

(3) Absatz 2 gilt auch für benachbarte aktive Teile der elektrischen Anlage oder des elektrischen Betriebsmittels, wenn diese:

– *nicht gegen direktes Berühren geschützt sind oder*

– *nicht für die Dauer der Arbeiten unter Berücksichtigung von Spannung, Frequenz, Verwendungsart und Betriebsort durch Abdecken oder Abschranken gegen direktes Berühren geschützt worden sind.*

(4) Absatz 2 gilt auch für das Bedienen elektrischer Betriebsmittel, die aktiven, unter Spannung stehenden Teilen benachbart sind, wenn diese nicht gegen direktes Berühren geschützt sind.

Durchführungsanweisung zu DGUV-Vorschrift 3 (BGV A3) § 6 Abs. 1

Bei Arbeiten an aktiven Teilen elektrischer Anlagen, deren spannungsfreier Zustand für die Dauer der Arbeiten nicht hergestellt und sichergestellt ist (Arbeiten unter Spannung), sowie beim Arbeiten in der Nähe unter Spannung stehender aktiver Teile gemäß DGUV-Vorschrift 3 (BGV A3) § 7 kann es sich um gefährliche Arbeiten im Sinn des § 8 der Unfallverhütungsvorschrift „Grundsätze der Prävention" (DGUV-Vorschrift 1 (BGV A1), [1.7]) sowie des § 22 Abs. 1 Nr. 3 Jugendarbeitsschutzgesetz (JArbSchG, [1.32]) handeln.

§ 22 Jugendarbeitsschutzgesetz lautet: „Gefährliche Arbeiten"

(1) Jugendliche dürfen nicht beschäftigt werden

1. *...,*
2. *...,*
3. *mit Arbeiten, die mit Unfallgefahren verbunden sind, von denen anzunehmen ist, dass Jugendliche sie wegen mangelnden Sicherheitsbewusstseins oder mangelnder Erfahrung nicht erkennen oder nicht abwenden können,*
4. *...,*
5. *...,*
6. *...,*
7.

(2) Abs. 1 Nr. 3 bis 7 gilt für die Beschäftigung Jugendlicher, soweit

1. *dies zur Erreichung ihres Ausbildungsziels erforderlich ist,*
2. *ihr Schutz durch die Aufsicht eines Fachkundigen gewährleistet ist und*
3. *....*

Erläuterungen zu DGUV-Vorschrift 3 (BGV A3) § 6 Abs. 1

Die Forderung der Unfallverhütungsvorschrift ist eindeutig: Das Freischalten und Sichern der Arbeitsstellen (fünf Sicherheitsregeln) vor Aufnahme der Arbeiten ist der „Normalfall".

Unter welchen Voraussetzungen Arbeiten an unter Spannung stehenden Teilen erlaubt ist, ist in DGUV-Vorschrift 3 (BGV A3) § 8 festgelegt. Die Entscheidung, ob diese Voraussetzungen vorliegen, muss vom Unternehmer getroffen werden (s. a. DA zu DGUV-Vorschrift 3 (BGV A3) § 8).

Durchführungsanweisung zu DGUV-Vorschrift 3 (BGV A3) § 6 Abs. 2

Das Arbeiten in spannungsfreiem Zustand setzt voraus, dass die betroffenen Anlagenteile festgelegt und die Beschäftigten entsprechend auf den zulässigen Arbeitsbereich hingewiesen werden. Dazu gehört die Kennzeichnung der Arbeitsstelle bzw. des Arbeitsbereichs und, falls erforderlich, des Wegs zur Arbeitsstelle innerhalb der elektrischen Anlage.

Das Herstellen des spannungsfreien Zustands vor Beginn der Arbeiten und dessen Sicherstellen an der Arbeitsstelle für die Dauer der Arbeiten geschieht unter Beachtung der nachfolgenden fünf Sicherheitsregeln, deren Anwendung der Regelfall sein muss:

- *Freischalten;*

- *gegen Wiedereinschalten sichern;*

- *Spannungsfreiheit feststellen, Anmerkung: Bei Arbeitsunterbrechungen wird das wiederholte Feststellen der Spannungsfreiheit vor erneuter Aufnahme der Arbeit empfohlen.*

- *Erden und Kurzschließen;*

- *benachbarte, unter Spannung stehende Teile abdecken oder abschranken.*

Die unter besonderer Berücksichtigung der betrieblichen und örtlichen Verhältnisse, z. B. bei Hoch- oder Niederspannungs-Freileitungen, -Kabel oder -Schaltanlagen, durchzuführenden Maßnahmen sind im Einzelnen in den elektrotechnischen Regeln (siehe Anhang 3 der DGUV-Vorschrift 3 (BGV A3)) festgelegt.

Bei Arbeiten mit Kabelbeschussgeräten oder Kabelschneidgeräten kann nach dem Beschießen oder Schneiden eines Kabels am Gerät im ungünstigsten Fall Spannung anstehen. Diese Spannung ist mit herkömmlichen, für die Nennspannung der Anlage bemessenen Spannungsprüfern häufig nicht feststellbar.

Daher ist durch geeignete organisatorische Maßnahmen, z. B. Rückfrage bei der netzführenden Stelle, vor der Freigabe der Arbeit möglichst eindeutig zu klären, ob am Kabelbeschuss- oder Kabelschneidgerät Spannung anstehen kann.

Durchführungsanweisung zu DGUV-Vorschrift 3 (BGV A3) § 6 Abs. 3

Sind der Arbeitsstelle benachbarte Anlagenteile nicht freigeschaltet, müssen vor Arbeitsbeginn Sicherheitsmaßnahmen wie beim Arbeiten in der Nähe unter Spannung stehender Teile getroffen werden (siehe DA zu DGUV-Vorschrift 3 (BGV A3) § 7).

Anmerkung: Messen an Anlagen oder Betriebsmitteln ist in gewissem Sinn auch Arbeiten unter Spannung. Angaben hierüber werden in DGUV-Vorschrift 3 (BGV A3) § 8 gemacht.

Erläuterungen zu DGUV-Vorschrift 3 (BGV A3) § 6 Abs. 3

Der Begriff „benachbart" darf nicht zu eng ausgelegt werden. Es geht schließlich darum, die Gefahr des Berührens unter Spannung stehender Teile im Arbeitsbereich zu beseitigen. Diese Gefahr wird häufig unterschätzt. Es wird deshalb in den Durchführungsanweisungen ein Maß nicht mehr genannt, da immer am Arbeitsplatz unter Berücksichtigung der örtlichen Gegebenheiten entschieden werden muss, in welchem Umfang unter Spannung stehende Teile abgedeckt werden müssen. Großflächiges Abdecken, wie es beim Arbeiten an unter Spannung stehenden Teilen, z. B. mit isolierten Tüchern, üblich ist, wird beim Arbeiten in der Nähe unter Spannung stehender Teile nur selten durchgeführt, obwohl die Gefahren wegen der Arbeitsweise und Ausrüstung eher größer sind. Es muss sich die Erkenntnis durchsetzen, dass „Aufpassen" ein Abdecken unter Spannung stehender Teile nicht ersetzen kann.

Erläuterung der Begriffe

Arbeiten an elektrischen Anlagen

Als Arbeiten an und in elektrischen Anlagen und an elektrischen Betriebsmitteln gelten: Errichten, Instandhalten, Ändern und Inbetriebnehmen. Diese Arbeiten (außer teilweise Inbetriebnahme) dürfen nur durch Elektrofachkräfte oder unter deren Leitung und Aufsicht durchgeführt werden, besonders dann, wenn Teile, die spannungsführend sein können, freiliegen.

Aktive Teile

sind Leiter und leitfähige Teile der Betriebsmittel, die unter normalen Betriebsbedingungen **unter Spannung** stehen.

DGUV-Vorschrift 3 (BGV A3) *§ 7 Arbeiten in der Nähe aktiver Teile*

In der Nähe aktiver Teile elektrischer Anlagen und Betriebsmittel, die nicht gegen direktes Berühren geschützt sind, darf, abgesehen von den Festlegungen in DGUV-Vorschrift 3 (BGV A3) § 8, nur gearbeitet werden, wenn:

- *deren spannungsfreier Zustand hergestellt und für die Dauer der Arbeiten sichergestellt ist oder*

- *die aktiven Teile für die Dauer der Arbeiten, insbesondere unter Berücksichtigung von Spannung, Betriebsort, Art der Arbeit und der verwendeten Arbeitsmittel, durch Abdecken oder Abschranken geschützt worden sind oder*

- *bei Verzicht auf vorstehende Maßnahmen die zulässigen Annäherungen nicht unterschritten werden.*

Durchführungsanweisung zu DGUV-Vorschrift 3 (BGV A3) § 7

Arbeiten in der Nähe unter Spannung stehender Teile sind Tätigkeiten aller Art, bei denen eine Person mit Körperteilen oder Gegenständen die Schutzabstände nach **Tabelle 2.9** *von unter Spannung stehenden Teilen, gegen deren direktes Berühren kein vollständiger Schutz besteht, unterschreiten kann, ohne unter Spannung stehende Teile zu berühren oder bei Nennspannungen über 1 kV die Gefahrenzone zu erreichen.*

Die Forderung des Schutzes durch Abdecken oder Abschranken ist erfüllt:

- *bei Nennspannung bis 1 000 V, wenn aktive Teile isolierend abgedeckt oder umhüllt werden, sodass mind. teilweiser Schutz gegen direktes Berühren erreicht wird,*
- *bei Nennspannungen über 1 kV, wenn aktive Teile abgedeckt oder abgeschrankt werden. Es muss sichergestellt sein, dass die in* **Tabelle 2.10** *angegebene Grenze der Gefahrenzone D_L nicht erreicht werden kann. Die Grenze der Gefahrenzone ist der Mindestabstand in Luft. Ein Erreichen der äußeren Grenze der Gefahrenzone ist mit einer Berührung des unter Spannung stehenden Teils gleichzusetzen.*

Schutzeinrichtungen müssen mechanisch ausreichend fest bemessen sein. Bei Einengung der Gefahrenzone durch Schutzeinrichtungen (z. B. Trennwände, isolierende Schutzplatten) ist die elektrische Festigkeit zu beachten.

Die Forderung hinsichtlich der zulässigen Annäherungen (Schutz durch Abstand) ist z. B. erfüllt, wenn sichergestellt ist, dass:

- *bei Nennspannungen bis 1 000 V unter Spannung stehende aktive Teile nicht berührt werden können,*
- *bei Nennspannungen über 1 kV die Grenze der Gefahrenzone nach Tabelle 2.10 nicht erreicht werden kann,*
- *bei bestimmten elektrotechnischen Arbeiten die Schutzabstände nach* **Tabelle 2.11** *nicht unterschritten werden.*

Die Schutzabstände nach Tabelle 2.11 gelten für die folgenden Tätigkeiten, wenn diese durch Elektrofachkräfte oder durch elektrotechnisch unterwiesene Personen oder unter deren Aufsicht ausgeführt werden:

- *Bewegen von Leitern und sperrigen Gegenständen in der Nähe von Freileitungen,*
- *Hochziehen und Herablassen von Werkzeugen, Material und dergleichen, sofern Freileitungen oder Leitungen in Freiluftanlagen unterhalb einer Arbeitsstelle unter Spannung bleiben müssen,*
- *Arbeiten an einem Stromkreis von Freileitungen, wenn mehrere Stromkreise (Systeme) mit Nennspannungen über 1 kV auf einem gemeinsamen Gestänge liegen,*
- *Anstrich- und Ausbesserungsarbeiten an Masten, Portalen und dergleichen von Freileitungen unter besonderen, in den elektrotechnischen Regeln beschriebenen Voraussetzungen,*
- *Arbeiten an Freiluftanlagen.*

Aufsichtführung

ist die ständige Überwachung der gebotenen Sicherheitsmaßnahmen bei der Durchführung der Arbeiten an der Arbeitsstelle. Der Aufsichtführende darf dabei nur Arbeiten ausführen, die ihn in der Aufsichtführung nicht beeinträchtigen.

Bei der Bemessung der Abdeckung oder Abschrankung oder des Abstands ist besonders zu berücksichtigen, dass Beschäftigte auch durch unbeabsichtigte und unbewusste Bewegungen, die z. B. von

- der Art der Arbeit,
- dem zur Verfügung stehenden Bewegungsbereich,
- dem Standort,
- den benutzten Werkzeugen,
- den Hilfsmitteln und Materialien

abhängig sind oder durch unkontrollierte Bewegungen von Werkzeugen, Hilfsmitteln, Materialien und Abfallstücken, z. B. durch

- Abrutschen,
- Herabfallen,
- Wegschnellen,
- Anstoßen

bei Nennspannungen bis 1 000 V unter Spannung stehende aktive Teile nicht berühren bzw. bei Nennspannungen über 1 kV die Grenze der Gefahrenzone nach Tabelle 2.10 nicht erreichen können.

Bei nicht elektrotechnischen Arbeiten, z. B. bei Bau-, Montage-, Transport-, Anstrich- und Ausbesserungsarbeiten, bei Gerüstbauarbeiten, Arbeiten mit Hebezeugen, Baumaschinen, Fördergeräten oder sonstigen Geräten und Bauhilfsmitteln ist die Forderung hinsichtlich der zulässigen Annäherungen (Schutz durch Abstand) z. B. erfüllt, wenn die Schutzabstände nach Tabelle 2.9 nicht unterschritten werden.

In Ausnahmefällen dürfen die Schutzabstände der Tabelle 2.9 auf die Abstände von Tabelle 2.11 reduziert werden, wenn die Arbeiten unter Beaufsichtigung durch Elektrofachkräfte oder elektrotechnisch unterwiesene Personen des Betreibers der entsprechenden elektrischen Anlage ausgeführt werden.

Beaufsichtigung

erfordert die ständige, ausschließliche Durchführung der Aufsicht. Daneben dürfen keine weiteren Tätigkeiten durchgeführt werden.

Die Schutzabstände nach Tabelle 2.9 müssen auch beim Ausschwingen von Lasten, Tragmitteln und Lastaufnahmemitteln eingehalten werden. Dabei muss ein Ausschwingen des Leiterseils berücksichtigt werden.

Netz-Nennspannung U_N (Effektivwert) in kV	Schutzabstand (Abstand in Luft von ungeschützten unter Spannung stehenden Teilen) in m
bis 1	1
1 bis 110	3
110 bis 220	4
220 bis 380	5

Tabelle 2.9 *Schutzabstände bei nicht elektrotechnischen Arbeiten, abhängig von der Nennspannung (Tabelle 4 in DGUV-Vorschrift 3 (BGV A3), [1.5])*

Netz-Nennspannung U_N (Effektivwert) in kV	Äußere Grenze der Gefahrenzone D_L [1] (Abstand in Luft) in mm		Bemessungs-Steh-Blitz-/Schaltstoßspannung $\hat{U}_{imp}$ (Scheitelwert) in kV
	Innenraumanlage	Freiluftanlage	
<1	keine Berührung		4
3	60	120	40
6	90	120	60
10	120	150	75
15	160		95
20	220		125
30	320		170
36	380		200
45	480		250
66	630		325
70	750		380
110	1 100		550
132	1 300		650
150	1 500		750
220	2 100		1 050
275	2 400		850
380	2 900/3 400		950/1 050
480	4 100		1 175
700	6 400		1 550

[1] Werte D_L sind für die höchste Bemessungs-Stehstoßspannung (Blitz- oder Schaltstoßspannung) angegeben; weitere Werte für niedrigere Bemessungsspannungen siehe DIN VDE 0101

Tabelle 2.10 *Äußere Begrenzung der Gefahrenzone D_L, abhängig von der Nennspannung (DIN VDE 0105-100 [2.14], Tabelle 2 in DGUV-Vorschrift 3 (BGV A3), [1.5])*

Netz-Nennspannung U_N (Effektivwert) in kV	Schutzabstand (Abstand in Luft von ungeschützten unter Spannung stehenden Teilen) in m
bis 1	0,5
über 1 bis 30	1,5
über 30 bis 110	2
über 110 bis 220	3
über 220 bis 380	4

Tabelle 2.11 *Schutzabstände bei bestimmten elektrotechnischen Arbeiten, abhängig von der Nennspannung in der Nähe aktiver Teile (Tabelle 3 in DGUV-Vorschrift 3 (BGV A3), [1.5])*

Erläuterungen zu DGUV-Vorschrift 3 (BGV A3) § 7

Die Bestimmungen dieses Paragrafen gelten sowohl für elektrotechnische Arbeiten als auch nicht elektrotechnische Arbeiten, sofern sie in gefährlicher Nähe zu elektrischen Anlagen, die über keinen Berührungsschutz verfügen, durchgeführt werden.

Können die Abstände nach Tabelle 2.9 nicht sicher eingehalten werden, sind zunächst technische Maßnahmen zu ergreifen. An erster Stelle wird das Freischalten der aktiven Teile nach DGUV-Vorschrift 3 (BGV A3) § 6 genannt (fünf Sicherheitsregeln). Durch isolierende Abdeckungen oder Abschrankungen kann das Berühren der unter Spannung stehenden Teile oder ein Erreichen der Gefahrenzone verhindert werden.

Als letzte Maßnahme wird das Einhalten der Schutzabstände nach Tabelle 2.9 und Tabelle 2.11 genannt.

Für nicht elektrotechnische Arbeiten gelten die Abstände nach Tabelle 2.9. Sie dürfen in Ausnahmefällen auf die Werte der Tabelle 2.11 reduziert werden, wenn eine Elektrofachkraft oder elektrotechnisch unterwiesene Person des Anlagenbetreibers die Arbeiten **beaufsichtigt** oder sie selbst durchführt. Neben der Beaufsichtigung sind keine weiteren Tätigkeiten erlaubt, da sie von der eigentlichen Aufgabe ablenken bzw. sie unmöglich machen.

Für bestimmte elektrotechnische Arbeiten können die Abstände auf die der Tabelle 2.11 reduziert werden, wenn diese von Elektrofachkräften oder elektrotechnisch unterwiesenen Personen durchgeführt werden oder sie die Aufsicht führen. Arbeiten, die die Aufsichtsführung nicht beeinträchtigen, sind erlaubt. Hierzu gehört z. B. sicher nicht ein Mithelfen beim Transport sperriger Gegenstände.

Von besonderer Bedeutung ist bei Arbeiten in der Nähe unter Spannung stehender Teile die Kennzeichnung des Arbeitsbereichs.

In Freiluftanlagen wird zwischen Bereichen, die nicht betreten werden dürfen, und Arbeitsbereichen (Bereiche, in denen bestimmte Arbeiten durchgeführt werden) unterschieden. Solche Bereiche müssen mit Sicherheitszeichen gekennzeichnet werden. Eindeutigkeit wird erreicht, wenn folgendermaßen vorgegangen wird:

Arbeitsbereiche werden mit Warnzeichen W08 mit dem Zusatzzeichen „Grenze Arbeitsbereich" gekennzeichnet und mit gelb-schwarzen Ketten abgegrenzt. Das Warnzeichen ist innerhalb des Arbeitsbereichs erkennbar. Die Bereiche (Gefahrenzone) in elektrischen Anlagen, die nicht betreten werden dürfen, werden mit Verbotszeichen P06 gekennzeichnet, und deren Grenzen werden mit rot-weißen Ketten markiert.

Wegen der gleichen Farbenkombination wird so eine **eindeutige Zuordnung von Sicherheitszeichen und Grenzmarkierung** erreicht.

Zunächst sollten beim Abgrenzen des Arbeitsbereichs weitere Maßnahmen ergriffen werden. Dazu gehören:

- Es muss verboten sein, Kennzeichen, die den Arbeitsbereich abgrenzen, zu über- oder unterschreiten.

- Es muss bekannt sein, dass nur der Anlagenverantwortliche Kennzeichen, die den Arbeitsbereich abgrenzen, verändern oder entfernen darf.

- Der Arbeitsbereich muss unverwechselbar gekennzeichnet sein:

  – Eingrenzen mit Ketten oder Seilen, evtl. auch Höhenbegrenzung,

  – bei der Festlegung des Ketten- oder Seilverlaufs die Schutzabstände beachten,

  – Ketten oder Seile in ausreichender Höhe spannen (etwa 1,10 m),

  – Ketten oder Seile sichern (z. B. in Freiluftanlagen an Erdspießen) und nicht an Teilen elektrischer Betriebsmittel befestigen, damit eindeutig ist, ob diese Betriebsmittel innerhalb oder außerhalb des Arbeitsbereichs liegen,

  – eindeutig erkennbaren Zugang zum Arbeitsbereich schaffen, über den ausschließlich das Betreten und Verlassen des Arbeitsbereichs zu erfolgen hat.

Je nach Arbeitsstelle und benachbarten Betriebsmitteln ist zu prüfen, ob die folgenden Maßnahmen geboten und sinnvoll sind:

- An benachbarten Betriebsmitteln außerhalb des Arbeitsbereichs durch ein Verbotsschild zusätzlich darauf hinweisen, dass an diesem Anlagenteil das Arbeiten nicht erlaubt ist.

- Handgeführte Erdungsvorrichtungen (Arbeitserden) innerhalb des abgegrenzten Arbeitsbereichs anbringen, um einer Verwechslung des Arbeitsbereichs mit benachbarten, unter Spannung stehenden Anlagenteilen vorzubeugen.

- Arbeitsmittel innerhalb des Arbeitsbereichs oder neben Verkehrswegen lagern.

- Den Zugang so legen, dass er über frei zugängliche Verkehrswege zu erreichen ist.

DGUV-Vorschrift 3 (BGV A3) *§ 8 Zulässige Abweichungen*

Von den Forderungen der §§ 6 und 7 darf abgewichen werden, wenn:

1. *durch die Art der Anlage eine Gefährdung durch Körperdurchströmung oder durch Lichtbogenbildung ausgeschlossen ist oder*

2. *aus zwingenden Gründen der spannungsfreie Zustand nicht hergestellt und sichergestellt werden kann, soweit dabei*
   - *durch die Art der bei diesen Arbeiten verwendeten Hilfsmittel oder Werkzeuge eine Gefährdung durch Körperdurchströmung oder durch Lichtbogenbildung ausgeschlossen ist und*
   - *der Unternehmer mit diesen Arbeiten nur Personen beauftragt, die für diese Arbeiten an unter Spannung stehenden aktiven Teilen fachlich geeignet sind und*
   - *der Unternehmer weitere technische, organisatorische und persönliche Sicherheitsmaßnahmen festlegt und durchführt, die einen ausreichenden Schutz gegen eine Gefährdung durch Körperdurchströmung oder durch Lichtbogenbildung sicherstellen.*

Durchführungsanweisung zu DGUV-Vorschrift 3 (BGV A3) § 8 Nr. 1

Eine Gefährdung durch Körperdurchströmung oder Lichtbogenbildung ist ausgeschlossen, wenn

- *der bei einer Berührung durch den menschlichen Körper fließende Strom oder die Energie an der Arbeitsstelle unter den durch die elektrotechnischen Regeln festgelegten Grenzwerten bleibt oder*
- *die Spannung die in den elektrotechnischen Regeln für die jeweilige Verwendungsart und den Betriebsort als zulässig angegebenen Grenzwerte für das Arbeiten an unter Spannung stehenden Teilen nicht überschreitet.*

Soweit in elektrotechnischen Regeln keine Grenzwerte festgelegt sind, darf unter Spannung gearbeitet werden, wenn

- *der Kurzschlussstrom an der Arbeitsstelle höchstens 3 mA bei Wechselstrom (Effektivwert) oder 12 mA bei Gleichstrom beträgt,*
- *die Energie an der Arbeitsstelle nicht mehr als 350 mJ beträgt,*
- *durch Isolierung des Standorts oder der aktiven Teile oder durch Potentialausgleich eine Potentialüberbrückung verhindert ist,*
- *die Berührungsspannung weniger als AC 50 V oder DC 120 V beträgt oder*
- *bei den verwendeten Prüfeinrichtungen die in den vergleichbaren elektrotechnischen Regeln festgelegten Werte für den Ableitstrom nicht überschritten werden.*

Erläuterungen zu DGUV-Vorschrift 3 (BGV A3) § 8 Abs. 1

Von den in den §§ 6 und 7 der DGUV-Vorschrift 3 (BGV A3) [1.5] festgelegten Forderungen, vor Beginn der Arbeiten den spannungsfreien Zustand herzustellen und für die Dauer der Arbeiten sicherzustellen, darf abgewichen werden, wenn wegen der Eigenschaften der elektrischen Anlage eine Gefährdung durch Körperdurchströmung oder Lichtbogenbildung ausgeschlossen ist. Im Allgemeinen wird dies erreicht, wenn die Spannung oder ein möglicher Körperstrom auf die genannten Werte reduziert wird. Zu berücksichtigen ist jedoch auch, dass solche Ströme und auch ein Lichtbogen zu schreckhaften Reaktionen und somit zu Sekundärunfällen führen kann.

Es gibt jedoch auch Arbeitsverfahren, die in sich sicher sind und deshalb eine Gefährdung nicht zu erwarten ist. Dies sind die erlaubten Arbeiten unter Spannung. Hierzu gehören z. B. das Abspritzen zum Reinigen und Reinigungsarbeiten mit geeigneten Staubsaugern in Mittelspannungsanlagen. Dies schließt allerdings nicht aus, dass für die sichere Durchführung der Arbeiten eine besondere Ausbildung erforderlich sein kann (siehe Erläuterungen zu DGUV-Vorschrift 3 (BGV A3) § 8 Abs. 2).

Durchführungsanweisung zu DGUV-Vorschrift 3 (BGV A3) § 8 Nr. 2

Zwingende Gründe können vorliegen, wenn durch Wegfall der Spannung

- *eine Gefährdung von Leben und Gesundheit von Personen zu befürchten ist,*

- *in Betrieben ein erheblicher wirtschaftlicher Schaden entstehen würde,*

- *bei Arbeiten in Netzen der Stromversorgung, besonders beim Herstellen von Anschlüssen, Umschalten von Leitungen oder beim Auswechseln von Zählern, Rundsteuerempfängern oder Schaltuhren die Stromversorgung unterbrochen würde,*

- *bei Arbeiten an oder in der Nähe von Fahrleitungen der Bahnbetrieb behindert oder unterbrochen würde,*

- *Fernmeldeanlagen einschließlich Informationsverarbeitungsanlagen oder wesentliche Teile davon wegen Arbeiten an der Stromversorgung stillgesetzt werden müssten und dadurch Gefahr für Leben und Gesundheit von Personen hervorgerufen werden könnte,*

- *Störungen in Verkehrssignalanlagen hervorgerufen werden, die zu einer Gefahr für Leben und Gesundheit von Personen sowie Schäden an Sachwerten führen könnten.*

Beim Arbeiten unter Spannung besteht eine erhöhte Gefahr der Körperdurchströmung und der Lichtbogenbildung. Dieses erfordert besondere technische und organisatorische Maßnahmen. Das verbleibende Risiko (Eintrittswahrscheinlichkeit und Verletzungsschwere, siehe DIN VDE 31000-2 [2.45]) muss damit auf ein zulässiges Maß reduziert werden. Dies wird erreicht, wenn die nachfolgenden Anforderungen erfüllt und die elektrotechnischen Regeln eingehalten werden.

Sollen Arbeiten unter Spannung durchgeführt werden, ist vom Unternehmer schriftlich für jede der vorgesehenen Arbeiten festzulegen, welche Gründe als zwingend angesehen werden. Hierbei muss das jeweilig gewählte Arbeitsverfahren, die Häufigkeit der Arbeiten und die Qualifikation der mit der Durchführung der Arbeiten betrauten Personen berücksichtigt werden. Für die Durchführung der Arbeiten ist eine Arbeitsanweisung zu erstellen, und geeignete Schutz- und Hilfsmittel für das Arbeiten unter Spannung sind zur Verfügung zu stellen.

Beim Herausnehmen und Einsetzen von unter Spannung stehenden Sicherungseinsätzen des NH-Systems ohne Berührungsschutz und ohne Lastschalteigenschaften wird eine Gefährdung durch Körperdurchströmung und durch Lichtbögen weitgehend ausgeschlossen, wenn NH-Sicherungsaufsteckgriffe mit fest angebrachter Stulpe verwendet werden sowie Gesichtsschutz (Schutzschirm) getragen wird.

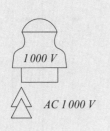

Isolierte Werkzeuge und isolierende Hilfsmittel zum Arbeiten an unter Spannung stehenden Teilen sind geeignet, wenn sie mit dem Symbol des Isolators oder mit einem Doppeldreieck und der zugeordneten Spannungs- oder Spannungsbereichsangabe oder der Klasse gekennzeichnet sind.

*Die Forderungen hinsichtlich der fachlichen Eignung für Arbeiten an unter Spannung stehenden Teilen sind z. B. erfüllt, wenn die Festlegungen in **Tabelle 2.12** beachtet werden und eine Ausbildung für die unter Spannung durchzuführenden Arbeiten erfolgt ist. Die Kenntnisse und Fertigkeiten müssen in regelmäßigen Abständen (etwa ein Jahr) überprüft werden und, wenn erforderlich, muss die Ausbildung wiederholt oder ergänzt werden.*

Im Rahmen der organisatorischen Sicherheitsmaßnahmen sollen die Arbeiten von einer in der Ersten Hilfe ausgebildeten und mind. elektrotechnisch unterwiesenen Person überwacht werden (siehe § 26 der Unfallverhütungsvorschrift „Grundsätze der Prävention" DGUV-Vorschrift 1 (BGV A1), [1.7]).

Die Sicherheitsmaßnahmen sind für den Einzelfall oder für bestimmte, regelmäßig wiederkehrende Fälle schriftlich festzulegen. Dabei sind die Festlegungen in den elektrotechnischen Regeln zu beachten.

Nennspannungen	Arbeiten	EF	EUP	L
bis AC 50 V bis DC 120 V	alle Arbeiten, soweit eine Gefährdung, z. B. durch Lichtbogenbildung, ausgeschlossen ist	×	×	×
über AC 50 V über DC 120 V	1. Heranführen von Prüf-, Mess- und Justiereinrichtungen, z. B. Spannungsprüfern, von Werkzeugen zum Bewegen leichtgängiger Teile, von Betätigungsstangen	×	×	
	2. Heranführen von Werkzeugen und Hilfsmitteln zum Reinigen sowie das Anbringen von geeigneten Abdeckungen und Abschrankungen	×	×	
	3. Herausnehmen und Einsetzen von nicht gegen direktes Berühren geschützten Sicherungseinsätzen mit geeigneten Hilfsmitteln, wenn dies gefahrlos möglich ist	×	×	
	4. Anspritzen von unter Spannung stehenden Teilen bei der Brandbekämpfung oder zum Reinigen	×	×	
	5. Arbeiten an Akkumulatoren und Photovoltaikanlagen unter Beachtung geeigneter Vorsichtsmaßnahmen	×	×	
	6. Arbeiten in Prüfanlagen und Laboratorien unter Beachtung geeigneter Vorsichtsmaßnahmen, wenn es die Arbeitsbedingungen erfordern	×	×	
	7. Abklopfen von Raureif mit isolierenden Stangen	×	×	
	8. Fehlereingrenzung in Hilfsstromkreisen (z. B. Signalverfolgung in Stromkreisen, Überbrückung von Teilstromkreisen) sowie Funktionsprüfung von Geräten und Schaltungen	×		
	9. sonstige Arbeiten, wenn: 1. zwingende Gründe durch den Betreiber festgestellt wurden und 2. Weisungsbefugnis, Verantwortlichkeiten, Arbeitsmethoden und Arbeitsablauf (Arbeitsanweisung) schriftlich für speziell ausgebildetes Personal festgelegt worden sind	×		
bei allen Nennspannungen	alle Arbeiten, wenn die Stromkreise mit ausreichender Strom- oder Energiebegrenzung versehen sind und keine besonderen Gefährdungen (z. B. Explosionsgefahr) bestehen	×	×	×
	Arbeiten zum Abwenden erheblicher Gefahren, z. B. für Leben und Gesundheit von Personen oder Brand- und Explosionsgefahren	×		
	Arbeiten an Fernmeldeanlagen mit Fernspeisung, wenn der Strom kleiner als AC 10 mA oder DC 30 mA ist	×	×	×

Tabelle 2.12 Randbedingungen für das Arbeiten an unter Spannung stehenden Teilen hinsichtlich der Auswahl des Personals in Abhängigkeit von der Nennspannung (Tabelle 5 in DGUV-Vorschrift 3 (BGV A3), [1.5]) EF – Elektrofachkraft; EUP – elektrotechnisch unterwiesene Person; L – elektrotechnischer Laie

Erläuterungen zu DGUV-Vorschrift 3 (BGV 3) § 8 Abs. 2

Wenn die Sicherheit bei Arbeiten an unter Spannung stehenden Teilen nicht durch die Eigenschaften der elektrischen Anlage erreicht wird, darf bei Vorliegen zwingender Gründe ohne vorheriges Freischalten gearbeitet werden.

Der Begriff „zwingende Gründe" wird weder im Paragrafentext noch in den Durchführungsanweisungen definiert, er wird nur durch Beispiele erläutert. In der gültigen Fassung der Durchführungsanweisungen wird als zwingender Grund angesehen, wenn die Stromversorgung unabhängig von der Anzahl der Kunden unterbrochen wird. Hiermit wird die Praxis in Energieversorgungsunternehmen berücksichtigt.

Allerdings können keine Abstriche im Hinblick auf die Sicherheit bei den Arbeiten hingenommen werden. Deshalb sind, wie in den Durchführungsanweisungen dargelegt, besondere technische und organisatorische Maßnahmen erforderlich.

In jedem Unternehmen sind die Arbeiten, die unter Spannung ausgeführt werden sollen, festzulegen. Hierbei ist festzulegen, ob es für diese Arbeiten geeignete Verfahren gibt oder diese entwickelt werden können. Es muss sich dabei um Verfahren handeln, die bei sachgerechter Durchführung sicher sind. Es ist auch Fehlverhalten zu berücksichtigen, das trotz aufmerksamen Arbeitens auftreten kann, z. B. das Abrutschen mit einem Werkzeug oder das Herunterfallen von leitfähigen Teilen.

Besondere Bedeutung kommt der Ausbildung der Personen zu, die Arbeiten unter Spannung durchführen sollen. Ziel der Ausbildung ist, einer Elektrofachkraft die für Arbeiten an unter Spannung stehenden Teilen erforderlichen speziellen Kenntnisse und Fertigkeiten zu vermitteln.

Im Rahmen der praktischen Ausbildung muss die Durchführung der Montagearbeiten erläutert werden, und diese Arbeiten sind auch unter Spannung zu üben. Die Arbeitsabläufe müssen auf die später auszuführenden Tätigkeiten abgestimmt sein. Dabei sind erforderliche Arbeitstechniken zu vermitteln.

Es ist erforderlich, in den genannten Zeitabständen zu prüfen, ob eine ergänzende Ausbildung erfolgen muss. Diese Überprüfung befreit aber nicht von der mind. jährlichen Unterweisung.

Die in Tabelle 2.12 geforderte Mindestqualifikation ist i. d. R. bei den aufgeführten Arbeiten ausreichend. Es ist jedoch zu prüfen, ob bei einem speziellen Verfahren nicht höhere Anforderungen an die ausführenden Personen gestellt werden müssen. Ein Beispiel ist das Reinigen in Mittelspannungsanlagen unter Spannung mit einem besonderen Staubsauger. Für diese Tätigkeit ist die Qualifikation zur Elektrofachkraft erforderlich.

Den Nachweis der zwingenden Gründe hat der Betreiber (Unternehmer) der elektrischen Anlage zu erbringen.

Die Sicherheitsmaßnahmen sind für den Einzelfall oder für bestimmte, regelmäßig wiederkehrende Fälle schriftlich festzulegen.

Messungen

Bei Spannungsmessung ist zwangsläufig ein Freischalten nicht möglich. Hier müssen die Forderungen nach DGUV-Vorschrift 3 (BGV A3) § 8 Nr. 2 erfüllt werden. Dies ist gegeben, wenn Messspitzen verwendet werden, die den erforderlichen Sicherheitsabstand vom aktiven Leiter garantieren, und nur fachlich geeignete Personen beauftragt werden. Müssen Leiter aufgetrennt werden, z. B. bei Strommessung, so ist vorher der spannungsfreie Zustand herzustellen.

DGUV-Vorschrift 3 (BGV A3) § 9 Ordnungswidrigkeiten

Ordnungswidrig im Sinne des § 209 Abs. 1 Nr. 1 Siebtes Sozialgesetzbuch (SGB VII, [1.8]) handelt, wer vorsätzlich oder fahrlässig den Vorschriften der:

§ 3, § 5 Abs. 1 bis 3, §§ 6 und 7

zuwiderhandelt.

DGUV-Vorschrift 3 (BGV A3) § 10 Inkrafttreten

Diese Unfallverhütungsvorschrift tritt am 1. April 1979 in Kraft. Gleichzeitig tritt die Unfallverhütungsvorschrift „Elektrische Anlagen und Betriebsmittel" (VBG 4) in der Fassung vom 1. März 1962 außer Kraft.

Wie vorstehend in DGUV-Vorschrift 3 (BGV A3) § 10 genannt, ist die letzte Fassung der VBG 4 (seit Mai 2014 DGUV-Vorschrift 3 (BGV A3), [1.5]) vom April 1979. Dies bezieht sich auf die §§ 1 bis 10. Die Durchführungsanweisung ist in dritter Fassung im April 1997 erschienen und hat einige wesentliche Erweiterungen. Bezüglich der Elektrofachkraft wird zu § 3 eine mit spezieller Ausbildung, für „festgelegte Tätigkeit", definiert. Zu den §§ 4 bis 8 werden ausführlichere Anweisungen gegeben. Seit Januar 2005 gibt es eine aktualisierte Nachdruckfassung [1.5]. In dieser Nachdruckfassung wurden die in Bezug genommenen Vorschriften und Regeln aktualisiert und dem derzeit gültigen Stand der Sicherheitstechnik angepasst.

Die Berufsgenossenschaft Energie Textil Elektro Medienerzeugnisse (BG ETEM, [3.1]) gibt noch Regeln (BGR, jetzt DGUV-Regel) und Informationen (BGI, jetzt DGUV-Information) heraus, die wertvolle Hinweise zur Unfallverhütung geben und beachtet werden sollen.

2.5 Rechtliche Konsequenzen

Die Einhaltung der VDE-Bestimmungen wird durch die in den Abschnitten 2.1 und 2.3 dieses Buchs genannten Gesetze und Vorschriften gefordert.

Ein Nichteinhalten kann rechtliche Konsequenzen haben, auch wenn keine Sachschäden oder Personenschäden vorliegen. Die möglichen rechtlichen Konsequenzen werden nachfolgend angeführt.

2.5.1 Ordnungswidrigkeiten

Für Ordnungswidrigkeiten können Bußgelder verhängt werden. Fälle, die als Ordnungswidrigkeiten gelten, sind u. a. in den Landesbauordnungen dargestellt. Dafür kann z. B. nach § 79 der Landesbauordnung Nordrhein-Westfalen (BauO NW, [1.33]) vom März 2000 ein Bußgeld bis 250 000 € verhängt werden.

Ähnliches gilt bei Verstößen gegen die Landesbauordnungen anderer Bundesländer, die Gewerbeordnung (GewO, [1.12]) und die Unfallverhütungsvorschriften.

Bei Verstoß gegen die DGUV-Vorschrift 3 (BGV A3) [1.5] wird ein Bußgeld, wie in § 9 genannt, nach dem Siebten Sozialgesetzbuch (SGB VII, [1.8]) verhängt.

Ein Bußgeld wird auferlegt, wenn ein Verstoß gegen die Unfallverhütungsvorschrift bzw. die VDE-Bestimmung vorliegt, ohne dass ein Schaden eintritt. Im Fall eines Sach- oder Personenschadens wird ein strafrechtliches Verfahren eingeleitet.

2.5.2 Strafrechtliches Verfahren

Das strafrechtliche Verfahren steht auf der Basis des Strafgesetzbuchs (StGB, [1.34]). Die Verstöße gegen die Interessen der Allgemeinheit sind im Strafgesetzbuch niedergelegt. Der Staatsanwalt vertritt die Belange der Allgemeinheit und geht gegen strafrechtliche Tatbestände vor. Davon können beim Umgang mit elektrischer Energie z. B. zum Tragen kommen:

- § 222 StGB Fahrlässige Tötung,
- § 229 StGB Fahrlässige Körperverletzung,
- § 303 StGB Sachbeschädigung,
- § 306d StGB Fahrlässige Brandstiftung,
- § 319 StGB Baugefährdung.

Wichtig für den Verantwortlichen ist, dass man ihm nicht den Vorwurf der Fahrlässigkeit machen kann, der Vorfall also ein Unfall ohne persönliches Verschulden war.

Hierzu ist erforderlich, dass

- die Verantwortlichen entsprechend informiert, ausgebildet und zuverlässig sind; die erforderlichen Arbeitsmittel, Sicherheits- und Prüfeinrichtungen sowie Messgeräte vorhanden sind. Die Mess- und Prüfgeräte müssen entsprechenden Normen (DIN VDE 0404 [2.36], DIN EN 61010 (**VDE 0411**) [2.37], DIN EN 61557 (**VDE 0413**) [2.38] entsprechen;

- die Anlagen und Betriebsmittel fristgerecht geprüft werden und dies in den Akten festgehalten wird (Dokumentation der Prüfergebnisse gemäß § 11 BetrSichV, [1.1]).

Eine Fahrlässigkeit besteht, wenn die erforderlichen Sorgfaltspflichten nicht erfüllt sind und, ohne es zu wollen, ein Schaden verursacht wird. Die Elektrofachkraft ist auch verpflichtet, sich ständig fortzubilden, d. h., sich über den neuesten Stand der

Vorschriften und der Technik zu informieren. Wird das unterlassen, dann ist regelmäßig Fahrlässigkeit anzunehmen.

2.5.3 Zivilrechtliches Verfahren

Dem zivilrechtlichen Verfahren liegt das Bürgerliche Gesetzbuch (BGB, [1.35]) zugrunde. Im Gegensatz zum strafrechtlichen behandelt das zivilrechtliche Verfahren den Interessenausgleich zwischen Privatpersonen. Die wichtigsten Klagepunkte können sein:

- § 276 BGB Haftung für Vorsatz und Fahrlässigkeit,
- § 459 BGB Haftung für Sachmängel und zugesicherte Eigenschaften,
- § 633 BGB Anspruch des Bestellers auf Mängelbeseitigung,
- § 823 BGB Verletzung von Lebensgütern und ausschließlichen Rechten.

3   Die VDE-Bestimmungen DIN VDE 0100 bis 0898

3.1   Allgemeines

Gemäß TRBS und DGUV-Vorschrift 3 (BGV A3) [1.5] unterscheiden wir in der Elektrotechnik zwischen den beiden Hauptgruppen Anlagen und Betriebsmittel.

Anlagen und Betriebsmittel

Die Anlage ist der Zusammenschluss mehrerer Betriebsmittel. Diese Gliederung ist auch für den Verantwortungsbereich sinnvoll. Betriebsmittel werden in Fabriken hergestellt und müssen ordnungsgemäß ausgeliefert werden. Die Verantwortung hierfür trägt der Hersteller. Gemäß BetrSichV [1.1] ist der Arbeitgeber verpflichtet, Arbeitsmittel auf Eignung und Sicherheit vor dem ersten Einsatz zu prüfen. Anlagen werden meist vor Ort durch Zusammenfügen verschiedener Betriebsmittel erstellt. Die Verantwortung für ordnungsgemäße Funktion und Sicherheit trägt der Anlagenbauer oder Hersteller. Teilweise werden Anlagenteile auch vorgefertigt, z. B. Schaltschränke und -tafeln.

In früherer Zeit, als der Errichter noch nicht durch die VDE-Bestimmungen ausdrücklich verpflichtet wurde, Prüfungen vor Inbetriebnahme der Anlage durchzuführen, hatten die EVU[7] im Interesse der Anlagenbenutzer diese Prüfungen übernommen. Nachdem aber der Errichter nun hierzu verpflichtet wurde, hat sich in der Praxis ein Inbetriebsetzungsverfahren eingeführt, das die Rechte und Pflichten von Netzbetreiber und Errichter berücksichtigt, und zwar

- der Errichter bestätigt, dass er alle vorgeschriebenen Prüfungen durchgeführt hat und die Anlage anschlussfähig ist,

- der Netzbetreiber montiert die Zähler,

- der Netzbetreiber prüft alle Anlagenteile zwischen Hausanschluss und Zählerstation und setzt diese Teile durch Einsetzen der Hauptsicherungen unter Spannung,

- der Netzbetreiber verweist die Anlagenbenutzer zwecks weiterer und endgültiger Inbetriebsetzung der Anlage an den Errichter.

Nach den gesetzlichen Forderungen und anerkannten Regeln der Technik muss der Errichter eine für den entsprechenden Fachbereich ausgebildete und erfahrene Elektrofachkraft sein. Nach § 13 Niederspannungsanschlussverordnung (NAV, [1.36]) muss der selbstständige Errichter im Installateurverzeichnis des Netzbetreibers eingetragen sein. Danach muss er mind. ein Elektromeister sein und wei-

---

[7] Anmerkung: Mit den TAB 2000 [2.47] wurde der Begriff „EVU" in „VNB" (Verteilungsnetzbetreiber) und im Jahr 2007 im Rahmen der TAB Niederspannung 2007 [2.48] in „Netzbetreiber" umbenannt.

terhin verschiedene Bedingungen erfüllen, s. a. Abschnitt 13 Werkstattausrüstung in diesem Buch. Die Bedingungen für die verantwortliche Elektrofachkraft sind auch in DIN VDE 1000-10 [2.16] und in DIN VDE 0105-100 [2.14] festgelegt.

Grundsätzlich wird gefordert (siehe EnWG [1.15] und DGUV-Vorschrift 3 (BGV A3) [1.5]), dass beim

- Errichten bzw. Herstellen,

- Ändern,

- Instandhalten,

- Betreiben

von elektrischen Anlagen und Betriebsmitteln die VDE-Bestimmungen einzuhalten sind. Die Arbeiten nach den Aufzählungspunkten sind von Elektrofachkräften bzw. elektrotechnisch unterwiesenen Personen unter Leitung und Aufsicht auszuführen.

Laien dürfen zweifellos auch elektrische Geräte benutzen. Aber auch hier muss wie bei den zuvor genannten Personengruppen die „Bestimmungsgemäße Verwendung" beachtet werden. Der Hersteller ist zu entsprechenden Angaben verpflichtet und haftet im Unterlassungsfall für evtl. Schäden.

3.2 Gliederung des VDE-Vorschriftenwerks

Die ersten VDE-Bestimmungen entstanden vor mehr als 100 Jahren nach der Gründung des VDE im Jahr 1893, damals Verband Deutscher Elektrotechniker e. V., heute Verband der Elektrotechnik Elektronik Informationstechnik e. V. [3.5]; das waren wohl die Vorschriften für Schmelzsicherungen zum Brandschutz und für Isolation gegen Berühren, also die beiden Hauptgefahren, die auch heute noch im Vordergrund stehen. Das VDE-Vorschriftenwerk füllt heute einen ganzen Bücherschrank und ist inzwischen auch auf einer DVD erhältlich. Auch ausgewählte Teile für bestimmte Berufsgruppen, Branchen und Themen, z. B. für das Elektrotechniker-Handwerk, werden neben der Papierfassung auf DVD angeboten. Der Übersichtlichkeit halber wird nachfolgend nur die VDE-Klassifikation der Normen angeführt

Die Gruppen 0 bis 8 mit einigen der wichtigsten VDE-Bestimmungen

Gruppe 0	Allgemeine Grundsätze
VDE 0022	Satzung des VDE
VDE 0024	Satzung für das Prüf- und Zertifizierungswesen des VDE
VDE 0039	Erstellen von Anleitungen – Gliederung, Inhalt und Darstellung
VDE 1000	Allgemeine Leitsätze für das sicherheitsgerechte Gestalten …

Gruppe 1	**Energieanlagen**
VDE 0100	Errichten von Starkstromanlagen mit Nennspannungen bis 1 000 V, Teile 100 bis 740
VDE 0101-1	Starkstromanlagen mit Nennwechselspannungen über 1 kV – Teil 1: Allgemeine Bestimmungen
VDE 0101-2	Erdung von Starkstromanlagen mit Nennwechselspannungen über 1 kV
VDE 0104	Errichten und Betreiben elektrischer Prüfanlagen
VDE 0105	Betrieb von elektrischen Anlagen, Teile 1 bis 115
VDE 0106-102	Verfahren zur Messung von Berührungsstrom und Schutzleiterstrom
VDE 0108-100	Sicherheitsbeleuchtungsanlagen
VDE 0110	Isolationskoordination für elektrische Betriebsmittel in Niederspannungsanlagen
VDE 0113	Sicherheit von Maschinen – Elektrische Ausrüstung von Maschinen, Teile 1 bis 211
VDE 0115	Bahnanwendungen – Allgemeine Bau- und Schutzbestimmungen, Teile 1 bis 606
VDE 0117	Sicherheit von Flurförderzeugen – Elektrische Anforderungen, Teile 1 bis 3
VDE 0118	Errichten elektrischer Anlagen im Bergbau unter Tage
VDE 0122	Elektrische Ausrüstung von Elektro-Straßenfahrzeugen
VDE 0126	Photovoltaische Einrichtungen, Teile 1 bis 50; VDE 0126-7
VDE 0127	Windenergieanlagen, Teile 1 bis 100
VDE 0140-1	Schutz gegen elektrischen Schlag
VDE 0160	Drehzahlveränderbare elektrische Antriebe/EMV-Anforderungen Teile 101 bis 106
VDE 0165	Explosionsfähige Atmosphäre; VDE 0165-20-1
VDE 0166	Errichten elektrischer Anlagen in Bereichen, die durch Stoffe mit explosiven Eigenschaften gefährdet sind
VDE 0185	Blitzschutz – Allgemeine Grundsätze; VDE 0185-305-1
Gruppe 2	**Energieleiter**
VDE 0207	Isolier- und Mantelmischungen für Kabel und isolierte Leitungen
VDE 0210	Freileitungen über AC 45 kV/über AC 1 kV bis AC 45 kV, Teile 1 bis 20
VDE 0211	Bau von Starkstrom-Freileitungen mit Nennspannungen bis 1 000 V

VDE 0212	Freileitungen
VDE 0228	Maßnahmen bei Beeinflussung von Fernmeldeanlagen durch Starkstromanlagen
VDE 0250	Isolierte Starkstromleitungen, Teile 1 bis 814
VDE 0253	Isolierte Heizleitungen

Gruppe 3	**Isolierstoffe**
VDE 0300	Elektrostatik Teile 2 bis 5
VDE 0301	bis 0302 Bewertung und Kennzeichnung von elektrischen Isoliersystemen
VDE 0303	Prüfungen von Isolierstoffen, Teile 10 bis 71
VDE 0304	Elektroisolierstoffe, thermisches Langzeitverhalten, Teile 21 bis 26/4-1
VDE 0306	Elektroisolierstoffe, Bestimmung der Wirkung ionisierender Strahlung, Teile 1 bis 5
VDE 0310	bis 0389 Bestimmungen für die verschiedenen Isolierstoffe
VDE 0390	Supraleitfähigkeit, Teile 1 bis 18

Gruppe 4	**Messen, Steuern, Prüfen**
VDE 0403	Elektromagnetische Ortungsgeräte
VDE 0404	Prüf- und Messeinrichtungen zum Prüfen der elektrischen Sicherheit von elektrischen Geräten, Teile 1 bis 4
VDE 0411	Sicherheitsbestimmungen für elektrische Mess-, Steuer-, Regel- und Laborgeräte, Teile 31 bis 506
VDE 0413	Geräte zum Prüfen, Messen oder Überwachen von Schutzmaßnahmen, Teile 1 bis 14
VDE 0414	Messwandler, Teile 6 bis 44-8
VDE 0418	Elektrizitätszähler, Teile 0 bis 9-41
VDE 0432	Hochspannungs-Prüftechnik, Teile 1 bis 20
VDE 0435	Elektrische Relais, Teile 120 bis 3 151
VDE 0441	Prüfung von Kunststoff-Isolatoren für Betriebswechselspannungen über 1 kV, Teile 1 bis 1 000
VDE 0470	Schutzarten durch Gehäuse, Teile 1 bis 100/A1
VDE 0471	Prüfungen zur Beurteilung der Brandgefahr, Teile 1 bis 11-20
VDE 0472	Prüfung an Kabeln und isolierten Leitungen, Teile 1 bis 815

Gruppe 5	**Maschinen, Umformer**
VDE 0510	VDE-Bestimmungen für Akkumulatoren und Batterie-Anlagen, Teile 1 bis 104
VDE 0530	Drehende elektrische Maschinen, Teile 1 bis 33
VDE 0532	Leistungstransformatoren, Teile 102 bis 242
VDE 0544	bis 0545 Lichtbogen- und Widerstands-Schweißeinrichtungen
VDE 0550	Bestimmungen für Kleintransformatoren, Teile 1 bis 3
VDE 0553	Leistungselektronik für Übertragungs- und Verteilungsnetze, Teil 1-975
VDE 0560	Bestimmungen für Kondensatoren, Teile 1 bis 811
VDE 0565	Festkondensatoren zur Verwendung in Geräten der Elektronik und zur Unterdrückung elektromagnetischer Störungen, Teile 1 bis 3-3
VDE 0570	Sicherheit von Transformatoren, Netzgeräten, Drosseln und dergleichen, Teile 1 bis 10
Gruppe 6	**Installationsmaterial, Schaltgeräte**
VDE 0603	Installationskleinverteiler und Zählerplätze AC 400 V, Teile 1 bis 300
VDE 0604	Elektroinstallationskanalsysteme für elektrische Installationen, Teile 1 bis 2-4
VDE 0605	Elektroinstallationsrohrsysteme für elektrische Energie und für Informationen, Teile 1 bis 500
VDE 0606	bis 0613 Verbindungsmaterial, für Niederspannungsstromkreise für Haushalt und ähnliche Zwecke
VDE 0616	Lampenfassungen, Teile 1 bis 4
VDE 0618	Betriebsmittel für den Potentialausgleich
VDE 0620	bis 0627 Steckverbindungen (0620-300 und 0623-100: Leitungsroller)
VDE 0631	Automatische elektrische Regel- und Steuergeräte für den Hausgebrauch und ähnliche Zwecke, Teile 1 bis 2-9
VDE 0632	Schalter für Haushalt und ähnliche ortsfeste elektrische Installationen, Teile 1 bis 700
VDE 0636	Niederspannungssicherungen, Teile 1 bis 3 011
VDE 0641	Leitungsschutzschalter für Hausinstallationen und ähnliche Zwecke, Teile 11 bis 21
VDE 0660	Niederspannungsschaltgeräte, Teile 100 bis 2 026-3

VDE 0664	Fehlerstrom-/Differenzstrom-Schutzschalter ohne eingebauten Überstromschutz (RCCBs) für Hausinstallationen und ähnliche Anwendungen, Teile 10 bis 420
VDE 0670	Hochspannungs-Sicherungen, Teile 4 bis 811
VDE 0675	Überspannungsableiter, Teile 1 bis 39-22
VDE 0680	Körperschutzmittel, Schutzvorrichtungen und Geräte zum Arbeiten an unter Spannung stehenden Teilen bis 1 000 V, Teile 1 bis 7
VDE 0681	Geräte zum Betätigen, Prüfen und Abschranken unter Spannung stehender Teile mit Nennspannungen über 1 kV, Teile 1 bis 6
VDE 0682	Arbeiten unter Spannung, Teile 100 bis 744

Gruppe 7   **Gebrauchsgeräte, Arbeitsgeräte**

VDE 0700	Sicherheit elektrischer Geräte für den Hausgebrauch und ähnliche Zwecke, Teile 1 bis 700
VDE 0701-0702	Prüfung nach Instandsetzung, Änderung elektrischer Geräte – Wiederholungsprüfungen elektrischer Geräte – Allgemeine Anforderungen für die elektrische Sicherheit
VDE 0710	bis 711 Vorschriften für Leuchten mit Betriebsspannung unter 1 000 V, Teile 1 bis 400
VDE 0715	Glühlampen – Sicherheitsanforderungen, Teile 1 bis 14
VDE 0721	Sicherheit in Elektrowärmeanlagen, Teile 1 bis 3 032
VDE 0740	Handgeführte motorbetriebene Elektrowerkzeuge – Sicherheit, Teile 1 bis 512
VDE 0745	Elektrische Betriebsmittel für explosionsgefährdete Bereiche – Elektrostatische Hand-Sprüheinrichtungen, Teile 100 bis 200
VDE 0750	Medizinische elektrische Geräte, Teile 1 bis 241
VDE 0751	Teil 1: Wiederholungsprüfung und Prüfungen nach Instandsetzung von medizinischen elektrischen Geräten
VDE 0752	Grundsätzliche Aspekte der Sicherheit elektrischer Einrichtungen in medizinischer Anwendung
VDE 0789	Unterrichtsräume und Laboratorien, Teil 100

Gruppe 8   **Informationstechnik**

VDE 0800	Fernmeldetechnik, Teile 1 bis 10 und Informationstechnik, Teil 1 734-70
VDE 0803	Funktionale Sicherheit – sicherheitsbezogener/elektrischer/elektronischer/programmierbarer elektronischer Systeme, Teile 1 bis 500

VDE 0804	Besondere Sicherheitsanforderungen an Geräte zum Anschluss an Telekommunikationsnetze, Teil 100
VDE 0805	Einrichtungen der Informationstechnik – Sicherheit – Teile 1 bis 514
VDE 0808	Signalübertragung auf elektrischen Niederspannungsnetzen der Informationstechnik,
VDE 0820	Geräteschutzsicherungen, Teile 1 bis 10
VDE 0830	Alarmanlagen, Teile 1-4 bis 8-11-1
VDE 0831	bis 0834 Bahnanwendungen, Straßenverkehrs-Signalanlagen, Rufanlagen in Krankenhäusern, VDE 0834 Teile 1 bis 2
VDE 0835	bis 0837 Lasereinrichtungen und Sicherheit von Lasereinrichtungen
VDE 0838	bis 0839 Rückwirkungen in Stromversorgungsnetzen, ..., Elektromagnetische Verträglichkeit (EMV), Teile 1 bis 6-4
VDE 0845	Überspannungsschutz/Blitzschutz/Überspannungsschutzgeräte, Teile 3-1 bis 8
VDE 0855	Kabelnetze für Fernsehsignale, Tonsignale und interaktive Dienste
VDE 0860	Audio-, Video- und ähnliche elektronische Geräte
VDE 0866	Sicherheitsbestimmung für Funksender
VDE 0873	bis 0879 Funk-Störungen, Funk-Entstörung und elektromagnetische Verträglichkeit
VDE 0887	Koaxialkabel
VDE 0888	Lichtwellenleiter-Kabel, Teile 10 bis 745
VDE 0891	Verwendung von Kabeln und isolierten Leitungen für Fernmeldeanlagen und Informationsverarbeitungsanlagen, Teile 1 bis 9
VDE 0898	Teil 1: Temperaturabhängige Widerstände mit positivem Temperaturkoeffizienten aus Polymerwerkstoffen

3.3 Information

Katalog der Normen des VDE-Vorschriftenwerks

Die genaue Auflistung aller DIN-VDE-Normen findet sich in der Online-Datenbank des VDE VERLAGs [3.10].

In dieser Online-Datenbank ist für jede Bestimmung das letzte Erscheinungsdatum ersichtlich und damit zu erkennen, ob die vorliegende Ausgabe noch gültig ist.

Eine alphabetische Auflistung aller in den DIN-VDE-Bestimmungen behandelten Themen, Begriffe, Definitionen usw. findet sich in der VDE-Schriftenreihe Bd. 1 „Wo steht was im VDE-Vorschriftenwerk?" [12].

Seminarveranstalter

Die VDE-Seminare werden vom VDE VERLAG [3.10] veranstaltet.

Weiterhin werden Seminare von anderen Bildungsinstitutionen veranstaltet, z. B.:

- Haus der Technik, Essen [3.12],
- Technische Akademie Esslingen, Ostfildern [3.13],
- Technische Akademie Wuppertal [3.14],
- Aus- und Weiterbildungszentrum Günther Schuchardt GmbH, Lauffen (am Neckar) [3.15].

Auch werden die Seminare intern, in Firmen und Institutionen, veranstaltet, wobei betriebliche Belange berücksichtigt werden können. Insbesondere besteht die Möglichkeit, die in DGUV-Grundsatz 303-001 [1.27] genannte „Elektrofachkraft für festgelegte Tätigkeiten" auszubilden und zu zertifizieren.

Die **Seminare mit Messpraktikum** erfüllen die Forderungen der Betriebssicherheitsverordnung (BetrSichV, [1.1]) sowie der TRBS 1203 [1.3] hinsichtlich der sachbezogenen **Aus- und Weiterbildung von befähigten Personen** für die Prüfung elektrischer Anlagen und Betriebsmittel. Weiterhin sind Sicherheitsunterweisungen vor Ort in den Betrieben möglich.

Beratung

Zur Beratung über VDE-Themen stehen folgende Stellen zur Verfügung:

- innerbetriebliche Normen- und Fachabteilungen, falls vorhanden,
- Beratungsstellen: die örtlichen Netzbetreiber und Gewerbeämter, die Gewerbeaufsicht und Berufsgenossenschaft, evtl. Sachversicherer,
- Frageecken in Fachzeitschriften, z. B. „de – das Elektrohandwerk" [13] oder „ep – Elektropraktiker" [14],
- die VDE-Gremien selbst: DKE Deutsche Kommission Elektrotechnik Elektronik Informationstechnik im DIN und VDE [3.16].

3.4 Erdungssysteme (Systeme nach Art der Erdverbindung, Netzformen, Netzerdung, Netzsysteme)

Der Schutz gegen gefährliche Körperströme im Fehlerfall wird durch **Schutzmaß-nahmen** bzw. Schutzeinrichtungen realisiert. Für derartige Schutzmaßnahmen wurden bereits in Z DIN VDE 0100-410:1983-11 (zurückgezogen, [2.1]) völlig neue Begriffe geprägt. Die alten Begriffe „Nullung", „Schutzleitungssystem" und „Schutz-erdung" aus Z DIN VDE 0100:1973-05 (zurückgezogen, [2.3]) wurden durch ein anders geartetes Bezeichnungssystem ersetzt. Die alte Z DIN VDE 0100:1973-05 gliederte sich in einzelne Paragrafen, drei Schutzmaßnahmen ohne **Schutzleiter**:

- § 7 Schutzisolierung,
- § 8 Schutzkleinspannung,
- § 14 Schutztrennung

und fünf Schutzmaßnahmen mit Schutzleiter:

- § 9 Schutzerdung,
- § 10 Nullung,
- § 11 Schutzleitungssystem,
- § 12 Fehlerspannungs-(FU-)Schutzschaltung,
- § 13 Fehlerstrom-(FI-)Schutzschaltung.

Während die Schutzmaßnahmen durch Abschaltung oder Meldung früher mit einem Wort bezeichnet wurden, werden sie jetzt durch zwei Begriffe beschrieben:

- **Erdungssystem**,
- **Schutzeinrichtung**.

Entsprechend wird die „Nullung" jetzt wie folgt beschrieben:

„Schutz durch Überstromschutzeinrichtung im TN-System" oder „TN-System mit Überstromschutz".

Hier zeigt sich, wie die Erdungssysteme in die Bezeichnungsweise und damit in die Gliederung von Schutzmaßnahmen eingreifen.

Die Systeme nach Art der Erdverbindung werden in DIN VDE 0100-100 [2.49] beschrieben.

Kenngrößen dafür sind:

- Art und Anzahl der aktiven Leiter der Einspeisung,
- Art der Erdverbindung.

Für die Bezeichnung der Erdverbindung werden zwei Buchstaben benutzt, die folgende Bedeutung haben:

- **Erster Buchstabe**: Erdungsverhältnisse der Stromquelle

  T *direkte Erdung der Stromquelle (Betriebserder); (lat. terra = Erde),*

  I *Isolieren aller aktiven Teile gegenüber Erde oder Verbindung eines aktiven Teils mit Erde über eine Impedanz.*

- **Zweiter Buchstabe**: Erdungsverhältnisse von Körpern in Verbraucheranlagen

  T *Körper direkt über eigenen Erder geerdet,*

  N *Körper direkt mit dem Betriebserder verbunden.*

3.4.1 TN-System

In TN-Systemen ist ein Punkt direkt geerdet (Betriebserder), die Körper der elektrischen Anlage sind über Schutzleiter bzw. PEN-Leiter mit diesem Punkt verbunden.

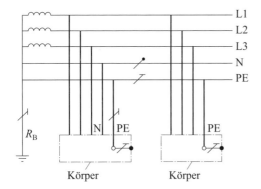

Bild 3.1 TN-S-System: Neutralleiter und Schutzleiter im gesamten Netz getrennt; S = separat; PE hat Verbindung mit dem Betriebserder R_B

Drei Arten von TN-Systemen sind entsprechend der Anordnung von Neutralleiter und Schutzleiter zu unterscheiden:

TN-S-System – getrennte Neutralleiter und Schutzleiter im gesamten Netz (**Bild 3.1**),

TN-C-System – Neutral- und Schutzleiterfunktionen sind im gesamten Netz in einem einzigen Leiter, dem PEN-Leiter, zusammengefasst (**Bild 3.2**),

TN-C-S-System – nur in einem Teil des Netzes sind die Funktionen des Neutral- und Schutzleiters in einem einzigen Leiter, dem PEN-Leiter, zusammengefasst, im anderen Teil des Netzes sind sie getrennt (**Bild 3.3**).

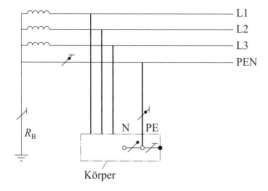

Bild 3.2 TN-C-System: Neutralleiter- und Schutzleiterfunktionen sind im gesamten Netz in einem einzigen Leiter, dem PEN-Leiter, zusammengefasst

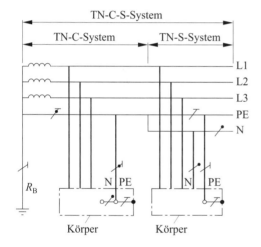

Bild 3.3 TN-C-S-System: Neutralleiter- und Schutzleiterfunktionen sind nur in einem Teil des Netzes in einem einzigen Leiter, dem PEN-Leiter, zusammengefasst; PE hat Verbindung mit dem Betriebserder R_B

3.4.2 TT-System

Im TT-System ist ein Punkt direkt geerdet (Betriebserder), die Körper der elektrischen Anlage sind mit Erdern verbunden, die vom Betriebserder getrennt sind (**Bild 3.4**).

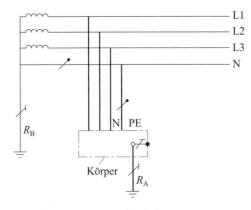

Bild 3.4 TT-System: Zwei getrennte Erder für N und PE, wobei PE über einen vom Betriebserder R_B getrennten Anlagenerder R_A geerdet ist

3.4.3 IT-System

Das IT-System hat keine direkte Verbindung zwischen aktiven Leitern und geerdeten Teilen; die Körper der elektrischen Anlage sind über Schutzleiter mit Erdern verbunden (**Bild 3.5**).

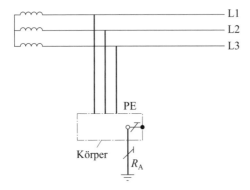

Bild 3.5 IT-System: keine direkte Verbindung zwischen aktiven Leitern und geerdeten Teilen. Ein Erder für PE. Das Netz ist isoliert, und PE ist über einen Anlagenerder R_A geerdet

3.4.4 Vergleich der einzelnen Erdungssysteme

Die bisherige Bezeichnung „Netzform", z. B. „TN-Netz", wird abgelöst durch die Bezeichnung „System", z. B. „TN-System". Im Englischen ist hierfür der Ausdruck „Types of system earthing" festgelegt. In DIN VDE 0100-100:2009-06 [2.49] schreibt man „Systeme nach Art der Erdverbindung" und benennt die Netze mit: TN-, TT- oder IT-System. Die Buchstaben T, I und N beschreiben aber nur die Erdungsverhältnisse des Netzes. Die englische Bezeichnung erscheint deshalb sinnvoller. Demnach ist im Deutschen die Bezeichnung „System nach Art der Erdverbindung oder Erdungssystem" zutreffender.

In den Kombinationen T, I und N gibt es drei Formen, die praktisch ausgeführt werden:

• TN-System, TT-System und IT-System.

Das TN-System wird vorwiegend in dicht besiedelten Gebieten bei Erdverkabelung angewendet. Es hat den Vorteil, dass dann der Erdungswiderstand durch die Parallelschaltung vieler Erder sehr klein wird und der Ausfall eines Erders keinen negativen Einfluss hat. Andererseits ist nachteilig, dass eine Fehlerspannung, die in einer Anlage entsteht, in das gesamte Netz verschleppt wird. Besonders bei Bruch des PEN-Leiters kann der Schutzleiter eine unzulässig hohe Berührungsspannung annehmen.

Das TT-System wird vorwiegend in ländlichen Gebieten mit Freileitungsnetzen eingesetzt. Es hat den Vorteil, dass eine Fehlerspannung nicht in andere Anlagen verschleppt wird. PE und N sind immer getrennt. Nachteilig ist andererseits, dass meist nur ein Erder in der Anlage vorhanden ist, der nicht ausfallen darf.

Das IT-System wird besonders in den Industriezweigen Chemie, Stahl, Bergbau und auch in medizinisch genutzten Räumen verwendet. Es hat den Vorteil, dass beim ersten Körperschluss nicht abgeschaltet werden muss und dadurch eine hohe Betriebssicherheit gewährleistet ist.

Anmerkung: In den Bildern 3.1 bis 3.5 sind die Leiter entsprechend ihrem Verwendungszweck gemäß der IEC-Schaltzeichendatenbank IEC 60617-DB [2.50] wie folgt gekennzeichnet:

Darstellung für den Schutzleiter (PE): —————

Darstellung für den PEN-Leiter (PEN): —————

Darstellung für den Neutralleiter (N): —————

Teil B Schutzmaßnahmen – Schutz gegen elektrischen Schlag nach DIN VDE 0100-410:2007-06, HD 60364-4-41:2007 (IEC 60364-4-41:2005)

4 Schutz gegen elektrischen Schlag

Allgemeines

Der Schutz von Personen und Nutztieren gegen gefährliche Körperströme ist sicherzustellen. Die Norm DIN VDE 0100-410:2007-06 [2.2] behandelt den Schutz gegen elektrischen Schlag, wie er in elektrischen Anlagen anzuwenden ist. Die Norm basiert auf der DIN EN 61140 (**VDE 0140-1**) [2.51] „Schutz gegen elektrischen Schlag – Gemeinsame Bestimmungen für Anlagen und Betriebsmittel", die eine **Sicherheitsgrundnorm** für den Schutz von Personen und Nutztieren ist. Die Norm DIN EN 61140 (**VDE 0140-1**) ist dafür bestimmt, grundsätzliche Prinzipien festzulegen und Anforderungen zu stellen, die sowohl für elektrische Anlagen als auch für Betriebsmittel gelten oder für deren Koordinierung notwendig sind.

Die Grundregel des Schutzes gegen elektrischen Schlag nach DIN EN 61140 (**VDE 0140-1**) ist, dass gefährliche aktive Teile nicht berührbar sein dürfen und berührbare leitfähige Teile weder unter normalen Bedingungen noch unter Einzelfehlerbedingungen zu gefährlichen aktiven Teilen werden dürfen.

Nach DIN EN 61140 (**VDE 0140-1**) wird der Schutz unter normalen Bedingungen durch Basisschutzvorkehrungen und der Schutz unter Einzelfehlerbedingungen durch Fehlerschutzvorkehrungen vorgesehen. Alternativ wird der Schutz gegen elektrischen Schlag durch eine verstärkte Schutzvorkehrung vorgesehen, die den Schutz unter normalen Bedingungen und unter Einzelfehlerbedingungen bewirkt.

Die DIN VDE 0100-410:2007-06 [2.2] hat nach IEC-Leitfaden 104 [2.52] den Status einer Gruppensicherheitsnorm (GSP) für den Schutz gegen elektrischen Schlag.

Der Schutz gegen gefährliche Körperströme muss sichergestellt werden durch:

- das Betriebsmittel selbst oder
- die Anwendung der Schutzmaßnahmen beim Errichten oder
- eine Kombination der beiden Vorgenannten.

Die **Schutzmaßnahmen** können sich auf eine ganze Anlage, einen Teil einer solchen oder ein einziges Betriebsmittel erstrecken. Die Reihenfolge, in der die Schutzmaßnahmen aufgeführt sind, sagt nichts aus über Bedeutung oder Rangfolge. Gegenüber Z DIN VDE 0100-410:1997-01 (zurückgezogen, [2.53]) wurden folgende Änderungen vorgenommen:

a) Neustrukturierung der für den Errichter relevanten Schutzvorkehrungen und Schutzmaßnahmen in der Reihenfolge ihrer Anwendungshäufigkeit; *Basisschutz nun in einem Anhang*, weil er für den Errichter durch die Betriebsmittel üblicherweise vorgegeben ist;

b) Zusammenführung von möglichen Schutzmaßnahmen und Anwendung der Schutzmaßnahmen;

c) *Anpassung der Begriffe an das Internationale Elektrotechnische Wörterbuch* (IEV, s. a. deutsche Online-Ausgabe des IEV der DKE [2.54]) IEC 60050-826 [2.55], enthalten in DIN VDE 0100-200:2006-06 [2.6]. Zum Beispiel wurde der Begriffserklärung des „Hauptpotentialausgleichs" die Benennung „**Schutzpotentialausgleich**" zugeordnet;

d) differenzierte Abschaltzeiten für TT-Systeme;

e) im TT-System als Alternative zur Anforderung an den Erder der Anlage auch Anforderung an den Schleifenwiderstand;

f) FELV der Schutzmaßnahme „automatische Abschaltung der Stromversorgung" zugeordnet;

g) *Mitführen des Schutzleiters bei Verwendung von Betriebsmitteln mit „doppelter oder verstärkter Isolierung" (Schutzklasse II)*;

h) *zusätzlicher Schutz* durch Fehlerstromschutzeinrichtungen (RCD) mit einem Bemessungsdifferenzstrom, der 30 mA nicht überschreitet, für Steckdosenstromkreise im Laienbereich und für Endstromkreise im Außenbereich;

i) *zusätzlicher Schutzpotentialausgleich* als zusätzlicher Schutz;

j) zwischen SELV- und PELV-Stromkreisen genügt Basisisolierung.

Wir unterscheiden:

- **Basisschutz** (Schutz gegen direktes Berühren). Er ist gegeben durch *Isolation* bzw. *Abdeckung* oder auch durch ungefährlich *kleine Spannungen*. Basisschutz ist nun im Anhang der DIN VDE 0100-410:2007-06 [2.2] zu finden.

- **Fehlerschutz** (Schutz bei indirektem Berühren). Das sind Maßnahmen, die entweder durch *Abschaltung* oder durch *Meldung* mithilfe eines Schutzleiters die Gefahr vermeiden oder im Fehlerfall die Berührung gar nicht erst entstehen lassen, wie bei der Schutzisolierung oder bei der Schutztrennung.

Eine Schutzmaßnahme muss bestehen aus:

- einer geeigneten Kombination von zwei unabhängigen Schutzvorkehrungen, nämlich einer **Basisschutzvorkehrung** und einer **Fehlerschutzvorkehrung** oder

- einer verstärkten Schutzvorkehrung, die den Basisschutz (Schutz gegen direktes Berühren) und den Fehlerschutz (Schutz bei indirektem Berühren) bewirkt.

Zusätzlicher Schutz ist festgelegt als Teil einer Schutzmaßnahme unter bestimmten Bedingungen von äußeren Einflüssen und in bestimmten besonderen Räumlichkeiten (siehe **Gruppe 700** der Normenreihe DIN VDE 0100).

Anmerkung 1: Für besondere Anwendungen sind Schutzmaßnahmen, die dieser Konzeption nicht entsprechen, erlaubt.

Anmerkung 2: Ein Beispiel für eine verstärkte Schutzvorkehrung ist verstärkte Isolierung.

In jedem Teil einer Anlage muss eine und dürfen mehrere Schutzmaßnahmen angewendet werden, wobei die Bedingungen der äußeren Einflüsse zu berücksichtigen sind. Die folgenden Schutzmaßnahmen sind allgemein erlaubt:

- **Schutz durch automatische Abschaltung der Stromversorgung,**
- **Schutz durch doppelte oder verstärkte Isolierung,**
- **Schutz durch Schutztrennung für die Versorgung eines Verbrauchsmittels,**
- **Schutz durch Kleinspannung mittels SELV oder PELV.**

Die in der Anlage angewendeten Schutzmaßnahmen müssen bei der Auswahl und dem Errichten der Betriebsmittel berücksichtigt werden.

Anmerkung: Die am häufigsten angewendete Schutzmaßnahme in elektrischen Anlagen ist der *Schutz durch automatische Abschaltung der Stromversorgung.*

Für spezielle Anlagen und Orte besonderer Art müssen die besonderen Schutzmaßnahmen in den entsprechenden Teilen der Gruppe 700 der Normenreihe DIN VDE 0100 angewendet werden.

Die im Anhang B der DIN VDE 0100-410:2007-06 [2.2] beschriebenen Schutzvorkehrungen „*Schutz durch Hindernisse*" und „*Schutz durch Anordnung außerhalb des Handbereichs*" dürfen **nur** *in Anlagen* angewendet werden, die nur zugänglich sind für

- Elektrofachkräfte oder elektrotechnisch unterwiesene Personen oder
- Personen, die von Elektrofachkräften oder elektrotechnisch unterwiesenen Personen beaufsichtigt werden.

Die im Anhang C der DIN VDE 0100-410:2007-06 [2.2] festgelegten Schutzvorkehrungen:

- Schutz durch nicht leitende Umgebung,
- Schutz durch erdfreien örtlichen Schutzpotentialausgleich,
- Schutz durch Schutztrennung für die Versorgung von mehr als einem Verbrauchsmittel

dürfen nur angewendet werden, wenn die Anlage unter der Überwachung durch Elektrofachkräfte oder elektrotechnisch unterwiesene Personen steht, sodass unbefugte Änderungen nicht vorgenommen werden können.

Wenn bestimmte Bedingungen einer Schutzmaßnahme nicht erfüllt werden können, müssen ergänzende Vorkehrungen so angewendet werden, dass die Schutzvorkehrungen zusammen denselben Grad an Sicherheit bewirken.

Anmerkung: Ein Beispiel für die Anwendung dieser Regel ist durch FELV gegeben.

Unterschiedliche Schutzmaßnahmen, die in derselben Anlage oder einem Teil der Anlage oder in Betriebsmitteln angewendet werden, *dürfen keinen gegenseitigen Einfluss derart haben*, dass – wenn eine Schutzmaßnahme fehlerbehaftet ist – die Wirkung der anderen Schutzmaßnahmen dadurch beeinträchtigt sein könnte.

Vorkehrungen für den Fehlerschutz (Schutz bei indirektem Berühren) **dürfen** bei den folgenden Betriebsmitteln entfallen:

- metallene Stützen von Freileitungsisolatoren, die am Gebäude befestigt sind und sich nicht im Handbereich befinden;

- Stahlbewehrung von Betonmasten für Freileitungen, bei denen die Stahlbewehrung nicht zugänglich ist;

- Körper, die aufgrund ihrer kleinen Abmessungen (ungefähr 50 mm × 50 mm) oder ihrer Anordnung nicht umfasst werden oder in bedeutenden Kontakt mit einem Teil des menschlichen Körpers kommen können, vorausgesetzt, die Verbindung mit einem Schutzleiter könnte nur mit Schwierigkeit hergestellt werden oder sie wäre unzuverlässig; Anmerkung: Diese Ausnahme gilt z. B. für Bolzen, Nieten, Typenschilder und Kabel-/Leitungsbefestigungen;

- Metallrohre oder andere Metallgehäuse, die Betriebsmittel durch doppelte oder verstärkte Isolierung schützen.

4.1   Schutzerdung und Schutzpotentialausgleich

4.1.1   Schutzerdung (Erdung über den Schutzleiter)

Anmerkung: Der Begriff „Schutzerdung" wurde neu belegt und ist in der DIN VDE 0100-200:2006-06 [2.6] definiert. Die Schutzerdung steht nicht im Zusammenhang mit der früheren Schutzmaßnahme „Schutzerdung" nach Z DIN VDE 0100:1973-05 [2.3], § 9.

Körper müssen mit einem Schutzleiter verbunden werden, unter den gegebenen Bedingungen für jedes System nach Art der Erdverbindung, wie unter den Erdungssystemen angegeben.

Gleichzeitig berührbare Körper müssen mit demselben Erdungssystem einzeln, in Gruppen oder gemeinsam verbunden werden.

Schutzerdungsleiter müssen den Anforderungen für Schutzleiter nach DIN VDE 0100-540 [2.5] entsprechen.

Für jeden Stromkreis muss ein Schutzleiter vorhanden sein, der durch Anschluss an die diesem Stromkreis zugeordnete Erdungsklemme oder Erdungsschiene geerdet ist.

4.1.2 Schutzpotentialausgleich über die Haupterdungsschiene (früher „Hauptpotentialausgleich" genannt)

In jedem Gebäude **müssen** der Erdungsleiter und die folgenden leitfähigen Teile über die Haupterdungsschiene zum Schutzpotentialausgleich verbunden werden:

- metallene Rohrleitungen von Versorgungssystemen, die in Gebäude eingeführt sind, z. B. Gas, Wasser;

- fremde leitfähige Teile der Gebäudekonstruktion, sofern im üblichen Gebrauchszustand berührbar;

- metallene Zentralheizungs- und Klimasysteme;

- metallene Verstärkungen von Gebäudekonstruktionen aus bewehrtem Beton, wo die Verstärkungen berührbar und zuverlässig untereinander verbunden sind.

Wo solche leitfähigen Teile ihren Ausgangspunkt außerhalb des Gebäudes haben, müssen sie so nah wie möglich an ihrer Eintrittsstelle innerhalb des Gebäudes miteinander verbunden werden.

Anmerkung: Nach DVGW G 459-1:1998-07 [2.56] darf das Isolierstück der Gas-Hausanschlussleitung nicht überbrückt werden. Der Anschluss des Schutzpotentialausgleichsleiters hat in Fließrichtung erst hinter dem Isolierstück zu erfolgen.

Schutzpotentialausgleichsleiter müssen den Anforderungen nach DIN VDE 0100-540 [2.5] entsprechen.

Metallmäntel von Fernmeldekabeln und -leitungen müssen mit dem Schutzpotentialausgleich verbunden werden unter Berücksichtigung der Anforderungen der Eigner oder Betreiber dieser Kabel und Leitungen.

4.1.3 Schutzleiter – Mindestquerschnitte

Der Querschnitt eines jeden Schutzleiters muss die Bedingungen für die automatische Abschaltung der Stromversorgung erfüllen, die von DIN VDE 0100-410:2007-06 [2.2] gefordert sind, und er muss imstande sein, den zu erwartenden Fehlerstrom zu führen.

Der Querschnitt des Schutzleiters muss entweder berechnet oder nach **Tabelle 4.1** ausgewählt werden. In jedem Fall müssen folgende Anforderungen berücksichtigt werden: Der Querschnitt eines jeden Schutzleiters, der nicht Bestandteil eines Kabels oder einer Leitung ist oder der sich nicht in gemeinsamer Umhüllung mit dem Außenleiter befindet, darf nicht kleiner sein als:

- $2,5\,mm^2$ Cu oder $16\,mm^2$ Al, wenn Schutz gegen mechanische Beschädigung vorgesehen ist,

- $4\,mm^2$ Cu oder $16\,mm^2$ Al, wenn Schutz gegen mechanische Beschädigung nicht vorgesehen ist.

Querschnitt des Außenleiters S in mm^2	Mindestquerschnitt des zugehörigen Schutzleiters in mm^2	
	Schutzleiter besteht aus demselben Werkstoff wie der Außenleiter	Schutzleiter besteht nicht aus demselben Werkstoff wie der Außenleiter
$S \leq 16$	S	$\dfrac{k_1}{k_2} \cdot S$
$16 < S \leq 35$	16 [a]	$\dfrac{k_1}{k_2} \cdot 16$
$S > 35$	$\dfrac{S}{2}$ [a]	$\dfrac{k_1}{k_2} \cdot \dfrac{S}{2}$

Anmerkung: k_1, k_2 Faktoren, die vom Werkstoff des Schutzleiters, von der Isolierung und anderen Teilen sowie von der Anfangs- und Endtemperatur des Leiters abhängig sind. Siehe DIN VDE 0100-540 [2.5].

[a] Für einen PEN-Leiter ist die Reduzierung des Querschnitts nur in Übereinstimmung mit den Bemessungsregeln für Neutralleiter erlaubt (siehe DIN VDE 0100-520 [2.57]).

Tabelle 4.1 Mindestquerschnitte von Schutzleitern (DIN VDE 0100-540:2012-06 [2.5])

4.1.4 Verstärkte Schutzleiter für Schutzleiterströme größer 10 mA

Für elektrische Verbrauchsmittel, die fest angeschlossen sind und deren Schutzleiterstrom größer 10 mA ist, gilt Folgendes:

- Wenn das elektrische Verbrauchsmittel über nur eine einzige entsprechende Schutzleiteranschlussklemme verfügt, muss der angeschlossene Schutzleiter einen Querschnitt von mind. 10 mm^2 Cu oder 16 mm^2 Al in seinem gesamten Verlauf aufweisen.

- Wenn das elektrische Verbrauchsmittel über eine separate Anschlussklemme für einen zweiten Schutzleiter verfügt, muss ein zweiter Schutzleiter mit mind. demselben Querschnitt, wie er für den Fehlerschutz gefordert wird, bis zu dem Punkt verlegt werden, an dem der Schutzleiter mind. einen Querschnitt von 10 mm^2 Cu oder 16 mm^2 Al hat.

Anmerkung 2: In TN-C-Systemen, in denen die Neutral- und die Schutzleiter in einem einzigen Leiter (PEN-Leiter) bis zu den Anschlussstellen der Betriebsmittel enthalten sind, darf der Schutzleiterstrom als Betriebsstrom behandelt werden.

Anmerkung 3: Elektrische Verbrauchsmittel mit hohem Schutzleiterstrom im normalen Betrieb können in Anlagen mit Fehlerstromschutzeinrichtungen (RCD) Probleme verursachen.

4.2   Schutzmaßnahme automatische Abschaltung der Stromversorgung

4.2.1   Allgemeines

Schutz durch automatische Abschaltung der Stromversorgung ist eine Schutzmaßnahme, bei der

- **der Basisschutz** (Schutz gegen direktes Berühren) vorgesehen ist durch eine Basisisolierung der aktiven Teile oder durch Abdeckung oder Umhüllungen und

- **der Fehlerschutz** (Schutz bei indirektem Berühren) vorgesehen ist durch Schutzpotentialausgleich über die Haupterdungsschiene und automatische Abschaltung im Fehlerfall, in Übereinstimmung mit den Abschnitten 411.3 bis 411.6 der DIN VDE 0100-410:2007-06 [2.2].

Anmerkung 1: Wo diese Schutzmaßnahme angewendet ist, dürfen auch Betriebsmittel der Schutzklasse II verwendet werden.

Wo ein zusätzlicher Schutz durch Fehlerstromschutzeinrichtungen (RCD) mit einem Bemessungsdifferenzstrom, der 30 mA nicht überschreitet, festgelegt ist, ist dieser in Übereinstimmung mit Abschnitt 415.1 „Zusätzlicher Schutz: Fehlerstromschutzeinrichtungen (RCD)" der DIN VDE 0100-410:2007-06 [2.2].

Anmerkung 2: **Differenzstromüberwachungsgeräte (RCM) sind keine Schutzeinrichtungen**, sie dürfen jedoch verwendet werden, um Differenzströme in elektrischen Anlagen zu überwachen: Differenzstromüberwachungsgeräte (RCM) lösen ein hörbares oder ein hör- und sichtbares Signal aus, wenn der vorgewählte Wert des Differenzstroms überschritten ist.

4.2.2   Anforderungen an den Basisschutz
(Schutz gegen direktes Berühren)

Alle elektrischen Betriebsmittel müssen mit den beschriebenen Vorkehrungen für den Basisschutz (Schutz gegen direktes Berühren) übereinstimmen.

4.2.3   Anforderungen an den Fehlerschutz
(Schutz bei indirektem Berühren)

Als Schutz bei indirektem Berühren sind in elektrischen Anlagen im Allgemeinen die Maßnahmen „Schutz durch Abschaltung oder Meldung" notwendig, die einen Schutzleiter erfordern. Der Schutzleiter wird nach DIN VDE 0100-540 [2.5] bemessen. Sein Querschnitt ist bis 16 mm^2 Cu gleich dem des Außenleiters.

4.2.3.1 Automatische Abschaltung im Fehlerfall

Eine Schutzeinrichtung muss im Fall eines Fehlers vernachlässigbarer Impedanz zwischen dem Außenleiter und einem Körper oder einem Schutzleiter des Stromkreises oder einem Schutzleiter des Betriebsmittels die Stromversorgung zu dem Außenleiter eines Stromkreises oder dem Betriebsmittel in der geforderten Abschaltzeit (**Tabelle 4.2**) automatisch unterbrechen. Ausgenommen hiervon sind die Fälle, in denen die Ausgangsspannung auf AC 50 V/DC 120 V herabgesetzt oder ein zusätzlicher Schutzpotentialausgleich gefordert wird.

Abweichend von den Abschaltzeiten ist es in Verteilungsnetzen, die als Freileitungen oder als im Erdreich verlegte Kabel ausgeführt sind, sowie in Hauptstromversorgungssystemen nach DIN 18015-1 [2.58] mit der Schutzmaßnahme „doppelte oder verstärkte Isolierung" ausreichend, wenn am Anfang des zu schützenden Leitungsabschnitts eine Überstromschutzeinrichtung vorhanden ist und wenn im Fehlerfall mind. der Strom zum Fließen kommt, der eine Auslösung der Schutzeinrichtung unter den in der Norm für die Überstromschutzeinrichtung für den Überlastbereich festgelegten Bedingungen (großer Prüfstrom) bewirkt.

Anmerkung 1: Kleinere Werte der Abschaltzeit dürfen für elektrische Anlagen und Bereiche besonderer Art in Übereinstimmung mit der Gruppe 700 der Normenreihe DIN VDE 0100 gefordert sein.

Anmerkung 2: Bei IT-Systemen ist die automatische Abschaltung bei Auftreten des ersten Fehlers üblicherweise nicht gefordert. Anforderungen zur Abschaltung (im Fall eines zweiten Fehlers, der sich auf einem anderen Außenleiter ereignet) nach Auftreten des ersten Fehlers.

Die in der Tabelle 4.2 angegebene max. Abschaltzeit muss für Endstromkreise mit einem Nennstrom nicht größer als 32 A angewendet werden.

System	$50\,V < U_0 \leq 120\,V$		$120\,V < U_0 \leq 230\,V$		$230\,V < U_0 \leq 400\,V$		$U_0 \geq 400\,V$	
	AC	DC	AC	DC	AC	DC	AC	DC
TN	0,8 s	siehe Anmerkung 1	0,4 s	5 s	0,2 s	0,4 s	0,1 s	0,1 s
TT	0,3 s	siehe Anmerkung 1	0,2 s	0,4 s	0,07 s	0,2 s	0,04 s	0,1 s

Wenn in TT-Systemen die Abschaltung durch eine Überstromschutzeinrichtung erreicht wird und alle fremden leitfähigen Teile in der Anlage an den Schutzpotentialausgleich über die Haupterdungsschiene angeschlossen sind, darf die für TN-Systeme anwendbare Abschaltzeit verwendet werden.
U_0 **ist die Nennwechselspannung oder Nenngleichspannung Außenleiter gegen Erde.**
Anmerkung 1: Eine Abschaltung kann aus anderen Gründen als dem Schutz gegen elektrischen Schlag verlangt sein.
Anmerkung 2: Wenn für die Abschaltung eine Fehlerstromschutzeinrichtung (RCD) vorgesehen wird, gelten die Forderungen ebenfalls als erfüllt (ca. $4{,}6 \cdot I_{\Delta N}$).

Tabelle 4.2 Maximale Abschaltzeiten für TN- und TT-Systeme (DIN VDE 0100-410:2007-06 [2.2])

In **TN-Systemen** ist eine Abschaltzeit nicht länger als **5 s für Verteilungsstromkreise** und für nicht in Tabelle 4.2 genannte Stromkreise erlaubt.

In **TT-Systemen** ist eine Abschaltzeit nicht länger als **1 s für Verteilungsstromkreise** und für nicht in Tabelle 4.2 genannte Stromkreise erlaubt.

Für Systeme mit einer Nennspannung U_0 größer als AC 50 V oder DC 120 V ist eine automatische Abschaltung in der geforderten Zeit – je nachdem, was zutreffend ist – nicht verlangt, wenn im Fall eines Fehlers gegen einen Schutzleiter oder gegen Erde die Ausgangsspannung der Stromquelle, in einer Zeit wie in Tabelle 4.2 festgelegt oder innerhalb von 5 s – je nachdem, was zutreffend ist – auf AC 50 V oder DC 120 V oder weniger herabgesetzt wird. In solchen Fällen muss die Abschaltung berücksichtigt werden, die aus anderen Gründen als dem Schutz gegen elektrischen Schlag notwendig ist. Wenn automatische Abschaltung in der geforderten Zeit – je nachdem, was zutreffend ist – nicht erreicht werden kann, muss ein zusätzlicher Schutzpotentialausgleich vorgesehen werden.

4.2.3.2 Zusätzlicher Schutz für Endstromkreise für den Außenbereich und Steckdosen allgemein

In Wechselspannungssystemen muss ein zusätzlicher Schutz durch Fehlerstromschutzeinrichtungen (RCD) vorgesehen werden für:

- **Steckdosen mit einem Bemessungsstrom nicht größer als 20 A, die für die Benutzung durch Laien und zur allgemeinen Verwendung bestimmt sind.**

Eine Ausnahme darf gemacht werden für:

– Steckdosen, die durch Elektrofachkräfte oder elektrotechnisch unterwiesene Personen überwacht werden, z. B. in einigen gewerblichen oder industriellen Anlagen. Dieses gilt z. B. für Industriebetriebe, deren elektrische Anlagen und Betriebsmittel **ständig** überwacht werden. Als ständig überwacht gelten elektrische Anlagen und Betriebsmittel, wenn sie von Elektrofachkräften instand gehalten werden und durch messtechnische Maßnahmen sichergestellt ist, dass dadurch Schäden rechtzeitig entdeckt und behoben werden können,

oder

– Steckdosen, die jeweils für den Anschluss nur eines bestimmten Betriebsmittels errichtet werden. In Fällen, bei denen die ausschließliche Verwendung der Steckdose für bestimmte Betriebsmittel in Zweifel gezogen wird, wird empfohlen, entweder auf die Ausnahme zu verzichten oder das bestimmte Betriebsmittel fest anzuschließen;

- **Endstromkreise für im Außenbereich verwendete tragbare Betriebsmittel mit einem Bemessungsstrom nicht größer als 32 A.**

Zur Erfüllung dieser Anforderungen empfiehlt sich der Einsatz einer netzspannungsunabhängigen Fehlerstromschutzeinrichtung (RCD) mit eingebautem Überstromschutz (FI/LS-Schalter) nach DIN EN 61009-2-1 (**VDE 0664-21**) [2.59] in je-

163

dem Endstromkreis. Diese Schutzeinrichtungen ermöglichen Personen-, Brand- und Leitungsschutz in einem Gerät.

Durch die Zuordnung zu jedem einzelnen Endstromkreis werden unerwünschte Abschaltungen fehlerfreier Stromkreise, hervorgerufen durch Aufsummierung betriebsbedingter Ableitströme oder durch transiente Stromimpulse bei Schalthandlungen, vermieden.

Sie ist als Ergänzung von Schutzmaßnahmen gegen direktes Berühren anzusehen. Die Verwendung von Fehlerstromschutzeinrichtungen mit einem Bemessungsdifferenzstrom von gleich oder kleiner als 30 mA kann zusätzlich einen gewissen Schutz beim Berühren aktiver Teile darstellen. Sie wird nicht als alleiniges Mittel des Schutzes anerkannt.

Diese Fehlerstromschutzeinrichtungen schalten schnell ab. Die Abschaltzeit muss nach VDE 0664 gleich oder kleiner als 0,3 s sein, sie beträgt meist nur 0,03 s. Die Loslassschwelle und vor allem die Grenze für das gefährliche Herzkammerflimmern werden somit nicht erreicht.

Diese Schutzmaßnahme wird dort angewendet, wo durch Unachtsamkeit oder fehlerhafte Betriebsmittel mit direktem Berühren gerechnet werden kann, z. B. bei Experimentier- und Prüfplätzen.

4.2.4 TN-System

Schutzmaßnahmen durch Abschaltung oder Meldung erfordern eine Koordinierung von

- **Erdungssystem und**
- **Schutzeinrichtung (Bild 4.1).**

Es ist grundsätzlich die Verwendung eines Schutzleiters erforderlich, an den alle Körper angeschlossen sein müssen. Der Schutzleiter PE und der PEN-Leiter sind nach DIN VDE 0100-540 [2.5] zu bemessen. Danach ist in isolierten Starkstromleitungen der Querschnitt bis 16 mm² Cu für PE gleich L, darüber kann PE < L sein. Der **PEN-Leiter** ist erst **ab 10 mm² Cu** zulässig. Bei getrennter Verlegung darf PE ungeschützt nicht kleiner als 4 mm², geschützt nicht kleiner als 2,5 mm² sein.

Eine Schutzeinrichtung muss den zu schützenden Teil der Anlage im Fehlerfall innerhalb der vorgegebenen Zeit, entsprechend den nachfolgenden Bedingungen, abschalten, damit keine zu hohe Berührungsspannung bestehen bleiben kann.

Die Schutzmaßnahmen in den drei Erdungssystemen

Erdungssystem und Schutzeinrichtung ergeben in ihrer Zuordnung eine Schutzmaßnahme. In jedem Erdungssystem sind mehrere Schutzmaßnahmen möglich (Bild 4.1). Danach sind im **TN-System** und im **TT-System** jeweils zwei und im **IT-System** drei Schutzmaßnahmen möglich. Schutzmaßnahmen mit FU-Schutzeinrichtung werden in DIN VDE 0100-410 seit 1997-01 nicht mehr angegeben.

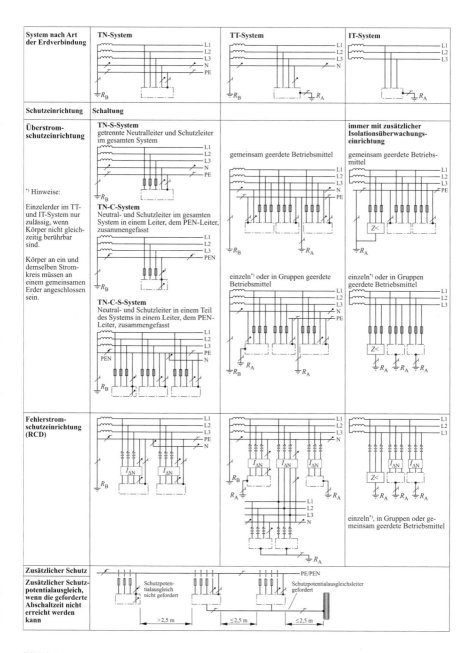

Bild 4.1 Schutzmaßnahmen in verschiedenen Erdungssystemen nach DIN VDE 0100-410

165

4.2.4.1 TN-System mit Überstromschutz

In TN-Systemen (**Bild 4.2**) hängt die Erdung der elektrischen Anlage von der zuverlässigen und wirksamen Verbindung des PEN-Leiters oder Schutzleiters mit Erde ab. Wo die Erdung durch ein öffentliches oder anderes Versorgungssystem vorgesehen wird, sind die notwendigen Bedingungen außerhalb der elektrischen Anlage in der Verantwortlichkeit des Netzbetreibers.

In Deutschland ist es für den Netzbetreiber verpflichtend, die Bedingung

$$R_B/R_E \leq 50\ \mathrm{V}/(U_0 - 50\ \mathrm{V})$$

einzuhalten. Damit sind die Anforderungen erfüllt.

Dabei ist

R_B der Erderwiderstand in Ohm aller parallelen Erder;

R_E der kleinste Widerstand in Ohm von fremden leitfähigen Teilen, die sich in Kontakt mit Erde befinden und nicht mit einem Schutzleiter verbunden sind und über die ein Fehler zwischen Außenleiter und Erde auftreten kann;

U_0 die Nennwechselspannung in Volt Außenleiter gegen Erde.

Der Neutral- oder der Mittelpunkt des Versorgungssystems muss geerdet werden. Wenn ein Neutral- oder Mittelpunkt nicht verfügbar oder nicht zugänglich ist, muss ein Außenleiter geerdet werden. Körper der Anlage müssen durch einen Schutzleiter mit der Haupterdungsschiene der Anlage verbunden sein, die mit dem geerdeten Punkt des Stromversorgungssystems verbunden ist.

Anmerkung 1: Wenn andere wirksame Erdverbindungen bestehen, wird empfohlen, dass die Schutzleiter ebenfalls mit diesen Punkten, wo immer möglich, verbunden werden. Eine Erdung an zusätzlichen, möglichst gleichmäßig verteilten Punkten kann notwendig sein, um sicherzustellen, dass die Potentiale der Schutzleiter im Fehlerfall so wenig wie möglich vom Erdpotential abweichen. In großen Gebäuden, wie Hochhäusern, ist eine zusätzliche Erdung der Schutzleiter aus praktischen Gründen nicht möglich. In solchen Gebäuden hat jedoch ein Schutzpotentialausgleich zwischen Schutzleitern und fremden leitfähigen Teilen eine gleiche Wirkung.

Anmerkung 2: Es wird empfohlen, Schutzleiter oder PEN-Leiter an der Eintrittsstelle in jegliche Gebäude oder Anwesen zu erden, wobei über Erde zurückfließende (vagabundierende) Neutralleiterströme, die nur bei Erdung von PEN-Leitern auftreten, berücksichtigt werden sollten.

In fest installierten Anlagen darf ein einzelner Leiter als Schutzleiter und als Neutralleiter (PEN-Leiter) dienen, vorausgesetzt, die Anforderungen der DIN VDE 0100-540:2012-06 [2.5] sind erfüllt. In den PEN-Leiter darf keine Schalt- oder Trenneinrichtung eingesetzt werden.

TN-S-System
getrennte Neutralleiter und Schutzleiter im
gesamten System

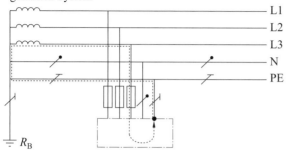

TN-C-System
Neutral- und Schutzleiter im gesamten System
in einem Leiter, dem PEN-Leiter, zusammengefasst

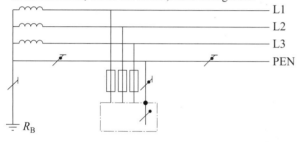

TN-C-S-System
Neutral- und Schutzleiter in einem Teil des Systems
in einem Leiter, dem PEN-Leiter, zusammengefasst

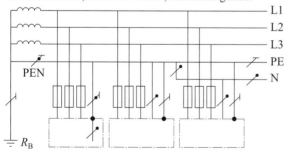

Bild 4.2 TN-System mit Überstromschutz

Die Kennwerte der Schutzeinrichtungen und die Stromkreisimpedanzen müssen die folgende Anforderung erfüllen:

$$Z_S \leq \frac{U_0}{I_a}.$$

Dabei ist

Z_S die Impedanz der Fehlerschleife (angenähert Schleifenwiderstand R_{Sch}[8]), bestehend aus
- der Stromquelle;
- dem Außenleiter bis zum Fehlerort;
- dem Schutzleiter zwischen dem Fehlerort und der Stromquelle;

I_a der Strom, der das automatische Abschalten der Abschalteinrichtung innerhalb der in Tabelle 4.2 oder ≤ 5 s für Verteilungsstromkreise oder Stromkreise ≥ 32 A bewirkt. Wenn eine Fehlerstromschutzeinrichtung (RCD) verwendet wird, ist dieser Strom der Fehlerstrom, der die Abschaltung innerhalb der angegebenen Zeit vorsieht;

U_0 die **Nennwechselspannung** oder **Nenngleichspannung** Außenleiter gegen Erde.

Anmerkung: Wenn zur Erfüllung der Anforderungen dieses Unterabschnitts eine Fehlerstromschutzeinrichtung (RCD) verwendet wird, stehen die Abschaltzeiten nach Tabelle 4.2 in Beziehung zu im Fehlerfall erwarteten Fehlerströmen, die bedeutend höher als der Bemessungsdifferenzstrom der RCD sind (typisch $5 \cdot I_{\Delta N}$).

Im TN-System sind die Fehlerströme wesentlich höher als $5 \cdot I_{\Delta N}$[9], und die Abschaltzeiten nach Tabelle 4.2 werden somit bei Verwendung einer Fehlerstromschutzeinrichtung (RCD) immer eingehalten. Die geforderten Abschaltzeiten werden für $U_0 \leq 400$ V auch mit Fehlerstromschutzeinrichtungen (RCD) Typ S erreicht, da bei diesen Fehlerstromschutzeinrichtungen (RCD) schon ein Fehlerstrom $2 \cdot I_{\Delta N}$[9] ausreichend wäre.

---

[8] Erst bei Widerständen unter 0,1 Ω wird die Schleifenimpedanz Z_S größer als der Schleifenwiderstand R_{Sch} sein. Der induktive Anteil beträgt bei einem Kabel von 100 m Länge bei 50 Hz etwa 25 mΩ, das ergibt bei einem Schleifenwiderstand von 0,1 Ω einen Fehler von 3 %, d. h., erst bei Nennwerten der Überstromschutzeinrichtung von größer 160 A ist der induktive Anteil zu berücksichtigen.

[9] In diesem Zusammenhang wird darauf hingewiesen, dass im TN-System die Ableitströme/ Fehlerströme wesentlich höher sind als $5 \cdot I_{\Delta N}$ und bei RCD vom Typ S ein Fehlerstrom von $2 \cdot I_{\Delta N}$ ausreichend wäre, ohne dass auf den eigentlichen Hintergrund dafür eingegangen wird. Nach DIN EN 61008-1 (**VDE 0664-10**) [2.60] wird gefordert, dass bei dem fünffachen Bemessungsdifferenzstrom der Fehlerstromschutzeinrichtung (RCD) eine Abschaltzeit unter 40 ms erreicht werden muss und damit praktisch ein Personenschutz erreicht wird. Bei selektiven Fehlerstromschutzeinrichtungen (RCD) wird bei dem zweifachen Bemessungsdifferenzstrom eine Abschaltzeit unter 200 ms erreicht, sodass diese RCD anstelle der normalen RCD eingesetzt werden können. Es geht also prinzipiell um die Einhaltung der Abschaltzeiten.

In TN-Systemen dürfen die folgenden Schutzeinrichtungen für den Fehlerschutz (Schutz bei indirektem Berühren) verwendet werden:

● Überstromschutzeinrichtungen;

● Fehlerstromschutzeinrichtungen (RCD).

Wenn eine Fehlerstromschutzeinrichtung (RCD) für den Fehlerschutz (Schutz bei indirektem Berühren) verwendet wird, sollte der Stromkreis ebenfalls durch eine Überstromschutzeinrichtung nach DIN VDE 0100-430 [2.61] geschützt sein.

In TN-C-Systemen darf keine Fehlerstromschutzeinrichtung (RCD) verwendet werden.

Wenn in einem TN-C-S-System eine Fehlerstromschutzeinrichtung (RCD) verwendet wird, so darf auf der Lastseite der RCD kein PEN-Leiter verwendet werden. Die Verbindung des Schutzleiters mit dem PEN-Leiter muss auf der Versorgungsseite der Fehlerstromschutzeinrichtung (RCD) hergestellt werden.

Bezüglich Selektivität zwischen Fehlerstromschutzeinrichtungen (RCD) siehe DIN VDE 0100-530 [2.62].

Gemäß DIN VDE 0100-530:2011-06 [2.62] wird gefordert, dass

● Fehlerstromschutzeinrichtungen (RCD) so ausgewählt und zugeordnet sein müssen, dass im ungestörten Betrieb eine unerwünschte Abschaltung nicht zu erwarten ist;

● die *Summe der Erdableitströme* auf der Lastseite der Fehlerstromschutzeinrichtung (RCD) *nicht mehr als das 0,4-Fache des Bemessungsdifferenzstroms betragen darf*. Gegebenenfalls muss eine Aufteilung auf mehrere Fehlerstromschutzeinrichtungen (RCD) erfolgen.

Totale Selektivität ist gewährleistet, wenn selektive und unverzögerte Fehlerstromschutzeinrichtungen (RCD) eingesetzt werden, deren Bemessungsfehlerströme sich um mind. den Faktor 3 unterscheiden, z. B. 30 mA und 300 mA.

Nach der alten Fassung Z DIN VDE 0100:1973-05 (zurückgezogen, [2.3]) wurde der Abschaltstrom aus dem Nennwert der Überstromschutzeinrichtung (früher Überstromschutzorgan) bestimmt, es galt:

$$I_a = k \cdot I_n.$$

Für den k-Faktor gab es **Tabelle 4.3**, aus der man entsprechend der Überstromschutzeinrichtung den Faktor entnehmen konnte. Er lag zwischen 1,25 und 5.

Art der Überstrom-schutzeinrichtung	Faktor k		
	in Verbraucheranlagen (nach dem Hausanschluss-kasten)		in Kabel- und Freileitungs-netzen einschließlich Hausanschlusskasten
Schmelzsicherungen nach Z VDE 0635 [2.63] und Z VDE 0660-4 [2.64]	flink	träge	2,5
		bis 50 A	ab 63 A	
	3,5	3	5	
Schutzschalter mit Kurzschluss-stromauslösung, kurzverzögert nach Z VDE 0660 [2.65]	1,25 [a]		
LS-Schalter des Typs L nach Z VDE 0641 [2.66]	3,5		2,5

[a] Hier ist $I_A = 1,25 \cdot I_E$ eingestellter Strom (Ansprechstrom) der Kurzschlussstromauslösung. Anmerkung: Typ H ist nach Z DIN 57641 (**VDE 0641**):1978-06 [2.67] für Neuanlagen nicht mehr zulässig; für diesen wurde k mit 2,5 angegeben.

Tabelle 4.3 k-Faktor verschiedener Überstromschutzeinrichtungen nach der alten, zurückgezogenen Fassung Z DIN VDE 0100:1973-05 [2.3]. Zuordnung des mind. geforderten Abschaltstroms $I_a = k \cdot I_n$ zum Nennstrom I_n der Überstromschutzeinrichtung

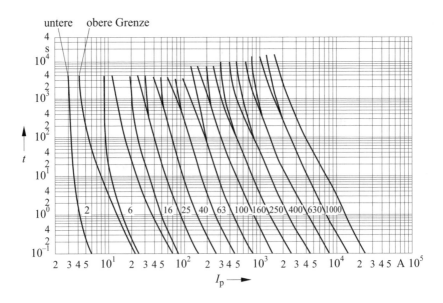

Bild 4.3 Zeit-Strom-Bereiche für Leitungsschutz-„gG"-Sicherungseinsätze nach DIN VDE 0636-2 [2.68] – wird in Bild 4.4 fortgesetzt; I_p unbeeinflusster Kurzschlussstrom

Die meisten Überstromschutzeinrichtungen wurden mit dem Faktor $k = 3,5$ bemessen. Für eine 16-A-Sicherung ergibt sich damit ein Auslösestrom I_a von **56 A**. Das ergibt nach vorstehender Gleichung bei einer Betriebsspannung von 220 V eine Schleifenimpedanz von **3,9 Ω**, bei 230 V einen von **4,1 Ω**, der im Allgemeinen gut erreicht wird.

In der neuen Norm DIN VDE 0100-410 [2.2] erfolgt die Bestimmung des Auslösestroms nicht mehr mit dem k-Faktor (der Buchstabe k wird im Teil 430 für eine andere Größe benutzt). Der Auslösestrom muss aus der Strom–Zeit-Kennlinie der Überstromschutzeinrichtung entnommen werden, für die Zeit von 0,1 s; 0,2 s; 0,4 s bzw. 5 s.

Aus den Kennlinien der **Bilder 4.3**, **4.4** und **4.5** kann man für die entsprechenden Überstromschutzeinrichtungen die Auslöseströme bei den jeweiligen Zeiten entnehmen.

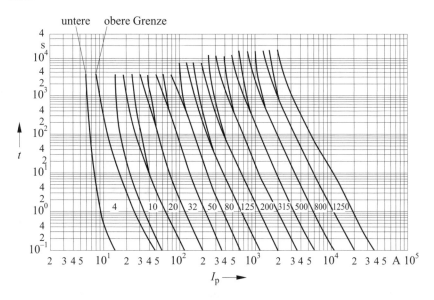

Bild 4.4 Zeit-Strom-Bereiche für Leitungsschutz-„gG"-Sicherungseinsätze nach DIN VDE 0636-2 [2.68], Fortsetzung von Bild 4.3; I_p unbeeinflusster Kurzschlussstrom

Nach Gl. (4.1) ist streng genommen die Schleifenimpedanz maßgebend. Jedoch erst bei Widerständen $< 0,1$ Ω wird die Schleifenimpedanz Z_S größer als der Schleifenwiderstand $R_S = R_{Sch}$ sein. Der induktive Anteil bei einem Kabel oder einer Leitung von 100 m Länge beträgt bei 50 Hz und den hier entsprechenden Querschnitten etwa 25 mΩ, das ergibt bei einem Schleifenwiderstand von 0,1 Ω einen Fehler von 3 %, d. h., erst bei Nennwerten über 160 A ist der induktive Anteil zu berücksichtigen, siehe Gl. (4.3).

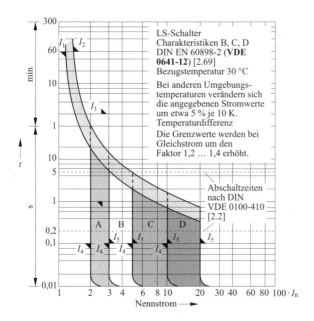

Bild 4.5 Auslösekennlinien von Leitungsschutzschaltern mit Wechselstrom der Auslösecharakteristiken A, B, C und D gemäß DIN EN 60898-2 (**VDE 0641-12**):2007-03 [2.69]. Die Charakteristik A wird in der Norm nicht genannt, aber von verschiedenen Herstellern geliefert; sie entspricht etwa der früheren Charakteristik H

Für **Leitungsschutzschalter** mit Charakteristik B gilt für $I_a = 5 \cdot I_n$; der Schwellenwert des Magnetauslösers muss erreicht werden. Dieser ist für die Forderung nach 0,2 s bzw. 5 s Abschaltzeit gleich, die Auslösezeit beträgt dann sogar weniger als 10 ms (siehe Bild 4.5). Ähnliches gilt für die Charakteristiken C und D. Der Schwellenwert des Magnetauslösers ist jedoch bei Charakteristik C mit $I_a = 10 \cdot I_n$ und bei Charakteristik D mit $I_a = 20 \cdot I_n$ gegeben. Die Multiplikation mit fünf und zehn ist leicht im Kopf möglich, sodass man für die Leitungsschutzschalter auf die Tabelle verzichten kann, da die Schleifenimpedanzmessgeräte außer Z_{Sch} auch den zu erwartenden Kurzschlussstrom nach der Gleichung $I_a = 230 \text{ V}/Z_{Sch}$ anzeigen.

Bei **Schmelzsicherungen** können für genaue Betrachtungen die **Tabellen 4.4 und 4.5** herangezogen werden. Angenähert kann man aber, wie aus **Tabelle 4.6** zu erkennen ist, annehmen: für 0,1 s: $I_a \approx 12 \cdot I_n$; für 0,2 s: $I_a \approx 10 \cdot I_n$; für 0,4 s: $I_a \approx 8 \cdot I_n$; für 5 s: $I_a \approx 5 \cdot I_n$.

Damit lässt sich auch für Schmelzsicherungen der erforderliche Abschaltstrom I_a leicht errechnen, und man kann auf die Tabellen 4.4 und 4.5 weitgehend verzichten. Die neueren Schleifenimpedanzmessgeräte zeigen außer dem gemessenen Widerstand auch einen für 230 V errechneten Kurzschlussstrom an, der bei einem Körperschluss mit dem Widerstand null fließen würde. Dieser muss dann gleich oder größer sein als der aus $I_a = 5 \cdot I_n$ oder $8 \cdot I_n$ oder $10 \cdot I_n$ oder $12 \cdot I_n$ errechnete Wert. Die Betrachtung der Netzschleifenimpedanz erübrigt sich dann.

I_n in A					2	4	6	10	13	16	20	25	35	50	63	80	100	160
DIN VDE 0100-410:2007-06 [2.2] und DIN VDE 0100-600:2008-06 [2.39], neue Fassung ab 1983-11 bzw. 1985-11	Z VDE 0100: 1973-03 [2.3]	alte Fassung bis 1985-10	I_a in A	$k=2{,}5$	5	10	15	25	32	40	50	62	87	125	157	200	250	400
				$k=3{,}5$	7	14	21	35	45	56	70	87	122	175	220	280	350	560
			Z_{Sch} in Ω	$k=2{,}5$	46	23	15	9,2	7,2	5,8	4,6	3,7	2,6	1,8	1,5	1,2	0,92	0,58
				$k=3{,}5$	33	16	11	6,6	5,1	4,1	3,3	2,6	1,9	1,3	1,0	0,8	0,66	0,41
	Niederspannungssicherungen gL DIN EN 60269-1 (VDE 0636-1) [2.73]		I_a in A	5 s	9,2*	19*	28*	46*	60*	70*	85*	118*	173	260	350	452	573	995
				0,4 s	16	32	48	79	101	123	156	213	316	479	622	828	1070	1720
				0,2 s	20	40	60	100	120	148	191	250	375	578	750	990	1310	2080
				0,1 s	24	46	73	120	152	181	238	305	453	686	888	1150	1530	2640
			Z_{Sch} in Ω	5 s	25*	12*	8,2*	5,0*	3,8*	3,3*	2,7*	1,95*	1,33	0,88	0,66	0,51	0,40	0,23
				0,4 s	14	7,2	4,8	2,9	2,3	1,87	1,47	1,08	0,73	0,48	0,37	0,28	0,22	0,13
				0,2 s	20	10	6,7	4,0	3,3	2,7	2,1	1,6	1,06	0,69	0,53	0,40	0,30	0,19
				0,1 s														
	Leitungsschutzschalter DIN EN 60898-1 (VDE 0641-11) [2.70]	A $3 \cdot I_n$	I_a in A		6	12	18	30	39	48	60	75	105	150	189	240	300	480
			Z_{Sch} in Ω		38	19	12,8	7,7	5,9	4,8	3,8	3,1	2,2	1,5	1,2	0,96	0,77	0,48
		B $5 \cdot I_n$	I_a in A		10	20	30	50	65	80	100	125	175	250	315	400	500	800
			Z_{Sch} in Ω		23	11,5	7,7	4,6	3,5	2,9	2,3	1,8	1,31	0,92	0,73	0,56	0,46	0,29
		C $10 \cdot I_n$	I_a in A		20	40	60	100	130	160	200	250	350	500	630	800	1000	1600
			Z_{Sch} in Ω		11,5	5,8	3,8	2,3	1,77	1,44	1,15	0,92	0,66	0,46	0,37	0,29	0,23	0,14
		K $12 \cdot I_n$	I_a in A		24	48	72	120	156	192	240	300	420	600	756	960	1200	1920
			Z_{Sch} in Ω		9,58	4,79	3,19	1,92	1,47	1,20	0,96	0,77	0,55	0,38	0,30	0,24	0,19	0,12
		D $20 \cdot I_n$	I_a in A		40	80	120	200	260	320	400	500	700	1000	1260	1600	2000	3200
			Z_{Sch} in Ω		5,75	2,9	1,9	1,15	0,88	0,72	0,58	0,46	0,33	0,23	0,18	0,14	0,12	0,07

*) Nach DIN VDE 0100-410 [2.2] ist die Abschaltzeit von 5 s nur für Verteilungsstromkreise und Endstromkreise ≥ 32 A Nennstrom zulässig

Tabelle 4.4 Abschaltströme I_a der Überstromschutzeinrichtungen und max. zulässige Schleifenimpedanzen Z_{Sch} der Leitungen, bei Schutzmaßnahme TN-System mit Überstromschutz, für verschiedene Nennwerte I_n nach alter Forderung ($I_a = k \cdot I_n$, oben) und neuer Festlegung (unten), für Abschaltzeiten von 0,1 s bis 5 s. Berechnet wurde Z_{Sch} bei 0,4 s und 5 s mit 230 V und bei 0,2 s mit 400 V. Bei Leitungsschutzschaltern können für die überschlägige Prüfung mit hinreichender Genauigkeit verwendet werden:
$I_a = 3 \cdot I_n$ für LS-Schalter nach Siemens-Liste mit Charakteristik A [3.17]/ABB Stotz-Kontakt: Charakteristik Z [3.18]
$I_a = 5 \cdot I_n$ für LS-Schalter nach DIN EN 60898-1 (**VDE 0641-11**) [2.70] mit Charakteristik **B**, früher L
$I_a = 10 \cdot I_n$ für LS-Schalter nach Z VDE 0660-1 [2.65] und DIN EN 60898-1 (**VDE 0641-11**) [2.70] mit Charakteristik C, alt G und U
$I_a = 12 \cdot I_n$ für Motorstarter nach DIN EN 60947-4-1 (**VDE 0660-102**) [2.71] und LS-Schalter mit Charakteristik **K**
$I_a = 20 \cdot I_n$ für LS-Schalter nach DIN EN 60898-1 (**VDE 0641-11**) [2.70] mit Charakteristik **D**
Anmerkung: Bei Leistungsschaltern (DIN EN 60947-2 (**VDE 0660-101**) [2.72] ist die Fehlergrenze von +20 % bei der Ermittlung der Schleifenimpedanz zu berücksichtigen

Wenn man die Werte mit der alten Forderung (nach dem k-Faktor) vergleicht, erkennt man, dass wesentlich höhere Abschaltströme gefordert sind. Das bedeutet andererseits, dass die notwendige Netzschleifenimpedanz nennenswert kleiner sein muss als bisher gefordert, d. h., dass nur relativ kurze Leitungen zulässig sind. Eine Leitung mit einer Länge von 100 m, das entspricht einer Entfernung von 50 m von der Verbraucherstelle, hat bei einem Querschnitt von 1,5 mm^2 Cu einen Widerstand von 1,2 Ω. Man erkennt, dass für die geforderte Abschaltzeit von 0,2 s bzw. 0,4 s die Schmelzsicherungen meist zu träge sind, sodass sich hieraus die grundlegende Tendenz ergibt, Steckdosen in Zukunft nur mit Leitungsschutzschaltern abzusichern.

Diese harte Forderung für eine kleinere Netzschleifenimpedanz muss bei Anlagen realisiert sein, die ab November 1985 in Betrieb gegangen sind.

In Gl. (4.1) wird allgemein eine Forderung nach niedriger Schleifenimpedanz Z_S gestellt, die sich komplex aus dem ohmschen Widerstand R_{Sch} und dem induktiven Anteil ωL zusammensetzt. Eine Kapazität ist praktisch in jedem Fall zu vernachlässigen. Die Induktivität hat erst bei größeren Leitungsquerschnitten Bedeutung.

Allgemein gilt für den Zeiger der Impedanz

$$\underline{Z}_S = R_{Sch} + j\omega L \tag{4.1}$$

und für den Betrag des Scheinwiderstands

$$Z_S = \sqrt{R_{Sch}^2 + (\omega L)^2}. \tag{4.2}$$

Für das Verhältnis von Z_S zu R_{Sch} ergibt sich:

$$\frac{Z_S}{R_{Sch}} = \sqrt{1 + \left(\frac{\omega L}{R_{Sch}}\right)^2}. \tag{4.3}$$

Bei einer Leitungslänge von 100 m und einer Frequenz von 50 Hz beträgt der induktive Anteil ωL etwa 25 mΩ. Bei einem Schleifenwiderstand von 0,1 Ω, wie er etwa in den Tabellen 4.4 und 4.5 als minimal auftritt, ergibt sich dann nach Gl. (4.3) ein Verhältnis von 1,03, d. h. ein Fehler von 3 %. Bei $\omega L = 50$ mΩ und $R_{Sch} = 0,1$ Ω ergibt sich ein Verhältnis von 1,118, d. h. ein Fehler von 11,8 %.

Die Messgeräte zum Preis von etwa 400 € bis 600 € messen nur den ohmschen Anteil mit einer zuverlässigen Anzeige ab etwa 0,3 Ω. Die Geräte zum Preis von etwa 1 000 € bis 1 800 € messen die Impedanz. Der Messbereich liegt um ein bis zwei Dekaden niedriger im Milliohmbereich.

U_0 [b] = AC 230 V, 50 Hz I_n	Niederspannungssicherungen der Betriebsklasse gG				LS-Schalter und Leistungsschalter[a] für die überschlägige Prüfung $t_a \le 5$ s; $t_a \le 0{,}4$ s (wird erreicht durch Schnellabschaltung $t \le 0{,}1$ s)	
	I_a (5 s)	Z_S (5 s)	I_a (0,4 s)	Z_S (0,4 s)	$I_a = 12 \cdot I_n$	Z_S
in A	in A	in Ω	in A	in Ω	in A	in Ω
2	9,2	25,00	16	14,38	24	9,58
4	19	12,11	32	7,19	48	4,79
6	27	8,52	47	4,89	72	3,19
10	47	4,89	82	2,80	120	1,92
16	65	3,54	107	2,15	192	1,20
20	85	2,71	145	1,59	240	0,96
25	110	2,09	180	1,28	300	0,77
32	150	1,53	265	0,87	384	0,60
35	173	1,33	295	0,78	420	0,55
40	190	1,21	310	0,74	480	0,48
50	260	0,88	460	0,50	600	0,38
63	320	0,72	550	0,42	756	0,30
80	440	0,52			960	0,24
100	580	0,40			1 200	0,19
125	750	0,31			1 440	0,16
160	930	0,25			1 920	0,12

[a] Für Leistungsschalter nach DIN EN 60947-2 (**VDE 0660-101**) [2.72] sind die Werte für I_a als Vielfaches von I_n den jeweiligen Normen oder Herstellerkennlinien zu entnehmen und die Schleifenimpedanz Z_S zu ermitteln, wobei für die Ermittlung der Schleifenimpedanz die in der Norm enthaltene Fehlergrenze von $+20$ % zu berücksichtigen ist.

Beispiel: Ermittlung der Schleifenimpedanz bei Leistungsschaltern:
Erforderlicher Kurzschlussstrom für die unverzögerte Auflösung: 100 A,
Erhöhung um die Grenzabweichung $+20$ % (von 100 A), also auf: 120 A.
Daraus folgt: $Z_S = \dfrac{U_0}{I_a} = \dfrac{230\ \text{V}}{120\ \text{A}} = 1{,}916\ \Omega$.

Für die überschlägige Prüfung dürfen mit hinreichender Genauigkeit verwendet werden:
$I_a = 12 \cdot I_n$ für Leistungsschalter nach DIN EN 60947-2 (**VDE 0660-101**) [2.72] bei entsprechender Einstellung und LS-Schalter mit Charakteristik K bis 63 A.

[b] Nennstrom für Nennwechselspannung gegen geerdeten Leiter U_0 von 230 V und 50 Hz.

Tabelle 4.5 Abschaltströme I_a der Überstromschutzeinrichtungen Betriebsklasse gG im TN-System und Leistungsschalter nach DIN EN 60947-2 (**VDE 0660-101**) [2.72] sowie die zugehörigen Schleifenimpedanzen für $U_0 = 230$ V

I_n in A	2	4	6	10	13	16	20	25	35	50	63	80	100	160	
V_{I1}, 5 s	4,6	4,8	4,7	4,7	4,6	4,5	4,4	4,8	4,9	5,2	5,8	5,7	5,7	6,2	≈ 5
V_{I2}, 0,4 s	8	8	8	7,9	7,7	7,7	7,8	8,5	9,0	9,3	9,8	10	10,7	10,7	≈ 8
V_{I3}, 0,2 s	10	10	10	10	9,2	9,3	9,6	10,8	10,5	11,6	11,9	12,3	13,1	13	≈ 10
V_{I4}, 0,1 s	12	11,5	12,1	12	11,7	11,3	11,9	12,2	12,9	13,7	13,9	14,3	15,3	16,5	≈ 13
V_{I1}/V_{I2}	2,2	2,1	2,1	2,1	2,0	2,1	2,2	2,2	2,1	2,2	2,1	2,1	2,3	2,1	≈ 2

Tabelle 4.6 Das Verhältnis V_I = Abschaltstrom I_a zu Nennstrom I_n ist etwa konstant. Werte aus den Tabellen 4.4 und 4.5

Das Arbeiten mit Auslösekennlinien dürfte in der Praxis nicht gut handhabbar sein. In DIN VDE 0100-600:2008-06 [2.39] wird deshalb eine Tabelle angegeben, in der die Auslöseströme I_a für Nennwerte von 2 A bis 160 A angegeben sind. Die Werte folgen dort aus den Zeitkennlinien für Schmelzsicherungen nach DIN VDE 0636-2 [2.68], für Zeiten von 0,1 s bis 5 s. Die Schleifenimpedanzen errechnen sich aus

$$Z_{Sch} = \frac{230 \text{ V}}{I_a} \text{ bzw. } Z_{Sch} = \frac{400 \text{ V}}{I_a}.$$

Die Tabellen 4.4 und 4.5 zeigen in dieser Darstellung die Auslöseströme für verschiedene Überstromschutzeinrichtungen. Es sind auch die neuen Zeiten 0,1 s und 0,4 s (siehe Tabelle 4.2) berücksichtigt. Vergleichsweise sind hierfür noch die Werte nach der alten Norm Z DIN VDE 0100:1973-05 [2.3] (zurückgezogen) angegeben.

In den Tabellen 4.4 und 4.5 sind ebenfalls auch die entsprechenden Netzschleifenimpedanzen für eine Spannung von 230 V und 400 V angegeben. Werden die Werte mit der alten Forderung (nach dem k-Faktor) verglichen, erkennt man, dass wesentlich höhere Abschaltströme gefordert sind. Das bedeutet andererseits, dass die Netzschleifenimpedanz nennenswert kleiner als in der alten Norm Z DIN VDE 0100: 1973-05 [2.3] (zurückgezogen) sein muss. Bei der geforderten Abschaltzeit von 0,2 s oder auch der seit Januar 1997 zulässigen 0,4 s sind die Schmelzsicherungen meist zu träge, sodass hieraus die grundlegende Tendenz folgt, Steckdosen in Zukunft nur mit LS-Schaltern (Sicherungsautomaten) abzusichern.

Diese harte Forderung nach einer kleineren Netzschleifenimpedanz muss bei Anlagen realisiert sein, die seit November 1985 in Betrieb gegangen sind. Für Schmelzsicherungen von I_n = 16 A ist nach Tabelle 4.4 bei 0,4 s eine Schleifenimpedanz von max. 1,87 Ω zugelassen. Das entspricht bei einer 1,5-mm^2-Cu-Leitung nur einer Leitungslänge von ca. 75 m! (Beachtung des Spannungsfalls!)

Die Zeiten von 0,1 s; 0,2 s; 0,4 s und 5 s haben nur bei Schmelzsicherungen eine Bedeutung. Bei LS-Schaltern (Sicherungsautomaten) muss der Ansprechstrom des Magnetauslösers erreicht werden, bei Charakteristik A: $3 \cdot I_n$, B: $5 \cdot I_n$, C: $10 \cdot I_n$, K: $12 \cdot I_n$ oder D: $20 \cdot I_n$.

Der Magnetauslöser ist zeitunabhängig, d. h., bei Erreichen der Ansprechschwelle löst er **in 4 ms** aus. Der Leitungsschutzschalter ist damit die schnellste Schutzeinrichtung, Fehlerstromschutzeinrichtungen haben beim Bemessungsdifferenzstrom ca. 20 ms Auslösezeit.

4.2.4.2 TN-System mit Fehlerstromschutzeinrichtung (RCD) (früher schnelle Nullung)

Diese Schutzmaßnahme (**Bild 4.6**) wird angewendet, wenn entweder die Kurzschlussstrombedingung nach Gl. (4.1) bzw. die Werte der Tabellen 4.4 und 4.5 nicht erreicht werden oder wenn bei gefährdeten Betriebsstätten Fehlerstromschutz, meist 30 mA, gefordert wird. Der Auslösestrom ist gleich oder kleiner dem Bemessungsdifferenzstrom $I_a = I_\Delta \leq I_{\Delta N}$. Er ist im Verhältnis zu den geforderten Werten in den Tabellen 4.4 und 4.5 sehr klein. Der Kurzschlussstrom braucht hier nicht ermittelt zu werden, das ist nur beim Überstromschutz notwendig. Es ist hierfür eine RCD-Prüfung erforderlich, siehe Abschnitt 9.7 in diesem Buch.

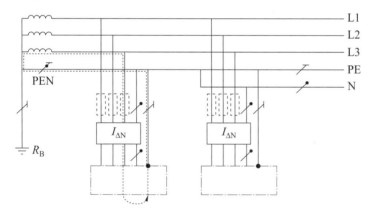

Bild 4.6 TN-System mit Fehlerstromschutzeinrichtung (RCD)

Bei Verwendung von Fehlerstromschutzeinrichtungen für die automatische Abschaltung brauchen die Körper nicht mit dem Schutzleiter des TN-Systems verbunden zu sein, sofern sie mit einem Erder verbunden sind, dessen Widerstand dem Ansprechstrom der Fehlerstromschutzeinrichtungen entspricht (Tabelle 4.7). Der so geschützte Stromkreis ist dann als TT-System zu betrachten; es gelten die Bedingungen nach Abschnitt 4.2.5 in diesem Buch.

Ist kein getrennter Erder vorhanden, so müssen die Körper vor der Fehlerstromschutzeinrichtung an die Schutzleiter des Netzes angeschlossen werden (TN-S-System ab dem Eingang des RCD).

PEN-Leiter dürfen für sich allein nicht schaltbar sein. Sind sie zusammen mit den Außenleitern schaltbar, so muss dass im PEN-Leiter liegende Schaltstück beim Einschalten vor- und beim Ausschalten nacheilen.

4.2.5 TT-System

Alle Körper, die gemeinsam durch dieselbe Schutzeinrichtung geschützt werden, müssen durch Schutzleiter an einen gemeinsamen Erder angeschlossen werden. Wenn mehrere Schutzeinrichtungen in Reihe verwendet werden, gilt diese Anforderung jeweils getrennt für alle Körper, die durch dieselbe Schutzeinrichtung geschützt werden.

Der Neutralpunkt oder der Mittelpunkt des Versorgungssystems muss geerdet werden. Wenn ein Neutralpunkt oder Mittelpunkt nicht verfügbar oder nicht zugänglich ist, muss ein Außenleiter geerdet werden.

4.2.5.1 TT-System mit Fehlerstromschutzeinrichtungen (RCD)

In TT-Systemen sind im Allgemeinen Fehlerstromschutzeinrichtungen (RCD) für den Fehlerschutz (Schutz bei indirektem Berühren) zu verwenden (**Bild 4.7**). Alternativ dürfen Überstromschutzeinrichtungen für den Fehlerschutz (Schutz bei indirektem Berühren) unter der Voraussetzung verwendet werden, dass ein geeignet niedriger Wert von Z_S dauerhaft und zuverlässig sichergestellt ist.

Wenn eine Fehlerstromschutzeinrichtung (RCD) für den Fehlerschutz (Schutz bei indirektem Berühren) verwendet wird, sollte der Stromkreis ebenfalls durch eine Überstromschutzeinrichtung in Übereinstimmung mit DIN VDE 0100-430 [2.61] geschützt sein.

Wenn eine Fehlerstromschutzeinrichtung (RCD) für den Fehlerschutz (Schutz bei indirektem Berühren) verwendet wird, müssen die folgenden Bedingungen erfüllt sein:

● die Abschaltzeit, wie in Tabelle 4.2 verlangt, und

● $R_A \leq \dfrac{50\text{ V}}{I_{\Delta N}}.$ (4.4)

Dabei ist

R_A die Summe der Widerstände in Ω des Erders und des Schutzleiters der Körper;

$I_{\Delta N}$ der Bemessungsdifferenzstrom in A der Fehlerstromschutzeinrichtung (RCD).

Der Fehlerschutz (Schutz bei indirektem Berühren) ist in diesem Fall auch bei nicht vernachlässigbarer Fehlerimpedanz gegeben.

Wenn Selektivität zwischen Fehlerstromschutzeinrichtungen (RCD) notwendig ist, siehe DIN VDE 0100-530 [2.62].

Wenn R_A nicht bekannt ist, darf er durch Z_S ersetzt werden.

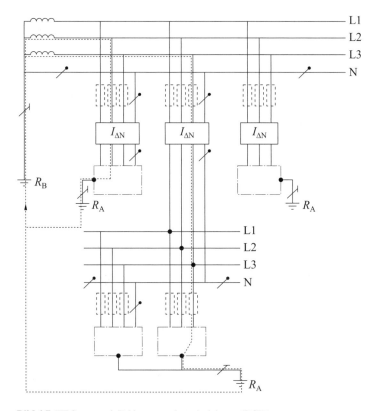

Bild 4.7 TT-System mit Fehlerstromschutzeinrichtung (RCD)

Die Abschaltzeiten nach Tabelle 4.2 stehen in Beziehung zu im Fehlerfall erwarteten Fehlerströmen, die bedeutend höher als der Bemessungsdifferenzstrom der Fehlerschutzstromeinrichtung (RCD) sind (typisch $5 \cdot I_{\Delta N}$).

Wenn die Bedingung nach Gl (4.4) eingehalten wird, fließt bei einer Leiter–Erde-Spannung $U_0 = 230$ V im Fehlerfall ein Fehlerstrom von $\dfrac{230\text{ V}}{50\text{ V}} \cdot I_{\Delta N} = 4{,}6 \cdot I_{\Delta N}$, mit dem die Einhaltung der Abschaltzeit nach Tabelle 4.2 sichergestellt ist.[10]

---

[10] Auch hier geht es im Wesentlichen um die Einhaltung der Abschaltzeit. Es ist in der Tat nicht so, dass beim fünffachen Strom nur ein Fünftel der Berührungsspannung anfällt; im Gegenteil entsteht beim fünffachen Strom auch die fünffache Berührungsspannung!

Die geforderten Abschaltzeiten werden auch mit Fehlerstromschutzeinrichtungen (RCD) Typ S erreicht, da bei diesen für $U_0 \le 230$ V Fehlerstromschutzeinrichtungen (RCD) schon ein Fehlerstrom $2 \cdot I_{\Delta N}$ ausreichend wäre.

Praktikabel und üblich ist im **TT-System** die Abschaltung mit **Fehlerstromschutz- einrichtung**. Als Abschaltstrom gilt hier der Bemessungsdifferenzstrom der Fehler- stromschutzeinrichtung (RCD), $I_a = I_{\Delta N}$, der etwa um das Tausendfache niedriger liegt als der Abschaltstrom der Überstromschutzeinrichtungen. Entsprechend kön- nen die erforderlichen Erdungswiderstände R_A relativ groß sein und sind problemlos zu erreichen. Die **Tabelle 4.7** zeigt für die gängigen Bemessungsdifferenzströme $I_{\Delta N}$ die max. zulässigen Erdungswiderstände R_A.

Die Abschaltzeit der üblichen Fehlerstromschutzeinrichtungen (RCD) beträgt bei $I_{\Delta N}$ ca. 30 ms. Es gibt selektive, zeitverzögerte Fehlerstromschutzeinrichtungen (RCD) nach DIN EN 61008-1 (**VDE 0664-10**) [2.60] mit Kennzeichen $\boxed{\text{S}}$, die eine Verzöge- rung von bis zu 500 ms haben. Deren Vorteil ist, dass sie auf kurze Störimpulse nicht reagieren und nicht vor anderen, nachgeschalteten, normalen Fehlerstromschutzein- richtungen abschalten. Nach DIN EN 61008-1 (**VDE 0664-10**) [2.60] ist generell eine Abschaltzeit von max. 300 ms zulässig, siehe Tabelle 4.7.

Je kleiner der Auslösestrom gewählt wird, desto weniger aufwendig wird der Erder, desto empfindlicher aber wird die Schutzeinrichtung und löst bereits bei relativ hoch- ohmigen Fehlern aus. Eine Kapazität von 0,4 µF ergibt bei 50 Hz 7,66 kΩ und damit bei AC 230 V 30 mA. Auch ist dann nur ein relativ kleiner Ableitstrom (Kapazität gegen Erde) zulässig.

Zeitpunkt	U_L	Erder- widerstand in Ω	$I_{\Delta N}$ in mA				
			10	30	100	300	500
alte Forderung bis 1985-10	65 V	R_A	6 500	2 166	650	216	130
	24 V	R_A	2 400	800	240	80	48
neue Forderung ab 1985-11	50 V	R_A	5 000	1 666	500	166	100
	25 V	R_A	2 500	833	250	83	50
$\boxed{\text{S}}$ -Typen	50 V	R_A			250	83	50
$\boxed{\text{S}}$ -Typen	25 V	R_A			125	41	25

Tabelle 4.7 Maximal zulässige Erdungswiderstände $R_A = U_L/I_{\Delta N}$ des Anlagenerders im TT-System bei Verwendung der Fehlerstromschutzeinrichtung (RCD) mit verschiedenen Bemessungsdifferenzströmen $I_{\Delta N}$. Für selektive Fehlerstromschutzeinrichtungen (RCD) mit Kennzeichen $\boxed{\text{S}}$ darf R_A max. nur halb so groß sein

4.2.5.2   TT-System mit Überstromschutzeinrichtung

Wenn eine Überstromschutzeinrichtung für den Fehlerschutz (Schutz bei indirektem Berühren) verwendet wird, muss die folgende Bedingung erfüllt werden:

$$Z_S \le \frac{U_0}{I_a}. \tag{4.5}$$

Dabei ist Z_S die Impedanz der Fehlerschleife, bestehend aus

- der Stromquelle,
- dem Außenleiter bis zum Fehlerort,
- dem Schutzleiter der Körper,
- dem Erdungsleiter,
- dem Anlagenerder und
- dem Erder der Stromquelle,

U_0 die Nennwechselspannung oder Nenngleichspannung Außenleiter gegen Erde.

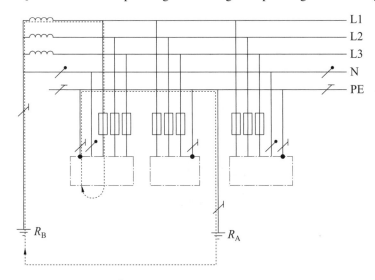

Bild 4.8 TT-System mit Überstromschutz

Die Überstromschutzeinrichtung im TT-System (**Bild 4.8**) entspricht der alten Schutzmaßnahme Schutzerdung (der Begriff wurde seit Juni 2007 in DIN VDE 0100-410 neu belegt). Sie lässt sich praktisch schwer verwirklichen, da nach der vorstehenden Gl. (4.5) ein sehr kleiner Erdungswiderstand R_A gefordert wird.

Beispiel: Für einen Auslösestrom I_a von 500 A und einer Berührungsspannung von 50 V ergibt sich ein geforderter Erdungswiderstand von 0,1 Ω, der im Allgemeinen nur mit einer größeren Anzahl von Erdern erreicht werden kann.

Im TT-System wird deshalb fast ausschließlich die Fehlerstromschutzschaltung verwendet.

Die **Tabelle 4.8** zeigt die Abschaltbedingungen im TT-System bei Verwendung von Überstromschutzeinrichtungen.

$U_0^{b)} =$ AC 230 V, 50 Hz I_n	Niederspannungssicherungen der Betriebsklasse gG				LS-Schalter und Leistungsschalter[a] für die überschlägige Prüfung $t_a \le 1$ s; $t_a \le 0,2$ s (wird erreicht durch Schnellabschaltung $t \le 0,1$ s)					
I_n	I_a (1 s)	Z_S (1 s)	I_a (0,2 s)	Z_S (0,2 s)	$I_a = 5 \cdot I_n$ (Typ B)	Z_S	$I_a = 10 \cdot I_n$ (Typ C)	Z_S	$I_a = 12 \cdot I_n$	Z_S
in A	in A	in Ω	in A	in Ω	in A	in Ω	in A	in Ω	in A	in Ω
2	13	17,69	19	12,11			20	11,5	24	9,58
4	26	8,85	38	6,05			40	5,75	48	4,79
6	38	6,05	56	4,11	30	7,67	60	3,83	72	3,19
10	65	3,54	97	2,37	50	4,60	100	2,30	120	1,92
16	90	2,56	130	1,77	80	2,88	160	1,44	192	1,20
20	120	1,92	170	1,35	100	2,30	200	1,15	240	0,96
25	145	1,59	220	1,05	125	1,84	250	0,92	300	0,77
32	220	1,05	310	0,74	160	1,44	320	0,72	384	0,60
35	230	1,00	330	0,70	175	1,31	350	0,66	420	0,55
40	260	0,88	380	0,61	200	1,15	400	0,58	480	0,48
50	380	0,61	540	0,43	250	0,92	500	0,46	600	0,38
63	440	0,52	650	0,35	315	0,73	630	0,36	756	0,30

[a] Für Leistungsschalter nach DIN EN 60947-2 (**VDE 0660-101**) [2.72] sind die Werte für I_a als Vielfaches von I_n den jeweiligen Normen oder Herstellerkennlinien zu entnehmen und die Schleifenimpedanz Z_S zu ermitteln, wobei für die Ermittlung der Schleifenimpedanz die in der Norm enthaltene Fehlergrenze von + 20 % zu berücksichtigen ist.

Beispiel: Ermittlung der Schleifenimpedanz bei Leistungsschaltern:
erforderlicher Kurzschlussstrom für die unverzögerte Auflösung: 100 A,
Erhöhung um die Grenzabweichung + 20 % (von 100 A), also auf: 120 A.

Daraus folgt: $Z_S = \dfrac{U_0}{I_a} = \dfrac{230\ \text{V}}{120\ \text{A}} = 1,916\ \Omega.$

Für die überschlägige Prüfung dürfen mit hinreichender Genauigkeit verwendet werden:
$I_a = 12 \cdot I_n$ für Leistungsschalter nach DIN EN 60947-2 (**VDE 0660-101**) [2.72] bei entsprechender Einstellung und LS-Schalter mit Charakteristik K bis 63 A.
$I_a = 5 \cdot I_n$ für LS-Schalter nach Normen der Reihe DIN EN 60898 (**VDE 0641**) mit Charakteristik B
$I_a = 10 \cdot I_n$ für LS-Schalter nach Normen der Reihe DIN EN 60898 (**VDE 0641**) mit Charakteristik C und Leistungsschalter nach DIN EN 60947-2 (**VDE 0660-101**) [2.72] bei entsprechender Einstellung.

[b] U_0 Nennspannung gegen geerdeten Leiter.

Tabelle 4.8 Abschaltströme I_a der Überstromschutzeinrichtungen Betriebsklasse gG im TT-System nach DIN EN 60269-1 (**VDE 0660-1**) [2.73] und Leistungsschalter nach DIN EN 60947-2 (**VDE 0660-101**) [2.72] sowie die zugehörigen Schleifenimpedanzen für $U_0 = 230$ V

4.2.6   IT-System mit Isolationsüberwachung (bisher Schutzleitungssystem)

In IT-Systemen (**Bild 4.9**) müssen die aktiven Teile entweder gegen Erde isoliert sein oder über eine ausreichend hohe Impedanz mit Erde verbunden werden. Diese Verbindung darf entweder am Neutralpunkt oder Mittelpunkt des Versorgungssystems oder an einem künstlichen Neutralpunkt vorgesehen werden. Der künstliche Neutralpunkt darf unmittelbar mit Erde verbunden werden, wenn die resultierende Nullimpedanz bei der Frequenz des Versorgungssystems ausreichend groß ist. Wenn kein Neutralpunkt oder Mittelpunkt ausgeführt ist, darf ein Außenleiter über eine hohe Impedanz mit Erde verbunden werden.

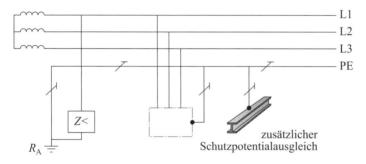

Bild 4.9 IT-System mit Isolationsüberwachung

Der **Fehlerstrom ist dann bei Auftreten eines Einzelfehlers gegen einen Körper oder gegen Erde niedrig und die automatische Abschaltung nicht gefordert**, vorausgesetzt, die nachfolgende Bedingung ist erfüllt. Es müssen jedoch Vorkehrungen getroffen werden, um das Risiko gefährlicher pathophysiologischer Einwirkungen auf eine Person, die in Verbindung mit gleichzeitig berührbaren Körpern steht, im Fall von zwei gleichzeitig auftretenden Fehlern zu vermeiden.

Anmerkung: Um Überspannungen herabzusetzen oder Spannungsschwingungen zu dämpfen, kann es notwendig sein, eine Erdung über Impedanzen oder künstliche Neutralpunkte vorzusehen, deren Merkmale geeignet zu den Anforderungen der Anlage gewählt sind.

Körper müssen einzeln, gruppenweise oder gemeinsam geerdet sein.

Die folgende Bedingung muss erfüllt sein:

in Wechselstromsystemen $R_A \cdot I_d \leq 50$ V,   (4.6)

in Gleichstromsystemen $R_A \cdot I_d \leq 120$ V.[11]

---

[11] Anmerkung des Autors: Der Fehlerstrom I_d ist durch Kapazitäten im Wechselstromsystem bedingt. Im Gleichstromsystem kann es deshalb keinen I_d geben.

Dabei ist

R_A die Summe der Widerstände in Ω des Erders und des Schutzleiters zum jeweiligen Körper;

I_d der Fehlerstrom in A beim ersten Fehler mit vernachlässigbarer Impedanz zwischen einem Außenleiter und einem Körper. Der Wert von I_d berücksichtigt die Ableitströme und die Gesamtimpedanz der elektrischen Anlage gegen Erde.

In **IT-Systemen** dürfen die folgenden Überwachungs- und Schutzeinrichtungen verwendet werden:

- **Isolationsüberwachungseinrichtungen (IMD)**;
- **Differenzstromüberwachungseinrichtungen (RCM)**;
- **Isolationsfehlersucheinrichtungen**;
- **Überstromschutzeinrichtungen**;
- **Fehlerstromschutzeinrichtungen (RCD)**.

Anmerkung: Bei je einem Fehler in zwei verschiedenen Betriebsmitteln in unterschiedlichen Außenleitern ist eine Abschaltung durch eine Fehlerstromschutzeinrichtung (RCD) nur sichergestellt, wenn für jedes Verbrauchsmittel eine eigene Fehlerstromschutzeinrichtung (RCD) vorgesehen wird.

Anmerkung: Wenn eine Fehlerstromschutzeinrichtung (RCD) verwendet wird, kann beim Auftreten eines ersten Fehlers ein Abschalten der Fehlerstromschutzeinrichtung (RCD) aufgrund von kapazitiven Ableitströmen nicht ausgeschlossen werden.

Eine **Isolationsüberwachungseinrichtung muss vorgesehen werden**, um das Auftreten eines ersten Fehlers zwischen einem aktiven Teil und einem Körper oder gegen Erde *zu melden*. Diese Einrichtung muss ein hörbares und/oder sichtbares Signal erzeugen, das so lange andauern muss, wie der Fehler besteht.

Wenn sowohl hörbare als auch sichtbare Signale vorhanden sind, ist es *zulässig, das hörbare Signal abzuschalten*, das *sichtbare Signal muss* jedoch *bestehen bleiben*, solange der Fehler besteht.

Es wird empfohlen, dass der erste Fehler so schnell wie praktisch möglich beseitigt wird.

Ein Differenzstromüberwachungsgerät (RCM) oder eine Isolationsfehlersucheinrichtung darf vorgesehen werden, um das Auftreten eines ersten Fehlers zwischen einem aktiven Teil und Körpern oder gegen Erde zu melden, es sei denn, eine Schutzeinrichtung ist errichtet, die beim ersten Fehler die Versorgung abschaltet. Diese Einrichtung muss ein hörbares und/oder sichtbares Signal bewirken, das so lange andauern muss, wie der Fehler besteht.

Wenn sowohl hörbare als auch sichtbare Signale vorhanden sind, ist es zulässig, das hörbare Signal abzuschalten, das sichtbare Signal muss jedoch bestehen bleiben, solange der Fehler besteht.

Es wird empfohlen, dass ein erster Fehler so schnell wie praktisch möglich beseitigt wird.

Anmerkung: Dieser Abschnitt hat wegen der besonderen Festlegung in Deutschland für Differenzstromüberwachungsgeräte (RCM) kaum Bedeutung.

Nach dem Auftreten eines ersten Fehlers müssen folgende Bedingungen für die Abschaltung der Stromversorgung im Fall eines zweiten Fehlers, der sich auf einem anderen Außenleiter ereignet, erfüllt werden.

a) Wenn die Körper durch Schutzleiter miteinander verbunden und gemeinsam über dieselbe Erdungsanlage geerdet sind, gelten die Bedingungen vergleichbar zum TN-System, und die folgenden Bedingungen müssen erfüllt werden: In Wechselstromsystemen ohne Neutralleiter und in Gleichstromsystemen ohne Mittelleiter:

$$Z_S \leq \frac{U}{2 \cdot I_a} \tag{4.7}$$

oder wenn in solchen Systemen der Neutralleiter bzw. der Mittelleiter verteilt ist:

$$Z_S' \leq \frac{U}{2 \cdot I_a} \, .$$

Dabei ist

U_0 die Nennwechselspannung oder Nenngleichspannung zwischen Außenleiter und Neutralleiter oder Mittelleiter, wie zutreffend;

U die Nennwechselspannung oder Nenngleichspannung zwischen Außenleitern;

Z_S die Impedanz der Fehlerschleife, bestehend aus dem Außenleiter und dem Schutzleiter des Stromkreises;

Z_S' die Impedanz der Fehlerschleife, bestehend aus dem Neutralleiter und dem Schutzleiter des Stromkreises;

I_a der Strom, der die Funktion der Schutzeinrichtung innerhalb der in Tabelle 4.2 für TN-Systeme oder für Verteilungsstromkreise geforderten bewirkt.

Die in der Tabelle 4.2 für TN-Systeme angegebene Zeit wird für IT-Systeme mit oder ohne Verteilung von Neutralleiter oder Mittelleiter angewendet.

Anmerkung: Der Faktor 2 in beiden Formeln berücksichtigt, dass beim gleichzeitigen Auftreten von zwei Fehlern die Fehler in verschiedenen Stromkreisen bestehen können.

Für die Impedanz der Fehlerschleife sollte der ungünstigste Fall berücksichtigt werden, z. B. ein Fehler am Außenleiter an der Stromquelle und gleichzeitig ein anderer Fehler an einem Außenleiter einer anderen Phase bzw. am Neutralleiter eines elektrischen Verbrauchsmittels des betrachteten Stromkreises.

b) Wenn die Körper gruppenweise oder einzeln geerdet sind, gilt die folgende Bedingung:

$$R_A \leq \frac{50\,V}{I_a}.$$

Dabei ist

R_A die Summe der Widerstände in Ω des Erders und des Schutzleiters für die Körper;

I_a der Strom in A, der die Funktion der Schutzeinrichtung innerhalb der in Tabelle 4.2 für TT-Systeme geforderten Zeit oder innerhalb 1 s für Verteilungsstromkreise bewirkt.

Wenn die Übereinstimmung mit den Anforderungen nach b) durch eine Fehlerstromschutzeinrichtung (RCD) vorgesehen wird, kann das Erfüllen der für TT-Systeme nach Tabelle 4.2 geforderten Abschaltzeiten Differenzströme erfordern, die bedeutend höher als der Bemessungsdifferenzstrom der verwendeten RCD sind (typisch $5 \cdot I_{\Delta N}$).

4.2.7   FELV

Allgemeines

In Fällen, in denen aus Funktionsgründen eine Nennspannung, die 50-V-Wechselspannung oder 120-V-Gleichspannung nicht überschreitet, angewendet wird, aber nicht alle Anforderungen bezüglich SELV oder PELV erfüllt, und in denen SELV oder PELV nicht notwendig sind, müssen die ergänzenden Vorkehrungen, die nachfolgend beschrieben sind, angewendet werden, um den Basisschutz (Schutz gegen direktes Berühren) und Fehlerschutz (Schutz bei indirektem Berühren) sicherzustellen. Diese Kombination von Vorkehrungen wird FELV genannt.

Solche Bedingungen können z. B. vorgefunden werden, wenn der Stromkreis Betriebsmittel (wie Transformatoren, Relais, ferngesteuerte Schalter, Schütze) enthält, deren Isolierung im Hinblick auf Stromkreise mit höherer Spannung unzureichend ist.

Anforderungen an den Basisschutz (Schutz gegen direktes Berühren)

Basisschutz muss vorgesehen werden:

• durch Basisisolierung entsprechend der Nennspannung des Primärstromkreises oder

• Abdeckungen oder Umhüllungen.

Anforderungen an den Fehlerschutz (Schutz bei indirektem Berühren)

Die Körper der Betriebsmittel des FELV-Stromkreises müssen mit dem Schutzleiter des Primärstromkreises der Stromquelle verbunden werden, vorausgesetzt, der Primärstromkreis ist geschützt durch den Fehlerschutz und eine der im TN-, TT- oder IT-System beschriebenen Schutzmaßnahmen zur automatischen Abschaltung der Stromversorgung.

Stromquellen

Die Stromquelle für das FELV-System muss entweder ein Transformator mit zumindest einfacher Trennung zwischen den Wicklungen sein, oder sie muss die Anforderungen an Stromquellen für SELV und PELV erfüllen.

Anmerkung: Wenn das FELV-System von einem Versorgungssystem höherer Spannung durch Betriebsmittel versorgt wird, die nicht mind. einfache Trennung zwischen diesem System und dem Kleinspannungssystem herstellen, wie Spartransformatoren, Potentiometer, Halbleitereinrichtungen usw., dann wird der Ausgangsstromkreis als eine Erweiterung des Primärstromkreises angesehen und sollte durch die im Eingangsstromkreis angewendete Schutzmaßnahme geschützt sein.

Stecker und Steckdosen

Stecker und Steckdosen für FELV-Systeme müssen mit den folgenden Anforderungen übereinstimmen:

- Stecker dürfen nicht in Steckdosen für andere Spannungssysteme eingeführt werden können.

- In Steckdosen dürfen keine Stecker für andere Spannungssysteme eingeführt werden können.

- Steckdosen müssen einen Schutzkontakt haben.

4.3 Schutzmaßnahme: Doppelte oder verstärkte Isolierung

Hiermit ist die frühere Benennung „Schutzisolierung" vergleichbar.

4.3.1 Allgemeines

Die **Schutzisolierung** (neu: doppelte oder verstärkte Isolierung) ist die sicherste Schutzmaßnahme. Mit ihr werden, mit Ausnahme von Unfällen in der Badewanne, die wenigsten Unfälle verzeichnet.

Das Gerät muss allseitig mit Isolierstoff umgeben sein, der keinerlei leitfähige Durchführungen haben darf (**Bild 4.10**).

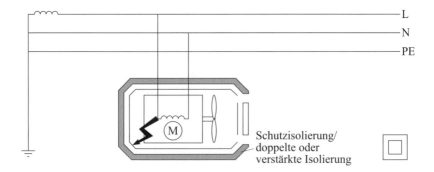

Bild 4.10 Betriebsmittel in Schutzisolierung

a) **Doppelte oder verstärkte Isolierung** ist eine Schutzmaßnahme, in der

- der **Basisschutz** (Schutz gegen direktes Berühren) durch **Basisisolierung** vorgesehen ist und der **Fehlerschutz** (Schutz bei indirektem Berühren) durch eine **zusätzliche Isolierung** vorgesehen ist oder

- der **Basisschutz und Fehlerschutz** durch **verstärkte Isolierung** zwischen aktiven Teilen und berührbaren Teilen vorgesehen ist.

Diese Schutzmaßnahme ist vorgesehen, um bei Fehlern in der Basisisolierung das Auftreten einer gefährlichen Spannung an dann berührbaren Teilen der elektrischen Betriebsmittel zu verhindern.

b) Die *Schutzmaßnahme durch doppelte oder verstärkte Isolierung ist in allen Situationen anwendbar,* es sei denn, in Gruppe 700 der Normenreihe DIN VDE 0100 gibt es Einschränkungen.

c) In Fällen, wo diese Schutzmaßnahme als alleinige Schutzmaßnahme angewendet wird (z. B. wenn für einen Stromkreis oder einen Teil einer Anlage vorgesehen ist, nur Betriebsmittel mit doppelter oder verstärkter Isolierung zu errichten), muss nachgewiesen werden, dass sich dieser Stromkreis oder der Teil der Anlage im normalen Betrieb unter wirksamer Überwachung befindet, sodass keine Änderung vorgenommen werden kann, die die Wirksamkeit der Schutzmaßnahme beeinträchtigt. **Diese Schutzmaßnahme darf nicht angewendet werden für alle Stromkreise, die Steckdosen enthalten oder wo ein Anwender ohne Berechtigung Teile von Betriebsmitteln auswechseln kann.**

4.3.2 Anforderungen an den Basisschutz (Schutz gegen direktes Berühren) und Fehlerschutz (Schutz bei indirektem Berühren)

4.3.2.1 Elektrische Betriebsmittel

In Fällen, wo die Schutzmaßnahme doppelte oder verstärkte Isolierung für die gesamte Anlage oder einen Anlagenteil verwendet wird, müssen die elektrischen Betriebsmittel mit einem der folgenden Abschnitte dieses Buchs übereinstimmen:

- Abschnitt 4.3.2.1 a) oder
- Abschnitte 4.3.2.1 b) und 4.3.2.2 oder
- Abschnitte 4.3.2.1 c) und 4.3.2.2.

a) Elektrische Betriebsmittel müssen typgeprüft und nach den einschlägigen Normen gekennzeichnet sein und den folgenden Bauarten entsprechen:

- elektrische Betriebsmittel mit doppelter oder verstärkter Isolierung (Betriebsmittel der Schutzklasse II),
- elektrische Betriebsmittel, die in der relevanten Produktnorm als mit Schutzklasse II gleichwertig deklariert sind, wie Betriebsmittelkombinationen mit vollständiger Isolierung DIN EN 61439-1 (**VDE 0660-600-1**) und DIN EN 61439-2 (**VDE 0660-600-2**) [2.74, 2.75].

Anmerkung: Diese Betriebsmittel sind gekennzeichnet mit dem Symbol ▣ nach IEC 60417 – 5172 [2.76] (Betriebsmittel der Schutzklasse II).

b) Elektrische Betriebsmittel, die nur eine Basisisolierung haben, müssen eine zusätzliche Isolierung erhalten, die während des Errichtens der elektrischen Anlage angebracht wird und die einen Grad an Sicherheit gleichwertig zu elektrischen Betriebsmitteln in Übereinstimmung mit Abschnitt 4.3.2.1 erreicht und Abschnitt 4.3.2.2 a) bis c) erfüllt.

Das Symbol ⊗ muss an einer sichtbaren Stelle an der Außen- und Innenseite des Gehäuses fest angebracht werden. Symbolreferenz: IEC 60417 – 5019 [2.76] (Schutzerdung).

c) Elektrische Betriebsmittel, die nicht isolierte aktive Teile haben, müssen eine verstärkte Isolierung erhalten, die während des Errichtens der elektrischen Anlage angebracht wird und die einen Grad an Sicherheit gleichwertig zu Betriebsmitteln in Übereinstimmung mit Buchabschnitt 4.3.2.1 a) erreicht und Abschnitt 4.3.2.2 b) und c) erfüllt; diese Form der Isolierung ist nur zulässig in Fällen, wo die Konstruktionsmerkmale die Anbringung einer doppelten Isolierung nicht zulassen.

Das Symbol ⊗ muss an einer sichtbaren Stelle an der Außen- und Innenseite des Gehäuses fest angebracht werden. Symbolreferenz: IEC 60417 – 5019 [2.76] (Schutzerdung).

4.3.2.2   Umhüllungen

a) Alle leitfähigen Teile eines betriebsfertigen elektrischen Betriebsmittels, die von aktiven Teilen nur durch Basisisolierung getrennt sind, müssen von einer isolierenden Umhüllung mit einer Schutzart von mind. IPXXB oder IP2X umschlossen sein.

b) Es gelten die folgenden Anforderungen:

- Durch die isolierende Umhüllung dürfen leitfähige Teile nicht geführt werden, durch die ein Potential übertragen werden könnte, und

- die isolierende Umhüllung darf Schrauben oder andere Befestigungsmittel nicht enthalten, die während der Errichtung oder Instandhaltung notwendigerweise entfernt werden müssen oder könnten und deren Ersatz durch Metallschrauben oder andere Befestigungsmittel die durch die Umhüllung vorgesehene Isolierung beeinträchtigen könnte.

Wenn mechanische Verbindungen oder Anschlüsse (z. B. für die Bedienungsgriffe eingebauter Geräte) durch die isolierende Umhüllung geführt werden müssen, sollten sie so angeordnet werden, dass der Fehlerschutz (Schutz bei indirektem Berühren) nicht beeinträchtigt ist.

c) Wenn Deckel oder Türen in der isolierenden Umhüllung ohne Werkzeug oder Schlüssel geöffnet werden können, müssen alle leitfähigen Teile, die bei geöffnetem Deckel oder geöffneter Tür zugänglich sind, hinter einer isolierenden Abdeckung, die mind. den Schutzgrad IPXXB oder IP2X vorsieht, angeordnet sein, die verhindert, dass Personen mit diesen leitfähigen Teilen unbeabsichtigt in Berührung kommen. Diese isolierende Abdeckung darf nur mithilfe eines Schlüssels oder Werkzeugs abnehmbar sein.

d) Leitfähige Teile innerhalb der isolierenden Umhüllung dürfen nicht an einen Schutzleiter angeschlossen sein. Dies schließt jedoch nicht aus, dass Anschlussmöglichkeiten für Schutzleiter vorgesehen sind, die notwendigerweise durch die Umhüllung geführt werden, weil sie für andere Betriebsmittel benötigt werden, deren Versorgungsstromkreis ebenfalls durch die Umhüllung geführt ist. Innerhalb der Umhüllung müssen alle solchen Leiter und ihre Anschlussklemmen wie aktive Teile isoliert sein, und ihre Anschlussklemmen müssen als Schutzleiteranschlussklemmen gekennzeichnet sein.

Körper und dazwischenliegende Teile dürfen nicht an einen Schutzleiter angeschlossen sein, wenn dafür nicht eine besondere Vorkehrung in den Normen für die betreffenden Betriebsmittel vorgesehen ist.

e) Die Umhüllung darf den Betrieb der durch sie geschützten Betriebsmittel nicht nachteilig beeinträchtigen.

4.3.2.3   Errichtung

a) Das Errichten der in Abschnitt 4.3.2.1 dieses Buchs genannten Betriebsmittel (Befestigung, Anschluss von Leitern usw.) muss so erfolgen, dass der nach der Betriebsmittelnorm geforderte Schutz nicht beeinträchtigt ist.

b) Für einen Stromkreis, der Betriebsmittel der Schutzklasse II versorgt, muss ein Schutzleiter in der gesamten Leitungsanlage durchgehend leitend mitgeführt und in jedem Installationsgerät an eine Klemme angeschlossen werden, es sei denn, die Anforderungen nach Abschnitt 4.3.1 c) dieses Buchs sind erfüllt.

Anmerkung: Mit dieser Anforderung ist beabsichtigt, das Ersetzen von Schutz-klasse-II-Betriebsmitteln durch Schutzklasse-I-Betriebsmittel durch den Benutzer zu berücksichtigen.

4.3.2.4   Kabel- und Leitungsanlagen

a) Kabel- und Leitungsanlagen, die in Übereinstimmung mit DIN VDE 0100-520 [2.57] verlegt sind, erfüllen die Anforderungen von Abschnitt 4.3.2 dieses Buchs, wenn:

- die Bemessungsspannung der Kabel und Leitungen nicht weniger als die Nennspannung des Versorgungssystems und mind. 300/500 V beträgt und

- ein ausreichender mechanischer Schutz der Basisisolierung durch eine oder mehrere der folgenden Maßnahmen vorgesehen ist:

  - nicht metaller Mantel des Kabels oder

  - nicht metallene geschlossene oder zu öffnende Installationskanäle nach den Normen der Reihe IEC 61084 oder nicht metallene Elektroinstallationsrohre nach den Normen der Reihe DIN EN 61386 (**VDE 0605**).

Anmerkung 1: Kabel- und Leitungsnormen spezifizieren keine Überspannungsfestigkeit, jedoch wird angenommen, dass die Isolierung der Kabel und Leitungen mind. gleichwertig zu den Anforderungen für verstärkte Isolierung nach DIN EN 61140 (**VDE 140-1**) [2.51] ist.

Anmerkung 2: Solch eine Kabel- und Leitungsanlage sollte weder mit dem Symbol 5172 ▣ nach IEC 60417 [2.76] noch mit dem Symbol 5019 ⊛ nach IEC 60417 [2.76] gekennzeichnet sein.

4.4 Schutzmaßnahme Schutztrennung

4.4.1 Allgemeines

Schutztrennung ist eine Schutzmaßnahme, bei der:

- der *Basisschutz* (Schutz gegen direktes Berühren) vorgesehen ist durch Basisisolierung der aktiven Teile oder durch Abdeckungen oder Umhüllungen und

- der *Fehlerschutz* (Schutz bei indirektem Berühren) vorgesehen ist durch einfache Trennung des Stromkreises mit Schutztrennung von anderen Stromkreisen und von Erde.

Es muss diese Schutzmaßnahme auf die Versorgung eines elektrischen Verbrauchsmittels durch eine ungeerdete Stromquelle mit einfacher Trennung beschränkt werden. Bei dieser Schutzmaßnahme ist die ordnungsgemäße Basisisolierung entsprechend den Anforderungen der Betriebsmittelnorm von besonderer Bedeutung.

Wenn mehr als ein elektrisches Verbrauchsmittel von einer ungeerdeten Stromquelle mit einfacher Trennung versorgt wird, müssen die Anforderungen „Schutztrennung mit mehr als einem Verbrauchsmittel" erfüllt werden.

4.4.2 Anforderungen an den Basisschutz (Schutz gegen direktes Berühren)

An jedem elektrischen Betriebsmittel muss eine der Vorkehrungen für den Basisschutz (Schutz gegen direktes Berühren) oder die Schutzmaßnahme nach doppelter oder verstärkter Isolierung vorhanden sein.

4.4.3 Anforderungen an den Fehlerschutz (Schutz bei indirektem Berühren)

a) Der Schutz durch Schutztrennung muss sichergestellt werden durch Erfüllen von den Abschnitten 4.5.3 b) bis f) in diesem Buch.

b) Der Stromkreis muss von einer Stromquelle mit mind. einfacher Trennung versorgt werden, und die Spannung des Stromkreises mit Schutztrennung darf nicht größer als 500 V sein.

c) Aktive Teile des Stromkreises mit Schutztrennung dürfen an keinem Punkt mit einem anderen Stromkreis oder mit Erde oder mit einem Schutzleiter verbunden werden.

Um die Schutztrennung sicherzustellen, müssen die Einrichtungen so sein, dass zwischen Stromkreisen Basisisolierung erreicht ist.

d) Flexible Kabel und Leitungen müssen an Stellen, die mechanischen Beanspruchungen ausgesetzt sind, über ihre gesamte Länge sichtbar sein.

e) Für Stromkreise mit Schutztrennung ist die Verwendung einer getrennten Kabel- und Leitungsanlage empfohlen. Falls in derselben Kabel- und Leitungsanlage Stromkreise mit Schutztrennung und andere Stromkreise vorgesehen werden, müssen mehradrige Kabel/Leitungen ohne metallene Umhüllung oder isolierte Leiter in isolierenden Elektroinstallationsrohren oder isolierte Leiter in geschlossenen oder zu öffnenden isolierenden Elektroinstallationskanälen ver- wendet werden, wobei vorausgesetzt wird, dass

- ihre Bemessungsspannung mind. so groß wie die höchste Nennspannung ist und

- jeder Stromkreis bei Überstrom geschützt ist.

f) Die Körper des Stromkreises mit Schutztrennung dürfen nicht mit dem Schutz- leiter oder mit den Körpern anderer Stromkreise oder mit Erde verbunden werden.

Anmerkung: Wenn die Körper des Stromkreises mit Schutztrennung entweder zufällig oder absichtlich mit Körpern anderer Stromkreise in Berührung kommen können, hängt der Schutz gegen elektrischen Schlag nicht mehr allein von der Schutzmaßnahme Schutztrennung, sondern auch von den Schutzvorkehrungen für die Körper der anderen Stromkreise ab.

4.5 Schutzmaßnahme: Schutz durch Kleinspannung mittels SELV oder PELV

4.5.1 Allgemeines

Schutz durch Kleinspannung ist eine Schutzmaßnahme, die aus einer von zwei unterschiedlichen Kleinspannungssystemen besteht:

- **SELV** oder
- **PELV**.

Bei dieser Schutzmaßnahme ist gefordert:

- **Begrenzung der Spannung** in dem SELV- oder PELV-System bis zur oberen Grenze des Spannungsbereichs I, AC 50 V oder DC 120 V (siehe IEC 60449 [2.77] und **Tabellen 4.9 und 4.10**), und

- **sichere Trennung** des SELV- oder PELV-Systems von allen anderen Stromkrei- sen, die nicht SELV- oder PELV-Stromkreise sind, und Basisisolierung zwischen dem SELV- oder PELV-System und anderen SELV- oder PELV-Systemen und,

- nur für SELV-Systeme, **Basisisolierung zwischen dem SELV-System und Erde.**

Die Verwendung von **SELV oder PELV wird als eine Schutzmaßnahme für alle Situationen** angesehen.

SELV (saftey extra-low voltage) – Schutz durch *Sicherheits*kleinspannung (Schutzkleinspannung) (DIN VDE 0100-410 [2.2]).

PELV (protection extra-low voltage) – Schutz durch Funktionskleinspannung *mit* sicherer Trennung (DIN VDE 0100-410 [2.2]).

FELV (function extra-low voltage) – Schutz durch Funktionskleinspannung *ohne* sichere Trennung. Nur noch zulässig in Verbindung mit einer automatischen Abschaltung.

Anmerkung: In bestimmten Fällen ist in Gruppe 700 der Normenreihe DIN VDE 0100 der Wert der Kleinspannung auf einen Wert kleiner als AC 50 V bzw. DC 120 V begrenzt.

Anmerkung: Spannungsbereiche siehe Tabellen 4.9 und 4.10.

Spannungs-bereich	Geerdete Netze		Isolierte und nicht wirksam geerdete Netze[*]
	Außenleiter – Erde	zwischen Außenleitern	zwischen Außenleitern
I	$U \leq 50$ V	$U \leq 50$ V	$U \leq 50$ V
II	50 V $< U \leq 600$ V	50 V $< U \leq 1\,000$ V	50 V $< U \leq 1\,000$ V

U Nennspannung des Netzes
Anmerkung: Diese Einteilung der Spannungsbereiche schließt nicht aus, dass für besondere Anwendungen dazwischenliegende Werte gewählt werden.

[*] Wenn ein Neutralleiter mitgeführt ist, sind elektrische Betriebsmittel, die zwischen Außenleiter und Neutralleiter angeschlossen sind, so auszuwählen, dass ihre Isolation der Spannung zwischen den Außenleitern entspricht.

Tabelle 4.9 Spannungsbereiche für Wechselstromsysteme nach IEC 60449 [2.77]

Spannungs-bereich	Geerdete Netze		Isolierte und nicht wirksam geerdete Netze[*]
	Leiter – Erde	zwischen beiden Leitern	zwischen beiden Leitern
I	$U \leq 120$ V	$U \leq 120$ V	$U \leq 120$ V
II	120 V $< U \leq 900$ V	120 V $< U \leq 1\,500$ V	120 V $< U \leq 1\,500$ V

U Nennspannung des Netzes
Anmerkung 1: Die Werte dieser Tabelle beziehen sich auf oberschwingungsfreie Gleichspannung
Anmerkung 2: Die Einteilung der Spannungsbereiche schließt nicht aus, dass für besondere Anwendungen dazwischenliegende Werte gewählt werden.

[*] Wenn ein Mittelleiter mitgeführt ist, sind elektrische Betriebsmittel, die zwischen Außenleiter und Mittelleiter angeschlossen sind, so auszuwählen, dass ihre Isolation der Spannung zwischen den Außenleitern entspricht.

Tabelle 4.10 Spannungsbereiche für Gleichstromsysteme nach IEC 60449 [2.77]

4.5.2 Anforderungen an den Basisschutz (Schutz gegen direktes Berühren) und an den Fehlerschutz (Schutz bei indirektem Berühren)

Das Vorsehen von Basisschutz (Schutz gegen direktes Berühren) und Fehlerschutz (Schutz bei indirektem Berühren) ist erreicht, wenn:

- die Nennspannung die obere Grenze des Spannungsbereichs I nicht überschreiten kann;

- die Versorgung aus einer der in Abschnitt 4.5.3 dieses Buchs aufgeführten Stromquellen erfolgt und

- die Bedingungen von Abschnitt 4.5.4 dieses Buchs erfüllt sind.

4.5.3 Stromquellen für SELV und PELV

Die folgenden Stromquellen dürfen für SELV- oder PELV-Systeme verwendet werden:

- Ein *Sicherheitstransformator* in Übereinstimmung mit DIN EN 61558-2-6 (**VDE 0570-2-6**) [2.78].

- Eine *Stromquelle*, die den gleichen Grad an Sicherheit erfüllt wie ein Sicherheitstransformator (z. B. ein Motorgenerator mit gleichwertig getrennten Wicklungen).

- Eine *elektrochemische Stromquelle* (z. B. eine Batterie) oder eine andere Stromquelle, die unabhängig von einem Stromkreis höherer Spannung ist (z. B. Generator, der von einer Verbrennungsmaschine angetrieben wird).

- Bestimmte *elektronische Einrichtungen*, die entsprechend den für sie geltenden Normen gebaut sind und bei denen durch Vorkehrungen sichergestellt ist, dass auch bei Auftreten eines inneren Fehlers die *Spannung an den Ausgangsklemmen nicht über die festgelegten Werte ansteigen kann.* Höhere Spannungen an den Ausgangsklemmen sind jedoch zulässig, wenn sichergestellt ist, dass im Fall des Berührens eines aktiven Teils oder im Fehlerfall zwischen einem aktiven Teil und einem Körper die Spannung an den Ausgangsklemmen unmittelbar auf diese oder auf niedrigere Werte herabgesetzt wird.

Anmerkung 1: Beispiele solcher Einrichtungen schließen Isolationsprüfgeräte und Isolationsüberwachungseinrichtungen ein.

Anmerkung 2: Wenn an den Ausgangsklemmen höhere Spannungen auftreten, darf eine Übereinstimmung mit dem Abschnitt 4.5.3 dieses Buchs angenommen werden, wenn die mit einem Spannungsmessgerät mit einem inneren Widerstand von mind. 3 000 Ω an den Ausgangsklemmen gemessene Spannung innerhalb der festgelegten Grenzen liegt.

Ortsveränderliche Stromquellen, die mit Niederspannung versorgt sind, z. B. Sicherheitstransformatoren oder Motorgeneratoren, müssen in Übereinstimmung mit den Anforderungen der Schutzmaßnahme „doppelte oder verstärkte Isolierung" ausgewählt und errichtet werden.

4.5.4 Anforderungen an SELV- und PELV-Stromkreise

SELV- und PELV-Stromkreise müssen aufweisen:

- **Basisisolierung** zwischen aktiven Teilen und anderen SELV- oder PELV- Stromkreisen und

- **sichere Trennung** von den aktiven Teilen anderer Stromkreise, die nicht SELV- und PELV-Stromkreise sind, durch das Vorsehen von doppelter oder verstärkter Isolierung oder durch Basisisolierung und Schutzschirmung für die höchste vorkommende Spannung.

SELV-Stromkreise müssen Basisisolierung zwischen aktiven Teilen und Erde haben.

Die PELV-Stromkreise und/oder Körper der durch die PELV-Stromkreise versorgten Betriebsmittel dürfen geerdet werden.

Anmerkung 1: Insbesondere ist sichere Trennung notwendig zwischen den aktiven Teilen der elektrischen Betriebsmittel, wie Relais, Schütze, Hilfsschalter, und allen Teilen eines Stromkreises höherer Spannung oder eines FELV-Stromkreises.

Anmerkung 2: Die Erdung von PELV-Stromkreisen kann durch eine Verbindung mit Erde oder mit einem geerdeten Schutzleiter in der Stromquelle selbst erreicht werden.

Sichere Trennung der Kabel- und Leitungsanlagen von SELV- und PELV-Stromkreisen von den aktiven Teilen anderer Stromkreise, die mind. Basisisolierung haben müssen, darf durch eine der folgenden Anordnungen erreicht werden:

- Leiter von SELV- oder PELV-Stromkreisen müssen zusätzlich zur Basisisolierung von einem nicht metallischen Mantel oder einer isolierenden Umhüllung umschlossen sein;

- Leiter von SELV- oder PELV-Stromkreisen müssen von Leitern der Stromkreise mit einer höheren Spannung als die von Spannungsbereich I durch einen geerdeten metallenen Mantel oder durch eine geerdete metallene Schirmung getrennt sein;

- Leiter von Stromkreisen mit einer höheren Spannung als die von Spannungsbereich I dürfen in einem mehradrigen Kabel oder in einer anderen Gruppierung von Leitern enthalten sein, wenn die SELV- oder PELV-Leiter für die höchste vorkommende Spannung isoliert sind;

- die Kabel- und Leitungsanlagen der anderen Stromkreise müssen Abschnitt 4.3.2.4 a) in diesem Buch entsprechen;

- räumliche Trennung.

196

Stecker und Steckdosen für SELV- oder PELV-Systeme müssen mit folgenden Anforderungen übereinstimmen:

- Stecker dürfen nicht in Steckdosen für andere Spannungssysteme eingeführt werden können;

- in Steckdosen dürfen keine Stecker für andere Spannungssysteme eingeführt werden können;

- Stecker und Steckdosen in SELV-Systemen dürfen keinen Schutzleiterkontakt haben.

Körper von SELV-Stromkreisen dürfen nicht mit Erde oder mit Schutzleitern oder mit Körpern eines anderen Stromkreises verbunden werden.

Wenn die Nennspannung **AC 25 V oder DC 60 V überschreitet** oder wenn **Betriebsmittel in Wasser** eingetaucht sind, muss ein Basisschutz (Schutz gegen direktes Berühren) für SELV- und PELV-Stromkreise vorgesehen werden durch:

- eine *Isolierung* oder

- Abdeckungen oder Umhüllungen.

Ein Basisschutz (Schutz gegen direktes Berühren) ist im Allgemeinen nicht notwendig bei normalen, trockenen Umgebungsbedingungen für:

- SELV-Stromkreise, deren Nennspannung AC 25 V oder DC 60 V nicht überschreitet;

- PELV-Stromkreise, deren Nennspannung AC 25 V oder DC 60 V nicht überschreitet und deren Körper und/oder aktiven Teile durch einen Schutzleiter mit der Haupterdungsschiene verbunden sind.

In allen anderen Fällen ist ein Basisschutz (Schutz gegen direktes Berühren) nicht gefordert, wenn die Nennspannung des SELV- oder PELV-Systems AC 12 V oder DC 30 V nicht überschreitet.

4.6 Zusätzlicher Schutz

Ein zusätzlicher Schutz kann zusammen mit den Schutzmaßnahmen unter bestimmten Bedingungen von äußeren Einflüssen und in bestimmten speziellen Bereichen festgelegt sein (siehe Gruppe 700 der Normenreihe DIN VDE 0100).

4.6.1 Zusätzlicher Schutz: Fehlerstromschutzeinrichtungen (RCD)

Das Verwenden von Fehlerstromschutzeinrichtungen (RCD) mit einem Bemessungsdifferenzstrom, der 30 mA nicht überschreitet, hat sich in Wechselstromsystemen als zusätzlicher Schutz beim Versagen von Vorkehrungen für den Basisschutz

(Schutz gegen direktes Berühren) und/oder von Vorkehrungen für den Fehlerschutz (Schutz bei indirektem Berühren) oder bei Sorglosigkeit durch Benutzer bewährt.

Das Verwenden solcher Einrichtungen ist nicht als alleiniges Mittel des Schutzes gegen elektrischen Schlag anerkannt und schließt nicht die Notwendigkeit aus, eine der Schutzmaßnahmen, die zuvor beschrieben wurden, anzuwenden.

Anmerkung: Anforderungen an die Auswahl von Fehlerstromschutzeinrichtungen (RCD) für den zusätzlichen Schutz siehe DIN VDE 0100-530:2011-06 [2.62].

4.6.2   Zusätzlicher Schutz: Zusätzlicher Schutzpotentialausgleich

Zusätzlicher Schutzpotentialausgleich wird als ein Zusatz zum Fehlerschutz (Schutz bei indirektem Berühren) angesehen.

Das Verwenden des zusätzlichen Schutzpotentialausgleichs schließt nicht die Notwendigkeit aus, die Stromversorgung aus anderen Gründen abzuschalten, z. B. aus Gründen des Brandschutzes, der thermischen Überbeanspruchung eines Betriebsmittels usw.

4.7   Schutzeinrichtungen

Es dürfen vier verschiedene Schutzeinrichtungen angewendet werden, die nachstehend aufgeführt sind.

4.7.1   Überstromschutzeinrichtungen gegen elektrischen Schlag im Fehlerfall

Für den Schutz liegen die Kennwerte von Überstromschutzeinrichtungen nach folgenden Normen zugrunde:

- Niederspannungssicherungen nach DIN EN 60269 (**VDE 0636**) bzw. DIN VDE 0636,
- Geräteschutzsicherungen für den Hausgebrauch und ähnliche Zwecke nach DIN EN 60127-1 (**VDE 0820-1**) [2.79],
- Leitungsschutzschalter nach DIN EN 60898 (**VDE 0641**),
- Leistungsschalter nach DIN EN 60947-2 (**VDE 0660-101**) [2.72].

Die Überstromschutzeinrichtungen haben eine **doppelte Funktion**:
- Abschalten bei geringer Überschreitung des Nennwerts I_n nach längerer Zeit, zum Schutz gegen zu hohe Erwärmung der Leitung.
- Abschalten bei drei- bis 20-fachem Wert des Nennstroms I_n, beim Auslösestrom I_a nach 0,1 s; 0,2 s; 0,4 s bzw. 5 s, zum Schutz gegen elektrischen Schlag/Fehlerschutz.

Bild 4.11 zeigt die Zuordnung der einzelnen Ströme vom Betriebsstrom I_B bis zum Kurzschlussstrom I_k.

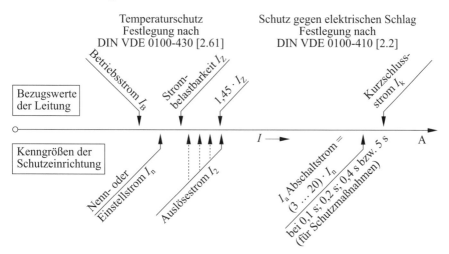

Bild 4.11 Zuordnung der Werte von Leitung und Überstromschutzeinrichtung

4.7.2 Fehlerstromschutzeinrichtungen (RCD)

Die Bezeichnung RCD (Residual Current protective Device) gilt für alle Formen von Fehlerstromschutzeinrichtungen. Nach internationaler Bezeichnung, siehe auch DIN EN 61008-1 (**VDE 0664-10**) [2.60], werden vier Formen angegeben:

RCCB: (Residual Current operated Circuit-Breaker without overcurrent protection), übliche Fehlerstromschutzschalter (FI) und Differenzstromschutzschalter (DI) auf Hutschiene ohne LS-Schalter;

RCBO: (Residual Current operated Circuit-Breaker with integral Overcurrent protection), übliche FI/LS-Schalter und dem LS/DI-Schalter;

SRCD: (Socket outlet with Residual Current operated Device), entspricht der FI-Steckdose bzw. der DI-Steckdose;

PRCD: (Portable Residual Current operated Device), ortsveränderliche Fehlerstromschutzeinrichtung.

Der Auslösestrom I_Δ der Fehlerstromschutzeinrichtung allein darf allgemein zwischen $0.5 \cdot I_{\Delta N}$ und $1 \cdot I_{\Delta N}$ liegen. In der Anlage ist der Auslösestrom I_Δ um den Ableitstrom geringer! Die Abschaltzeiten der Fehlerstromschutzeinrichtungen sind in **Tabelle 4.11** angegeben. Die Arbeitsweise der Fehlerstromschutzeinrichtung wird anhand **Bild 4.12** erläutert.

Typ	I_n in A	$I_{\Delta N}$ in A	$I_{\Delta N}$	$2 \cdot I_{\Delta N}$	$5 \cdot I_{\Delta N}$	$5 \cdot I_{\Delta N}$ oder 0,25 A[a]	5 A bis 200 A[a]	500 A	Grenzwerte der Abschaltzeit in s und der Nichtauslösezeit in s für RCCBs des Typs AC und des Typs A bei Wechselfehlerstrom (Effektivwerte) entsprechend
allgemein	alle	< 0,03	0,3	0,15		0,04	0,04	0,04	max. Abschaltzeit
		0,03	0,3	0,15		0,04	0,04	0,04	
		> 0,03	0,3	0,15	0,04		0,04	0,04	
Ⓢ	≥ 25 A	> 0,03	0,5	0,2	0,15		0,15	0,15	minimale Nichtauslösezeit
		> 0,03	0,13	0,06	0,05		0,04	0,04	

[a] Der Wert für diese Prüfung ist vom Hersteller anzugeben.

[b] Die Prüfungen werden nur bei der Überprüfung des ordnungsgemäßen Betriebs nach Abschnitt 9.9.2.4 der DIN EN 61008-1 (**VDE 0664-10**) durchgeführt.

Tabelle 4.11 Grenzwerte der Abschalt- und Nichtauslösezeit für Wechselfehlerströme (Effektivwerte) für RCCBs des Typs AC und des Typs A (Tabelle 1 in DIN EN 61008-1 (**VDE 0664-10**): 2013-08 [2.60])

Im Drehstromnetz ist die Summe der Ströme in den Außenleitern L1, L2, L3 in jedem Moment gleich dem Strom im Neutral- oder Mittelleiter N. Stimmt die Bilanz der Ströme nicht, muss ein Fehlerstrom existieren. Die Fehlerstromschutzeinrichtung misst nun diese Ströme in vier Stromwandlerwicklungen (Bild 4.12), die so geschaltet sind, dass sich im Normalfall die Ströme aufheben, keine Magnetisierung eintritt und somit in der Primärspule keine Spannung entsteht. Im Fehlerfall löst die Sekundärspannung den vierpoligen Schalter aus. Es gibt Fehlerstromschutzeinrichtungen mit Ansprechempfindlichkeiten von 10 mA bis 0,5 A, siehe auch Tabelle 4.7.

Manche 10-mA-Schutzeinrichtungen, auch Personenschutzautomaten oder DI-(Differenzstrom-)Schutzeinrichtungen genannt, arbeiten elektronisch und sind ohne N-Leiter unwirksam. Sie sind deshalb nur in Verbindung mit einer Leitungsschutzeinrichtung (LS/DI-Schutzeinrichtung) zugelassen.

Treten Oberschwingungen, transiente stoßartige Ströme (beim Ein- und Ausschalten von kapazitiven und induktiven Lasten), Überspannungen infolge von Blitzeinschlägen oder transiente, stoßartige Ströme in Kombination mit Ableitströmen (durch elektronische Geräte verursacht) auf, wird der Einsatz von kurzzeitverzögerten RCD (AP-R) empfohlen. Diese Fehlerstromschutzeinrichtungen erreichen bei einem Auslösestrom von ca. 25 mA Auslösezeiten von 100 ms bis 120 ms und sind bei $5 \cdot I_{\Delta N}$ 10 ms höher verzögert als normale RCD. Kurzzeitverzögerte RCD gibt es nur mit $I_{\Delta N}$ 30 mA.

Weiterhin gibt es selektive Fehlerstromschutzeinrichtungen (RCD) mit dem Kennzeichen Ⓢ, die noch höher verzögert sind. Sie haben ein zusätzliches Verzögerungsglied mit Auslösezeiten nach Tabelle 4.11 und sind unempfindlich gegen Fehlerstromspitzen, z. B. bei Gewitterentladungen.

Die für $\boxed{S}$-Typen geforderte Auslösezeit von 0,2 s wird erst bei dem doppelten Nennwert erreicht. Für sie darf deshalb der Erdungswiderstand nur halb so groß sein.

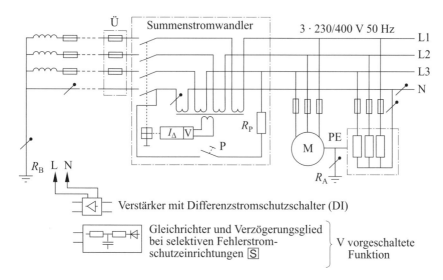

Bild 4.12 Beispiel der Schutzmaßnahme mit Fehlerstromschutzeinrichtung im TT-System. Die Normenreihe für den Bemessungsdifferenzstrom $I_{\Delta N}$ ist 10 mA, 30 mA, 100 mA, 300 mA und 500 mA

4.7.3   Isolationsüberwachungseinrichtungen

Isolationsüberwachungseinrichtungen nach DIN EN 61557-8 (VDE 0413-8) [2.80]

Die Geräte legen eine meist kleine Gleichspannung von 24 V zwischen Außenleiter und Erde, messen den Strom und ermitteln daraus den Isolationswiderstand. Bei Überschreitung eines einstellbaren Grenzwerts erfolgt eine Alarmmeldung, und zwar akustisch und optisch. Das akustische Signal darf durch eine Taste gelöscht werden, das optische muss stehen bleiben, solange der Fehler vorhanden ist. Der Grenzwert ist bei manchen Isolationsüberwachungseinrichtungen einstellbar, von 15 kΩ bis 100 kΩ oder 50 kΩ bis 250 kΩ. In medizinisch genutzten Räumen nach DIN VDE 0100-710 [2.81] sind hier minimal **50 kΩ** als Grenzwert zulässig. Durch eine Prüftaste wird ein niedriger Wert simuliert und ein Alarm ausgelöst. Die Prüftaste ist in gewissen Zeitabständen zu betätigen.

In medizinisch genutzten Räumen soll das nach DIN VDE 0100-710 [2.81] in Zeitabständen von **sechs Monaten** geschehen. Die Isolationsüberwachungseinrichtung kann entweder eine Meldung auslösen oder auch eine automatische Abschaltung herbeiführen.

4.7.4 Fehlerspannungsschutzeinrichtungen

Die Kennwerte von Fehlerspannungsschutzeinrichtungen waren in Z DIN EN 62020 (**VDE 0663**) [2.82] festgelegt. FU-Schutzeinrichtungen sollten nur in Sonderfällen verwendet werden, wenn die FI-Schutzschaltung nicht möglich ist, z. B. bei Gleichstrom. In Anlagen wird die FU-Schutzeinrichtung kaum noch verwendet. Die vorstehende VDE-Bestimmung wurde deshalb 1999 zurückgezogen. Auch in der neuen Fassung von DIN VDE 0100-410:2007-06 [2.2] wird die FU-Schutzmaßnahme nicht mehr aufgeführt. Die nachstehenden Betrachtungen gelten für bestehende Anlagen. Anwendungen finden sich auch in Mess- und Prüfgeräten zur Überwachung der max. zulässigen Berührungsspannung.

Die Arbeitsweise der FU-Schutzeinrichtung soll in **Bild 4.13** gezeigt werden.

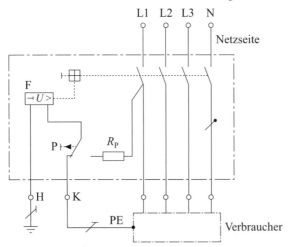

Bild 4.13 Beispiel einer Fehlerspannungsschutzeinrichtung (FU-Schutzeinrichtung) – F Fehlerspannungsspule; H Hilfserderanschluss; K Schutzleiteranschluss; P Prüfeinrichtung; R_P Prüfwiderstand

Die Fehlerspannungsspule ist wie ein Spannungsmesser anzuschließen, sodass sie die zwischen dem zu schützenden Anlagenteil und dem getrennten Hilfserder auftretende Spannung überwacht. Die Hilfserderleitung ist isoliert zu verlegen. Als Hilfserder muss ein besonderer Erder verwendet werden, der mind. einen Abstand von 10 m zu anderen Erdern hat. Eine Prüftaste P muss vorhanden sein. Die Wirksamkeit der FU-Schutzschaltung ist vor Inbetriebnahme der Anlage zu prüfen.

Die FU-Schutzschaltung hat gegenüber der FI-Schutzschaltung einige Nachteile:

- Der Schutzleiter ist höherohmig über den Spulenwiderstand geerdet. Bei Spulendefekt ist er nicht mehr geerdet.
- Der Schutzleiter muss isoliert sein. Bei anderweitiger Erdung, z. B. bei Geräten mit Wasseranschluss, wird die Schaltung unwirksam.
- Anwendung nur bei überschaubaren Anlagenteilen oder Einzelverbrauchern.

4.8 Vor- und Nachteile der Erdungssysteme und Schutzmaßnahmen

Das **TN-System** hat den Vorteil der Einfachheit. Bei Auslösung mit Überstromschutzeinrichtungen ist außer dem Schutzleiter kein weiterer Aufwand erforderlich. Viele Erder sind miteinander verbunden, wodurch der Gesamterdungswiderstand sehr klein ist. Es können Verbraucher ohne Erder betrieben werden.

Die Nachteile sind: Bei der einfachen Schutzmaßnahme mit Überstromschutz fließt im Fehlerfall ein relativ hoher Kurzschlussstrom. Im TN-C-System besteht bei PEN-Leiterbruch große Gefahr, wenn in dem von der Betriebserde abgetrennten Teil des Schutzleiternetzes kein weiterer Erder vorhanden ist. Die verbleibenden Schutzleiter „hängen in der Luft" und nehmen über den Lastwiderstand das Potential des Außenleiters an! Deshalb ist es ratsam, z. B. nach dem Hausanschluss oder allgemein nach Verlassen der letzten Erde, das TN-S-System (PE und N getrennt) vorzusehen. Die meisten Netzbetreiber schreiben das regional vor.

Bei geschlossener Bebauung, wo auch der Wirkungsbereich der Erder ineinander fließt, ist das TN-System von Vorteil, da alle Erder ohnehin miteinander verbunden sind. Auch ist bei Erdverkabelung ein PEN-Leiterbruch nicht zu befürchten.

Das **TT-System** hat den Vorteil, dass bei N-Leiterbruch keine Gefahr besteht. Bei Schutzleiterbruch ist zwar die Schutzmaßnahme nicht mehr wirksam, aber der Schutzleiter nimmt keine gefährliche Spannung an. Das würde erst bei einem zweiten Fehler geschehen – beim PEN-Leiter im TN-System schon beim ersten Fehler!

Die Nachteile sind: Es muss bei jedem Verbraucher ein Erder vorhanden sein, der den genannten Forderungen genügen muss. Bei Anwendung der Fehlerstromschutzeinrichtung (RCD) sind diese Forderungen gering und leicht zu erfüllen, siehe Tabelle 4.7. Bei Auslösung mit Überstromschutz ergibt sich nach Gl. (4.5) ein sehr kleiner Erdungswiderstand R_A (Größenordnung 0,1 Ω), da die Auslöseströme I_a nach Tabelle 4.8 sehr groß sind! Im TT-System wird deshalb allgemein eine Schutzmaßnahme mit Fehlerstromschutzeinrichtung (RCD) vorgesehen.

Bei öffentlichen Netzen hat der Netzbetreiber ein T-System und kann zur Netzauslegung des Verbrauchers einen der drei folgenden Punkte bestimmen:

- Es steht dem Verbraucher frei, TN-System oder TT-System auszulegen.

- Es wird dem Verbraucher TT-System vorgeschrieben.
- Es wird dem Verbraucher TN-System vorgeschrieben.

Der Netzbetreiber ist für die sachgerechte Auslegung des Netzes, besonders auch für den Gesamterdungswiderstand, verantwortlich und kann deshalb diese Forderung stellen.

Hat der Verbraucher seine eigene Niederspannungsstation, so kann er allgemein auf der Sekundärseite sein Netzsystem bzw. seine Schutzmaßnahme selbst festlegen. Es sind dabei die vorstehend genannten Bedingungen einzuhalten.

Oberstes Gebot ist, dass bei allen denkbaren Fehlern an keiner Stelle des Netzes die zulässige Berührungsspannung längere Zeit ansteht, s. a. Bilder 1.4; 1.5 und Tabelle 4.2.

Da die meisten Anlagen und alle neueren Anlagen einen Fundamenterder und eine Haupterdungsschiene haben, entscheidet die Brücke zwischen Haupterdungsschiene und Neutralleiter am Hauptanschluss, ob TN- oder TT-System gegeben ist. Das **Bild 4.14** zeigt die Anordnung von Erdungsanlagen, Schutzleitern und Schutzpotentialausgleichsleitern.

Das **IT-System** hat den Vorteil, dass es bei dem ersten Fehler gegen Erde nicht abschalten muss, denn es wird dann zu einem TT-System ohne Fehler. Erst bei dem zweiten Fehler muss abgeschaltet werden. Das IT-System wird deshalb dort angewendet, wo eine hohe Betriebssicherheit gefordert wird, z. B. Operationssäle, Bergbau, Chemieanlagen, Transferstraßen, Walzwerke u. a.

Für den zweiten Fehler muss eine Schutzmaßnahme vorgesehen sein, die abschaltet, meist Überstromschutz oder Fehlerstromschutz (RCD). Bei Einsatz der Fehlerstromschutzeinrichtung (RCD) muss der Ableit- oder Fehlerstrom I_d, siehe Gl. (4.6), beachtet werden. Er entsteht durch Kapazitäten und beträgt – in der Größenordnung gesehen – ca. 1 mA pro 1-kVA-Leistung der Anlage, d. h. bei mittleren Anlagen beträgt der Ableit- oder Fehlerstrom I_d ca. 0,1 A und bei großen Anlagen ca. 1 A.

Ist $I_d < I_{\Delta N}$, erfolgt bei dem ersten Fehler noch keine Auslösung der Fehlerstromschutzeinrichtung (RCD), andernfalls wird beim ersten Fehler bereits abgeschaltet.

Gemäß DGUV-Vorschrift 3 (BGV A3) § 8 ist das Arbeiten an spannungsführenden Teilen möglich, wenn der Kurzschlussstrom bei Wechselspannung gleich oder kleiner 3 mA ist. Das ist hier z. B. der Strom I_d nicht geerdeter Spannungsquellen, wie bei der Schutztrennung. Bei Prüfplätzen wird diese Schutzmaßnahme teilweise vorgeschrieben, z. B. bei der Reparatur von Fernsehgeräten u. a. Nach der vorstehenden Faustregel wäre das bis zu einer Leistung der Anlage von ca. 3 kVA ohne Gefährdung möglich.

Bei großen Anlagen wird der Erdschlussstrom I_d so hoch, dass man von dieser Seite her gesehen gleich galvanisch erden kann, dann hat man eindeutige Verhältnisse. Deshalb betreiben die Netzbetreiber öffentliche, ausgedehnte Systeme meist als T-Systeme.

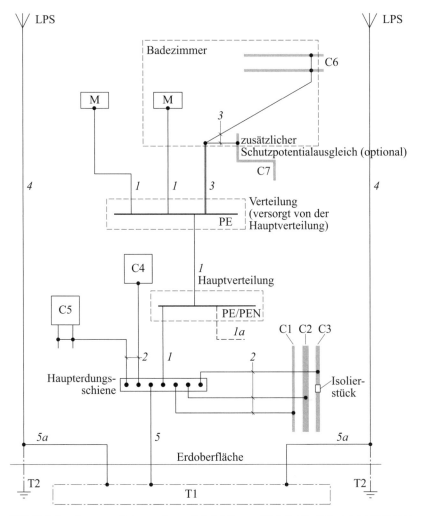

Bild 4.14 Anordnung von Erdungsanlagen, Schutzleitern und Schutzpotentialausgleichsleitern gemäß DIN VDE 0100-540:2012-06 [2.5] – **C** fremdes leitfähiges Teil; **C1** metallene Wasserrohre, von außen kommend; **C2** metallene Abwasserrohre, von außen kommend; **C3** metallene Gasrohre mit Isolierstück, von außen kommend; **C4** Klimaanlage; **C5** Heizung; **C6** metallene Wasserrohre, z. B. in einem Badezimmer; **C7** metallene Abwasserrohre, z. B. in einem Badezimmer; **T1** Fundamenterder, in Beton verlegt oder als Ringerder in Erde verlegt; **T2** zusätzlicher Erder für Blitzschutz (LPS), falls notwendig; LPS Blitzschutzsystem (wenn vorhanden); **PE** Schutzleiter-Anschlussklemme innerhalb der Verteilung; **PE/PEN** PE/PEN-Klemme(n) innerhalb der Hauptverteilung; **M** Körper (eines elektrischen Betriebsmittels); *1* Schutzleiter; *1a* Schutzleiter oder PEN Leiter (wenn vorhanden) des speisenden Netzes; *2* Schutzpotentialausgleichsleiter zur Verbindung mit der Haupterdungsschiene; *3* Schutzpotentialausgleichsleiter für den zusätzlichen Schutzpotentialausgleich; *4* Ableitung einer Blitzschutzanlage (LPS) (wenn vorhanden); *5* Erdungsleiter; *5a* Funktionserdungsleiter für Blitzschutz

5 Vorkehrungen für den Basisschutz (Schutz gegen direktes Berühren) unter normalen Bedingungen (DIN VDE 0100-410, Anhang A)

Vorkehrungen für den Basisschutz (Schutz gegen direktes Berühren) sehen den Schutz unter normalen Bedingungen vor und sie werden verwendet, wo sie als ein Teil der gewählten Schutzmaßnahme festgelegt sind.

Schutzmaßnahmen nach den Abschnitten 5.1 und 5.2 dürfen in allen Fällen angewendet werden; Schutzmaßnahmen nach den Abschnitten 6.2 und 6.3 dürfen nur in Fällen angewendet werden, in denen die entsprechenden Normen dies ausdrücklich gestatten.

Im Zusammenhang mit dem Berührungsschutz treten häufig die Begriffe Schutzmaßnahmen, Schutzklassen, Schutzarten und Schutzgrad auf, die nachstehend erläutert werden sollen.

Schutzmaßnahmen sind nach Z DIN VDE 0100:1973-05 [2.3] solche zum Schutz bei indirektem Berühren (Nullung, FI-Schutzeinrichtung usw.). In den neuen DIN VDE 0100 wird der Begriff umfassender gebraucht für:

● Schutz gegen gefährliche Körperströme (wie bisher),

● Brandschutz,

● Schutz bei Überspannung,

● Schutz bei Unterspannung,

● Schutz durch Trennen und Schalten.

Schutzeinrichtungen sind Betriebsmittel, die in einem Stromkreis Abschaltung oder Meldung bewirken, z. B. Überstromschutzeinrichtungen, FI-Schutzeinrichtungen (siehe Abschnitt 4.7).

Schutzklassen bezeichnen bei elektrischen Betriebsmitteln die Art, wie ihr Schutz gegen gefährliche Körperströme ausgeführt ist. Nach DIN EN 61140 (**VDE 0140-1**) [2.51] (bisher: Z DIN 57106 (**VDE 0106**) [2.83]) gibt es dafür vier Klassen, die wichtigsten sind:

Schutzklasse 0	Basisisolierung, ohne Vorkehrung für den Fehlerschutz; leitfähige Körper ohne Schutzleiteranschluss. Nicht generell einsetzbar, soll in Zukunft ausgeschlossen werden.
Schutzklasse I	Gekennzeichnet durch ⊕. Basisisolierung und Anschluss leitfähiger Körper an Schutzleiter, für den Fehlerschutz.
Schutzklasse II	Gekennzeichnet durch ▣. Schutz durch doppelte oder verstärkte Isolierung, Basisisolierung und zusätzliche Isolierung, für den Fehlerschutz.

Schutzklasse III   Gekennzeichnet durch ◈. Begrenzung der Spannung auf Werte der Spannung von ELV (ELV: max. AC 50 V/DC 120 V), ohne Vorkehrung für den Fehlerschutz.

Schutzart bezeichnet den Umfang des Schutzes durch ein Gehäuse gegen den Zugang zu gefährlichen Teilen, gegen Eindringen von festen Fremdkörpern und/oder gegen Eindringen von Wasser, nachgewiesen durch genormte Prüfverfahren.

Der **IP-Code** ist ein Bezeichnungssystem hierfür, das noch weitere Informationen über Form und Zweck des Schutzes angibt.

Schutzgrad bezeichnet die Höhe (Ziffer für Aufwand) des Schutzes innerhalb der Schutzart, d. h. die Zahl des IP-Codes.

5.1   Basisisolierung aktiver Teile

Die Isolierung ist dafür bestimmt, das Berühren aktiver Teile zu verhindern.

Aktive Teile müssen vollständig mit einer Isolierung abgedeckt sein, die nur durch Zerstörung entfernt werden kann.

Für Betriebsmittel muss die Isolierung mit der entsprechenden Norm für das Betriebsmittel übereinstimmen.

Durch die Isolierung wird ein vollständiger Schutz gegen direktes Berühren aktiver Teile sichergestellt. Alle aktiven Teile müssen vollständig mit einer Isolierung umgeben werden, die nur durch Zerstörung entfernt werden kann.

Bei fabrikneuen Betriebsmitteln muss die Isolierung den entsprechenden Normen genügen.

Wenn die Isolierung während Errichtung der elektrischen Anlage angebracht wird, sollte die Eignung der Isolierung durch eine Prüfung nachgewiesen werden.

Die Prüfung soll vergleichbar sein mit der, die bei der Fabrikation von Betriebsmitteln durchgeführt wird. Das ist die Prüfung der Spannungsfestigkeit mit Wechselspannung von 1 000 V bis 4 000 V (Effektivwerte); so wird z. B. bei „Schutzisolierung" gefordert:

Betriebsmittel, deren Nennspannung 500 V nicht überschreitet, müssen nach Installation und Anschluss während 1 min einer Prüfspannung von 4 000 V zwischen den aktiven Teilen und den äußeren Metallteilen, beispielsweise ihren Befestigungsteilen, ohne Überschlag oder Durchschlag standhalten. Die Frequenz der Prüfspannung muss der Betriebsfrequenz entsprechen.

5.2 Abdeckungen oder Umhüllungen

Abdeckungen oder Umhüllungen sind dafür bestimmt, das Berühren aktiver Teile zu verhindern.

Aktive Teile müssen im Inneren von Umhüllungen oder hinter Abdeckungen sein, die mind. der Schutzart **IPXXB** oder **IP2X** entsprechen, *ausgenommen* die Fälle, wo während des Auswechselns von Teilen größere Öffnungen entstehen, z. B. bei *Lampenfassungen oder Sicherungen*, oder wo größere Öffnungen notwendig sind, um den ordnungsgemäßen Betrieb des Betriebsmittels entsprechend den zutreffenden Anforderungen für das Betriebsmittel zu ermöglichen. In diesen ausgenommenen Fällen:

● müssen geeignete Vorsichtsmaßnahmen getroffen werden, um unbeabsichtigtes Berühren aktiver Teile durch Personen oder Nutztiere zu verhindern und

● muss, so weit wie praktisch möglich, sichergestellt werden, dass Personen bewusst wird, dass aktive Teile durch die Öffnungen berührt werden können und nicht absichtlich berührt werden sollten und

● muss die Öffnung möglichst klein sein, wie es im Zusammenhang mit der ordnungsgemäßen Funktion und für das Auswechseln eines Teils erforderlich ist.

Horizontale Oberflächen von Abdeckungen oder Umhüllungen, die leicht zugänglich sind, müssen mind. der Schutzart **IPXXD** oder **IP4X** entsprechen.

Abdeckungen und Umhüllungen müssen am Ort des Anbringens fest gesichert sein und ausreichende Stabilität und Dauerhaftigkeit haben, um die geforderten Schutzarten und eine geeignete Trennung von aktiven Teilen bei den bekannten Bedingungen des normalen Betriebs aufrechtzuerhalten, wobei zutreffende äußere Einflüsse zu berücksichtigen sind.

In Fällen, in denen es notwendig ist, Abdeckungen zu entfernen oder Umhüllungen zu öffnen oder Teile der Umhüllungen zu entfernen, darf dieses nur möglich sein:

● durch das Verwenden eines Schlüssels oder Werkzeugs oder

● nach dem Abschalten der Versorgung aktiver Teile, vor deren Berühren die Abdeckungen oder Umhüllungen schützen; eine Wiederherstellung der Versorgung darf nur möglich sein, nachdem die Abdeckungen oder Umhüllungen wieder angebracht oder geschlossen sind oder

● wo eine Zwischenabdeckung mit mind. der Schutzart IPXXB oder IP2X das Berühren aktiver Teile durch das Verwenden eines Schlüssels oder eines Werkzeugs zur Entfernung der Zwischenabdeckung verhindert.

Wenn hinter einer Abdeckung oder in einer Umhüllung Betriebsmittel errichtet sind, die nach ihrem Abschalten gefährliche elektrische Ladungen behalten (Kapazitäten usw.), ist eine Warnaufschrift erforderlich. Kleine Kapazitäten, wie sie zur Lichtbogenlöschung, zur Verlängerung der Ansprechzeit von Relais usw. verwendet werden, dürfen als nicht gefährlich angesehen werden.

Anmerkung: Unbeabsichtigtes Berühren wird als nicht gefährlich angesehen, wenn die Spannung statischer Ladungen auf DC 120 V innerhalb von 5 s nach dem Abschalten der Stromversorgung absinkt.

5.2.1 Schutzarten durch Gehäuse (IP-Code)

Sie geben folgende Eigenschaften der Betriebsmittel an:

- Schutz von **Personen** gegen Zugang zu gefährlichen Teilen,
- Schutz des **Betriebsmittels** gegen Eindringen von festen Fremdkörpern (Stäbe, Steine, Sand, Staub u. a.),
- Schutz des **Betriebsmittels** gegen schädliche Einwirkungen durch das Eindringen von Wasser.

Zur Kennzeichnung dieser Eigenschaften bestehen zurzeit noch zwei verschiedene Kennzeichnungsverfahren, einmal nach DIN EN 60529 (**VDE 0470-1**) [2.35][12] mit dem **IP-Code**, bestehend aus **zwei Kennziffern** und **zwei Buchstaben**, sowie nach der älteren VDE-Bestimmung DIN VDE 0710-1 [2.85], mit den Tropfen- und Gittersymbolen.

Nach DIN EN 60529 (**VDE 0470-1**):2014-09 [2.35] wird die Schutzart angegeben durch zwei Schutzgrade (Ziffern):

- **1. Kennziffer**: Schutzgrade 0 bis 6
  - Schutzgrad **gegen** den **Zugang zu gefährlichen Teilen (Personenschutz)**,
  - Schutzgrad **gegen feste Fremdkörper (Betriebsmittelschutz)**,
- **2. Kennziffer**: Schutzgrade 0 bis 9
  - Schutzgrad für **Wasserschutz**

und zwei Buchstaben (fakultativ):

- **zusätzliche Buchstaben**: A, B, C, D; Schutz gegen Zugang zu gefährlichen Teilen,
- **ergänzende Buchstaben**: H, M, S, W; ergänzende Information.

Danach ergibt sich beispielsweise eine Ziffernkombination IP23. Häufig finden sich in DIN-VDE-Normen die Bezeichnungen wie **IP2X** (X kann 0 bis 9 sein); damit ist der Berührungs- und Fremdkörperschutz auf Anforderung mind. gemäß der ersten Ziffer (in diesem Fall 2) festgelegt und der Wasserschutz offengelassen. Aber auch die Bezeichnung **IPXXD** ist zulässig, wobei das „D" lediglich den **Drahtschutz** fordert.

---

[12] Ältere Fassung nach DIN 40050 [2.84] wurde im Jahr 1992 abgelöst.

Für Betriebsmittel ist mind. die Schutzart **IP20** gefordert, max. möglich ist IP69. Die Bedeutung der einzelnen Ziffern zeigen die **Tabellen 5.1 bis 5.6**:

Erste Kennziffer	Schutzgrad	
	Kurzbeschreibung	**Definition**
0	nicht geschützt	–
1	geschützt gegen den Zugang zu gefährlichen Teilen mit dem **Handrücken**	die Zugangssonde, Kugel 50 mm Durchmesser, muss ausreichenden Abstand von gefährlichen Teilen haben
2	geschützt gegen den Zugang zu gefährlichen Teilen mit einem **Finger**	der gegliederte Prüffinger, 12 mm Durchmesser, 80 mm Länge, muss ausreichenden Abstand von gefährlichen Teilen haben
3	geschützt gegen den Zugang zu gefährlichen Teilen mit einem **Werkzeug**	die Zugangssonde, 2,5 mm Durchmesser, darf nicht eindringen[*]
4	geschützt gegen den Zugang zu gefährlichen Teilen mit einem **Draht**	die Zugangssonde, 1 mm Durchmesser, darf nicht eindringen[*]
5	geschützt gegen den Zugang zu gefährlichen Teilen mit einem **Draht**	die Zugangssonde, 1 mm Durchmesser, darf nicht eindringen[*]
6	geschützt gegen den Zugang zu gefährlichen Teilen mit einem **Draht**	die Zugangssonde, 1 mm Durchmesser, darf nicht eindringen[*]

[*] Anmerkung: Bei den ersten Kennziffern 3, 4, 5 und 6 ist der Schutz gegen den Zugang zu gefährlichen Teilen erfüllt, wenn ein ausreichender Abstand eingehalten wird. Wegen der gleichzeitig gültigen Anforderung nach Tabelle 5.2 wurde in dieser Tabelle 5.1 die Definition „darf nicht eindringen" angegeben.

Tabelle 5.1 Schutzgrade gegen Zugang zu gefährlichen Teilen nach DIN VDE 0470-1 [2.35]

Erste Kennziffer	Schutzgrad	
	Kurzbeschreibung	**Definition**
0	nicht geschützt	–
1	geschützt gegen feste Fremdkörper 50 mm Durchmesser und größer	die Objektsonde, Kugel 50 mm Durchmesser, darf nicht voll eindringen[*]
2	geschützt gegen feste Fremdkörper 12,5 mm Durchmesser und größer	die Objektsonde, Kugel 12,5 mm Durchmesser, darf nicht voll eindringen[*]
3	geschützt gegen feste Fremdkörper 2,5 mm Durchmesser und größer	die Objektsonde, 2,5 mm Durchmesser, darf überhaupt nicht eindringen[*]
4	geschützt gegen feste Fremdkörper 1 mm Durchmesser und größer	die Objektsonde, 1 mm Durchmesser, darf überhaupt nicht eindringen[*]
5	staubgeschützt	Eindringen von Staub ist nicht vollständig verhindert, aber Staub darf nicht in einer solchen Menge eindringen, dass das zufriedenstellende Arbeiten des Geräts oder die Sicherheit beeinträchtigt wird
6	staubdicht	kein Eindringen von Staub

[*] Anmerkung: Der volle Durchmesser der Objektsonde darf nicht durch eine Öffnung des Gehäuses hindurchgehen.

Tabelle 5.2 Schutzgrade gegen feste Fremdkörper nach DIN VDE 0470-1 [2.35]

Zweite Kennziffer	Schutzgrad	
	Kurzbeschreibung	Definition
0	nicht geschützt	–
1	geschützt gegen Tropfwasser	senkrecht fallende Tropfen dürfen keine schädlichen Wirkungen haben
2	geschützt gegen Tropfwasser, wenn das Gehäuse bis zu 15° geneigt ist	senkrecht fallende Tropfen dürfen keine schädlichen Wirkungen haben, wenn das Gehäuse um einen Winkel bis zu 15° beiderseits der Senkrechten geneigt ist
3	geschützt gegen Sprühwasser	Wasser, das in einem Winkel bis zu 60° beiderseits der Senkrechten gesprüht wird, darf keine schädlichen Wirkungen haben
4	geschützt gegen Spritzwasser	Wasser, das aus jeder Richtung gegen das Gehäuse spritzt, darf keine schädlichen Wirkungen haben
5	geschützt gegen Strahlwasser	Wasser, das aus jeder Richtung als Strahl gegen das Gehäuse gerichtet ist, darf keine schädlichen Wirkungen haben
6	geschützt gegen starkes Strahlwasser	Wasser, das aus jeder Richtung als starker Strahl gegen das Gehäuse gerichtet ist, darf keine schädlichen Wirkungen haben
7	geschützt gegen die Wirkungen beim zeitweiligen Untertauchen in Wasser	Wasser darf nicht in einer Menge eintreten, die schädliche Wirkungen verursacht, wenn das Gehäuse unter genormten Druck- und Zeitbedingungen zeitweilig in Wasser untergetaucht ist
8	geschützt gegen die Wirkungen beim dauernden Untertauchen in Wasser	Wasser darf nicht in einer Menge eintreten, die schädliche Wirkungen verursacht, wenn das Gehäuse dauernd unter Wasser getaucht ist unter Bedingungen, die zwischen Hersteller und Anwender vereinbart werden müssen. Die Bedingungen müssen jedoch schwieriger sein als für die Kennziffer 7
9	geschützt gegen Hochdruck und hohe Strahlwassertemperaturen	Wasser, das bei hohem Druck und hohen Temperaturen aus allen Richtungen gegen das Gehäuse gerichtet ist, darf keine schädlichen Wirkungen haben $(0{,}9 \dots 1{,}2\,\mathrm{N}) / (80 \pm 5)\,°\mathrm{C}$

Tabelle 5.3 Schutzgrade für Wasserschutz nach DIN VDE 0470-1 [2.35]
Anmerkung zum Wasserschutz: Gehäuse für <u>vielseitige</u> Anwendung müssen die Anforderugnen erfüllen, sowohl wenn sie Strahlwasser als auch, wenn sie zeitweiligen oder dauerndem Untertauchen ausgesetzt sind. Gehäuse für <u>eingeschränkte</u> Anwendung werden als nur für die Bedingungn geeignet angesehen, für die sie geprüft werden.

Zusätzlicher Buchstabe	Schutzgrad	
	Kurzbeschreibung	Definition
A	geschützt gegen Zugang mit dem **Handrücken**	die Zugangssonde, Kugel 50 mm Durchmesser, muss ausreichenden Abstand von gefährlichen Teilen haben
B	geschützt gegen Zugang mit dem **Finger**	der gegliederte Prüffinger, 12 mm Durchmesser, 80 mm Länge, muss ausreichenden Abstand von gefährlichen Teilen haben
C	geschützt gegen Zugang mit **Werkzeug**	die Zugangssonde, 2,5 mm Durchmesser, 100 mm Länge, muss ausreichenden Abstand von gefährlichen Teilen haben
D	geschützt gegen Zugang mit **Draht**	die Zugangssonde, 1 mm Durchmesser, 100 mm Länge, muss ausreichenden Abstand von gefährlichen Teilen haben

Tabelle 5.4 Bedeutung der zusätzlichen Buchstaben

Buchstabe	Bedeutung
H	Hochspannungsbetriebsmittel
M	geprüft auf schädliche Wirkungen durch den Eintritt von Wasser, wenn die beweglichen Teile des Betriebsmittels (z. B. der Rotor einer umlaufenden Maschine) in Betrieb sind
S	geprüft auf schädliche Wirkungen durch den Eintritt von Wasser, wenn die beweglichen Teile des Betriebsmittels (z. B. Rotor einer umlaufenden Maschine) im Stillstand sind
W	geeignet zur Verwendung unter festgelegten Wetterbedingungen und ausgestattet mit zusätzlichen schützenden Maßnahmen oder Verfahren

Tabelle 5.5 Bedeutung der ergänzenden Buchstaben

Schutzart nach DIN VDE 0470-1 [2.35]	Schutzumfang über Schutz gegen Berühren hinaus Schutz gegen	Kurzzeichen nach DIN VDE 0710-1 [2.85]	Schutzart nach DIN VDE 0710-1 [2.85]	Zuordnung nach den Raumarten nach DIN VDE 0100
IP20	kein Schutz	–	abgedeckt	trockene Räume ohne besondere Staubentwicklung
IP21	hohe Luftfeuchte	1 Tropfen ◐	tropfwasser-geschützt	feuchte und ähnliche Räume, Orte im Freien unter Dach
IP23	Wassertropfen bis zu 30° über der Waagerechten auftreffend	1 Tropfen in 1 Quadrat ◐	regengeschützt	Orte im Freien

Tabelle 5.6 Schutzarten nach DIN VDE 0470-1 [2.35] im Vergleich zu denen nach DIN VDE 0710-1 [2.85]

Schutzart nach DIN VDE 0470-1 [2.35]	Schutzumfang über Schutz gegen Berühren hinaus Schutz gegen	Kurzzeichen nach DIN VDE 0710-1 [2.85]	Schutzart nach DIN VDE 0710-1 [2.85]	Zuordnung nach den Raumarten nach DIN VDE 0100
IP44	Wassertropfen aus allen Richtungen auftreffend	1 Tropfen in 1 Dreieck ⚠	spritzwassergeschützt	feuchte und ähnliche Räume, Orte im Freien
IP55	Wasserstrahl aus allen Richtungen auftreffend	2 Tropfen in 2 Dreiecken ⚠ ⚠	strahlwassergeschützt	nasse Räume, in denen abgespritzt wird
IP66	Eindringen von Wasser ohne Druck	2 Tropfen ▲ ▲	wasserdicht	nasse Räume, unter Wasser ohne Druck
IP68	Eindringen von Wasser unter Druck	2 Tropfen mit Angabe des zulässigen Überdrucks ▲ ▲ … bar	druckwasserdicht	Abspritzen bei hohem Druck, unter Wasser mit Druck
IP55	Eindringen von Staub ohne Druck	Gitter ▨	staubgeschützt	Räume mit besonderer Staubentwicklung und Räume, die durch Staubexplosionen gefährdet sind (s. a. DIN EN 60079-10-2 (**VDE 0165-102**) [2.86]
IP66	Eindringen von Staub unter Druck	Gitter mit Umrahmung ▨	staubdicht	
Weitere Schutzarten: Ex Explosionsschutz/Sch Schlagwetterschutz				

Tabelle 5.6 (Fortsetzung) Schutzarten nach DIN VDE 0470-1 [2.35] im Vergleich zu denen nach DIN VDE 0710-1 [2.85]

5.2.2 Explosionsschutz Ex

Die Anwendung elektrischer Betriebsmittel und Schutzsysteme in explosionsgefährdeten Bereichen erfordert spezielle Schutzmaßnahmen. Die europäischen Normen basieren auf der Richtlinie 94/9/EG (ATEX 95 [1.20]) und sehen verschiedene Schutzarten vor. Sie werden gekennzeichnet mit „Ex" und einem Buchstaben. Entsprechend DIN EN 60079-0 (**VDE 0170-1**) [2.87] bedeutet dieser Buchstabe:

- o: Zündschutzart „Ölkapselung" nach DIN EN 60079-6 (**VDE 0170-2**) [2.88],

- p: Zündschutzart „Überdruckkapselung" nach DIN EN 60079-2 (**VDE 0170-3**) [2.89],

- q: Zündschutzart „Sandkapselung" nach DIN EN 60079-5 (**VDE 0170-4**) [2.90],

- d: Zündschutzart „druckfeste Kapselung" nach DIN EN 60079-1 (**VDE 0170-5**) [2.91],

- e: Zündschutzart „erhöhte Sicherheit" nach DIN EN 60079-7 (**VDE 0170-6**) [2.92],

- i: Zündschutzart „Eigensicherheit" nach DIN EN 60079-11 (**VDE 0170-7**) [2.93],

- m: Zündschutzart „Vergusskapselung" nach DIN EN 60079-18 (**VDE 0170-9**) [2.94].

6 Vorkehrungen für den Basisschutz (Schutz gegen direktes Berühren) unter besonderen Bedingungen – Hindernisse und Anordnung außerhalb des Handbereichs (DIN VDE 0100-410, Anhang B)

6.1 Anwendung

Die Schutzvorkehrungen „Schutz durch Hindernisse" und „Schutz durch Anordnung außerhalb des Handbereichs" sehen nur den Basisschutz (Schutz gegen direktes Berühren) vor. Sie sind ausschließlich zur Anwendung in Anlagen mit oder ohne Fehlerschutz (Schutz bei indirektem Berühren) vorgesehen, die nur von Elektrofachkräften oder elektrotechnisch unterwiesenen Personen betrieben und überwacht werden, z. B. in abgeschlossenen, elektrischen Betriebsstätten.

Die Bedingungen der Überwachung, bei der die Schutzvorkehrungen für den Basisschutz (Schutz gegen direktes Berühren) als Teil der Schutzmaßnahme angewendet werden dürfen, sind unter allgemeinen Anforderungen angegeben.

6.2 Hindernisse

Hindernisse sind vorgesehen, um unabsichtliches Berühren aktiver Teile zu verhindern, aber nicht absichtliches Berühren durch bewusstes Umgehen des Hindernisses.

Hindernisse müssen verhindern:

- unbeabsichtigte körperliche Näherung zu aktiven Teilen und
- unbeabsichtigtes Berühren von aktiven Teilen während des Bedienens von aktiven Betriebsmitteln im normalen Betrieb.

Hindernisse dürfen ohne Verwendung eines Schlüssels oder Werkzeugs entfernbar sein, sie müssen jedoch so gesichert sein, dass unbeabsichtigtes Entfernen verhindert ist.

6.3 Anordnung außerhalb des Handbereichs

Schutz durch Anordnen außerhalb des Handbereichs ist **nur** dafür vorgesehen, ein unbeabsichtigtes Berühren aktiver Teile zu verhindern. Gleichzeitig berührbare Teile unterschiedlichen Potentials dürfen nicht innerhalb des Handbereichs angeordnet sein. Zwei Teile werden als gleichzeitig berührbar angesehen, wenn sie nicht mehr als 2,5 m auseinander angeordnet sind.

6.4 Schutzvorkehrungen zur ausschließlichen Anwendung, wenn die Anlage nur durch Elektrofachkräfte oder elektrotechnisch unterwiesene Personen betrieben und überwacht wird (DIN VDE 0100-410, Anhang C)

Anmerkung: Die Bedingungen der Überwachung, bei der die Schutzvorkehrungen für den Fehlerschutz (Schutz bei indirektem Berühren) als Teil der Schutzmaßnahme angewendet werden dürfen, sind unter allgemeinen Anforderungen angegeben.

6.4.1 Nicht leitende Umgebung

Diese Schutzmaßnahme ist dafür vorgesehen, ein gleichzeitiges Berühren von Teilen, die durch Fehler der Basisisolierung aktiver Teile ein unterschiedliches Potential haben, zu verhindern.

6.4.2 Schutz durch erdfreien örtlichen Schutzpotentialausgleich

Der erdfreie örtliche Schutzpotentialausgleich ist dafür vorgesehen, das Auftreten einer gefährlichen Berührungsspannung zu verhindern.

Alle elektrischen Betriebsmittel müssen mit einer Schutzvorkehrung für den Basisschutz (Schutz gegen direktes Berühren) ausgestattet sein.

Alle gleichzeitig berührbaren Körper und fremde leitfähige Teile müssen durch Schutzpotentialausgleichsleiter miteinander verbunden sein. Das örtliche Schutzpotentialausgleichssystem darf weder direkt, noch durch Körper, noch durch fremde leitfähige Teile mit Erde elektrisch verbunden sein.

6.4.3 Schutztrennung mit mehr als einem Verbrauchsmittel

Schutztrennung eines einzelnen Stromkreises ist dafür vorgesehen, Ströme zu verhindern, die einen elektrischen Schlag bei Berühren von Körpern verursachen, die durch einen Fehler der Basisisolierung des Stromkreises unter Spannung stehen können.

Alle elektrischen Betriebsmittel müssen mit einer Schutzvorkehrung für den Basis-schutz (Schutz gegen direktes Berühren) ausgestattet sein.

Schutz durch Schutztrennung mit mehr als einem Verbrauchsmittel muss sicherge-stellt werden durch Erfüllen aller Anforderungen „Schutztrennung" und den folgen-den Anforderungen.

Es müssen Vorsichtsmaßnahmen getroffen werden, um den getrennten Stromkreis vor Beschädigung und Isolationsfehlern zu schützen.

Die Körper des getrennten Stromkreises müssen miteinander durch isolierte, nicht geerdete Schutzpotentialausgleichsleiter verbunden werden. Solche Leiter dürfen nicht mit den Schutzleitern oder Körpern anderer Stromkreise oder mit irgendwel-chen fremden leitfähigen Teilen verbunden werden.

Es wird empfohlen, dass das Produkt aus der Nennspannung des Stromkreises in Volt und der Länge der Kabel- und Leitungsanlage in Meter den Wert 100 000 und die Länge der Kabel- und Leitungsanlage 500 m nicht überschreiten sollte.

Teil C Prüfungen

Die Prüfung von elektrischen Betriebsmitteln und Anlagen nach VDE wird gemäß den jeweiligen Prüfvorschriften, die in den zugeordneten DIN-VDE-Normen angegeben sind, durchgeführt. Bei geringem Umfang ist die Prüfvorschrift ein Abschnitt in der jeweiligen Bestimmung, bei größerem Umfang hat sie eine eigene Nummer. Die Prüfung der Anlagen und Industriemaschinen erfolgt nach den Bestimmungen der Gruppe 1 „Energieanlagen", die der Betriebsmittel und Geräte nach den Bestimmungen der Gruppe 7.

Immer wird gefordert, dass bei der Prüfung keine Gefahren für Personen und Sachen auftreten dürfen. Die Verwendung von geeigneten Mess- oder Prüfgeräten, die teilweise auch in VDE-Bestimmungen angeführt werden, z. B. Geräte für die Geräteprüfung nach DIN VDE 0404, für Strom- und Spannungsmessung nach DIN EN 61010 (**VDE 0411**) und für die Anlagenprüfung nach DIN EN 61557 (**VDE 0413**), wird gefordert.

Auf die Erstprüfung von Geräten, die beim Hersteller erfolgen muss, soll wegen der Vielseitigkeit und wegen des Umfangs hier nicht eingegangen werden. Es sollen hier nur die Prüfungen betrachtet werden, die beim Betreiber oder Anwender für Anlagen, Industriemaschinen und Geräte notwendig sind und die von der BetrSichV [1.1], den TRBS und der DGUV-Vorschrift 3 (BGV A3) [1.5] gefordert werden.

Die Bestimmungen DIN VDE 0100 gelten für das Errichten von Niederspannungsanlagen bis 1 000 V Nennspannung. Entsprechend gilt der hier gegebene Teil 600 [2.39] für die Erstprüfung von Anlagen, wie sie in der BetrSichV [1.1] und der DGUV-Vorschrift 3 (BGV A3) [1.5] gefordert wird.

Die Bestimmung DIN VDE 0105-100 [2.14] gilt für den Betrieb von elektrischen Anlagen. Entsprechend gilt in diesem Buch der Abschnitt 8.2 „Wiederkehrende Prüfungen" für die Wiederholungsprüfung, wie sie in Gesetzen und Vorschriften gefordert wird. Im Abschnitt 8.2.5 „Messen" werden außer dem Isolationswiderstand nur kurz gefasste, allgemeine Forderungen gestellt. Es müssen dann an dieser Stelle die DIN VDE 0100-410 [2.2] und DIN VDE 0100-600 [2.39] herangezogen werden.

DIN EN 60204-1 (**VDE 0113-1**) [2.12] betrifft die „Elektrische Ausrüstung von Maschinen". In Abschnitt 18 der Norm wird eine Prüfung gefordert, die für die Erstellung, Instandsetzung und Wiederholungsprüfung gilt. Sie wird in Abschnitt 10 dieses Buchs behandelt. Es gibt hierfür Prüfgeräte nach DIN EN 60204-1 (**VDE 0113-1**) [2.12].

DIN VDE 0701-0702 [2.13] betrifft speziell die Prüfung von Betriebsmitteln nach Instandsetzung, Änderung und bei Wiederholungsprüfungen. Sie wird anschließend ausführlich behandelt und ist Richtlinie für Prüfungen, die nach Instandsetzungen,

Änderungen und als wiederkehrende Prüfungen beim Betreiber durchgeführt werden. Es gibt hierfür entsprechende Prüfgeräte nach DIN VDE 0701-0702 [2.13].

Der Geltungsbereich der zwischenzeitlich zurückgezogenen Z DIN VDE 0701 [2.95] war ursprünglich auf Geräte für den Hausgebrauch beschränkt und ist auf andere Geräte erweitert worden.

Für die allgemeine Prüfung von Anlagen und Betriebsmitteln gelten die fünf genannten Bestimmungen DIN VDE 0100, DIN VDE 0105-100 [2.14], DIN EN 60204-1 (**VDE 0113-1**) [2.12], DIN VDE 0701-0702 [2.13], die nachstehend ausführlich beschrieben werden. Darüber hinaus gibt es für besondere Betriebsräume und Anwendungsfälle zusätzliche Forderungen, die beachtet werden müssen, z. B. die Bestimmungen DIN VDE 0100-710 [2.81] (Errichten von Niederspannungsanlagen – Anforderungen für Betriebsstätten, Räume und Anlagen besonderer Art – Teil 710: Medizinisch genutzte Bereiche) und DIN VDE 0100-718 [2.96] (Errichten von Niederspannungsanlagen – Anforderungen für Betriebsstätten, Räume und Anlagen besonderer Art – Teil 718: Bauliche Anlagen für Menschenansammlungen).

7 Prüfung von Anlagen nach DIN VDE 0100-600

Für die Erstprüfung von Anlagen ist DIN VDE 0100-600:2008-06 [2.39] vorgesehen. Die Neufassung löst die älteren Fassungen Z DIN VDE 0100g:1976-07 [2.4] §§ 22, 23 und 24 und Z DIN VDE 0100-610 [2.97] ab. Die aktuelle Fassung fordert teilweise strengere Werte, die eine noch sicherere Auslegung der Anlagen erfordern. Diese Werte wurden meist schon vor Erscheinen von Z DIN VDE 0100-610 [2.97] bzw. DIN VDE 0100-600:2008-06 [2.39] in Z DIN 57100-410 (**VDE 0100-410**):1983-11 [2.1] „Errichten von Starkstromanlagen mit Nennspannungen bis 1 000 V Schutzmaßnahmen – Schutz gegen gefährliche Körperströme" gefordert. Der Teil 410 hatte eine Übergangsfrist von zwei Jahren. Man muss deshalb zwischen **alten** und **neuen** **Anlagen** unterscheiden. Zeitpunkt für die **Trennung** ist **November 1985**. Wenn man also DIN VDE 0100 für die Wiederholungsprüfung heranzieht, kann man die Anlagen, die vor November 1985 in Betrieb genommen wurden, nach der alten Forderung Z DIN VDE 0100g:1976-07 [2.4] prüfen, die teilweise günstigere Werte zulässt. Der Teil 410 ist im Januar 1997 [2.53] neu erschienen. Die geforderten Werte sind teilweise besser zu erfüllen als die der Fassung vom November 1983 [2.1]. In den neuen Bundesländern wurde die DDR-Norm „TGL" mit dem Einigungsvertrag [1.37] im Jahr 1990 durch die VDE-Bestimmungen abgelöst. Die Übergangsfrist betrug zwei Jahre, in Sonderfällen länger (siehe DGUV-Vorschrift 3 (vorherige BGV A3 [1.5]), DA zu § 3, Anhang 1). So gilt dort die Forderung für neu errichtete Anlagen ab November 1992. In den nachstehenden Ausführungen zur Prüfung von Anlagen werden die geforderten Werte übersichtlich, in jeweils zwei Tabellen, für die alten und neuen Anlagen aufgezeigt.

Die folgenden Abschnitte 7.1 bis 7.6 entsprechen der Forderung von DIN VDE 0100-600:2008-06 [2.39].

Gegenüber den Forderungen in der alten Bestimmung DIN Z DIN VDE 0100g:1976-07 [2.4] § 22 (nur Prüfungen der Schutzmaßnahmen bei indirektem Berühren) wurde der Prüfungsumfang nennenswert erweitert und umfasst jetzt auch die Kontrolle der verwendeten Betriebsmittel über die Eignung am Einbauort und die richtige Montage. Das war eigentlich schon immer erforderlich. Durch Erproben müssen nunmehr auch Schutz- und Sicherheitseinrichtungen sowie Melde- und Anzeigeeinrichtungen auf ordnungsgemäße Funktion geprüft werden.

Hier sind sowohl die begleitenden Prüfungen des Errichters während der Erstellung der Anlage gemeint als auch davon unabhängige Prüfungen durch Sachverständige oder Prüforganisationen, die mit der Überwachung der Errichtungsarbeiten betraut sind.

Bei der Auswahl und evtl. Einstellung von Überstromschutzeinrichtungen sind für den Schutz bei Überlast ggf. besondere Verlegearten, die Umgebungstemperatur oder weitere Einflüsse nach DIN VDE 0100-520 [2.57] und DIN VDE 0298-4 [2.98] zu berücksichtigen und für den Schutz bei Kurzschluss die richtige Zuordnung nach DIN VDE 0100-430 [2.61] und Beiblatt 5 zu DIN VDE 0100 [2.99] zu beachten.

7.1 Allgemeine Anforderungen und Begriffe

Für die **Erstprüfung** von Anlagen ist in **Z DIN VDE 0100** der Teil 600 [2.100] seit 1987-11, **Neufassung Teil 600** [2.39] **2008-06**, vorgesehen. Der Teil 600 beschreibt die Art und Weise der Prüfung. Die Werte, die erreicht werden müssen, liegen allerdings bereits schon in den anderen Teilen fest, insbesondere im Teil 410 [2.2] die erforderlichen Erdungswiderstände, Netzschleifenwiderstände etc.

Gegenüber der bisherigen Z DIN VDE 0100-610 [2.97] wurden in der aktuellen Vorschrift folgende **wesentliche Änderungen** vorgenommen:

a) *Erweiterung des Anwendungsbereichs,* um in Ergänzung zu den Erstprüfungen auch die wiederkehrenden Prüfungen in elektrischen Anlagen abzudecken,

b) *Änderung der Prüfanforderungen* für den Schutz durch automatische Abschaltung der Stromversorgung,

c) *Änderung des geforderten Isolationswiderstands* für elektrische Anlagen von 0,5 MΩ auf ≥ 1 MΩ,

d) *Prüfanforderungen* für den zusätzlichen Schutz,

e) Anforderungen an den *Bericht* nach Beendigung der Erstprüfung oder wiederkehrenden Prüfung,

f) Verfahren zur Messung des Erdschleifenwiderstands mit Stromzangen,

g) Verfahren zum Nachweis des Spannungsfalls.

Für die **Wiederholungsprüfung** ist rechtlich **DIN VDE 0105-100** [2.14] zuständig, siehe Abschnitt 5.3 in der Norm. Eine praktische Anleitung ist dort für verschiedene Messungen nicht gegeben, es wird gefordert, hierfür **DIN VDE 0100-600** [2.39] (bzw. die zum **Zeitpunkt der Erstprüfung** gültige Norm) heranzuziehen. Die Erstprüfungen werden dort beschrieben, die wiederkehrenden Prüfungen in DIN VDE 0105-100 [2.14].

Jede Anlage muss – soweit sinnvoll durchführbar – während der Errichtung und nach Fertigstellung geprüft werden, bevor sie vom Benutzer in Betrieb genommen wird.

Die in DIN VDE 0100-510:2014-10 [2.101] geforderten Informationen sowie andere für die Erstprüfung notwendige Informationen müssen den Personen, die die Erstprüfung durchführen, zur Verfügung gestellt werden.

Zur Erstprüfung gehört der Vergleich der Ergebnisse mit den geltenden Bestimmungen, um zu bestätigen, dass die Anforderungen der Normenreihe DIN VDE 0100 erfüllt sind.

Wird bei Prüfungen festgestellt, dass die Festlegungen der Errichtungsbestimmungen nicht eingehalten sind, z. B. minimal oder max. zulässige Werte, ist nach Fehlersuche und Mängelbeseitigung die Prüfung zu wiederholen.

Bei Messwerten, die die Normanforderungen erfüllen, aber auffällig von den zu erwarteten Werten abweichen, sollte die Ursache der Abweichung untersucht werden (Abweichung von Üblichkeitswerten).

Jede Niederspannungsanlage, auch evtl. Änderungen oder Erweiterungen, haben den zum Zeitpunkt der Errichtung geltenden Bestimmungen zu entsprechen, soweit nicht für bestehende Anlagen eine Anpassung an die aktuellen Normen gefordert wird, die vorrangig gilt.

Um Gefahren durch das Messen zu vermeiden und um Messergebnisse mit hinreichender Genauigkeit zu erzielen, ist die Auswahl normgerechter Messgeräte für die Messaufgabe entsprechend DIN EN 61557-1 (**VDE 0413-1**) [2.38]/DIN EN 61010-1 (**VDE 0411-1**) [2.37] (Prüfen von Schutzmaßnahmen/Spannungs- und Strommessung) gefordert.

Es müssen Vorsichtsmaßnahmen ergriffen werden, um sicherzustellen, dass durch die Prüfung keine Gefahr für Personen oder Nutztiere entsteht und Eigentum sowie Betriebsmittel nicht beschädigt werden, auch bei Fehlern im Stromkreis.

Bei **Erweiterungen oder Änderungen** einer bestehenden Anlage muss nachgewiesen werden, dass die Änderungen oder Erweiterungen der Normenreihe DIN VDE 0100 entsprechen und die Sicherheit der bestehenden Anlage nicht beeinträchtigt ist.

Die Erstprüfung muss von einer **Elektrofachkraft** vorgenommen werden, **die zur Durchführung** von **Prüfungen befähigt ist.**

224

Anmerkung: Die Festlegung von Anforderungen hinsichtlich der Qualifikation von Unternehmen und Personen ist eine nationale Angelegenheit (BetrSichV [1.1]/ TRBS).

Hiernach ist also der **Errichter** der Anlage für eine ordnungsgemäße Prüfung **verantwortlich**. Nach BetrSichV [1.1] und DGUV-Vorschrift 3 (BGV A3) [1.5] § 5 Abs. 1 ist andererseits der Unternehmer, der Betreiber dazu verpflichtet. Es werden sowohl der Errichter als auch der Betreiber in die Pflicht genommen.

Zu Prüfungen gehören alle Maßnahmen, mit denen festgestellt wird, ob die Ausführung von elektrischen Anlagen mit den Errichtungsnormen übereinstimmt.

Prüfung umfasst:

- Besichtigen,
- Erproben und Messen.

Prüfung

umfasst alle Maßnahmen, mit denen die Übereinstimmung der gesamten elektrischen Anlage mit den Anforderungen der Normen der Normenreihe DIN VDE 0100 überprüft wird. Die Prüfung besteht aus dem **Besichtigen** sowie dem **Erproben und Messen**.

Je nach Art der Anlage können weitere gesetzliche Verordnungen oder vertragsrechtliche Forderungen oder Normen für die Prüfung von Bedeutung sein.

Zur Prüfung gehört die Bewertung, ob alle Anforderungen eingehalten sind.

Besichtigen

ist die Untersuchung einer elektrischen Anlage **mit allen Sinnen**, um die richtige Auswahl und die ordnungsgemäße Errichtung der elektrischen Betriebsmittel nachzuweisen.

Die Besichtigung stellt einen sehr wichtigen Teil der Prüfung dar, da viele Mängel nicht durch Erproben und Messen festgestellt werden können.

Erproben und Messen

sind Maßnahmen, mit denen die ordnungsgemäße Funktion der elektrischen Anlage nachgewiesen wird. Hierzu gehört die **Ermittlung von Werten**, die durch Besichtigen nicht festgestellt werden können, **mit geeigneten Messgeräten**.

Die einzelnen Abschnitte der Prüfung sind chronologisch nicht getrennt zu sehen, sondern fließen ineinander und sind zum jeweils geeigneten Zeitpunkt durchzuführen. Die Prüfung begleitet die Errichtung vom Anfang bis zur endgültigen Inbetriebnahme.

7.1.1 Besichtigen allgemein

Das Besichtigen muss vor dem Erproben und Messen durchgeführt werden und bevor die Anlage in Betrieb genommen wird.

Das *Besichtigen muss durchgeführt werden*, um zu bestätigen, dass die elektrischen Betriebsmittel der ortsfesten Anlage

- den **Sicherheitsanforderungen** der zutreffenden Betriebsmittelnormen entsprechen; Anmerkung: Dies darf durch Überprüfung der Informationen, Kennzeichnungen oder Zertifikate des Herstellers nachgewiesen werden;

- entsprechend den Normen der Reihe **DIN VDE 0100** und den Angaben des Herstellers ausgewählt und errichtet worden sind;

- ohne sichtbare, die Sicherheit beeinträchtigende **Beschädigungen** sind.

Das Besichtigen muss, sofern zutreffend, mind. folgende Überprüfungen umfassen:

a) Art des Schutzes gegen elektrischen Schlag, einschließlich der Maße, z. B. beim Schutz durch Abdeckungen oder Umhüllungen, durch Hindernisse oder durch Anordnen außerhalb des Handbereichs;

b) Vorhandensein von Brandabschottungen und anderen Vorsichtsmaßnahmen gegen die Ausbreitung von Feuer und der Schutz gegen thermische Einflüsse;

c) Auswahl der Kabel, Leitungen und Stromschienen hinsichtlich Strombelastbarkeit und Spannungsfall;

d) Auswahl und Einstellung von Schutz- und Überwachungsgeräten;

e) Vorhandensein und richtige Anordnung von geeigneten Trenn- und Schaltgeräten;

f) Auswahl der elektrischen Betriebsmittel und der Schutzmaßnahmen unter Berücksichtigung der äußeren Einflüsse;

g) ordnungsgemäße Kennzeichnung der Neutral- und der Schutzleiter;

h) Anordnung von einpoligen Schaltgeräten in den Außenleitern;

i) Vorhandensein von Schaltungsunterlagen, Warnhinweisen und anderen ähnlichen Informationen; Anmerkung: In den Montage- und Betriebsanleitungen der Hersteller sind aufgrund von Festlegungen in den Gerätebestimmungen die Besonderheiten für Montage und Betrieb enthalten. Die Einhaltung der Vorgaben der Hersteller der elektrischen Betriebsmittel sollte geprüft werden;

j) Kennzeichnung der Stromkreise, Überstromschutzeinrichtungen, Schalter, Klemmen und dergleichen;

k) ordnungsgemäße Leiterverbindungen;

l) Vorhandensein und richtige Verwendung von Schutzleitern, einschließlich Schutzpotentialausgleichsleitern für den Schutzpotentialausgleich über die Haupterdungsschiene und den zusätzlichen Schutzpotentialausgleich;

m) leichte Zugänglichkeit der elektrischen Betriebsmittel zur Bedienung, Kennzeichnung und Instandhaltung.

Das Besichtigen muss die besonderen Anforderungen für Anlagen oder Räume besonderer Art umfassen (DIN VDE 0100 Gruppe 700).

7.1.2 Erproben und Messen allgemein

Die in dieser Norm angegebenen Prüfverfahren sind Referenzverfahren. Andere Verfahren sind nicht ausgeschlossen, wenn sie zu gleichwertigen Ergebnissen führen.

Mess- und Überwachungsgeräte und Verfahren müssen den Anforderungen entsprechender Teile der Normenreihe DIN EN 61557 (**VDE 0413**) entsprechen. Wenn andere Messgeräte verwendet werden, so müssen diese die gleichen Leistungsmerkmale und die gleiche Sicherheit aufweisen.

Es wird in diesem Zusammenhang empfohlen, die Angaben in den Betriebsanleitungen zu den Mess- und Überwachungsgeräten zu berücksichtigen. Die Angaben der Hersteller sollten berücksichtigt werden.

Durch **Erproben und Messen** müssen, sofern zutreffend, folgende Prüfungen durchgeführt werden, vorzugsweise in der folgenden Reihenfolge:

a) **Durchgängigkeit der Leiter**;

b) **Isolationswiderstand der elektrischen Anlage**;

c) **Schutz durch SELV, PELV oder durch Schutztrennung**;

d) **Widerstand/Impedanz von isolierenden Fußböden und isolierenden Wänden**;

e) **Schutz durch automatische Abschaltung der Stromversorgung**;

f) **zusätzlicher Schutz**;

g) **Spannungspolarität**;

h) **Phasenfolge der Außenleiter**;

i) **Funktions- und Betriebsprüfungen**;

j) **Spannungsfall**.

Wenn beim **Erproben und Messen** Fehler festgestellt werden, ist nach Behebung des Fehlers diese Prüfung und jede vorhergehende Prüfung, die durch den Fehler möglicherweise beeinflusst wurde, zu wiederholen.

Wenn die Prüfung in möglicherweise explosiver Atmosphäre durchgeführt wird, müssen Sicherheitsvorkehrungen nach DIN EN 60079-17 (**VDE 0165-10-1**) [2.102] getroffen werden.

In überwachungsbedürftigen Anlagen mit explosiver Atmosphäre sind die Anforderungen der Betriebssicherheitsverordnung [1.1] zu beachten.

Durch **Erproben** muss festgestellt werden, ob die in der Anlage vorhandenen Sicherheitseinrichtungen ihren Zweck ordnungsgemäß erfüllen.

Beim Erproben darf keine Gefährdung von Personen, Nutztieren oder Sachen entstehen, z. B. durch ungewollten Betrieb von Motoren.

Unter anderem sind zu erproben:

- Isolationsüberwachungseinrichtungen, Fehlerstrom- und Fehlerspannungsschutzeinrichtungen durch Betätigen der Prüftaste,
- Wirksamkeit von Sicherheitseinrichtungen, z. B. Not-Aus-Einrichtungen, Verriegelungen, Druckwächter,
- Funktionsfähigkeit von erforderlichen Melde- und Anzeigeeinrichtungen, z. B. Rückmeldung der Schaltstellungsanzeige an ferngesteuerten Schaltern, Meldeleuchten,
- Isolierung (Prüfung der Spannungsfestigkeit), wenn diese keine vom Hersteller zugesicherten Eigenschaften hat, z. B. beim Errichten der Schutzisolierung ohne Verwendung von Betriebsmitteln mit doppelter oder verstärkter Isolierung (Schutzklasse II).

Durch **Messen** ist der ordnungsgemäße Zustand von elektrischen Anlagen und elektrischen Betriebsmitteln mithilfe geeigneter Messgeräte festzustellen. Die Messaufgaben sind mit jeweils entsprechenden Messgeräten nach **Tabelle 7.1** durchzuführen.

Messaufgabe	Normen (alte Fassung)	Zulässiger Gebrauchs- fehler
Spannung und Strom (allgemein)	IEC 60051 (deutsche Norm in Vorbereitung) Z DIN 43780 [2.103] bzw. Z DIN 43751 Z DIN 57410 (**VDE 0410**):1976-10 [2.104] und Z DIN VDE 0411	± 1,5 %
Fehlerstrom, Fehlerspannung und	Z DIN VDE 0413-6:1987-08 [2.105]	± 10 %
Berührungsspannung		± 20 %
Isolationswiderstand	Z DIN 57413-1 (**VDE 0413-1**):1980-09 [2.106]	± 30 %
Schleifenimpedanz (Schleifenwiderstand)	Z DIN 57413-3 (**VDE 0413-3**):1977-07 [2.107]	± 30 %
Widerstand von Erdungsleitern, Schutzleitern und Potentialausgleichsleitern	Z DIN 57413-4 (**VDE 0413-4**):1977-07 [2.108]	± 30 %
Erdungswiderstand:		
• Kompensationsmessverfahren	Z DIN 57413-5 (**VDE 0413-5**):1977-07 [2.109]	± 30 %
• Strom-Spannungsmessverfahren	Z DIN 57413-7 (**VDE 0413-7**):1982-07 [2.110]	± 30 %
Drehfeld (Phasenfolge)	Z DIN 57413-9 (**VDE 0413-9**):1984-02 [2.111]	
Widerstand von Fußböden	Z DIN 57413-1 (**VDE 0413-1**):1980-09 [2.106]	± 30 %
Hochspannungsprüfung, allgemein	DIN EN 60060-2 (**VDE 0432-2**):1996-03 [2.112]	
Hochspannungsprüfung, Messsysteme	Z DIN 57432-3 (**VDE 0432-3**):1978-10 [2.113]	

Tabelle 7.1 Messaufgabe und Normen für zugehörige Messgeräte oder Messanordnungen **bis 1998-04**

Anmerkung: Zu jeder Messung, besonders im Grenzbereich, gehört eine Abschätzung der möglichen Messabweichung

● des Messgeräts und

● der Messmethode.

Die für die Messgeräte zulässige Messabweichung ist in DIN VDE 0413-1 bis -15 festgelegt.

Die in Tabelle 7.1 aufgeführten Teile 1 bis 9 wurden in den Jahren 1998, 2007 und 2008 durch eine Neufassung in internationaler Angleichung abgelöst, Teil 10 kam 2001-12 hinzu, Teil 12 dann 2008-12 und Teil 15 von 2014-10. Das sind die Normen:

DIN EN 61557-1 (**VDE 0413-1**): 2007-12	Elektrische Sicherheit in Niederspannungsnetzen bis AC 1 000 V und DC 1 500 V – Geräte zum Prüfen, Messen oder Überwachen von Schutzmaßnahmen – Teil 1: **Allgemeine Anforderungen** (IEC 61557-1:2007); Deutsche Fassung EN 61557-1:2007
DIN EN 61557-2 (**VDE 0413-2**): 2008-02	Elektrische Sicherheit in Niederspannungsnetzen bis AC 1 000 V und DC 1 500 V – Geräte zum Prüfen, Messen oder Überwachen von Schutzmaßnahmen – Teil 2: **Isolationswiderstand** (IEC 61557-2:2007); Deutsche Fassung EN 61557-2:2007
DIN EN 61557-3 (**VDE 0413-3**): 2008-02	Elektrische Sicherheit in Niederspannungsnetzen bis AC 1 000 V und DC 1 500 V – Geräte zum Prüfen, Messen oder Überwachen von Schutzmaßnahmen – Teil 3: **Schleifenwiderstand** (IEC 61557-3:2007); Deutsche Fassung EN 61557-3:2007
DIN EN 61557-4 (**VDE 0413-4**): 2007-12	Elektrische Sicherheit in Niederspannungsnetzen bis AC 1 000 V und DC 1 500 V – Geräte zum Prüfen, Messen oder Überwachen von Schutzmaßnahmen – Teil 4: **Widerstand** von Erdungsleitern, **Schutzleitern** und Potentialausgleichsleitern (IEC 61557-4:2007); Deutsche Fassung EN 61557-4: 2007
DIN EN 61557-5 (**VDE 0413-5**): 2007-12	Elektrische Sicherheit in Niederspannungsnetzen bis AC 1 000 V und DC 1 500 V – Geräte zum Prüfen, Messen oder Überwachen von Schutzmaßnahmen – Teil 5: **Erdungswiderstand** (IEC 61557-5:2007); Deutsche Fassung EN 61557-5:2007
DIN EN 61557-6 (**VDE 0413-6**): 2008-05	Elektrische Sicherheit in Niederspannungsnetzen bis AC 1 000 V und DC 1 500 V – Geräte zum Prüfen, Messen oder Überwachen von **Schutzmaßnahmen** – Teil 6: Wirksamkeit von **Fehlerstrom-Schutzeinrichtungen (RCD)** in TT-, TN- und IT-Systemen (IEC 61557-6:2007); Deutsche Fassung EN 61557-6:2007

DIN EN 61557-7 (VDE 0413-7): 2008-02	Elektrische Sicherheit in Niederspannungsnetzen bis AC 1 000 V und DC 1 500 V – Geräte zum Prüfen, Messen oder Überwachen von Schutzmaßnahmen – Teil 7: **Drehfeld** (IEC 61557-7:2007); Deutsche Fassung EN 61557-7:2007
DIN EN 61557-8 (VDE 0413-8): 2007-12	Elektrische Sicherheit in Niederspannungsnetzen bis AC 1 000 V und DC 1 500 V – Geräte zum Prüfen, Messen oder Überwachen von Schutzmaßnahmen – Teil 8: **Isolationsüberwachungsgeräte** für IT-Systeme (IEC 61557-8:2007); Deutsche Fassung EN 61557-8:2007
DIN EN 61557-9 (VDE 0413-9): 2009-11	Elektrische Sicherheit in Niederspannungsnetzen bis AC 1 000 V und DC 1 500 V – Geräte zum Prüfen, Messen oder Überwachen von Schutzmaßnahmen – Teil 9: Einrichtungen zur **Isolationsfehlersuche** in IT-Systemen (IEC 61557-9:1999); Deutsche Fassung EN 61557-9:1999
DIN EN 61557-10 (VDE 0413-10): 2014-03	Elektrische Sicherheit in Niederspannungsnetzen bis AC 1 000 V und DC 1 500 V – Geräte zum Prüfen, Messen oder Überwachen von Schutzmaßnahmen – Teil 10: **Kombinierte Messgeräte** zum Prüfen, Messen oder Überwachen von Schutzmaßnahmen (IEC 61557-10:2013); Deutsche Fassung EN 61557-10:2013
DIN EN 61557-11 (VDE 0413-11): 2009-11	Elektrische Sicherheit in Niederspannungsnetzen bis AC 1 000 V und DC 1 500 V – Geräte zum Prüfen, Messen oder Überwachen von **Schutzmaßnahmen** – Teil 11: Wirksamkeit von **Differenzstrom-Überwachungsgeräten (RCMs)** Typ A und Typ B in TT-, TN-und IT-Systemen (IEC 61557-11:2009); Deutsche Fassung EN 61557-11:2009
DIN EN 61557-12 (VDE 0413-12): 2008-12	Elektrische Sicherheit in Niederspannungsnetzen bis AC 1 000 V und DC 1 500 V – Geräte zum Prüfen, Messen oder Überwachen von Schutzmaßnahmen – Teil 12: Kombinierte Geräte zur Messung und Überwachung des Betriebsverhaltens (IEC 61557-12:2007); Deutsche Fassung EN 61557-12:2008
DIN EN 61557-13 (VDE 0413-13): 2012-04	Elektrische Sicherheit in Niederspannungsnetzen bis AC 1 000 V und DC 1 500 V – Geräte zum Prüfen, Messen oder Überwachen von Schutzmaßnahmen – Teil 13: Handgehaltene und handbediente Strommesszangen und Stromsonden zur Messung von Ableitströmen in elektrischen Anlagen
DIN EN 61557-14 (VDE 0413-14): 2014-02	Elektrische Sicherheit in Niederspannungsnetzen bis AC 1000 V und DC 1 500 V – Geräte zum Prüfen, Messen oder Überwachen von Schutzmaßnahmen – Teil 14: Geräte zum Prüfen der Sicherheit der elektrischen Ausrüstung von Maschinen (IEC 61557-14:2013); Deutsche Fassung EN 61557-14:2013

DIN EN 61557-15	Elektrische Sicherheit in Niederspannungsnetzen bis AC 1000 V
(**VDE 0413-15**):	und DC 1500 V – Geräte zum Prüfen, Messen oder Überwachen
2014-10	von Schutzmaßnahmen – Teil 15: Anforderungen zur Funktionalen Sicherheit von Isolationsüberwachungsgeräten in IT-Systemen und von Einrichtungen zur Isolationsfehlersuche in IT-Systemen
	(IEC 61557-15:2014); Deutsche Fassung EN 61557-15:2014

Die derzeit im Gebrauch und im Handel befindlichen Messgeräte entsprechen der bisherigen Norm, die sich jedoch nicht wesentlich von der Neufassung unterscheidet. Die alten Normbezeichnungen werden deshalb mit aufgeführt.

Sind in besonderen Fällen Messungen mit technisch oder wirtschaftlich vertretbarem Aufwand nicht durchführbar, z. B. bei Erdungsanlagen oder bei großen Leiterquerschnitten, ist auf andere Weise, z. B. durch Berechnung oder mithilfe eines Netzmodells, nachzuweisen, dass die Werte eingehalten werden, die eine Beurteilung der Wirksamkeit der angewendeten Schutzmaßnahmen (siehe Tabelle 7.5) ermöglichen.

Geeignete Mess- und Prüfgeräte sind in DIN EN 61557-1 bis -15 (**VDE 0413-1 bis -15**) „Geräte zum Prüfen, Messen oder Überwachen von Schutzmaßnahmen" aufgeführt und hier gerätetechnisch in Tabelle 9.1, Tabelle 9.10 und Tabelle 9.11 aufgelistet.

Es müssen folgende Größen gemessen bzw. untersucht werden. Dafür gibt es verschiedene Messgeräte. Manche Geräte enthalten auch mehrere Messverfahren. Sie werden im Abschnitt 9 dieses Buchs beschrieben.

- **Durchgängigkeit der Leiter.** Die Prüfung der elektrischen Durchgängigkeit muss durchgeführt werden bei:

    a) Schutzleitern, einschließlich der Schutzpotentialausgleichsleiter über die Haupterdungsschiene und der Leiter des zusätzlichen Schutzpotentialausgleichs;

    b) den aktiven Leitern bei ringförmigen Endstromkreisen.

Anmerkung: Ein ringförmiger Endstromkreis ist ein Endstromkreis, der ringförmig verlegt ist und an einem Punkt mit dem versorgenden Stromkreis verbunden ist.

Anmerkung: Ein **höchstzulässiger Widerstandswert ist nicht vorgegeben**. Der **gemessene** Wert sollte nicht höher sein, als jeder Wert der entsprechend den Leitungsdaten (siehe Tabelle NA.4 in DIN VDE 0100-600 [2.39]) und den üblichen Übergangswiderständen zu erwarten ist. Es ist sinnvoll, sich an den Widerstandsbelägen dieser Tabelle in o. g. Norm zu orientieren.

Hier muss man anmerken, dass vielfach die Meinung vertreten wird, < 1 Ω sei okay. Das widerspricht aber der Anmerkung zum vorhergehenden Abschnitt.

Es wird empfohlen, die Prüfung mit einem Strom von mind. 0,2 A mit einer Stromquelle durchzuführen, deren Leerlaufspannung zwischen 4 V und 24 V Gleich- oder Wechselspannung liegt.

- Der **Isolationswiderstand** ist bei allen Schutzmaßnahmen zu messen, siehe Tabellen 7.4 und 7.5, und der minimale Grenzwert ist in der Größenordnung etwa gleich (etwa 1 MΩ), siehe **Tabelle 7.2**.

Zeitbereich	Nennspannung des Stromkreises	Nennwert der Messgleichspannung	Mindestwert des Isolations-widerstands[1]
alte Forderung **bis 1987-10**	für alle Stromkreise	zumindest gleich dem Nennwert der Betriebs-spannung, 100 V...1 000 V	1 kΩ pro V, d. h. 0,2 MΩ bis 1 MΩ
neue Forderung **ab 2008-06**	SELV, PELV	DC 250 V	≥ 0,5 MΩ
	bis 500 V (einschließ-lich FELV), außer SELV und PELV	DC 500 V	≥ 1,0 MΩ
	500 V ... 1 000 V	DC 1 000 V	≥ 1,0 MΩ

[1] Für Schleifleitungen oder Schleifringkörper, die unter ungünstigen Umgebungsbedingungen betrieben werden müssen, z. B. Krananlagen im Freien, Kokereien, Gießereien, Sinteranlagen, brauchen die in dieser Tabelle festgelegten Werte nicht eingehalten zu werden, wenn durch andere Maßnahmen, z. B. Erdung der fremden leitfähigen Befestigungsteile der Schleifleitung, Fernhalten brennbarer Stoffe von Schleifleitungen, dafür gesorgt ist, dass der Ableitstrom nicht zu gefährlichen Körperströmen oder Bränden führt.

Tabelle 7.2 Messspannung und minimal zulässiger Isolationswiderstand nach Z DIN VDE 0100:1976-07 [2.4] (alt) und DIN VDE 0100-600:2008-06 [2.39] (neu)

- Der **Erdungswiderstand** ist bei allen in Bild 4.1 gezeigten, erdungssystem-abhängigen Schutzmaßnahmen zu messen, siehe Tabellen 7.4, 7.5 und 4.7, 9.2 und 9.3. Der max. zulässige Wert ist sehr unterschiedlich und liegt etwa zwischen 0,1 Ω und 5 kΩ.

- Der **Kurzschlussstrom** oder die **Schleifenimpedanz** ist bei der Schutzmaß-nahme TN-System mit Überstromschutz zu ermitteln, max. zulässige Werte siehe Tabellen 4.4 und 4.5.

- Bei Schutzmaßnahmen mit **RCD-** oder **FU-Schutzeinrichtung** und **Isolations-überwachungseinrichtung** ist diese auf ordnungsgemäße Funktion zu prüfen.

- **Zusätzlicher Schutz.** Die Prüfung der Wirksamkeit der Maßnahmen zum zusätz-lichen Schutz wird erfüllt durch Besichtigen und Messen.
  Wenn Fehlerstromschutzeinrichtungen (RCD) für den zusätzlichen Schutz gefor-dert sind, muss die Wirksamkeit der automatischen Abschaltung der Stromver-sorgung durch die Fehlerstromschutzeinrichtungen (RCD) mit geeigneten Mess-geräten geprüft werden, um die Erfüllung der betreffenden Anforderungen von DIN VDE 0100-410 [2.2] zu bestätigen.

Wenn eine Fehlerstromschutzeinrichtung (RCD) für den Fehlerschutz und den zusätzlichen Schutz gemeinsam eingesetzt wird, genügt es, bei der Prüfung der Fehlerstromschutzeinrichtung (RCD) die betreffenden Anforderungen von DIN VDE 0100-410 [2.2] zum Fehlerschutz zu berücksichtigen.

- **Prüfung der Spannungspolarität.** Wenn Regeln den Einbau von einpoligen Schalteinrichtungen im Neutralleiter verbieten, muss durch eine Prüfung der Spannungspolarität festgestellt werden, dass diese Schalteinrichtungen nur in den Außenleitern eingeordnet sind. Anmerkung: z. B. DIN VDE 0100-460:2002-08 [2.114] verbietet einpolige Schaltgeräte im Neutralleiter.

  Hierzu sei angemerkt, dass Geräte gemäß Produktnorm ein Verbot, das bei Anlagen besteht, durch einpolige Schalteinrichtungen in der Zuleitung / im Gerät wieder aufheben. Es wäre sicher besser und auch sicherer, dann zweipolige Schalteinrichtungen einzusetzen!

- **Prüfung der Phasenfolge**: Im Fall von mehrphasigen Stromkreisen muss die Einhaltung der Reihenfolge der Außenleiter geprüft werden (ehemals Drehfeld). Anmerkung: Dies ist erfüllt, wenn ein Rechtsdrehfeld nachgewiesen ist.

  Außer der geforderten Prüfung des Drehfelds von Drehstromsteckdosen ist für andere elektrische Betriebsmittel, z. B. Hausanschlusskästen oder Stromkreisverteiler, im Anwendungsbereich der Normen der Reihe DIN VDE 0100 ein Rechtsdrehfeld für Drehstromkreise nicht festgelegt. Das schließt nicht aus, dass der Betreiber einer elektrischen Anlage aus betriebsinternen Gründen Festlegungen trifft, die das Rechtsdrehfeld für Versorgungssysteme und/oder den Anschluss von elektrischen Betriebsmitteln (z. B. für Zähler) vorsieht. Bei Drehstromzählern ist der Rechtsdrehsinn der Zählerscheibe nicht zu verwechseln mit einem ggf. geforderten Anschluss im Rechtsdrehfeld.

- **Prüfung des Spannungsfalls** (z. B. 3 % bzw. 4 %). Wenn die Erfüllung von DIN VDE 0100-520:2013-06 [2.57] gefordert ist, dürfen folgende Prüfungen durchgeführt werden:
  - Bestimmung des Spannungsfalls durch Messung der Impedanz des Stromkreises;
  - Bestimmung des Spannungsfalls durch Anwendung von Diagrammen, siehe das Beispiel in Anhang D der DIN VDE 0100-520:2013-06 [2.57].

  Anmerkung: Da in DIN VDE 0100-520:2013-06 Änderungen vorgenommen worden sind, muss auch die Prüfung entsprechend angepasst werden. Dazu erfolgen Ausführungen im Abschnitt 9.9 in diesem Buch.

Die Tabellen 7.4 und 7.5 zeigen in einer übersichtlichen Kurzfassung in Abschnitt 7.7 die erforderlichen Messungen, jeweils für die einzelnen Schutzmaßnahmen. Teilweise sind auch die einzuhaltenden Werte angegeben, die vollständig in den Tabellen 4.4, 4.5, 4.7, 7.2, 9.2 und 9.3 aufgeführt sind. Tabelle 7.4 zeigt eine Kurzfassung nach der Forderung der alten Fassung Z DIN VDE 0100g:1976-07 [2.4]. Die Tabelle 7.5 zeigt eine Kurzfassung nach der neuen Forderung DIN VDE 0100-600:2008-06. **Das Arbeiten mit diesen Stichworttabellen setzt die allgemeine Kenntnis der jeweiligen VDE-Bestimmungen voraus.**

7.2 Prüfung des Schutzpotentialausgleichs

Besichtigen

- Alle nach Bild 4.14 vorhandenen Leiter, die dem Potentialausgleich dienen, müssen feste Verbindungen haben, die Querschnitte den Forderungen von Tabelle 4.1 entsprechen und gegen Beschädigung geschützt sein.
- Vorrichtungen zum Abtrennen der Erdungsleitungen müssen zugänglich sein.

Messen

Durch Messen des Schutzpotentialausgleichs ist festzustellen, dass zwischen fremden leitfähigen Teilen, z. B. metallenen Rohrsystemen und der Haupterdungsschiene, eine zuverlässige Verbindung besteht.

7.3 Prüfung des zusätzlichen Schutzpotentialausgleichs

Abschnitt 7.2 dieses Buchs ist sinngemäß anzuwenden.

7.4 Prüfung erdungssystemabhängiger Schutzmaßnahmen (mit Schutzleiter)

7.4.1 Prüfung für alle Netzsysteme, Prüfung des Schutzleiters

Es sind Prüfungen nach den Abschnitten 7.2 und 9.1 dieses Buchs und, soweit in den Abschnitten 7.4.2 bis 7.4.5 dieses Buchs gefordert, nach den Buchabschnitten 7.3 und 9.2 bis 9.7 durchzuführen.

Besichtigen

Bei Schutzmaßnahmen mit Schutzleiter ist durch Besichtigen festzustellen, ob:

- Schutzleiter, Erdungsleiter und Potentialausgleichsleiter mind. den geforderten Querschnitt haben,

234

- Schutzleiter, Erdungsleiter und Potentialausgleichsleiter richtig verlegt, die Anschluss- und Verbindungsstellen gegen Selbstlockern gesichert und ggf. gegen Korrosion geschützt sind,

- Schutzleiter und Außenleiter nicht verwechselt sind,

- Schutzleiter und Neutralleiter nicht verwechselt sind,

- für Schutzleiter und Neutralleiter die Festlegungen über Kennzeichnung, Anschlussstellen und Trennstellen eingehalten sind,

- die Schutzkontakte der Steckvorrichtungen wirksam sein können (nicht verbogen, nicht verschmutzt, nicht mit Farbe überstrichen),

- in Schutzleitern und PEN-Leitern keine Überstromschutzeinrichtung vorhanden und PEN-Leiter und Schutzleiter für sich allein nicht schaltbar sind,

- Schutzeinrichtungen, z. B. Überstrom-, Fehlerstromschutzeinrichtungen, Isolationsüberwachungseinrichtungen, Überspannungsableiter, in der nach den Errichtungsnormen getroffenen Auswahl vorhanden sind.

Erproben

Durchzuführen nach der allgemeinen Forderung.

Messen

Außer der Messung des Isolationswiderstands nach Abschnitt 9.1 dieses Buchs sind die von den Schutzmaßnahmen abhängigen Messungen nach den Abschnitten 7.4.2 bis 7.4.5 dieses Buchs durchzuführen.

7.4.2   Prüfung im TN-System

Besichtigen

Nach der allgemeinen Forderung durchzuführen, siehe Abschnitt 7.1.1 dieses Buchs.

Erproben

Nach der allgemeinen Forderung durchzuführen, siehe Abschnitt 7.1.2 dieses Buchs.

Messen

- Gesamterdungswiderstand aller Betriebserder nach Abschnitt 9.4 dieses Buchs, falls vorgeschrieben.

- Bei Schutz durch Überstromschutzeinrichtung Messung der Schleifenimpedanz oder des Kurzschlussstroms nach den Abschnitten 4.2.4 und 9.5 dieses Buchs oder Rechnung oder Nachbildung des Netzes durch ein Netzmodell.

- Bei Abschaltung durch Fehlerstromschutzeinrichtungen (RCD) ist die Messung der Schleifenimpedanz nicht erforderlich. Es ist jedoch eine Prüfung nach Abschnitt 9.7 dieses Buchs durchzuführen.

7.4.3 Prüfung im TT-System

Besichtigen

Ein Besichtigen nach den allgemeinen Forderungen ist notwendig, siehe Abschnitt 7.1.1 dieses Buchs. Zusätzlich ist festzustellen, ob alle Körper, die gleichzeitig berührbar oder an eine gemeinsame Schutzeinrichtung angeschlossen sind, einen gemeinsamen Erder haben. Werden für den Schutz bei indirektem Berühren Überstromschutzeinrichtungen verwendet, ist festzustellen, ob:

- an jeder beliebigen Stelle im Netz die zugehörige Schutzeinrichtung innerhalb von 0,2 s bzw. 1 s abschaltet. Der Nachweis der Abschaltung darf durch Messen (siehe Abschnitte 9.5 und 4.2.4 dieses Buchs) erbracht werden;

- die Überstromschutzeinrichtung so beschaffen ist, dass der Neutralleiter in keinem Fall vor den Außenleitern abschaltet und nach den Außenleitern einschaltet (Garantie des Herstellers).

Werden diese Bedingungen nicht erfüllt, ist festzustellen, ob ein zusätzlicher Schutzpotentialausgleich vorhanden ist.

Erproben

Nach der allgemeinen Forderung durchzuführen, siehe Abschnitt 7.1.2 dieses Buchs.

Messen

- Erdungswiderstand des Anlagenerders nach Abschnitt 9.4 dieses Buchs.

  Werden Fehlerspannungsschutzeinrichtungen verwendet, so ist zu prüfen, ob der Erdungswiderstand des Hilfserders 200 Ω, in Ausnahmefällen 500 Ω, nicht überschreitet.

  Anmerkung: Es ist darauf zu achten, dass die Fehlerspannungsspule nicht überbrückt ist, z. B. durch fremde leitfähige Teile oder beschädigte Isolierung des Erdungsleiters zum Hilfserder. Der Schutzleiter muss in diesem Fall isoliert sein und darf, ebenso wie alle mit ihm verbundenen Körper, keine Verbindung mit Erde haben!

- Werden für den Schutz bei indirektem Berühren Überstromschutzeinrichtungen verwendet, ist festzustellen, ob der nach Abschnitt 9.4 zu messende Erdungswiderstand so niederohmig ist, dass der für die jeweilige Abschaltzeit erforderliche Abschaltstrom nach Tabelle 4.6 fließen kann. In diese Messung sind Schutz- und Erdungsleiter zwischen dem Körper des Betriebsmittels und dem Erder einzubeziehen.

- Bei der Verwendung von Fehlerstromschutzeinrichtungen (RCD) ist nach Abschnitt 9.7 zu prüfen.

7.4.4   Prüfung im IT-System

Hier muss unterschieden werden:

- **erster Fehler** zwischen einem Leiter L und PE,
- **zweiter Fehler** (Doppelfehler) zwischen einem weiteren Leiter L gegen PE.

Im IT-System sind einige Messungen nur möglich, wenn ein künstlicher Erdschluss hergestellt wird, um die Bedingungen von DIN VDE 0100-410 [2.2] exakt prüfen zu können. Hierfür sind als Regel der Technik anzusehende Messmethoden noch nicht eingeführt, sodass die VDE-Bestimmung nur teilweise nähere Angaben macht. Durch den künstlichen Erdschluss entstehen Beanspruchungen der Anlage durch Spannungserhöhung der „gesunden" Außenleiter und evtl. Gefährdungen durch einen während der Messung auftretenden zweiten Fehler.

Es werden deshalb Messmethoden angegeben, die ohne einen künstlichen Erdschluss möglich sind.

Nach Abschnitt 7.4.4.1 (Anmerkung) in diesem Buch wird man in den meisten Fällen mit einer Erdungsmessung auskommen. Bei Bildung lokaler IT-Systeme, z. B. in Hochhäusern, kann an die Stelle der direkten Erdung der Anschluss an einen geerdeten Schutzpotentialausgleich treten. Wegen der im IT-System durch die begrenzte Netzausdehnung zulässigen hohen Erdungswiderstände genügt bei Prüfung der Bedingung $R_A \cdot I_d \leq U_L$ der Ansatz des Erdungswiderstands der Gebäudeerdungsanlage, wenn vom Anschlusspunkt des IT-Systems an den Potentialausgleich die Verbindung zur Erdungsanlage ausreichend niederohmig ist. Wenn die Voraussetzungen in der Anmerkung nicht zutreffend sind, darf statt einer Messung der Ableitstrom abgeschätzt werden. In die Abschätzung gehen ein: Netz-Nennspannung; Kabel- und Leitungstypen, -querschnitte, -längen des gesamten Netzes und vor allem auch die Ableitströme der Verbraucher. Es dürfen Angaben aus der Literatur verwendet werden. Angaben siehe Abschnitt 4.8 (I_d etwa 1 mA je 1 kVA).

7.4.4.1   Prüfung der Wirksamkeit der Schutzmaßnahme beim ersten Fehler

Besichtigen

Nach Abschnitt 7.1.1 dieses Buchs durchzuführen.

Zusätzlich ist festzustellen, ob:

- kein aktiver Leiter der Anlage direkt geerdet ist,
- die Körper einzeln, gruppenweise oder in ihrer Gesamtheit mit einem Schutzleiter verbunden sind.

Erproben

Nach Abschnitt 7.1.2 dieses Buchs durchzuführen.

Messen

Für die weiteren Prüfungen ist es zweckmäßig, den Ableitstrom I_d zu messen. Hierzu wird ein Strommessgerät zwischen L und PE gelegt. Dabei ist zu beachten, dass evtl. vorhandene Schutzeinrichtungen ansprechen. Zu erwarten sind einige Milliampere bis einige Ampere (etwa 1 mA/1 kVA).

Es ist entweder:

- der Erdungswiderstand R_A nach den Festlegungen des Abschnitts 9.4.1 in diesem Buch und nach Erdung eines Außenleiters an der Stromquelle der Ableitstrom I_d des Netzes zu messen. Ersatzweise darf I_d aufgrund der Planungsunterlagen geschätzt werden. Das Produkt aus $R_A \cdot I_d$ darf die Grenze der dauernd zulässigen Berührungsspannung U_L nicht überschreiten.

Oder es ist:

- nach Erdung eines Außenleiters an der Stromquelle der Spannungsfall am Erdungswiderstand R_A zu messen, wobei dieser kleiner sein muss als die dauernd zulässige Berührungsspannung U_L.

Anmerkung: Meist ist bei nicht vermaschten Netzen mit Nennleistung des einspeisenden Transformators bis 3,15 MVA und Nennspannung bis 660 V bzw. 1,6 MVA und Nennspannung über 660 V bis 1 000 V die Wirksamkeit der Schutzmaßnahme beim ersten Fehler auch ohne Messung oder Abschätzung des Ableitstroms bzw. ohne Messung der Erdungsspannung sichergestellt, wenn der Erdungswiderstand $R_A \leq 15\ \Omega$ beträgt.

7.4.4.2 Prüfung der Wirksamkeit der Schutzmaßnahme beim Doppelfehler (erster und zweiter Fehler)

Je nach Ausführung der Schutzmaßnahme im IT-System ist nach den folgenden Absätzen a), b) oder c) zu prüfen, s. a. Abschnitt 4.2.6, Abs. a) und b).

a) Allgemein

Besichtigen

Nach den allgemeinen Forderungen durchzuführen, siehe Abschnitt 7.1.1 dieses Buchs.

Erproben

Die Isolationsüberwachungseinrichtung ist durch Betätigen der Prüfeinrichtung und durch einen simulierten Isolationsfehler im Netz (Widerstand zwischen einem Außenleiter und Schutzleiter) zu erproben.

Beim Erproben der Isolationsüberwachung sollte der zwischen Außen- und Schutzleiter zu schaltende Widerstand mind. 2 kΩ betragen. Als Ansprechwert der Isolationsüberwachung werden üblicherweise mind. 100 Ω/V eingestellt.

Messen

Eine Messung des zusätzlichen Schutzpotentialausgleichs ist erforderlich.

b) Abschaltung nach den Bedingungen des TN-Systems

Besichtigen

Nach den allgemeinen Forderungen durchzuführen, siehe Abschnitt 7.1.1 dieses Buchs.

Erproben

Nach Abschnitt 7.1.2 dieses Buchs durchzuführen.

Messen

Es ist eine Messung nach Abschnitt 7.4.2 dieses Buchs durchzuführen. Hierzu ist ein Außenleiter an der Stromquelle zu erden, s. a. Abschnitt 4.2.6, Abs. a), Gl. (4.7).

Anmerkung: Bei Netzen ohne Neutralleiter ist U_0 durch die Spannung zwischen den Außenleitern zu ersetzen. Die Schleifenimpedanz wird gemessen zwischen dem nicht geerdeten Außenleiter und dem Schutzleiter.

Statt der Messung der Schleifenimpedanz darf der Schutzleiterwiderstand gemessen werden. Bei etwa gleicher Länge und etwa gleichem spezifischen Widerstand von Außen- und Schutzleiter muss der Schutzleiterwiderstand die Bedingung erfüllen:

$$R \leq 0,8 \cdot \frac{S_A}{S_A + S_{PE}} \cdot \frac{U}{I_a} \cdot \frac{U_n}{U_0}.$$

Darin sind:

U U_n im Netz ohne Neutralleiter,

       U_0 im Netz mit Neutralleiter,

S_{PE} Schutzleiterquerschnitt,

S_A Außenleiterquerschnitt,

U_n Nennspannung zwischen Außenleitern,

U_0 Nennspannung zwischen Außenleiter und Neutralleiter,

I_a Strom, der das automatische Abschalten bewirkt (siehe Tabellen 4.4 und 4.5),

0,8   Korrekturfaktor Leitertemperatur 80 °C auf 20 °C.

Für bestimmte Schutzeinrichtungen kann I_a aus den Tabellen 4.4 und 4.5 entnommen werden.

c) Abschaltung nach den Bedingungen des TT-Systems

Besichtigen

Besichtigen nach den allgemeinen Forderungen, siehe Abschnitt 7.1.1 dieses Buchs. Zusätzlich ist festzustellen, dass alle Körper, die gleichzeitig berührbar oder an eine gemeinsame Schutzeinrichtung angeschlossen sind, einen gemeinsamen Erder haben.

Erproben

Nach Abschnitt 7.1.2 dieses Buchs durchzuführen.

Messen

Es ist eine Messung nach Abschnitt 7.4.3 durchzuführen, s. a. Abschnitt 4.2.6, Abs. b).

7.4.5 Spannungsbegrenzung bei Erdschluss eines Außenleiters

In Freileitungsnetzen ist der Gesamterdungswiderstand R_B nach Abschnitt 9.4 zu messen. Wird als Gesamterdungswiderstand R_B ein Wert von 2 Ω überschritten, so ist der Erdungswiderstand der fremden leitfähigen Teile, über die ein Erdschluss entstehen kann, zu messen. Als fremde leitfähige Teile kommen diejenigen in Betracht, die außerhalb von Verbraucheranlagen angeordnet und im TN-System nicht mit dem PEN-Leiter verbunden sind.

Anmerkung: Die Messung des Gesamterdungswiderstands R_B fällt in den Zuständigkeitsbereich des Errichters oder Betreibers des Freileitungsnetzes.

7.5 Prüfung erdungssystemunabhängiger Schutzmaßnahmen (meist ohne Schutzleiter)

Außer der allgemeinen Forderung von Abschnitt 7.1 müssen bei den einzelnen Schutzmaßnahmen die nachfolgend angeführten Punkte noch geprüft werden.

7.5.1 Schutz durch Kleinspannung (SELV)

Besichtigen

- Stromquelle nach Forderung von DIN VDE 0100-410 [2.2] (vgl. Abschnitt 4.5.3 in diesem Buch) vorhanden?
- Ortsveränderliche Transformatoren müssen Schutzklasse II haben (Schutzisolierung)!

- Betriebsmittel, Stecker und Steckdosen nach Vorschrift vorhanden?
- Aktive Teile haben keine Verbindung zu anderen und zur Erde!
- Über AC 25 V oder DC 60 V Schutz gegen direktes Berühren vorhanden?

Messen

- Spannung der Schutzkleinspannung,
- Isolationswiderstand der Leiter gegen Erde, erforderliche Werte nach Tabelle 7.2.

7.5.2 Schutz bei Funktionskleinspannung mit sicherer Trennung (PELV)

Prüfung wie Abschnitt 7.5.1 dieses Buchs, bei der Isolationsmessung eine evtl. vorhandene Erdverbindung auftrennen. Bei nicht sicherer Trennung zur Primärseite ist die Prüfung der primären Schutzmaßnahmen sekundär fortzusetzen. Durch Messen ist festzustellen, dass ein Schutzleiter zur Primärseite Verbindung hat.

7.5.3 Schutzmaßnahme: Doppelte oder verstärkte Isolierung „Schutzisolierung"

Besichtigen

- keine Schäden an der Isolierstoffumhüllung,
- leitfähige Teile nicht an Schutzleiter angeschlossen,
- keine Durchführung leitfähiger Teile durch die Isolierstoffumhüllung.

Erproben

Wenn die Isolierstoffumhüllung nicht vorher geprüft wurde und Zweifel an ihrer Wirksamkeit bestehen, ist ein Erproben der Spannungsfestigkeit durchzuführen.

Anmerkung: Bis zur Annahme einer harmonisierten Prüfbestimmung darf wie folgt verfahren werden:

Betriebsmittel, deren Nennspannung 500 V nicht überschreitet, müssen nach Installation und Anschluss während 1 min einer Prüfspannung von 4 000 V zwischen den aktiven Teilen und den äußeren Metallteilen, z. B. ihren Befestigungsteilen, ohne Überschlag oder Durchschlag standhalten.

Die Frequenz der Prüfspannung muss der Betriebsfrequenz entsprechen.

7.5.4 Schutz durch nicht leitende Räume

Besichtigen

- Gleichzeitiges Berühren verschiedener leitfähiger Teile räumlich nicht möglich.

Messen

- Bei Verwendung von Betriebsmitteln der Schutzklasse I müssen leitfähige isolierte Teile bei AC 2 000 V einen Ableitstrom von weniger als 1 mA haben.

- Es ist durch Messen festzustellen, dass die Widerstände von isolierendem Fußboden und isolierenden Wänden nicht unterschritten werden (siehe Abschnitte 9.2 und 9.2.1 in diesem Buch).

7.5.5 Schutz durch Schutztrennung

Besichtigen

- Stromquelle nach Forderung von DIN VDE 0100-410 [2.2] (vgl. Abschnitt 6.4.3 in diesem Buch) vorhanden?

- Sekundäre Leitungen von primären, solchen anderer Stromkreise und Erde getrennt, Verlegung und Zustand ordnungsgemäß?

- Wenn Schutztrennung wegen besonderer Gefahr zwingend gefordert ist, darf nur ein Verbrauchsmittel angeschlossen sein. Werden in anderen Fällen mehrere Geräte angeschlossen, müssen die Schutzleiter miteinander verbunden sein.

Messen

Bei mehr als einem Verbrauchsmittel muss die Schutzleiterverbindung auf niederohmige Schleifenimpedanz geprüft werden. Bedingung des TN-Systems mit Überstromschutz Abschnitt 4.2.4 einhalten. An einem stromlosen Verbrauchsmittel Körperschluss erzeugen und an dem anderen Netzschleifenimpedanz messen.

7.6 Hochspannungsprüfung, Prüfung der Spannungsfestigkeit

Hochspannungsprüfungen von Niederspannungsisolationen nach DIN VDE 0432-2 [2.115] werden nur in Ausnahmefällen erforderlich sein. Ausnahmefälle sind, wenn die verwendeten Teile nicht hochspannungsgeprüft sind und Zweifel an der Spannungsfestigkeit bestehen. Betriebsmittel müssen (siehe Abschnitt 2.1.2) vom Hersteller geprüft werden. Zudem kann die Einhaltung der Festlegungen in den vorgenannten Normen einen nicht gerechtfertigten Aufwand bedeuten.

Die Prüfströme der Hochspannungsprüfgeräte sind für Personen gefährlich und wirken an fehlerhaften Prüfstellen meist zerstörend. Im Gegensatz hierzu sind das Isolationsmessgeräte, die auch mit hohen Spannungen arbeiten, nicht. Nach DIN VDE 0413-2 [2.116] darf dort der Messstrom nur max. 15 mA (Scheitelwert) betragen. Die in Abschnitt 9.1.2 und Tabelle 9.1 aufgeführten – handelsüblichen – Geräte haben nur Kurzschlussströme bis etwa 8 mA. Festlegungen für Hochspannungsprüfungen im Anwendungsbereich der DIN VDE 0100 sind in Vorbereitung.

Bis zur Vorlage gültiger Bestimmungen dürfen Hochspannungsprüfungen durchgeführt werden:

- für den Anwendungsbereich von DIN VDE 0100-729 [2.117] weiterhin mit Prüfspannungen nach Z DIN VDE 0100:1973-05 [2.3] Tabelle 30-1 der Norm (sie ist hier im Buch als **Tabelle 7.3** wiedergegeben) und

- bei den Schutzmaßnahmen nach DIN VDE 0100-410 [2.2]
  - Schutzkleinspannung mit 500 V Wechselspannung,
  - Funktionskleinspannung ohne sichere Trennung mit 1 500 V Wechselspannung,
  - Schutzisolierung mit 4 000 V Wechselspannung,
  - Schutztrennung mit 4 000 V Wechselspannung,
  - Schutz durch nicht leitende Räume mit 2 000 V Wechselspannung.

Die Prüfung gilt als bestanden, wenn weder Durchschlag noch Überschlag auftritt. Anstelle der Hochspannungsprüfungen ist ersatzweise eine Isolationsmessung nach Abschnitt 9.1 zulässig mit einer Prüfspannung von mind. 1 000 V. Dabei muss der Mindestisolationswiderstand nach Tabelle 7.2 eingehalten sein.

Die Sekundärleistung des Hochspannungstransformators sollte mind. 500 VA betragen bei einem Mindestkurzschlussstrom von 0,1 A. Bei ausgedehnten Schaltanlagen und Verteilern kann aufgrund der kapazitiven Ableitströme die vorgenannte Leistung ggf. zu klein sein.

Für das Errichten von Prüfanlagen sowie für zusätzlich anzuwendende Sicherheitsmaßnahmen ist DIN VDE 0104:2011-10 [2.24] zu beachten.

| Spannung gegen Erde | | Effektivwert der |
Wechselspannung in V	Gleichspannung in V	Prüfwechselspannung in V
60	60	850
125	110	1 300
250	250	1 700
380	440	2 100
500	600	2 100
750	800	2 500
1 000	1 500	3 000
–	1 500	4 200

Tabelle 7.3 Hochspannungsprüfung, Spannungswerte nach Z DIN VDE 0100:1973-05 [2.3]

7.7   Kurzfassung der Prüfung nach DIN VDE 0100

Die Prüfung umfasst:

- **Besichtigung** aller Teile der Anlage auf ordnungsgemäßen Zustand;
- **Erprobung**, d. h. vorwiegend Auslösen der Schutzeinrichtungen durch Betätigen der Prüftasten;
- **Messung** von Netzspannung, Isolationswiderstand, Erdungswiderstand, Schutzleiter- bzw. Netzschleifenwiderstand/-impedanz und Auslösen der FI- oder FU-Schutzeinrichtung.

Die **Tabellen 7.4 und 7.5** sind Checklisten, die schnell eine Information über die Prüfaufgabe geben. Sie setzen die Kenntnis der Abschnitte 7.1 bis 7.6 mit ihren Unterabschnitten voraus.

Die Tabelle 7.4 in diesem Buch aus Z DIN VDE 0100g:1976-07 [2.4] wurde bezüglich der Erstprüfung abgelöst durch die Tabelle 7.5 in diesem Buch. Tabelle 7.4 ist für die Erstprüfung inzwischen überflüssig, denn hier gelten die neuen Forderungen der Tabelle 7.5. Sie wird trotzdem mit aufgeführt, weil sie für die Wiederholungsprüfung von Anlagen, die vor November 1985 in Betrieb genommen worden sind, noch dienlich sein kann. Für die Wiederholungsprüfung ist vom Geltungsbereich her DIN VDE 0105-100 [2.14] maßgebend. Diese stellt jedoch in manchen Punkten nur allgemeine Forderungen, sodass für manche detaillierte Prüfung auf DIN VDE 0100 verwiesen werden muss.

Nr.	A. Schutzmaßnahmen mit Schutzleiter	Prüfaufgabe	Prüfverfahren und Prüfgeräte
1.	für alle Schutzmaßnahmen mit Schutzleiter	Schutzleiterbesichtigung	nach b) 1.1
		keine Verwechslung Schutzleiter/Außenleiter	Spannungsmessung gegen Erde, Phasenprüfung
		keine Verwechslung Schutzleiter/Mittelleiter	Isolationsmessung, Widerstandsmessverfahren
		durchgehende niederohmige Verbindung der Schutzleiter	Widerstandsmessverfahren
2.	§ 9 Schutzerdung	Schutzerdungswiderstand:	Erdungswiderstandsmessung
	1b) Rückfluss des Erdschlussstroms durch das Erdreich	$R_S \leq \dfrac{65\,V}{I_A}$	
	2b) Rückfluss des Erdschlussstroms über das metallene Wasserrohrnetz	Widerstand der Leiterschleife: $R_{Sch} \leq \dfrac{U_E}{I_A} = \dfrac{U_E}{k \cdot I_N}$	Schleifenimpedanzmessung[1]

[1] Es genügt normalerweise, wenn der Schleifenwiderstand an ungünstigen Stellen ermittelt wird. An anderen Stellen genügt der Nachweis der durchgehenden niederohmigen Verbindung nach Nr. 1.

Tabelle 7.4 Prüfungen bei den einzelnen Schutzmaßnahmen (Tabelle 22-1 aus DIN VDE 0100g: 1976-07 [2.4]), gültig für Anlagen, die vor dem November 1985 in Betrieb genommen worden sind

Nr.	A. Schutzmaßnahmen mit Schutzleiter	Prüfaufgabe	Prüfverfahren und Prüfgeräte
3.	§ 10 Nullung	Kurzschlussstrom zwischen Außenleiter und Nullleiter oder besonderem Schutzleiter: $I_k \geq I_A = k \cdot I_N$	Schleifenimpedanzmessung[1]
		Erdungswiderstand der Betriebserdungen: $R_B \leq 2\,\Omega$ und bei Freileitungsnetzen der Netzausläufer: $R_E \leq 5\,\Omega$	Erdungswiderstandsmessung
		bei Nullung gemäß § 10 a) 2.1 Erdschlussfreiheit des zur Prüfung vom Netz getrennten Mittelleiters	Isolationsmessung nach § 23
4.	§ 11 Schutzleitungssystem	Erdungswiderstand des gesamten Schutzleitungssystems: $R_S \leq 20\,\Omega$ (bei beweglichen Stromerzeugungsanlagen $R_S \leq 100\,\Omega$)	
		Erprobung des Isolationsüberwachungsgeräts	Betätigung der Prüfeinrichtung
		niederohmige Verbindung aller zu schützenden Geräte und anzuschließenden leitfähigen Konstruktionsteile über Schutzleiter	Widerstandsmessverfahren
		Ansprechen des Isolationsüberwachungsgeräts bei Erdschluss im Netz	künstliche Fehler im Netz über Widerstand zwischen einem Außenleiter und Schutzleiter
		bei beweglichen Stromerzeugungsanlagen ohne Isolationsüberwachungsgeräte oder Erdschlussanzeige Einhaltung der Bedingungen nach 53 c) 2.2	Berechnung aus Generator- und Leitungsdaten oder Messung
5.	§ 12 FU-Schutzschaltung	Erprobung durch Prüfeinrichtung Fehlerspannung beim Auslösen	Betätigung der Prüfeinrichtung
		durch künstlichen Fehler $U_F \leq 65$ V bzw. 24 V	Messung der Fehlerspannung
6.	§ 13 FI-Schutzschaltung	Erprobung durch Prüfeinrichtung oder	Betätigung der Prüfeinrichtung

[1] Es genügt normalerweise, wenn der Schleifenwiderstand an ungünstigen Stellen ermittelt wird. An anderen Stellen genügt der Nachweis der durchgehenden niederohmigen Verbindung nach Nr. 1.

Tabelle 7.4 (Fortsetzung) Prüfungen bei den einzelnen Schutzmaßnahmen (Tabelle 22-1 aus DIN VDE 0100g: 1976-07 [2.4]), gültig für Anlagen, die **vor** dem **November 1985** in Betrieb genommen worden sind

Nr.	A. Schutzmaßnahmen mit Schutzleiter	Prüfaufgabe	Prüfverfahren und Prüfgeräte
		Erdschlussfreiheit des Mittelleiters hinter der Fehlerstromschutzeinrichtung	Isolationsmessung nach § 23
		Fehlerspannung beim Auslösen durch künstlichen Fehler: $U_F \leq 65$ V bzw. 24 V oder	Messung der Fehlerspannung
		Erdungswiderstand: $R_E \leq \dfrac{65\,\text{V bzw. } 24\,\text{V}}{I_{\Delta N}}$	Erdungswiderstandsmessung und Auslösestrom

Nr.	B. Schutzmaßnahmen ohne Schutzleiter	Prüfaufgabe	Prüfverfahren und Prüfgeräte
1.	für alle Schutzmaßnahmen ohne Schutzleiter	Besichtigung	nach b) 1.2
2.	§ 8 Schutzkleinspannung	Messung, ob die Spannung ≤ 42 V	Spannungsmessung
		Messung, ob der Stromkreis erdschlussfrei ist	Isolationsmessung gegen Erde nach § 23 (Prüfspannung mind. 250 V)
		Messung, ob der Stromkreis nicht leitend mit Anlagen höherer Spannung verbunden ist	Isolationsmessung gegen Anlagen höherer Spannung nach § 23 (Prüfspannung entsprechend der Nennspannung der Anlage mit der höheren Spannung)
3.	§ 14 Schutztrennung	Messung, ob die Sekundärspannung ≤ 250 V bzw. 380 V ist	Spannungsmessung
		Messung, ob Sekundärstromkreis erdschlussfrei ist	Isolationsmessung gegen Erde nach § 24
4.	§ 7 Schutzisolierung	keine messtechnische Prüfung durch den Errichter	
	Standortisolierung	Messung des Isolationszustands	Isolationsmessung nach § 24

Tabelle 7.4 (Fortsetzung) Prüfungen bei den einzelnen Schutzmaßnahmen (Tabelle 22-1 aus DIN VDE 0100g: 1976-07 [2.4]), gültig für Anlagen, die **vor** dem **November 1985** in Betrieb genommen worden sind

Prüfungen allgemein:

Besichtigen

Betriebsmittel: richtige Auswahl, keine Schäden, ordnungsgemäße Montage
Isolierung, Abdeckung, Umhüllung: ordnungsgemäß
Abstand, Hindernisse: hinreichend gegeben, auch für Betätigungselemente
Überstromschutzeinrichtung: richtig bemessen
Überwachungseinrichtung: richtig bemessen
Brandabschnitte: Schottung von Leitungs- und Kabeldurchführung
Dokumentation: vorhanden, Kennzeichnung dauerhaft

Erproben

Betätigung: der Prüftaste FI, FU, IMD, Not-Aus, Verriegelung, Druckwächter
Kontrolle: Funktion der Melde- und Anzeigeeinrichtung
Isolierung: Prüfung Spannungsfestigkeit, falls nicht vom Hersteller durchgeführt

Messen

Kontrolle der geforderten Werte der Abschnitte 9.1 bis 9.7 in diesem Buch, siehe nachstehende
Kurzfassungen A bis D

A	Prüfung des Schutzpotentialausgleichs über die Haupterdungsschiene	
	Prüfaufgabe	**Prüfverfahren und Prüfgeräte**
	a) Besichtigung: Verbindung aller Schutzpotentialausgleichsleiter mit Haupterdungsschiene, Querschnitte, Zugänglichkeit	nach Abschnitt 7.5 dieses Buchs
	b) Nachweis der leitenden Verbindung durch Messung	Widerstandsmessung
B	Prüfung des zusätzlichen Schutzpotentialausgleichs	
	Prüfaufgabe	**Prüfverfahren und Prüfgeräte**
	a) Besichtigung: alle Teile sind einbezogen	nach Abschnitt 7.2 dieses Buchs
	b) Nachweis der leitenden Verbindung durch Messung	Widerstandsmessung

Tabelle 7.5 Zusammenstellung der Prüfaufgaben für die Erstprüfung
(nach DIN VDE 0100-600:2008-06) [2.39]

C	Prüfung bei erdungssystemabhängigen Schutzmaßnahmen (Schutzmaßnahmen mit Schutzleiter und mit Erder)		
	Schutzmaßnahmen	Prüfaufgabe	Prüfverfahren und Prüfgeräte
1.	für alle Schutzmaßnahmen	Schutzleiterbesichtigung	nach Abschnitt 7.4.1 dieses Buchs
	bei Steckdosen im TN- oder TT-System wird das durch die Schleifenimpedanz- oder RCD-Prüfgeräte meist automatisch geprüft	keine Verwechslung Schutzleiter – Außenleiter	Spannungsmessung oder Prüfung gegen Erde
		keine Verwechslung Schutzleiter – Neutralleiter	bei abgetrenntem Neutralleiter Isolationsmessung gegen Erde
		niederohmige Verbindung des Schutzleiters gegen Schutzpotentialausgleich	Widerstandsmessung oder Durchgangsprüfung gegen Erde oder Schutzpotentialausgleich
		Prüfung des Spannungsfalls	Messung bzw. Berechnung nach Abschnitt 9.9 dieses Buchs
2.	TN-System mit Überstromschutzeinrichtung	a) Nachweis, dass Kurzschlussstrom in 0,1 s; 0,2 s; 0,4 s bzw. 5 s die Überstromschutzeinrichtung auslöst	Schleifenimpedanz- oder Kurzschlussstrommessung (L–PE), Werte siehe Tabellen 4.2 und 4.4 oder Widerstandsmessung PE oder Rechnung
		b) Nachweis, dass der gesamte Erdungswiderstand der Betriebserder niederohmig ist	Messung des Erdungswiderstands
		c) Messung des Isolationswiderstands L und N gegen PE, (L gegen N)[*), $R_{\text{iso}} \geq 1,0\,\text{M}\Omega$	Isolationsmessung mit Gleichspannung 500 V (1 000 V), siehe Tabelle 7.2
3.	TN-System mit Fehlerstromschutzeinrichtung (RCD)	a) Erprobung der Fehlerstromschutzeinrichtung (RCD)	Betätigen der Prüftaste
		b) • Auslösestrom ist gleich oder kleiner dem Bemessungsdifferenzstrom der Fehlerstromschutzeinrichtung, $I_\Delta \leq I_{\Delta N}$	RCD-Prüfgerät
		• die Einhaltung der Abschaltzeit muss überprüft werden, wenn Fehlerstromschutzeinrichtungen (RCD) wieder verwendet werden	Prüfung mit $5 \cdot I_{\Delta N}$ empfohlen (bei RCD 10mA und 30mA)
		c) Nachweis, dass der gesamte Erdungswiderstand der Betriebserder niederohmig ist	Messung des Erdungswiderstands
		d) Messung des Isolationswiderstands L und N gegen PE, (L gegen N)[*), $R_{\text{iso}} \geq 1,0\,\text{M}\Omega$	Isolationsmessung mit Gleichspannung 500 V (1 000 V), siehe Tabelle 7.2

Tabelle 7.5 (Fortsetzung) Zusammenstellung der Prüfaufgaben für die Erstprüfung (nach DIN VDE 0100-600:2008-06) [2.39]

4.	TT-System mit Überstromschutzeinrichtung **Anmerkung**: erfordert bei größeren Leistungen sehr kleine Erdungswiderstände und ist deshalb praktisch nicht gut zu realisieren	a) Prüfen, ob in N Überstromschutzeinrichtung vorhanden ist, die gemeinsam mit L abschaltet oder nachstehend beschriebene Abschaltung in 0,2 s bzw. 1 s vornimmt oder zusätzlicher Schutzpotentialausgleich vorhanden ist	Besichtigung nach Abschnitt 7.1.1 dieses Buchs
		b) Nachweis, dass der Erdungswiderstand $R_A \leq U_L/I_a$ ist. I_a aus Tabelle 4.8 für 1 s Abschaltzeit (0,2 s, wenn kein Überstromschutz in N). $U_L = 50$ V AC oder DC 120 V, für besondere Betriebsräume niedrigere Werte (z. B. AC 25 V)	Messung des Erdungswiderstands
		c) Messung des Isolationswiderstands L und N gegen PE, (L gegen N)[*), $R_{iso} \geq 1,0$ MΩ	Isolationsmessung mit Gleichspannung 500 V (1 000 V)
[*) nur in explosions- und brandgefährdeten Bereichen			
5.	TT-System mit Fehlerstromschutzeinrichtung (RCD) **Anmerkung**: Das ist die fast ausschließlich angewendete Schutzmaßnahme im TT-System	a) Erprobung der Fehlerstromschutzeinrichtung (RCD)	Betätigung der Prüftaste
		b) Messung des Isolationswiderstands L und N gegen PE, (L gegen N)[*), $R_{iso} \geq 1$ MΩ	Isolationsmessung mit Gleichspannung 500 V (1 000 V)
		c) • Nachweis, dass der Auslösestrom gleich oder kleiner dem Bemessungsdifferenzstrom ist, $I_\Delta \leq I_{\Delta N}$ und dabei die zulässige Berührungsspannung U_L nicht überschritten wird. $U_L =$ AC 50 V, für besondere Betriebsräume niedrigere Werte (z. B. AC 25 V). Anstelle U_L kann auch der Erdungswiderstand R_A gemessen werden. Bedingung: $R_A \leq U_L/I_{\Delta N}$	RCD-Prüfgerät oder zusätzlich Erdungsmessung bei selektiven (zeitverzögerten) RCD [S] ist $R_A \leq U_L/(2 \cdot I_{\Delta N})$

Tabelle 7.5 (Fortsetzung) Zusammenstellung der Prüfaufgaben für die Erstprüfung (nach DIN VDE 0100-600:2008-06) [2.39]

			• die Einhaltung der Abschaltzeit muss überprüft werden, wenn Fehlerstromschutz-einrichtungen (RCD) wieder verwendet werden	Prüfung mit $5 \cdot I_{\Delta N}$ empfohlen (bei RCD 10 mA und 30 mA)

*) nur in explosions- und brandgefährdeten Bereichen

6.	TT-System mit FU-Schutzeinrichtung	a)	Erprobung der FU-Schutz-einrichtung	Betätigung der Prüftaste
	Anmerkung: Die FU-Schutzeinrichtung wird nur in Sonderfällen angewendet • Betriebsmittel oder kleine Anlagenabschnitte • bei Neuanlagen ab dem Jahr 1990 nicht mehr verwendet	b)	Messung des Isolations-widerstands L und N gegen PE, L gegen Erde! $R_{iso} \geq 0,5\ M\Omega\ (1\ M\Omega)$	Isolationsmessung mit Gleich-spannung 500 V (1 000 V) gegen Erde ohne FU-Schutzschalter
		c)	Nachweis, dass die Auslösespannung gleich oder kleiner der Be-messungsdifferenzspannung ist, $U_B \leq U_{BN}$	RCD-Prüfgerät, dabei Erdungs-widerstand vorübergehend auf etwa 200 Ω vergrößern
		d)	Nachweis, dass der Erdungswiderstand $R_A \leq 200\ \Omega$, in Ausnahme-fällen $\leq 500\ \Omega$, ist	RCD-Prüfgerät (ohne 200-Ω-Ver-größerung), $R_A = U_B/I_\Delta$
7.	IT-System			
7.1	Wirksamkeit beim ersten Fehler	a)	Besichtigung	nach den Abschnitten 7.1.1 und 7.4.4 dieses Buchs
		b)	Erprobung des Isolations-überwachungsgeräts	Betätigung der Prüftaste
		c)	Nachweis, dass der Erdungswiderstand R_A gleich oder kleiner als U_L/I_d ist oder dass die Span-nung U_E am Erder bei Erdung eines Außenleiters gleich oder kleiner als U_L ist	Messung des Erdungswiderstands und Messung des Ableitstroms I_d oder Messung der Spannung am Erder bei Erdschluss
7.2	Wirksamkeit beim Doppelfehler durch: zusätzlichen Potential-ausgleich und Isolationsüberwachung	a)	ordnungsgemäßer Zustand	Besichtigung nach den Ab-schnitten 7.1.1 und 7.4.4 dieses Buchs
		b)	Erprobung des Isolations-überwachungsgeräts	Betätigung der Prüftaste

Tabelle 7.5 (Fortsetzung) Zusammenstellung der Prüfaufgaben für die Erstprüfung (nach DIN VDE 0100-600:2008-06) [2.39]

Überstromschutz (zur Messung vorübergehend einen Außenleiter erden)		Nachweis, dass Kurzschlussstrom in 0,1 s; 0,2 s bzw. 0,4 s die Überstromschutzeinrichtung auslöst, siehe Abschnitt 4.2.6 dieses Buchs	Schleifenimpedanzmessung (L–PE), Werte siehe Tabelle 4.4 oder Widerstandsmessung PE oder Rechnung
Fehlerstromschutzeinrichtung (RCD) (ist I_d kleiner als I_Δ, zur Messung vorübergehend einen Außenleiter erden)	a)	Erprobung der Fehlerstromschutzeinrichtung (RCD)	Betätigung der Prüftaste
	b)	• Nachweis, dass der Auslösestrom gleich oder	RCD-Prüfgerät oder zusätzlich Erdungsmessung, bei
		kleiner dem Bemessungsdifferenzstrom ist, $I_\Delta \leq I_{\Delta N}$, und dass dabei die zulässige Berührungsspannung U_L nicht überschritten wird. $U_L =$ AC 50 V, für besondere Betriebsräume niedrigere Werte (z. B. AC 25 V). Anstelle U_L kann auch der Erdungswiderstand R_A gemessen werden, Bedingung: $R_A \leq U_L/I_{\Delta N}$	selektiven RCD $\boxed{S}$ ist $R_A \leq U_L/ (2 \cdot I_{\Delta N})$
		• die Einhaltung der Abschaltzeit muss überprüft werden, wenn Fehlerstromschutzeinrichtungen (RCD) wieder verwendet werden	Prüfung mit $5 \cdot I_{\Delta N}$ empfohlen (bei RCD 10 mA und 30 mA)

D	Prüfung bei erdungssystemunabhängigen Schutzmaßnahmen (Schutzmaßnahmen für Betriebsmittel oder Anlagenabschnitte, meist ohne Schutzleiter, immer ohne Erder)		
	Schutzmaßnahmen	**Prüfaufgabe**	**Prüfverfahren und Prüfgeräte**
1.	Sicherheitskleinspannung SELV	a) Besichtigung: Stromquelle, Betriebsmittel, Steckverbindung, Erdfreiheit	nach Abschnitt 7.5.1 dieses Buchs
		b) in Zweifelsfällen Erprobung der Spannungsfestigkeit Leiter gegen Erde	500 V Wechselspannung 1 min
		c) Kontrolle der Spannungsgrenze, Ausgangsspannung	Spannungsmessung
		d) Messung des Isolationswiderstands L gegen Erde $\geq 0,5$ MΩ, Tabelle 7.2	Isolationsmessgerät mit Gleichspannung 250 V

Tabelle 7.5 (Fortsetzung) Zusammenstellung der Prüfaufgaben für die Erstprüfung (nach DIN VDE 0100-600:2008-06) [2.39]

251

2.	Funktionskleinspannung PELV FELV	a)	mit sicherer Trennung: wie unter 1. Schutzkleinspannung	nach Abschnitt 7.5.2 dieses Buchs
		b)	ohne sichere Trennung: entsprechend der primären Schutzmaßnahme, besonders Schutzleiterverbindung zum primären Stromkreis	nach Abschnitt 7.5.2 dieses Buchs
3.	Schutz durch doppelte oder verstärkte Isolierung	a)	Besichtigung: Isolierung, kein PE, keine leitfähige Durchführung	nach Abschnitt 7.5.3 dieses Buchs, s. a. DIN VDE 0100-410 [2.2]/DIN VDE 0100-540 [2.5]
		b)	Messung des Isolationswiderstands von L und N gegen berührbare leitfähige Teile $R_{iso} \geq 0,5$ MΩ (1 MΩ)	Isolationsmessgerät mit Gleichspannung 500 V (1 000 V)
		c)	in Zweifelsfällen Erprobung der Spannungsfestigkeit von L und N gegen berührbare leitfähige Teile	4 000 V Wechselspannung 1 min
4.	Schutz durch nicht leitende Räume	a)	Besichtigung: leitfähige Teile nicht gleichzeitig berührbar	nach Abschnitt 7.5.4 dieses Buchs
		b)	Messung des Isolationswiderstands von Fußböden und Wänden gegen Erde	Messung mit Betriebsspannung, Platte 25 cm × 25 cm oder Dreifußelektrode DIN VDE 0100-600 [2.39]
		c)	Messung des Ableitstroms ≤ 1 mA leitfähiger Teile im Raum gegen Erde mit AC 2 000 V	Messung wie 4 b), leitfähiges Teil anstelle Platte, ermittelter Widerstand $R_x \geq 2$ MΩ
5.	Schutztrennung	a)	Besichtigung: Stromquelle; sekundär sichere Trennung; nur ein Verbrauchsmittel oder ungeerdeter Schutzpotentialausgleich, Leitungskontrolle	nach Abschnitt 7.5.5 Schleifenwiderstand, Isolationswiderstand
		b)	Bei Schutzpotentialausgleich zwecks mehrerer Verbrauchsmittel Bedingung des TN-Systems erfüllen	

Tabelle 7.5 (Fortsetzung) Zusammenstellung der Prüfaufgaben für die Erstprüfung (nach DIN VDE 0100-600:2008-06) [2.39]

252

8   Prüfung von Anlagen nach DIN VDE 0105-100:2009-10

Während die Bestimmung DIN VDE 0100 im **Teil 600** [2.39] für die Erstellung der Anlagen die **Erstprüfung** beschreibt, gibt die Bestimmung **DIN VDE 0105-100:2009-10** [2.14] in Abschnitt 5.3 „Erhaltung des ordnungsgemäßen Zustands", hier Abschnitt 8.1, Hinweise für die **Wiederholungsprüfung.** Sie ist darauf ausgerichtet, Fehler zu erkennen, die durch äußere Einflüsse beim Betreiben von Anlagen entstehen. Der nachfolgende Abschnitt 8.1 dieses Buchs ist der unveränderte Abschnitt 5.3 aus DIN VDE 0105-100:2009-10 [2.14]. Er unterscheidet sich nicht wesentlich von den vorhergehenden Fassungen aus den Jahren 1997/2000. In manchen Punkten enthält diese hinsichtlich der Messung keine Angaben, was und wie im Einzelnen geprüft werden soll. Bezüglich der Isolationsmessung werden umfangreiche Angaben gemacht und Forderungen genannt. Alle anderen Werte, wie Erdungswiderstand, Netzschleifenimpedanz, Auslösewerte der Fehlerstromschutzeinrichtung (RCD) usw., werden nicht genannt. Es wird nur allgemein (hier Abschnitt 8.2.3) gefordert:

„Durch Messen die Werte ermitteln, die eine Beurteilung der Schutzmaßnahmen bei indirektem Berühren ermöglichen."

Bezüglich Besichtigen und Erproben werden detaillierte Angaben gemacht, hinsichtlich Messen muss außer dem Isolationswiderstand deshalb auf DIN VDE 0100 verwiesen werden, um die o. g. Forderung nach Abschnitt 5.3.2.1 (Abschnitt 8.2.3 in diesem Buch) zu erfüllen.

Dabei gilt für die vor November 1985 in Betrieb genommenen Anlagen die alte Fassung nach Z VDE 0100g:1976-07 [2.4] (Tabelle 7.4), und ab November 1985 gelten verbindlich die neuen Forderungen nach Z DIN VDE 0100-410:1983-11 [2.1] (Neufassung 1997-01 [2.53] bzw. 2007-06 [2.2]) und DIN VDE 0100-600:2008-06 [2.39] (Tabelle 7.5).

Die Erstprüfung soll sicherstellen, dass die Anlage entsprechend der Norm errichtet worden ist. Die Wiederholungsprüfungen sollen Mängel aufdecken, die nach der Inbetriebnahme der elektrischen Anlagen und Betriebsmittel sowie nach einer Instandsetzung oder Änderung aufgetreten sein können. Der Schwerpunkt liegt deshalb auf möglichen Veränderungen. Die Prüfung umfasst:

Besichtigung, Erprobung und Messung.

8.1 Erhaltung des ordnungsgemäßen Zustands[13)]

8.1.1 Messen

In dieser Norm umfasst Messen alle Tätigkeiten zur Ermittlung physikalischer Daten in elektrischen Anlagen.

Messungen dürfen nur von Elektrofachkräften, elektrotechnisch unterwiesenen Personen oder von Laien unter direkter Beaufsichtigung oder unter Aufsichtsführung durch eine Elektrofachkraft ausgeführt werden.

Für Messungen in elektrischen Anlagen müssen geeignete und sichere Messgeräte verwendet werden.

Diese Messgeräte müssen vor und – soweit erforderlich – nach der Benutzung geprüft werden.

Wenn beim Messen die Gefahr der direkten Berührung unter Spannung stehender Teile besteht, müssen persönliche Schutzausrüstungen verwendet werden und Vorkehrungen gegen elektrischen Schlag und die Auswirkungen von Kurzschluss und Störlichtbögen getroffen werden.

Sofern erforderlich, müssen die Festlegungen für Arbeiten im spannungsfreien Zustand, Arbeiten unter Spannung oder Arbeiten in der Nähe unter Spannung stehender Teile angewendet werden.

8.1.2 Erproben

Erproben dient der Feststellung der Funktionsfähigkeit oder des elektrischen, mechanischen oder thermischen Zustands einer elektrischen Anlage. Erproben schließt auch die Überprüfung der Wirksamkeit von z. B. elektrischen Schutzeinrichtungen und Sicherheitsstromkreisen ein.

Erproben kann Messungen einschließen, die nach Abschnitt 8.1.1 dieses Buchs durchzuführen sind. Erprobungen dürfen nur von Elektrofachkräften, elektrotechnisch unterwiesenen Personen oder von Laien unter Aufsichtsführung oder unter direkter Beaufsichtigung durch eine Elektrofachkraft ausgeführt werden.

Bei Erprobungen, die im spannungsfreien Zustand durchgeführt werden sollen, sind die Festlegungen für das Arbeiten im spannungsfreien Zustand einzuhalten. Sofern es erforderlich ist, Erdungs- oder Kurzschließeinrichtungen zu öffnen oder zu entfernen, müssen geeignete Vorsichtsmaßnahmen getroffen werden, die Personen vor

---

[13)] Text aus der Norm DIN VDE 0105-100:2009-10 [2.14], Abschnitt 5.3

elektrischem Schlag schützen und verhindern, dass die Anlage von irgendeiner Stromquelle unter Spannung gesetzt wird.

Wenn beim Erproben die Einspeisung aus dem normalen Netz erfolgt, sind die einschlägigen Festlegungen von den Abschnitten 6.1, 6.3, 6.4 der DIN VDE 0105-100 [2.14] anzuwenden.

Wenn beim Erproben eine Hilfs- oder Prüfstromquelle verwendet wird, ist sicherzustellen, dass:

- die Anlage von jeder möglichen Stromquelle freigeschaltet ist,

- die Anlage nicht von einer anderen Stromquelle unter Spannung gesetzt werden kann,

- während der Erprobung Sicherheitsmaßnahmen gegen elektrische Gefährdungen für alle anwesenden Personen wirksam sind,

- die Trennstellen ausreichend isoliert sind für das gleichzeitige Anstehen der Prüfspannung auf der einen und der Betriebsspannung auf der anderen Seite.

Spezielle Erprobungen, z. B. in Hochspannungsversuchsanlagen, bei denen die Gefahr direkten Berührens unter Spannung stehender Teile besteht, müssen von Elektrofachkräften mit Zusatzausbildung durchgeführt werden. Je nach Erfordernis müssen zusätzliche Schutzmaßnahmen nach DIN EN 50191 (**VDE 0104**) [2.24] und nach Abschnitt 6 von DIN EN 50110-1 (**VDE 0105-1**) [2.15] getroffen werden.

8.1.3   Prüfen

Der Zweck von Prüfungen besteht in dem Nachweis, dass eine elektrische Anlage den Sicherheitsvorschriften und den Errichtungsnormen entspricht; die Prüfungen können den Nachweis des ordnungsgemäßen Zustands der Anlage einschließen. Sowohl neue Anlagen als auch bestehende Anlagen nach Änderungen und Erweiterungen bestehender Anlagen müssen vor ihrer Inbetriebnahme einer Prüfung unterzogen werden.

Elektrische Anlagen müssen in geeigneten Zeitabständen geprüft werden. Wiederkehrende Prüfungen sollen Mängel aufdecken, die nach der Inbetriebnahme aufgetreten sind und den Betrieb behindern oder Gefährdungen hervorrufen können.

Anmerkung: Prüffristen sind z. B. festgelegt in Gesetzen (Produktsicherheitsgesetz [1.16]), Verordnungen, Unfallverhütungsvorschriften der Unfallversicherungträger, Sicherheitsvorschriften der Schadenversicherer.

Prüfungen können folgende Schritte umfassen:

- Besichtigen,

- Messen und/oder Erproben entsprechend den Anforderungen in den Abschnitten 8.1.1 und 8.1.2 dieses Buchs.

Prüfungen müssen unter Bezugnahme auf die erforderlichen Schaltpläne und technischen Unterlagen durchgeführt werden.

Mängel, die eine unmittelbare Gefahr bilden, müssen unverzüglich behoben oder fehlerhafte Teile außer Betrieb genommen und gegen Wiedereinschalten gesichert werden.

Prüfungen müssen von Elektrofachkräften durchgeführt werden, die Kenntnisse durch Prüfung vergleichbarer Anlagen haben.

Die Prüfungen müssen mit geeigneter Ausrüstung und so durchgeführt werden, dass Gefahren vermieden werden, wobei erforderlichenfalls Einschränkungen durch blanke, unter Spannung stehende Teile zu berücksichtigen sind.

Das Prüfungsergebnis muss aufgezeichnet werden. Falls erforderlich, sind entsprechende Maßnahmen zur Mängelbeseitigung zu treffen, und die Ergebnisse sind in Übereinstimmung mit nationalen und betrieblichen Anforderungen aufzuzeichnen.

8.2 Wiederkehrende Prüfungen

8.2.1 Allgemeines

Wenn gefordert, muss die wiederkehrende Prüfung für jede elektrische Anlage nach den folgenden Punkten durchgeführt werden.

Anmerkung: Nach DIN EN 50110-1 (**VDE 0105-1**) [2.15] müssen elektrische Anlagen in geeigneten Zeitabständen wiederkehrend geprüft werden.

In Abschnitt 8.2.2 bis 8.2.4 dieses Buchs sind Prüfvorgänge enthalten, die üblicherweise im Rahmen wiederkehrender Prüfungen ausgeführt werden.

Der Umfang wiederkehrender Prüfungen darf je nach Bedarf und nach den Betriebsverhältnissen auf Stichproben sowohl in Bezug auf den örtlichen Bereich (Anlagenteile) als auch auf die durchzuführenden Maßnahmen beschränkt werden, soweit dadurch eine Beurteilung des ordnungsgemäßen Zustands möglich ist.

Wenn immer möglich, müssen die Berichte und Empfehlungen von vorhergehenden wiederkehrenden Prüfungen berücksichtigt werden.

Die wiederkehrende Prüfung, die aus einer ausführlichen Überprüfung der Anlage besteht, muss je nach Anforderung entweder ohne Demontage oder mit Teildemontage durchgeführt werden, ergänzt durch geeignete Prüfungen nach DIN VDE 0100-600 [2.39], einschließlich der Prüfung der Einhaltung der nach DIN VDE 0100-410

[2.2] geforderten Abschaltzeiten von Fehlerstromschutzeinrichtungen (RCD) und durch Messungen, um Folgendes zu erreichen:

a) die Sicherheit von Personen und Nutztieren vor den Wirkungen des elektrischen Schlags und vor Verbrennungen und

b) Schutz gegen Schäden am Eigentum durch Brand und Wärme, die durch Fehler in der elektrischen Anlage entstehen, und

c) Bestätigung, dass die Anlage nicht so beschädigt ist oder sich derart verschlechtert hat, dass die Sicherheit beeinträchtigt ist und

d) das Erkennen von Anlagenfehlern und Abweichungen von den Anforderungen dieser Norm, die eine Gefahr darstellen können.

Wo kein vorhergehender Prüfbericht verfügbar ist, sind weitergehende Untersuchungen erforderlich.

Bestehende Anlagen können in Übereinstimmung mit früheren Ausgaben der Normenreihe DIN VDE 0100 geplant und errichtet worden sein, die zur Zeit der Planung und Errichtung anzuwenden waren. Dieses bedeutet nicht notwendigerweise, dass diese Anlagen unsicher sind.

Bei der **Prüfung der Abschaltzeiten** für den Schutz durch automatische Abschaltung im Fehlerfall in Stromkreisen mit Fehlerstromschutzeinrichtungen (RCD) sollte entsprechend DIN VDE 0100-410 [2.2] mit einem **Prüfstrom von 5 · $I_{\Delta N}$** nachgewiesen werden. (Hier fehlt leider in den VDE-Bestimmungen der Hinweis, dass sich diese Forderung nur auf Fehlerstromschutzeinrichtungen (RCD) mit einem Bemessungsdifferenzstrom von 10 mA und 30 mA bezieht.) Es ist zurzeit wohl kaum möglich, eine 300-mA-Fehlerstromschutzeinrichtung (RCD) mit 1,5 A zu prüfen – das können die Prüfgeräte in aller Regel nicht. Hinsichtlich des Fehlerschutzes genügen Abschaltzeiten von 0,4 s (TN-System) oder 0,2 s (TT-System). Beim zusätzlichen Schutz durch RCD sollte jedoch die Abschaltung innerhalb von 40 ms erfolgen (5 · $I_{\Delta N}$).

Sind in besonderen Fällen Messungen an oder in elektrischen Anlagen mit technisch oder wirtschaftlich vertretbarem Aufwand nicht durchführbar, z. B. bei ausgedehnten Erdungsanlagen, großen Leiterquerschnitten, vermaschten Netzen, so ist auf andere Weise nachzuweisen, dass die zu ermittelnden Werte eingehalten werden, z. B. durch *Berechnung mithilfe von Netzmodellen.*

Bei Anlagen, die im normalen Betrieb einem wirksamen Managementsystem für vorbeugende Unterhaltung und Wartung unterliegen, dürfen die wiederkehrenden Prüfungen durch die angemessene Durchführung einer dauernden Überwachung und Wartung der Anlage und all ihrer Betriebsmittel durch Elektrofachkräfte ersetzt werden. Geeignete Nachweise müssen zur Verfügung gehalten werden.

Es müssen Vorsichtsmaßnahmen ergriffen werden, um sicherzustellen, dass durch die wiederkehrende Prüfung keine Gefahr für Personen oder Nutztiere entsteht und Eigentum und Betriebsmittel nicht beschädigt werden, auch bei Fehlern im Stromkreis.

Die wiederkehrende Prüfung muss von einer **Elektrofachkraft** durchgeführt werden, die in der Durchführung von Prüfungen **erfahren ist**.

Anmerkung: Die Festlegung von Anforderungen hinsichtlich der Qualifikation von Unternehmen und Personen ist eine nationale Angelegenheit.

Betriebsmittel, die über Steckvorrichtung angeschlossen werden, sind nach DIN VDE 0701-0702 [2.13] zu prüfen.

Anmerkung des Autors: Diese Aussage trifft so gemäß DIN EN 60204-1 (**VDE 0113-1**) [2.12] für Industriemaschinen und DIN VDE 0701-0702 [2.13] nicht zu.

8.2.2   Wiederkehrende Prüfung durch Besichtigen

Durch Besichtigen feststellen, ob elektrische Anlagen und Betriebsmittel äußerlich erkennbare Schäden oder Mängel aufweisen.

Durch Besichtigen feststellen, ob elektrische Anlagen und Betriebsmittel den äußeren Einflüssen am Verwendungsort standhalten und den in Errichtungsnormen enthaltenen Zusatzfestlegungen für Betriebsstätten, Räume und Anlagen besonderer Art noch entsprechen.

Durch Besichtigen feststellen, ob der Schutz gegen direktes Berühren aktiver Teile elektrischer Betriebsmittel noch vorhanden ist.

Durch Besichtigen feststellen, ob die Schutzmaßnahmen bei indirektem Berühren noch den Errichtungsnormen entsprechen.

a) Bei Schutzmaßnahmen mit Schutzleiter darauf achten, dass

- Schutzleiter, Erdungsleiter und Potentialausgleichsleiter mind. den geforderten Querschnitt haben,

- Schutzleiter, Erdungsleiter und Potentialausgleichsleiter richtig verlegt und noch zuverlässig angeschlossen sind,

- Schutzleiter und Schutzleiteranschlüsse noch entsprechend den Errichtungsnormen gekennzeichnet sind,

- Schutzleiter und Außenleiter nicht miteinander verbunden oder verwechselt sind,

- Schutzleiter und Neutralleiter nicht verwechselt sind,

- für Schutzleiter und Neutralleiter die Festlegungen über Kennzeichnung, Anschlussstellen und Trennstellen eingehalten sind,

- die Schutzkontakte der Steckvorrichtungen wirksam sein können,
- in Schutzleitern und PEN-Leitern keine Überstromschutzeinrichtungen vorhanden und PEN-Leiter und Schutzleiter für sich allein nicht schaltbar sind,
- Schutzeinrichtungen, z. B. Überstrom-, Fehlerstromschutzeinrichtungen, Isolationsüberwachungseinrichtungen, Überspannungsableiter, in der nach den Errichtungsnormen getroffenen Auswahl noch vorhanden sind.

b) Bei Schutzmaßnahmen ohne Schutzleiter darauf achten, dass

- bei Schutzkleinspannung (SELV), Funktionskleinspannung mit sicherer Trennung (PELV) und Schutztrennung die Stromquellen, die Leitungen und die übrigen Betriebsmittel in der nach den Errichtungsnormen getroffenen Auswahl noch vorhanden sind,
- für Schutzkleinspannung (SELV) oder Funktionskleinspannung mit sicherer Trennung (PELV) eingebaute Steckvorrichtungen nicht für andere Spannungen verwendet sind,
- bei Schutzkleinspannungsstromkreisen (SELV) aktive Teile weder mit Erde noch mit Schutzleitern oder mit aktiven Teilen anderer Stromkreise verbunden sind, sowie Körper nicht absichtlich mit Erde, mit dem Schutzleiter oder mit Körpern anderer Stromkreise verbunden sind,
- bei Schutztrennung die aktiven Teile des Sekundärstromkreises weder mit einem anderen Stromkreis noch mit Erde verbunden und von anderen Stromkreisen sicher getrennt sind,
- bei zwingend vorgeschriebener Schutztrennung nur ein Verbrauchsmittel angeschlossen werden kann,
- bei Schutztrennung mit mehr als einem Verbrauchsmittel die Körper durch ungeerdete, isolierte Potentialausgleichsleiter untereinander verbunden sind,
- leitfähige berührbare Teile von schutzisolierten Betriebsmitteln nicht an den Schutzleiter angeschlossen sind,
- bei nicht leitenden Räumen die Körper so angeordnet sind, dass ein gleichzeitiges Berühren von zwei Körpern oder von einem Körper und einem leitfähigen Teil nicht möglich ist.

Durch Besichtigen feststellen, ob die Überstromschutzeinrichtungen den Leiterquerschnitten entsprechend noch richtig zugeordnet sind.

Durch Besichtigen feststellen, ob für Betriebsmittel erforderliche Überspannungs- oder Überstromschutzeinrichtungen noch vorhanden und richtig eingestellt sind.

Durch Besichtigen feststellen, ob verbindlich festgelegte Schaltpläne, Beschriftungen und dauerhafte Kennzeichnungen der Stromkreise, Gebrauchs- oder Betriebsanleitungen noch vorhanden und zutreffend sind.

Besichtigen der Einrichtungen zur Unfallverhütung und Brandbekämpfung, z. B. Schutzvorrichtungen, Hilfsmittel, Sicherheitsschilder, Schottung von Leitungs-

und Kabeldurchführungen, auf Vollständigkeit, Bemessung und Auswahl sowie auf Schäden und Mängel.

Durch Besichtigen feststellen, ob die Festlegungen des Herstellers eines Betriebsmittels hinsichtlich der Montage noch eingehalten sind, z. B. Abstände wärmeerzeugender Betriebsmittel zur brennbaren Umgebung.

Durch Besichtigen des Hauptpotentialausgleichs[14] **feststellen**, ob

- die zur Sicherstellung des Potentialausgleichs erforderlichen Leiter (Hauptpotentialausgleichsleiter, Hauptschutzleiter, Haupterdungsleiter und andere Erdungsleiter),

- Erder, z. B. Fundamenterder, Blitzschutzerder, Erder von Antennenanlagen, Erder von Telefonanlagen,

- metallene Rohrsysteme, z. B. Gasinnenleitungen, Wasserverbrauchsleitungen, Abwasserleitungen, Rohre von Heizungs- und Klimaanlagen,

- Metallteile der Gebäudekonstruktion

mit der Potentialausgleichsschiene oder Haupterdungsschiene-/(-klemme) noch verbunden sind und ob die Vorrichtungen zum Abtrennen der Erdungsleiter noch zugänglich sind.

Durch Besichtigen des örtlichen zusätzlichen Potentialausgleichs **feststellen**, ob alle gleichzeitig berührbaren Körper, Schutzleiteranschlüsse und alle „fremden leitfähigen Teile" noch einbezogen sind.[15]

Den Zustand von Erdungsanlagen nach DIN EN 50522 (**VDE 0101-2**) [2.22] an einigen Stationen und an einigen ausgewählten Masten eines Netzes durch Besichtigen feststellen.

Anmerkung: Hierfür ist eine Frist von etwa fünf Jahren angemessen. Im Allgemeinen genügt es, diese Feststellung durch Aufgraben einzelner Stellen zu treffen.[16]

Anmerkungen des Autors

[14] Hier liegt die Vermutung nahe, dass vergessen wurde, diesen gesamten Abschnitt in der Norm zu überarbeiten, denn seit 2006-06 muss es gemäß DIN VDE 0100-200 Schutzpotentialausgleich heißen.

[15] Meist ist neben der Besichtigung eine Messung anzuraten. Unter niederohmig sollte man den Wert verstehen, der sich in etwa rechnerisch aus der Leiterlänge und dem Leitungsquerschnitt ergibt (Tabelle 9.12). Zu beachten ist weiterhin, dass bei der Schutzmaßnahme mit Überstromschutzeinrichtung die zulässige Netzschleifenimpedanz nicht überschritten wird. Durch Abweichungen gegenüber dem Üblichkeitswert sind lose Kontakte zu erkennen.

[16] Ein Aufgraben ist nur in wenigen Fällen möglich und sinnvoll. Eine Messung ist leichter, einfacher und schneller durchzuführen und liefert zuverlässigere Werte.

8.2.3   Wiederkehrende Prüfung durch Erproben

Erproben der Isolationsüberwachungsgeräte, z. B. in ungeerdeten Hilfsstromkreisen, im IT-System, sowie der RCD- und FU-Schutzeinrichtungen durch Betätigen der Prüftaste.

Erproben der Wirksamkeit von Stromkreisen und Betriebsmitteln, die der Sicherheit dienen, z. B. Schutzrelais, Not-Aus-Schaltung, Verriegelungen.

Erproben des Rechtsdrehfelds bei Drehstrom-, Wand- und Kupplungssteckdosen. Die Steckbuchsen werden dabei von vorn im Uhrzeigersinn betrachtet.

Erproben der Funktionsfähigkeit von erforderlichen Melde- und Anzeigeeinrichtungen, z. B. Rückmeldung der Schaltstellungsanzeige an ferngesteuerten Schaltern, Meldeleuchten.

8.2.4   Wiederkehrende Prüfung durch Messen

In Anlagen mit Nennspannungen bis AC 1 000 V/DC 1 500 V die Werte ermitteln, die eine Beurteilung des Schutzes unter Fehlerbedingungen ermöglichen. Dazu gehören z. B. Schleifenwiderstand, Schutzleiterwiderstand, Auslösefehlerstrom, Ansprechwert von Isolationsüberwachungseinrichtungen.[17)]

Bei der Prüfung von Stromkreisen mit Fehlerstromschutzeinrichtungen (RCD) muss auch die Einhaltung der Abschaltzeit nachgewiesen werden.

Der *Nachweis* ist unter Anwendung der in DIN VDE 0100-600 [2.39] angeführten Messverfahren und Grenzwerte zu erbringen.

Messgeräte, Überwachungsgeräte und Methoden müssen die Anforderungen der entsprechenden Teile der DIN EN 61557 (**VDE 0413**) erfüllen. Wenn andere Messgeräte verwendet werden, so müssen diese die gleichen Leistungsmerkmale und die gleiche Sicherheit aufweisen.

Messen des Isolationswiderstands in Anlagen mit Nennspannungen bis AC 1 000 V, DC 1 500 V.

a) Bei Messungen nach b), c) und d) wird der Isolationswiderstand festgestellt zwischen jedem aktiven Leiter (Außen- und Neutralleiter) und Erde oder Schutzleiter.

Anmerkung: In TN-C- und TN-C-S-Systemen darf die Messung auch gegen den PEN-Leiter durchgeführt werden. Für die Messung müssen jedoch die Verbindungen zu Neutralleitern aufgetrennt werden.

[17)] Es werden hier, außer der Messung des Isolationswiderstands, keine ausführlichen Angaben gemacht, welche Messungen weiterhin notwendig sind, um die ordnungsgemäße Funktion der Schutzmaßnahme, z. B. die Einhaltung der angeführten Größen Schleifenimpedanz, Schutzleiterwiderstand, Auslösefehlerstrom, nachzuweisen. Es wird deshalb gefordert, auch für die Wiederholungsprüfung die Forderungen der Erstprüfung nach DIN VDE 0100-600 [2.39] zu berücksichtigen. Wichtig ist die Prüfung der Werte, die sich nach der Erstprüfung verändert haben können.

Um den Messaufwand zu reduzieren und um Zerstörungen zu vermeiden, dürfen für die Messung alle aktiven Leiter miteinander verbunden werden.

In feuergefährdeten Betriebsstätten und in explosionsgefährdeten Bereichen darf von dieser Erleichterung *nicht* Gebrauch gemacht werden.

b) Sofern die Messungen mit angeschlossenen und eingeschalteten Verbrauchsmitteln durchgeführt werden, muss der Isolationswiderstand hinter den Überstromschutzeinrichtungen einschließlich der angeschlossenen Verbrauchsmittel mind. **300 Ω je Volt** Nennspannung betragen (siehe jedoch d)). Wird der vorgeschriebene Wert bei der Messung nicht erreicht, so ist die Messung ohne angeschlossene Verbrauchsmittel zu wiederholen (siehe c)).

c) Sofern die Messungen ohne angeschlossene Verbrauchsmittel durchgeführt werden, muss der Isolationswiderstand hinter den Überstromschutzeinrichtungen, aber bei geschlossenen Schalteinrichtungen mind. **1 000 Ω je Volt** Nennspannung betragen (siehe jedoch d)).

d) Bei Anlagen im Freien sowie in Räumen oder Bereichen, deren Fußböden, Wände und Einrichtungen zu Reinigungszwecken abgespritzt werden, muss der Isolationswiderstand

- bei angeschlossenen Verbrauchsmitteln mind. 150 Ω je Volt Nennspannung,
- ohne angeschlossene Verbrauchsmittel mind. 500 Ω je Volt Nennspannung

betragen.

e) Im **IT-System** ist in allen Fällen ein Isolationswiderstand von **50 Ω je Volt** Nennspannung ausreichend.

f) Für Schleifleitungen oder Schleifringkörper, die unter ungünstigen Umgebungsbedingungen betrieben werden müssen, z. B. Krananlagen im Freien, Kokereien, Gießereien, Sinteranlagen, brauchen die unter c) bis e) festgelegten Werte nicht eingehalten zu werden, wenn durch andere Maßnahmen, z. B. Erdung der nicht aktiven Befestigungsteile der Schleifleitung, fernhalten brennbarer Stoffe von Schleifleitungen, dafür gesorgt ist, dass der Ableitstrom nicht zu gefährlichen Berührungsspannungen oder Bränden führt.

g) Messungen des Isolationswiderstands sind mit Gleichspannung durchzuführen. Die Messspannung muss bei Belastung des Messgeräts mit 1 mA mind. gleich der Nennspannung der Anlage sein.

h) Bei Schutzkleinspannung (SELV) und Funktionskleinspannung mit sicherer Trennung (PELV) Isolationswiderstand der Leiter gegen Erde messen, Messgleichspannung 250 V, Mindestisolationswiderstand 0,25 MΩ.

Bei Funktionskleinspannung ohne sichere Trennung (**FELV**) messen, ob die Körper ordnungsgemäß mit dem Schutzleiter des Stromkreises mit höherer Spannung bzw. mit dem Potentialausgleichsleiter des zugehörigen Stromkreises verbunden sind.

8.2.5 Wiederkehrende Prüfungen sonstiger Art

Feststellen, ob die vorhandenen Anlagen und Betriebsmittel ggf. erhöhten thermischen oder dynamischen Beanspruchungen durch den Kurzschlussstrom infolge Änderungen im Leitungsnetz oder in der Anlage noch genügen.

In Anlagen mit Nennspannungen über 1 kV feststellen, ob die der Planung zugrunde liegenden Bedingungen für die Erdungsspannung bzw. Berührungsspannung, z. B. Erdfehlerstrom, nach DIN EN 50522 (**VDE 0101-2**) [2.22] noch eingehalten sind.

Bei wiederkehrenden Prüfungen muss auch festgestellt werden, ob geforderte Anpassungen bei bestehenden elektrischen Anlagen durchgeführt sind.

In weiteren Teilen dieser Norm DIN VDE 0105-100 [2.14] sind andere oder ergänzende wiederkehrende Prüfungen geregelt. Festlegungen für wiederkehrende Prüfungen sind auch in anderen Normen enthalten, z. B. in Normen für Krankenhäuser, Bauten für Menschenansammlungen, Batterieanlagen.

8.2.6 Prüfbericht für die wiederkehrende Prüfung

Der Umfang und die Ergebnisse der wiederkehrenden Prüfung einer Anlage oder eines Teils einer Anlage müssen aufgezeichnet werden.

Nach Abschluss der wiederkehrenden Prüfung einer bestehenden Anlage muss ein Prüfbericht erstellt werden. Diese Dokumentation muss Einzelheiten zu den Anlagenteilen und der Einschränkungen der im Prüfbericht beschriebenen Prüfung enthalten, dazu eine Aufzeichnung über die Besichtigung und alle Abweichungen, wie sie nachfolgend angegeben sind, sowie die Ergebnisse der Erprobungen und Messungen.

Der Prüfbericht der wiederkehrenden Prüfung darf Empfehlungen für Reparaturen und Verbesserungen enthalten, z. B. das Anpassen der Anlage an den Stand der aktuell gültigen Norm, soweit dies angemessen ist.

Der Prüfbericht der wiederkehrenden Prüfung muss von der Person, die für die Durchführung der Prüfung verantwortlich ist, oder von einer von ihr autorisierten Person erstellt werden und an die Person, die den Auftrag für die Prüfung erteilt hat, übergeben werden.

Die Aufzeichnungen der Prüfergebnisse müssen die Ergebnisse der angemessenen Prüfungen enthalten.

Die Prüfberichte müssen zusammengestellt und unterschrieben werden oder in anderer Form von einer kompetenten Person autorisiert werden.

Schäden, Verschlechterungen, Fehler und gefährliche Zustände müssen aufgezeichnet werden.

Darüber hinaus müssen wesentliche Einschränkungen bei der wiederkehrenden Prüfung bezüglich der Normanforderungen und deren Begründung im Prüfbericht festgehalten werden.

Mindestinhalte eines Prüfberichts

Der Prüfbericht muss folgende Mindestangaben enthalten:

1. Allgemeine Angaben

- **Name und Anschrift des Auftraggebers;**
- **Name und Anschrift des Auftragnehmers;**
- **Bezeichnung der einzelnen Prüfprotokolle für die Dokumentation von Messwerten (Protokoll-Nr.) – optional;**
- **Bezeichnung des Objekts, z. B. Anlage, Gebäude, Gebäudeteile, Verteiler, Stromkreise.** Aus der Dokumentation müssen die geprüften Stromkreise mit deren Bezeichnungen und die zugehörigen Schutzeinrichtungen ersichtlich sein;
- **verwendete Mess- und Prüfgeräte.**

2. Bewertung der Prüfung

Alle bei dem Besichtigen, Erproben und Messen ermittelten Informationen sowie die Ergebnisse von Berechnungen müssen vom Prüfer bewertet werden. Diese Bewertung ist das Ergebnis der Prüfung.

Das **Ergebnis der Prüfung ist zu dokumentieren.**

Eine Dokumentation aller einzelnen Messwerte im Prüfbericht ist nicht gefordert. Bei der Bewertung der Messung einer **Fehlerschleifenimpedanz** muss z. B. **je Stromkreis nur die vom Speisepunkt am weitesten entfernte Messstelle** dokumentiert werden.

Bei der Bewertung sollten auch Messwerte, die die Normanforderungen erfüllen, aber *auffällig* von den zu erwartenden Werten abweichen, berücksichtigt werden.

3. Prüfstelle, Prüfer, Prüfdatum, Unterschrift.

8.2.7   Häufigkeit der wiederkehrenden Prüfung

Die Häufigkeit der wiederkehrenden Prüfung einer Anlage muss bestimmt werden unter Berücksichtigung der Art der Anlage und Betriebsmittel, Verwendung und Betrieb der Anlage, Häufigkeit und Qualität der Anlagenwartung und den äußeren Einflüssen, denen die Anlage ausgesetzt ist.

Anmerkung 1: Die max. Zeitspanne zwischen wiederkehrenden Prüfungen darf durch gesetzliche oder andere nationale Bestimmungen festgelegt werden.

Anmerkung 2: Der Prüfbericht zur wiederkehrenden Prüfung sollte der Person, die die wiederkehrende Prüfung durchführt, eine Empfehlung für die Zeitspanne bis zur nächsten wiederkehrenden Prüfung vorgeben.

Anmerkung 3: Die Zeitspanne darf einige Jahre betragen (z. B. vier Jahre), außer für folgende Anlagen, wo ein höheres Risiko bestehen kann und deshalb kürzere Zeitperioden verlangt werden dürfen:

- Arbeitsstätten oder Räume, wo aufgrund der Alterung besondere Risiken in Bezug auf elektrischen Schlag, Brand oder Explosion bestehen;

- Arbeitsstätten oder Räume, wo Hochspannungs- und Niederspannungsanlagen vorhanden sind;

- kommunale Einrichtungen;

- Baustellen;

- Anlagen für Sicherheitszwecke (z. B. Notbeleuchtungsanlagen).

Für Wohnungen können längere Zeitspannen (z. B. zehn Jahre) geeignet sein. (*Diese Aussage steht im Widerspruch zu einem Urteil des OLG Saarbrücken.*)

Bei einem Wechsel der Bewohner ist eine Prüfung der elektrischen Anlage dringend empfohlen.

Die Ergebnisse und Empfehlungen früherer Prüfberichte müssen, soweit sie verfügbar sind, berücksichtigt werden.

Anmerkung 4: **Wo kein vorhergehender Prüfbericht verfügbar ist, sind weitergehende Untersuchungen erforderlich.**

8.3 Kurzfassung der Prüfung nach DIN VDE 0105-100:2009-10

Gefordert wird Besichtigung, Erprobung und Messung. Die ersten beiden werden ausführlich behandelt. Die Messung hingegen beschränkt sich im Einzelnen nur auf die Isolationsmessung, fordert aber allgemein die Messung aller Größen, die zur Prüfung der Schutzmaßnahmen gegen elektrischen Schlag unter Fehlerbedingungen (bei indirektem Berühren) erforderlich sind. Hier muss diesbezüglich auf DIN VDE 0100-410 [2.2] und DIN VDE 0100-600 [2.39] in der zum Zeitpunkt der Erstprüfung gültigen Fassung verwiesen werden.

Nachstehend soll nur das Wichtigste dargestellt werden. Für die Prüfung werden als Leitfaden die Tabellen 7.5 und 8.1 bzw. für die älteren Anlagen Tabelle 7.4 empfohlen.

Prüffristen

Gegeben durch:

- Arbeitsschutzgesetz ArbSchG [1.13];
- Betriebssicherheitsverordnung BetrSichV [1.1];
- technische Regeln der Betriebssicherheit TRBS;
- Produktsicherheitsgesetz ProdSG [1.16] (Gewerbeordnung Gewo [1.12], § 24 ist im Jahr 1993 gestrichen worden);
- Bauordnung der Länder;
- Zusatzbedingungen der Sachversicherer;
- DGUV-Vorschrift 3 (BGV A3), Durchführungsanweisung zu § 5 [1.5];
- Gesetzliche Unfallversicherung DGUV-Vorschrift 4 (GUV-V A3) [1.38].

Besichtigung

Isolierung, Abdeckung, Schutzleiter, Potentialausgleich, Schutzpotentialausgleichsleiter, Erder, Außenleiter, Neutralleiter, Überstromschutzeinrichtungen, Fehlerstromschutzeinrichtung (RCD). Besonderheiten bei Schutzkleinspannung und Schutztrennung, siehe Abschnitt 8.2.4 dieses Buchs.

Erprobung

Betätigung der Prüfeinrichtungen; FI-, FU-, Isolationsüberwachungseinrichtung. Not-Aus-Schalteinrichtung, Signal- und Meldeeinrichtung, siehe Abschnitt 8.2.5 dieses Buchs.

Messung

Es wird auf DIN VDE 0100 verwiesen, abweichend davon gelten hier folgende Werte:

Minimaler Isolationswiderstand in Anlagen	Isolationswiderstand normal	Feuchträume und im Freien
ohne Verbraucher	1 000 Ω/V	500 Ω/V
mit Verbraucher	300 Ω/V	150 Ω/V
im IT-System	0 Ω/V	50 Ω/V
Schutzkleinspannung SELV	0,25 MΩ	
Funktionskleinspannung PELV	0,25 MΩ	

Tabelle 8.1 Minimal zulässige Isolationswiderstände nach DIN VDE 0105-100:2009-10 [2.14]

9   Messung und Messgeräte zur Anlagenprüfung

In den folgenden Abschnitten werden für die einzelnen elektrophysikalischen Größen zuerst die nach DIN VDE 0100 einzuhaltenden Werte aufgezeigt und dann die Messverfahren beschrieben. Jeweils eine Tabelle zeigt die wichtigsten Geräte auf dem deutschen Markt, teilweise im Text beschrieben und auch in Bildern gezeigt.

Grundsätzlich wird gefordert, dass die Geräte nur Messströme erzeugen, die so klein bzw. zeitlich so kurz sind, dass kein Personen- oder Sachschaden entstehen kann. Das ist eine wichtige Forderung, die in allen diesbezüglichen VDE-Bestimmungen am Anfang steht.

Für die Prüfung von Anlagen sollen deshalb nur Messgeräte verwendet werden, die der DIN VDE 0413-1 bis -15 entsprechen (siehe Tabelle 7.1), denn hier ist das vom Hersteller sichergestellt. Vorsicht ist geboten, wenn man sich selbst Messschaltungen aufbaut. Außerdem sind die Anweisungen in der Bedienungsanleitung des Geräteherstellers zu beachten.

Welche allgemeinen Forderungen sollten an ein Mess- oder Prüfgerät gestellt werden? Es sollte übersichtlich und einfach zu bedienen sowie dauerhaft beschriftet sein. Bei gelegentlichem Gebrauch sollte nicht immer wieder die Gebrauchsanweisung studiert werden müssen. Die Betätigung der Mess- und Prüfvorgänge sollte mit einer Hand möglich sein. Von Vorteil sind Geräte, die gut zu tragen und robust sind. Von Bedeutung ist die Prüfzeit, besonders dann, wenn Hunderte oder Tausende von Anschlussstellen geprüft werden müssen. Es gibt Schleifenwiderstandsmessgeräte, mit denen eine Steckdose komplett in 3 s geprüft werden kann. Mit älteren Geräten benötigt man die zehnfache Zeit.

Ob eine analoge oder digitale Anzeige zweckmäßig ist, hängt vom Verwendungszweck ab. Grundsätzlich gilt folgende Regel: Für zeitlich konstante Werte ist die Digitalanzeige, für zeitlich veränderliche Größen die Analoganzeige vorteilhaft. Es gibt digitale Multimeter, die zusätzlich eine LCD-Analoganzeige haben.

Die Frage, ob ein Einzel- oder ein Universalprüfgerät zweckmäßiger ist, lässt sich heute relativ einfach beantworten, da kaum noch Einzelprüfgeräte angeboten werden. Universalprüfgeräte sind z. B. die Geräte Benning IT 130, C.A 6116/6117, Profitest Mtech und Mxtra (siehe Tabelle 9.10).

Werden viele Prüfungen durchgeführt, sind Geräte vorteilhafter, bei denen nach Messunterbrechungen bzw. Messpausen nicht immer wieder eine Neueinstellung der entsprechenden Parameter erfolgen muss.

Bei der Verwendung von Vielfachmessinstrumenten ist auf die Einhaltung der Messkategorie zu achten. Ältere Multimeter dürfen aber noch weiterverwendet werden.

Seit 1. Januar 2004 ist die DIN EN 61010-1 (**VDE 0411-1**) [2.37] verbindlich. Hier werden folgende Messkategorien definiert:

- CAT I
  Messungen an Stromkreisen, die nicht direkt mit dem Netz verbunden sind – beispielsweise Batterien usw.

- CAT II
  Messungen an Stromkreisen, die elektrisch direkt mit dem Niederspannungs-netz verbunden sind – über Stecker beispielsweise in Haushalt, Büro und Labor.

- CAT III
  Messungen in der Gebäudeinstallation – stationäre Verbraucher, Verteiler-anschluss, Geräte fest am Verteiler.

- CAT IV
  Messungen an der Quelle der Niederspannungsinstallation – Zähler, Haupt-anschluss, primärer Überstromschutz.

Messleitungen für Messungen CAT I und CAT II dürfen Messspitzen von 19 mm Länge haben, Messleitungen für Messungen CAT III und CAT IV dagegen nur 4 mm. Die aufgesteckten Sicherheitskappen dürfen nur mit Werkzeug entfernbar sein (gemäß DIN EN 61010-031 (**VDE 0411-031**)).

9.1 Messung des Isolationswiderstands

Die Messung erfolgt für **alte** Anlagen nach Z DIN VDE 0100g:1976-07 [2.4] § 23, für Anlagen ab 1987-11 nach Z DIN VDE 0100-610:2004-04 [2.97] und für neue Anlagen nach DIN VDE 0100-600:2008-06 [2.39], siehe Tabelle 9.1.

In Verbraucheranlagen muss der Isolationswiderstand der Anlagenteile zwischen zwei Überstromschutzeinrichtungen oder hinter der letzten Überstromschutzein-richtung gemessen werden. Nach der alten Forderung muss er mind. 1 kΩ/V Be-triebsspannung betragen (z. B. 230 kΩ bei 230 V Betriebsspannung), d. h., der Feh-lerstrom in jeder dieser Teilstrecken darf nicht größer als 1 mA sein.

Isolationswiderstand der elektrischen Anlage nach DIN VDE 0100-600:2008-06

Der Isolationswiderstand muss zwischen jedem aktiven Leiter und dem Schutzleiter oder Erde gemessen werden.

Anmerkung 1: Als Erde darf der geerdete Schutzleiter betrachtet werden. In TN-Systemen/(-Netzen) darf die Messung zwischen aktiven Leitern und PEN-Leiter, der als geerdet betrachtet wird, erfolgen.

Anmerkung 2: In feuergefährdeten Betriebsstätten sollte eine Messung des Isola-tionswiderstands auch zwischen den aktiven Leitern durchgeführt werden.

Anmerkung 3: Wenn zu befürchten ist, dass angeschlossene elektrische Verbrauchsmittel den Messwert des Isolationswiderstands beeinflussen oder durch die Messung geschädigt werden können, sollte vor Anschluss der elektrischen Verbrauchsmittel gemessen werden.

Anmerkung 4: Wenn durch Überspannungsschutzeinrichtungen oder andere Betriebsmittel das Ergebnis der Prüfung beeinflusst wird, sollten diese Betriebsmittel vor einer erneuten Isolationswiderstandsmessung abgeklemmt werden. Wenn es nicht praktikabel ist, die Betriebsmittel abzuklemmen (z. B. wenn Steckdosen eine Überspannungsschutzeinrichtung enthalten), sollte die Prüfspannung für diesen Stromkreis bis auf DC 250 V reduziert werden.

Die Messungen sind mit Gleichspannung durchzuführen. Das Prüfgerät muss bei einem Messstrom von 1 mA die Messgleichspannung nach Tabelle 7.2 abgeben können.

Der mit der Messgleichspannung nach Tabelle 7.2 gemessene Isolationswiderstand ist ausreichend, wenn jeder Stromkreis ohne angeschlossene Verbrauchsmittel einen Isolationswiderstand aufweist, der nicht kleiner ist als der in Tabelle 7.2 angegebene zugehörige Wert.

Hierzu gehören auch die Schalterleitungen.

Die neue DIN VDE 0100-600 [2.39] weist darauf hin, dass die gemessenen Werte bedeutend höher sind als die in Tabelle 7.2 dieses Buchs angegebenen Werte. Bei offensichtlichen Abweichungen von den erwarteten Werten sollten weitere Untersuchungen durchgeführt werden, um die Gründe hierfür zu ermitteln.

Die Prüfung des Isolationswiderstands von Verbraucheranlagen umfasst **Besichtigung und Messung**.

Isolationsüberwachungseinrichtungen in IT-Systemen müssen abgeklemmt werden.

Anmerkung: Die Prüfung darf auch mit angeschlossenen Verbrauchsmitteln durchgeführt werden. Wenn die in Tabelle 4.7 festgelegten Werte nicht erreicht werden, ist die Prüfung ohne Verbrauchsmittel zu wiederholen.

Schutz durch sichere Trennung der Stromkreise

Die sichere Trennung der Stromkreise muss geprüft werden,

- im Fall von SELV nach a),
- im Fall von PELV nach b),
- im Fall von Schutztrennung nach c).

a) Schutz durch SELV

Die sichere Trennung aktiver Teile von aktiven Teilen anderer Stromkreise und von Erde nach DIN VDE 0100-410 [2.2] muss durch eine Messung des Isolationswiderstands geprüft werden. Die festgestellten Widerstandswerte müssen in Übereinstimmung mit den Angaben in Tabelle 7.2 sein.

b) Schutz durch PELV

Die sichere Trennung aktiver Teile von aktiven Teilen anderer Stromkreise nach DIN VDE 0100-410 [2.2] muss durch eine Messung des Isolationswiderstands geprüft werden. Die festgestellten Widerstandswerte müssen in Übereinstimmung mit den Angaben in Tabelle 7.2 sein.

c) Schutztrennung

Die sichere Trennung aktiver Teile von aktiven Teilen anderer Stromkreise von Erde nach DIN VDE 0100-410 [2.2] muss durch eine Messung des Isolationswiderstands geprüft werden. Die festgestellten Widerstandswerte müssen in Übereinstimmung mit den Angaben in Tabelle 7.2 sein.

Wenn der Stromkreis **elektronische Einrichtungen** enthält, sollten während der Messung Außen- und Neutralleiter miteinander verbunden sein.

Eine Isolationsmessung ist bei allen Schutzmaßnahmen erforderlich. Der minimal zulässige Wert liegt etwa in der Größenordnung von 1 MΩ.

9.1.1 Isolationswiderstände

DIN VDE 0100-600:2008-06 [2.39] fordert Isolationswiderstände nach Tabelle 7.2. Für die AC-230-V-Anlagen sind das minimal 1 MΩ, gemessen mit DC 500 V. Die alte Bestimmung Z DIN VDE 0100g:1976-07 [2.4] forderte 1 kΩ/V Betriebsspannung, gemessen mit einer Gleichspannung, die mind. dem Effektivwert des Betriebsnennwerts entspricht. Für AC-230-V-Anlagen waren es minimal 0,23 MΩ, gemessen mit mind. DC 230 V.

In der neuen Bestimmung sind die Werte heraufgesetzt worden. Dabei ist die höhere Messspannung erfahrungsgemäß wichtig. Eine Isolationsfehlerstelle hat ein nichtlineares Verhalten, d. h., ihr Widerstand ist abhängig von der Spannung. Eine statische Gleichspannung belastet eine Fehlerstelle nicht so stark wie eine Wechselspannung. Andererseits kann man wegen meist vorhandener Kapazitäten nicht mit Wechselspannung messen. Für die einzelnen Isolierstoffe wird deshalb beim Hersteller der Betriebsmittel eine Prüfung der Spannungsfestigkeit mit Wechselhochspannung durchgeführt, die im Fehlerfall auch zerstörend ist. Sie ist zur Prüfung von Anlagen sehr gefährlich, unpraktikabel und wird nur für Sonderfälle in Betracht kommen (s. a. Abschnitt 7.6 dieses Buchs).

Der Isolationswiderstand von Isolierstoffen, wie Kunststoff, Porzellan, Keramik usw., liegt unter Normalbedingungen bei 100 MΩ bis 10 000 MΩ und damit weit über den geforderten Werten. Damit ist es auch unerheblich, ob man als Grenzwert 0,2 MΩ, 1 MΩ oder 2 MΩ vorschreibt. Diese Werte resultieren aus der sinnvollen Festlegung, dass der Ableitstrom über den Isolierstoff nicht über der Wahrnehmbarkeitsschwelle von etwa 0,5 mA liegen soll (s. a. Tabelle 1.4).

Die Isolationswiderstände von Leitungen und Betriebsmitteln liegen heute bei mehreren 100 MΩ, also mehrere Dekaden über dem geforderten Wert von etwa 1 MΩ. Als zulässigen Wert sollte man deshalb den „**Üblichkeitswert**" zugrunde legen. Die Werte in Tabelle 7.2 sind also dann maßgebend, wenn der übliche Wert dort auch liegt. Eine Leitung von 100 m Länge, die normalerweise einen Isolationswiderstand von etwa 300 MΩ hat, ist zweifellos bei 1 MΩ fehlerhaft, und schon bei 10 MΩ muss nach der Ursache der Abweichung gesucht werden.

Es gibt Isolationsfehler, die bei Gleichspannungsmessung hochohmig sind und bei 230 V Wechselspannung einen Kurzschluss verursachen! Diese Fehler sind nur bei der Prüfung der Spannungsfestigkeit mit hoher Wechselspannung zu erkennen oder bei Gleichspannung durch Beachten der „Üblichkeitswerte". Andererseits sind niedrigere Werte zulässig, wenn sie erstens üblich sind und zweitens hierdurch keine gefährlichen Körperströme entstehen und keine Brandgefahr gegeben ist, s. a. Fußnote in Tabelle 7.2.

Wenn andererseits der Schutzpotentialausgleich in Ordnung ist, bringt ein zu niedriger Isolationswiderstand auch keine Gefahr einer zu hohen Berührungsspannung, sondern nur einen höheren Stromverbrauch und evtl. eine zu hohe Erwärmung. So kann man auch niedrigere Isolationswiderstände zulassen, wenn ein sicherer oder zusätzlicher Schutzpotentialausgleich vorhanden ist und diese Aspekte beachtet werden, s. a. Fußnote in Tabelle 7.2.

Die niedrigen Werte in Größenordnung der Grenzwerte von etwa 1 MΩ als gut zuzulassen, ist nur dann praktisch sinnvoll, wenn sie physikalisch der Normalfall und begründet sind, z. B. Isolierstoffe bei hohen Temperaturen oder die in Tabelle 7.2 erwähnten Schleifringkörper. Das sind Sonderfälle. In der Regel liegen die Widerstände in den einzelnen Stromkreisen bei 100 MΩ und mehr. Ein Isolationswiderstand von 1 MΩ oder auch 10 MΩ ist zwar zulässig, stellt aber meist einen Isolationsfehler dar, der z. B. durch Feuchtigkeitseinbruch erheblichen Ärger bereiten kann, besonders bei Fehlerstromschutzschaltungen (RCD). Ist also ein „Ausreißer" nicht erklärbar, sollte man ihn als Fehler auffassen, s. a. Abschnitt 9.7.3 dieses Buchs.

Vor der Messung des Isolationswiderstands sollte in Erfahrung gebracht werden, ob in den zu messenden Stromkreisen elektrische Betriebsmittel mit elektronischen Bauelementen oder Bauelementegruppen enthalten sind. Auch in den Filtern des Netzanschlusses von Betriebsmitteln sind manchmal zwischen den Außenleitern und dem Neutralleiter prüfspannungssensible Bauelemente vorhanden. Man kann entweder diese Betriebsmittel für den Zeitraum der Messung von der Anlage trennen oder Außenleiter und Neutralleiter verbinden und deren gemeinsamen Isolationswiderstand gegen den Schutzleiter messen. Störschutzglieder zwischen diesen Leitern und Schutzleitern sind bei AC 230 V i. d. R. nicht gefährdet. Ein Kondensator für AC 230 V hat eine Prüfspannung von DC 1 000 V. Eine Gefahr besteht evtl. bei Kleinspannung, wo nach Tabelle 7.2 mit DC 250 V gemessen wird.

Bei der Errichtung ist es empfehlenswert, vor Anschluss der Betriebsmittel die verlegten Leitungen zu messen oder entsprechend geprüfte Betriebsmittel zu verwenden.

Bei der Beurteilung von Messungen mit angeschlossenen Verbrauchern sollte berücksichtigt werden, dass z. B. elektrische Heizkörper im Rahmen der geltenden Normen Ableitströme von mehreren Milliampere haben dürfen.

Mit der Isolationsmessung wird nicht die Funktion der Schutzmaßnahme überprüft. Der Errichter der Anlage erhält mit dieser Messung Aufschluss über den sicherheitstechnischen Zustand der Isolation. Die Ursachen nicht eingehaltener Isolationswiderstände sind häufig unzulässig hohe mechanische Beanspruchungen der Isolierhüllen der Leiter, z. B. bei Unterschreitung der zulässigen Biegeradien nach DIN VDE 0298-4 [2.98] oder punktuell zu hohe Druckbeanspruchung durch ungeeignete Befestigungsmittel und Verlegemethoden. Normalerweise liegt der Isolationswiderstand im Megaohmbereich erheblich über den Mindestwerten. Auch beschädigte Isolationen, bei denen der Leiter dann Berührung mit Mineralien wie Putz, Gips, Beton hat, geben unangenehme Fehlerstellen, deren Widerstand erheblich von der Feuchtigkeit abhängt. Eine Fehlerstelle in Gips kann z. B. trocken $1\,000\ M\Omega$ und feucht $10\ k\Omega$ haben.

9.1.2 Isolationsmessgeräte, DIN VDE 0413-2

Die wichtigsten Forderungen an die Geräte sind:

Ausgang	Gleichspannung, Leerlaufspannung U_0 darf das 1,25-Fache der Nennspannung U_n nicht überschreiten,
Nennstrom	mind. 1 mA,
Messstrom	max. 15 mA Scheitelwert, Wechselstromanteil max. 1,5 mA Scheitelwert.

Ein Nennstrom von 1 mA bedeutet, dass bei diesem „Laststrom" die Nennspannung noch steht. Verschiedene Geräte in Tabelle 9.1 haben z. B. bei 500 V Nennspannung eine Leerlaufspannung von DC 520 V, eine „Lastspannung" (bei 500 kΩ Last mind. 1 mA Nennstrom) von DC 510 V und einen Kurzschlussstrom von etwa 1 mA bis 6 mA.

Im Handel gibt es zwei Gerätekonstruktionen:

Kurbelinduktor: Durch einen Dynamo mit Handkurbel wird die Prüfspannung von z. B. 500 V Gleichspannung erzeugt. Eine konstante Drehzahl muss eingehalten werden.

Hierzu wird zunächst gekurbelt und die Prüfspannung gemessen. Manche Geräte haben einen Fliehkraftregler, bei ihnen muss der Bedienende nur eine bestimmte Drehzahl überschreiten.

Batteriegerät: Aus einer Batteriespannung erzeugt ein elektronischer Zerhacker eine Wechselspannung. Sie wird hochtransformiert und wieder gleichgerichtet. Die Elektronik erlaubt es, die Forderungen nach Strombegrenzung und Leerlaufspannung besser zu erfüllen. Diese Geräte gibt es für Prüfspannungen von 100 V bis 5 000 V in handlicher Ausführung.

Eine Aufstellung von Geräten ist in **Tabelle 9.1** zu finden.

Bezeich-nung	Geräteausführung – Daten	Hersteller	Preise 2015 in €
C.A 6511	analoge Isolationsmessgeräte, Handgeräte, mit Batterie, Messbereiche: 0 … 1 000 MΩ, Messspannung DC 500 V, Widerstandsmessung 0 … 10 Ω, Spannungsmessung AC 0 … 600 V,	Chauvin Arnoux [3.21]	423,00
C.A 6513	Messgleichspannung DC 500 V, 1 000 V, Widerstandsbereich ± 200 mA		498,00
	digitale Isolationsmessgeräte im Multimetergehäuse		
C.A 6521	Messbereiche 50 kΩ … 2 GΩ, Messspannung DC 250/500 V		407,00
C.A 6523	Messbereiche 50 kΩ … 2 GΩ, Messspannung DC 500/1 000 V		477,00
C.A 6525	Messbereiche 50 kΩ … 2 GΩ, Messspannung DC 250/500/1 000 V		503,00
C.A 6531	Messbereiche 10 kΩ … 400 MΩ, 0 … 4 µF, Messspannung DC 50/100 V		734,00
C.A 6533	Messbereiche 10 kΩ … 20 GΩ, Messspannung DC 50/100/250/500 V		765,00
C.A 6541	Messbereiche 2 kΩ … 4 TΩ, Messspannung DC 50/100/250/500/1 000 V		1 063,00
C.A 6543	wie C.A 6541, zusätzliche Messwertspeicherung und RS-232-Schnittstelle		1 546,00
C.A 6501 (Imeg 500 N)	Isolationsmessgerät mit Kurbelinduktor, vier Bereiche, Messbereiche 0 … 200 MΩ, Messspannung DC 500 V, Widerstandsmessung 0 … 100 MΩ, Spannungsmessung AC 0 … 600 V		449,00
C.A 6503 (Imeg 1000 N)	Messbereiche 0 … 500 MΩ, 0 … 5 000 MΩ, bei einer Messgleichspannung DC 250 V, 500 V, 1 000 V, Widerstandsmessung 0 … 200 Ω, Spannungsmessung AC 0 … 750 V		564,00
C.A 6545	Isolationsmessung 10 kΩ … 10 GΩ; Prüfspannungen 500 V, 1 000 V, 2 500 V, 5 000 V		2 352,00
C.A 6547	einstellbare Prüfspannung 40 V bis 5 100 V, automatische Spannungsmessung 0 … 1 000 V		2 862,00
C.A 6549	Kapazitätsmessung 0 … 49,99 µF; Leckstrommessung 0 … 3 000 µA		3 368,00

Tabelle 9.1 Isolationsmessgeräte verschiedener Hersteller nach DIN EN 61557-2 (**VDE 0413-2**) [2.116] (Preisangabe unverbindlich)

Bezeich- nung	Geräteausführung – Daten	Hersteller	Preise 2015 in €
Metriso Base	U_{iso} = 50/100/250/500 V; digital, Messbereiche 10 kΩ ... 100 GΩ; automatische Umschaltung, Widerstandsmessung 10 Ω ... 10 kΩ; ≥ 200 mA; R_{LO} = 0,17 Ω ... 10 Ω	GMC-I Messtechnik [3.22]	710,00
Metriso Tech	U_{iso} = 50/100/250/500/1 000 V; digital, Messbereiche 10 kΩ ... 200 GΩ; Widerstandsmessung 10 Ω ... 10 kΩ; ≥ 200 mA; R_{LO} = 0,17 Ω ... 10 Ω; Spannungsmessung bis 1 000 V		810,00
Metriso Xtra	U_{iso} = 50/100/250/500/1 000 V; digital; U_{var}; U_{Rampe}, Messbereiche 10 kΩ ... 1 TΩ; Widerstandsmessung 10 Ω ... 10 kΩ; ≥ 200 mA; R_{LO} = 0,01 Ω ... 10 Ω; Polarisationsindexmessung; Anzeige der Durchbruchspannung bei U_{Rampe}; Spannungsmessung bis 1 000 V; Messwertspeicher		1 115,00
Metriso Pro analog	Batteriegerät Klasse 1,5; Spannungsmessung bis 1 000 V, Messgleichspannung DC 50/100/250/500/1 000 V, Messbereich 10 kΩ bis 1 TΩ, 0 ... 4 Ω; 200 mA		895,00
Metriso Prime	Batteriegerät Klasse 1,5; digitale Anzeige, Messgleichspannung DC 100/250/500/1 000/1 500/2 000/2 500/5 000 V, Messbereiche von 10 kΩ bis 1 TΩ		1 210,00
Prime/Kurbel	Isolationsmessgerät wie Prime, jedoch mit Kurbelinduktor		1 410,00
Metriso C	digital, Batterie, 1 kΩ ... 100 GΩ, DC 100 ... 1 000 V, 0 ... 100 Ω		640,00
Müzitester	kleines Batteriegerät, aufladbar, U_M = DC 250 V, 500 V, 1 000 V Messbereich 0 ... 10/50 MΩ, analoge Anzeige, Widerstandsmessung DC 4 V/0 ... 10 Ω, automatische Umschaltung, Spannungsmessung AC/DC 0 ... 500 V	Müller & Ziegler [3.23]	ca. 700,00 a. A.

Tabelle 9.1 (Fortsetzung) Isolationsmessgeräte verschiedener Hersteller nach DIN EN 61557-2 (**VDE 0413-2**) [2.116] (Preisangabe unverbindlich)

Bei der Vielzahl der Geräte fällt die Wahl schwer. Welche Kriterien sind maßgebend? Der Messbereich sollte möglichst hoch sein (300 MΩ oder mehr). Auch unter den zulässigen Werten (0 Ω bis 100 kΩ) sollte das Gerät messen, das erleichtert die Fehlersuche. Weiterhin sollte das Gerät handlich sein und eine Prüfspitze haben. Batteriegeräte sind den Kurbelinduktoren vorzuziehen. Einige gebräuchliche Geräte zeigen die **Bilder 9.1**, **9.2**, **9.3** und **9.4**.

Bild 9.1 Isolationsmessgerät „Metriso Xtra"
(Foto: GMC-I Messtechnik [3.22])

Bild 9.2 Isolationsmessgerät „Metriso Pro analog"
(Foto: GMC-I Messtechnik [3.22])

Bild 9.3 Isolationsmessgerät „C.A 6513" (Foto: Chauvin Arnoux [3.21])

Bild 9.4 Digitales Isolationsmessgerät „C.A 6525" (Foto: Beha-Amprobe [3.20])

9.1.3 Isolationsüberwachungsgeräte, DIN VDE 0413-8

Mit einer überlagerten Gleichspannung auf jedem Außenleiter „L" wird bei Wechselstromnetzen der Isolationswiderstand gegen Erde dauernd überwacht.

Folgende Bedingungen müssen von den Geräten erfüllt werden:

Scheitelwert der Messspannung	≤ 120 V,
Wechselstrominnenwiderstand	≥ 30 Ω/V, mind. 15 kΩ,
Gleichstrominnenwiderstand	≥ 30 Ω/V Netz-Nennspannung, mind. 1,8 kΩ,
Messstrom	≤ 10 mA bei $R_F = 0$,
prozentuale Ansprechunsicherheit	± 15 % vom Sollansprechwert R_{an}.

Prüfeinrichtung für Funktionsprüfung

Optische Meldeeinrichtung, akustische Meldeeinrichtung (löschbar erlaubt). Bei der Messung des Isolationswiderstands müssen die Geräte abgeklemmt werden. **Bild 9.5** zeigt ein Isolationsüberwachungsgerät.

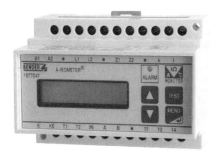

Bild 9.5 Isolationsüberwachungsgerät 107 TD 47
(Foto: Bender [3.25])

9.2 Messung des Widerstands von isolierenden Fußböden und Wänden

Grundsätzlich unterscheidet man zwischen leitfähigen, ableitfähigen und isolierenden Fußböden.

In DIN VDE 0100-600:2008-06 [2.39] wird unter diesem Abschnitt die isolierende Wirkung betrachtet. Die Ableitfähigkeit von Fußböden wird in DIN EN 61340-4-1 (**VDE 0300-4-1**) [2.118] beschrieben (siehe Abschnitt 9.3).

9.2.1 Messung des Widerstands von isolierenden Fußböden und isolierenden Wänden, DIN VDE 0100-600:2008-06

Wenn die Einhaltung der Anforderungen nach DIN VDE 0100-410:2007-06 [2.2] notwendig ist, müssen mind. **drei Messungen** in demselben Raum durchgeführt werden. Eine dieser Messungen hat ungefähr 1 m von berührbaren fremden leitfähigen Teilen in dem Raum zu erfolgen. Die beiden anderen Messungen müssen in größeren Abständen vorgenommen werden.

Die Messung der Widerstände von isolierenden Fußböden und isolierenden Wänden gegen Erde wird **mit der Nennspannung** der elektrischen Anlage **bei Nennfrequenz** durchgeführt.

Vor dem Messen sollte durch Besichtigen festgestellt werden, dass die Körper so angeordnet sind, dass ein gleichzeitiges Berühren von zwei Körpern oder von einem Körper und einem fremden leitfähigen Teil unter normalen Umständen, z. B. ohne Verwendung von Hilfsmitteln, nicht möglich ist.

Die vorgenannte Messreihe muss für jede entsprechende Oberfläche in dem Raum wiederholt werden.

Es ist der erforderliche Isolationswiderstand nach DIN VDE 0100-600:2008-06 [2.39] nachzuweisen ($R \geq 50$ kΩ bis AC 500 V und $R \geq 100$ kΩ bis AC 1 000 V). Die Messung ist mit den vorkommenden Nennspannungen und Nennfrequenzen gegen Erde durchzuführen.[17]

Die Messung der Impedanz oder des Widerstands von isolierenden Fußböden und Wänden muss mit der Netzspannung gegen Erde[17] und mit Nennfrequenz[18] oder mit einer niedrigeren Wechselspannung derselben Nennfrequenz zusammen mit einer Messung des Isolationswiderstands durchgeführt werden. Dies darf z. B. entsprechend den folgenden Messmethoden durchgeführt werden:

• **Wechselstromsysteme**

 – durch Messung mit der **Nennwechselspannung** oder

 – durch Messung mit niedrigeren Wechselspannungen, mind. jedoch 25 V und zusätzlich durch eine Isolationsprüfung unter Verwendung einer Prüfspannung von mind. DC 500 V für Systeme mit Nennspannungen ≤500 V und mind. DC 1 000 V für Systeme mit Nennspannungen > 500 V.

Die folgenden Spannungsquellen dürfen optional verwendet werden:

a) die geerdete Systemspannung (Spannung gegen Erde) am Messpunkt;

b) die Ausgangsspannung eines Isoliertransformators;

c) eine unabhängige Spannungsquelle mit der Nennfrequenz des Systems.

In den unter b) und c) angegebenen Fällen ist **ein Punkt der Spannungsquelle** für die Messung geerdet. Aus Sicherheitsgründen ist im Fall von Netzspannungen > 50 V der max. Ausgangsstrom auf 3,5 mA zu begrenzen.

• **Gleichstromsysteme**

 – Isolationsprüfung mit einer Prüfspannung von mind. DC 500 V für Systeme mit Nennspannungen ≤ 500 V;

 – Isolationsprüfung mit einer Prüfspannung von mind. DC 1 000 V für Systeme mit Nennspannungen > 500 V.

Die Isolationsprüfung sollte unter Verwendung von **Messgeräten** nach DIN EN 61557-2 (**VDE 0413-2**) [2.116] durchgeführt werden.

9.2.2 Messung nach dem Strom-Spannung-Verfahren

Ist der Widerstand komplex, kann das Spannungsteilerverfahren nicht angewendet werden. Es ist die Strom-Spannung-Methode zu verwenden, wobei aus Sicherheitsgründen ein Vorwiderstand erforderlich ist.

---

[17] Anstelle einer Erde darf auch der geerdete Schutzleiter verwendet werden.

[18] Es muss immer mit der Form der Betriebsspannung der zu prüfenden Anlage (Gleich-/Wechsel-Frequenz) gemessen werden, da der Wechselstromwiderstand meist durch die Kapazität gegeben ist, vielfach um Potenzen kleiner ist als der Gleichstromwiderstand und auch von der Frequenz abhängt.

Vom Außenleiter L wird nach Bild 9.7 über einen berührungssicheren Widerstand von etwa 100 kΩ ein Strom über ein Strommessgerät I in die Metallplatten- bzw. Dreifußelektrode gespeist. Mit einem Spannungsmessgeräte-Innenwiderstand von mind. 1 MΩ wird die Spannung U_x an der Metallplatten- bzw. Dreifußelektrode gegen PE gemessen. Der Scheinwiderstand der Fußbodenisolation beträgt dann:

$$Z_x = \frac{U_x}{I}. \tag{9.1}$$

Diese etwas umfangreichere Messung nach Bild 9.7 ergibt in jedem Fall nach Gl. (9.1) die richtige Impedanz Z_x. Die einfachere Messung nach Bild 9.8a liefert nach Gl. (9.2) nur bei rein ohmschen Widerständen und nach Gl. (9.3) bei rein kapazitiven Widerständen richtige Werte. Eine reine Kapazität liegt vor, wenn der nach Abschnitt 9.1 mit Gleichspannung gemessene Fußboden- oder Wandisolationswiderstand wesentlich größer (etwa zehnfach oder mehr) ist als der mit Wechselspannung nach den Bildern 9.7 bzw. 9.8a und Gl. (9.3) bestimmte Wert.

Zur sicheren Bestimmung der Impedanz ist die Messung an so vielen zufällig ausgewählten Punkten durchzuführen, die als notwendig erachtet werden, mind. aber an drei Punkten.

Als Prüfelektroden darf eine der folgenden Varianten verwendet werden. Im Zweifelsfall gilt die Verwendung der Prüfelektrode 1 als Referenzverfahren. (*Dieses Verfahren ist dann aber das unsichere Verfahren!*).

Das darf z. B. nach folgenden Messverfahren geschehen durch:

- eine Messung mit Isolationsmessgerät mit Messgleichspannung nach Tabelle 7.2 (bei Gleichspannungsnetzen) oder
- eine Messung mit Wechselspannung nach Bild 9.7 bzw. 9.8a.

Bei Verwendung einer Wechselstromquelle mit sicherer Trennung sollte der Ausgang der Stromquelle einseitig geerdet werden.

Prüfelektrode 1

Die Prüfelektrode besteht aus einem metallenen Dreifuß (**Bild 9.6**), wobei die Teile, die auf dem Fußboden aufliegen, ein gleichseitiges Dreieck bilden. Jeder Unterstützungspunkt ist mit einem flexiblen Teil versehen, sodass bei Belastung ein enger Kontakt mit der zu prüfenden Oberfläche über eine Fläche von annähernd 900 mm^2 mit einem Widerstand von 5 kΩ sichergestellt ist.

Bevor die Messungen durchgeführt werden, wird die zu prüfende Oberfläche mit einer Reinigungsflüssigkeit gesäubert. Während der Messungen ist der Dreifuß mit einer Kraft von ungefähr 750 N bei Fußböden oder 250 N bei Wänden anzudrücken.

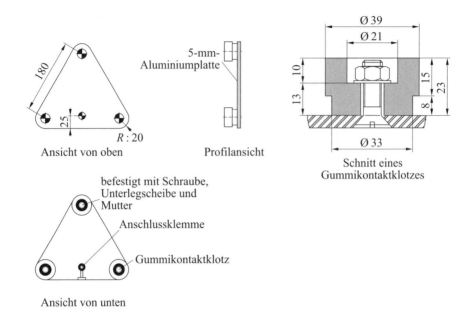

Bild 9.6 Prüfelektrode 1

Prüfelektrode 2

Die Elektrode besteht aus einer quadratischen Metallplatte mit 250 mm Seitenlänge und einem quadratischen, wasseraufsaugenden Papier oder Tuch, aus dem überschüssiges Wasser entfernt wurde, mit einer Seitenlänge von ungefähr 270 mm (**Bild 9.7**). Das Papier befindet sich zwischen der Metallplatte und der zu prüfenden Oberfläche.

Während der Messungen ist die Platte mit einer Kraft von ungefähr 750 N bei Fußböden oder ungefähr 250 N bei Wänden anzudrücken.

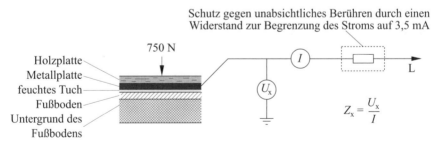

Bild 9.7 Prüfelektrode 2

Als Spannungsquelle darf wahlweise verwendet werden:

a) das am Messort vorhandene geerdete Netz (Spannung gegen Erde),

b) die Sekundärspannung eines Transformators mit sicher getrennten Wicklungen,

c) eine unabhängige Spannungsquelle.

In allen Fällen nach b) und c) ist für die Messung ein Leiter der Messspanungsquelle zu erden.

Anmerkung: Bisher wurde gefordert, bei Prüfelektrode 2 ein feuchtes Tuch bzw. wasseraufsaugendes Papier unterzulegen. Mit dem feuchten Tuch wird jeweils der kleinere Widerstand gemessen und somit die höhere Sicherheit erreicht. Es wurden z. B. Vergleichsmessungen auf Parkettfußboden durchgeführt. Bei Verwendung des feuchten Tuchs wurden mit beiden Prüfelektroden ca. 1,6 MΩ gemessen, dagegen mit der Prüfelektrode 1 auf trockenem Fußboden ca. 16 MΩ bis 21 MΩ.

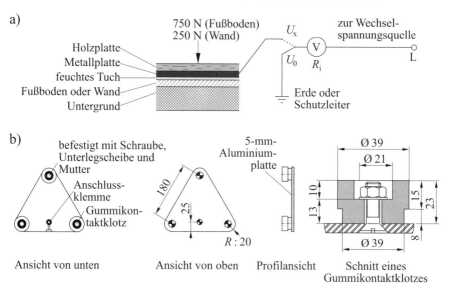

Bild 9.8 Messanordnung zur Messung des Widerstands von Fußböden und Wänden mit Wechselspannung – a) Messung des Fußbodenwiderstands R_x mit dem Spannungsteilerverfahren (Metallplattenelektrode), b) Prüfelektrode nach DIN VDE 0100-600 [2.39] (Dreifußelektrode)

Bei diesen Messungen wurde auch festgestellt, dass (ohne die Prüfelektroden) nur mit dem Bananenstecker, der mit dem feuchten Tuch kontaktiert wurde, das gleiche Ergebnis erreicht werden konnte, wie bei der Verwendung beider Prüfelektroden mit feuchtem Tuch.

Damit konnte der Beweis erbracht werden, dass nur die Größe des feuchten Tuchs über das Messergebnis entscheidet.

In der nächsten Ausgabe der DIN VDE 0100-600 wird höchstwahrscheinlich der Hinweis enthalten sein, dass immer das feuchte Tuch zu verwenden ist. Damit wird dann auch die höhere Sicherheit erreicht.

9.2.3   Messung mit Vorwiderstand als Spannungsteiler

Der Fußboden bzw. die Wand ist an ungünstigen Stellen, z. B. an Fugen oder Stoß-stellen von Fußbodenbelägen, nach **Bild 9.8** mit einem feuchten Tuch von etwa 270 mm × 270 mm zu bedecken. Auf das feuchte Tuch ist eine Metallplatte von etwa 250 mm × 250 mm × 2 mm zu legen und mit einer Kraft von etwa 750 N (eine Person) bei Fußböden oder etwa 250 N (mit den Händen andrücken) bei Wänden zu belasten. Die Belastung geht nicht stark auf den gemessenen Widerstand ein. Anstelle der Metallplatten, kann auch die im Bild 9.8b abgebildete Prüfelektrode (Dreifußelektrode) verwendet werden.

Der Widerstand zwischen der belasteten Metallplatte/Dreifußelektrode und Erde ergibt sich nach den Bildern 9.7 und 9.8a aus der Gleichung:

$$R_x = R_i \left(\frac{U_0}{U_x} - 1 \right). \tag{9.2}$$

Darin sind:

R_x gesuchter Widerstand des Fußbodens oder der Wand gegen Erde;

R_i Innenwiderstand des Spannungsmessers.
      Der Innenwiderstand des Spannungsmessers darf den in Tabelle 7.1 genannten unteren Grenzwert nicht unterschreiten und sollte die oberen Grenzwerte nicht überschreiten;

U_0 die gemessene Spannung gegen Erde;

U_x die gemessene Spannung gegen die Metallplatte.

Der Innenwiderstand des Spannungsmessers sollte den max. Wert von 1 kΩ/V des gewählten Messbereichsendwerts nicht unterschreiten, da bei kleinen Innen-widerständen ggf. gefährliche Körperströme beim Berühren der Metallplatte auftreten können.

Es gibt Isolationsmessgeräte, die in einem gesonderten Bereich diese Messung mit Wechselspannung ausführen, den Widerstand errechnen und in Megaohm angeben, z. B. das Gerät „Metriso Xtra" in Bild 9.1.

Bei Messung mit Gleichspannung mit einem Isolationsmessgerät ist der gesuchte Widerstand des Fußbodens oder der Wand am Messgerät abzulesen.

Bei guter Isolierung, z. B. Kunststoff oder Parkett, kann der mit Wechselspannung gemessene Wert des Widerstands um mehrere Dekaden kleiner sein als der mit

282

Gleichspannung gemessene Wert. Das ist begründet durch die Kapazität gegen Erde, die in der Größenordnung von Nanofarad liegt. Da überwiegend ein kapazitiver Blindwiderstand gemessen wird, spricht man hier von der Messung einer Impedanz. Bei einem Kunststoffbodenbelag auf Beton misst man z. B. mit 230 V Wechselspannung 1 MΩ und mit 500 V Gleichspannung 100 MΩ!

Gl. (9.2) gilt nur für einen ohmschen Widerstand R_x. Ist dieser, wie in vielen Fällen, rein kapazitiv, müssen im Ansatz die Spannungen komplex addiert werden, und die Gesamtspannung ist $U_0 = U_x - j U_c$.

Mit diesem Ansatz erhalten wir für einen rein kapazitiven Isolationswiderstand:

$$Z_x = R_i \sqrt{\left(\frac{U_0}{U_x}\right)^2 - 1}. \tag{9.3}$$

Dieser richtige Wert ist wesentlich größer als R_x, wenn U_x nicht wesentlich kleiner als U_0 ist. Der Fehler F beträgt, wenn $U_0 > U_x$ angenähert:

$$Z_x = R_i \sqrt{\left(\frac{U_0}{U_x}\right)^2 - 1}.$$

9.3 Elektrischer Widerstand von Bodenbelägen und verlegten Fußböden nach DIN EN 61340-4-1 (VDE 0300-4-1)

Prüfungen von Bodenbelägen

Für Bodenbeläge ist die Bestimmung des elektrischen Widerstands nach DIN EN 61340-4-1 (**VDE 0300-4-1**) [2.118] durchzuführen.

Die nachfolgenden Ausführungen sollen nur einen kurzen Überblick geben. Bei der Durchführung der Messungen sind die ausführlichen Hinweise, die in der Norm enthalten sind, zu berücksichtigen.

Hier soll nur auf die Messung des Widerstands gegen Erde (bisher: Erdableitwiderstand) eingegangen werden.

9.3.1 Begriffe

Widerstand gegen Erde ist der elektrische Widerstand, gemessen zwischen Erde oder einem erdungsfähigen Punkt und einer einzelnen Elektrode, die auf der Nutzfläche angebracht ist.

Oberflächenwiderstand (Widerstand zwischen zwei Punkten) ist der elektrische Widerstand, gemessen zwischen zwei Elektroden, die auf der Nutzfläche angebracht sind.

Durchgangswiderstand ist der elektrische Widerstand, gemessen an einer Probe zwischen der Unterseite eines Fußbodenbelags und einer einzelnen Elektrode, die auf der Nutzfläche angeordnet wird.

9.3.2 Grundlage des Verfahrens

Der Widerstand entlang der Nutzfläche des Prüfmaterials (Oberflächenwiderstand) und der Widerstand durch das Prüfmaterial hindurch (Durchgangswiderstand) werden mit einem Widerstandsmessgerät für hohe Widerstände oder einer anderen geeigneten Einrichtung gemessen. Messungen des Oberflächenwiderstands (Widerstand zwischen zwei Punkten) sind zur Bewertung der Fähigkeit eines Bodenbelags geeignet, Ladung entlang seiner Nutzfläche abzuleiten oder als Ladungssenke zu wirken. Widerstandsmessungen durch Bodenbeläge hindurch, d. h. Messung des Widerstands gegen Erde und des Durchgangswiderstands, sind geeignet zur Bewertung ihrer Fähigkeit, Ladung von der Nutzfläche oder von Leitern, die mit der Nutzfläche in Kontakt sind, zu einer Ladungssenke unterhalb des Bodenbelags hin abzuleiten. Eine Simulation der Widerstandsmessung gegen Erde wird unter Laborbedingungen durchgeführt, indem ein erdungsfähiger Punkt auf der Unterseite des zu prüfenden Bodenbelags angebracht wird.

9.3.3 Prüfeinrichtung

9.3.3.1 Prüfgerät zur Widerstandsmessung

Dieses Gerät besteht entweder aus einem eigenständigen Widerstandsmessgerät (Ohmmeter) oder aus einer Spannungsquelle und einem Strommessgerät in einer für Widerstandsmessungen geeigneten Ausführung. Es muss eine Genauigkeit von ± 10 % gewährleisten und die nachfolgenden Anforderungen erfüllen.

Abnahmeprüfung

Zur Abnahmeprüfung ist entweder ein Labormessgerät zu verwenden oder ein Messgerät mit einer Leerlaufspannung von

- 10 V ± 0,5 V für Widerstände unter $1,0 \cdot 10^6 \, \Omega$,
- 100 V ± 5 V für Widerstände zwischen $1,0 \cdot 10^6 \, \Omega$ und $1,0 \cdot 10^{11} \, \Omega$,
- 500 V ± 25 V für Widerstände höher als $1,0 \cdot 10^{11} \, \Omega$.

Der Messbereich des Prüfgeräts muss mind. um eine Zehnerpotenz über beide Seiten des erwarteten Bereichs des zu messenden Widerstands hinausgehen. Das Gerät ist so zu verwenden, dass keine unbeabsichtigten Verbindungen zu Erde die Messungen beeinflussen. Im Streitfall ist ein Labormessgerät zu verwenden.

9.3.3.2 Messelektroden

Zwei zylindrische Metallelektroden (vorzugsweise aus Edelstahl) mit Anschlüssen für die Verbindung zum Widerstandsmessgerät. Beispiele für geeignete Elektroden sind in **Bild 9.9** dargestellt. Jede Elektrode muss eine flache, kreisförmige Kontaktfläche mit 65 mm ± 5 mm Durchmesser haben. Bei Messungen auf harten, unnachgiebigen Oberflächen muss die Kontaktfläche aus einem Leitgummi mit einer Shore-A-Durometerhärte von 60 ± 10 bestehen. Der Kontaktwiderstand jeder Messelektrode, die mit einem Leitgummi verbunden ist, muss kleiner als 1 000 Ω sein, wobei die Messung so erfolgt, dass die Messelektrode direkt auf die Gegenelektrode gesetzt wird. Bei nachgiebigen Oberflächen, wie textilen Fußbodenbelägen, bei denen der Leitgummi nicht verwendet werden muss, dient die Bodenfläche der Metallelektrode als Kontaktfläche. Für die Gesamtmasse jeder Messelektrode gilt entweder

a) 2,5 kg ± 0,25 kg für Messungen auf harten, unnachgiebigen Oberflächen oder

b) 5,0 kg ± 0,25 kg für Messungen auf allen anderen Oberflächen.

Anmerkung: Für zusätzliche Massen darf eine kreisförmige Scheibe aus isolierendem Material mit einem Durchgangswiderstand größer als 10^{14} Ω als Trägerfläche verwendet werden (siehe Bild 9.9).

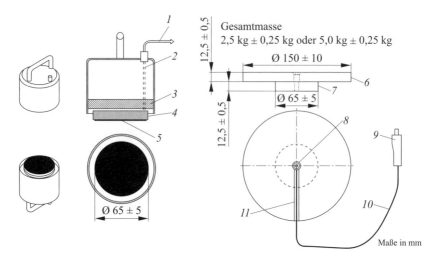

Bild 9.9 Beispiel für zwei alternative Ausführungen von geeigneten Messelektroden –
1 flexible Messleitung
2 isolierte Leitung zu dem Metallelektrodensockel
3 isolierendes Material
4 Metallelektrodensockel
5 Leitgummi
6 Scheibe aus isolierendem Material, die dazu dient, zusätzliche Massen aufzunehmen, um die in Abschnitt 9.3.3.2 a) und b) dieses Buchs festgelegte Gesamtmasse herzustellen
7 Metallelektrode
8 flache Kopfschraube
9 Steckverbinder
10 flexible Messleitung
11 Kanal für die Messleitung (um die Leitung am Kanalboden zu befestigen, ist Epoxidkleber zu verwenden)

Gegenelektrode

Die Gegenelektrode ist eine ebene, quadratische Edelstahlplatte mit 600 mm ± 10 mm Seitenlänge und 1 mm (Nenn-)Dicke und einem Anschluss für das Widerstandsmessgerät.

Bei Widerstandsmessungen gegen Erde muss nach den Angaben des Herstellers ein erdungsfähiger Punkt an der Unterseite jedes Probekörpers angebracht werden oder so, wie anderweitig vereinbart.

Es kann zweckmäßig sein, für die Messung des Oberflächenwiderstands und des Widerstands gegen Erde dieselben Probekörper zu verwenden. Wenn dies der Fall ist, müssen die erdungsfähigen Punkte an den Probekörpern befestigt und bei der Messung des Oberflächenwiderstands gegen Erde isoliert sein.

Für Fliesen mit einer kleineren als der zur Prüfung geforderten Größe dürfen mehrere Fliesen miteinander verbunden werden, und sie dürfen dort, wo nötig, geschnitten werden, um die geforderte Größe zu erreichen. Es können Trägerplatten erforderlich werden. In diesem Fall müssen sie an den Fliesen befestigt und die Kanten der aneinanderstoßenden Fliesen gemäß den Herstellervorgaben verbunden werden, oder so wie anderweitig vereinbart wurde. Erdungsfähige Punkte müssen vor dem Anbringen der Trägerplatten an einer Fliese oder an mehreren Fliesen angebracht werden, wobei zu beachten ist, dass ein Mindestabstand von 1 000 mm ± 50 mm zwischen einem erdungsfähigen Punkt und den Stellen, an denen der Widerstand gegen Erde gemessen wird, gefordert wird.

In einigen Fällen wird gefordert, andere Probekörper zu prüfen als die mit einem leitfähigen Kleber an die Metallträgerplatten befestigten Fliesen. In diesen Fällen müssen die Probekörper nach den Herstellervorgaben an den Trägerplatten befestigt werden, oder so, wie anderweitig vereinbart wurde.

9.3.4 Vorbereitung von Probekörpern

Wenn es als notwendig angesehen wird, müssen die Probekörper vor der Konditionierung und dem Prüfen gereinigt werden. Die Reinigung muss entsprechend den Herstellervorgaben erfolgen oder so wie anderweitig vereinbart wurde.

Wenn es nötig ist, die Probekörper an den Trägerplatten zu befestigen, muss dies vor der Konditionierung und vor dem Prüfen erfolgen.

Wenn Prüfungen bei ungeregelten Bedingungen erfolgen, z. B. bei Prüfungen an verlegten Böden, müssen die Umgebungstemperatur und die relative Luftfeuchte zum Zeitpunkt der Messung aufgezeichnet werden.

9.3.5 Prüfverfahren

9.3.5.1 Reinigung der Elektroden

Vor jeder Prüfsequenz sind die Kontaktflächen der Mess- und der Gegenelektroden unter Verwendung eines nur gering flusenden Tuchs, das entweder mit Ethanol oder Isopropanol (Konzentration ≥95 %) durchtränkt ist, zu reinigen. Die Oberflächen müssen getrocknet sein, bevor die Messungen durchgeführt werden.

Anmerkung: Anwender dieser Norm DIN EN 61340-4-1 (**VDE 0300-4-1**) [2.118] sollten beim Umgang mit Lösemitteln die örtlichen behördlichen Vorschriften beachten.

9.3.5.2 Widerstand gegen Erde

Bei Bewertungsprüfungen im Labor ist der Probekörper mit seiner Nutzfläche nach oben auf die isolierende Platte zu legen. Eine der Messelektroden ist so auf den Probekörper zu legen, dass ihr Mittelpunkt keinen kleineren Abstand als 100 mm zu den Probekörperkanten hat. Wenn Fliesen verwendet werden, aus denen der Probekörper hergestellt wird, dann ist die Messelektrode so anzuordnen, dass sie keine Verbindungsstellen der aneinanderstoßenden Fliesen berührt.

Die Messelektrode und der erdungsfähige Punkt sind mit dem Widerstandsmessgerät zu verbinden. Es wird mit einer Spannung von 10 V begonnen und der Widerstand 15 s ± 2 s nach Anlegen der Prüfspannung abgelesen. Wenn der Wert $10^6\,\Omega$ übersteigt, sind 100 V zu wählen und die Messung ist zu wiederholen. Wenn der Wert für diese zweite Messung $10^{11}\,\Omega$ übersteigt, sind 500 V zu wählen, und es ist eine Abschlussmessung durchzuführen.

Es ist diejenige Ablesung anzugeben, für die die Spannung und der festgelegte Widerstandsbereich zutreffen, sofern nicht einer der folgende Fälle eintritt:

a) Der gemessene Widerstand bei 10 V ist größer als $1 \cdot 10^6\,\Omega$ und der gemessene Widerstand bei 100 V ist kleiner als $1 \cdot 10^6\,\Omega$ oder

b) der gemessene Widerstand bei 100 V ist größer als $1 \cdot 10^{11}\,\Omega$ und der gemessene Widerstand bei 500 V ist kleiner als $1 \cdot 10^{11}\,\Omega$.

In diesen Fällen ist der Widerstand anzugeben, der bei der höheren Spannung gemessen worden ist.

Das Messverfahren ist so zu wiederholen, dass insgesamt mind. sechs Messungen an jedem Probekörper durchgeführt werden. Es ist mind. eine Messung je Probekörper durchzuführen, bei der sich die Elektrode direkt über dem erdungsfähigen Punkt befindet, sowie eine Messung je Probekörper, bei der sich die Elektrode in einem Abstand von 1 000 mm ± 50 mm vom erdungsfähigen Punkt befindet. Die Position der Elektrode muss sich mind. 100 mm entfernt von jeder vorangegangenen Messposition befinden.

Für Messungen von verlegten Fußböden wird eine Messelektrode auf die Oberfläche des Bodenbelags gelegt, und das Widerstandsmessgerät wird mit der Elektrode und der Gebäudeerde oder einem anderen geeigneten Erdungspunkt verbunden. Wenn die Positionen der erdungsfähigen Punkte bekannt sind, ist mind. eine Messung mit der Elektrode direkt über dem erdungsfähigen Punkt sowie eine weitere Messung durchzuführen, bei der sich die Elektrode in einem Abstand von 1 000 mm ± 50 mm vom erdungsfähigen Punkt befindet.

Die Anzahl der Messungen ist so auszuwählen, dass sie für den betreffenden Fußboden repräsentativ ist, es müssen allerdings immer mind. sechs Messungen durchgeführt werden.

9.3.6   Berechnung und Angabe der Ergebnisse

Für jede Probe und für jede Messart ist der geometrische Mittelwert der Einzelablesungen an jedem Probekörper zu berechnen. Sowohl die Einzelergebnisse als auch die geometrischen Mittelwerte sind mit zwei signifikanten Stellen anzugeben.

9.3.7 Prüfbericht

Der Prüfbericht muss mind. folgende Angaben enthalten:

a) Verweis auf DIN EN 61340-4-1 (**VDE 0300-4-1**) [2.118];

b) alle zur vollständigen Identifizierung der Probekörper notwendigen Angaben;

c) Messdatum;

d) das Vorbehandlungsklima, das Konditionierungsklima und das Prüfklima wie folgt:
   – bei Bewertungsprüfungen im Labor: Temperatur und relative Feuchte während der Vorbehandlung (falls verwendet), der Konditionierung und der Prüfung und die Dauer jeder Vorbehandlung und Konditionierung;
   – bei Messungen von verlegten Fußböden: Temperatur und relative Feuchte während der Prüfung;

e) Einzelheiten zu jedem Reinigungs- oder Nachbearbeitungsverfahren;

f) Einzelheiten zu jedem Verfahren, das angewandt wurde, um kleine Probekörper zusammenzufügen;

g) Einzelheiten zu jeder verwendeten Unterlageplatte und zu jedem Verfahren und jedem Material, das verwendet wurde, um Proben auf den Unterlageplatten zu befestigen;

h) Einzelheiten zu jedem Verfahren und jedem Material, das verwendet wurde, um (einen) erdungsfähige(n) Punkt(e) auf den Unterlageplatten zu befestigen;

i) Messart: Oberflächenwiderstand (Widerstand zwischen zwei Punkten), Durchgangswiderstand, Widerstand gegen Erde;

j) angewendete Spannung des Messkreises unter Last bei der Durchführung der Messungen;

k) alle Einzelergebnisse für jede Messart an jedem Probekörper;

l) der geometrische Mittelwert für jede Messart an jeder Probe;

m) jede in DIN EN 61340-4-1 (**VDE 0300-4-1**) [2.118] oder in irgendeiner zitierten oder als optional erwähnten Norm nicht festgelegte Tätigkeit, die das Ergebnis hätte beeinflussen können.

9.4 Messung des Erdungswiderstands

9.4.1 Erdungswiderstände, geforderte Werte

Die max. **zulässigen Erdungswiderstände** sind in den **Tabellen 9.2** und **9.3** aufgezeigt. **Tabelle 9.**2 zeigt die geforderten Werte für Anlagen, die bis Oktober 1985 errichtet wurden. Die Tabelle 9.3 zeigt die zulässigen Erdungswiderstände, wie sie für Anlagen gegeben sein müssen, die ab November 1985 in Betrieb genommen wurden[19].

Nr.	VDE-Bestimmung Z DIN VDE 0100: 1973-05 [2.3]	Schutzmaßnahme bzw. Anwendungsgebiet	Bedingungen nach Z DIN VDE 0100:1973-05 [2.3] und Z DIN VDE 0100g:1976-07 [2.4] für den Erdungswiderstand
1	§ 9	Schutzerdung	$R_S \leq \dfrac{65(24)\,V}{I_A},$ $I_A = k \cdot I_n;\ k = 1,2$ bis 5
2	§ 10	Nullung	Gesamtwert $R_E \leq 2\,\Omega$ an Station oder Netzausläufen $R_E \leq 5\,\Omega$
3	§ 11	Schutzleitungssystem	feste Anlagen: $R_E \leq 20\,\Omega$, s. a. § 53
4	§ 12	FU-Schutzschaltung	$R_E = 800\,\Omega$ bzw. 200 Ω
5	§ 13	FI-Schutzschaltung	$R_S \leq \dfrac{65(24)\,V}{I_{\Delta N}},$ s. a. Tabelle 4.7, s. a. § 57
6	§ 53	Ersatzstromversorgungsanlagen	$R_E \leq 100\,\Omega$ für Schutzleitungssystem Erdung kann evtl. entfallen
7	§ 57	fliegende Bauten FI-Schutzschaltung	$R_E \leq \dfrac{65\,V}{z \cdot \sum I_{\Delta N}},$ $z = 0,5$ für $n = 2 \ldots 4$ $z = 0,35$ für $n = 5 \ldots 10$ $z = 0,25$ für $n > 10$ n Anzahl der Fehlerstromschutzeinrichtungen (RCD) am gleichen Erder
8	DIN VDE 0141	Erdung in Hochspannungsanlagen	diese Bestimmung enthält ausführliche Angaben über Bau, Widerstandswerte und Messung von Erdern

Tabelle 9.2 Maximal zulässige Erdungswiderstände gemäß Z DIN VDE 0100:1973-05 [2.3] bzw. Z DIN VDE 0100g:1976-07 [2.4]

---

[19] In Z DIN VDE 0100-410:1983-11 [2.1] und 1997-01 [2.53] wird R_A als Bezeichnung für den Anlagenerder im Gegensatz zum Betriebserder R_B benutzt (s. a. Bild 9.11). Andererseits wird R_A auch für „Ausbreitungswiderstand" = Widerstand des Erdreichs verwendet, ebenso R_S für „Schutzerde" und allgemein R_E für Erdungswiderstand.

Nr.	Erdungssystem	Schutzeinrichtung	Bedingung nach Z DIN VDE 0100-410:1997-01 [2.53] für den Erdungswiderstand
1	TN-System	Überstromschutz (Nullung)	Gesamtwert $R_B \leq 2\,\Omega$ bis $5\,\Omega$ in der Neufassung von DIN VDE 0100-410: 1997-01 [2.53] wird kein Wert gefordert
2	TN-System	FI-Schutzeinrichtung	wie Überstromschutz
3	TT-System	Überstrom (Schutzerdung)	zulässige Berührungsspannung (50 V) $R_A \cdot I_a \leq U_L$
4	TT-System	FI-Schutzeinrichtung	I_a Abschaltstrom der Schutzeinrichtung $R_A \cdot I_{\Delta N} \leq U_L$ (siehe Tabelle 4.7) $I_{\Delta N}$ Bemessungsdifferenzstrom der Fehlerstromschutzeinrichtung
5	TT-System	FU-Schutzeinrichtung (nur in Sonderfällen)	$R_A \leq 200\,\Omega$ (in Ausnahmefällen $500\,\Omega$)
6	IT-System	Isolationsüberwachung (Schutzleitungssystem)	$R_A \cdot I_d \leq U_L$ I_d = Fehlerstrom bei Körperschluss durch gesamte Impedanz der Anlage (Kapazität)
7	IT-System	Überstromschutz (Nullung)	wie oben (Nullung)
8	IT-System	FI-Schutzeinrichtung	wie oben
9	IT-System	FU-Schutzeinrichtung (nur in Sonderfällen)	wie oben

Tabelle 9.3 Maximal zulässiger Erdungswiderstand nach Z DIN VDE 0100-410:1997-01 [2.53]

Eine Erdungsmessung ist bei allen Schutzmaßnahmen erforderlich, die eine Abschaltung oder Meldung bewirken (siehe Abschnitt 4.2.4). In öffentlichen TN-Systemen ist das Aufgabe des Netzbetreibers. Die max. zulässigen Werte können sich bei verschiedenen Schutzmaßnahmen erheblich unterscheiden, in Größenordnungen von 0,1 Ω bis 1 kΩ.

Beim Vergleich der Tabellen 9.2 und 9.3 erkennt man unterschiedliche Bezeichnungen der Schutzmaßnahmen. Die alte Fassung Z DIN VDE 0100:1973-05 [2.3] gliedert nach Paragrafen und bezeichnet die Schutzmaßnahme mit einem Wort, z. B. in der Nr. 2 der §-10-Nullung. Die neuen Fassungen DIN VDE 0100-410:1983-11 [2.1], 1997-01 [2.53] und 2007-06 [2.2] kennzeichnen die Schutzmaßnahmen durch Erdungssystem und Schutzeinrichtung, z. B. in Nr. 1: „TN-System mit Überstromschutz".

Betrachten wir, ob und was sich in Tabelle 9.3 gegenüber der alten Fassung Tabelle 9.2 geändert hat:

Zeile Nr. 1   (jeweils in Tabelle 9.3) enthält nicht mehr dieselbe Forderung mit 2 Ω wie die bisherige Nullung;

Zeile Nr. 2   entspricht der „schnellen Nullung", die in der alten Fassung nicht genannt wurde. Die Forderung 2 Ω richtet sich nach dem Netzsystem und ist – im Gegensatz zu Zeile Nr. 4 – nicht mehr erforderlich;

Zeile Nr. 3	fordert noch viel kleinere Erdungswiderstände als die bisherige Schutzerdung, da der Auslösestrom I_a für 0,2 s oder 5 s relativ groß ist, siehe Tabelle 4.6;
Zeile Nr. 4	hier hat sich nicht viel geändert, siehe Tabelle 4.7;
Zeile Nr. 5	die Werte sind in etwa gleich geblieben;
Zeile Nr. 6	die zulässigen Erdungwiderstände sind wesentlich größer und können aus I_d berechnet werden.

9.4.2 Erder – Ausführung, Werte von Erdern

a) Ausführung der Erder

Für die Ausführung gibt es einige Bedingungen bezüglich Form, Material und Querschnitt, die in DIN VDE 0100-540:2012-06 [2.5] festgelegt sind. **Tabelle 9.4** zeigt die Werte.

Erdungsanlagen

Allgemeine Anforderungen

Erdungsanlagen dürfen für Schutz- und Funktionszwecke, entsprechend den Anforderungen der elektrischen Anlage, gemeinsam oder getrennt verwendet werden. Die Festlegungen für Schutzzwecke müssen immer Vorrang haben.

Wenn in der elektrischen Anlage ein Erder vorhanden ist, muss dieser durch einen Erdungsleiter mit der Haupterdungsschiene verbunden werden.

Wenn die Einspeisung der elektrischen Anlage aus einem Hochspannungsnetz erfolgt, müssen für den Fall eines Fehlers zwischen der Hochspannungsanlage und Erde Schutzmaßnahmen nach DIN VDE 0100-442 [2.119] vorgesehen werden.

Die beschriebenen Anforderungen an Erdungsanlagen dienen dazu, eine Verbindung zur Erde herzustellen,

- die für die Schutzanforderungen der elektrischen Anlage geeignet und zuverlässig ist;
- die Erdfehlerströme und Schutzleiterströme zur Erde führen kann, ohne dass eine Gefahr durch thermische, thermomechanische oder elektromechanische Beanspruchungen und durch einen elektrischen Schlag, hervorgerufen durch diese Ströme, entsteht;
- die gegenüber möglichen äußeren Einflüssen widerstandsfähig oder mechanisch geschützt und entsprechend widerstandsfähig gegen Korrosion ist (siehe DIN VDE 0100-510 [2.101]);
- die, wenn erforderlich, auch für Funktionsanforderungen geeignet ist.

292

Erder

Werkstoffe und Abmessungen der Erder müssen so ausgewählt werden, dass sie Korrosion widerstehen und eine angemessene mechanische Festigkeit haben.

Für neue Gebäude wird die Errichtung eines Fundamenterders nachdrücklich empfohlen. Dort, wo der Erder, um Korrosion zu vermeiden, in Beton eingebettet wird, empfiehlt es sich, den Beton in einer gewissen Qualität auszuführen und einen Abstand von mind. 5 cm zwischen dem Erder und der Betonoberfläche einzuhalten.

Für Erder im Erdreich sind die gebräuchlichen Werkstoffe und die minimalen Abmessungen unter Berücksichtigung von Korrosion und mechanischer Festigkeit in Tabelle 9.4 enthalten.

Anmerkung: Wenn ein Blitzschutzsystem (LPS) vorhanden ist, gilt DIN EN 62305-1 (**VDE 0185-305-1**) [2.120].

Werkstoff	Oberfläche	Form	Mindestmaße				
			Durch-messer	Quer-schnitt	Dicke	Dicke der Beschichtung/ Umhüllung	
						Einzel-wert	Mittel-wert
			in mm	in mm²	in mm	in μm	in μm
Stahl	feuerverzinkt a) oder nicht rostend a), b)	Band c)	–	90	3	63	70
		Profil	–	90	3	63	70
		Rundstab für Tiefenerder	16	–	–	63	70
		Runddraht für Oberflächenerder	10	–	–	–	50 e)
		Rohr	25	–	2	47	55
	mit Kupfer-umhüllung	Rundstab für Tiefenerder	15	–	–	2 000	
	elektrolytisch verkupfert	Rundstab für Tiefenerder	14	–	–	90	100
Kupfer	blank a)	Band	–	50	2	–	–
		Runddraht für Oberflächenerder	–	25 f)	–	–	–
		Seil	1,8 für Einzel-draht	25	–	–	–
		Rohr	20	–	2	–	–
	verzinnt	Seil	1,8 für Einzel-draht	25	–	1	5
	verzinkt	Band d)	–	50	2	20	40

a) verwendbar auch für Erder bei Einbettung in Beton
b) ohne Beschichtung
c) Band in gewalzter Form oder geschnitten und mit gerundeten Kanten
d) Band mit gerundeten Kanten
e) bei Verzinkung im Durchlaufbad, z. B. fertigungstechnisch nur mit 50 μm Dicke herstellbar
f) wenn erfahrungsgemäß das Risiko von Korrosion und mechanischer Beschädigung sehr gering ist, darf 16 mm² verwendet werden

Tabelle 9.4 Gebräuchliche Werkstoffe und minimale Abmessungen für Erder eingebettet im Erdreich unter Berücksichtigung von Korrosion und mechanischer Festigkeit (DIN VDE 0100-540:2012-06 [2.5])

Die Wirksamkeit eines jeden Erders ist abhängig von den örtlichen Bodenverhältnissen. Es müssen ein oder mehrere Erder entsprechend den Bodenverhältnissen und dem geforderten Wert des Erdungswiderstands ausgewählt werden.

Als Erder dürfen verwendet werden:

- Stäbe oder Rohre;
- Bänder oder Drähte;
- Platten;
- unterirdische Konstruktionsteile aus Metall, die im Fundament eingebettet sind;
- Bewehrung von in Erdreich eingebettetem Beton (ausgenommen Spannbeton);
- Metallmäntel und andere Metallumhüllungen von Kabeln, entsprechend den örtlichen Auflagen oder Anforderungen;
- andere geeignete unterirdische Konstruktionsteile aus Metall, entsprechend den örtlichen Auflagen oder Anforderungen.

In Deutschland sind Wasser- und Gasrohre als Erder nicht erlaubt.
In Deutschland besteht eine Verpflichtung, in allen neuen Gebäuden einen Fundamenterder nach der nationalen Norm DIN 18014 [2.121] zu errichten.

Bei der Auswahl von Erdern und ihrer Verlegetiefe müssen die örtlichen Gegebenheiten und Bestimmungen berücksichtigt werden, sodass es unwahrscheinlich ist, dass Bodenaustrocknung und Frost den Erdungswiderstand der Erder auf einen Wert erhöht, der die Schutzmaßnahme gegen elektrischen Schlag beeinträchtigen würde (siehe DIN VDE 0100-410 [2.2]).

Bei Verwendung unterschiedlicher Werkstoffe in einer Erdungsanlage muss deren elektrochemische Korrosion berücksichtigt werden.

Anmerkung: Es sollte berücksichtigt werden, dass in Beton eingebettete Fundamenterder aus Stahl ein elektrochemisches Potential haben, ähnlich dem von Kupfer in Erde.

Rohrleitungen aus Metall für brennbare Flüssigkeiten oder Gase dürfen als Erder nicht verwendet werden.

Anmerkung: Diese Festlegung schließt das Einbeziehen solcher Rohre in den Schutzpotentialausgleich über die Haupterdungsschiene nach DIN VDE 0100-410 [2.2] nicht aus.

Unterirdische Konstruktionsteile aus Metall, die im Fundament eingebettet sind, und Betonbewehrungen, die als Erder verwendet werden, müssen zwischen dem Anschlusspunkt des Erdungsleiters und der Fläche der unterirdischen metallenen Konstruktion oder der Betonbewehrung fest miteinander verbunden sein. Die Verbindung muss geschweißt sein oder mit geeigneten mechanischen Verbindungselementen hergestellt werden.

Der Anschlusspunkt des Erdungsleiters muss zugänglich sein.

Ein Erder darf nicht aus einem in Wasser eingetauchten Metallteil bestehen.

Anmerkung: Bei Erdern, die direkt in Wasser errichtet werden, bestehen folgende Risiken:

- Austrocknung;

- Personen kommen während eines elektrischen Fehlers mit dem Wasser in Berührung.

Bei ausgedehnten Erdern aus blankem Kupfer oder Stahl mit Kupferauflage ist darauf zu achten, dass sie von unterirdischen Anlagen aus Stahl, z. B. Rohrleitungen und Behältern, möglichst getrennt gehalten werden. Anderenfalls können die Stahlteile einer erhöhten Korrosionsgefahr ausgesetzt sein.

An dieser Stelle sei auch darauf hingewiesen, dass ein Stahlbetonfundament mit anderen Metallen im Erdboden, z. B. auch mit anderen Erdern, ein elektrolytisches Element bildet und damit andere Erder gefährdet. In **Tabelle 9.5** werden Potentiale von einigen Metallen im Erdboden genannt. Verbindet man verschiedene Metalle miteinander, entsteht ein Strom, der die Metalle abträgt (Zeile 5 in Tabelle 9.5).

Nr.	Bezeichnung	Zeichen	Maß-einheit	Kupfer Cu	Blei Pb	Eisen Fe	Zink Zn
1	Normalpotential[1]	U_{M-H2}	V	+0,34	–0,13	–0,44	–0,76
2	Potential im Erdboden[2]	U_{M-Cu}	V	0 bis –0,1	–0,4 bis –0,5	–0,5 bis –0,7	–0,9 bis –1,1
3	kathodisches Schutzpotential[2]	U_{M-Cu}	V	–0,2	– 0,6	–0,85	–1,2
4	elektrochemisches Äquivalent	$K = \dfrac{\Delta M}{I \cdot t}$	kg/ (A Jahr)	10,4	33,9	9,3	10,7
5	Linearabtrag bei $I_A = 1$ mA/dm^2	$\Delta s/t$	mm/Jahr	0,12	0,3	0,12	0,15

[1] gemessen gegen Normalwasserstoffelektrode

[2] gemessen gegen gesättigte Kupfer/Kupfersulfatelektrode (Cu/CuSO$_4$)

Das Potential von Stahl in Beton (Bewehrungseisen von Fundamenten) hängt stark von äußeren Einflüssen ab. Gemessen gegen eine gesättigte Kupfer/Kupfersulfatelektrode beträgt es im Allgemeinen –0,1 V bis –0,3 V. Bei metallisch leitender Verbindung mit großflächigen unterirdischen Anlagen aus einem Metall mit negativeren Potentialen wird es kathodisch polarisiert und erreicht dann Werte bis zu etwa –0,5 V.

Das Potential von verzinktem Stahl in Beton beträgt i. d. R. –0,7 V bis –1,0 V.

Tabelle 9.5 Elektrochemische Werte der gebräuchlichsten Metalle im Erdboden [2.122]

b) Räumlicher Erdungswiderstand

Leitet man in einen Erder E einen Strom, so breitet sich dieser im Erdreich bei homogenem Boden nach allen Seiten gleichmäßig aus. Die Stromdichte ist umgekehrt proportional dem Erdquerschnitt, sie ist deshalb am Erder max. und nimmt mit zunehmender Entfernung ab. Ebenso verhält sich die Spannung U_E (**Bild 9.10**). Der eigentliche Erdungswiderstand ist im unmittelbaren Bereich des Erders zu suchen. Er hat bei einem Staberder mehr oder weniger Kugelform. Man kann den Verlauf erkennen, wenn man die Kugel in einzelne Schalen 1, 2, 3, ... gleicher Dicke aufteilt, die als Leiterstücke aufzufassen sind. Die Dicke entspricht der Leiterlänge l. Der Querschnitt der Schalen nimmt mit der Entfernung quadratisch zu und damit der Widerstand rasch ab, da er umgekehrt proportional dem Querschnitt ist (siehe Bild 9.10). In hinreichender Entfernung ist der Widerstand der Kugelschalen durch den großen Querschnitt so klein, dass man sie als **Bezugserde** ansehen kann. Das ist theoretisch die Unendlichkeit des Erdreichs. Die Entfernung, bei der man den gesamten Erder praktisch erfasst, entspricht etwa der doppelten Tiefe des Erders, d. h., der Hauptbereich der seitlichen Ausdehnung entspricht bei Staberdern etwa der doppelten bis dreifachen Tiefe des Erders. Im Abstand von etwa 20 m bis 30 m befindet man sich bei einem senkrecht eingeschlagenen Staberder von 5 m bis 10 m Länge nicht mehr im Einflussbereich des Erders. Man nennt diesen Bereich Bezugserde.

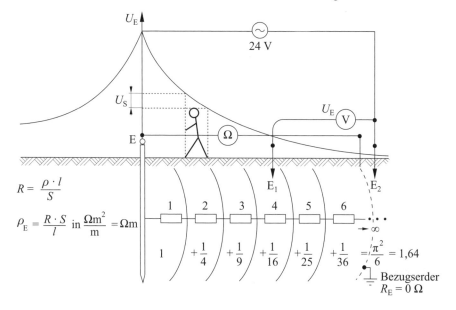

Bild 9.10 Wirkungsbereich eines Erders – Begriff des Bezugserders; E_1 und E_2 sind Erdspieße

Den Widerstand des Erdreichs zwischen Erder und Bezugserde nennt man Ausbreitungswiderstand R_A.

Der Erdungswiderstand R_E (oder R_S, R_B) ist die Summe von R_A und dem Widerstand der Erdleitung. R_E ist in allgemeiner Bezeichnung der Widerstand zwischen Erdungsanschluss und Bezugserde.

Für die Vorausberechnung von Erdungswiderständen (vor Erstellung des Erders) ist die Kenntnis des **spezifischen** Erdwiderstands ρ_E notwendig. Er stellt den Widerstand eines Erdwürfels von $1\,\text{m}^3$, gemessen zwischen zwei Platten, dar und wird in $\Omega\text{m}^2/\text{m} = \Omega\text{m}$ angegeben.

c) Übliche Erdungswiderstände

Richtwerte für den **spezifischen Erdwiderstand** zeigt die **Tabelle 9.6**. Die Werte gelten alle für feuchte bis nasse Böden. Absolut trockener Sand oder Stein sind gute Isolatoren, ebenso wie destilliertes Wasser. Leitfähigkeit wird durch Mineralien plus Wasser erzeugt.

Bodenart	Spezifischer Erdwiderstand ρ_E in Ωm
Moorboden	10 … 40
Ton, Lehm	20 … 100
Humus, Ackerboden	50 … 200
Sand, Kies	200 … 3 000
verwittertes Gestein	meist unter 1 000
felsiges Gestein	2 000 … 3 000
Seewasser und Süßwasser	10 … 100

Tabelle 9.6 Spezifische Erdwiderstände ρ_E für verschiedene Bodenarten sowie zum Vergleich für Süßwasser (Bereich von Werten, die öfter gemessen wurden) [15]

Erder müssen deshalb stets so tief eingegraben werden, dass sie in Trockenperioden **immer im feuchten**, nicht gefrorenen Erdreich liegen. Im gefrorenen Boden steigt der Widerstand auf etwa das Zehnfache an.

Der Ausbreitungswiderstand der Erder hängt von der Art und Beschaffenheit des Erdreichs (spezifischer Erdwiderstand) und von den Abmessungen und der Anordnung der Erder ab. **Tabelle 9.7** enthält Mittelwerte von Ausbreitungswiderständen für Erder. Mäßige Abweichungen von den dort angegebenen Querschnitten beeinflussen den Ausbreitungswiderstand wenig. Eine genauere Berechnung kann nach Gleichungen vorgenommen werden, wie sie in **Tabelle 9.8** stehen.

Art des Erders	Band und Seil Länge				Stab und Rohr Länge				Senkrechte Platte Oberkante etwa 1 m in Erde Größe	
	10 m	25 m	50 m	100 m	1 m	2 m	3 m	5 m	0,5 m × 1 m	1 m × 1 m
Ausbreitungs-widerstand Ω	20	10	5	3	70	40	30	20	35	25

Tabelle 9.7 Ausbreitungswiderstand bei einem spezifischen Erdwiderstand $\rho_E = 100\,\Omega\text{m}$

Erderart	Genaue Berechnung	Näherungsgleichung	Bezug zu anderer Erderart
Tiefen-erder	$R_{A,T} = \dfrac{\rho_E}{2\cdot\pi\cdot L}\cdot\ln\dfrac{4\cdot L}{d}$ [16]	bei $L<10$ m: $R'_{A,T}\approx\dfrac{\rho_E}{L}$ bei $L>10$ m: $R'_{A,T}\approx\dfrac{1,5\cdot\rho_E}{L}$	
Banderder	$R_{A,B} = \dfrac{\rho_E}{\pi\cdot L}\cdot\ln\dfrac{2\cdot L}{d}$ [16]	bei $L<10$ m: $R'_{A,B}\approx\dfrac{2\cdot\rho_E}{L}$ bei $L>10$ m: $R'_{A,B}\approx\dfrac{3\cdot\rho_E}{L}$	$R_{A,B}=2\cdot R_{A,T}$
Vierstrahl-erder	$R_{A,St} = \dfrac{\rho_E}{4\cdot\pi\cdot L_S}\cdot\left(\ln\dfrac{4\cdot L_S}{d}+1,75\right)$ [16]	bei $L<10$ m: $R'_{A,T}\approx\dfrac{\rho_E}{2\cdot L_S}$ bei $L>10$ m: $R'_{A,T}\approx\dfrac{3\cdot\rho_E}{4\cdot L_S}$	$R_{A,St}=R_{A,B}$ ($L=4\cdot L_S$)
Ringerder	$R_{A,R} = \dfrac{\rho_E}{2\cdot\pi^2\cdot D}\cdot K,$ [16] mit $K=f\left(\dfrac{D}{d}\right)\approx 15...20$ oder aus $R_{A,B}$ mit $L=\pi\cdot D$ $R_{A,R}\approx\dfrac{\rho_E}{\pi^2\cdot D}\cdot\ln\dfrac{2\cdot\pi\cdot D}{d}$ [16]	bei $D<4$ m: $R'_{A,R}\approx\dfrac{2\cdot\rho_E}{\pi\cdot D}$ bei $D>4$ m: $R'_{A,R}\approx\dfrac{3\cdot\rho_E}{\pi\cdot D}$	$R'_{A,R}=R'_{A,B}$ ($L=\pi\cdot D$) $\approx 1,3\cdot R_{A,P}$
Maschen-erder	$R_{A,M}\approx 1,5\cdot R_{A,P}=1,5\cdot\dfrac{\rho_E}{2\cdot D}$ [16] $R_{A,M}\approx\dfrac{\rho_E}{2\cdot D}+\dfrac{\rho_E}{\sum L}$ [17] $R_{A,M}\approx\dfrac{0,5\cdot\rho_E}{\sqrt{A}}$ [18]	spezielle Näherungsgleichung für Maschenerder: $R_{A,M}\approx\dfrac{\rho_E}{2\cdot D}$	$R'_{A,M}\sim R'_{A,P}$ $\approx 0,8\cdot R'_{A,R}$
Platten-erder	$R_{A,P} = \dfrac{\rho_E}{2\cdot D}$		$R_{A,P}\approx 1,5\cdot R_{A,HK}$
Halbkugel-erder	$R_{A,HK} = \dfrac{\rho_E}{\pi\cdot D}$		

Tabelle 9.8 Die wichtigsten Erderarten und die Berechnung ihrer Ausbreitungswiderstände (Oberflächenerder, an der Erdoberfläche liegend angenommen) [15]

Erläuterung der in Tabelle 9.8 verwendeten Größen

ρ_E spezifischer Widerstand in Ωm,

L Länge des Erders in m,

L_S Länge eines Strahls beim Strahlenerder in m,

D Durchmesser bei Kreisfläche (bzw. auf Kreisfläche umgerechnete Fläche) und bei Halbkugel in m,

d Durchmesser bzw. Ersatzdurchmesser (halbe Breite) des Erders in m,

A Fläche des Erdermaschennetzes in m².

Beispiele:

Um einen Ausbreitungswiderstand eines Erders von etwa 5 Ω zu erreichen, benötigt man nach Tabelle 9.7 und Tabelle 9.8 bei Lehm-, Ton- oder Ackerböden mit $\rho_E = 100$ Ωm einen Banderder von 50 m Länge oder vier in einem Ring von etwa 15 m Durchmesser angeordnete Staberder von 5 m Länge. Bei nassem Sand mit $\rho_E = 200$ Ωm lässt sich ein Ausbreitungswiderstand von etwa 5 Ω mit einem Banderder von 100 m Länge erreichen.

Um gleiche Ausbreitungswiderstände zu erreichen, erfordern Plattenerder einen größeren Werkstoffaufwand als Band- oder Staberder.

Der Ausbreitungswiderstand einer Erdungsanlage muss bei Wiederholungsprüfungen messbar sein. Erforderlichenfalls sind zugängige lösbare Verbindungen vorzusehen, die eine getrennte Messung an einzelnen Erdern ermöglichen.

Aus Einzelmessungen kann nicht ohne Weiteres auf den Gesamtwiderstand einer Erdungsanlage geschlossen werden. Der Abstand der Erder und die Zuleitungswiderstände spielen unter Umständen eine Rolle.

Werden Einzelerder parallel geschaltet, addieren sich ihre Leitwerte nur dann, wenn sie gegenseitig aus ihrem Einflussbereich heraus sind (Entfernung etwa der zwei- bis dreifachen Tiefe).

9.4.3   Messverfahren

Die Größe des Erdungswiderstands kann nur durch eine Messung festgestellt werden. Das ist mit einem einfachen Widerstandsmessgerät nicht möglich. Überschlägig kann das u. U. mit einer Prüfung ermittelt werden, wie sie im Abschnitt 9.5 unter „Prüfung der Schleifenimpedanz" beschrieben wird. Für eine genaue Ermittlung ist eine Messung mit einem Erdungsmessgerät erforderlich, die nachstehend unter a), b) und c) beschrieben wird.

Wie in Bild 9.10 gezeigt, besteht der Widerstand des Erders zwischen dem Erder E und der Bezugserde, der praktisch ein sehr guter Erder mit $R_E = 0$ Ω ist. Mit einer kleinen Gleichspannung – wie sie Widerstandsmessgeräte haben – ist die Messung nicht möglich, da Metalle im feuchten Erdreich ein galvanisches Element darstellen (siehe Tabelle 9.5). In der Praxis muss mit Wechselspannung gemessen werden.

Es gibt folgende Messverfahren:

a) **Messung mit Strom-Spannung-Messverfahren in Netzen mit geerdetem Sternpunkt nach DIN VDE 0413-5:2007-12 [2.123]**

Die zu prüfende Erdungsleitung wird mit einem Außenleiter eines geerdeten Netzes über einen einstellbaren Widerstand von $1\,000\,\Omega$ bis $20\,\Omega$ hinter der Überstromschutzeinrichtung über ein Strommessgerät verbunden. Hinter dem Vorschaltwiderstand ist dann mit einem Spannungsmessgerät mit einem Widerstand R_i von etwa $40\,\text{k}\Omega$[20] die Spannung zwischen dem Erder und einer von diesem etwa $20\,\text{m}$[21] entfernten Sonde zu messen. Der Erdungswiderstand R_E ergibt sich dann als Quotient aus der gemessenen Spannung und dem Strom (**Bild 9.11**).

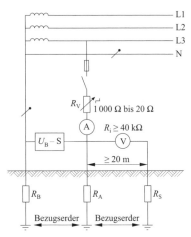

Bild 9.11 Messung des Erdungswiderstands R_A in T-Netzen mit Netzfrequenz

R_B	Betriebserder
R_A	zu messender Anlagenerder
R_S	Sondenwiderstand
R_V	Vorwiderstand, teilweise elektronisch gesteuert
$U_B - S$	Fehlerspannungsschutzeinrichtung

---

[20] R_i muss wesentlich größer sein als der Erdungswiderstand der Sonde, der zwischen $0,1\,\text{k}\Omega$ und $10\,\text{k}\Omega$ liegen kann.

[21] Die Sonde muss sich außerhalb des Einflussbereichs des zu messenden Erders und des Betriebserders befinden, der nach Bild 9.10 beim doppelten bis dreifachen Wert der Ausdehnung des Erders liegt. Bei Erdern mit größerer Ausdehnung in horizontaler Richtung verändert sich die Form des „Spannungstrichters". Da sich die Spannungstrichter des zu messenden Erders, des Hilfserders und ggf. der Messsonde bei bestimmungsgemäßer Messung nicht berühren oder gar überschneiden dürfen, ist es vor der Messung des Erdungswiderstands stets erforderlich, sich über Form und Lage des Erders genau zu informieren. **Der Raum zwischen zu messendem Erder, Hilfserder und Messsonde sollte frei sein von metallenen Rohrleitungen und anderen im Erdreich leitend eingebetteten Erdungsanlagen sowie von kathodischen Korrosionsschutzanlagen.**

Nachteil des Verfahrens: Die Messspannung zwischen Sonde und R_A darf nicht über die zulässige Berührungsspannung steigen, sonst besteht **Gefahr**. Man sollte deshalb davon Abstand nehmen, die Messschaltung nach Bild 9.11 selbst aufzubauen. DIN EN 61557-5 (**VDE 0413-5**) [2.123] fordert deshalb für Messgeräte dieser Art, dass die zulässige Berührungsspannung durch geeignete Maßnahmen bei AC 50 V begrenzt wird und eine höhere Spannung nicht länger als 0,2 s ansteht. Auch ist der Kurzschlussstrom, ähnlich wie bei den in Abschnitt 9.1.2 behandelten Isolationsmessgeräten, auf 10 mA begrenzt. Geräte, die nach diesen Verfahren arbeiten und die genannten Forderungen erfüllen, zeigen die Bilder 9.31 bis 9.33. Nach DIN EN 61557-5 (**VDE 0413-5**) [2.123] wird für diese netzbetriebenen Geräte gefordert, dass Sondenwiderstände bis 2 kΩ zulässig sind. Die Geräte in den Bildern 9.31 bis 9.33 erfüllen diese Forderung hinreichend.

Für die Messung muss eine Netzspannung zur Verfügung stehen. Es ist eine starre Erdung eines Netzpunkts notwendig.

Bereits vorhandene Erdströme erzeugen ebenfalls einen Spannungsfall zwischen R_A und Sonde und können die Messung verfälschen. Eine vorherige Ermittlung dieser Fehlerspannung ist, da ihre Phasenlage nicht bekannt ist, nicht immer von Nutzen. Die Messgeräte in den Bildern 9.31 bis 9.33 messen den Betrag der Störspannung und kompensieren diesen Einfluss bei der Messung. Sie sind auch Mehrfachmessgeräte.

Spezielle Erdungsmessgeräte sind von der Netzspannung unabhängig. Sie haben eine eigene, von der Netzfrequenz verschiedene Messwechselspannung, die aus einer eingebauten Batterie mit elektronischen Mitteln erzeugt wird. Es gibt zwei verschiedene Gerätearten, die nachstehend unter b) und c) beschrieben werden.

b)   Messung nach dem Strom-Spannung-Messverfahren mit eigener Stromquelle nach DIN EN 61557-5 (VDE 0413-5):2007-12 [2.123]

Die zum Messen erforderlichen beiden Erdspieße, Sonde S und Hilfserder H (**Bild 9.12**), sind bei Einzelerdern in einer Entfernung von etwa 20 m22), bei Strahlen-, Ring- und Maschenerdern in einer Entfernung, die etwa dem dreifachen mittleren Durchmesser der Erdungsanlage entspricht, anzubringen. Die Messung ist mit Geräten mit eigener Spannungsquelle auszuführen. Der zu ermittelnde Widerstand des Erders R_E (Bild 9.12) ist der Übergangswiderstand vom Leiter in das Erdreich und der Widerstand des Erdreichs in Nähe des Erders. Letzterer nimmt – wie beschrieben – mit der Entfernung rasch ab, da der Querschnitt des Erdreichs riesig groß wird.

---

22) Die Sonde muss sich außerhalb des Einflussbereichs des zu messenden Erders und des Betriebserders befinden, der nach Bild 9.10 beim doppelten bis dreifachen Wert der Ausdehnung des Erders liegt. Bei Erdern mit größerer Ausdehnung in horizontaler Richtung verändert sich die Form des „Spannungstrichters". Da sich die Spannungstrichter des zu messenden Erders, des Hilfserders und ggf. der Messsonde bei bestimmungsgemäßer Messung nicht berühren oder gar überschneiden dürfen, ist es vor der Messung des Erdungswiderstands stets erforderlich, sich über Form und Lage des Erders genau zu informieren. **Der Raum zwischen zu messendem Erder, Hilfserder und Messsonde sollte frei sein von metallenen Rohrleitungen und anderen im Erdreich leitend eingebetteten Erdungsanlagen sowie von kathodischen Korrosionsschutzanlagen.**

Misst man den Widerstand zwischen Sonde und Erder, so ist darin natürlich auch der Erdwiderstand der Sonde enthalten.

Dieses Problem lässt sich durch eine Anordnung nach Bild 9.12 lösen. Über einen Hilfserder H speist man von einem Generator G einen Wechselstrom mit z. B. 108 Hz in das Erdreich. Der am Widerstand R_E des Erders auftretende Spannungsfall wird mit dem Spannungsmesser R_U gemessen. Der Widerstand des Hilfserders R_H hat dabei bis zu einer gewissen Größe (s. a. Abschnitt 9.4.5 b)) keinen Einfluss, der Widerstand der Sonde R_S ebenfalls nicht, wenn der Messstrom I_S des Spannungsmessers null bzw. sehr klein ist. Der Erdungswiderstand ergibt sich aus:

$$R_E = \frac{U}{I}.$$

Während es seit Langem Messgeräte nach dem unter a) und c) genannten Verfahren gibt, sind erst seit wenigen Jahren digitale Erdungsmesser auf dem Markt, die nach dem unter b) genannten Verfahren arbeiten. Sie speisen in Anordnung nach Bild 9.12 einen Konstantstrom ein und messen an der Sonde S die Spannung. Sie ist proportional R_E und wird als Widerstandswert digital angezeigt, s. a. Bilder 9.15, 9.16 und 9.19, oder sie messen Strom sowie Spannung und errechnen daraus den Widerstand, siehe Bilder 4.4 und 4.5. Es sind kein Abgleich und keine fremde Spannungsquelle erforderlich. Diese Geräte vereinen die Vorteile von a) und c) und vermeiden deren Nachteile. Der Einfluss der Widerstände von Sonde und Hilfserder ist bei diesen elektronischen Geräten sehr gering. Sie arbeiten noch mit Sonden- und Hilfserderwiderständen bis 10 kΩ ausreichend genau.

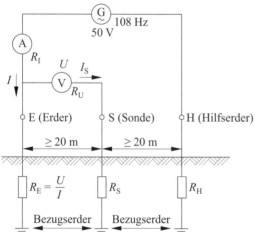

Es gelten folgende Bedingungen:
1. R_S und R_H sind nur begrenzt zulässig
2. Abstand R_S/R_H zu R_E > Ausdehnung
3. Abstand zu benachbarten Erdern

Bild 9.12 Messung des Erdungswiderstands nach der Strom-Spannung-Methode, mit Hilfserder und Sonde
R_E Erdungswiderstand
R_S Sondenwiderstand
R_H Hilfserderwiderstand

Im Zusammenhang mit Bild 9.12 sind drei Bedingungen genannt.

1. Bedingung: R_S und R_H sind nur begrenzt zulässig.

   Bedingt durch die Spannungsfälle, die durch den Messstrom an R_H und R_E erzeugt werden, dürfen diese Widerstände nur in einem bestimmten Verhältnis stehen. Ältere Messgeräte hatten ein Verhältnis von 1 : 300, neuere haben ein Verhältnis von 1 : 10 000 ($R_E : R_H$). Damit können die neueren Geräte selbst bei relativ hohen Widerständen von R_H noch hinreichend genau kleine Widerstände von R_E messen.

2. Bedingung: Abstand R_S/R_H zu R_E > Ausdehnung.

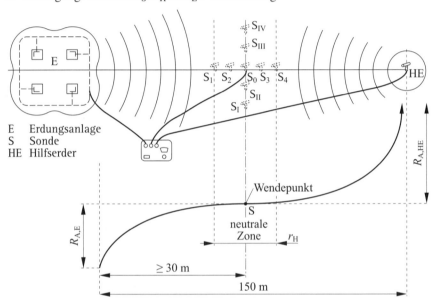

Bild 9.13 Messung des Erdungswiderstands in Abhängigkeit der Entfernung des Hilfserders R_H sowie der Sonde R_S (Quelle: KEMA-IEV [3.26])

Aus dem **Bild 9.13** geht hervor, dass die Sonde R_S sich sowohl außerhalb des Einflussbereichs von R_E (Spannungstrichter) als auch außerhalb von R_H befinden muss, denn nur im Bereich der neutralen Zone ist eine korrekte Messung zu erwarten. Befindet sich R_S zu nah an R_E, so wird R_E sehr viel kleiner gemessen; befindet sich R_S zu nah an R_H dann wird R_E viel zu groß gemessen.

3. Bedingung: Abstand zu benachbarten Erdern.

   Werden z. B. R_E, R_S und R_H auf einer Linie angeordnet, kann durch metallene Gegenstände (Rohrleitungen, Konstruktionsteile, Schirme von Kabeln, Banderder) im Erdreich das Messergebnis verfälscht werden. Ordnet man dagegen die Erdspieße R_H und R_S im Dreieck zu R_E an, so kann durch Tauschen der Anschlüsse Hilfserder und Sonde am Messgerät der Fehler erkannt werden, wenn eine Beeinflussung vorlag. (Durch Vertauschen der Anschlüsse H und S sollte das Messergebnis keine große Änderung erfahren.) Sollte sich das Messergebnis stark ändern, müssen die Erdspieße noch einmal standortmäßig verändert werden.

c)   Messung mit Erdungsmessgerät nach dem Kompensationsverfahren nach DIN EN 61557-5 (VDE 0413-5):2007-12 [2.123]

Die Bedingung, dass der Messstrom I_S nach Bild 9.12 null ist, lässt sich durch Messung mit einer Brückenschaltung nach **Bild 9.14** auch ohne Verstärker gut erreichen. Ein Wechselspannungsgenerator G erzeugt den Messstrom, der über den Hilfserder und das Erdreich zum Erder fließt. Galvanische Gleichspannungen im Erdreich sind damit ohne Einfluss. Mit einem skalierten Potentiometer, wie im Bild 9.14, wird die Messbrücke auf „null" abgeglichen. Das Anzeigeinstrument A zeigt keinen Ausschlag, und es fließt kein Sondenstrom. Die Spannung U_1 über dem Erdwiderstand ist gleich der Spannung U_2 über den Vergleichswiderständen. Der Erdungswiderstand entspricht dann dem Vergleichswiderstand. Der Generator hat eine von 50 Hz oder 60 Hz abweichende Frequenz, z. B. 110 Hz, und steuert auch den Gleichrichter des Drehspulanzeigers A. Dadurch werden vom Netz herrührende Fremdspannungen unterdrückt. Der Erdungswiderstand kann an der Skala des Abgleichpotentiometers direkt abgelesen werden. Der Umschalter am Übertrager gestattet eine Messbereichsänderung, jeweils um den Faktor zehn. Das Kompensationsverfahren ist seit Jahrzehnten das klassische Erdungsmessverfahren. Geräte, die nach diesem Verfahren arbeiten, werden heute nicht mehr hergestellt.

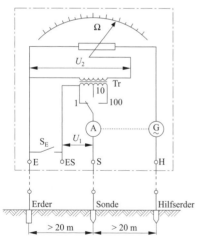

Bild 9.14 Prinzipschaltbild eines Erdungsmessers nach dem Kompensationsverfahren

Dreileiterschaltung: Schalter S_E geschlossen, Leitung an E, S und H,
Vierleiterschaltung: Schalter S_E geöffnet, Leitung an E, ES, S und H

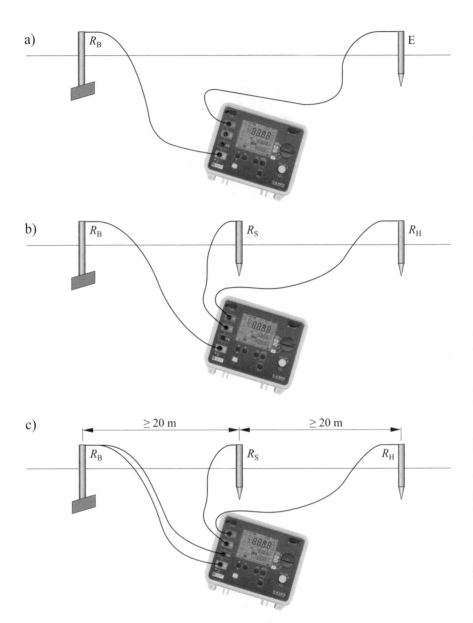

Bild 9.15 Anschluss eines Erdungsmessers in a) Zwei-, b) Drei- und c) Vierleiterschaltung (Foto: „C.A 6470", Chauvin Arnoux [3.21])

Bild 9.15b zeigt die Messung in **Dreileiterschaltung**. Der Widerstand der Leitung von E zum Erder geht dabei unmittelbar in die Messung ein. Mithilfe einer vierten Leitung (**Vierleiterschaltung**) vom Anschluss ES (Bild 9.15c) zum Erder und Öffnen des Schalters zwischen E und ES wird die Spannung U_1 direkt am Erder gemessen. Im Abgleichfall fließt über ES kein Messstrom, und der Leitungswiderstand hat keinen Einfluss mehr. Mit steigendem Hilfswiderstand R_H wird der Messstrom kleiner.

Der Ausschlag des Nullgalvanometers vermindert sich, und der Nullabgleich wird immer schwieriger – die Messung versagt.

Neben der Drei- und Vierleiterschaltung ist mit den Messgeräten nach b) und c) auch noch eine Zweileiterschaltung möglich. Im **Bild 9.15** sind alle drei Schaltungen dargestellt.

Bei dichter Bebauung ist es oft nicht möglich, die zur Messung des Erdungswiderstands erforderlichen Sonden in „neutrale Erde" zu setzen. Stattdessen ist es zulässig, den Widerstand über zwei Erder zu messen. Recht praktikabel ist in T-Netzen die Messung gegen den Betriebserder, der vielfach 0,1 Ω oder weniger hat. Das Messgerät nach b) oder c) wird in Zweileiterschaltung betrieben. Zur Messung des Fundamenterders R_F im Bild 4.14 wird die Brücke PA aufgetrennt – (Vorsicht, mit Zangenstrommessgerät auf evtl. vorhandene Erdschlussströme kontrollieren) – und zwischen Potentialausgleichsschiene und Betriebserder R_B (PEN-Leiter) der Erdungswiderstand gemessen. Der gemessene Widerstand ist die Summe aller Widerstände $R_F + R_B + R_{Leitung}$. Der Messwert muss gleich oder kleiner sein als der geforderte Erdungswiderstand.

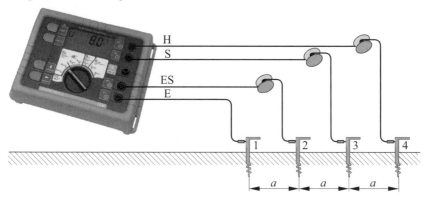

Bild 9.16 Messung des scheinbaren spezifischen Erdwiderstands nach der Methode von Dr. *Frank Wenner* [19] (Foto: „Saturn Geo X", Fluke [3.24])

9.4.4 Messung des spezifischen Erdwiderstands

Bei der Planung einer Anlage mit Erder ist es von Nutzen, durch Berechnung anhand des spezifischen Erdwiderstands sich über den erforderlichen Aufwand einen Überblick zu verschaffen. Tabelle 9.8 zeigt Formeln für den Ausbreitungswiderstand R_A für verschiedene Erderausführungen. Der Ausbreitungswiderstand R_A eines Erders ist der Widerstand des Erdreichs zwischen dem Erder und der Bezugserde.

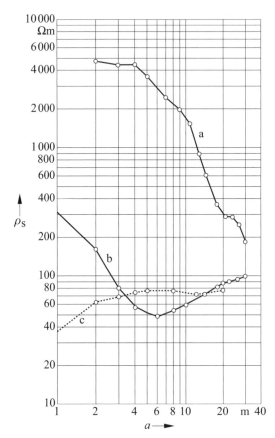

Bild 9.17 Nach dem Wenner-Verfahren gemessene, scheinbare spezifische Erdwiderstände ρ_S bei Sondenabständen a [2.122]

a) niedriger Ausbreitungswiderstand nur mit langem Staberder erzielbar; erreicht wurden:

bei	1,3	m Länge	2400 Ω
bei	3	m Länge	1 500 Ω
bei	6	m Länge	340 Ω
bei	30	m Länge	5,5 Ω
bei	35	m Länge	2,4 Ω

b) für Staberder nur bis etwa 6 m Länge günstig; erreicht wurden:

    bei   1,3 m Länge   130 Ω
    bei   3   m Länge   22 Ω
    bei   6   m Länge   7,4 Ω
    bei   30 m Länge   4,2 Ω

c) Banderder zweckmäßig

Der scheinbare spezifische Erdwiderstand wird vorzugsweise nach der Methode von Dr. *Frank Wenner* [19] gemessen. Vier Erdspieße werden im Abstand a in einer Linie eingedreht und an ein Erdungsmessgerät nach **Bild 9.16** angeschlossen. Es können nur Messgeräte, die in Vierleiterschaltung arbeiten, wie vorstehend unter b) und c) beschrieben, verwendet werden. Über die äußeren Spieße wird der Strom eingespeist (H und E in Bild 9.16) und über die inneren die Spannung im Erdreich gemessen (S und ES in Bild 9.16).

Aus dem nach Brückenabgleich ermittelten Widerstand R errechnet sich der scheinbare spezifische Erdwiderstand zu:

$$\rho_E = 2 \cdot \pi \cdot a \cdot R.$$

Setzt man a in Meter und R in Ohm ein, so erhält man den scheinbaren spezifischen Erdwiderstand in Ohmmeter (Ωm). Die Messmethode nach *F. Wenner* erfasst den zu untersuchenden Boden bis zu einer Tiefe, die etwa dem Abstand a der Sonden entspricht. Durch Verändern von a kann man die Widerstände in verschiedenen Schichten erkennen. Maßgebend ist die Tiefe, in der der Erder verlegt werden soll. **Bild 9.17** zeigt für verschiedene Böden a), b) und c) gemessene Werte bei verändertem Sondenabstand a.

Ganz erheblichen Einfluss auf den Erdwiderstand hat – wie bereits erwähnt – die Bodenfeuchtigkeit, das zeigen die Kurven in **Bild 9.18a**. Im Sommer, bei langen Trockenperioden, kann das Erdreich bis 30 cm oder mehr ausgetrocknet sein. Bei Messungen in dieser Jahreszeit muss man entweder lange Sonden nehmen, die in den Feuchtbereich gehen, oder das Erdreich im Bereich der Sonde anfeuchten.

Bei der Beurteilung der Messergebnisse sind die jahreszeitlichen Einflüsse, die Umgebungstemperatur und die Bodenfeuchte, auf die Werte der Erdungswiderstände zu berücksichtigen. Bei tief liegenden Erdern sind die Schwankungen gering.

Abhängig von der Jahreszeit können Unterschiede des Erdwiderstands von 50 % oder mehr auftreten, siehe **Bild 9.18b**. Zu beachten ist weiterhin, dass Rohre, Schienen usw. den Widerstand in einer Richtung verfälschen können. Dann ist eine Messung in verschiedenen Richtungen erforderlich.

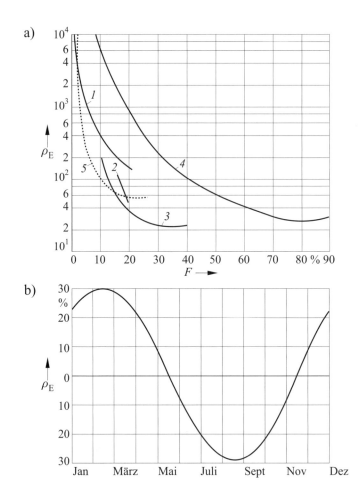

Bild 9.18 Spezifischer Erdwiderstand – a) Einfluss der Feuchtigkeit F auf den spezifischen Erdwiderstand ρ_E (nach [20]), b) spezifischer Erdwiderstand ρ_E in Abhängigkeit von der Jahreszeit ohne Beeinflussung durch Niederschläge (Eingrabtiefe des Erders < 1,5 m)

1 Sandboden
2 Lehmboden
3 Tonboden
4 Moorboden
5 sandiger Lehmboden

9.4.5 Erdungsmessgeräte

a) **Geräte mit Strom-Spannung-Messverfahren, netzbetrieben, nach DIN EN 61557-5 (VDE 0413-5):2007-12 [2.123]**

Sie arbeiten nach dem in Abschnitt 9.4.3 a) beschriebenen Verfahren (Bild 9.11) und können nur in geerdeten, unter Spannung stehenden Netzen (T-Systemen) verwendet werden. Dieses Verfahren wird in Geräten praktiziert, mit denen noch andere Messungen möglich sind (Mehrfachmessgeräte, siehe Tabelle 9.10). Das sind die Geräte Profitest und C.A 6116. Spezifische Erdwiderstände nach *F. Wenner* können mit diesen Geräten nicht gemessen werden. Die Mehrfachprüfgeräte C.A 6117, Profitest Mxtra enthalten einen Erdungsmesser mit eigener Spannungsquelle nach dem Verfahren c) und können auch in Vierleiterschaltung messen.

b) **Geräte nach dem Strom-Spannung-Messverfahren mit eigener Spannungsquelle nach DIN EN 61557-5 (VDE 0413-5):2007-12 [2.123]**

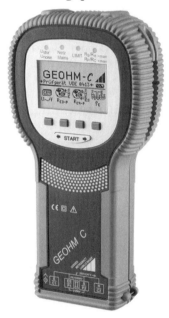

Bild 9.19 Digitales Erdungsmessgerät, automatisch messend, „Geohm C" (Foto: GMC-I [3.22])

311

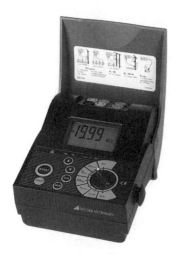

Bild 9.20 Digitales Erdungsmessgerät, automatisch messend, „Geohm 5" (Foto: GMC-I [3.22])

Sie arbeiten nach dem in Abschnitt 9.4.3 b) beschriebenen Verfahren (Bild 9.12). Man benötigt zur Messung zwei Erdspieße S und H. Ein Abgleich ist nicht erforderlich. Digitale Geräte dieser Art zeigen die Bilder 9.15 und 9.16 sowie die **Bilder 9.19 und 9.20**.

Bild 9.21 Erdungsmesszange „C.A 6417" misst ohne Erdspieße (Foto: Chauvin Arnoux [3.21])

Die meisten Geräte haben als Spannungsquelle eine Batterie von 6 V bis 9 V. Es gibt auch Geräte mit Kurbelinduktor. Eine bestimmte Drehzahl ist zu erreichen, was die

Geräte in der Anzeige signalisieren. Der Widerstand des Hilfserders ist bei den Erdungsmessverfahren b) und c) begrenzt, wobei ein Verhältnis von Hilfserderwiderstand R_H zu Erderwiderstand R_E maßgebend ist. Wird das Verhältnis R_H/R_E groß, ist die Messspannung am Erder E, die über die Sonde gemessen wird, klein, siehe Bild 9.12.

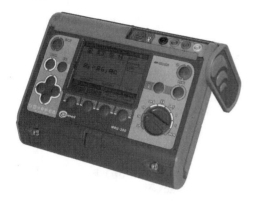

Bild 9.22 Digitales Erdungsmessgerät, automatisch messend, „MRU-200" (Foto: Sonel [3.38])

Ein Beispiel soll das verdeutlichen:

Die Spannungsquelle G sei AC 50 V, der Hilfserder $R_H = 1$ kΩ (häufiger Wert) und der Erder $R_E = 1$ Ω. Dann ist $R_H/R_E = 1\,000$ und die Messspannung am Erder 50 mV. Damit kommen die meisten Geräte noch zurecht. Ältere Geräte versagen bereits bei $R_H/R_E > 500$. Die neuen elektronischen Geräte messen bis zu einem Verhältnis 1/10 000. Aber auch diese können versagen. Nicht unüblich sind z. B. folgende Werte: $R_E = 0,1$ Ω, $R_H = 3$ kΩ, dann ist $R_H/R_E = 30\,000$! Hier versagen alle Geräte, und der Hilfserder muss verbessert werden, tiefere oder mehrere schlagen, evtl. anfeuchten.

Die neuesten digitalen Geräte begegnen diesem Problem, indem sie in der Anzeige beim Überschreiten von R_H ein Zeichen setzen. Recht aufschlussreich tut es das Gerät „Fluke 1625"/„Saturn Geo X" in Bild 9.16. Es zeigt bei Überschreitung in der Anzeige automatisch den Wert des Hilfserderwiderstands an. Auch kann man nach ordnungsgemäß ausgeführter Messung alle Werte abfragen, d. h. R_H, R_S, R_E und die Messfrequenz.

c)   Geräte nach dem Kompensationsverfahren nach DIN EN 61557-5 (VDE 0413-5):2007-12 [2.123]

Sie arbeiten nach dem in Abschnitt 9.4.3 c) beschriebenen Verfahren (Bild 9.14), benötigen außer der Sonde noch einen Hilfserder, sind dafür aber völlig vom Netz unabhängig. Sie haben ihre eigene Spannungsquelle ($\leq$50 V, um 100 Hz) und beziehen die Energie aus einer Batterie, im Gegensatz zu den Geräten nach dem in a) genannten Verfahren. Zum Messen des spezifischen Erdwiderstands können nur die unter b) und c) genannten Geräte verwendet werden.

In DIN EN 61557-5 (**VDE 0413-5**):2007-12 [2.123] wird für solche Geräte u. a. gefordert:

Ausgang: Wechselspannung max. 50/25 V (Effektivwert), 70/35 V Scheitelwert. Bei 30 % zulässige Betriebsmessunsicherheit (Gebrauchsfehler):

- Sondenwiderstand: zulässig $R_S = 0$ bis $100 \cdot R_A$, ≤ 50 kΩ,
- Hilfserderwiderstand: zulässig $R_H = 0$ bis $100 \cdot R_A$, ≤ 50 kΩ.

Batteriegeräte erzeugen die Messwechselspannung mit elektronischem Wandler aus der Gleichspannung. Mit einem veränderlichen Widerstand wird die Messbrücke auf „null" abgeglichen. Als Widerstände dienen kalibrierte Potentiometer oder Stufenschalter, an denen man den gemessenen Widerstand nach Nullabgleich ablesen kann. Als Nullindikator dienen meist Drehspulinstrumente mit Nullpunkt in der Mitte, auch Nullgalvanometer genannt.

Kurbelinduktor: Die Messwechselspannung wird von einem Dynamo mit Handkurbel erzeugt – ähnlich wie bei einem Isolationsmesser mit Kurbelinduktor. Die Spannung an der Sonde S wird von einem in Ohm kalibrierten Instrument angezeigt. Diese Geräte arbeiten nach dem Ausschlagverfahren (keine Nullkompensation), wie unter b) beschrieben, mit eigener, von 50 Hz verschiedener Messfrequenz.

Sie werden seit einigen Jahren nicht mehr hergestellt und sind nur als ältere Geräte noch in Gebrauch.

d)   Erdungsmessgeräte mit Zangenstromwandler

Um den Erdungswiderstand eines einzelnen Erders zu messen, muss er bei Verwendung der bisher beschriebenen Messgeräte abgeklemmt werden. Mit den Geräten C.A 6471, Geohm 5, „Fluke 1625"/„Saturn Geo X" und Sonel MRU-200, **Tabelle 9.9** kann man bei einer Parallelschaltung mehrerer Erder einen Teil-Erder messen, ohne ihn abklemmen zu müssen. In die Parallelschaltung wird wie bisher in Drei- oder Vierleiterschaltung ein Gesamtstrom über den Hilfserder eingespeist. Das Gerät misst zunächst den Gesamtstrom und die Spannung an der Parallelschaltung, ermittelt daraus den Gesamtwiderstand und zeigt ihn digital an. Über einen Zangenstromwandler, den es auch mit großer Öffnung gibt, kann man nun an einem Erder den Teilstrom messen. Hieraus ermittelt das Gerät den Teilwiderstand. Bei dieser Messung sind nach wie vor Sonde und Hilfserder erforderlich.

Bezeichnung	Geräteausführung – Daten	Hersteller	Preise 2015 in €
C.A 6421	analoges Erdungsmessgerät; 2-3-Leiterschaltung; automatische Messbereiche 0,01 … 20; 200; 2 000 Ω; 2-3-Leiterschaltung, f = 128 Hz	Chauvin Arnoux [3.21]	550,00
C.A 6423	wie C.A 6421, 2-3-Leiterschaltung, digitale Anzeige		648,00
C.A 6460	digitales Erdungsmessgerät 3 $^1/_2$-stellig; 2-3-4-Leiterschaltung, automatische Messbereiche 0,01 … 20; 200; 2 000 Ω; f = 128 Hz, Batteriebetrieb		804,00
C.A 6462	wie C.A 6460, Akkubetrieb		1 043,00
C.A 6470N	digitales Erdungsmessgerät, 2-3-4-Leiterschaltung; Messbereich 0,001 Ω … 100 kΩ; Messfrequenzen 41 … 512 Hz; automatische Berechnung des Kopplungsfaktors und des spezifischen Erdwiderstands		1 367,00
C.A 6471	wie C.A 6470, jedoch mit Zangenstrommessung		2 069,00
P01.1020.21	Zubehörtasche, zwei Erdspieße, zwei Messleitungen		199,00
P01.1020.24	Erdungsmesskoffer Nr. 2, vier Erdspieße, vier Messleitungen		445,00
C.A 6416	Erdungsprüfzange, Messung ohne Erdspieße, 0,01 … 1 500 Ω, Widerstands- und Strommessung		1 070,00
C.A 6417	wie C.A 6416, Schwellenwerteinstellung und Messwertspeicherung 2 000 Messungen		1 291,00
Geohm C	Batteriebetrieb, 2-3-4-Leiterschaltung, 128 Hz, max. 50 V digital, Messbereichsumschaltung automatisch 0,01 Ω … 10 kΩ	GMC-I Messtechnik [3.22]	650,00
Geohm 5 Set	Batteriebetrieb, digitale Anzeige, 1- und 2-Zangenmessung, nur Vierleitermessung, im Koffer mit Erdungsmesszubehör		895,00
Erdungsmessset E-Set 5 Koffer	ein Leitungsroller mit 25 m, drei Messleitungen à 0,5 m, zwei Leitungsroller mit 50 m, eine Messleitung 2 m, vier Erdbohrer, eine Prüfklemme		675,00
Fluke 1625-2 (Saturn Geo X) Fluke 1625-2 Kit	automatische mikroprozessorgesteuerte Messung, vierstellige digitale Anzeige, 2-3- 4-Leiterschaltung, sechs Messbereiche, automatisch umschaltend von 1 mΩ … 300 kΩ, Messfrequenz automatisch 55 … 128 Hz; Spannung 20 V oder 48 V, Kurzschlussstrom: 250 mA mit Zangenstrommessung, Erder braucht nicht aufgetrennt zu werden (mit Koffer-Set)	Fluke [3.24]	2 149,00 3 149,00

Tabelle 9.9 Erdungsmesser verschiedener Hersteller nach DIN EN 61557 (**VDE 0413**) (Preise unverbindlich)

315

Bezeichnung	Geräteausführung – Daten	Hersteller	Preise 2015 in €
Fluke 1623-2 (Saturn Geo plus)	automatische Messbereiche 1 mΩ … 300 kΩ, digitale Anzeige, Messfrequenz automatisch 55 Hz … 128 Hz, I_k = 250 mA, 3-4-Leiterschaltung	Fluke [3.24]	1 299,00
Fluke 1630	Erdungsprüfzange, Messung ohne Erdspieße		1 366,00
Fluke 1621 (Handy Geo)	Multimetergehäuse, digital, Messbereich: 10 mΩ … 2 kΩ, 25 V, 128 Hz, I_k = 50 mA, 2-3-Leiterschaltung, mit Geo-Messset		565,00
MRU-200	2-3- 4-Leitermessung, Messung bei vorhandenen Störspannungen, Surge-Method-Messung (4/10 µS, 10/350 µS), mit Zangenstrommessung (1 oder 2 Zangen)	Sonel [3.38]	1 450,00

Tabelle 9.9 (Fortsetzung) Erdungsmesser verschiedener Hersteller nach DIN EN 61557 (**VDE 0413**) (Preise unverbindlich)

Erdungsprüfzangen, C.A 6416 und C.A 6417 von Fa. Chauvin Arnoux [3.21], siehe **Bild 9.21** und Tabelle 9.9, messen gänzlich ohne Sonde und Hilfserder, jedoch mit einer Einschränkung. Sie messen den Widerstand einer Erdschleife. Die Messung ergibt gute Werte, wenn die parallelen Widerstände kleiner sind als der zu messende Widerstand. Die Geräte haben in der Zange zwei Eisenringkerne. Die Zange muss bei der Messung eine Erdschleife umschließen, z. B. eine Leitung eines Einzelerders, an dem parallel mehrere Erder liegen. In diese Schleife induziert das Gerät mit dem einen Ringkern eine Spannung und misst mit einer Spule auf dem zweiten Ringkern den Strom, der vom Widerstand der Schleife abhängt. Es wird also der Erdungswiderstand plus dem Widerstand der parallel geschalteten Erder gemessen. Die Messgeräte C.A 6471, Geohm 5, „Fluke 1625"/„Saturn Geo X" und Sonel MRU-200 (**Bild 9.22**) können ebenso wie die Erdungsprüfzangen mit zwei separaten Zangen nach der zuvor beschriebenen Methode messen.

9.5 Prüfung der Schleifenimpedanz und des Kurzschlussstroms

Die Abschaltbedingung im TN-System mit Überstromschutz (siehe Abschnitte 4.2.4 und 7.4.2 sowie Tabellen 4.4 und 4.5) muss durch Prüfung der Schleifenimpedanz sichergestellt werden.

Es ist die Schleifenimpedanz zu ermitteln zwischen:

- Außenleiter und Schutzleiter,
- Außenleiter und PEN-Leiter.

316

Der Wert ist wahlweise zu ermitteln durch:

a) Messung mit Messgeräten nach DIN EN 61557-3 (**VDE 0413-3**) [2.124], Tabelle 9.10 dieses Buchs, oder

b) Rechnung (s. a. Tabelle 9.11) oder

c) Nachbildung des Netzes durch ein Netzmodell.

Anmerkung: Da während der Messung Spannungsschwankungen im Netz auftreten können, sollten mehrere Messungen durchgeführt werden.

9.5.1 Messverfahren

Für die Messung wird das in **Bild 9.23** gezeigte prinzipielle Messverfahren mit gewissen Einschränkungen dargestellt.

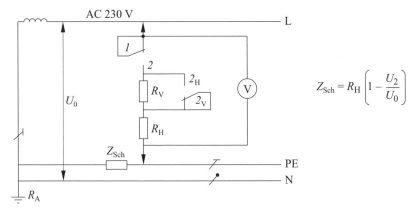

$$Z_{Sch} = R_H \left(1 - \frac{U_2}{U_0} \right)$$

Bild 9.23 Messung der Netzschleifenimpedanz mit Vorprüfung

1 Messung von U_0
2 Messung von U_2 für Z_{Sch}
2_V Vorprüfung
2_H Hauptprüfung
PE Schutzleiter
R_H Hauptwiderstand (157 Ω)
R_V Zusatzwiderstand (etwa 5 kΩ)
Z_{Sch} Netzschleifenimpedanz

Es wird bei geöffnetem Schalter 1 die Netzspannung gemessen. Dann wird über den Schutzleiter PE ein Belastungsstrom geschickt von z. B. 2 A (Schalter 2_H zusätzlich geschlossen).

Der Belastungsstrom erzeugt an der Netzschleifenimpedanz Z_{Sch} einen Spannungsfall, um den sich die Anzeige V vermindert. Dieser ist allerdings recht gering, z. B. bei 2 A und $Z_{Sch} = 1\ \Omega$ nur 2 V, d. h., der Spannungsanzeiger zeigt statt 230 V nur 228 V an.

Um die kleine Differenz besser erkennen zu können, ist bei älteren Geräten ein Spannungsmessgerät mit gedehntem Messbereich von z. B. 200 V bis 240 V erforderlich, oder es wird neuerdings eine elektronische Messung mit Messbereichsspreizung durchgeführt.

Die vorgeschlagene Messung nach Bild 9.23 ist nicht ungefährlich, wenn man auf eine Vorprüfung durch R_V verzichtet. Im Fall einer zu großen Schleifenimpedanz oder gar einer Unterbrechung zwischen Schutzleiter PE und Neutralleiter N würde man bei der Hauptprüfung mit R_H die volle Netzspannung über etwa 100 Ω auf das Schutzleiternetz legen! Deshalb ist bei älteren Geräten Vorprüfung mit R_V erforderlich.

Nach DIN EN 61557-3 (**VDE 0413-3**) [2.124] darf die zulässige Berührungsspannung bei 10 A Belastung nicht überschritten werden. Das Messgerät muss nach dieser Bestimmung **selbsttätig** abschalten, sobald die Spannung (50 V oder 25 V) überschritten wird. Bei vielen alten Messgeräten oblag das der Sorgfalt des Bedienenden. Diese Geräte sind nicht mehr zu verwenden. Nach dem Arbeitsschutzgesetz ist diese Messmethode demzufolge nicht mehr zulässig.

Die neuen Messgeräte erfüllen diese Sicherheitsforderung, indem sie nur kurze Zeit messen und die Forderung nach Bild 1.4 und Bild 1.5 einhalten.

Die max. zulässigen Schleifenimpedanzen bzw. die geforderten Abschaltströme I_a in alter und neuer Form für gebräuchliche Überstromschutzeinrichtungen sind in den Tabellen 4.4 und 4.5 aufgeführt.

Einfache ältere Geräte arbeiten nach dem beschriebenen und im Bild 9.23 dargestellten Prinzip. Sie haben ein Spannungsmessgerät mit gedehntem Messbereich, je einen Belastungswiderstand und Schalter für Vor- und Hauptprüfung. Vielfach haben sie noch ein Potentiometer, mit dem der Spannungsmesser für die jeweilige Netzspannung auf Endausschlag kalibriert werden kann. Beim Endausschlag beginnt eine Skala für die Schleifenimpedanz mit 0 Ω.

Solche Geräte sind noch in Gebrauch. Sie sind – wie bereits erwähnt – bei Fehlbedienung nicht ungefährlich, z. B. wenn die Vorprüfung vergessen wird und der Schutzleiter unterbrochen ist. Sie dürfen nicht mehr verwendet werden. Im Handel werden seit einigen Jahren vorwiegend automatisch arbeitende Geräte angeboten, bei denen keine Vorprüfung und kein Abgleich erforderlich sind (Tabelle 9.10). Der nur kurzzeitig zur Verfügung stehende Messwert wird elektronisch gespeichert.

Automatisch arbeitende Geräte gibt es in zwei Ausführungen: Solche, die mit einer Lampe anzeigen, ob ein vorgegebener Widerstand unterschritten wird. Das sind Grenzwertprüfgeräte. Weiterhin gibt es Geräte, die den vorhandenen Widerstandswert analog oder digital anzeigen. Das sind Messgeräte.

Im Grundprinzip arbeiten die automatischen Geräte auch nach Bild 9.23. Die Spannung ohne Belastung wird gemessen, gespeichert, mit der Spannung bei Belastung verglichen und der Widerstand nach Gleichung von Bild 9.23 errechnet. Das geschieht automatisch nach Tastendruck.

An einem vollautomatisch arbeitenden Gerät nach **Bild 9.24** soll der Messvorgang erläutert werden:

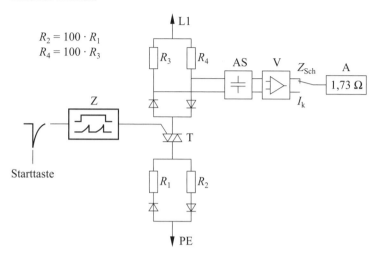

$$R_2 = 100 \cdot R_1$$
$$R_4 = 100 \cdot R_3$$

Bild 9.24 Messung der Netzschleifenimpedanz elektronisch mit Impuls

Z   Zündschaltung
T   Triac
R Belastungswiderstände
Z_{Sch} Netzschleifenimpedanz
I_k Kurzschlussstrom
L1   Außenleiter
PE   Schutzleiter
AS   Analogspeicher
V   Verstärker
A   Anzeiger, analog oder digital

Gibt man durch kurzen Tastendruck einen Impuls auf die Zündschaltung Z, wird der Triac T während zwei Halbschwingungen (20 ms) gezündet. (In der heutigen Zeit wird das durch elektronische Schaltungen realisiert.) An L1 liegt der Außenleiter, z. B. 230 V, und an PE der Schutzleiter. Während der einen gezündeten Halbschwingung fließt ein kleiner Strom über die Widerstände R_4, R_2 und die Dioden von L1 nach PE. Während der zweiten gezündeten Halbschwingung fließt ein großer Strom über die Widerstände R_1, R_3 und die anderen beiden Dioden von PE nach L1. Die Widerstände $R_1:R_3$ bzw. $R_2:R_4$ verhalten sich wie 1:100. Zwischen R_3 und R_4 entsteht eine Spannungsdifferenz (positive und negative Halbschwingung), die umso höher ist, je größer die Netzschleifenimpedanz ist. Dieser nur zwei Halbschwingungen lange Messwert wird im Analogspeicher AS elektronisch gespeichert, über V verstärkt und als Widerstandswert oder wahlweise als Kurzschlussstrom zur Anzeige gebracht. Der Kurzschlussstrom bezieht sich bei einfachen Geräten auf den Nennwert von 230 V. Der

Messstrom ist mit 10 A relativ hoch. Durch die kurze Lastzeit von nur 10 ms ergibt die relativ hohe Leistung von 2,3 kW an den Widerständen R_1, R_3 keine große Erwärmung. Nach diesem Verfahren arbeiten heute die meisten Geräte, die angeboten werden. Verschiedentlich ist der Messimpuls auch mehrere Halbschwingungen lang.

Die Impedanzen des vorgeschalteten Verteilungsnetzes können beim Netzbetreiber erfragt werden. Sie liegen am Hauptanschluss in der Größenordnung von 0,1 Ω, können bei langen Leitungen, insbesondere bei ausgedehnten Anlagen mit Freileitung, auch höher sein.

Bei der Beurteilung der Messwerte ist zu berücksichtigen, dass die bei der Messung der Schleifenimpedanz auftretenden Fehler keineswegs nur vom Prüfgerät selbst (DIN EN 61557-3 (**VDE 0413-3**) [2.124] lässt ±30 % zu), sondern auch von den Netzbedingungen abhängig sind. Spannungsschwankungen während der Messung und leistungsstarke Blindstromverbraucher in der Messschleife können das Messergebnis erheblich verfälschen. Um den Fehler durch Spannungsschwankungen zu kompensieren, besteht bei manchen Messgeräten die Möglichkeit, mehrere Messungen in Folge durchzuführen und daraus den Mittelwert zu bestimmen. Die vorgenannte Messabweichung ist in den Tabellen 4.4 und 4.5 nicht berücksichtigt. Manche Hersteller geben in der Bedienungsanleitung Tabellen an, in denen die Werte um die Messgenauigkeit korrigiert wurden.

Die Werte der max. zulässigen Schleifenimpedanzen nach den Tabelle 4.4 und 4.5 wurden nach DIN EN 60909-0 (**VDE 0102**) [2.125] errechnet und beziehen sich auf eine Leitertemperatur von 80 °C. Die Messungen werden jedoch im Regelfall bei räumlich oder jahreszeitlich bedingten Umgebungstemperaturen durchgeführt. Der Korrekturfaktor beträgt z. B. zwischen 80 °C und 20 °C 1,24 bzw. 1/1,24 = 0,806.

Liegen die Messwerte im Grenzbereich, ist zu berücksichtigen, dass im Betriebszustand der Anlage eine höhere Temperatur und damit eine spätere Abschaltung vorliegt.

Eine Messung der Schleifenimpedanz ist nur an der entferntesten Stelle eines Stromkreises erforderlich. Darüber hinaus genügt es für diesen Stromkreis, die durchgehende Verbindung des Schutzleiters nachzuweisen. Die neuen elektronischen Messgeräte zeigen diesen Zustand optisch an und messen auf Knopfdruck problemlos die Schleifenimpedanz, sodass auch jede Stelle ohne großen Aufwand gemessen werden kann, was natürlich gegenüber einer Durchgangsprüfung zu empfehlen ist. Dadurch ist es sogar möglich, lose Klemmstellen durch Messungen herauszufinden. So können z. B. Abweichungen durch stärkeren Anstieg des Impedanzwerts an einer Messstelle auf solch einen Fehler hinweisen.

9.5.2   Schleifenimpedanzmessgeräte

Es gibt Messgeräte, die nur eine Größe messen, und solche, die für mehrere vorgesehen sind (siehe Tabelle 9.10). Hier werden die Ersteren betrachtet, obwohl diese von den Messgeräteherstellern kaum noch angeboten werden. Die kombinierten Geräte werden in Abschnitt 9.7.2 behandelt.

Die Geräte sind alle mit einem Schutzkontaktstecker ausgestattet und bieten neben der Messung noch die Möglichkeit, die Steckdose auf richtigen Anschluss zu kontrollieren. Dieser wird durch eine entsprechende Lampe oder LCD-Symbole angezeigt (siehe Bemerkung in Tabelle 7.5, C). Die Geräte zeigen weiterhin neben der Schleifenimpedanz Z_{Sch} den Kurzschlussstrom I_k an, der im Fall eines Kurzschlusses bei 230 V auftritt, bevor die Überstromschutzeinrichtung auslöst. Tatsächlich wird die Spannungsminderung bei Belastung mit meist 10 A nach Bild 9.24 gemessen, und die anderen Werte werden daraus ermittelt.

Die Geräte haben fast ausschließlich digitale Anzeigen von Kurzschlussstrom und Schleifenimpedanz. Geräte mit mehreren Messverfahren zeigen die Bilder 9.31 bis 9.34.

Fast alle Geräte lösen bei der Schleifenimpedanzmessung eine Fehlerstromschutzeinrichtung (RCD) durch den Messimpuls von einigen Ampere aus. Bei einigen Geräten kann man auch die Schleifenimpedanz über den Neutralleiter messen, wobei folgende Bezeichnungen verwendet werden:

- Schleife Außenleiter–Schutzleiter: $R_{L–PE}$ oder R_{Sch}, R_S, Z_S, $Z_{Sch;}$
- Schleife Außenleiter–Neutralleiter: $R_{L–N}$ oder R_i, Z_i.

Für die Abschaltbedingung der Schutzmaßnahme mit Überstromschutzeinrichtung (siehe Abschnitte 4.2.4 und 7.4.2) ist $Z_{L–PE}$ als hinreichend klein nachzuweisen (siehe Tabellen 4.4 und 4.5). Der Widerstand über den Neutralleiter wird vielfach als Innenimpedanz (des Netzes für die Last) Z_i bezeichnet. Er dient als Vergleich bei unüblicher Schleifenimpedanz, bedingt durch größeren Schutzleiterwiderstand.

Bei vorgeschalteter Fehlerstromschutzeinrichtung (RCD) kann der Widerstand über den Neutralleiter gemessen werden, ohne dass die Fehlerstromschutzeinrichtung (RCD) auslöst. Bei den Schutzmaßnahmen mit Fehlerstromschutzeinrichtung (RCD) müssen die Schleifenimpedanz oder der Kurzschlussstrom mit diesen Geräten, d. h. mit hohem Strom von einigen Ampere, nicht gemessen werden. Die RCD-Prüfgeräte messen die Schleife mit dem kleinen Auslösestrom von 10 mA bis 500 mA und im TT-System damit auch den Erdungswiderstand, siehe Bild 4.11 Schleife L3 – PE – R_A – R_B – L3. Bei Messung über L3 – N löst der RCD nicht aus, der Messstrom fließt in der Fehlerstromschutzeinrichtung (RCD) entgegengesetzt über zwei Wicklungen und wird kompensiert. Geräte mit mehreren Messverfahren werden im Abschnitt 9.7 (bei Fehlerstromschutzeinrichtung (RCD)) aufgezeigt.

Ein weiteres neues Gerät mit digitaler Anzeige ist im **Bild 9.25** dargestellt. Es ist mit den wesentlichen Hauptfunktionen ausgestattet und damit vom Preis her eine interessante Alternative zu den Geräten mit Vollausstattung (Profitest Intro – Installationstester).

Bild 9.25 Schutzmaßnahmenprüfgerät „Profitest Intro" (Foto: GMC-I [3.22])

Bild 9.26 Schutzmaßnahmenprüfgerät „Profitest Mxtra" (Foto: GMC-I [3.22])

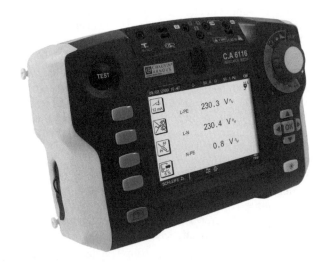

Bild 9.27 Installationstester C.A 6116N (Foto: Chauvin Arnoux [3.21])

Bezeichnung	Geräteausführung – Daten	Hersteller	Preise 2015 in €
IT 120 B	digitales Multiprüfgerät, Niederohmmessung $0,01\,\Omega \ldots 2\,000\,\Omega$, $R_{iso} = 1\,k\Omega \ldots 1\,000\,M\Omega$ $U_M = 100/200/500/1\,000\,V$, $Z_{Sch} = 0,01\,\Omega \ldots 2\,000\,\Omega$, $I_k = 0,01\,A \ldots 24,4\,kA$, RCD-Prüfung Typ A, B, Erdungsmessung Dreileitermethode, Beleuchtungs-stärkemessung, Drehfeldprüfung, Spannung, Frequenz, TRMS-Strom über Stromzange, Messwertspeicher (500 Speicherplätze), Ladegerät für Akkuladung	Benning [3.19]	1 195,70
IT 130	zusätzlich Prüfung RCD Typ B+, F, umfangreichere Messwertspeicherung		1 299,80
Installations-tester C.A 6116N	robustes, kompaktes Gerät (**Bild 9.27**), großer Grafikbildschirm mit Hintergrundbeleuchtung, USB-Schnittstelle zur Datenübertragung und Protokollerstellung, wiederaufladbare Akkus, Messbereiche:	Chauvin Arnoux [3.21]	1 480,00
C.A 6116N + Software	• RCD und RCD ⑤-Schutzschalterprüfung mit/ ohne Auslösung, variabel $I_{\Delta N}$ 0 ... 1 000 mA. $U_L < 50\,V$, max. 500 ms, $I_{\Delta N} = 10/30/100/300/500/650/1\,000$ mA, ⑤-Prüfung mit $1 \cdot I_{\Delta N}$, $2 \cdot I_{\Delta N}$ und $5 \cdot I_{\Delta N}$ • Strom/Fehlerstrom AC, mit Zange 1 mA. ... 19,99 A; • Schleifenimpedanz 0,1 ... 4 000 Ω. Kurz-schlussstrom 0,1 A ... 40 kA, Prüfstrom: 5 A; • Erdungswiderstand dreipolig, einpolig, in Betrieb und selektiv; • Isolationsmessung 0,01 MΩ ... 2 GΩ, DC 50/100/250/500/1000 V; • Durchgangsprüfung/Widerstandsmessung 0 Ω ... 399,9 kΩ; • Phasenfolge der Außenleiter; • Frequenz 15,3 ... 500 Hz; Spannung AC/DC 0 V ... 550 V • Wirkleistung 0 ... 110 kW; • Oberschwingungen in Strom und Spannung/bis zur 50. Ordnung		1 580,00
C.A 6117	wie C.A 6116N, Farbdisplay, Prüfung von RCD Typ B		1 695,00
C.A 6117 + Software			1 795,00

Tabelle 9.10 Prüfgeräte nach DIN EN 61557 (**VDE 0413**) verschiedener Hersteller für Schutzmaßnahmen nach DIN VDE 0100 (Preisangaben unverbindlich)

Bezeichnung	Geräteausführung – Daten	Hersteller	Preise 2015 in €
Profitest C	Handgerät mit Digitalanzeige, Messablauf vollautomatisch mikroprozessorgesteuert, $U_{L-PE} = 0 \ldots 300/500/600$ V. Frequenz $f = 15$ Hz $\ldots$ 60 Hz, Berührungsspannung $U_B = 5 \ldots 70$ V, RCD-Impulsprüfung 0,2 s, Auslösezeitanzeige, wahlweise stetige Prüfung mit $I_{\Delta N} = 10/30/100/300/500$ mA, $\boxed{S}$-Prüfung mit 0,5 s und $I_{\Delta N}$, Anzeige $2 \cdot U_B$, Z_{Sch} bzw. $Z_i = 0,01 \ldots 30\ \Omega$, $I_k = 7$ A $\ldots$ 23 kA, K_L, Erdschleifenwiderstand $0 \ldots 9,99\ \Omega$, 10 $\Omega \ldots 9,99$ kΩ, Phasenlage, Speicherung aller Messwerte unter Stromkreisbezeichnung	GMC-I Messtechnik [3.22]	740,00
Profitest Intro	Prüfgerät für alle Prüfungen zur Wirksamkeit von Schutzmaßnahmen in elektrischen Anlagen, gemäß IEC 60364-6/DIN VDE 0100-600 und DIN EN 61557 (**VDE 0413**), Messkategorie CAT III 600 V/ CAT IV 300 V, bidirektionaler Datenaustausch per USB, RCD-Prüfung Typ A, AC, B, B+, EV, F, G/R, SRCDs , PRCDs, RCD-Prüfung mit kontinuierlich ansteigender Rampe, Isolationsmessung mit ansteigender Spannung, Schutzleitermessung mit automatischer Verpolung, Restspannungsmessung, Erstellung und Speicherung von Anlagenstrukturen		999,00
Profitest Mtech	flaches Gerät mit Tragegurt und beweglichem Kopfteil, Betriebsspannung von AC 120 $\ldots$ 400 V und Betriebsfrequenz von 15,4 $\ldots$ 400 Hz, LC-Anzeige für: Messwerte, Messverfahren, Messbereich und Bedienungsanleitung; USB-Anschluss für Drucker und PC zur Protokollierung, Memoryfunktion, Anlegen von Verteilerstrukturen, Messverfahren: • RCD-Impulsprüfung: $t = 0 \ldots 400/1\,000$ ms, Vorprüfung mit 30 % Nennwert; $I_{\Delta N} = 10 \ldots 500$ mA, $\boxed{S}$-Prüfung mit 1 s und 1 $\cdot$ $I_{\Delta N}$, Anzeige $2 \cdot U_B$; • RCD-stetige Prüfung 3 s: Messbereich 3 $\ldots$ 10 $\ldots$ 500 mA, Begrenzung von $U_L = $ AC 25 V oder 50 V; • Prüfung von RCD Typ AC, A, B; SRCD, PRCD; • Schleifenimpedanz 0 $\ldots$ 20 Ω; • Erdungswiderstand 0 $\ldots$ 10 kΩ; Erdschleifenwiderstand mit 2 Zangen; • Isolationsmessung 0 $\ldots$ 500 MΩ mit DC 50 $\ldots$ 1 000 V; • Fußbodenwiderstand, Standortisolation; • Niederohmmessung 0 $\ldots$ 100 Ω, Phasenlage; • Wechselspannung 0 $\ldots$ 500 V; Frequenz 15,4 $\ldots$ 420 Hz, Batteriespannung		1 765,00

Tabelle 9.10 (Fortsetzung) Prüfgeräte nach DIN EN 61557 (**VDE 0413**) verschiedener Hersteller für Schutzmaßnahmen nach DIN VDE 0100 (Preisangaben unverbindlich)

Bezeichnung	Geräteausführung – Daten	Hersteller	Preise 2015 in €
Profitest Mxtra	wie Profitest Mtech, zusätzlich: • Prüfen von Isolationsüberwachungsgeräten (IMD), • Prüfen von Differenzstromüberwachungsgeräten (RCM), • Erdungswiderstand R_E mit Batteriebetrieb, • spezifischer Erdwiderstand mit Batteriebetrieb, • selektive Erdungsmessung mit Stromzange; Batteriebetrieb, • Erdschleifenwiderstand mit zwei Zangen; Batteriebetrieb, • Ableitstrom mit Adapter, • Restspannung, • intelligente Rampe, • Autofunktion Prüfsequenzen, • Schnittstelle für Bluetooth	GMC-I Messtechnik [3.21]	2 150,00
Combi G3	Schutzmaßnahmenprüfgerät VDE 0100, mit Touchscreen • Kurzschlussstrom bis 40 kA, • Schleifenimpedanz 0,01 Ω ... 1 999 Ω, • Erdungswiderstand mit/ohne Stromzange, • Phasenlage, Spannungs- und Frequenzmessung, • Niederohmmessung 0,00 Ω ... 99,9 Ω, • Isolationsmessung 0,01 Ω ... 1 999 MΩ/ 50/100/250/500/1 000 V, • RCD-Prüfung Typ A, B, F, • Speicherung der Messergebnisse/600 Speicherplätze,	HT Instruments [3.27]	1 550,00
IMP 57	Elektromanager HAT Professional Es kann das Combi G3 zusammen mit dem IMP 57 (Prüfstrom max. AC 200 A) verwendet werden (Ersatz für Maxtest 2038)		1 523,00
MPI-530	Schutzmaßnahmenprüfgerät DIN VDE 0100, • 41 A Prüfstrom Schleifenimpedanz; • Isolationsmessung bis 3 GΩ; • Erdungswiderstand 4-polig; • Phasenlage; • Niederohmmessung 200 mA; • RCD-Prüfung Typ AC, A, B; • Spannung, Strom, Frequenz	Sonel [3.38]	1 400,00

U_B Berührungsspannung
R_E Erdwiderstand
Z_{Sch} Netzschleifenimpedanz
I_k Kurzschlussstrom
R_{iso} Isolationswiderstand
U_M Messspannung
f_L Netzfrequenz

K_L Kontrolle der Leiter auf richtigen Anschluss und Unterbrechung
I_Δ RCD-Auslösestrom
U_L Netzspannung
$I_{\Delta N}$ Bemessungsdifferenzstrom des RCD
R Widerstandsmessung

Tabelle 9.10 (Fortsetzung) Prüfgeräte nach DIN EN 61557 (**VDE 0413**) verschiedener Hersteller für Schutzmaßnahmen nach DIN VDE 0100 (Preisangaben unverbindlich)

Die meisten Messgeräte zeigen heute die Schleifenimpedanz an[23].

Der induktive Anteil wird aber erst bei relativ großen Nennströmen interessant (etwa 100 A und mehr). Erst bei Widerständen unter $0,1\ \Omega$ wird die Schleifenimpedanz Z_S größer als der ohmsche Anteil R_S sein. Bei einem Kabel von 100 m Länge beträgt der induktive Anteil ωL bei 50 Hz etwa 25 mΩ, s. a. Abschnitt 4.2.4. Fast alle kombinierten Geräte messen die Impedanz (siehe **Tabelle 9.10**).

9.6 Messung des Leitungswiderstands nach DIN EN 61557-4 (VDE 0413-4) [2.126]

Nach den Abschnitten 7.1, 7.2, 7.3 und 7.4 muss im Zweifelsfall der Widerstand des Schutzpotentialausgleichs und des Schutzleiters gemessen werden. Die Schleifenimpedanzmessgeräte sind für Steckdosen gut geeignet, aber teilweise nicht für andere Anschlüsse.

Einige der Prüfgeräte in Tabelle 9.10 messen die Schleifenimpedanz im Zweileiterverfahren, d. h., sie benutzen nur L und PE. Mit einem Adapteraufsatz auf den Schukostecker hat man zwei Prüfspitzen (L und PE) und kann an Klemmenanschlüssen messen. Mit den Prüfspitzen kann man auch von einem beliebigen Außenleiteranschluss L des Verbraucherstromkreises über das Gehäuse eines Geräts messen, ohne den Verbraucher öffnen zu müssen. Es muss für diese Messung im Verbraucherstromkreis jedoch eine Spannung zur Verfügung stehen, was z. B. bei Revisionen nicht der Fall ist.

Es ist deshalb ein spezielles Widerstandsmessgerät interessant, das einen niederohmigen Messbereich hat. Die handelsüblichen Multimeter für Spannung, Strom und Widerstand haben solche Messbereiche nicht.

Besonders bei abgedeckten Verbrauchern, wie Deckenlampen, Maschinen und ähnlichen Betriebsmitteln, ist es manchmal schwierig, die Netzschleifenimpedanz mit den in Abschnitt 9.5.2 beschriebenen Geräten zu messen. Es ist dann zweckmäßiger, den Widerstand des Schutzleiters mit einem Widerstandsmessgerät zu messen. Der Messbereich dieses Widerstandsmessgeräts muss allerdings im niederohmigen Bereich liegen, damit z. B. 1 Ω oder 2 Ω hinreichend genau gemessen werden können. Die meisten Isolationsmessgeräte und kombinierten Anlagenprüfgeräte haben einen Messbereich für niederohmige Messungen. Die Skala hat vielfach einen Messbereich von 0 Ω bis 10 Ω. Nach DIN EN 61557-4 (**VDE 0413-4**) müssen für diese Widerstandsmessgeräte

---

[23] Zur Klarstellung: Der Schleifenwiderstand ist der ohmsche Widerstand R_S, die Schleifenimpedanz der Scheinwiderstand unter komplexer Berücksichtigung der Induktivität $Z_S = (R_S + j\omega L_S)$.

die Messspannung mind. AC oder DC 4 V und max. 24 V sowie der Messstrom mind. 0,2 A[24]) betragen. Man geht mit diesen Geräten folgendermaßen vor:

Zunächst misst man mit einem Schleifenimpedanzmessgerät an einer Verteilerstelle auf der Etage oder im Raum die Netzschleifenimpedanz und dann von dort aus mit dem Widerstandsmessgerät den Widerstand zwischen dem Schutzleiteranschluss und dem Gehäuse des jeweiligen Betriebsmittels, das geprüft wird. Der Widerstand von der Verteilerstelle bis zum Gehäuse des Betriebsmittels darf dann noch die Hälfte vom verbleibenden Restwiderstand sein, z. B.:

2,9 Ω mögen zulässig sein. Man misst an der Verteilerstelle 0,9 Ω, dann verbleiben noch für den Rest der Leitung 2 Ω. Davon darf der Schutzleiter die Hälfte haben, also 1 Ω.

Die Industrie bietet hierfür Messgeräte an; auch haben viele Isolationsmessgeräte einen niederohmigen Messbereich (**Bild 9.28**).

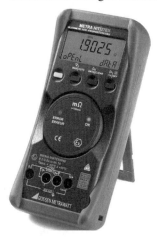

Bild 9.28 „Metra Hit 27 M/27 EX", Präzisionswiderstandsmessgerät in Vierleitertechnik, Messumfang: 3 mΩ ... 30 Ω (Messstrom 1 A/200 mA) (Foto: GMC-I [3.22])

Wenn die Anlage stromlos ist, vor der Inbetriebnahme oder bei Inspektionen, kann man auch eine einfache Widerstandsmessung mit dem Widerstandsmessgerät machen. Am Hauptanschluss werden alle Leiter L, N und PE verbunden und an den Verbraucherstellen mit einem Widerstandsmessgerät die Widerstände der Schleifen L–PE oder L–N gemessen.

---

[24]) Verschiedentlich wird der Messstrom von 10 A gefordert bzw. empfohlen. Er bringt den Vorteil bei Übergangswiderständen, die durch Oxidschichten oder Ablagerungen auf Schleifringkörpern verursacht werden. Mangelhafter Kontakt wird nicht erkannt, Bruchstellen können geringfügig verschweißt werden, die bei mechanischer Belastung wieder aufbrechen. Die bewusste einzelne Ader einer Litzenleitung wird nicht aufgeschmolzen, da der dicht benachbarte „dicke" Querschnitt die Wärme ableitet und die Schwachstelle sich nicht wesentlich erwärmt.

Zur Ermittlung des Schleifenimpedanz ist auch die Rechnung zulässig. Hierzu kann **Tabelle 9.11** dienlich sein.

Leiterquerschnitt S in mm^2	Leiterwiderstand R' bei 30 °C in mΩ/m oder Ω/km[1)]
1,5	12,5755
2,5	7,5661
4	4,7392
6	3,1491
10	1,8811
16	1,1858
25	0,7525
35	0,5467
50	0,4043
70	0,2817
95	0,2047
120	0,1632
150	0,1341
185	0,1091

Die Leiterwiderstandsbeläge beziehen sich auf Leitertemperaturen von 30 °C. Für andere Temperaturen von Θ lassen sich die Leiterwiderstände R_Θ mit folgender Gleichung berechnen:
$R_\Theta = R_{30\,°C}\,[1 + \alpha \cdot (\Theta - 30\,°C)]$, mit α Temperaturkoeffizient (bei Kupfer $\alpha = 0,00393$ K^{-1})

Tabelle 9.11 Leiterwiderstandsbeläge R' für Kupferleitungen bei 30 °C in Abhängigkeit vom Leiterquerschnitt S zur überschlägigen Berechnung von Leiterwiderständen[25)]

In einigen VDE-Bestimmungen ist von „niederohmig" die Rede, z. B. bei Prüfung des Potentialausgleichs. So erhebt sich die Frage: Welcher Wert ist das? Das kann 1 Ω, 0,1 Ω oder auch 0,01 Ω sein. Unter niederohmig sollte man den Wert verstehen, der sich etwa rechnerisch aus Leiterlänge und Querschnitt ergibt, siehe Tabelle 9.11. Ein Schutzpotentialausgleich von 10 m Länge und 16 mm^2 Cu hat demzufolge einen Widerstandswert von etwa 12 mΩ. Werden höhere Werte gemessen als errechnet, liegt meist eine lockere Verbindung vor. Wird ein bestimmter Klemmendruck nicht erreicht, oxidiert das Metall, und der Widerstand steigt an. Man bedenke: Bei einem Übergangswiderstand von 1 Ω an einer Klemme entsteht bei 10 A Laststrom eine Leistung von $I^2 \cdot R = 100$ W!

[25)] Bei der Ermittlung der zulässigen Leiterlängen für den Schutz bei indirektem Berühren und Schutz bei Kurzschluss genügen diese Angaben nicht, da weitere Parameter zu beachten sind (siehe DIN VDE 0100 Beiblatt 5 [2.99]).

9.7 Prüfungen bei Verwendung von Fehlerstromschutzeinrichtungen (RCD)

In DIN VDE 0100-600:2008-06 [2.39] werden die nachstehenden Forderungen a) und b) gestellt:

Durch Erzeugung eines Fehlerstroms hinter der Fehlerstromschutzeinrichtung (RCD) ist nachzuweisen, dass die:

- Fehlerstromschutzeinrichtung (RCD) mind. bei Erreichen ihres Bemessungsdifferenzstroms auslöst ($I_\Delta \leq I_{\Delta N}$) und

- die für die Anlage vereinbarte Grenze der dauernd zulässigen Berührungsspannung U_L nicht überschritten wird ($U_B \leq U_L$);

- die Bedingung für die Einhaltung der zulässigen Berührungsspannung ist auch erfüllt, wenn der Erdungswiderstand gleich oder kleiner dem Wert nach Tabelle 4.7 ist, R_E oder $R_A = U_L/I_{\Delta N}$, siehe hierzu auch Abschnitt 9.7.1 c);

- Einhaltung der geforderten Abschaltzeit bei wiederverwendeten Fehlerstromschutzeinrichtungen (RCD). Hier wird empfohlen, mit $5 \cdot I_{\Delta N}$ zu prüfen.

Selektive Fehlerstromschutzeinrichtungen (RCD) mit Kennzeichnung [S] (Typ für selektive Abschaltung) können als alleiniger Schutz für automatische Abschaltung eingesetzt werden, wenn mit ihnen die Abschaltzeit eingehalten wird.

Wenn die Wirksamkeit des Schutzes durch automatische Abschaltung der Stromversorgung durch Fehlerstromschutzeinrichtungen (RCD) Typ B nach E DIN VDE 0664-100 [2.128] oder E DIN VDE 0664-200 [2.129] bei auftretenden Gleichfehlerströmen nachzuweisen ist, z. B. bei wiederkehrenden Prüfungen oder wiederverwendeten elektrischen Betriebsmitteln, sind hierfür Geräte nach DIN EN 61557-6 (**VDE 0413-6**):2008-05 [2.130] mit ansteigendem Gleichstrom geeignet. Da zu erwarten ist, dass zukünftige VDE-Bestimmungen die Prüfung von wiederverwendeten RCD Typ B, B+ mit Gleichstrom verlangen werden, sollte man das bei Geräteanschaffungen berücksichtigen.

Bei Abschaltung durch Fehlerstromschutzeinrichtungen (RCD) ist die Messung des Erdungswiderstands nicht gefordert, wenn durch Verwendung von Geräten nach DIN EN 61557-6 (**VDE 0413-6**):2008-05 [2.130] nachgewiesen wird, dass der vereinbarte Grenzwert der zulässigen Berührungsspannung U_L nicht überschritten wird.

Für die Fehlerstromschutzeinrichtungen (RCD) nach DIN EN 61008-1 (**VDE 0664-10**) [2.60] mit Kennzeichnung [S] (selektiv, zeitverzögert) müssen die Erdungswiderstände halb so groß sein wie bei normalen Fehlerstromschutzeinrichtungen (RCD) (siehe Tabelle 4.7) bzw. muss die Abschaltzeit der normaler Fehlerstromschutzeinrichtungen (RCD) entsprechen.

Die Ermittlung darf durch einen ansteigenden Fehlerstrom festgestellt werden, wobei der Auslösestrom der Fehlerstromschutzeinrichtung (RCD) und die dabei auftretende Berührungsspannung (beim Auslösestrom!) gemessen werden. Aus diesen Werten darf die Berührungsspannung bei Bemessungsdifferenzstrom oder der Erdungswiderstand (einschließlich Schutzleiter, Außenleiter und Klemmstellen) berechnet werden, wobei die Ergebnisse die max. zulässigen Werte nach Tabelle 4.7 nicht überschreiten dürfen, siehe hierzu Abschnitt 9.7.1c).

Ist die Wirksamkeit der Schutzmaßnahme hinter einer Fehlerstromschutzeinrichtung (RCD) an einer Stelle nachgewiesen, so genügt darüber hinaus der Nachweis, dass alle anderen durch diese Fehlerstromschutzeinrichtung (RCD) zu schützenden Anlageteile über den Schutzleiter mit dieser Messstelle zuverlässig verbunden sind. Hierbei müssen mehrere Aspekte beachtet werden.

Es wird z. B. empfohlen, zur Kontrolle der Abschaltzeit mit dem fünffachen Strom zu prüfen. Es wird aber nirgendwo darauf hingewiesen, dass es hier eigentlich nur um die Fehlerstromschutzeinrichtungen (RCD) geht, die für den Personenschutz vorgesehen sind, also Fehlerstromschutzeinrichtungen (RCD) mit einem Bemessungsdifferenzstrom von 30 mA und 10 mA.

Nach DIN EN 61008-1 (**VDE 0664-10**) [2.60] wird bei $5 \cdot I_{\Delta N}$ eine Abschaltzeit unter 40 ms gefordert (damit werden die Personenschutzforderungen erfüllt), und auch selektive Fehlerstromschutzeinrichtungen (RCD) erreichen dann bei $2 \cdot I_{\Delta N}$ Abschaltzeiten unter 200 ms (damit werden Anlagenschutzforderungen auch im TT-System erfüllt).

Wenn also die geforderte Abschaltzeit bereits beim einfachen Bemessungsdifferenzstrom erreicht wird, ist das schon ausreichend. Werden aber kurzzeitverzögerte Fehlerstromschutzeinrichtungen (RCD) eingesetzt, so wird bei diesen die geforderte Abschaltzeit erst bei $5 \cdot I_{\Delta N}$ erreicht.

Man muss bedenken, dass ein 300-mA-RCD wohl kaum mit 1,5 A geprüft werden kann, da hierfür die RCD-Prüfgeräte gar nicht ausgelegt sind.

Man unterscheidet zwischen:

- **Prüfung der Schutzeinrichtung** (Schutzschalter) allein. Das geschieht durch Betätigung der Prüfeinrichtung (Prüftaste),

- **Prüfung** der gesamten **Schutzmaßnahme** (Schutzschaltung). Diese muss, wie nachstehend beschrieben, mit einem **Prüfgerät** durchgeführt werden.

Prinzipiell wird mit einem Widerstand zwischen Außenleiter und Schutzleiter bzw. Körper ein Fehlerstrom erzeugt und geprüft:

- wie groß der Auslösewert I_Δ ist bzw. ob die Schutzeinrichtung bei einem Wert auslöst, der gleich oder kleiner dem Bemessungswert $I_{\Delta N}$ ist,

- ob bei der Auslösung die zulässige Berührungsspannung nicht überschritten wird,

- ob die geforderte Abschaltzeit bei wiederverwendeten Fehlerstromschutzeinrichtungen (RCD) eingehalten wird. Es wird empfohlen mit $5 \cdot I_{\Delta N}$ zu prüfen.

Bei selektiven Fehlerstromschutzeinrichtungen (RCD) wird die geforderte Abschaltzeit von 0,2 s bereits bei $2 \cdot I_{\Delta N}$ sicher erreicht.

Der Auslösewert der Fehlerstromschutzeinrichtung (RCD) muss nach DIN EN 61008-1 (**VDE 0664-10**) [2.60] zwischen 50 % und 100 % des Bemessungswerts liegen. Sie liegen im Auslieferungszustand meist bei 75 % des Bemessungswerts; eine Fehlerstromschutzeinrichtung (RCD) für 30 mA löst bei etwa 20 mA bis 23 mA aus.

Die angegebene Spanne von 50 % bis 100 % betrifft den Auslösestrom $I_{\Delta 0}$ der Fehlerstromschutzeinrichtung (RCD) allein, d. h., es sind die Grenzwerte für den Hersteller. In der Anlage können noch Ableitströme I_A auftreten, und der Auslösewert I_Δ der Anlage ist um diesen Strom kleiner, $I_\Delta = I_{\Delta 0} - I_A$. Nach der Forderung kann I_Δ theoretisch 0 % bis 100 % betragen. Kleine Auslöseströme sind für den Personenschutz zwar gut, aber nicht für die Betriebssicherheit der Anlage, wegen „Fehlauslösungen". Erfahrungsgemäß sollte der Auslösestrom I_Δ nicht unter 5 mA liegen, sodass bei $I_{\Delta N}$ = 30 mA mit $I_{\Delta 0}$ = 20 mA noch ein Ableitstrom von I_A = 15 mA zulässig wäre.

Nach DIN VDE 0100-530 [2.62] sollten die Ableitströme $0,4 \cdot$ Bemessungsdifferenzstrom pro RCD nicht überschreiten.

Die Ursache der Ableitströme liegt nicht in Isolationsfehlern (1 MΩ ergibt bei 230 V einen Strom von nur 0,23 mA), sondern in Kapazitäten, die durch Störschutzkapazitäten und Wicklungen gegen Masse gegeben sind (0,1 µF hat bei 50 Hz einen kapazitiven Widerstand von $1/(\omega C)$ = 32 kΩ und bei 230 V einen Strom von 7,2 mA zur Folge). Die Leitungen verursachen keine großen Ableitströme, z. B. haben 100 m 1,5 mm^2 NYM zwischen zwei Adern eine Kapazität von etwa 10 nF und damit bei 230 V einen Ableitstrom von 0,72 mA. Ein in der Anlage vorhandener Ableitstrom I_A kann zu einer Fehlbeurteilung der Fehlerstromschutzschaltung (RCD) führen, siehe hierzu Abschnitt 9.7.1 c).

9.7.1   RCD-Prüfverfahren

Es gibt zwei verschiedene Prüfverfahren:

a)   Pulsprüfverfahren __⌐⌐__ – Prüfung mit fest eingestelltem Strom
Der Prüfnennstrom wird für eine Zeit von 0,2 s bzw. 0,3 s[26] erzeugt, geprüft, ob der Schalter auslöst, und die Berührungsspannung, die dabei entsteht, gemessen und gespeichert. Die Berührungsspannung ist der Spannungsfall, der durch den Prüfstrom über dem Erdungswiderstand verursacht wird.

Das Pulsprüfverfahren ist einfach, es wird anhand von **Bild 9.29** beschrieben.

Auf Tastendruck wird durch die Steuerschaltung IS der Widerstand R_V für 0,2 s oder 0,3 s eingeschaltet und zwischen L und PE der Bemessungsdifferenzstrom $I_{\Delta N}$ er-

---

[26] Nach DIN EN 61557-1 (**VDE 0664-10**):2013-08 [2.60] sind 0,3 s zugelassen, vgl. Tabelle 4.12.

zeugt. Die dabei auftretende Berührungsspannung U_{BN} wird gegen N gemessen, in AS1 gespeichert und angezeigt.

Verschiedene Pulsmessgeräte haben, wie in Bild 9.29 dargestellt, eine Buchse für 4-mm-Lamellenstecker (Bananenstecker), die dem Anschluss einer Sonde dient. Die Spannungsmessung wird beim Einstecken des Steckers auf die Buchse geschaltet. Man kann so die Berührungsspannung zwischen Schutzleiter und idealem Bezugserder messen, siehe Abschnitt 1.3, Bild 1.2. Die Spannungsdifferenz zwischen Neutralleiter N und Bezugserder liegt bei ungestörten Netzen in der Größenordnung von 1 V. Die Messung ohne Sonde erfolgt automatisch gegen den Neutralleiter und hat, bezogen auf die max. zulässige Berührungsspannung von U_L = AC 50 V bzw. AC 25 V, einen geringen Fehler.

Die allereinfachsten Geräte dieser Art verzichten auch noch auf die Messung von U_{BN}. Dann müssen der Erdungswiderstand (siehe Tabelle 4.7) gemessen und jede Anschlussstelle auf richtigen Anschluss, besonders auf durchgehenden Schutzleiter, geprüft werden.

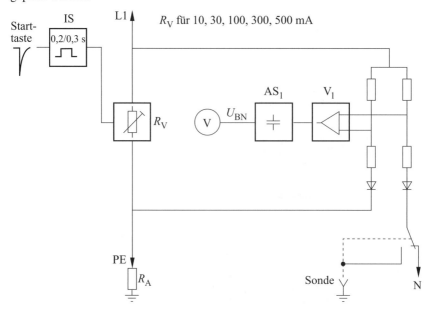

Bild 9.29 Prüfung der Fehlerstromschutzeinrichtung (RCD) mit Impulsen von 0,2/0,3 s der Größe $I_{\Delta N}$ und Messung der Berührungsspannung U_{BN}

IS	Steuerschaltung	N	Neutralleiter
R_V	Stufenwiderstand	AS_1	Analogspeicher
L1	Außenleiter	V_1	Verstärker
PE	Schutzleiter	R_A	Anlagenerder
U_{BN}	Nennberührungsspannung		

Die meisten Geräte nach dem Pulsverfahren haben die Möglichkeit einer Vorprüfung. In einer Tasten- oder Schalterstellung kann ein Puls ausgelöst werden, der nur ein Drittel bis die Hälfte des Nennwerts beträgt. Die Fehlerstromschutzeinrichtung (RCD) löst dabei meist nicht aus, die Geräte zeigen die Berührungsspannung und vielfach auch den Erdungswiderstand an. Man kann so alle Anschlussstellen prüfen, ohne die Fehlerstromschutzeinrichtung (RCD) auszulösen. An einer beliebigen Anschlussstelle muss dann nur einmal die Hauptprüfung mit $I_{\Delta N}$ durchgeführt werden. Durch vorhandene Ableitströme kann allerdings auch bei der Vorprüfung eine Auslösung erfolgen, hier ist die Vorprüfung mit $0{,}5 \cdot I_{\Delta N}$ im Nachteil.

Die zeitselektiven Fehlerstromschutzeinrichtungen (RCD) mit Kennzeichen $\boxed{\text{S}}$ haben Verzögerungen bis 0,5 s, siehe Tabelle 4.12 in Abschnitt 4.7.2. Bei der Pulsprüfung mit 0,2 s lösen sie häufig nicht aus. Es muss deshalb entweder mit $2 \cdot I_{\Delta N}$ oder mit längerer Zeit geprüft werden. Die Pulsprüfgeräte haben deshalb eine Stellung $\boxed{\text{S}}$, in der eine Prüfung möglich ist. In dieser Stellung haben die Geräte außerdem nach Betätigen der Starttaste eine Verzugszeit von etwa 30 s, damit das Zeitglied in der Fehlerstromschutzeinrichtung (RCD) restlos entladen werden kann. Die Fehlerstromschutzeinrichtung (RCD) braucht auch bei den anderen Verfahren nur an einer Anschlussstelle geprüft zu werden.

Bei neuen Fehlerstromschutzeinrichtungen (RCD) ist die Verzugszeit von 30 s meist nicht mehr nötig. Die Hersteller von Prüfgeräten sollten dabei aber bedenken, dass neue Prüfgeräte auch ältere Fehlerstromschutzeinrichtungen (RCD) zu prüfen haben und dann die Abklingphase des Zeitglieds zu berücksichtigen ist. Ansonsten lösen die Fehlerstromschutzeinrichtungen (RCD) vom Typ S zeitiger aus.

b) **Stetigprüfverfahren** ◁ **– Prüfung mit ansteigendem Strom**

Der Prüfstrom wird von einem Anfangswert, der bei etwa einem Zehntel von $I_{\Delta N}$ oder niedriger liegen soll, langsam gesteigert, damit er nach einigen Sekunden den Bemessungswert erreicht. Beim Auslösen werden der Fehlerstrom und die auftretende Berührungsspannung gemessen und abgespeichert, sodass sie nach dem Auslösen für die Anzeige zur Verfügung stehen.

Das Stetigprüfverfahren soll anhand von **Bild 9.30** beschrieben werden.

Das Gerät wird zwischen Außenleiter L1 und Schutzleiter PE gelegt. Nach kurzem Drücken der Starttaste wird die Steuerschaltung IS in Betrieb gesetzt. Sie enthält einen elektronischen Integrator, der eine Gleichspannung von null bis zu einem Maximalwert innerhalb einiger Sekunden steigert. Diese Spannung steuert einen meist in kleinen Stufen veränderlichen Widerstand R_V von großen zu kleinen Werten. An R_I wird eine dem Strom proportionale Spannung gemessen, im Analogspeicher AS_2 gespeichert und als Strom I_A angezeigt.

Der Verstärker V2 misst an seinem Eingang die Berührungsspannung als Differenz zwischen Netzspannung und Spannungsfall am simulierten Fehlerwiderstand. Diese gelangt einerseits auf den Analogspeicher AS_2 und kann in der Schalterstellung U als Spannung U_B angezeigt werden. Andererseits geht sie auf einen Grenzwertschalter

U_B-S, der als Schutzschaltung bei einem vorgewählten Wert von U_L auslöst und die Prüfung stoppt.

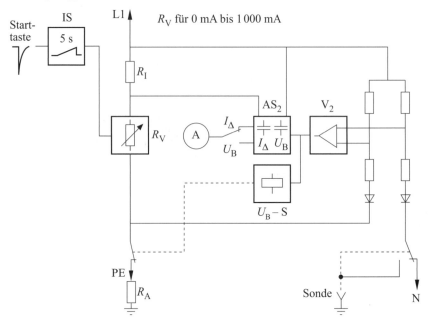

Bild 9.30 Prüfung der Fehlerstromschutzeinrichtung (RCD) – stetige Messung des Fehlerauslösestroms I_Δ und der Berührungsspannung U_B

IS	Steuerschaltung	R_I	Vorwiderstand
R_V	veränderlicher Widerstand	R_A	Anlagenerder
L1	Außenleiter	A	Anzeige (Display)
PE	Schutzleiter		
N	Neutralleiter		
AS$_2$	Analogspeicher		
V$_2$	Verstärker		
U_B-S	Fehlerspannungsschutzeinrichtung		
I_Δ	Auslösestrom		
U_B	Auslösespannung		

Vor- und Nachteile beider Verfahren

Das Pulsprüfverfahren ist einfach, preiswert und schnell. Vorteilhaft ist die Vorprüfung. Man kann damit, meist ohne die Fehlerstromschutzeinrichtung (RCD) auszulösen, alle Anschlussstellen prüfen. Nachteilig ist, dass nur der Grenzwert $I_{\Delta N}$ geprüft wird. Es gibt keine Aussage darüber, wo die Auslösewerte liegen. Der tatsächliche Auslösestrom I_Δ ist bei der Fehlersuche von Interesse, z. B. wenn es häufig zu

Fehlauslösungen kommt. Bei größeren Bemessungswerten ist allerdings eine grobe Rasterung (10 mA, 30 mA, 100 mA, 500 mA) möglich.

Mit dem Prüfungsverfahren wird jedoch die Auslösezeit korrekt gemessen, was bei der stetigen Prüfung mit ansteigendem Prüfstrom nicht der Fall ist.

Das Stetigverfahren ist aufwendiger, zeigt aber die tatsächlichen Auslösewerte an. Das ist besonders bei der Fehlersuche von Interesse. Andererseits führt die stetige Messung immer zu einer Auslösung. Bei neueren Geräten kann auch bei der Prüfung mit ansteigendem Strom eine Vorprüfung ohne Auslösung der RCD erfolgen.

Für eine Routineabnahme, ob gut oder schlecht, wird man das erste Verfahren bevorzugen, bei genaueren Untersuchungen das zweite.

Da der tatsächliche Auslösestrom I_Δ weit unter dem Bemessungswert $I_{\Delta N}$ liegen darf, zeigen die Geräte nach dem Verfahren a) oder b) verschiedene Werte der Berührungsspannung an.

In DIN EN 61557-6 (**VDE 0413-6**) [2.130] wird gefordert:

Wird der Wert der Fehlerspannung für den Auslösestrom und nicht für den Bemessungsdifferenzstrom durch ein Display oder anderweitig angezeigt, so muss dies im Display oder an dem Messgerät angegeben werden.

Beispiel:

Erdungswiderstand $R_A = 100\ \Omega$,

Bemessungswert der Fehlerstromschutzeinrichtung (RCD): $I_{\Delta N} = 500$ mA,

Auslösewert der Fehlerstromschutzeinrichtung $I_\Delta = 250$ mA,

Berührungsspannung nach Pulsprüfverfahren a): $U_{BN} = 0,5\ A \cdot 100\ \Omega = 50$ V,

Berührungsspannung nach Stetigprüfverfahren b): $U_B = 0,25\ A \cdot 100\ \Omega = 25$ V.

Ist die Berührungsspannung $U_B \ll U_L$, ist die höhere Anzeige des Pulsprüfverfahrens nicht bedeutungsvoll.

Die FU-Schutzeinrichtung wird mit denselben Messgeräten in derselben Weise geprüft. Die Anzeige des Fehlerstroms ist dann bedeutungslos.

c) Einfluss des Ableitstroms I_A und Messfehler

Die Auffassung: „Aus diesen Werten darf die Berührungsspannung bei Bemessungsdifferenzstrom oder der Erdungswiderstand (einschließlich Schutzleiter, Außenleiter und Klemmstellen) berechnet werden", ist oft nicht richtig und in der Literatur teilweise auch falsch interpretiert worden.

Es wurde mehrfach beschrieben, dass man bei der stetigen Messung die ermittelte Berührungsspannung auf den Bemessungsauslösewert hochrechnen muss. Als Begründung wurde angegeben, dass eine Schaltung mit einer empfindlichen Fehlerstromschutzeinrichtung (RCD) sonst bei Austausch gegen eine unempfindlichere zu hohe Werte der Berührungsspannung haben könnte. Bei Austausch einer Fehlerstromschutzeinrichtung (RCD) ist jedoch eine erneute Prüfung erforderlich, sodass dieses Argument keine Veranlassung zur Hochrechnung ist. Die Hochrechnung kann bei vorhandenen Ableitströmen zu erheblichen Fehleinschätzungen führen. Die hochgerechnete Berührungsspannung U_{BH} ist allgemein:

$$U_{BH} = U_B \cdot \frac{I_{\Delta N}}{I_\Delta}. \tag{9.4}$$

Dabei sind:

U_B die gemessene Berührungsspannung beim Auslösen der Fehlerstromschutzeinrichtung (RCD),

$I_{\Delta N}$ der Bemessungsdifferenzstrom 10 mA, 30 mA, 100 mA, 300 mA oder 500 mA,

I_Δ der stetig gemessene Auslösestrom.

Solange kein Ableitstrom I_A in der Anlage vorhanden ist, führt die Hochrechnung nach Gl. (9.4) zu brauchbaren Werten. Meist bestehen jedoch in der Anlage Ableitströme, wie bereits in Abschnitt 9.7 beschrieben. Dann ist der bei der stetigen Messung ermittelte Auslösestrom:

$$I_\Delta = I_{\Delta 0} - I_A. \tag{9.5}$$

Dabei sind:

I_A der Ableitstrom in der Anlage,

$I_{\Delta 0}$ der Auslösewert der Fehlerstromschutzeinrichtung (RCD) allein = Auslösewert der Schaltung ohne Ableitstrom.

Der Ableitstrom in der Anlage kann gemessen werden mit einem Summenstromwandler in L1, L2, L3 und N wie in Bild 4.12 oder mit einem hochempfindlichen Zangenstromwandler (Leckstromzange) im PE (sofern zugänglich) oder durch Berechnung aus den Messungen von $I_{\Delta 0}$ (Anlage hinter der Fehlerstromschutzeinrichtung (RCD) abklemmen) und I_Δ (mit Anlage) nach Gl. (9.5).

Mit Gl. (9.5) erhalten wir für die auf den Bemessungswert hochgerechnete Berührungsspannung U_{BH}, bei vorhandenem Ableitstrom:

$$U_{BH} = U_B \cdot \frac{I_{\Delta N}}{I_{\Delta 0} - I_A}. \tag{9.6}$$

Wird im Grenzfall $I_A = I_{\Delta 0}$, ergibt sich für $U_{BH} \to \infty$. Ist I_A nicht $\ll I_{\Delta 0}$, erhält man bei der Hochrechnung völlig irreale Werte für die Berührungsspannung, z. B. ergibt sich nach Gl. (9.4) bei: $I_{\Delta N} = 30$ mA, $I_\Delta = 3$ mA, $U_B = 20$ V (tatsächlich vorhandene Berührungsspannung) ein hochgerechneter Wert für die Berührungsspannung von $U_{BH} = 200$ V!

Im vorliegenden Fall ist aber $I_A = 17$ mA, $I_{\Delta 0} = 20$ mA und der Erdungswiderstand $R_E = 1$ kΩ, was man zunächst nicht weiß. Wäre der Ableitstrom mit $I_A = 17$ mA bekannt, könnte man nach Gl. (9.5) $I_{\Delta 0} = 20$ mA ermitteln, und man erhält dann nach Gl. (9.6) mit $I_\Delta = 20$ mA den richtigen Wert der hochgerechneten Berührungsspannung $U_{BH} = 30$ V. Die Ermittlung des Ableitstroms ist nicht einfach und keine praktikable Lösung.

Ein weiteres Problem besteht noch bei der Messung der Berührungsspannung, sie ist allgemein:

$$U_B = U_{B\Delta} + U_{BA}.$$

Darin sind:

U_B die am Erdungswiderstand R_E tatsächlich vorhandene Berührungsspannung, wenn die Fehlerstromschutzeinrichtung (RCD) auslöst,

$U_{B\Delta}$ die Spannung, die der Prüfstrom I_Δ erzeugt,

U_{BA} die Spannung, die der Ableitstrom der Anlage erzeugt.

Im vorgenannten Beispiel mit $R_E = 1$ kΩ sind $U_{BA} = 17$ V und $U_{B\Delta} = 3$ V. Die Spannung $U_B = 20$ V setzt sich also aus diesen beiden Teilspannungen zusammen. Benutzt man die Teilspannung $U_{B\Delta}$ zur Hochrechnung in Gl. (9.4) für U_B, erhält man die richtigen Werte mit $U_{BH} = 3$ V · (30/3) = 30 V. Viele der Messgeräte auf dem derzeitigen Markt, siehe Tabelle 9.10, messen nur die Teilspannung $U_{B\Delta}$, die der Prüfstrom erzeugt. Bei diesen Geräten wäre die Hochrechnung nach Gl. (9.4) richtig ($U_B = U_{B\Delta}$). $U_{B\Delta}$ kann aber viel niedriger sein als die tatsächliche Spannung U_B. Im vorliegenden Fall zeigen diese Geräte 3 V an, obwohl im Auslösefall die Fehlerstromschutzeinrichtung (RCD) tatsächlich 20 V vorhanden sind. So kann es passieren, dass die Berührungsspannungsgrenze $U_L = 50$ V oder 25 V durch einen Ableitstrom verursacht überschritten wird und das Gerät eine kleinere Spannung anzeigt. Die unzulässig hohe Spannung wird nicht erkannt.

Die vorstehenden Betrachtungen bezüglich der Berührungsspannung haben aber nur dann eine Bedeutung, wenn der Erdungswiderstand in der Größenordnung der Werte von $R_E = U_L/I_{\Delta N}$ (Tabelle 4.7) liegt. Im TT-System mit Fundamenterder liegt der Erdungswiderstand in der Größenordnung von 10 Ω oder niedriger. Im TN-System ist er bestimmungsgemäß immer sehr klein (meist < 2 Ω), und der Schutzleiterwiderstand, der noch hinzukommt, liegt auch bei wenigen Ohm.

Die aufgezeigten Zusammenhänge sind zwar nur einfacher algebraischer Art, können manche Leser aber wohl recht verwirren. Man kann erst recht nicht verlangen, dass ein Elektrotechniker bei der Prüfung vor Ort diese Zusammenhänge beachtet. Die Messung der Berührungsspannung und gar die Hochrechnung können irreführend sein. Der **Erdungswiderstand R_E ist hingegen eine sichere Vorgabe** für den einzuhaltenden Grenzwert.

In allen vorstehend diskutierten Fällen wird der Grenzwert der Berührungsspannung nicht überschritten, wenn der Erdungswiderstand $R_E = U_L/I_{\Delta N}$ nach Tabelle 4.7 eingehalten wird und $I_\Delta \leq I_{\Delta N}$ ist. Viele der Messgeräte in Tabelle 9.10 zeigen den Erdungswiderstand an. Er wird auch richtig ermittelt durch $R_E = U_{B\Delta}/I_\Delta$, d. h., ein vorhandener Ableitstrom wird eliminiert, was für die Messung des Erdungswiderstands richtig ist, für die Anzeige der Spannung aber nicht.

Deshalb soll man für die Grenzwerte folgende Forderungen stellen:

$I_\Delta \leq I_{\Delta N}$ und

$R_E \leq U_{B\Delta}/I_\Delta \geq U_L/I_{\Delta N}$ (Tabelle 4.7).

Wenn diese beiden Grenzwerte eingehalten werden, kann man auf die Betrachtung der Spannung verzichten.

Ein weiteres Problem besteht noch, wenn die Fehlerstromschutzeinrichtung (RCD) zu hohe Auslösewerte hat, $I_{\Delta 0} > I_{\Delta N}$, d. h. ein Fehler in der Fehlerstromschutzeinrichtung (RCD) oder in der elektrischen Anlage vorhanden ist und dieser durch einen Ableitstrom in der Anlage kompensiert wird. So kann z. B. bei einer Fehlerstromschutzeinrichtung (RCD) von 30 mA der Auslösewert bei $I_{\Delta 0} = 50$ mA liegen und der Ableitstrom $I_A = 25$ mA betragen. Dann melden alle in Tabelle 9.10 genannten Geräte, bei hinreichend kleinem Erdungswiderstand, keine Fehler. Die Schaltung ist aber bezüglich des Auslösestroms nur in Ordnung, solange der Ableitstrom vorhanden ist. Werden Verbraucher, die den Ableitstrom erzeugen, abgeschaltet, ist der Auslösestrom zu hoch. Leider kann das auch durch die Prüftaste an der Fehlerstromschutzeinrichtung (RCD) nicht immer erkannt werden. Dieser Fehler ist nur zu erkennen, wenn man den Ableitstrom I_A bestimmt bzw. $I_{\Delta 0}$ durch Abklemmen der Anlage misst. Er kommt hoffentlich sehr selten vor. Hiernach erscheint es ratsam, die Prüfung einmal mit und einmal ohne Verbraucher durchzuführen oder den Ableitstrom (Leckstrom, siehe Abschnitt 9.10) im Schutzleiter zu messen.

9.7.2   RCD-Prüfgeräte

Auch hier gibt es Geräte, die nur für ein Messverfahren (für die RCD-Prüfung), und andere, die für weitere Messungen ausgelegt sind. Tabelle 9.10 zeigt die auf dem deutschen Markt befindlichen Geräte. Solche, die nur für RCD-Prüfverfahren ausgelegt sind, arbeiten nach dem unter a) genannten **Pulsprüfverfahren.**

Der Schalter, der die Prüfung startet, hat zwei Stellungen. In der einen, als „U_L" bezeichnet, pulst das Gerät mit nur ein Drittel des eingestellten Bemessungsdifferenzstroms und zeigt den hochgerechneten Wert als Berührungsspannung an. Das hat den Vorteil, dass man die Steckdosen oder Anschlussstellen prüfen kann, ohne die Fehlerstromschutzeinrichtung (RCD) auszulösen. Allerdings kann man damit nicht die Niederohmigkeit des Schutzleiters prüfen. Bei Schutzmaßnahmen mit Fehlerstromschutzeinrichtung (RCD) genügt jedoch der Nachweis, dass der Erdungswiderstand kleiner als $U_L/I_{\Delta N}$ ist, siehe Tabelle 4.7. Bei $I_{\Delta N} = 30$ mA ergeben erst 33 Ω Erdungswiderstand 1 V Berührungsspannung, rein rechnerisch. Praktisch erkennt man erst über 10 Ω Erdungswiderstand eine Änderung der Berührungsspannung.

338

Den richtigen Anschluss einer Steckdose, besonders im Hinblick auf den Schutz-leiter, kann man bei allen Geräten ohne die Vorprüfung an einer Lampen- oder LC-Anzeige erkennen. Bei den Geräten „Profitest Mtech" und „Profitest Mxtra" kann der Fehler „klassische Nullung mit Verpolung" (Schutzleiter führt Spannung) nur wäh-rend der Messung von Z_{Sch} erkannt werden.

Die Niederohmigkeit der Schleife L–N lässt sich mit den nachstehend beschriebenen Mehrfachprüfgeräten messen, denn der hohe Messstrom von einigen Ampere über L und N löst die Fehlerstromschutzeinrichtung (RCD) nicht aus. Dieser Messbereich wird bei manchen Geräten mit R_i bzw. Z_i bezeichnet.

In der Tastereinstellung, „$I_{\Delta N}$" wird mit dem eingestellten Bemessungsdifferenz-strom gepulst und die Fehlerstromschutzeinrichtung (RCD) ausgelöst, falls sie in Ordnung ist. Das ist nach Abschnitt 9.7 nur an einer Anschlussstelle je Fehlerstrom-schutzeinrichtung (RCD) erforderlich. Liegt der Auslösestrom I_Δ unter $I_{\Delta N}/3$, ist mit den Geräten keine Prüfung möglich, wenn man nicht auf niedrigere Werte schalten kann. Es wird dann bereits bei der Vorprüfung die Fehlerstromschutzeinrichtung (RCD) ausgelöst, und es erfolgt keine Anzeige. In DIN VDE 0100-510:2014-10 [2.100] werden informativ Aussagen zu Ableitströmen, konkret Schutzleiterströmen, gemacht. Danach dürfen die Schutzleiterströme je Betriebsmittel bis 5 mA/10 mA (abhängig vom Bemessungsstrom > 10 A/> 20 A) betragen. Diese Schutzleiterströ-me sind bei der Planung und damit auch bei der Prüfung der elektrischen Anlagen zu berücksichtigen.

Die nachstehend beschriebenen Mehrbereichsprüfgeräte haben bei der Pulsprüfung alle die Möglichkeit der Vorprüfung, meist mit $I_{\Delta N}/3$. Eine stetige Prüfung ermöglicht noch weitere Aussagen über den Zustand der Fehlerstromschutzmaßnahme (RCD).

Die Pulsprüfgeräte _⎍_ und die Stetigprüfgeräte ◿ haben folgende Vor- und Nachteile:

_⎍_ *Vorteil*: Es ist eine Vorprüfung, vorzugsweise mit einem Drittel des Bemes-sungswerts, möglich, bei der die Fehlerstromschutzeinrichtung (RCD) nicht auslöst; vorausgesetzt, dass der Ableitstrom in der Anlage nicht zu groß ist. Damit können an allen Anschlüssen der Schutzleiter und der Erdungswider-stand geprüft werden, ohne den Betrieb zu stören. Die Fehlerstromschutzein-richtung (RCD) muss nur an einem Anschluss ausgelöst werden. Ein großer Vorteil ist, dass die Auslösezeit korrekt gemessen wird.

Nachteil: Es ist nur eine Grenzwertprüfung. Der Auslösewert ist nicht zu ermitteln.

◿ *Vorteil*: Es kann mit dem Verfahren der genaue Auslösewert ermittelt wer-den, was bei einer Fehlersuche und zur Beurteilung des Anlagenzustands wertvoll ist.

Nachteil: Es wird bei jeder Messung die Fehlerstromschutzeinrichtung (RCD) ausgelöst, falls nicht die Hauptprüfung abgeschaltet werden kann.

Die Mehrbereichsprüfgeräte in den Bildern 9.31 bis 9.34 haben bei der Prüfung der Fehlerstromschutzeinrichtung (RCD) beide Messverfahren, $\_\Box\_$ und $\diagdown\!\!\!\triangle$, sie bieten somit beide Vorteile. Sie haben weitere Messverfahren, die zur Anlagenprüfung benötigt werden, das sind Spannung, Frequenz und:

- Messung des Isolationswiderstands nach DIN EN 61557-2 (**VDE 0413-2**) [2.116],

- Messung der Schleifenimpedanz nach DIN EN 61557-3 (**VDE 0413-3**) [2.124],

- Messung von Widerständen (Erdungsleiter, Schutzleiter, Schutzpotentialausgleichsleiter) nach DIN EN 61557-4 (**VDE 0413-4**) [2.126],

- Messung des Erdungswiderstands nach DIN EN 61557-5 (**VDE 0413-5**) [2.125],

- Prüfung der Fehlerstromschutzeinrichtung (RCD) $\_\Box\_$ nach DIN EN 61557-6 (**VDE 0413-6**) [2.130],

- Prüfung der Fehlerstromschutzeinrichtung (RCD) $\diagdown\!\!\!\triangle$ nach DIN EN 61557-6 (**VDE 0413-6**) [2.130],

- Prüfung der Phasenlage nach DIN EN 61557-7 (**VDE 0413-7**) [2.131].

Alle diese Geräte haben die Möglichkeit, Messwerte zu speichern und an einen Drucker oder PC auszugeben. Im Einzelnen haben sie folgende Besonderheiten:

Das Gerät „Profitest Mxtra", **Bild 9.26** und **Bild 9.31**, hat im kippbaren Oberteil einen Drehschalter für die Funktionswahl. Mit den Auswahltasten links und rechts können in jedem Bereich noch Unterfunktionen angewählt werden. Über „Hilfe" lassen sich weiterhin das Anschlussschaltbild und eine Kurzbedienungsanleitung auf dem mehrzeiligen Display anzeigen. Ein Speicher für Messwerte ist integriert. Auf dem handflächengroßen Schukostecker sind auf beiden Seiten Fingerkontakte vorhanden, über die bei Spannung führendem PE eine rote Lampe zum Leuchten kommt, allerdings nur während der Messung (die Messung muss gestartet worden sein).

Das Gerät Profitest Intro, **Bild 9.25**, wird ebenso bedient.

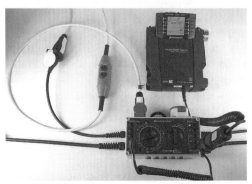

Bild 9.31 Mehrfachprüfgerät nach DIN VDE 0100 „Profitest Mxtra", mit „Profitest PRCD" (Foto: GMC-I [3.22])

Das Gerät Sonel MPI-530, **Bild 9.32**, hat ähnliche Bedienungsanordnungen, einen Drehschalter für die Anwahl der Messverfahren und Drucktasten für die Unterfunktionen. Es lassen sich auch Grenzwerte einstellen. Es können Messwerte gespeichert und über einen separaten Drucker ausgedruckt werden.

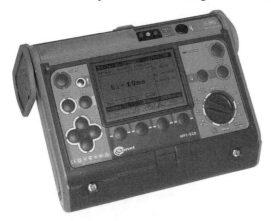

Bild 9.32 Mehrfachprüfgerät nach DIN VDE 0100 Sonel MPI-530
(Foto: Sonel [3.38])

Das Gerät „Installationstester C.A 6117", **Bild 9.33**, hat ähnliche Bedienungselemente. Mit einem Drehschalter, rechts, werden die Messverfahren eingestellt, und mit den Tasten links werden Unterfunktionen eingestellt. Nach Drücken der Starttaste und Ausführung der Messung werden weitere Messwerte angezeigt.

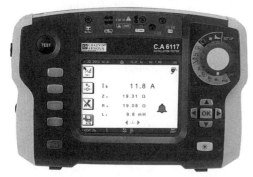

Bild 9.33 Mehrfachprüfgerät Installationstester C.A 6117
nach DIN VDE 0100 (Foto: Chauvin Arnoux [3.21])

Das Gerät „Profitest C", **Bild 9.34**, unterscheidet sich in den Bedienungselementen und der Größe von den drei vorstehend beschriebenen Mehrbereichsprüfgeräten. Es hat keine mechanischen Drehschalter mehr, sondern für die Bereichswahl und Messung nur Drucktasten, mit denen in PC-Technik alles angewählt und ausgeführt wird. Es ist ein Handgerät. Nach dem Einschalten mit der Taste „Start" erscheint in der Anzeige ein Menü. Mit den Tasten kann man das gewünschte Messverfahren anwählen. Mit „Start" wird die Messung gestartet. Die ermittelten Werte erscheinen dann in der mehrzeiligen Anzeige. Das Gerät kann Messwerte abspeichern und über eine IrDA-Schnittstelle (Infrarot-Datenschnittstelle) ausgeben.

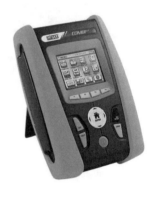

Bild 9.34 Mehrfach-Mess- und Prüfgerät nach DIN VDE 0100 „Profitest C" (Foto: GMC-I [3.22])

Bild 9.35 Schutzmaßnahmenprüfgerät nach DIN VDE 0100 „Combi G3" (Foto: HT Instruments [3.28])

Alle beschriebenen Mehrbereichsprüfgeräte haben bei der RCD-Prüfung eine Stellung $\boxed{S}$, in der die selektiven Schutzeinrichtungen geprüft werden können. Sie sind für alle europäischen Normen ausgelegt.

So bleibt abschließend die Frage, welche der Geräte empfehlenswert sind. Das ist allgemein nicht zu beantworten und hängt vom Anwendungsfall ab. Wenn es darum geht, 100 oder gar 1 000 Anschlussstellen ohne Protokollierung zu prüfen, sind die einfachen Einzelprüfgeräte von Vorteil. Sind verschiedene Messungen erforderlich, oder muss man viele Messergebnisse protokollieren, ist ein Mehrfachprüfgerät von Vorteil. Die Protokollierung wird meist gesetzlich gefordert.

Das Gerät „Combi G3" ist ein VDE-0100-Schutzmaßnahmenprüfgerät. Neben den üblichen Funktionen kann dieses Gerät in Verbindung mit dem IMP 57 mit einem Prüfstrom von 200 A die Schleifenimpedanz ermitteln. Es kann als Nachfolger der bekannten Panensa-Geräte bzw. des Maxtest HT 2038 angesehen werden (**Bild 9.35**).

9.7.3 Fehler in Anlagen mit RCD

Folgende Erscheinungen können im Wesentlichen auftreten:

- die Fehlerstromschutzschaltung (RCD) löst bei sehr niedrigen Fehlerströmen $I_\Delta \ll I_{\Delta N}$ aus,
- die Fehlerstromschutzschaltung (RCD) löst bei zu hohen Werten oder gar nicht aus,
- die Fehlerstromschutzeinrichtung (RCD) löst mit der Prüftaste nicht aus,
- die Fehlerstromschutzeinrichtung (RCD) zeigt häufig Fehlauslösungen ohne ersichtlichen Grund,
- die Fehlerstromschutzeinrichtung (RCD) hält nicht bei Einlegen des Ein-Schalters.

Nur in wenigen Fällen, z. B. wenn die Prüftaste keine Funktion hat, liegt der Fehler in der Fehlerstromschutzeinrichtung (RCD) selbst. Meist ist der Fehler in der Anlage zu finden.

Der Auslösewert $I_{\Delta 0}$ der Fehlerstromschutzeinrichtung (RCD) allein (ohne abgehende Leitungen) darf nach DIN EN 61008-1 (**VDE 0664-10**) [2.60] zwischen 50 % und 100 % des Bemessungsdifferenzstroms $I_{\Delta N}$ (z. B. bei 30-mA-RCD zwischen 15 mA und 30 mA) liegen. Die in der Anlage meist vorhandenen Ableitströme I_A (zwischen Außenleiter L und Schutzleiter PE) vermindern den tatsächlichen Auslösewert I_Δ auf $I_\Delta = I_{\Delta 0} - I_A$, Gl. (9.5).

Ist die Isolation in Ordnung (1 MΩ ergibt bei 230 V nur 0,2 mA), sind die Ableitströme in Wechselspannungsnetzen auf Kapazitäten zurückzuführen. Das sind weniger die Leitungskapazitäten, sondern mehr Störschutzkondensatoren und alle Wicklungskapazitäten gegen die Körper (Gehäuse). Die Kapazität wird groß bei kleinem Abstand und großer Fläche. Wicklungen von Transformatoren, Motoren, Kondensatoren, Drosselspulen, Relais usw. auf mit dem Schutzleiter verbundenen Metallteilen tragen zur Kapazität bei.

In DIN VDE 0100-510:2014-10 [2.101] werden informativ max. Grenzen für Schutzleiterströme von Verbrauchsmitteln bei Wechselspannung angegeben.

Die Grenzen in den nachfolgenden Tabellen gelten für Betriebsmittel, die mit einer Bemessungsfrequenz von 50 Hz oder 60 Hz versorgt werden:

- Steckbare Verbrauchsmittel, geeignet für den Anschluss mittels ein- oder mehrpoliger Steckvorrichtung mit einem Bemessungsstrom bis einschließlich 32 A.

Bemessungsstrom der Betriebsmittel	Maximaler Schutzleiterstrom
≤ 4 A	2 mA
> 4 A, aber ≤ 10 A	0,5 mA pro A des Bemessungsstroms
> 10 A	5 mA

- Verbrauchsmittel für dauerhaften Anschluss und ortsfeste Verbrauchsmittel, beide ohne spezielle Maßnahmen für den Schutzleiter, oder steckbare Verbrauchsmittel, geeignet für den Anschluss mittels ein- oder mehrpoliger Steckvorrichtung mit einem Bemessungsstrom größer als 32 A.

Bemessungsstrom der Betriebsmittel	Maximaler Schutzleiterstrom
≤ 7 A	3,5 mA
> 7 A, aber ≤ 20 A	0,5 mA pro A des Bemessungsstroms
> 20 A	10 mA

- Bei Schutzleiterströmen über 10 mA sind Vorkehrungen in Bertriebsmitteln für den Anschluss an einen verstärkten Schutzleiter zu treffen. Folgende Anforderungen müssen in Verbrauchsmitteln berücksichtigt werden:

    – eine Anschlussklemme für einen Schutzleiter mit mind. 10 mm^2 Cu oder 16 mm^2 Al muss vorgesehen werden, oder

    – eine zweite Klemme für einen Schutzleiter mit gleichem Querschnitt wie der normale Schutzleiter muss vorgesehen werden, sodass ein zweiter Schutzleiter an das Verbrauchsmittel angeschlossen werden kann.

Diese Hinweise müssen dann natürlich auch bei der Planung und der Prüfung von elektrischen Anlagen berücksichtigt werden.

Für ein Betriebsmittel ist nach DIN VDE 0701-0702 [2.13] (siehe Abschnitt 11.2.4) dagegen ein Ableitstrom/Schutzleiterstrom von 3,5 mA zugelassen. So kann es bei hinreichend großem Vorstrom/Ableitstrom I_A durch Zuschalten eines Betriebsmittels zur Auslösung der Fehlerstromschutzeinrichtung (RCD) kommen. Der tatsächliche Auslösestrom I_Δ lässt sich mit Messgeräten nach dem Prüfverfahren mit ansteigendem Strom ◁ (siehe Abschnitt 9.7.1 a) genau ermitteln, mit Prüfgeräten nach dem Pulsprüfverfahren ⊐⌐ (siehe Abschnitt 9.7.1 b) nur grob in den vorgegebenen Stufen der Bemessungswerte feststellen.

Für eine einwandfreie Funktion der Fehlerstromschutzeinrichtungen (RCD) muss der Neutralleiter N hinter der Fehlerstromschutzeinrichtung (RCD) auch gegen den Schutzleiter PE und gegen den Neutralleiter anderer Stromkreise hinreichend isoliert sein. Bei der Fehlersuche ist deshalb zuerst eine diesbezügliche Isolationsmessung anzuraten. Besteht eine Verbindung zwischen N und PE (siehe Bild 4.12), z. B. durch einen direkten Schluss, dann fließt einmal der durch die Last bedingte Neutralleiterstrom auch teilweise über den Schutzleiter und im TT-System über die Erde zur Betriebserde R_B zurück und führt zur Fehlauslösung. Der Stromanteil über den Schutzleiter kann so groß sein, dass die Fehlerstromschutzeinrichtung (RCD) gar nicht hält. Andererseits wird ein Fehlerstrom nicht nur über den Schutzleiter PE und im TT-System über die Erde zurückfließen, sondern zum Teil über die Neutralleiterspule kompensiert. Damit wird ein Teil des Fehlerstroms zum Laststrom, und die Folge ist dann, dass er erst bei höheren Fehlerströmen auslöst. Die Stromteilung wird durch die Zweigwiderstände in N und PE bestimmt. Der Widerstand im Neutralleiter ist durch die Leitungswiderstände bis zum Sternpunkt gegeben (siehe Bild 4.12). Er hat eine Größenordnung von etwa 1 Ω. Der Widerstand im Schutzleiterzweig beträgt ebenfalls etwa 1 Ω, aber im TT-System kommen die Erdungswiderstände R_A und R_B hinzu. Betragen diese z. B. 100 Ω, ist die Stromteilung 1 : 100, und die Auslösung tritt erst bei $100 \cdot I_{\Delta N}$ ein. Diese Verhältnisse treffen sowohl für den Fehlerstrom als auch für den Neutralleiterstrom zu. Sind die Erdungswiderstände sehr klein, ist die Stromteilung 1 : 1, und es wird bei $2 \cdot I_{\Delta N}$ ausgelöst. Die Fehlerstromschutzeinrichtung (RCD) hält nicht.

Eine weitere interessante Erscheinung bei Neutralleiterschluss sei noch beschrieben. Durch den Laststrom entsteht auf dem Neutralleiter zwischen Sternpunkt bei R_B (siehe Bild 4.12) und dem Anschluss hinter der Fehlerstromschutzeinrichtung (RCD) ein kleiner Spannungsfall, je nach Lastverhältnissen, von etwa 1 V. Er ist auch vorhanden, wenn der Stromkreis hinter der Fehlerstromschutzeinrichtung (RCD) stromlos oder sogar spannungslos (bezogen auf die Außenleiter) ist, und er hängt auch wesentlich von der Last vor der Fehlerstromschutzeinrichtung (RCD) ab. Bei Verbindung von N und PE treibt die relativ kleine Spannung einen nicht zu vernachlässigenden Strom in der Stromschleife Neutralleiter–Schutzleiter–Erde–Sternpunkt. Er beträgt z. B. bei einem Widerstand der Stromschleife von 10 Ω (vorwiegend Erdungswiderstand) und 1 V Spannungsfall auf dem Neutralleiter immerhin 0,1 A oder bei 1 Ω sogar 1 A und führt so zur Auslösung der Fehlerstromschutzeinrichtung (RCD). Dieser Fehler ist insofern tückisch, als er von den Lastverhältnissen vor der Fehlerstromschutzeinrichtung (RCD) abhängt. Häufige Fehlauslösungen können zeitweise auftreten.

Der Vorstrom durch den Spannungsfall des Neutralleiters und der zu hohe Auslösestrom durch den Nebenschluss des Neutralleiters können sich vereinzelt so kompensieren, dass das RCD-Prüfgerät ein Auslösen im zulässigen Bereich anzeigt und so einen ordnungsgemäßen Stromkreis vortäuscht. Deshalb muss man zuerst den Isolationswiderstand des Neutralleiters bei abgeschalteter Fehlerstromschutzeinrichtung (RCD) gegen den PE messen.

Auf eine weitere wichtige Erscheinung sei noch hingewiesen. Bei Stromkreisen außerhalb von Gebäuden, z. B. Steckdosen, Beleuchtungsanlagen usw., werden meist nur die Außenleiter abgeschaltet. Verbindet man an diesen Abgängen N und PE, löst die Fehlerstromschutzeinrichtung (RCD) aus, wenn der Spannungsfall auf dem Neutralleiter einen hinreichend großen Strom treibt. Ist der Spannungsfall zu klein, kann durch eine Fremdspannung die Auslösung bewirkt werden. Eine 1,5-V-Batterie erzeugt selbst bei einem Erdungswiderstand von 50 Ω in der Stromschleife noch einen Stromimpuls von 30 mA. Es muss demnach noch nicht einmal eine Wechselspannung sein, auf die die Fehlerstromschutzeinrichtung (RCD) eigentlich nur anspricht. Es besteht hierdurch ein unbefugter Zugriff auf den Betrieb der Anlage! Bei Außenstromkreisen, die durch Fehlerstromschutzeinrichtung (RCD) geschützt sind, ist deshalb zweckmäßigerweise auch der Neutralleiter abzuschalten.

Der unbefugte Zugriff auf den Betrieb der elektrischen Anlage wird verhindert, wenn gemäß DIN 18015-2 [2.132], Punkt 4.3, die Sicherung gegen das unbefugte Benutzen und Manipulation durch allpoliges Abschalten erfolgt.

Durch hohe Spannungsspitzen, z. B. bei Schaltvorgängen mit induktiver Last oder auch bei Freileitungsnetzen durch atmosphärische Entladungen, können Ableitstromspitzen entstehen, die zur gelegentlichen Auslösung der Fehlerstromschutzeinrichtung (RCD) führen. Dann sollte man die selektiven, zeitverzögerten Fehlerstromschutzeinrichtungen (RCD) mit Kennzeichen $\boxed{S}$ verwenden. Sie haben zusätzliche Verzögerungsglieder, siehe Bild 4.12, Abschnitt 4.7.

Treten Oberschwingungen, transiente stoßartige Ströme (beim Ein- und Ausschalten von kapazitiven und induktiven Lasten), Überspannungen infolge von Blitzeinschlägen oder transiente, stoßartige Ströme in Kombination mit Ableitströmen (durch elektronische Geräte verursacht) auf, wird der <u>Einsatz von kurzzeitverzögerten Fehlerstromschutzeinrichtungen (RCD) (AP-R)</u> empfohlen. Diese Fehlerstromschutzeinrichtungen (RCD) erreichen bei einem Auslösestrom von ca. 25 mA Auslösezeiten von 100 ms bis 120 ms und sind bei $5 \cdot I_{\Delta N}$ 10 ms höher verzögert als normale RCD. Kurzzeitverzögerte Fehlerstromschutzeinrichtungen (RCD) gibt es nur mit $I_{\Delta N}$ 30 mA.

Da in DIN VDE 0100-410 [2.2] seit 2007-06 für Wechselspannungssysteme ein Zusatzschutz durch Fehlerstromschutzeinrichtungen (RCD) für Steckdosen bis 20 A Bemessungsstrom vorgeschrieben wurde, ist für die Stromkreise, in denen eine unkontrollierte Abschaltung nicht erwünscht ist, der Einsatz von kurzzeitverzögerten Fehlerstromschutzeinrichtungen (RCD) zu empfehlen.

9.8 Prüfung der Phasenfolge von Drehstromsteckdosen

Es ist zu prüfen, ob ein Rechtsdrehfeld vorhanden ist, wenn die Kontaktbuchsen von vorn im Uhrzeigersinn betrachtet werden.

Aus der geforderten Prüfung der Phasenfolge von Drehstromsteckdosen ist für andere elektrische Betriebsmittel, z. B. Hausanschlüsse, Stromkreisverteiler, im Anwendungsbereich der Normen der Reihe DIN VDE 0100 ein Rechtsdrehfeld für Drehstrom-Stromkreise nicht festgelegt. Das schließt nicht aus, dass der Betreiber einer elektrischen Anlage aus betriebsinternen Gründen Festlegungen trifft, die das Rechtsdrehfeld für Versorgungssysteme und/oder den Anschluss von Betriebsmitteln (z. B. für Zähler) vorsieht.

Anmerkung: Bei Drehstromzählern für die Abrechnung des Energiebezugs ist der Rechtsdrehsinn der Zählerscheibe nicht zu verwechseln mit einem ggf. geforderten Anschluss im Rechtsdrehfeld.

Mit den Geräten nach den Bildern 9.30 bis 9.33 kann u. a. die Phasenlage geprüft werden. Üblich sind auch die Einzelprüfgeräte, wie **Bild 9.36** eines zeigt.

9.9   Nachweis des Spannungsfalls

DIN VDE 0100-520 Beiblatt 2:2010-10 enthält dazu die nachfolgenden Informationen:

Zur Einhaltung des zulässigen Spannungsfalls und der Abschaltbedingungen zum Schutz gegen elektrischen Schlag und Schutz bei Kurzschluss ergeben sich max. zulässige Kabel- und Leitungslängen. Für das TN-System gilt erfahrungsgemäß die folgende Feststellung:

In Stromkreisen mit einem Spannungsfall 3 % zwischen Messeinrichtung und Anschlusspunkt der Verbrauchsmittel, z. B. in Installationen von Wohngebäuden nach DIN 18015-1 [2.58], und in denen der Schutz bei Überlast und Kurzschluss koordiniert ist, ist bei einer Schleifenimpedanz vor der Schutzeinrichtung $Z_V \leq 300$ mΩ im Allgemeinen für Sicherungseinsätze der Betriebsklasse gG und LS-Schalter Typ B die max. zulässige Kabel- und Leitungslänge für den Spannungsfall die begrenzende Größe.

Bild 9.36 Phasenlageanzeiger Metraphase 1
(Foto: GMC-I [3.22])

Der Spannungsfall sollte

- zwischen der Hauseinführung (Hausanschlusskasten) und der Anschlussstelle der elektrischen Verbrauchsmittel nach DIN VDE 0100-520 [2.57] die Werte nach **Tabelle 9.12**

- hinter der Messeinrichtung bis zur Anschlussstelle der elektrischen Verbrauchsmittel nach DIN 18015-1 [2.58] insgesamt 3 %

der Nennspannung der Anlage nicht überschreiten.

Gemäß DIN 18015-1:2013-09 ist in jedem Leitungsabschnitt der Bemessungsstrom der jeweils vorgeschalteten Überstromschutzeinrichtung zugrunde zu legen.

Nach DIN VDE 0100-520:2013-06 gilt Folgendes:

	Beleuchtung in %	Andere elektrische Verbrauchsmittel in %
A – Niederspannungsanlage, unmittelbar versorgt von einem öffentlichen Energieversorgungsnetz	3	5
B – Niederspannungsanlage, versorgt von einem privaten Energieversorgungsnetz[a]	6	8

[a] Es wird empfohlen, dass der Spannungsfall in Endstromkreisen möglichst die unter Anlagentyp A genannten Werte nicht überschreitet.

Wenn die Hauptleitungsanlagen der Anlagen länger als 100 m sind, darf der Spannungsfall des über 100 m hinausgehenden Anteils der Kabel- und Leitungsanlage um 0,005 % pro Meter erhöht werden, sofern er ohne diese Ergänzung größer als 0,5 % ist.

Der Spannungsfall wird durch den Verbrauch der elektrischen Verbrauchsmittel bestimmt, gegebenenfalls unter Anwendung von Gleichzeitigkeitsfaktoren, oder von den Betriebsströmen der Stromkreise.

Tabelle 9.12 Spannungsfall (Tabelle G.52.1 in DIN VDE 0100-520)

Anmerkung 1: Ein höherer Spannungsfall ist zulässig

• beim Starten von Motoren,

• für andere Betriebsmittel mit hohen Einschaltströmen,

vorausgesetzt, dass sichergestellt ist, dass sich in beiden Fällen die Spannungsschwankungen innerhalb der in der jeweiligen Betriebsmittel-Produktnorm genannten Grenzen bewegt.

Anmerkung 2: Die folgenden zeitbegrenzten Fälle sind ausgeschlossen:

• transiente Überspannungen,

• Spannungsschwankungen durch gestörten Betrieb.

Spannungsfälle können mittels der nachstehenden Gleichung bestimmt werden:

$$u = b\left(\rho_1 \frac{L}{S}\cos\varphi + \lambda L \sin\varphi\right)I_B.$$

Dabei sind:

u Spannungsfall in Volt;

b Koeffizient 1   bei dreiphasigen Stromkreisen und

2   bei einphasigen Stromkreisen;

Anmerkung 3: dreiphasige Stromkreise, die vollkommen unsymmetrisch belastet werden (nur ein Außenleiter belastet), werden als einphasige Stromkreise betrachtet;

ρ_1 spezifischer elektrischer Widerstand der Leiter im ungestörten Betrieb. Dabei wird als spezifischer elektrischer Widerstand der Wert für die im ungestörten Betrieb vorhandene Temperatur genommen, d. h. 1,25-mal der spezifische elektrische Widerstand bei 20 °C, oder 0,0225 Ωmm^2/m für Kupfer und 0,036 Ωmm^2/m für Aluminium;

L gerade Länge der Kabel- und Leitungsanlage in Meter;

S Querschnitt der Leiter, in mm^2;

$\cos\varphi$ Leistungsfaktor; falls nicht bekannt, wird ein Wert von 0,8 ($\sin\varphi = 0,6$) angenommen;

λ Blindwiderstand je Längeneinheit des Leiters; falls nicht bekannt, wird ein Wert von 0,08 mΩ/m angenommen;

I_B Betriebsstrom (in Ampere);
der entsprechende Spannungsfall in Prozent ergibt sich nach: $\Delta u = 100\,\dfrac{u}{U_0}$;

U_0 Spannung zwischen Außen- und Neutralleiter in Volt.

Anmerkung: Für Wohngebäude gilt verbindlich DIN 18015-1.

Die max. zulässigen Kabel- und Leitungslängen von ausgewählten Kabeln und Leitungen können für Drehstromnetze mit einer Nennspannung von 400 V bei einem Spannungsfall von 3 % direkt der **Tabelle 9.13** oder dem Nomogramm nach **Bild 9.37** entnommen werden.

Betriebsstrom	Maximal zulässige Kabel- und Leitungslänge l_{max} in m — Leiternennquerschnitt in mm^2											
A	1,5	2,5	4	6	10	16	25	35	50	70	95	120
6	92	150										
10	55	90	141									
16	34	56	88	132								
20	28	45	70	106								
25		36	56	85	142							
35			40	60	101	160						
40				53	89	140	220					
50					71	112	176	242				
63					56	89	140	192	257			
80						70	110	151	203	287		
100							88	121	162	229		
125								97	130	183	246	
160									101	143	192	234
200										115	154	188
250											123	150
315											98	119
400												94

Tabelle 9.13 Maximal zulässige Kabel- und Leitungslängen l_{max} bei einem Spannungsfall von 3 %

Die Längen l_{max} sind zu multiplizieren bei

● Einphasen-Wechselstromsystemen mit 0,5 und

● bei anderen Spannungsfällen als 3 % mit dem jeweiligen Faktor nach **Tabelle 9.14**.

Für Kabel und Leitungen mit Kupferleiter bei fester Verlegung in oder an Bauwerken und Kabel bei Verlegung in Erde, z. B. Kabel NYY nach DIN VDE 0276-603 [2.134], Mantelleitungen NYM nach DIN VDE 0250-204 [2.135], Stegleitungen nach DIN VDE 0250-201 [2.136] und Aderleitungen bei gemeinsamer Verlegung aller Leiter eines Stromkreises, gelten die Werte für eine Leitertemperatur 30 °C sowie für Drehstromkreise; Nennspannung der Anlage 400 V, 50 Hz.

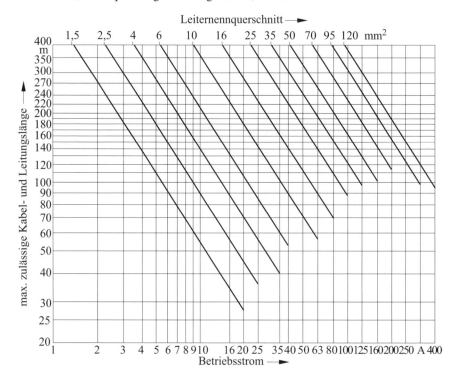

Bild 9.37 Maximal zulässige Kabel- und Leitungslängen bei einem Spannungsfall von 3 %

Spannungsfall	Faktor
1 %	0,33
1,5 %	0,5
4 %	1,33
5 %	1,67
8 %	2,67
10 %	3,33

Tabelle 9.14 Umrechnungsfaktor für max. zulässige Kabel- und Leitungslängen l_{max} bei von 3 % abweichenden Spannungsfällen

Für Einphasen-Wechselstromkreise sind die anhand von Bild 9.37 für Drehstromkreise ermittelten max. zulässigen Kabel- und Leitungslängen für 3 % Spannungsfall ebenfalls mit dem Faktor 0,5 zu multiplizieren.

Für andere Spannungsfälle als 3 % sind die anhand von Bild 9.37 für Drehstromkreise ermittelten max. zulässigen Kabel- und Leitungslängen für 3 % Spannungsfall mit dem jeweiligen Faktor nach Tabelle 9.14 zu multiplizieren.

9.10 Prüftafel zur Netznachbildung

Die Messgeräte sind allgemein so ausgelegt, dass sie einen Defekt in der Anzeige erkennen lassen.

Möglich ist allerdings eine Messabweichung. Zur Überprüfung der Geräte dienen Prüftafeln, in denen die einzelnen Schutzmaßnahmen von Anlagen nachgebildet und die zu messenden Werte bekannt sind.

Mit solchen Netznachbildungen können weiterhin die Anwendungen der Messgeräte geübt und das Verhalten verschiedener Fehler studiert werden. Für die Aus- und Weiterbildung von Elektrofachkräften ist ein solches Praktikum sehr lehrreich. Auch zur Rekonstruktion von Fehlern, z. B. bei der Klärung von Unfällen, sind Nachbildungen gut geeignet.

Eine kompakte Ausführung einer Prüftafel zeigt **Bild 9.38**. Sie ist in vier Felder gegliedert. Nachgebildet sind die drei Erdungssysteme TN-, TT- und IT-System und verschiedene Isolationswiderstände. Im linken oberen Feld ist das TN-System dargestellt. Mit einem Stufenumschalter lassen sich schnell die wichtigsten Steckdosenfehler simulieren. Mit dem Potentiometer kann man einen Schleifenwiderstand R_{Sch} zuschalten.

Im mittleren Feld ist das TT-System mit Fehlerstromschutzeinrichtung (RCD) nachgebildet. Eine Fehlerstromschutzeinrichtung (RCD) von 30 mA und eine ⑤-Fehlerstromschutzeinrichtung (RCD) von 300 mA können wahlweise auf die Steckdose geschaltet werden, deren Schutzleiter über sechs verschiedene Erdungswiderstände geerdet werden kann. Im mittleren Stufenschalter kann man Fehler simulieren. Einmal kann ein Vorstrom (ein Ableitstrom) erzeugt werden, der an dem rechts neben der Steckdose angeordneten Potentiometer eingestellt wird. Dieser Fehler bedingt ein Auslösen bei zu kleinen Strömen. In den letzten beiden Stellungen werden N und PE hinter der Fehlerstromschutzeinrichtung (RCD) verbunden. Die Folge ist ein Auslösen bei zu großen Strömen. Weiterhin können hier größere Lastströme bei kleinen Erdungswiderständen eine Auslösung bewirken.

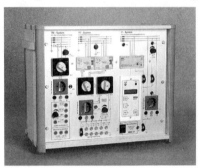

Bild 9.38 Prüftafel als Netzmodell für Schutzmaßnahmen nach DIN VDE 0100
(Foto: EBM – Elektrotechnik (vormals Eltha Elektro Thaler) [3.28])

Das rechte Feld bildet das IT-System mit Isolationsüberwachung nach. Hierfür ist ein 500-VA-Trenntransformator eingebaut. Die Isolationsüberwachung hat eine Fernbedienungstafel mit zwei Tasten und Lampen, wie sie in medizinisch genutzten Räumen angewendet wird. Mit dem rechten Potentiometer lässt sich ein Isolationsfehler simulieren.

9.11   Strommessung mit Zangenstromwandlern

Die Messung von Ableitströmen ist in der hier behandelten Thematik ggf. interessant. Diese Ströme sind meist sehr klein und mit üblichen Zangenstromwandlern nicht ohne Weiteres zu messen. Andererseits ist eine direkte Messung meist nicht möglich.

Bei der Zangenstrommessung müssen folgende Punkte beachtet werden:

● Der Zangenstromwandler darf nur einen Leiter umschließen.
  Der Wandler stellt einen Transformator dar; die Primärwicklung hat nur eine Windung und wird durch den gestreckten Leiter dargestellt, in dem der zu messende Strom fließt. Umfasst die Zange Hin- und Rückleitung, heben sich die Wirkungen beider Magnetfelder auf.

- Die Zange muss richtig geschlossen werden – es darf kein Luftspalt vorhanden sein. Der Magnetfluss im Eisen erreicht nur dann den vollen Wert, wenn die Zange geschlossen, d. h. kein Luftspalt vorhanden ist. Die magnetische Leitfähigkeit in der Luft ist einige tausend Mal kleiner als die des Eisens, sodass schon einige Hundertstel Millimeter Luftspalt eine Messwertverfälschung ergeben können.

- Wird ein externer Strommesser angeschlossen, muss der Strombereich einen hinreichend kleinen Widerstand bzw. Spannungsfall haben. Die Zange muss mit dem Strommesser abgeschlossen sein, bevor sie an den Primärstromleiter angelegt wird. Bei einem Stromwandler ist der Sekundärstrom nur dann durch das Übersetzungsverhältnis eindeutig gegeben, z. B. 1 : 1 000, wenn er sekundär im Kurzschluss arbeitet, d. h., der Abschlusswiderstand praktisch hinreichend klein ist. Zum Beispiel sind Messgeräte mit 3,3 kΩ/V im unteren Bereich deshalb günstiger als solche mit 10 kΩ/V oder 30 kΩ/V. Auch elektronische Multimeter haben im Strommessbereich bei kleinen Strömen vielfach keine hinreichend kleinen Widerstände.

Sollen Ströme von 1 A oder weniger mit älteren Messgeräten gemessen werden, ist zu prüfen, ob die Forderung nach kleinem Abschlusswiderstand noch eingehalten wird. Ein Beispiel hierzu zeigt die **Tabelle 9.15**.

Zangenwandler 1:1000 Multimeter, sekundär	Primär zulässiger R_{sek}	A / Ω		15 / 30	60 / 30	150 / 22	600 / 7	1000 / 2
Unigor 1p Goerz	Messbereich	mA	3	12	60	300	1200	6 000
3,3 kΩ/V	Innenwiderstand	Ω	66	50	1,6	0,5	0,16	0,08
Multavi HO H&B	Messbereich	mA	3	15	60	300	1 500	6 000
10 kΩ/V	Innenwiderstand	Ω	1 000	50	4	0,2	0,02	0,01
M 2004-2008 Metrawatt	Messbereich	mA	0,3	3	30	300	300	3 000
analog – digital	Innenwiderstand	Ω	500	50	5,3	0,6	0,6	0,21

Tabelle 9.15 Zangenstromwandler, zulässiger Sekundärwiderstand; Multimeter, Innenwiderstände für verschiedene Messbereiche

Seit einigen Jahren gibt es Zangenstromwandler als Strom-Spannungwandler, die dieses Problem nicht haben. Mit dem *I/U*-Wandler, z. B. „Minizange 05" der Fa. Chauvin Arnoux [3.21], kann man kleine Ströme genau messen, weil die Abschlussbedingung ∞ durch den Spannungsmessbereich mit elektronischen Multimetern besser erreicht wird als die Kurzschlussbedingung bei einem *I/I*-Wandler. Die „Minizange 05" fordert einen Innenwiderstand des angeschlossenen Spannungsmessers von > 1 MΩ. Die meisten elektronischen Multimeter erfüllen diese Forderung sehr gut, sie haben einen Innenwiderstand von 10 MΩ.

Die Ableitströme in den Endstromkreisen betragen einige Milliampere und sind mit den vorgenannten Zangen, außer dem *I/U*-Wandler „Minizange 05", auch nicht zu messen. Hierfür gibt es neuerdings „Leckstromzangen", die mit hochempfindlichem Verstärker solche Ströme noch messen können, z. B. CHB5 der Fa. Beha-Amprobe

[3.20] oder Metraclip 61 von Fa. GMC-I [3.22]. Eine Übersicht über die wichtigsten Zangenstromwandler auf dem deutschen Markt, auch die für größere Ströme, kann über [3.20–3.22] abgerufen werden.

10 Prüfung der elektrischen Ausrüstung von Maschinen nach DIN EN 60204-1 (VDE 0113-1/A1):2009-10 [2.12]

10.1 Allgemeines

Während die DIN VDE 0100-600 [2.39] die Erstprüfung von elektrischen Anlagen beschreibt, gilt die DIN EN 60204-1 (**VDE 0113-1**) [2.12] für die Anwendung von elektrischer, elektronischer und programmierbarer elektronischer Ausrüstung und Systemen von Maschinen, die während des Arbeitens nicht von Hand getragen werden, einschließlich einer Gruppe von Maschinen, die abgestimmt zusammenarbeiten.

Die Ausrüstung beginnt in diesem Sinn an der Netzanschlussstelle. Die Bestimmungen dieser Norm DIN EN 60204-1 (**VDE 0113-1**) [2.12] gelten für Nennspannungen bis AC 1 000 V oder DC 1 500 V und für Nennfrequenzen bis einschließlich 200 Hz.

Elektrische Maschinen weisen bestimmte Besonderheiten auf, die allgemein bei elektrischen Anlagen oder Betriebsmitteln im eigentlichen Sinn keine Rolle spielen.

Hinsichtlich der Zuordnung zu den Prüffristen gemäß BetrSichV [1.1] bzw. DGUV-Vorschrift 3 (BGV A3) [1.5] sind hier die Forderungen für ortsfeste elektrische Betriebsmittel zugrunde zu legen. Beispiele für Maschinen nach DIN EN 60204-1 (**VDE 0113-1**) [2.12] sind:

- Metallbe- und -verarbeitungsmaschinen
- Kunststoff- und Gummimaschinen
- Holzbe- und -verarbeitungsmaschinen
- Montagemaschinen
- Fördertechnik, Handhabungstechnik
- Textilmaschinen
- Kühl- und Klimatisiermaschinen
- Leder-/Kunstlederwaren- und Schuhmaschinen
- Hebezeuge, siehe DIN EN 60204-32 (**VDE 0113-32**) [2.40]
- Maschinen zum Personentransport

- Lebensmittelmaschinen
- Druck-, Papier- und Kartonmaschinen
- Mess- und Prüfmaschinen
- Kompressoren
- Verpackungsmaschinen
- Wäschereimaschinen
- Heizungs- und Lüftungsmaschinen
- Bau- und Baustoffmaschinen
- transportable Maschinen
- fahrbare Maschinen

- motorisch angetriebene Türen/Tore
- Freizeitmaschinen
- Pumpen
- Land- und Forstwirtschafts-
  maschinen

- Maschinen für Roheisen-
  verarbeitung
- Gerbereimaschinen
- Bergbau- und Steinbruchmaschinen

Da in dem Abschnitt „Prüfungen" auch auf andere Abschnitte dieser Norm DIN
EN 60204-1 (**VDE 0113-1**) [2.12] Bezug genommen wird, sollen auch diese Abschnitte hier auszugsweise dargestellt werden.

Dieser Teil von DIN EN 60204-1 (**VDE 0113-1**) [2.12] enthält Anforderungen und
Empfehlungen für die elektrische Ausrüstung von Maschinen, um

- die Sicherheit von Personen und Sachen,

- die Erhaltung der Funktionsfähigkeit,

- die Erleichterung der Instandhaltung

zu fördern.

Weitere Hinweise für die Anwendung dieses Teils der DIN EN 60204-1 (**VDE 0113-1**)
[2.12] enthält Anhang F der Norm.

Bild 10.1 stellt eine Hilfe zum Verständnis der Zusammenhänge zwischen den verschiedenen Elementen einer Maschine und der dazugehörenden Ausrüstung dar.
Bild 10.1 ist ein Blockschaltbild einer typischen Maschine mit zugehöriger Ausrüstung, welches die verschiedenen Teile der elektrischen Ausrüstung zeigt.

Allgemeine Anforderungen

Dieser Teil der DIN EN 60204-1 (**VDE 0113-1**) [2.12] ist bestimmt für die Anwendung auf die elektrische Ausrüstungen, die bei einer Vielfalt von Maschinen und bei
einer Gruppe von Maschinen, die koordiniert zusammenarbeiten, verwendet werden.

Die Risiken, die mit Gefährdungen durch die elektrische Ausrüstung verbunden sind,
müssen als Teil der Gesamtanforderungen im Rahmen der Risikobeurteilung der
Maschine bewertet werden. Diese bestimmt die angemessene Risikominderung und
die notwendigen Schutzmaßnahmen für Personen, die solchen Gefährdungen ausgesetzt sein können, während noch eine annehmbare Leistungsfähigkeit der Maschine
und ihrer Ausrüstung aufrechterhalten wird.

Gefahr bringende Situationen können u. a. aus folgenden Ursachen entstehen:

- Ausfälle oder Fehler in der elektrischen Ausrüstung mit daraus folgender Möglichkeit eines elektrischen Schlags oder eines Brands aus elektrischer Ursache;

- Ausfälle oder Fehler in Steuerstromkreisen (oder Bauteilen oder Geräten, die zu
  diesen Stromkreisen gehören) mit daraus folgender Fehlfunktion der Maschine;

- Störungen oder Unterbrechungen in Energieversorgungen wie auch Ausfälle oder Fehler in den Hauptstromkreisen mit daraus folgender Fehlfunktion der Maschine;

- Verlust der durchgehenden Verbindung von Stromkreisen, die von Schleifkontakten oder rollenden Kontakten abhängig sind, mit daraus folgendem Ausfall einer Sicherheitsfunktion;

- elektrische Störungen, z. B. elektromagnetische, elektrostatische (entweder von außerhalb der elektrischen Ausrüstung oder intern erzeugt), die zu einer Fehlfunktion der Maschine führen;

- Freiwerden von gespeicherter Energie (entweder elektrische oder mechanische), die z. B. zu einem elektrischen Schlag oder einer unerwarteten Bewegung führen, die eine Verletzung verursachen können;

- heiße Oberflächen, die Verletzungen verursachen können.

Sicherheitsmaßnahmen sind eine Kombination aus Maßnahmen, die im Konstruktionsstadium zu berücksichtigen sind und solchen Maßnahmen, deren Durchführung vom Betreiber verlangt wird.

Die Verwendung des in Anhang B der Norm DIN EN 60204-1 (**VDE 0113-1**) [2.12] gezeigten Fragebogens wird empfohlen, um eine geeignete Vereinbarung zwischen dem Betreiber und dem (den) Lieferanten über die Grundvoraussetzungen und zusätzliche Anforderungen des Betreibers bezüglich der elektrischen Ausrüstung zu erleichtern. Diese zusätzlichen Anforderungen bezwecken:

- zusätzliche Eigenschaften vorzusehen, bedingt durch die Art der Maschine (oder Gruppe der Maschinen) und der Anwendung;

- die Wartung und Reparatur zu erleichtern und

- die Zuverlässigkeit zu erhöhen und die Bedienung zu erleichtern.

Auswahl der Ausrüstung

Elektrische Komponenten und Betriebsmittel müssen

- für ihren vorgesehenen Einsatz geeignet sein und

- den für sie zutreffenden IEC-Normen entsprechen, soweit solche existieren, und

- entsprechend den Lieferantenanweisungen verwendet werden.

Elektrische Ausrüstung nach Reihe DIN EN 60439-1 bis -5 (VDE 0660-1 bis -5)

Die elektrische Ausrüstung der Maschine muss die Sicherheitsanforderungen erfüllen, die mit der Risikobeurteilung der Maschine identifiziert wurden. Abhängig von der Maschine, ihrer bestimmungsgemäßen Verwendung und ihrer elektrischen Ausrüstung darf der Konstrukteur Teile der elektrischen Ausrüstung der Maschine auswählen, die DIN EN 61439-1 (**VDE 0660-600-1**) bzw. DIN EN 61439-2 (**VDE 0660-600-2**) [2.74, 2.75] entsprechen und, soweit notwendig, anderen zutreffenden Teilen der Reihe DIN EN 60439-1 bis -5 (**VDE 0660-1 bis -5**) entsprechen.

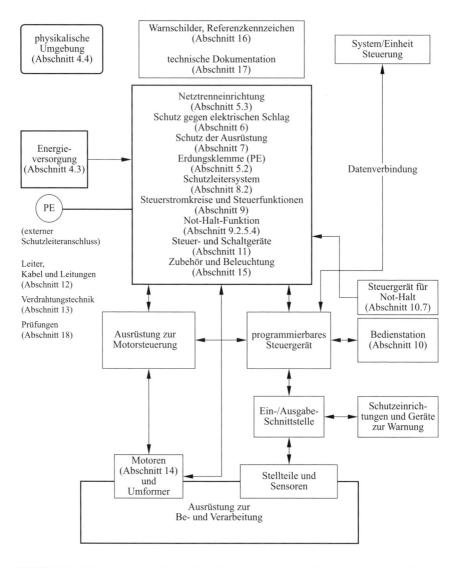

Bild 10.1 Blockdiagramm einer typischen Maschine (die Angaben im Blockdiagramm entsprechen den Abschnitten in der Norm DIN EN 60204-1 (**VDE 0113-1**) [2.12])

Elektrische Versorgung

Die elektrische Ausrüstung muss so ausgelegt sein, dass sie unter den Verhältnissen der Netzversorgung fehlerfrei arbeitet:

- wie in Wechselstromversorgungen oder Gleichstromversorgungen festgelegt oder
- wie anderweitig durch den Betreiber festgelegt, siehe Anhang B der DIN EN 60204-1 (**VDE 0113-1**), oder
- wie durch den Lieferanten im Fall von besonderen Energieversorgungen wie Bordgeneratoren festgelegt.

Wechselstromversorgungen

- Spannung,
- Frequenz,
- Oberschwingungen,
- Spannungsunsymmetrie,
- Spannungsunterbrechung,
- Spannungseinbrüche.

Gleichstromversorgungen

Durch Batterien:

- Spannung,
- Spannungsunterbrechung.

Durch Umrichter:

- Spannung,
- Spannungsunterbrechung,
- Welligkeit (Spitze zu Spitze).

Besondere Versorgungssysteme

Für besondere Versorgungssysteme wie Bordgeneratoren dürfen die in den vorher genannten Schwerpunkten festgelegten Grenzen überschritten werden, vorausgesetzt die Ausrüstung ist dafür ausgelegt, unter diesen Bedingungen einwandfrei zu arbeiten.

Physikalische Umgebungs- und Betriebsbedingungen

Die elektrische Ausrüstung muss für die Verwendung unter den physikalischen Umgebungs- und Betriebsbedingungen ihrer bestimmungsgemäßen Verwendung geeignet sein. Die Anforderungen der folgenden Punkte decken die physikalischen Umgebungsbedingungen und die Betriebsbedingungen für die Mehrzahl der Maschinen ab, die durch DIN EN 60204-1 (**VDE 0113-1**) [2.12] erfasst sind. Wenn besondere

Bedingungen vorliegen oder die spezifizierten Grenzwerte überschritten werden, wird eine Vereinbarung zwischen dem Benutzer und Lieferanten empfohlen, siehe Anhang B, DIN EN 60204-1 (**VDE 0113-1**) [2.12].

Elektromagnetische Verträglichkeit (EMV)

Die Ausrüstung darf keine elektromagnetischen Störungen oberhalb des für die vorgesehene betriebliche Umgebung zulässigen Niveaus erzeugen. Zusätzlich muss die Ausrüstung eine ausreichende Störfestigkeit gegen elektromagnetische Störungen haben, sodass sie in ihrer vorgesehenen Umgebung einwandfrei arbeitet.

Maßnahmen, um die Erzeugung von elektromagnetischen Störungen, d. h. leitungsgebundene und abgestrahlte Emissionen, zu begrenzen, schließen ein:

● Filtern der Energiezuführung;

● Abschirmung der Kabel und Leitungen;

● Gehäuse, die konzipiert sind, hochfrequente Abstrahlung zu minimieren;

● Funkentstörtechniken.

Maßnahmen, um die Störfestigkeit der Ausrüstung gegen leitungsgebundene und eingestrahlte Hochfrequenzstörungen zu verbessern, schließen ein:

● Auslegung des Systems für den Funktionspotentialausgleich unter Berücksichtigung der folgenden Punkte:

– Verbindung empfindlicher Stromkreise an Masse. Solche Anschlüsse sollten mit dem Symbol bezeichnet oder beschriftet sein:

– Verbindung der Masse zur Erde (PE) mit einem Leiter niedriger Hochfrequenzimpedanz und so kurz wie praktisch möglich.

● Verbindung empfindlicher elektrischer Ausrüstung oder Stromkreise direkt mit dem Schutzleiterkreis (PE) oder an einen Leiter der Funktionserdung (FE) (siehe Bild 10.2), um Gleichtaktstörungen zu minimieren. Letzterer Anschluss sollte mit dem Symbol bezeichnet oder beschriftet sein:

● räumliche Trennung empfindlicher Stromkreise von Störquellen;

● Gehäuse, die konzipiert sind, hochfrequente Einstrahlung zu minimieren;

● EMV-gerechte Verdrahtungspraxis:

– Anwendung von verdrillten Leitern, um die Auswirkung von Gegentaktstörungen zu vermindern;

– Einhalten eines ausreichenden Abstands zwischen Störungen aussendenden Leitern und Leitern empfindlicher Stromkreise;

- Ausrichtung der Kabel und Leitungen so gut wie möglich auf 90° bei Kreuzungen;
- Leiterführungen so dicht wie möglich an der Masseebene;
- Benutzung von elektrostatischen und/oder elektromagnetischen Abschirmungen mit Anschlüssen niedriger Hochfrequenzimpedanz.

Umgebungstemperatur der Luft

Die elektrische Ausrüstung muss in der Lage sein, in der vorgesehenen Umgebungstemperatur der Luft einwandfrei zu arbeiten.

Luftfeuchte

Die elektrische Ausrüstung muss in der Lage sein, einwandfrei zu arbeiten, wenn die relative Luftfeuchte 50 % bei einer max. Temperatur von +40 °C nicht übersteigt.

Höhenlage

Die elektrische Ausrüstung muss in der Lage sein, in Höhenlagen bis zu 1 000 m über dem mittleren Meeresspiegel einwandfrei zu arbeiten.

Verschmutzungen

Die elektrische Ausrüstung muss ausreichend gegen das Eindringen von Feststoffen und Flüssigkeiten geschützt sein.

Die elektrische Ausrüstung muss ausreichend gegen Verunreinigungen geschützt sein (z. B. Staub, Säuren, korrosive Gase, Salze), die in der physikalischen Umgebung, in der die elektrische Ausrüstung errichtet werden soll, vorhanden sein können, siehe Anhang B der DIN EN 60204-1 (**VDE 0113-1**) [2.12].

Ionisierende und nichtionisierende Strahlung

Wenn die Ausrüstung einer Strahlung ausgesetzt ist (z. B. Mikrowellen, UV-, Laser-, Röntgenstrahlung), müssen zusätzliche Maßnahmen ergriffen werden, um eine Fehlfunktion der Ausrüstung und eine beschleunigte Zerstörung der Isolierung zu vermeiden. Eine besondere Vereinbarung zwischen dem Lieferanten und dem Betreiber wird empfohlen, siehe Anhang B der DIN EN 60204-1 (**VDE 0113-1**) [2.12].

Vibration, Schock und Stoß

Unerwünschte Folgen durch Vibration, Schock und Stoß (einschließlich solcher, die von der Maschine und ihrer zugehörigen Ausrüstung sowie von der physikalischen Umgebung erzeugt werden) müssen durch die Auswahl von geeigneter Ausrüstung, durch getrennte Anordnung von der Maschine oder durch Verwendung von schwingungsdämpfenden Befestigungen vermieden werden. Eine besondere Vereinbarung zwischen dem Lieferanten und dem Betreiber wird empfohlen, siehe Anhang B der DIN EN 60204-1 (**VDE 0113-1**) [2.12].

Transport und Lagerung

Die elektrische Ausrüstung muss so ausgelegt sein, dass sie den Auswirkungen von Transport- und Lagerungstemperaturen im Bereich von –25 °C bis +55 °C sowie kurzzeitig, nicht länger als 24 h, bis +70 °C widersteht, oder es müssen geeignete Vorkehrungen getroffen werden, sie davor zu schützen. Es müssen geeignete Vorkehrungen getroffen werden, um Beschädigung durch Feuchtigkeit, Vibration und Schock zu verhindern. Eine besondere Vereinbarung zwischen dem Lieferanten und dem Betreiber kann notwendig sein, siehe Anhang B der DIN EN 60204-1 (**VDE 0113-1**) [2.12].

Anmerkung: Elektrische Ausrüstung, die anfällig gegen Beschädigungen durch tiefe Temperaturen ist, schließt PVC-isolierte Kabel mit ein.

Handhabungsvorrichtungen

Schwere und sperrige elektrische Ausrüstung, die für den Transport von der Maschine abgebaut werden muss oder die unabhängig von der Maschine ist, muss mit geeigneten Vorrichtungen zum Hantieren mit Hebezeugen oder ähnlichen versehen sein.

Errichtung

Die elektrische Ausrüstung muss nach den Vorgaben des Lieferanten der elektrischen Ausrüstung errichtet werden.

10.2 Netzanschlüsse und Einrichtungen zum Trennen und Ausschalten

Netzanschlüsse

Wo praktisch möglich, wird empfohlen, die elektrische Ausrüstung einer Maschine an eine einzige Energieversorgung anzuschließen. Wo eine andere Versorgung für bestimmte Teile der Ausrüstung (z. B. elektronische Ausrüstung, die mit einer anderen Spannung arbeitet) erforderlich ist, sollte diese Versorgung, soweit praktisch möglich, von Einrichtungen (z. B. Transformatoren, Umrichter) erfolgen, die Bestandteil der elektrischen Ausrüstung der Maschine sind. Für große komplexe maschinelle Anlagen mit einer Anzahl weit auseinanderstehender Maschinen, die koordiniert zusammenarbeiten, kann die Notwendigkeit für mehr als eine Versorgung bestehen, abhängig von den Verhältnissen der Versorgung auf der Anlage.

Außer wenn die Maschine für den Anschluss an die Versorgung mit einem Stecker ausgerüstet ist, wird empfohlen, dass die Zuleitungen an die Netztrenneinrichtung angeschlossen werden.

Wo ein Neutralleiter benutzt wird, muss dies deutlich in der technischen Dokumentation der Maschine, z. B. im Installationsplan und im Stromlaufplan, angegeben sein. Es muss eine getrennte, isolierte Klemme, bezeichnet mit „N", für den Neutralleiter vorgesehen werden.

Es darf weder eine Verbindung zwischen dem Neutralleiter und dem Schutzleitersystem innerhalb der elektrischen Ausrüstung bestehen, noch darf eine PEN-Klemme vorgesehen sein.

Ausnahme: In TN-C-Systemen darf an der Netzanschlussstelle der Maschine eine Verbindung zwischen der Klemme für den Neutralleiter und der PE-Klemme hergestellt werden.

Alle Klemmen der Netzanschlussstelle müssen deutlich nach DIN EN 60445 (**VDE 0197**) gekennzeichnet sein. Für die Kennzeichnung der externen Schutzleiterklemme siehe folgender Abschnitt.

Klemme für den Anschluss an das externe Schutzerdungssystem

Abhängig von der Netzform der Versorgung muss für jeden Netzanschluss in der Nähe der zugehörigen Klemmen für die Außenleiter eine Klemme vorgesehen werden, zum Anschluss der Maschine an das externe Schutzerdungssystem oder den externen Schutzleiter.

Die Klemme muss so dimensioniert sein, dass sie den Anschluss eines externen Schutzleiters aus Kupfer mit einem Querschnitt nach **Tabelle 10.1** ermöglicht.

Querschnitt der Außenleiter aus Kupfer für den Netzanschluss der Ausrüstung S in mm^2	Mindestquerschnitt des externen Schutzleiters aus Kupfer S_p in mm^2
$S \le 16$	S
$16 < S \le 35$	16
$S > 35$	$S/2$

Tabelle 10.1 Mindestquerschnitt des externen Schutzleiters aus Kupfer

Wird ein externer Schutzleiter aus einem anderen Material als Kupfer verwendet, muss die Klemmengröße entsprechend gewählt werden.

An jeder Netzanschlussstelle muss die Klemme für das externe Schutzerdungssystem oder den externen Schutzleiter mit den Buchstaben PE bezeichnet oder beschriftet sein, siehe DIN EN 60445 (**VDE 0197**).

Netztrenneinrichtung

Allgemeines

Eine Netztrenneinrichtung muss vorgesehen werden:

- für jeden Netzanschluss einer oder mehrerer Maschinen;
  Anmerkung: Der Netzanschluss kann direkt an die Maschine angeschlossen werden oder über ein Zuleitungssystem. Zuleitungssysteme können einschließen:

Schleifleitungen, Schleifringkörper, flexible Leitungssysteme (aufgetrommelt, als Leitungsgirlande) oder induktive Energieversorgungssysteme;

- für jede Bordstromversorgung.

Wenn erforderlich, muss die Netztrenneinrichtung die elektrische Ausrüstung der Maschine von der Versorgung trennen (z. B. für Arbeiten an der Maschine, einschließlich der elektrischen Ausrüstung).

Wenn zwei oder mehrere Netztrenneinrichtungen vorgesehen sind, müssen für deren richtige Arbeitsweise auch Schutzverriegelungen vorgesehen werden, um einer Gefahr bringenden Situation vorzubeugen, einschließlich einem Schaden an der Maschine oder dem Produktionsgut.

Arten

Die Netztrenneinrichtung muss eine der folgenden Arten sein:

a) ein Lasttrennschalter, mit oder ohne Sicherungen, nach DIN EN 60947-3 (**VDE 0660-107**) [2.138] für Gebrauchskategorie AC-23B oder DC-23B;

b) ein Trennschalter, mit oder ohne Sicherungen, nach DIN EN 60947-3 (**VDE 0660-107**) [2.138], mit einem Hilfskontakt, der auf jeden Fall bewirkt, dass Schaltgeräte die Last vor dem Öffnen der Hauptkontakte des Trennschalters abschalten;

c) ein Leistungsschalter – geeignet zum Trennen – nach DIN EN 60947-2 (**VDE 0660-101**) [2.72];

d) jedes andere Schaltgerät nach einer IEC-Produktnorm für dieses Gerät, welches sowohl die Anforderungen an Trenneinrichtungen von DIN EN 60947-1 (**VDE 0660-100**) [2.139] erfüllt als auch die Gebrauchskategorie, die in der Produktnorm als angemessen für das Schalten von Motoren unter Last oder anderen induktiven Lasten festgelegt ist;

e) eine Stecker/Steckdosen-Kombination für eine Stromversorgung mit flexiblen Leitungen.

Anforderungen

Wenn die Netztrenneinrichtung einer der festgelegten Arten entspricht, muss sie alle folgenden Anforderungen erfüllen:

- Trennen der elektrischen Ausrüstung von der Versorgung, wobei nur eine AUS-(Trenn-) und eine EIN-Stellung vorhanden ist, gekennzeichnet mit „O" und „I";

- eine sichtbare Kontakttrennstrecke oder Stellungsanzeige haben, die AUS (getrennt) nicht anzeigen kann, bevor alle Kontakte tatsächlich offen und die Anforderungen für die Trennfunktion erfüllt sind;

- eine äußere Bedienungsvorrichtung (z. B. Handhabe) haben, (Ausnahme: kraftbetriebene Schaltgeräte brauchen nicht von außerhalb des Gehäuses zu betätigen sein, wenn andere Möglichkeiten vorhanden sind, sie zu öffnen). Wo die äußere Bedienungsvorrichtung nicht für Handlungen im Notfall vorgesehen ist, wird empfohlen, dass sie schwarz oder grau ist;

- mit einer Vorrichtung versehen sein, die es erlaubt, sie in der AUS-(Trenn-)Stellung abzuschließen (z. B. durch Vorhängeschlösser). Wenn sie abgeschlossen ist, muss sowohl ein Fernbedientes als auch ein Schließen vor Ort verhindert sein;
- alle aktiven Leiter von ihren Energieversorgungskreisen trennen. Bei TN-Systemen ist es jedoch freigestellt, ob der Neutralleiter getrennt wird oder nicht, ausgenommen in Ländern, wo die Trennung des Neutralleiters (wenn verwendet) vorgeschrieben ist;
- das Ausschaltvermögen muss ausreichend sein, den Strom des größten Motors im blockierten Zustand zusammen mit der Summe der tatsächlichen Betriebsströme aller übrigen Motoren und/oder Verbraucher abzuschalten. Das so ermittelte Ausschaltvermögen darf mit einem bewährten Gleichzeitigkeitsfaktor reduziert werden.

Wenn die Netztrenneinrichtung aus einer Stecker/Steckdosenkombination besteht, muss sie folgende Anforderungen erfüllen:

- ein Schaltvermögen aufweisen oder mit einem Lastschaltgerät verriegelt sein, das ein Schaltvermögen hat; ausreichend, um den Strom des größten Motors im blockierten Zustand zusammen mit der Summe der tatsächlichen Betriebsströme aller übrigen Motoren und/oder Verbraucher abzuschalten. Das so ermittelte Ausschaltvermögen darf mit einem bewährten Gleichzeitigkeitsfaktor reduziert werden. Wenn das Lastschaltgerät elektrisch betätigt wird (z. B. ein Schütz), muss es eine angemessene Gebrauchskategorie haben.

Anmerkung: Ein angemessen bemessener Stecker und eine Steckdose, eine Leitungskupplung oder ein Gerätestecker nach DIN EN 60309-1 (**VDE 0623-1**) [2.29] können diese Anforderungen erfüllen.

Wo die Netztrenneinrichtung eine Stecker/Steckdosenkombination ist, muss ein Schaltgerät mit einer angemessenen Gebrauchskategorie vorgesehen werden, um die Maschine ein- und auszuschalten. Dies kann durch Verwendung des oben beschriebenen verriegelten Schaltgeräts erreicht werden.

Bedienungsvorrichtung

Die Bedienungsvorrichtung (z. B. eine Handhabe) der Netztrenneinrichtung muss leicht zugänglich und zwischen 0,6 m und 1,9 m oberhalb der Zugangsebene angeordnet sein. Eine Obergrenze von 1,7 m wird empfohlen.

Ausgenommene Stromkreise

Die folgenden Stromkreise brauchen nicht von der Netztrenneinrichtung abgeschaltet zu werden:

- Beleuchtungsstromkreise, die für Beleuchtung während Instandhaltung oder Reparatur benötigt werden;
- Stecker und Steckdosen für den ausschließlichen Anschluss von Reparatur- oder Instandhaltungswerkzeugen und Ausrüstung (z. B. Handbohrmaschinen, Prüfausrüstung);

- Stromkreise für den Unterspannungsschutz, die ausschließlich für eine automatische Abschaltung im Fall eines Ausfalls der Einspeisung vorgesehen sind;
- Stromkreise, die Ausrüstungen versorgen, die normalerweise für korrekten Betrieb an ihrer Energieversorgung bleiben müssen (z. B. temperaturgesteuerte Messeinrichtungen, Werkstückheizungen (bei laufenden Arbeiten), Programmspeicher);
- Steuerstromkreise für Verriegelung.

Es wird jedoch empfohlen, solche Stromkreise mit eigenen Trenneinrichtungen zu versehen.

Wo solch ein Stromkreis nicht durch die Netztrenneinrichtung abgeschaltet wird:

- muss (müssen) (ein) dauerhafte(s) Warnschild(er) (nach Abschnitt 16.1 der DIN EN 60204-1 (**VDE 0113-1**) [2.12]) in der Nähe der Netztrenneinrichtung angebracht sein;

- muss eine entsprechende Aussage im Wartungshandbuch enthalten sein, und es gilt (gelten) eine oder mehrere der folgenden Anforderungen:
  - ein dauerhaftes Warnschild (nach Abschnitt 16.1 DIN EN 60204-1 (**VDE 0113-1**) [2.12]) muss in der Nähe jedes ausgenommenen Stromkreises angebracht sein, oder
  - der ausgenommene Stromkreis muss räumlich getrennt von anderen Stromkreisen sein, oder
  - die Leiter müssen farblich identifizierbar sein.

Einrichtungen zum Trennen der elektrischen Ausrüstung

Es müssen Einrichtungen zum Trennen der elektrischen Ausrüstung vorgesehen werden, um die Ausführung von Arbeiten im freigeschalteten und getrennten Zustand zu ermöglichen. Solche Einrichtungen müssen:

- für die vorgesehene Verwendung geeignet und leicht zu bedienen sein;
- gut zugänglich angebracht sein;
- leicht erkennbar sein, zu welchem Teil oder Stromkreis bzw. zu welchen Teilen oder Stromkreisen der Ausrüstung sie gehören (z. B., wo notwendig, durch dauerhafte Kennzeichnung nach Abschnitt 16.1 der DIN EN 60204-1 (**VDE 0113-1**) [2.12]).

Einrichtungen müssen vorgesehen werden, um einem unbeabsichtigten und/oder irrtümlichen Schließen dieser Geräte vorzubeugen, sowohl an der Steuerungseinrichtung selbst als auch von anderen Orten.

Die Netztrenneinrichtung darf fallweise für diese Funktion verwendet werden. Wo es jedoch notwendig ist, an einzelnen Teilen der elektrischen Ausrüstung einer Maschine zu arbeiten oder an einer von mehreren Maschinen, die über ein gemeinsames Schleifleitungssystem oder induktives Energieversorgungssystem gespeist werden, muss eine Trenneinrichtung für jeden Teil oder jede Maschine vorgesehen werden, das (die) eine eigene Trennung erfordert.

Zusätzlich zur Netztrenneinrichtung dürfen die folgenden Geräte, welche die Trennfunktion erfüllen, für diesen Zweck vorgesehen werden:

- Geräte, beschrieben in Netztrenneinrichtungen – Arten;
- Trennschalter, herausziehbare Sicherungseinsätze und herausziehbare Trennlaschen nur, wenn sie in einem elektrischen Betriebsraum angeordnet sind und mit der elektrischen Ausrüstung eine entsprechende Information bereitgestellt ist.

Anmerkung: Wo der Schutz gegen elektrischen Schlag vorgesehen ist, sind für diesen Zweck herausziehbare Sicherungseinsätze und herausziehbare Trennlaschen für die Benutzung durch Elektrofachkräfte oder unterwiesene Personen bestimmt.

Schutz vor unbefugtem, unbeabsichtigtem und/oder irrtümlichem Schließen

Die zuvor beschriebenen Geräte, die außerhalb einer abgeschlossenen elektrischen Betriebsstätte angeordnet sind, müssen mit Mitteln ausgerüstet werden, um sie in der AUS-Stellung (getrenntem Zustand) zu sichern (z. B. durch Vorkehrungen für Vorhängeschlösser, Verriegelungseinrichtung mit Schlüsseltransfersystem). Wenn so gesichert, muss sowohl eine fernbediente als auch eine Vorort-Wiedereinschaltung verhindert sein.

Wo nicht abschließbare Trenneinrichtungen verwendet werden (z. B. herausziehbare Sicherungseinsätze, herausziehbare Trennlaschen), dürfen andere Mittel zum Schutz gegen Wiederverbinden (z. B. Warnschilder nach Abschnitt 16.1 der DIN EN 60204-1 (**VDE 0113-1**) [2.12]) verwendet werden.

Wenn jedoch eine Stecker/Steckdosenkombination so angebracht ist, dass sie unter der unmittelbaren Aufsicht der Person ist, die die Arbeiten ausführt, brauchen keine Einrichtungen zum Abschließen in der AUS-Stellung vorgesehen zu werden.

10.3 Schutz gegen elektrischen Schlag (Abschnitt 6 der DIN EN 60204-1 (VDE 0113-1) [2.12] – ungekürzt)[27]

10.3.1 Allgemeines

Die elektrische Ausrüstung muss den Schutz von Personen gegen elektrischen Schlag vorsehen:

- gegen direktes Berühren;
- bei indirektem Berühren.

---

[27] Hierzu muss angemerkt werden, dass sich die Schutzmaßnahmen gemäß DIN EN 60204-1 (**VDE 0113-1**) noch auf die DIN VDE 0100-410:1997-01 beziehen, womit gewisse Missverständnisse verbunden sind. Man ist auf der sicheren Seite, wenn immer DIN VDE 0100-410 herangezogen wird.

Die Maßnahmen für diesen Schutz in den Abschnitten 10.3.2, 10.3.3 und für PELV in Abschnitt 10.3.4 sind eine empfohlene Auswahl aus DIN VDE 0100-410 [2.2]. Wo diese empfohlenen Maßnahmen nicht praktikabel sind, z. B. wegen physikalischer oder betrieblicher Umstände, dürfen andere Maßnahmen aus DIN VDE 0100-410 [2.2] benutzt werden.

10.3.2 Schutz gegen direktes Berühren

Allgemeines

Für jeden Stromkreis oder jeden Teil der elektrischen Ausrüstung müssen entweder die Maßnahmen Schutz durch Gehäuse oder Isolierung und, wo zutreffend, Schutz gegen Restspannungen angewendet werden.

Ausnahme: Wo diese Maßnahmen nicht geeignet sind, dürfen andere Maßnahmen zum Schutz gegen direktes Berühren angewendet werden (z. B. Benutzung von Abdeckungen, Schutz durch Abstand, Benutzung von Hindernissen, Anwendung von Konstruktions- oder Installationstechniken, die einen Zugang verhindern), wie sie in DIN VDE 0100-410 [2.2] festgelegt sind.

Wenn Ausrüstungen so angeordnet sind, dass sie der allgemeinen Öffentlichkeit, einschließlich Kindern, zugänglich sind, dann müssen Maßnahmen entweder mit einem Mindestschutzgrad gegen direktes Berühren entsprechend IP4X bzw. IPXXD, DIN EN 60529 (**VDE 0470-1**) [2.35] oder Schutz durch Isolierung angewendet werden.

Schutz durch Gehäuse (Umhüllungen)

Aktive Teile müssen sich innerhalb von Gehäusen befinden, die den entsprechenden Anforderungen genügen und die Schutz gegen direktes Berühren von wenigstens IP2X oder IPXXB bieten, siehe DIN EN 60529 (**VDE 0470-1**).

Wo die oberen Abdeckungen der Gehäuse leicht zugänglich sind, muss der Schutzgrad gegen direktes Berühren, den die oberen Abdeckungen bieten, mind. IP4X oder IPXXD sein.

Das Öffnen eines Gehäuses (d. h. Öffnen von Türen, Deckeln, Abdeckungen und Ähnlichem) darf nur unter einer der folgenden Bedingungen möglich sein:

a) Die Verwendung eines Schlüssels oder Werkzeugs ist für den Zugang notwendig. Für abgeschlossene elektrische Betriebsstätten siehe DIN VDE 0100-410 [2.2] oder DIN EN 61439-1 (**VDE 0660-600-1**) bzw. DIN EN 61439-2 (**VDE 0660-600-2**) [2.74, 2.75], soweit anwendbar). Anmerkung 1: Die Verwendung eines Schlüssels oder Werkzeugs ist dazu bestimmt, den Zugang auf Elektrofachkräfte oder unterwiesene Personen zu begrenzen.

Alle aktiven Teile, die möglicherweise beim Zurücksetzen oder Justieren von hierfür vorgesehenen Geräten berührt werden können, während die Ausrüstung noch eingeschaltet ist, müssen gegen direktes Berühren mit einem Schutzgrad von mind. IP2X oder IPXXB geschützt sein. Andere aktive Teile auf der Innenseite von Türen müssen gegen direktes Berühren mit einem Schutzgrad von mind. IP1X oder IPXXA geschützt sein.

b) Abschaltung aktiver Teile innerhalb des Gehäuses, bevor das Gehäuse geöffnet werden kann.

Dies kann erreicht werden durch Verriegeln der Tür mit einer Trenneinrichtung (z. B. der Netztrenneinrichtung) derart, dass die Tür nur geöffnet werden kann, wenn die Trenneinrichtung offen ist, und dass die Trenneinrichtung nur eingeschaltet werden kann, wenn die Tür geschlossen ist.

Ausnahme: Eine Spezialeinrichtung oder ein Werkzeug, nach Vorgabe des Lieferanten, kann benutzt werden, um die Verriegelung aufzuheben, vorausgesetzt, dass:

- es jederzeit, während die Verriegelung aufgehoben ist, möglich ist, die Trenneinrichtung zu öffnen und in der AUS-(getrennt)Stellung abzuschließen oder auf andere Weise ein unbefugtes Schließen der Trenneinrichtung zu verhindern;

- beim Schließen der Tür die Verriegelung automatisch wieder wirksam wird;

- alle aktiven Teile, die beim Zurückstellen oder Einstellen von hierfür vorgesehenen Geräten möglicherweise berührt werden können, während die Ausrüstung noch eingeschaltet ist, gegen direktes Berühren mit mind. dem Schutzgrad IP2X oder IPXXB geschützt sind und andere aktive Teile auf der Innenseite von Türen gegen direktes Berühren mit mind. dem Schutzgrad IP1X oder IPXXA geschützt sind;

- eine entsprechende Information mit der elektrischen Ausrüstung bereitgestellt ist.

Anmerkung 2: Die Spezialeinrichtung oder das Werkzeug ist ausschließlich für die Benutzung durch Elektrofachkräfte oder unterwiesene Personen bestimmt.

Mittel müssen vorgesehen werden, um den Zugang zu aktiven Teilen hinter Türen, die nicht direkt mit den Trenneinrichtungen verriegelt sind, auf Elektrofachkräfte oder unterwiesene Personen einzuschränken.

Alle Teile, die nach dem Ausschalten der Trenneinrichtung(en) unter Spannung bleiben, müssen gegen direktes Berühren mit mind. dem Schutzgrad IP2X oder IPXXB, siehe DIN EN 60529 (**VDE 0470-1**) [2.35], geschützt sein. Solche Teile müssen mit einem Warnschild gekennzeichnet sein (siehe Abschnitt 13.2.4 in der DIN EN 60204-1 (**VDE 0113-1**) [2.12] für die Identifizierung von Leitern durch Farbe). Ausgenommen von dieser Kennzeichnungsanforderung sind:

- Teile, die nur durch Verbindung mit Verriegelungsstromkreisen aktiv sein können und die durch Farbe als potenziell spannungsführend identifizierbar sind;

- die Netzanschlussklemmen der Netztrenneinrichtung, wenn Letztere für sich in einem getrennten Gehäuse montiert ist.

c) Das Öffnen ohne die Verwendung eines Schlüssels oder Werkzeugs und ohne Abschalten der aktiven Teile darf nur möglich sein, wenn alle aktiven Teile mind. nach dem Schutzgrad IP2X oder IPXXB, siehe DIN EN 60529 (**VDE 0470-1**) [2.35], gegen direktes Berühren geschützt sind. Wo Abdeckungen diesen Schutz bieten, dürfen sie entweder nur mit einem Werkzeug entfernt werden können, oder alle durch sie geschützten aktiven Teile müssen automatisch abgeschaltet werden, wenn die Abdeckung entfernt wird.

Anmerkung 3: Wo Schutz gegen direktes Berühren (Schutz durch Gehäuse) erreicht wird und durch die Betätigung von Geräten von Hand (z. B. Schließen von Schützen oder Relais von Hand) eine Gefährdung entstehen kann, sollte solchen Betätigungen mit Abdeckungen oder Hindernissen vorgebeugt werden, deren Entfernung ein Werkzeug erfordert.

Schutz durch Isolierung aktiver Teile

Aktive Teile mit Schutz durch Isolierung müssen vollständig mit einer Isolierung umhüllt werden, die nur durch Zerstören entfernt werden kann. Eine solche Isolierung muss gegen die mechanischen, chemischen, elektrischen und thermischen Beanspruchungen widerstandsfähig sein, denen sie unter üblichen Betriebsbedingungen ausgesetzt sein kann.

Anmerkung: Ein Farbanstrich, Firnis, Lack und Ähnliches wird für sich allein im Allgemeinen nicht als ausreichender Schutz gegen elektrischen Schlag unter üblichen Betriebsbedingungen angesehen.

Schutz gegen Restspannungen

Aktive Teile, die nach dem Ausschalten der Versorgung eine Restspannung von mehr als DC 60 V aufweisen, müssen innerhalb einer Zeit von 5 s nach Ausschalten der Versorgung auf DC 60 V oder weniger entladen werden, vorausgesetzt, dass diese Entladerate nicht die ordnungsgemäße Funktion der Ausrüstung stört. Bauteile, die eine gespeicherte Ladung von 60 µC oder weniger haben, sind von dieser Anforderung ausgenommen. Wo diese definierte Entladerate die ordnungsgemäße Funktion der Ausrüstung beeinflusst, muss ein dauerhafter Warnhinweis an einer leicht sichtbaren Stelle auf oder unmittelbar neben dem Gehäuse, das die Kapazitäten enthält, angebracht werden. Er muss auf die Gefährdung hinweisen und den Zeitverzug angeben, der notwendig ist, bis das Gehäuse geöffnet werden darf.

Wenn das Ziehen von Steckern oder ähnlichen Geräten zum Freilegen von Leitern (z. B. Steckerstifte) führt, darf die Entladezeit 1 s nicht überschreiten. Anderenfalls müssen solche Leiter gegen direktes Berühren mind. nach dem Schutzgrad IP2X oder IPXXB geschützt werden. Falls weder eine Entladezeit von 1 s noch ein Schutz von mind. IP2X oder IPXXB erreicht werden kann (z. B. bei abklappbaren Stromabnehmern von Schleifleitungen oder Schleifringkörpern), müssen zusätzliche Schalteinrichtungen oder angemessene Warneinrichtungen (z. B. ein Warnhinweis) vorgesehen werden.

Schutz durch Abdeckungen

Für Schutz durch Abdeckungen muss DIN VDE 0100-410 [2.2], Abschnitt 412.2 angewendet werden.

Schutz durch Abstand oder durch Hindernisse

Für Schutz durch Abstand muss DIN VDE 0100-410 [2.2], Abschnitt 412.4 angewendet werden. Für Schutz durch Hindernisse muss DIN VDE 0100-410 [2.2], Abschnitt 412.3 angewendet werden.

10.3.3   Schutz bei indirektem Berühren

Allgemeines

Der Schutz bei indirektem Berühren ist vorgesehen zur Verhütung von Gefahr bringenden Situationen im Fall eines Isolationsfehlers zwischen aktiven Teilen und Körpern.

Für jeden Stromkreis oder jeden Teil der elektrischen Ausrüstung muss mind. eine der Maßnahmen nach den folgenden Punkten angewendet werden:

- Maßnahmen, die das Auftreten einer Gefahr bringenden Berührungsspannung verhindern oder

- automatische Abschaltung der Versorgung, bevor die Berührungszeit mit einer Berührungsspannung Gefahr bringend werden kann.

Anmerkung 1: Das Risiko von schädlichen physiologischen Einwirkungen einer Berührungsspannung ist abhängig von der Höhe der Berührungsspannung und der möglichen Einwirkdauer.

Anmerkung 2: Für Schutzklassen der Ausrüstung und Schutzvorkehrungen, siehe DIN EN 61140 (**VDE 0140-1**) [2.51].

Maßnahmen, die das Auftreten einer Berührungsspannung verhindern

Allgemeines

Maßnahmen, die das Auftreten einer Berührungsspannung verhindern, beinhalten Folgendes:

- Verwendung von Geräten der Schutzklasse II oder mit gleichwertiger Isolierung;

- Schutztrennung.

Schutz durch Verwendung von Geräten der Schutzklasse II oder durch gleichwertige Isolierung

Diese Maßnahme ist vorgesehen, um das Auftreten von Berührungsspannungen an den zugänglichen Teilen, durch einen Fehler in der Basisisolierung, zu verhindern.

Dieser Schutz wird durch eine oder mehrere der folgenden Möglichkeiten bereitgestellt:

- Geräte oder Vorrichtungen der Schutzklasse II (doppelte Isolierung, verstärkte Isolierung oder gleichwertige Isolierung nach DIN EN 61140 (**VDE 0140-1**) [2.51]);

- schutzisolierte Schaltgeräte oder Schaltgerätekombinationen nach DIN EN 61439-1 (**VDE 0660-600-1**) bzw. DIN EN 61439-2 (**VDE 0660-600-2**) [2.74, 2.75];

- zusätzliche oder verstärkte Isolierung nach DIN VDE 0100-410 [2.2], Abschnitt 413.2.

Schutztrennung

Schutztrennung eines einzelnen Stromkreises ist vorgesehen, um einer Berührungsspannung durch die Berührung mit Körpern vorzubeugen, die durch einen Fehler in der Basisisolierung von aktiven Teilen dieses Stromkreises spannungsführend werden können.

Für diese Schutzmaßnahme gelten die Anforderungen nach DIN VDE 0100-410 [2.2], Abschnitt 413.5.

Schutz durch automatische Abschaltung der Einspeisung

Diese Maßnahme besteht aus der Unterbrechung eines oder mehrerer Außenleiter(s) durch das automatische Ansprechen einer Schutzeinrichtung im Fehlerfall. Diese Unterbrechung muss innerhalb einer ausreichend kurzen Zeit erfolgen, um die Dauer einer Berührungsspannung auf eine Zeit zu begrenzen, innerhalb der die Berührungsspannung nicht Gefahr bringend ist. Unterbrechungszeiten sind in Anhang A der DIN EN 60204-1 (**VDE 0113-1**) [2.12] angegeben. Diese Maßnahme erfordert eine Koordination zwischen:

- der Art der Versorgung und dem Erdungssystem;

- den Impedanzwerten der verschiedenen Teile des Schutzleitersystems;

- den Charakteristiken der Schutzeinrichtungen, welche den (die) Isolationsfehler erkennen.

Automatische Abschaltung der Versorgung eines beliebigen Stromkreises, ausgelöst durch einen Isolationsfehler, ist dazu bestimmt, einen Gefahr bringenden Zustand durch eine Berührungsspannung zu verhindern.

Diese Schutzmaßnahme umfasst beides:

- Schutzpotentialausgleich der Körper

- und entweder

  a) Überstromschutzeinrichtungen für die automatische Abschaltung der Versorgung bei Erkennung eines Isolationsfehlers in einem TN-System oder

  b) Fehlerstromschutzeinrichtungen (RCD), um die automatische Abschaltung der Versorgung einzuleiten, bei Erkennung eines Isolationsfehlers von einem aktiven Teil zu Körpern oder zur Erde in einem TT-System oder

  c) Erdschlussüberwachungen oder Fehlerstromschutzeinrichtungen (RCD), um eine automatische Abschaltung eines IT-Systems einzuleiten. Ausgenommen, wo eine Schutzeinrichtung vorgesehen ist, um die Versorgung beim ersten Erdschluss zu unterbrechen, muss eine Isolationsüberwachung vorgesehen werden, um das Auftreten eines ersten Fehlers von einem aktiven Teil zu Körpern oder Erde anzuzeigen. Diese Erdschlussüberwachung muss ein akustisches und/oder optisches Signal einleiten, welches so lange andauert, wie der Fehler besteht.

  Anmerkung: Bei großen Maschinen kann ein System zur Lokalisierung eines Erdschlusses die Wartung erleichtern.

Wo automatische Abschaltung entsprechend a) vorgesehen ist und eine Abschaltung innerhalb der in Abschnitt A.1 der DIN EN 60204-1 (**VDE 0113-1**) [2.12] spezifizierten Zeit nicht sichergestellt werden kann, muss ein zusätzlicher Potentialausgleich, soweit notwendig, vorgesehen werden, um die Anforderungen von Abschnitt A.3 (Anhang der DIN EN 60204-1 (**VDE 0113-1**) [2.12]) zu erfüllen.

10.3.4 Schutz durch PELV

Allgemeine Anforderungen

Die Anwendung von PELV (Schutzkleinspannung – richtig muss es heißen: Funktionskleinspannung mit sicherer Trennung) dient dem Schutz von Personen gegen elektrischen Schlag bei indirektem Berühren und nicht großflächigem direkten Berühren.

PELV-Stromkreise müssen allen der folgenden Bedingungen genügen:

a) Die Nennspannung darf nicht größer sein als:

  – 25 V effektive Wechselspannung oder 60 V oberschwingungsfreie Gleichspannung, wenn die Ausrüstung üblicherweise in trockenen Räumen verwendet wird und wenn nicht damit zu rechnen ist, dass der menschliche Körper großflächig mit aktiven Teilen in Berührung kommt, oder

  – 6 V effektive Wechselspannung oder 15 V oberschwingungsfreie Gleichspannung in allen anderen Fällen;

  Anmerkung: Als oberschwingungsfrei ist vereinbarungsgemäß definiert ein sinusförmiger Wechselspannungsanteil von nicht mehr als 10 % effektiv;

b) eine Seite des Stromkreises oder ein Punkt der Energiequelle dieses Stromkreises muss an das Schutzleitersystem angeschlossen werden;

c) aktive Teile von PELV-Stromkreisen müssen von anderen aktiven Stromkreisen elektrisch getrennt werden. Die elektrische Trennung darf nicht geringer sein als bei einem Sicherheitstrenntransformator zwischen der Primär- und Sekundärwicklung gefordert ist (siehe DIN EN 61558-1 (**VDE 0570-1**) [2.140] und DIN EN 61558-2-6 (**VDE 0570-2-6**) [2.78]);

d) die Leiter jedes PELV-Stromkreises müssen räumlich von allen anderen Stromkreisen getrennt werden. Falls diese Anforderung nicht praktikabel ist, müssen die Vorkehrungen für die Isolierung angewandt werden;

e) Stecker und Steckdosen für PELV-Stromkreise müssen Folgendem genügen:

   1) Stecker dürfen nicht in Steckdosen anderer Spannungssysteme eingesteckt werden können;

   2) Steckdosen dürfen Stecker anderer Spannungssysteme nicht aufnehmen können.

Stromquellen für PELV

Die Stromquelle für PELV muss eine der nachfolgenden sein:

- ein Sicherheitstrenntransformator nach DIN EN 61558-1 (**VDE 0570-1**) [2.140] oder DIN EN 61558-2-6 (**VDE 0570-2-6**) [2.78];

- eine Stromquelle, die den gleichen Sicherheitsgrad erfüllt wie ein Sicherheitstrenntransformator (z. B. ein Motorgenerator mit gleichwertig getrennten Wicklungen);

- eine elektrochemische Stromquelle (z. B. eine Batterie) oder eine andere Stromquelle (z. B. ein dieselgetriebener Generator), unabhängig von einem Stromkreis höherer Spannung;

- eine elektronische Energieversorgung nach geeigneten Normen, die Maßnahmen festlegen, um sicherzustellen, dass selbst im Fall eines internen Fehlers die Spannung an den Ausgangsklemmen die oben festgelegten Werte nicht überschreiten kann.

10.4 Schutz der Ausrüstung (Abschnitt 7 der DIN EN 60204-1 (VDE 0113-1) [2.12] – ungekürzt)

Allgemeines

Dieser Abschnitt beschreibt im Einzelnen die Maßnahmen zum Schutz der Ausrüstung gegen Einflüsse von:

- Überstrom als Folge eines Kurzschlusses;
- Überlast und/oder Verlust der Kühlung bei Motoren;
- anomale Temperatur;
- Ausfall oder Absinken der Versorgungsspannung;
- Überdrehzahl von Maschinen/Maschinenteilen;
- Erdschluss/Fehlerstrom;
- falsche Phasenlage;
- Überspannung durch Blitzschlag und Schalthandlungen.

10.4.1 Überstromschutz

Allgemeines

Überstromschutz muss vorgesehen werden, wo der Strom in einem Maschinenstromkreis entweder den Bemessungswert eines Bauteils oder die Strombelastbarkeit der Leiter überschreiten kann, je nachdem, welcher der niedrigere Wert ist. Die auszuwählenden Bemessungswerte oder Einstellwerte sind im letzten Abschnitt dieses Punkts angegeben.

Netzanschlussleitung

Falls vom Betreiber nicht anders angegeben, ist der Lieferant der elektrischen Ausrüstung nicht verantwortlich für die Bereitstellung der Überstromschutzeinrichtung für die Netzanschlussleiter zur elektrischen Ausrüstung.

Der Lieferant der elektrischen Ausrüstung muss auf dem Installationsplan die erforderlichen Daten zur Auswahl der Überstromschutzeinrichtung angeben.

Hauptstromkreise

Einrichtungen zur Erfassung und zur Unterbrechung von Überstrom müssen in allen aktiven Leitern verwendet werden.

Die folgenden Leiter, soweit verwendet, dürfen nicht abgeschaltet werden, ohne alle zugehörigen aktiven Leiter mit abzuschalten:

- der Neutralleiter von Wechselstromleistungskreisen;
- der geerdete Leiter von Gleichstromleistungskreisen;
- Leiter von Gleichstromleistungskreisen, die mit Körpern von beweglichen Maschinen verbunden sind.

Wo der Querschnitt des Neutralleiters mind. gleich oder gleichwertig dem der Außenleiter ist, ist weder eine Überstromerfassung noch eine Unterbrechung des Neutralleiters erforderlich. Für einen Neutralleiter mit einem kleineren Querschnitt als dem der zugehörigen Außenleiter müssen die Maßnahmen nach DIN VDE 0100-520 (**VDE 0100-520**) [2.57], Abschnitt 524 angewendet werden.

In IT-Systemen wird empfohlen, keine Neutralleiter zu verwenden. Wo jedoch ein Neutralleiter verwendet wird, müssen die Maßnahmen nach DIN VDE 0100-430 [2.61], Abschnitt 431.2.2 angewendet werden.

Steuerstromkreise

Leiter von Steuerstromkreisen, die direkt an die Versorgungsspannung angeschlossen sind, sowie für die Einspeisung von Steuertransformatoren müssen gegen Überstrom geschützt sein.

Leiter von Steuerstromkreisen, die durch einen Steuertransformator oder eine Gleichstromversorgung gespeist werden, müssen gegen Überstrom geschützt sein:

- in Steuerstromkreisen, die an das Schutzleitersystem angeschlossen sind, durch Einbau einer Überstromschutzeinrichtung in den Schaltleiter;

- in Steuerstromkreisen, die nicht an das Schutzleitersystem angeschlossen sind:
  - wo die gleichen Leiterquerschnitte in allen Steuerstromkreisen benutzt sind durch Einbau einer Überstromschutzeinrichtung in den Schaltleiter bzw.
  - wo unterschiedliche Leiterquerschnitte in den verschiedenen Steuerstromkreisen benutzt sind durch Einbau einer Überstromschutzeinrichtung sowohl in den Schaltleiter als auch den gemeinsamen Leiter eines jeden Teilstromkreises.

Steckdosenstromkreise und ihre zugehörigen Leiter

Stromkreise von Steckdosen für die allgemeine Anwendung, die hauptsächlich zur Versorgung von Instandhaltungsausrüstung bestimmt sind, müssen mit einem Überstromschutz ausgerüstet werden. Überstromschutzeinrichtungen müssen in den nicht geerdeten aktiven Leitern jeder Einspeisung solcher Steckdosen vorgesehen werden.

Beleuchtungsstromkreise

Alle ungeerdeten Leiter von Beleuchtungsstromkreisen müssen gegen die Auswirkungen von Kurzschlüssen durch eigene Überstromschutzeinrichtungen geschützt werden.

Transformatoren

Transformatoren müssen nach den Angaben des Herstellers gegen Überstrom geschützt werden. Solcher Schutz muss:

- unnötiges Auslösen durch Einschaltströme des Transformators vermeiden;

- eine Erhöhung der Wicklungstemperatur über den für die Isolationsklasse des Transformators zulässigen Wert vermeiden, wenn er den Auswirkungen eines Kurzschlusses an seinen Sekundärklemmen ausgesetzt ist.

Die Art und Einstellung der Überstromschutzeinrichtung sollte in Übereinstimmung mit den Empfehlungen des Transformatorlieferanten sein.

Anordnung von Überstromschutzeinrichtungen

Eine Überstromschutzeinrichtung muss dort angeordnet werden, wo eine Reduzierung des Leiterquerschnitts oder eine andere Änderung die Strombelastbarkeit der Leiter vermindert, ausgenommen wo alle folgenden Bedingungen erfüllt sind:

- die Strombelastbarkeit des Leiters ist mind. gleich der, die sich aus der Last ergibt;
- der Teil des Leiters zwischen der Stelle der Verminderung der Strombelastbarkeit und dem Ort der Überstromschutzeinrichtung ist nicht länger als 3 m;
- der Leiter ist so verlegt, dass die Möglichkeit eines Kurzschlusses vermindert ist, z. B. geschützt durch ein Gehäuse oder einen Leitungskanal.

Überstromschutzeinrichtungen

Die Bemessungsabschaltleistung für Kurzschluss muss mind. ebenso groß sein wie der am Einbauort zu erwartende Fehlerstrom. Wo der Kurzschlussstrom von der Versorgung zu einer Überstromschutzeinrichtung zusätzliche Stromanteile enthalten kann (z. B. von Motoren, von Kondensatoren zur Blindstromkompensation), müssen diese Stromanteile ebenfalls berücksichtigt werden.

Eine geringere Abschaltleistung ist zulässig, wenn auf der Versorgungsseite eine andere Schutzeinrichtung (z. B. die Überstromschutzeinrichtung) für die Netzanschlussleitung mit der erforderlichen Abschaltleistung installiert ist. In diesem Fall müssen die Kennwerte der zwei Einrichtungen so aufeinander abgestimmt sein, dass die Durchlassenergie (I^2t) der beiden in Reihe geschalteten Einrichtungen den Wert nicht überschreitet, dem die lastseitige Überstromschutzeinrichtung und die hierdurch geschützten Leiter ohne Beschädigung standhalten können, siehe DIN EN 60947-2 (**VDE 0660-101**) [2.72].

Anmerkung: Die Anwendung von so aufeinander abgestimmten Überstromschutzeinrichtungen kann zum Ansprechen beider Überstromschutzeinrichtungen führen.

Wo Sicherungen als Überstromschutzeinrichtung vorgesehen sind, muss ein im Anwendungsland üblicherweise erhältlicher Typ gewählt werden, oder es müssen Vereinbarungen über die Lieferung von Ersatzteilen getroffen werden.

Bemessungs- und Einstellwerte der Überstromschutzeinrichtungen

Der Bemessungsstrom von Sicherungen oder der Einstellstrom sonstiger Überstromschutzeinrichtungen muss so niedrig wie möglich gewählt werden, jedoch ausreichend für vorhersehbare Überströme (z. B. bei Motoranlauf oder beim Einschalten von Transformatoren). Bei der Auswahl dieser Schutzeinrichtungen muss der Schutz von Steuergeräten gegen Beschädigungen durch Überströme (z. B. gegen Verschweißen von Kontakten der Steuergeräte) berücksichtigt werden.

Der Bemessungsstrom oder Einstellstrom einer Überstromschutzeinrichtung ist für die Strombelastbarkeit der zu schützenden Leiter festzulegen und der max. zulässigen Zeit *t* bis zur Abschaltung, unter Berücksichtigung der Notwendigkeit einer Koordination mit anderen elektrischen Einrichtungen in dem zu schützenden Stromkreis.

10.4.2 Schutz von Motoren gegen Überhitzung

Allgemeines

Schutz von Motoren gegen unzulässige Erwärmung muss für jeden Motor mit einer Bemessungsleistung über 0,5 kW vorgesehen werden.

Ausnahmen: Bei Anwendungen, wo eine automatische Unterbrechung des Motorbetriebs nicht akzeptabel ist (z. B. bei Feuerlöschpumpen), muss die Erfassungseinrichtung ein Warnsignal abgeben, auf welches der Bediener reagieren kann.

Der Schutz von Motoren gegen unzulässige Erwärmung kann erreicht werden durch:

* Überlastschutz.
  Anmerkung 1: Überlastschutzeinrichtungen erfassen das Zeit-/Stromverhältnis (I^2t) in einem Stromkreis, der seine Bemessungsvolllast überschreitet und leiten angemessene Steuerungsreaktionen ein;

* Übertemperaturschutz.
  Anmerkung 2: Temperaturmesseinrichtungen erfassen die Übertemperatur und leiten angemessene Steuerreaktionen ein;

* oder Schutz durch Strombegrenzung.

Automatischer Wiederanlauf eines jeden Motors nach dem Ansprechen des Schutzes gegen unzulässige Erwärmung muss verhindert werden, wo dies eine Gefahr bringende Situation oder Schaden an der Maschine oder am Arbeitsgut verursachen kann.

Überlastungsschutz

Wo Überlastschutz vorgesehen ist, muss die Erfassung der Überlast(en) in jedem aktiven Leiter, ausgenommen im Neutralleiter, vorgesehen werden. Wo jedoch die Überlasterfassung des Motors nicht für den Überlastschutz der Kabel und Leitungen benutzt wird, darf die Zahl der Erfassungsgeräte für die Überlast auf Wunsch des Betreibers verringert werden. Für Motoren mit einphasigen oder Gleichstromenergieversorgungen ist die Erfassung in nur einem ungeerdeten aktiven Leiter erlaubt.

Wo der Überlastschutz durch Ausschalten erreicht wird, muss das Schaltgerät alle aktiven Leiter ausschalten. Das Schalten des Neutralleiters ist für den Überlastschutz nicht notwendig.

Wo Motoren mit speziellen Betriebsbedingungen, die häufig anlaufen oder bremsen müssen (z. B. Motoren, die für Eilgang genutzt werden, für Fahren gegen Anschlag, für schnellen Drehrichtungswechsel, für Feinbohren), kann es schwierig sein, einen Überlastschutz vorzusehen, der eine vergleichbare Zeitkonstante wie die zu schützende Wicklung hat. Geeignete Schutzeinrichtungen, die für Motoren besonderer Betriebsart ausgelegt sind, oder ein Übertemperaturschutz können notwendig sein. Bei Motoren, die nicht überlastet werden können (z. B. Drehmomentmotoren, Bewegungsantriebe, die entweder durch mechanische Lastmesseinrichtungen geschützt oder die entsprechend dimensioniert sind), wird ein Überlastschutz nicht gefordert.

Übertemperaturschutz

Die Bereitstellung von Motoren mit Übertemperaturschutz (siehe DIN EN 60034-11 (**VDE 0530-11**) [2.141] wird empfohlen in Situationen, wo die Kühlung beeinträchtigt sein kann (z. B. in staubigen Umgebungen). Abhängig vom Motortyp ist ein Schutz des Motors, bei blockiertem Läufer oder Phasenausfall, durch den Übertemperaturschutz nicht immer sichergestellt. Dann sollte ein zusätzlicher Schutz vorgesehen werden.

Übertemperaturschutz wird ebenso für Motoren empfohlen, die nicht überlastet werden können (z. B. Drehmomentmotoren, Bewegungsantriebe, die entweder durch mechanische Überlastschutzeinrichtungen geschützt oder entsprechend dimensioniert sind), wo die Möglichkeit einer Übertemperatur besteht (z. B. durch verminderte Kühlung).

Schutz durch Strombegrenzung

Wo in Drehstrommotoren der Schutz gegen die Auswirkungen von unzulässiger Erwärmung durch Strombegrenzung erreicht wird, darf die Zahl der strombegrenzenden Geräte von drei auf zwei vermindert werden. Bei Motoren mit einphasiger Wechselstrom- oder Gleichstromenergieversorgung ist die Strombegrenzung in nur einem ungeerdeten aktiven Leiter erlaubt.

10.4.3   Schutz gegen anomale Temperaturen

Widerstandsheizungen oder andere Stromkreise, die in der Lage sind, anomale Temperaturen zu erreichen oder zu erzeugen (z. B. wegen Bemessung für Kurzzeitbetrieb oder Verlust des Kühlmittels), und deshalb zu einer Gefahr bringenden Situation führen können, müssen mit einer geeigneten Erfassungseinrichtung ausgerüstet sein, um einen entsprechenden Steuerbefehl einzuleiten.

10.4.4   Schutz bei Unterbrechung der Versorgung oder
Spannungseinbruch und Spannungswiederkehr

Wo eine Unterbrechung der Versorgung oder ein Spannungseinbruch eine Gefahr bringende Situation, Schaden an der Maschine oder am Arbeitsgut verursachen kann, muss ein Unterspannungsschutz vorgesehen werden, um z. B. die Maschine bei einem vorbestimmten Spannungsniveau abzuschalten.

Wo der Betrieb der Maschine eine Unterbrechung oder einen kurzzeitigen Spannungseinbruch erlaubt, darf ein verzögerter Unterspannungsschutz vorgesehen werden. Das Auslösen dieser Unterspannungsschutzeinrichtung darf die Wirkung irgendeiner Stillsetzsteuerung der Maschine nicht beeinträchtigen.

Bei Spannungswiederkehr oder beim Einschalten der Versorgung muss ein automatischer oder unerwarteter Wiederanlauf der Maschine verhindert sein, wo solch ein Wiederanlauf eine Gefahr bringende Situation verursachen kann.

Wo nur ein Teil einer Maschine oder einer Gruppe von Maschinen, die koordiniert zusammenarbeiten, von einer Spannungsabsenkung oder Unterbrechung der Versorgung betroffen ist, muss der Unterspannungsschutz angemessene Reaktionen der Steuerung einleiten, um die Koordinierung sicherzustellen.

10.4.5   Motorüberdrehzahlschutz

Überdrehzahlschutz muss vorgesehen werden, wo Überdrehzahlen auftreten können und diese möglicherweise eine Gefahr bringende Situation verursachen könnten, unter Berücksichtigung der Maßnahmen aus dem Punkt „Überschreiten der Betriebsgrenzen". Der Überdrehzahlschutz muss entsprechende Steuerbefehle einleiten und einen automatischen Wiederanlauf verhindern.

Der Überdrehzahlschutz sollte so arbeiten, dass die mechanisch zulässige Geschwindigkeit des Motors oder seiner Last nicht überschritten wird.

Anmerkung: Diese Überwachung kann z. B. aus einem Fliehkraftschalter oder aus einem Geschwindigkeitsgrenzwertmelder bestehen.

10.4.6   Erdschluss-/Fehlerstromschutz

Zusätzlich zum vorgesehenen Überstromschutz für automatische Abschaltung kann ein Erdschluss-/Fehlerstromschutz vorgesehen werden, um Schäden an der Ausrüstung zu verringern, die durch Erdschlussströme unterhalb der Ansprechschwelle des Überstromschutzes verursacht werden.

Die Einstellung der Einrichtungen muss so niedrig wie möglich sein, vereinbar mit einem ordnungsgemäßen Arbeiten der Ausrüstung.

10.4.7   Überwachung der Phasenlage

Wo eine falsche Phasenlage (Drehfeld) der Versorgungsspannung eine Gefahr bringende Situation oder eine Beschädigung der Maschine verursachen kann, muss ein Schutz vorgesehen werden.

Anmerkung: Voraussetzungen, welche zu einem falschen Drehfeld führen können, schließen ein:

- eine Maschine, die von einer Versorgung auf eine andere umgestellt wird;
- eine fahrbare Maschine mit Anschlussmöglichkeiten für eine externe Energieversorgung.

10.4.8 Schutz gegen Überspannungen durch Blitzschlag und durch Schalthandlungen

Schutzeinrichtungen können zum Schutz gegen Auswirkungen von Überspannungen durch Blitzschlag oder durch Schalthandlungen vorgesehen werden.

Wo vorgesehen:

- müssen Einrichtungen für die Unterdrückung der Überspannungen durch Blitzschlag an den Eingangsklemmen der Netztrenneinrichtung angeschlossen werden;
- müssen Einrichtungen für die Unterdrückung der Überspannungen durch Schalthandlungen an den Klemmen jeder Ausrüstung angeschlossen werden, die einen solchen Schutz erfordern.

10.5 Potentialausgleich (Abschnitt 8 der DIN EN 60204-1 (VDE 0113-1) [2.12] – ungekürzt)

10.5.1 Allgemeines

Dieser Abschnitt sieht Anforderungen für beides, Schutzpotentialausgleich und Funktionspotentialausgleich, vor. **Bild 10.2** stellt diese Konzepte dar.

Der Schutzpotentialausgleich ist eine grundlegende Vorsorge für den Schutz im Fehlerfall. Er ermöglicht den Schutz von Personen gegen elektrischen Schlag bei indirektem Berühren.

Das Ziel des Funktionspotentialausgleichs ist die Verminderung:

- der Auswirkungen eines Isolationsfehlers, der den Betrieb der Maschine beeinflussen könnte;
- der Auswirkungen von elektrischen Störungen auf empfindliche elektrische Ausrüstung, die den Betrieb der Maschine beeinflussen könnten.

Normalerweise wird Funktionspotentialausgleich durch eine Verbindung zum Schutzleitersystem erreicht. Wo jedoch der Pegel der elektrischen Störungen auf dem Schutzleitersystem nicht ausreichend niedrig für ein ordnungsgemäßes Funktionieren der elektrischen Ausrüstung ist, kann es notwendig sein, das Funktionspotentialausgleichssystem an einen gesonderten Erdleiter für funktionale Erdung anzuschließen (siehe Bild 10.2).

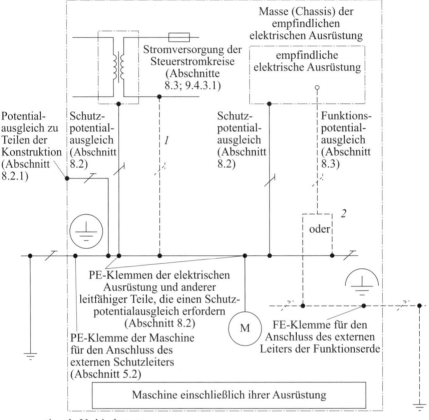

--- optionale Verbindungen

1 Funktionspotentialausgleich (Abschnitt 8.3) einschließlich Schutzpotentialausgleich (Abschnitt 8.2)

2 ausschließlich Funktionspotentialausgleich (Abschnitt 8.3), entweder zum Schutzleiter oder zum Leiter der Funktionserde. Anmerkung: Der Leiter für Funktionserdung wurde früher „fremdspannungsarmer Erdleiter" genannt, und die „FE"-Klemme war mit „TE" bezeichnet, siehe DIN EN 60445 (**VDE 0197**) [2.137]

Bild 10.2 Beispiel des Potentialausgleichs für die elektrische Ausrüstung einer Maschine (die Gliederungspunkte im Bild sind die in der DIN EN 60204-1 (**VDE 0113-1**) [2.12])

10.5.2 Schutzleitersystem

Allgemeines

Das Schutzleitersystem besteht aus:

- PE-Klemme(n);
- den Schutzleitern in der Ausrüstung der Maschine einschließlich von Gleitkontakten, wo sie Teil des Schutzleiterkreises sind;
- den Körpern und den leitfähigen Konstruktionsteilen der elektrischen Ausrüstung;
- solchen fremden leitfähigen Teilen, die Bestandteil der Maschinenstruktur sind.

Alle Teile des Schutzleitersystems müssen so ausgelegt sein, dass sie in der Lage sind, den höchsten thermischen und mechanischen Beanspruchungen durch Erdschlussströme standzuhalten, die in dem jeweiligen Teil des Schutzleitersystems fließen könnten.

Wo die Leitfähigkeit von Konstruktionsteilen der elektrischen Ausrüstung oder der Maschine kleiner ist als die des kleinsten Schutzleiters für den Anschluss der Körper, muss ein zusätzlicher Ausgleichsleiter vorgesehen werden. Dieser zusätzliche Ausgleichsleiter muss mind. den halben Querschnitt des zugehörigen Schutzleiters haben.

Falls ein IT-System verwendet wird, muss die Maschinenstruktur Teil des Schutzleitersystems sein, und es muss eine Isolationsüberwachung vorgesehen werden.

Leitfähige Konstruktionsteile der Ausrüstung, die Schutzklasse II entsprechen, brauchen nicht an das Schutzleitersystem angeschlossen zu werden. Fremde leitfähige Teile der Maschinenstruktur brauchen nicht an das Schutzleitersystem angeschlossen zu werden, wo die gesamte bereitgestellte Ausrüstung Schutzklasse II entspricht.

Fremde leitfähige Teile der Ausrüstung, die Schutztrennung entsprechen, dürfen nicht an das Schutzleitersystem angeschlossen werden.

Schutzleiter

Schutzleiter müssen identifizierbar sein.

Kupferleiter sind vorzuziehen. Wo ein anderer Leiterwerkstoff als Kupfer verwendet wird, darf sein elektrischer Widerstand je Längeneinheit nicht den des zulässigen Kupferleiters überschreiten. Der Querschnitt solcher Leiter darf nicht kleiner als 16 mm^2 sein.

Der Querschnitt von Schutzleitern muss nach den Anforderungen von

- DIN VDE 0100-540 [2.5], Abschnitt 543 oder
- DIN EN 61439-1 (**VDE 0660-600-1**) [2.74], Abschnitt 8.4.3.2.3 bestimmt werden, je nachdem, was zutrifft.

Diese Anforderung ist in den meisten Fällen erfüllt, wenn das Verhältnis der Querschnitte der jeweils zusammengehörigen Außenleiter und Schutzleiter zu einem Teil der Ausrüstung mit Tabelle 10.1 übereinstimmt.

Durchgehende Verbindung des Schutzleitersystems

Alle Körper der elektrischen Ausrüstung müssen mit dem Schutzleitersystem verbunden sein.

Ausnahme: Siehe „Teile, die nicht an das Schutzleitersystem angeschlossen werden brauchen".

Wo ein Teil aus irgendeinem Grund entfernt wird (z. B. routinemäßige Instandhaltung), darf das Schutzleitersystem für die verbleibenden Teile nicht unterbrochen werden.

Verbindungs- und Anschlusspunkte müssen so ausgelegt sein, dass ihre Strombelastbarkeit nicht durch mechanische, chemische oder elektrochemische Einflüsse beeinträchtigt wird. Bei Verwendung von Gehäusen und Leitern aus Aluminium oder Aluminiumlegierungen sollte die Möglichkeit der elektrolytischen Korrosion besonders beachtet werden.

Flexible oder starre metallische Leitungskanäle und metallische Kabelmäntel dürfen nicht als Schutzleiter benutzt werden. Trotzdem müssen solche metallischen Leitungskanäle und Metallmäntel aller Verbindungskabel (z. B. Kabelarmierung, Bleimantel) mit dem Schutzleitersystem verbunden werden.

Wo elektrische Ausrüstungen an Deckeln, Türen oder Abdeckplatten angebracht sind, muss die Durchgängigkeit des Schutzleitersystems sichergestellt sein, und die Verwendung eines Schutzleiters wird empfohlen. Andernfalls müssen Befestigungen, Scharniere oder Gleitkontakte benutzt werden, die für einen niedrigen Widerstand ausgelegt sind.

Die Durchgängigkeit des Schutzleiters in Kabeln und Leitungen, welche Beschädigungen ausgesetzt sind (z. B. Leitungstrossen), muss durch angemessene Maßnahmen sichergestellt werden (z. B. Überwachungen).

Ausschluss von Schaltgeräten im Schutzleitersystem

Das Schutzleitersystem darf weder ein Schaltgerät noch eine Überstromschutzeinrichtung enthalten (z. B. Schalter, Sicherung).

Es dürfen keine Mittel zur Unterbrechung des Schutzleiters vorgesehen werden.

Ausnahme: Mittel zu Prüf- und Messzwecken, die nur mit Benutzung eines Werkzeugs geöffnet werden können und die in einer abgeschlossenen elektrischen Betriebsstätte angeordnet sind.

Wo die Durchgängigkeit des Schutzleitersystems durch Mittel, wie abklappbare Stromabnehmer oder Stecker/Steckdosenkombinationen unterbrochen werden kann, muss das Schutzleitersystem durch einen beim Öffnen nacheilenden und beim Schließen voreilenden Kontakt unterbrochen werden. Dies gilt ebenso für entfernbare oder herausziehbare Steckeinheiten.

Teile, die nicht an das Schutzleitersystem angeschlossen werden brauchen

Es ist nicht notwendig, Körper an das Schutzleitersystem anzuschließen, wo diese so angebracht sind, dass sie keine Gefährdung darstellen:

- weil sie nicht großflächig berührt oder mit der Hand umfasst werden können und weil sie kleine Abmessungen haben (weniger als ungefähr 50 mm × 50 mm) oder
- weil sie so angeordnet sind, dass entweder eine Berührung mit aktiven Teilen oder ein Isolationsfehler unwahrscheinlich ist.

Dies betrifft kleine Teile, wie Schrauben, Nieten und Typenschilder, und Teile innerhalb von Gehäusen, ungeachtet ihrer Größe (z. B. Elektromagnete von Schützen oder Relais sowie mechanische Teile von Geräten), s. a. DIN VDE 0100-410 [2.2], Abschnitt 410.3.3.5).

Schutzleiteranschlusspunkte

Alle Schutzleiter müssen nach Abschnitt 13.1.1 der DIN EN 60204-1 (**VDE 0113-1**) [2.12] (Verdrahtungstechnik) angeschlossen werden. Die Anschlusspunkte für Schutzleiter dürfen keine andere Funktion haben und sind nicht dazu bestimmt, um z. B. Geräte oder Teile zu befestigen oder zu verbinden.

Jeder Schutzleiteranschlusspunkt muss als solcher durch Verwendung des Symbols IEC 60417 – 5019 [2.76]

oder mit den Buchstaben PE – das grafische Symbol wird bevorzugt – oder durch Anwendung der Zweifarbenkombination Grün-Gelb oder durch eine beliebige Kombination dieser Möglichkeiten.

Fahrbare Maschinen

Auf fahrbaren Maschinen mit eigener Energieversorgung müssen die Schutzleiter, die leitfähigen Konstruktionsteile der elektrischen Ausrüstung und solche fremden leitfähigen Teile, die Bestandteil der Maschinenstruktur sind, zum Schutz gegen elektrischen Schlag an eine Schutzleiterklemme angeschlossen werden. Wo eine fahrbare Maschine ebenso dafür vorbereitet ist, an einen externen Netzanschluss angeschlossen zu werden, muss diese Schutzleiterklemme auch der Anschlusspunkt für den externen Schutzleiter sein.

Anmerkung: Wenn eine eigene elektrische Energieversorgung innerhalb von stationären, fahrbaren oder beweglichen Teilen der Ausrüstung enthalten ist und wenn keine externe Versorgung angeschlossen ist (z. B. wenn ein eingebautes Batterieladegerät nicht angeschlossen ist), gibt es keine Notwendigkeit, diese Ausrüstungen an einen externen Schutzleiter anzuschließen.

Zusätzliche Anforderungen an den Schutzpotentialausgleich für elektrische Ausrüstung mit Erdableitströmen größer als AC oder DC 10 mA

Anmerkung 1: Erdableitstrom ist definiert als „Strom, der von den aktiven Teilen der Installation zur Erde fließt, ohne dass ein Isolationsfehler vorliegt" (IEV 442-01-24, [2.54]). Dieser Strom darf einen kapazitiven Anteil haben, einschließlich dem aus der absichtlichen Anwendung von Kondensatoren.

Anmerkung 2: Die meisten elektrischen Antriebssysteme für regelbare Drehzahl, welche die entsprechenden Teile von DIN EN 61800 (**VDE 0160-10x**) erfüllen, haben einen Erdableitstrom größer als AC 3,5 mA. Ein Verfahren zur Messung des Berührungsstroms ist als Typprüfung in DIN EN 61800-5-1 (**VDE 0160-105-1**) [2.142] angegeben, um den Erdableitstrom eines elektrischen Antriebssystems für regelbare Drehzahl zu bestimmen.

Wo elektrische Ausrüstung an irgendeinem Netzanschluss einen Erdableitstrom (z. B. elektrische Antriebssysteme für regelbare Drehzahl oder Ausrüstung für Informationstechnik) von mehr als AC 10 mA oder DC 10 mA hat, muss (müssen) eine oder mehrere der folgenden Bedingungen für das Schutzleitersystem erfüllt werden:

a) Der Schutzleiter muss einen Mindestquerschnitt von 10 mm^2 Cu oder 16 mm^2 Al über seine gesamte Länge haben;

b) wo der Schutzleiter einen Querschnitt von weniger als 10 mm^2 Cu oder 16 mm^2 Al hat, muss ein zweiter Schutzleiter mit mind. demselben Querschnitt bis zu dem Punkt vorgesehen werden, wo der Schutzleiter einen Querschnitt von nicht weniger als 10 mm^2 Cu oder 16 mm^2 Al aufweist;

Anmerkung 3: Dies kann erfordern, dass die elektrische Ausrüstung einen getrennten Anschluss für einen zweiten Schutzleiter aufweist;

c) automatische Abschaltung der Versorgung bei Verlust der Durchgängigkeit des Schutzleiters.

Anmerkung des Autors: Es entbehrt wohl jeder Logik, wenn hier und auch in DIN VDE 0100-540 die Forderungen nach a) und b) erhoben werden, aber gemäß DIN EN 60204-32 (**VDE 0113-32**) auch ein Mindestquerschnitt von 1,5 mm^2 Cu über die gesamte Länge ausreichend sei. Da fragt sich doch jede Elektrofachkraft, wieso dann in Gebäuden oder Anlagen von Gebäuden, die keinerlei Bewegung unterliegen, ein Mindestquerschnitt von 10 mm^2 Cu gefordert wird.

Um Schwierigkeiten durch elektromagnetische Störungen vorzubeugen, gelten die Anforderungen von Abschnitt 4.4.2 der DIN EN 60204-1 (**VDE 0113-1**) [2.12] (EMV) ebenso für die Installation des zweiten Schutzleiters.

Zusätzlich muss ein Warnschild in der Nähe des PE-Anschlusses vorgesehen werden und, wo notwendig, auf dem Typenschild der elektrischen Ausrüstung. Die zur Verfügung gestellte Information muss Informationen über den Ableitstrom und den Mindestquerschnitt des externen Schutzleiters enthalten.

10.5.3 Funktionspotentialausgleich

Schutz gegen Betriebsstörungen als Folge von Isolationsfehlern kann durch Verbindung an einen gemeinsamen Leiter nach Abschnitt 9.4.3.1 der DIN EN 60204-1 (**VDE 0113-1**) [2.12] (Erdschlüsse) erreicht werden.

Für Empfehlungen bezüglich Funktionspotentialausgleich, um Betriebsstörungen durch elektromagnetische Störungen zu verhindern: siehe Abschnitt EMV.

10.5.4 Maßnahmen, um die Auswirkungen hoher Ableitströme zu begrenzen

Die Auswirkungen eines hohen Ableitstroms können auf die Ausrüstung, die den hohen Ableitstrom erzeugt, eingeschränkt werden durch Anschluss dieser Ausrüstung an einen fest zugeordneten Transformator mit getrennten Wicklungen. Das Schutzleitersystem muss an die Körper der Ausrüstung und zusätzlich an die Sekundärwicklung des Transformators angeschlossen werden. Der (die) Schutzleiter zwischen der Ausrüstung und der Sekundärwicklung des Transformators muss (müssen) einer oder mehreren der zuvor beschriebenen Anordnungen entsprechen.

10.6 Kennzeichnung, Warnschilder und Referenzkennzeichen (Betriebsmittelkennzeichen) (Abschnitt 17 der DIN EN 60204-1 (VDE 0113-1) [2.12] – gekürzt)

Allgemeines

Warnschilder, Typenschilder, Kennzeichnungen und Bezeichnungsschilder müssen von ausreichender Dauerhaftigkeit sein, um den jeweiligen Umweltbedingungen standzuhalten.

Warnschilder[28]

Gefährdung durch elektrischen Schlag

Gehäuse, bei denen nicht anderweitig klar zu erkennen ist, dass sie elektrische Betriebsmittel enthalten, die Anlass für ein Risiko durch elektrischen Schlag sein können, müssen mit dem grafischen Symbol IEC 60417 – 5036 [2.76] gekennzeichnet sein.

---

[28] Quelle: Hein Industrieschilder GmbH, Sinsheim, www.hein.eu

Das Warnschild muss auf der **Gehäusetür oder der Abdeckung** deutlich sichtbar sein. Das Warnschild darf entfallen für:

- ein Gehäuse, bestückt mit einer Netztrenneinrichtung;
- eine Mensch–Maschine-Schnittstelle oder eine Bedienstation;
- ein einzelnes Gerät mit eigenem Gehäuse (z. B. Positionsfühler).

Gefährdung durch heiße Oberflächen

Wo die Risikobeurteilung die Notwendigkeit ergibt, vor der Möglichkeit Gefahr bringender Oberflächentemperaturen der elektrischen Ausrüstung zu warnen, muss das grafische Symbol IEC 60417 – 5041 [2.76] benutzt werden.

Anmerkung: Für elektrische Installationen wird diese Maßnahme in DIN VDE 0100-420 [2.41], Abschnitt 423 und Tabelle 42A behandelt.

Funktionskennzeichnung

Steuergeräte, optische Anzeigen und Anzeigefelder (insbesondere sicherheitsbezogene) müssen klar und dauerhaft bezüglich ihrer Funktionen auf oder neben den Betriebsmitteln gekennzeichnet sein. Solche Kennzeichnungen dürfen zwischen dem Betreiber und dem Lieferanten der Ausrüstung abgestimmt sein. Vorzug sollte der Verwendung von genormten Symbolen aus IEC 60417-DB [2.76] und DIN ISO 7000 [2.143] gegeben werden.

Kennzeichnung der Ausrüstung

Ausrüstung (z. B. Schaltgerätekombinationen) muss lesbar und dauerhaft so gekennzeichnet sein, dass die Kennzeichnung nach dem Einbau leicht erkennbar ist. Ein Typenschild mit den folgenden Informationen muss am Gehäuse in der Nähe jeder Einspeisung angebracht sein:

- Name oder Firmenzeichen des Lieferanten;
- wenn erforderlich, Zulassungszeichen;
- Seriennummer, wo zutreffend;
- Bemessungsspannung, Außenleiterzahl und Frequenz (falls Wechselspannung), Volllaststrom für jede Einspeisung;
- Kurzschlussauslegung der Ausrüstung;
- Nummer der Hauptdokumentation (siehe DIN EN 62023 (**VDE 0040-6**) [2.144]).

Der Volllaststrom, der auf dem Typenschild angegeben ist, darf nicht geringer sein als die Summe der Betriebsströme für alle Motoren und der sonstigen Ausrüstungen, die unter den üblichen Bedingungen zur selben Zeit in Betrieb sein können.

388

Wo nur ein einzelnes Motorsteuergerät benutzt wird, darf diese Information stattdessen auf dem Typenschild der Maschine bereitgestellt werden, wenn dieses deutlich sichtbar ist.

Referenzkennzeichen (Betriebsmittelkennzeichen)

Alle Gehäuse, Zubehörteile, Steuergeräte und Komponenten müssen deutlich mit demselben Referenzkennzeichen (Betriebsmittelkennzeichen), wie in der technischen Dokumentation dargestellt, identifizierbar sein.

10.7 Technische Dokumentation

Allgemeines

Die Informationen, die für das Errichten, den Betrieb und die Instandhaltung der elektrischen Ausrüstung einer Maschine erforderlich sind, müssen in geeigneten Ausführungen geliefert werden, z. B. als Zeichnungen, Schaltpläne, Schaubilder, Tabellen, Betriebsanleitungen. Die Informationen müssen in einer vereinbarten Sprache sein. Die zur Verfügung gestellten Informationen dürfen, je nach Komplexität der gelieferten elektrischen Ausrüstung, unterschiedlich sein. Für sehr einfache Ausrüstungen darf die entsprechende Information in einem einzigen Dokument enthalten sein, vorausgesetzt, dass dieses Dokument alle Geräte der elektrischen Ausrüstung aufzeigt und es ermöglicht, die Anschlüsse an das Versorgungsnetz herzustellen.

Anmerkung 1: Die technische Dokumentation, die mit Teilen der elektrischen Ausrüstung bereitgestellt wird, kann Teil der Dokumentation der elektrischen Ausrüstung der Maschine bilden.

Anmerkung 2: In einigen Ländern ist die Anforderung, (eine) bestimmte Sprache(n) zu benutzen, gesetzlich geregelt.

Erforderliche Angaben

Die mit der elektrischen Ausrüstung zur Verfügung gestellten Informationen müssen enthalten:

a) ein Hauptdokument (Stückliste oder Liste der Dokumente);

b) ergänzende Dokumente, die einschließen:

    1) eine klare, umfassende Beschreibung der Ausrüstung, der Errichtung und Montage sowie des Anschlusses an die elektrische(n) Versorgung(en);

    2) Anforderungen an die elektrische(n) Versorgung(en);

    3) wo zutreffend, Angaben zur physikalischen Umgebung (z. B. Beleuchtung, Erschütterung, atmosphärische Schadstoffe);

    4) wo zutreffend, Übersichts-(Block-)Schaltplan(-pläne);

    5) Stromlaufplan(-pläne);

6) Angaben (falls zutreffend):
   - zur Programmierung, soweit notwendig für die Benutzung der Ausrüstung;
   - zum (zu) Arbeitsablauf(-abläufen);
   - zu Überprüfungsintervallen;
   - zur Häufigkeit und zu Verfahren von Funktionsprüfungen;
   - zur Anleitung zur Einstellung, Instandhaltung und Reparatur, speziell für Einrichtungen und Stromkreise mit Schutzfunktionen;
   - Liste der empfohlenen Ersatzteile und
   - Liste der mitgelieferten Werkzeuge;
7) eine Beschreibung (einschließlich Verbindungspläne) der Schutzeinrichtungen, der gegeneinander verriegelten Funktionen und der Verriegelung von trennenden Schutzeinrichtungen gegen Gefährdungen, insbesondere für Maschinen, die koordiniert zusammenarbeiten;
8) eine Beschreibung der technischen Schutzmaßnahmen und der vorgesehenen Mittel, wo es notwendig ist, die technischen Schutzmaßnahmen unwirksam zu machen (z. B. zum Einrichten oder zur Wartung);
9) Arbeitsanleitungen über die Verfahren, die Maschine für die sichere Durchführung von Wartungsarbeiten zu sichern;
10) Informationen über Handhabung, Transport und Lagerung;
11) soweit anwendbar, Informationen bezüglich der Lastströme, der Spitzenströme beim Anlauf und zulässiger Spannungseinbrüche;
12) Informationen über die Restrisiken aufgrund der angenommenen Schutzmaßnahmen, Hinweise, ob irgendeine spezielle Ausbildung erforderlich ist, und eine Aufstellung aller notwendigen persönlichen Schutzausrüstungen.

Anforderungen an alle Unterlagen

Soweit nicht zwischen Hersteller und Betreiber anders vereinbart:

- muss die Dokumentation nach den entsprechenden Teilen von DIN EN 61082-1 (**VDE 0040-1**) [2.145] sein;

- müssen die Referenzkennzeichen (Betriebsmittelkennzeichen) nach den entsprechenden Teilen von DIN EN 61346 sein;

- müssen die Anweisungen/Handbücher nach DIN EN 62079 (**VDE 0039**) [2.146] sein;

- müssen die Stücklisten, wo bereitgestellt, nach DIN EN 62027 (**VDE 0040-7**) [2.147], Klasse B, sein.

Für Verweise auf die verschiedenen Unterlagen muss der Lieferant eine der folgenden Methoden wählen:

- Wo die Dokumentation aus einer kleinen Anzahl von Unterlagen besteht (z. B. weniger als fünf), muss jede der Unterlagen als Querverweis die Unterlagennummern aller anderen zur elektrischen Ausrüstung gehörenden Unterlagen enthalten, oder

- ausschließlich für Einzelebenen-Hauptdokumente (siehe DIN EN 62023 (**VDE 0040-6**) [2.144]) müssen alle Unterlagen mit Unterlagennummern und Titeln in einer Zeichnungs- oder Unterlagenliste aufgelistet sein, oder

- alle Unterlagen einer bestimmten Ebene der Dokumentenstruktur (siehe DIN EN 62023 (**VDE 0040-6**) [2.144]) müssen mit Unterlagennummern und Titeln in einer derselben Ebene zugehörigen Stückliste aufgelistet sein.

Unterlagen für die Errichtung

Die Unterlagen für die Errichtung müssen alle Angaben enthalten, die für die vorbereitenden Arbeiten zum Aufstellen der Maschine (einschließlich Inbetriebnahme) notwendig sind. In komplexen Fällen kann es erforderlich sein, sich für Einzelheiten auf Montagezeichnungen zu beziehen.

Die empfohlene Lage, die Art und die Querschnitte der Versorgungskabel und -leitungen, die am Aufstellungsort zu installieren sind, müssen eindeutig angegeben werden.

Die erforderlichen Daten zur Auswahl von Art, Kennwerten, Bemessungsströmen und Einstellung der Überstromschutzeinrichtung(en) für die Versorgungsleiter zu der elektrischen Ausrüstung der Maschine müssen angegeben werden.

Wo erforderlich, müssen Größe, Zweck und Anordnung aller Leitungskanäle im Fundament, die vom Betreiber bereitzustellen sind, angegeben werden, siehe Anhang B der DIN EN 60204-1 (**VDE 0113-1**).

Die Größe, Art und der Zweck von Leitungskanälen, Kabelwannen oder Kabelträgern zwischen der Maschine und der zugehörigen Ausrüstung, die vom Betreiber bereitzustellen sind, müssen genau vorgegeben werden.

Wo notwendig, muss die Zeichnung angeben, wo Platz für den Abbau oder die Instandhaltung der elektrischen Ausrüstung erforderlich ist.

Anmerkung 1: Beispiele von Installationsplänen sind in DIN EN 61082-1 (**VDE 0040-1**) [2.145] enthalten.

Zusätzlich muss, wo es zweckmäßig ist, ein Verbindungsplan oder eine -tabelle bereitgestellt werden. Dieser Plan oder diese Tabelle muss vollständige Angaben zu allen externen Verbindungen enthalten. Wo die elektrische Ausrüstung bestimmungsgemäß an mehr als einer elektrischen Versorgung betrieben wird, muss der Verbindungsplan oder die -tabelle die erforderlichen Änderungen oder Verbindungen aufzeigen, die zur Nutzung jeder Versorgung erforderlich sind.

Anmerkung 2: Beispiele für Verbindungspläne/-tabellen sind in DIN EN 61082-1 (**VDE 0040-1**) [2.145] enthalten.

Übersichtspläne und Funktionspläne

Wo es notwendig ist, das Verständnis für die Arbeitsprinzipien zu erleichtern, muss ein Übersichtsplan bereitgestellt werden. Ein Übersichtsplan stellt die elektrische Ausrüstung zusammen mit ihren funktionalen Zusammenhängen symbolisch dar, ohne notwendigerweise alle Verbindungen zu zeigen.

Anmerkung 1: Beispiele für Übersichtspläne sind in der DIN EN 61082-1 (**VDE 0040-1**) [2.145] enthalten.

Funktionspläne dürfen als Teil oder als Zusatz des Übersichtsplans bereitgestellt werden.

Anmerkung 2: Beispiele für Funktionspläne sind in DIN EN 61082-1 (**VDE 0040-1**) [2.145] enthalten.

Stromlaufpläne

Ein (mehrere) Stromlaufplan(-pläne) muss (müssen) bereitgestellt werden. Diese(r) Plan (Pläne) muss (müssen) die elektrischen Stromkreise der Maschine und deren dazugehörige elektrische Ausrüstung zeigen. Jedes grafische Symbol, das nicht in IEC 60617-DB [2.50] enthalten ist, muss einzeln aufgeführt und in den Schaltplänen oder in ergänzenden Unterlagen beschrieben werden. Die Symbole und Kennzeichen für Komponenten und Geräte müssen in allen Unterlagen und an der Maschine übereinstimmen.

Wo es angebracht ist, muss ein Plan vorgesehen werden, der die Klemmen für Schnittstellenverbindungen zeigt. Zur Vereinfachung darf dieser Plan in Verbindung mit dem(n) Stromlaufplan(-plänen) verwendet werden. Der Plan sollte einen Hinweis auf den ausführlicheren Stromlaufplan jeder im Plan gezeigten Einheit enthalten.

Schaltersymbole müssen in elektromechanischen Schaltplänen mit allen Versorgungseinrichtungen (z. B. Elektrizität, Luft, Wasser, Schmiermittel) im ausgeschalteten Zustand dargestellt werden und mit der Maschine und deren elektrischer Ausrüstung in normaler Startbereitschaft.

Leiter müssen nach Abschnitt 13.2 der DIN EN 60204-1 (**VDE 0113-1**) [2.12] identifiziert werden.

Stromkreise müssen so dargestellt werden, dass sie das Verständnis ihrer Funktion sowie Instandhaltung und Fehlersuche erleichtern. Kennwerte, die sich auf die Funktion der Steuergeräte und Komponenten beziehen, die aber nicht durch ihre symbolische Darstellung erkennbar sind, müssen auf den Plänen in der Nähe des Symbols oder in einer Fußnote eingetragen werden.

Betriebshandbuch

Die technische Dokumentation **muss** ein Betriebshandbuch enthalten, das geeignete Verfahren zur Errichtung und zum Gebrauch der elektrischen Ausrüstung angibt. Besondere Beachtung sollte den vorgesehenen Sicherheitsmaßnahmen geschenkt werden.

stand muss in dem Bereich liegen, der entsprechend der Länge, dem Querschnitt und dem Material des entsprechenden Schutzleiters bzw. der Schutzleiter zu erwarten ist.

Anmerkung 1: Werden größere Ströme für die Durchgängigkeitsprüfung benutzt, erhöht dies die Genauigkeit der Prüfergebnisse, insbesondere bei niedrigen Widerstandswerten, d. h. bei größeren Querschnitten und/oder kürzeren Leiterlängen.

Prüfung 2 – Überprüfung der Impedanz der Fehlerschleife und der Eignung der zugeordneten Überstromschutzeinrichtung

Die Anschlüsse der Energieversorgung und des ankommenden externen Schutzleiters an die PE-Klemme der Maschine müssen durch Sichtprüfung kontrolliert werden.

Die Voraussetzungen für den Schutz durch automatische Abschaltung der Versorgung nach Abschnitt 6.3.3 der DIN EN 60204-1 (**VDE 0113-1**) [2.12] (Schutz durch automatische Abschaltung der Stromversorgung) und Anhang A der vorgenannten Norm müssen durch beides überprüft werden:

1) Überprüfung der Impedanz der Fehlerschleife durch:

   – Rechnung oder

   – Messung nach Abschnitt A.4 der DIN EN 60204-1 (**VDE 0113-1**) [2.12] und

2) Bestätigung, dass die Einstellung und die Kennwerte der zugeordneten Überstromschutzeinrichtung in Übereinstimmung mit den Anforderungen von Anhang A der DIN EN 60204-1 (**VDE 0113-1**) [2.12] sind.

Anmerkung 2: Eine Messung der Impedanz der Fehlerschleife kann bei Stromkreisen ausgeführt werden, wo die Bedingungen für den Schutz durch automatische Abschaltung einen Strom I_a bis zu 1 kA erfordern (I_a ist der Strom, der die automatische Auslösung der Abschalteinrichtung innerhalb der in Anhang A der DIN EN 60204-1 (**VDE 0113-1**) [2.12] spezifizierten Zeit verursacht).

10.8.2.3   Anwendung der Prüfmethoden in TN-Systemen

Prüfung 1 von Abschnitt 10.8.2.2 dieses Buchs muss für jedes Schutzleitersystem einer Maschine durchgeführt werden.

Wenn die Prüfung 2 von Abschnitt 10.8.2.2 dieses Buchs durch Messung erfolgt, muss ihr immer die Prüfung 1 vorausgehen.

Anmerkung: Eine Unterbrechung im Schutzleitersystem kann während der Schleifenimpedanzmessung für den Prüfer oder andere Personen eine Gefahr bringende Situation oder Schäden in der elektrischen Ausrüstung verursachen.

Die Prüfungen, die für Maschinen mit einem unterschiedlichen Ausführungsstand notwendig sind, sind in **Tabelle 10.2** festgelegt. Tabelle 10.2 kann benutzt werden, um den Ausführungsstand einer Maschine zu ermitteln.

Anmerkung des Autors: Nach Abschnitt 10.8.2.3 dieses Buchs wird verlangt, dass vor der Schleifenimpedanzmessung immer eine Durchgangsprüfung erfolgen muss, da während der Messung eine Gefahr bringende Situation durch das Messgerät verursacht werden kann.

Dem muss widersprochen werden, denn gemäß DIN EN 61557-3 (**VDE 0413-3**) [2.124] müssen die Schleifenimpedanzmessgeräte so beschaffen sein, dass während der Messung keine Gefährdung entstehen darf.

Geht man in der technischen Entwicklung wieder 30 Jahre zurück? Sicher nicht.

In der Norm DIN EN 60204-1 (**VDE 0113-1**) [2.12] besteht ein Widerspruch. Unter Abschnitt 18.1 der Norm (Allgemeines) ist zu lesen: „Für die Prüfungen sind Messausrüstungen nach der Reihe EN 61557 anwendbar"; man kann diese also anwenden!

Dagegen steht im Anhang A der DIN EN 60204-1 (**VDE 0113-1**) [2.12] unter A.4.2: „Die Messung der Fehlerschleifenimpedanz muss mit einer Messausrüstung nach DIN EN 61557-3 (**VDE 0413-3**) durchgeführt werden."

Welche Gefährdung kann entstehen, wenn Messgeräte gemäß DIN EN 61557-3 (**VDE 0413-3**) [2.124] verwendet werden? Mit Mess- und Prüfgeräten, die der Norm entsprechen, sind Gefährdungen ausgeschlossen!

Verfahren	Ausführungsgegenstand der Maschine	Prüfungen auf der Baustelle
A	Die elektrische Ausrüstung der Maschinen wurde am Aufstellungsort errichtet und angeschlossen. Die Durchgängigkeit der Schutzleitersysteme wurde nach der Errichtung und dem Anschluss am Aufstellungsort noch nicht bestätigt	Prüfung 1 und Prüfung 2 (siehe Abschnitt 10.8.2.2 dieses Buchs) Ausnahme: Falls vorausgegangene Berechnungen der Fehlerschleifenimpedanz oder des Widerstands durch den Hersteller zur Verfügung stehen und wo • die Anordnung der Installationen die Überprüfung der für die Berechnung verwendeten Längen und Querschnitte der Leiter erlaubt und • bestätigt werden kann, dass die Impedanz des speisenden Netzes am Aufstellungsort kleiner oder gleich dem Wert der Versorgung ist, den der Hersteller für die Berechnung angenommen hat Prüfung 1 (siehe Abschnitt 10.8.2.2 dieses Buchs) der am Aufstellungsort angeschlossenen Schutzleitersysteme sowie Sichtprüfung der Anschlüsse der Energieversorgung und des ankommenden externen Schutzleiters auf die PE-Klemme der Maschine ist ausreichend

Tabelle 10.2 Anwendung der Prüfungen in TN-Systemen

B	Maschine, geliefert mit einer bestätigten Prüfung (siehe Abschnitt 10.8.1 dieses Buchs) der Durchgängigkeit der Schutzleitersysteme durch Prüfung 1 oder Prüfung 2 durch Messung, mit Schutzleitersystemen, deren Kabel-/Leitungslängen die Beispiele aus **Tabelle 10.**3 überschreiten:	Prüfung 2 (siehe Abschnitt 10.8.2.2 dieses Buchs) **Ausnahme:** Wo bestätigt werden kann, dass die Impedanz der Netzversorgung am Aufstellungsort kleiner oder gleich ist als die, die der Berechnung zugrunde lag oder die bei der Prüfung 2 durch Messung verwendet wurde, wird keine Prüfung* am Aufstellungsort gefordert, abgesehen von der Überprüfung der Anschlüsse:
	Fall B1): vollständig zusammengebaut geliefert und für den Transport nicht zerlegt,	• im Fall B1) der Energieversorgung und des ankommenden externen Schutzleiters auf die PE-Klemme der Maschine;
	Fall B2): geliefert, in einem für den Transport zerlegten Zustand, wo die Durchgängigkeit der Schutzleiter nach Zerlegung, Transport und Wiederzusammenbau sichergestellt ist (z. B. durch die Verwendung steckbarer Verbindungen)	• im Fall B2) der Energieversorgung und des ankommenden externen Schutzleiters auf die PE-Klemme der Maschine und von allen Verbindungen der(s) Schutzleiter(s), die für den Transport aufgetrennt wurden
C	Maschine mit Schutzleitersystemen, deren Kabel-/Leitungslängen die Beispiele aus Tabelle 10.3 nicht überschreiten, geliefert mit einer bestätigten Prüfung (siehe Abschnitt 10.8.1 dieses Buchs) der Durchgängigkeit der Schutzleitersysteme durch Prüfung 1 oder Prüfung 2 durch Messung (siehe Abschnitt 10.8.2.2)	Am Aufstellungsort ist keine Prüfung erforderlich. Für eine Maschine, die nicht über eine Stecker/Steckdosenkombination an die Netzversorgung angeschlossen wird, muss der ordnungsgemäße Anschluss des ankommenden externen Schutzleiters auf die PE-Klemme der Maschine durch Sichtprüfung festgestellt werden
	Fall C1): vollständig zusammengebaut geliefert und nicht für den Transport wieder zerlegt,	
	Fall C2): geliefert im für den Transport zerlegten Zustand, wo die Durchgängigkeit der Schutzleiter nach Zerlegung, Transport und Wiederzusammenbau sichergestellt ist (z. B. durch die Verwendung steckbarer Verbindungen)	Im Fall C2) müssen die Unterlagen für die Errichtung (siehe Abschnitt 17.4 der DIN EN 60204-1 (**VDE 0113-1**) [2.12]) fordern, dass alle Verbindungen der(s) Schutzleiter(s), die für den Transport aufgetrennt wurden, überprüft werden, z. B. durch Sichtprüfung

*) In der Betriebssicherheitsverordnung (BetrSichV) wird seit dem Jahr 2002 zwingend eine Prüfung vorgeschrieben! Solche eklatanten Widersprüche sollten in DIN-EN-Normen/VDE-Bestimmungen nicht vorkommen, da sie zur Verwirrung der Praktiker führen.

Tabelle 10.2 (Fortsetzung) Anwendung der Prüfungen in TN-Systemen

1	2	3	4	5	6	7	8
Impedanz der Einspeisung vor jedem Schutzgerät	Querschnitt der Leiter	Bemessungswert oder Einstellung des Schutzgeräts I_N	Sicherung Abschaltzeit 5 s	Sicherung Abschaltzeit 0,4 s	LS-Schalter Charakteristik B[1] $I_a = 5 \cdot I_N$ Abschaltzeit 0,1 s	LS-Schalter Charakteristik C[1] $I_a = 10 \cdot I_N$ Abschaltzeit 0,1 s	Einstellbarer Leistungsschalter $I_a = 8 \cdot I_N$ Abschaltzeit 0,1 s
mΩ	mm²	A	max. Kabel-/Leitungslänge in m von jedem Schutzgerät bis zu seiner Last				
500	1,5	16	97*	53	76	30	28
500	2,5	20	115*	57	94	34	36
500	4,0	25	135*	66	114	35	38
400	6,0	32	145*	59	133	40	42
300	10	50	125	41	132	33	37
200	16	63	175	73	179	55	61
200	25 (Außenleiter) 16 (PE)	80	133				38
100	35 (Außenleiter) 16 (PE)	100	136				73
100	50 (Außenleiter) 16 (PE)	125	141				66
100	70 (Außenleiter) 16 (PE)	160	138				46
50	95 (Außenleiter) 16 (PE)	200	152				98
50	120 (Außenleiter) 16 (PE)	250	157				79

Die Werte der max. Kabel-/Leitungslängen in der Tabelle basieren auf den folgenden Annahmen:

- PVC-Kabel-/Leitungen mit Kupferleitern, Leitertemperatur im Kurzschlussfall 160 °C (siehe Tabelle D.5 in DIN EN 60204-1 (**VDE 0113-1**) [2.12]);
- Kabel-/Leitungen mit Außenleiterquerschnitten bis 16 mm² sind mit einem Schutzleiter desselben Querschnitts wie die Außenleiter versehen;
- Kabel-/Leitungen mit Außenleiterquerschnitten über 16 mm² sind mit einem Schutzleiter mit reduziertem Querschnitt versehen, wie in der Tabelle gezeigt;
- Drehstromsystem, Nennspannung der Energieversorgung 400 V;
- max. Impedanz der Energieversorgung vor jedem Schutzgerät nach Spalte 1;
- die Werte der Spalte 3 korrelieren mit Tabelle 6 (siehe Abschnitt 12.4 in DIN EN 60204-1 (**VDE 0113-1**) [2.12]).

Eine Abweichung von diesen Annahmen kann eine vollständige Berechnung oder Messung der Fehlerschleifenimpedanz erforderlich machen. Weitere Informationen stehen in DIN EN 60228 (**VDE 0295**) [2.148] und IEC/TR 61200-53 [2.149] zur Verfügung.

*) Für Endstromkreise > 32 A sind gemäß DIN VDE 0100-410:2007-06 [2.2] 5 s Abschaltzeit erlaubt, nicht aber für 16 A, 20 A, 25 A und 32 A

[1] in Übereinstimmung mit der Normenreihe DIN EN 60898 (**VDE 0641**)

Tabelle 10.3 Beispiele für die max. Kabel-/Leitungslänge von jedem Schutzgerät bis zu seiner Last

10.8.3   Isolationswiderstandsprüfungen

Wenn Isolationswiderstandsprüfungen durchgeführt werden, darf der Isolationswiderstand, gemessen mit 500 V Gleichspannung zwischen den Leitern der Hauptstromkreise und dem Schutzleitersystem, nicht kleiner als 1 MΩ sein. Die Prüfung darf an einzelnen Abschnitten der gesamten Anlage durchgeführt werden.

Ausnahme: Für bestimmte Teile der elektrischen Ausrüstung, z. B. Sammelschienen, Schleifleitungssysteme oder Schleifringkörper, ist ein niedrigerer Wert erlaubt, jedoch darf dieser Wert nicht kleiner als 50 kΩ sein.

Falls die elektrische Ausrüstung der Maschine Geräte für den Überspannungsschutz enthält, die während der Prüfung voraussichtlich ansprechen, ist es erlaubt, entweder:

● diese Geräte abzuklemmen oder

● die Prüfspannung auf einen Wert zu reduzieren, der niedriger als das Schutzniveau des Überspannungsschutzes ist, aber nicht niedriger als der Spitzenwert des oberen Grenzwerts der Versorgungsspannung (Außenleiter gegen Neutralleiter).

10.8.4   Spannungsprüfungen

Wenn Spannungsprüfungen durchgeführt werden, sollte eine Prüfeinrichtung nach DIN EN 61180-2 (**VDE 0432-11**) [2.150] benutzt werden.

Die Nennfrequenz der Prüfspannung muss 50 Hz oder 60 Hz sein.

Die max. Prüfspannung muss entweder dem zweifachen Wert der Bemessungsspannung für die Energieversorgung der Ausrüstung entsprechen oder 1 000 V sein, je nachdem, welcher Wert der größere ist. Die max. Prüfspannung muss zwischen den Leitern der Hauptstromkreise und dem Schutzleitersystem für eine Zeit von ungefähr 1 s angelegt werden. Die Anforderungen sind erfüllt, wenn kein Lichtbogendurchschlag erfolgt.

Baugruppen und Geräte, die nicht dafür bemessen sind, dieser Prüfspannung standzuhalten, müssen vor der Prüfung abgetrennt werden.

Baugruppen und Geräte, die nach ihren Produktnormen spannungsgeprüft wurden, dürfen während der Prüfung abgetrennt werden.

10.8.5   Schutz gegen Restspannungen

Wo zweckmäßig, müssen Prüfungen durchgeführt werden, um die Übereinstimmung mit Punkt „Schutz gegen Restspannungen" sicherzustellen.

10.8.6   Funktionsprüfungen

Die Funktionen der elektrischen Ausrüstung müssen geprüft werden.
Die Funktion von Stromkreisen für die elektrische Sicherheit muss geprüft werden
(z. B. Erdschlussüberwachung).

10.8.7   Nachprüfungen

Wenn ein Teil der Maschine und ihrer zugehörigen Ausrüstung ausgewechselt oder
geändert wird, muss dieser Teil, soweit es durchführbar ist, erneut überprüft und geprüft werden (siehe Abschnitt 10.8.1 dieses Buchs).
Besondere Aufmerksamkeit sollte den möglichen nachteiligen Auswirkungen gegeben werden, die Nachprüfungen auf die Ausrüstung haben können (z. B. Überbeanspruchung der Isolierung, abklemmen/wieder anklemmen von Geräten).

Bezeich-nung	Geräteausführung – Daten	Hersteller	Preise 2015 in €
Unitest 0113 Machine-master 9050	Koffergerät, fünf LED für Grenzwerte nach DIN EN 60204-1 (**VDE 0113-1**) [2.12], automatisch oder manuell I = AC 0,2 A oder 10 A, R = 0,01 ... 20 Ω, R_{iso} = 0 ... 20/200 MΩ, Drucker und 1 800 Speicher, RS-232-Schnittstelle	Beha-Amprobe [3.20]	3 625,00
C.A 6121	Maschinentester 0113, alle Messungen, 999 Speicher	Chauvin Arnoux [3.21]	3 276,00
Profitest 204+	Prüfgerät nach DIN EN 60204-1 (**VDE 0113-1**) [2.12], Schutzleiterwiderstand 1 ... 999 mΩ, U_Δ = 0 ... 9,99 V, Isolationswiderstand 10 kΩ ... 100 MΩ, Ableitstrom 0 ... 9,99 mA, Spannung 0 ... 999 V, Frequenz 10 ... 999 Hz	GMC-I [3.22]	2 085,00
Profitest 204 H	Hochspannungsteil 204 HP 2,5 kV Hochspannungsteil 204 HV – 5,4 kV		2 220,00 1 990,00
Metra-machine 204/2,5	komplettes System für Prüfung DIN EN 60204-1 (**VDE 0113-1**) [2.12], mit Hochspannungsteil, Signallampen und Wagen		4 050,00

Tabelle 10.4 Prüfgeräte verschiedener Hersteller für die Prüfung nach DIN EN 60204-1 (**VDE 0113-1**)
[2.12] (Hersteller in alphabetischer Reihenfolge, unverbindliche Preisangabe),
Isolationswiderstand R_{iso}, Widerstand R

11 Prüfung von Betriebsmitteln, elektrischen Geräten

In der DGUV-Vorschrift 3 (BGV A3) [1.5] wird der Begriff Betriebsmittel allgemein für Bauteile und Geräte verwendet. In verschiedenen DIN-VDE-Bestimmungen wird, auch bei der in diesem Abschnitt behandelten Prüfung, spezieller der Begriff Gerät benutzt. Die BetrSichV [1.1] verwendet den Begriff Arbeitsmittel und dazu wird erklärt, dass Arbeitsmittel, auch Betriebsmittel sein können.

Bauartenprüfung

Sie wird an einem oder mehreren Exemplaren von einer zugelassenen Prüfstelle durchgeführt, z. B. vom VDE Prüf- und Zertifizierungsinstitut [3.29], und ist notwendige Voraussetzung zur Vergabe des VDE-Zeichens oder des GS-Zeichens. Sie ist die umfangreichste Prüfung.

Stückprüfung

Sie muss für jedes Exemplar beim Hersteller in der Endprüfung nach den jeweiligen VDE-Bestimmungen durchgeführt werden, die für den Bau der Betriebsmittel maßgebend sind. Die VDE-Bestimmungen für Betriebsmittel enthalten jeweils einen Abschnitt „Prüfung", nach dem diese erfolgt. Eine solche Prüfung braucht bei der Inbetriebnahme, im Gegensatz zu den Anlagen, i. d. R. durch den Anwender nicht durchgeführt zu werden.

Wiederholungsprüfung

Sie ist bei ortsveränderlichen Betriebsmitteln in gewissen Zeitabständen notwendig, wie sie nach der BetrSichV [1.1], den TRBS entsprechend der Gefährdungsanalyse und der DGUV-Vorschrift 3 (BGV A3) [1.5] gefordert wird. Außerdem ist eine Prüfung nach einer Instandsetzung oder Änderung vorgeschrieben.

Für diese Prüfung gelten die folgenden Hinweise.

11.1 Allgemeines

Für die **Wiederholungsprüfungen** wurden in den VDE-Bestimmungen die Forderungen immer stärker koordiniert. Es gibt Prüfgeräte auf dem Markt, die auf den Forderungen der DIN VDE 0701-0702 [2.13] und DIN EN 62353 (**VDE 0751-1**) [2.151] basieren. Die Forderungen dieser Bestimmungen sind in **Tabellen 11.4 und 11.5** dieses Buchs zusammengefasst.

Z DIN VDE 0701 betraf speziell die Prüfung von elektrischen Geräten nach *Instandsetzung bzw. Änderung.* Es gibt hierfür entsprechende Prüfgeräte nach DIN

VDE 0701-0702 [2.13]. Der Geltungsbereich war ursprünglich auf Hausgeräte beschränkt und ist durch verschiedene Teile auf andere Geräte erweitert worden. *Z DIN VDE 0702* [2.152] betraf speziell die *Wiederholungsprüfung* von elektrischen Geräten. Sie unterscheidet sich unwesentlich von der Normenreihe DIN VDE 0701 und ist für Prüfungen, die später beim Betreiber durchgeführt werden, anzuwenden. Es gibt hierfür Prüfgeräte nach DIN VDE 0701-0702 [2.13].

DIN VDE 0701-0702 [2.13] wird seit **2008-06** als einheitliche Norm mit spezifischen Hinweisen zu Prüfungen nach Instandsetzung, Änderung bzw. Wiederholungsprüfungen herausgegeben.

Die Anforderungen dieser Norm gelten für

- Laborgeräte; Mess-, Steuer- und Regelgeräte;
- Geräte für Hausgebrauch und ähnliche Zwecke;
- Geräte zur Spannungsumformung und -erzeugung;
- Elektrowerkzeuge, Elektrowärmegeräte, Elektromotorgeräte;
- Leuchten;
- Geräte der Unterhaltungs-, Informations- und Kommunikationstechnik;
- Leitungsroller, Verlängerungs- und Geräteanschlussleitungen, mobile Verteiler;
- ortsveränderliche Schutzeinrichtungen.

DIN EN 62353 (VDE 0751-1):2008-08 [2.151] betrifft *Wiederholungsprüfungen und Prüfungen* nach Instandsetzung von medizinischen elektrischen Geräten. Sie gilt für Prüfungen von medizinischen elektrischen Geräten oder Systemen, die der DIN EN 62353-1 (**VDE 0750-1**) [2.153] entsprechen, vor der Inbetriebnahme, bei Instandsetzung, Umrüstung, Änderung oder anlässlich von Wiederholungsprüfungen, um die Sicherheit solcher Geräte oder Systeme oder Teile davon zu beurteilen. Es werden ähnliche Messungen durchgeführt, aber höhere Isolationswiderstände und kleinere Ableitströme gefordert.

Bei einem Gerät, dessen Standort nicht ohne Hilfsmittel verändert werden kann, das über eine fest und geschützt verlegte Leitung an die elektrische Anlage angeschlossen ist und bei bestimmungsgemäßer Anwendung nicht in der Hand gehalten wird, darf die für die Wiederholungsprüfung verantwortliche **Elektrofachkraft entscheiden**, ob die Vorgaben von **DIN VDE 0701-0702** [2.13] oder die Vorgaben von *DIN VDE 0105-100* [2.14] *anzuwenden* sind:

- Am Gerät sind die Einzelprüfungen nach den Abschnitten 11.2.1 bis 11.2.10 dieses Buchs durchzuführen, soweit dies bei dem zu prüfenden Gerät möglich ist. Die nachfolgend angegebene Reihenfolge der Prüfungen ist einzuhalten.
- Jede Einzelprüfung muss mit positivem Ergebnis abgeschlossen worden sein, bevor die nächste begonnen wird.

Anmerkung: Demnach muss bei Geräten der Schutzklasse I zuerst der Schutzleiter geprüft werden, bevor mit der Isolationswiderstandsmessung begonnen wird.

Der Autor ist der Ansicht, dass eine gut ausgebildete Fachkraft sehr schnell die richtige Meinung finden wird. Der thermische Schutz ist sicher genauso wichtig, wie der Schutz gegen elektrischen Schlag. Der Tod durch Verbrennung sollte ebenfalls ausgeschlossen werden.

Experten, die in der Entwicklung von Haushaltsgeräten tätig sind, vertreten die Meinung, dass man bei Geräten mit größeren Heizleistungen wegen des Brandschutzes auf den Schutzleiter sehr ungern verzichten würde.

Nach DIN VDE 0701-0702:2008-06 [2.13] ist die Prüfung in der vorstehenden Reihenfolge durchzuführen. Dabei sind die nachfolgend angeführten Bedingungen zu beachten.

11.2   Prüfung nach DIN VDE 0701-0702 [2.13]

Die DIN VDE 0701-0702 [2.13] fordert eine Prüfung nach Instandsetzung oder Änderung elektrischer Geräte. **Sie gilt nicht für das Auswechseln von Teilen wie Lampen, Starter, Sicherungen etc.**, das vom Benutzer vorgenommen werden darf. In der Fassung 2000-09 erschienen die Anhänge E bis H in Z DIN VDE 0701-1 [2.154]; sie wurden mit der neuen Norm zurückgezogen. Nach dem Instandsetzen oder Ändern darf für den Benutzer der Geräte keine Gefahr bestehen. Austauschteile müssen den Nenndaten und Vorschriften entsprechen und fachgerecht eingebaut werden, vorzugsweise originale Ersatzteile, das gilt besonders auch für die Anschlussleitung.

11.2.1   Sichtprüfung

Das Besichtigen des Geräts erfolgt, um äußerlich erkennbare Mängel und, soweit wie möglich, die Eignung für seinen Einsatzort festzustellen.

Das Gerät ist bei einer Wiederholungsprüfung nur dann zu öffnen, wenn ein begründeter Verdacht auf einen Sicherheitsmangel nur auf diese Weise geklärt werden kann.

Ein Gerät, bei dem ein Mangel zu einer Gefährdung führen kann, ist der weiteren Benutzung zu entziehen und entsprechend zu kennzeichnen.

Beim Besichtigen ist z. B. auf Folgendes zu achten:

- Schäden an den Anschlussleitungen;
- Schäden an Isolierungen;
- bestimmungsgemäße Auswahl und Anwendung von Leitungen und Steckern;
- Zustand des Netzsteckers, der Anschlussklemmen und -adern;
- Mängel am Biegeschutz;
- Mängel an der Zugentlastung der Anschlussleitung;

- Zustand der Befestigungen, Leitungshalterungen, der dem Benutzer zugänglichen Sicherungshalter usw.;
- Schäden am Gehäuse und den Schutzabdeckungen;
- Anzeichen einer Überlastung oder einer unsachgemäßen Anwendung/Bedienung;
- Anzeichen unzulässiger Eingriffe oder Veränderungen;
- die Sicherheit unzulässig beeinträchtigende Verschmutzung, Korrosion oder Alterung;
- Verschmutzungen, Verstopfungen von der Kühlung dienenden Öffnungen;
- Zustand von Luftfiltern;
- Dichtigkeit von Behältern für Wasser, Luft oder anderer Medien, Zustand von Überdruckventilen;
- Bedienbarkeit von Schaltern, Steuereinrichtungen, Einstellvorrichtungen usw.;
- Lesbarkeit aller der Sicherheit dienenden Aufschriften oder Symbole, der Bemessungsdaten und Stellungsanzeigen.

Anmerkung: Es ist zweckmäßig, im Rahmen der Besichtigung festzustellen, ob *berührbare leitfähige Teile vorhanden* sind, die bei den Messungen berücksichtigt werden müssen.

11.2.2 Prüfung des Schutzleiters

Um den ordnungsgemäßen Zustand feststellen zu können, ist der Schutzleiter in seinem Verlauf so weit zu verfolgen, wie es bei der Instandsetzung, Änderung oder Prüfung des Geräts ohne weitere Zerlegung in Einzelteile möglich ist.

Der ordnungsgemäße Zustand der elektrischen Verbindung zwischen

- der Anschlussstelle des Geräts für den Schutzleiter (ggf. Schutzkontakt des Netzsteckers) und
- jedem mit dem Schutzleiter verbundenen berührbaren Teil ist nachzuweisen. Zusätzlich ist der Nachweis bei allen Teilen zu führen, die bei der Instandsetzung/Änderung zugänglich werden.

Dies **ist** nachzuweisen durch

- das **Besichtigen** der Schutzleiterstrecke **und**[28]
- eine **Widerstandsmessung**, bei der jede in die Messung einbezogene Leitung abschnittsweise und an ihren Einführungsstellen zu bewegen ist, **und**[28]

---

[28] Liest man den Vorschriftentext richtig, so erkennt man leicht, dass „und" und heißt und nicht „oder". Es sind also die drei Prüfungen als Einheit zu betrachten. Die Fachkraft wird sicherlich schnell erkennen, dass nur ein Drittel – nämlich nur die Besichtigung – nicht ausreichend sein kann. Es ist erfreulich, dass Hersteller von Elektrogeräten (auch Kaffeemaschinen) erkannt haben, dass ein Schutzleiterprüfpunkt notwendig ist.

- eine **Handprobe** an Befestigungen sowie an den Einführungen der betreffenden Leitung.

Es sind die Messschaltungen von **Bild 11.1** oder **Bild 11.2** zu verwenden.

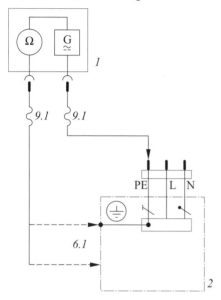

Bild 11.1 Schutzleiterwiderstandsmessung – Gerät mit Schutzleiter und Steckeranschluss – *1* Messeinrichtung; *2* Prüfling; *6.1* Messpunkt(e) an berührbaren leitfähigen Teilen, die mit dem Schutzleiter verbunden sind; *9.1* Messleitung zum Schutzleiter sowie berührbaren leitfähigen Teilen mit Schutzleiterverbindung. Anmerkung: Die Darstellung gilt auch für mehrphasige Geräte

Für Leitungen *bis 5 m Länge und bis zu einem Bemessungsstrom von 16 A* ist nachzuweisen, dass der Widerstand des Schutzleiters den Grenzwert **0,3 Ω nicht** überschreitet.

Für *längere Leitungen* bis zu einem Bemessungsstrom von **16 A** darf der Grenzwert **je 7,5 m** zusätzlicher Länge **um 0,1 Ω** bis zu einem **Maximalwert von 1 Ω**[29] **erhöht** werden.

Für andere Leitungen *gilt als Grenzwert der errechnete Widerstandswert* (siehe Tabelle 9.11).

---

[29] **Niederohmig** ist der Wert, der sich etwa rechnerisch aus Leitungslänge und Querschnitt ergibt, Tabelle 9.11. Bei den meist kurzen Leitungen beträgt der übliche Wert 50 mΩ bis 150 mΩ. Eine Leitung mit einer Länge von 5 m hat, bei einem Querschnitt von 1,5 mm² Cu, einen Widerstand von ca. 60 mΩ! Man soll bei dem zu prüfenden Grenzwert den Üblichkeitswert beachten. Größere Werte entstehen durch lose Klemmen. Wird der in VDE-Bestimmung angegebene Grenzwert erreicht, liegt oft ein Kontaktfehler vor, denn der Maximalwert von 0,3 Ω liegt meist weit über dem Üblichkeitswert.

Bei der Bewertung des Messwerts sind auch der entsprechend Länge und Querschnitt des Schutzleiters zu erwartende Widerstandswert sowie die Übergangswiderstände an den Steckkontakten zu beachten.

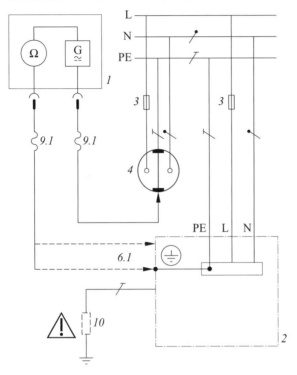

Bild 11.2 Schutzleiterwiderstandsmessung – Gerät mit Schutzleiter und Festanschluss sowie möglicher Parallelverbindung – *1* Messeinrichtung; *2* Prüfling; *3* Sicherung oder Trennstelle; *4* Steckdose; *6.1* Messpunkt(e) an berührbaren leitfähigen Teilen, die mit dem Schutzleiter verbunden sind; *9.1* Messleitung zum Schutzleiter sowie berührbaren leitfähigen Teilen mit Schutzleiterverbindung; *10* mögliche Erdverbindung. Anmerkung: Die Darstellung gilt auch für mehrphasige Geräte

Bei Geräten, die während der Messung mit dem Versorgungsstromkreis verbunden sind, ist ein geeigneter Messpunkt in diesem Stromkreis, z. B. der Schutzkontakt einer Steckdose, zu wählen. Bei dieser Messung können parallele Erdverbindungen, z. B. über den Aufstellungsort (Wasserleitungen oder Datenleitungen), das Messergebnis beeinflussen oder das Vorhandensein des Schutzleiters vortäuschen.

Um den Einfluss von Übergangswiderständen zu vermeiden und eine sichere Kontaktgabe zu erreichen, sollte die Messstelle gesäubert und/oder eine geeignete Messsonde verwendet werden.

Beim Überschreiten des Grenzwerts ist festzustellen, ob durch Produktnormen oder Herstellerangaben andere Grenzwerte gelten.

Die Messspannung darf eine Gleich- oder Wechselspannung sein. Die Leerlaufspannung darf *24 V nicht über- und 4 V nicht unterschreiten.* Der *Messstrom* innerhalb des Messbereichs zwischen 0,2 Ω und 1,99 Ω darf *0,2 A nicht unterschreiten.*[30]

Anmerkung: Es kann notwendig sein, dabei den Schutzleiter an den Netzanschlussstellen abzutrennen, z. B. bei Geräten mit Wasseranschluss, die dadurch Erdpotential führen. Danach ist der ordnungsgemäße Anschluss des Schutzleiters wiederherzustellen.

Anmerkung zur Messung des Schutzleiterwiderstands: Bei Geräten mit Wasseranschluss kann durch die Anschlussrohre ein Nebenschluss die Messergebnisse verfälschen. Deshalb kann es notwendig sein, den Schutzleiter an der Netzanschlussstelle abzutrennen. Nach der Prüfung ist auf einen ordnungsgemäßen Anschluss zu achten. Bei der Messung des Widerstands müssen, außer bei eingebauten Geräten, Anschlussleitungen in Abschnitten über ihre ganze Länge bewegt werden. Tritt bei der Handprobe während der Prüfung auf Durchgang eine Widerstandsänderung auf, muss angenommen werden, dass der Schutzleiter beschädigt oder eine Anschlussstelle nicht mehr einwandfrei ist. Man achte auf die Üblichkeitswerte. Wird der in der VDE-Bestimmung angegebene Grenzwert erreicht, liegt meist ein Kontaktfehler vor, denn der Grenzwert liegt häufig weit über dem Üblichkeitswert.

Anmerkung des Autors: Gerade im Zusammenhang mit der Durchführung der Schutzleiterprüfung wurde ich durch Seminarteilnehmer über Aussagen von Elektrofachkräften informiert, die es eigentlich besser wissen sollen:

* Ein Mitarbeiter eines Betriebs, der Elektrogeräte herstellt, äußerte, dass es bekannt sei, bei Geräten der Schutzklassen II und III den Schutzleiter prüfen zu müssen, aber wo es denn stehe, dass bei Geräten der Schutzklasse I der Schutzleiter geprüft werden müsse!

Auch stand in einem Beitrag einer Fachzeitschrift, dass bei der Prüfung des Schutzleiters der Grenzwert 0,3 Ω nicht unbedingt der Maßstab sei, da ja die VDE-Bestimmung nur eine anerkannte Regel der Technik und kein Gesetz sei. Man muss aber doch bedenken, dass ein Schutzleiter aus Kupfer von 3 m Länge etwa 36 mΩ (12 mΩ/m bei 20 °C · 3 m) erreicht. Rundet man auf und rechnet noch Übergangswiderstände hinzu, kommt man bei entsprechender Qualität auf etwa 80 mΩ und nicht auf 280 mΩ. Es ist doch physikalisch so, dass bei einem

---

[30] Anmerkung des Autors: Auch hier gilt bei der Prüfung des Schutzleiters der Hinweis aus DIN EN 60204-1 (**VDE 0113-1**), dass bei größerem Prüfstrom eine höhere Genauigkeit erreicht wird! In Fachzeitschriften wird auch teilweise die Meinung vertreten, man muss mit 10-A-Prüfstrom jeden Prüfling durchbringen könne. Ich hatte in der Praxis schon mehrfach Geräte, die auch bei 10 A kein positives Ergebnis erreichen ließen. Man muss doch nur einmal mit 200 mA gegen berührbare leitfähige Teile aus Guss bzw. mit verchromten Schichten messen. Da ist mit 200 mA kaum ein zufriedenstellendes Ergebnis zu erreichen, mit 10 A Prüfstrom schon. Diese einfachen Dinge kann jede Fachkraft ohne großen Aufwand selbst feststellen.

Übergangswiderstand von 1 Ω bei 10 A Last sich eine Wärmeleistung von 100 W ergibt, also ein kleiner Lötkolben im Schukostecker. Nun wird der Fachmann bemerken, dass ja der Schutzleiter keinen Laststrom führt. Das stimmt auch, aber kann man erwarten, dass die Fertigungsqualität der Verbindungen der aktiven Leiter besser sein wird als die des Schutzleiters?

- Ein Seminarteilnehmer informierte mich, dass ihm im Rahmen einer anderen Schulung gesagt wurde, dass man bei Kaffeemaschinen, die nur ein Kunststoffgehäuse haben, keine Schutzleiterprüfung durchführen müsse, die Begründung dafür erhielt er in Schriftform (ich erhielt diese Begründung per Fax). Nun muss man sich fragen, ob der Schutzleiter nur EMV-Aufgaben hat (sicher nicht) und warum die betreffenden Kaffeemaschinen nicht als Geräte der Schutzklasse II gefertigt werden. Bei der Nutzung dieser Geräte kann man garantiert keinen Stromschlag bekommen, aber ist denn ein Brandschaden mit Todesfolge besser? Hier kommt noch hinzu, dass die BetrSichV [1.1] im § 7 fordert, dass der Arbeitgeber nur Geräte bereitstellen darf, die den Rechtsvorschriften entsprechen. Nach der novellierten BetrSichV vom Juni 2015 dürfen nur Arbeitsmittel und damit elektrische Geräte in Betrieb genommen werden, für die das Ergebnis der Gefährdungsbeurteilung dokumentiert wurde. Es muss also vor dem ersten Einsatz dieser Nachweis nach den anerkannten Regeln der Technik erfolgen.

11.2.3 Messung des Isolationswiderstands

In der vorhergehenden Norm wurde gefordert, dass nach bestandener Schutzleiterprüfung der Isolationswiderstand bei Geräten der Schutzklasse I zu messen ist.

Anmerkung des Autors: Ich halte diesen Hinweis nach wie vor für richtig, da der Isolationswiderstand bei Geräten der Schutzklasse I gegen den Schutzleiter gemessen wird und bei unterbrochenem Schutzleiter das Ergebnis der Messung immer sehr gut ausfallen wird.

Es hat sich eigentlich nichts geändert, denn die neue Norm verlangt, die Prüfung erst zu beginnen, wenn die vorhergehende mit positivem Ergebnis abgeschlossen wurde.

Die neue Norm fordert, dass der Isolationswiderstand zu messen ist

- zwischen den aktiven Teilen und jedem berührbaren leitfähigen Teil, einschließlich des Schutzleiters (außer PELV);
- bei der Instandsetzung/Änderung zwischen den aktiven Teilen eines SELV/PELV-Stromkreises und den aktiven Teilen des Primärstromkreises.

Es sind die in **Tabelle 11.1** genannten Messschaltungen zu verwenden. Auf eine sichere Trennung des zu prüfenden Geräts vom Versorgungsstromkreis ist zu achten. Bei der Messung müssen alle Schalter, Regler usw. geschlossen sein, um die Isolierungen aller aktiven Teile vollständig zu erfassen. Gegebenenfalls sind die Messungen in mehreren Schalterstellungen vorzunehmen.

Nachzuweisen ist, dass der Isolationswiderstand die in Tabelle 11.1 angegebenen Grenzwerte nicht unterschreitet.

Prüfobjekt		Grenzwert
aktive Teile, die nicht zu SELV- oder PELV-Stromkreisen gehören, gegen den Schutzleiter und die mit dem Schutzleiter verbundenen berührbaren leitfähigen Teile gemäß den **Bildern 11.3 bzw. 11.4**	allgemein	1 MΩ
	Geräte mit Heizelementen	0,3 MΩ
	Geräte mit Heizelementen mit einer Leistung > 3,5 kW	0,3 MΩ[1]
aktive Teile gegen die nicht mit dem Schutzleiter verbundenen berührbaren leitfähigen Teile (vornehmlich bei Geräten der Schutzklasse II, aber auch bei Geräten der Schutzklasse I) gemäß **Bild 11.5**		2 MΩ
aktive Teile, die nicht zu SELV- oder PELV-Stromkreisen gehören, gegen berührbare leitfähige Teile mit der Schutzmaßnahme SELV, PELV in Geräten der Schutzklassen I oder II gemäß **Bild 11.7**		
bei der Instandsetzung/Änderung zwischen den aktiven Teilen eines SELV/PELV-Stromkreises und den aktiven Teilen des Primärstromkreises gemäß **Bild 11.8**		
aktive Teile mit der Schutzmaßnahme SELV, PELV (Schutzkleinspannung) gegen berührbare leitfähige Teile gemäß **Bild 11.6**		0,25 MΩ

[1] Wird bei Geräten der Schutzklasse I mit Heizelementen > 3,5 kW Gesamtleistung der geforderte Isolationswiderstand nicht erreicht, gilt das Gerät dennoch als einwandfrei, wenn der Schutzleiterstrom die Grenzwerte nicht überschreitet.

Tabelle 11.1 Grenzwerte (Mindestwerte) für den Isolationswiderstand

Anmerkung zu Tabelle 11.1: Wenn die Absicht konsequent verfolgt wird, die Schutzklassen abzuschaffen, sollten sie in der Tabelle auch nicht mehr auftauchen. Aus Sicht des Autors dieses Buchs wäre es aber besser, bei den Schutzklassen zu bleiben.

Bei offensichtlich, z. B. durch Schleifstaub, stark verschmutzten oder nassen Geräten sollte die Prüfung nach Reinigung und Trocknung wiederholt werden.

Wird bei Geräten mit Heizelementen einer Leistung von > 3,5 kW der Isolationswiderstand 0,3 MΩ wesentlich unterschritten, so ist bei der Messung des Schutzleiterstroms mit der Möglichkeit eines Kurzschlusses zu rechnen.

Die **Messung darf bei Geräten der Informationstechnik entfallen**. Die Messung darf ebenfalls entfallen bei SELV-führenden Teilen, wenn durch das dabei nötige Adaptieren (z. B. an Schnittstellen) oder durch den Messvorgang eine Beschädigung des Geräts erfolgen kann.

Bei Geräten, die gemäß Herstellerangaben mit Schutzimpedanzen zwischen den aktiven Teilen und dem Schutzleiter ausgestattet sind, gilt der Widerstandswert dieser Impedanzen als Grenzwert.

Bei Geräten **mit netzspannungsabhängigen Schalteinrichtungen** wird bei dieser Messung nur der Isolationswiderstand der aktiven Teile bis zu den Klemmen der Schalteinrichtungen erfasst.

Mit der Messung des Isolationswiderstands soll vor allem der Zustand der Isolierungen sowie der Kriechstrecken der Geräte beurteilt werden. Eine solche Beurteilung ist jedoch bei elektrischen Geräten mit Schaltelementen, die nur beim Anliegen der Netzspannung betätigt werden können, nicht in vollem Umfang möglich. Bei der Isolationswiderstandsmessung können diese Schaltelemente nicht betätigt werden; die hinter den Schaltkontakten dieser Schaltelemente liegenden aktiven Teile werden somit nicht erfasst. Um diesen Mangel auszugleichen, muss bei der im Betriebszustand des zu prüfenden Geräts durchzuführenden Ableitstrommessung gewährleistet sein, dass alle aktiven Teile bzw. Isolierungen erfasst werden (Messung in allen möglichen Schalter- und Steckerstellungen).

Das Anwenden des Ersatzableitstrommessverfahrens ist aus dem gleichen Grund wie bei der Isolationswiderstandsmessung nicht möglich bzw. nicht zulässig.

Bei Geräten der Informationstechnik und anderen Geräten mit Elementen der Datenverarbeitung sind Anschlussbuchsen/-stecker möglicherweise durch den Benutzer berührbar und müssten in die Messungen einbezogen werden. Auf diese Messungen einzelner Anschlussstifte/Anschlussbuchsen von Datenschnittstellen darf verzichtet werden, wenn

- beim Kontaktieren der Anschlüsse oder
- durch die anzulegende Messspannung

eine Beschädigung der Bauelemente möglich ist.

412

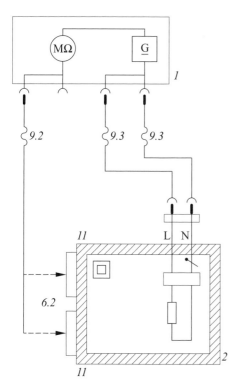

Bild 11.5 Isolationswiderstandsmessung – Gerät mit Schutzisolierung und Steckeranschluss – *1* Messeinrichtung; *2* Prüfling; *6.2* Messpunkt(e) an berührbaren leitfähigen Teilen, der (die) nicht mit dem
Schutzleiter verbunden ist (sind); *9.2* Messleitung zu berührbaren leitfähigen Teilen ohne Erdverbindungen; *9.3* Messleitung zu aktiven Teilen; *11* doppelte oder verstärkte Isolierung

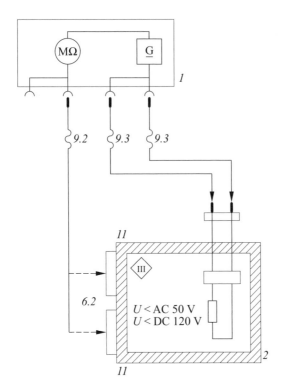

Bild 11.6 Isolationswiderstandsmessung – Gerät mit SELV/PELV (Schutzkleinspannung) und Steckeranschluss – *1* Messeinrichtung; *2* Prüfling; *6.2* Messpunkt(e) an berührbaren leitfähigen Teilen, der (die) nicht mit dem Schutzleiter verbunden ist (sind); *9.2* Messleitung zu berührbaren leitfähigen Teilen ohne Erdverbindungen; *9.3* Messleitung zu aktiven Teilen; *11* doppelte oder verstärkte Isolierung

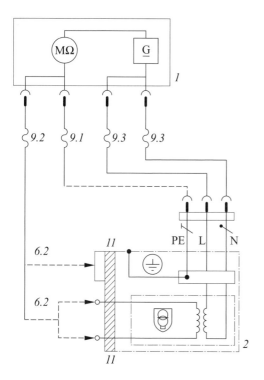

Bild 11.7 Isolationswiderstandsmessung – Gerät mit Schutzleiter und Steckeranschluss sowie berührbaren leitfähigen Teilen, die nicht am Schutzleiter angeschlossen sind – *1* Messeinrichtung; *2* Prüfling; *6.2* Messpunkt(e) an berührbaren leitfähigen Teilen, der (die) nicht mit dem Schutzleiter verbunden ist (sind); *9.1* Messleitung zum Schutzleiter sowie berührbaren leitfähigen Teilen mit Schutzleiterverbindung; *9.2* Messleitung zu berührbaren leitfähigen Teilen ohne Erdverbindungen; *9.3* Messleitung zu aktiven Teilen; *11* doppelte oder verstärkte Isolierung

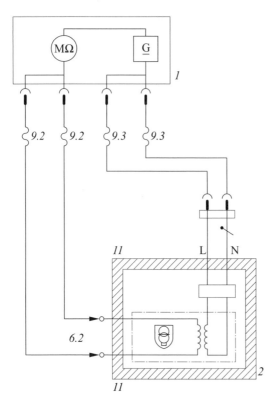

Bild 11.8 Isolationswiderstandsmessung – Gerät mit Sicherheitstransformator, Feststellung der sicheren Trennung – *1* Messeinrichtung; *2* Prüfling; *6.2* Messpunkt(e) an berührbaren leitfähigen Teilen, der (die) nicht mit dem Schutzleiter verbunden ist (sind); *9.2* Messleitung zu berührbaren leitfähigen Teilen ohne Erdverbindungen; *9.3* Messleitung zu aktiven Teilen; *11* doppelte oder verstärkte Isolierung

11.2.4 Messung des Schutzleiterstroms

In der vorhergehenden Norm wurde gefordert, dass diese Messung nach bestandener Schutzleiterprüfung durchzuführen ist. Ich halte auch diesen Hinweis für wichtig, da bei unterbrochenem Schutzleiter kein Schutzleiterstrom zu messen ist, er aber beim Berühren des Geräts zum Stromschlag führen kann. Hier gilt die gleiche Aussage wie unter Abschnitt 11.2.3 dieses Buchs.

An jedem Gerät mit Schutzleiter ist der Schutzleiterstrom zu messen. Anmerkung: Bei Prüfgeräten mit der Einstellung „Informationstechnik" ist diese Wahl sicher nicht richtig, da dann der Berührungsstrom gemessen wird, aber nicht der Schutzleiterstrom, der jedoch gemessen werden muss.

Es dürfen dafür

- die direkte Messung (**Bild 11.9**) oder
- das Differenzstrommessverfahren (**Bilder 11.10 und 11.12**) oder
- das Ersatzableitstrommessverfahren (**Bild 11.11**), wenn sich in dem zu prüfenden Gerät keine netzspannungsabhängigen Schalteinrichtungen befinden und zuvor eine Isolationswiderstandsmessung mit positivem Ergebnis durchgeführt wurde,

verwendet werden.

Beim direkten Messverfahren **darf kein Teil** des zu prüfenden Geräts eine Verbindung zum Erdpotential haben.

Kann der Anschluss eines einphasigen Geräts an den Versorgungsstromkreis unabhängig von seiner Polarität vorgenommen werden (ungepolter Anschlussstecker, Anschlussleitung ohne Stecker), so ist die Messung in allen Positionen des Steckers oder der Anschlussleitung vorzunehmen. Bei der Messung müssen alle Schalter, Regler usw. geschlossen sein, um alle aktiven Teile vollständig zu erfassen. Gegebenenfalls sind die Messungen in mehreren Schalterstellungen vorzunehmen.

Der **höchste Messwert** ist als **Messergebnis** zu betrachten.

Anmerkung: Bei Verlängerungsleitungen, abnehmbaren Geräteanschlussleitungen und mobilen Mehrfachsteckdosen ohne elektrische Bauteile zwischen aktiven Leitern und Schutzleiter kann diese Messung entfallen.

Nachzuweisen ist, dass der Schutzleiterstrom die in **Tabelle 11.2** festgelegten Werte nicht überschreitet.

Geräteart	Grenzwert	Bemerkung
Geräte allgemein	3,5 mA	Beim Überschreiten nebenstehender Grenzwerte ist festzustellen, ob durch Produktnormen bzw. Herstellerangaben andere Grenzwerte gelten
Geräte mit eingeschalteten Heizelementen einer Gesamtleistung über 3,5 kW	1 mA/kW bis zu einem Höchstwert von 10 mA	

Tabelle 11.2 Grenzwerte (Höchstwerte) für den Schutzleiterstrom

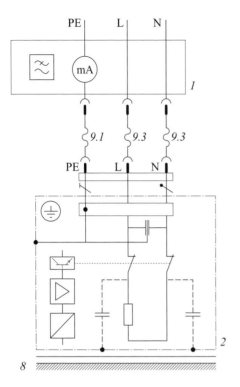

Bild 11.9 Schutzleiterstrommessung – direktes Messverfahren – *1* Messeinrichtung; *2* Prüfling;
8 isolierte Aufstellung des Prüflings; *9.1* Messleitung zum Schutzleiter sowie berührbaren leitfähigen
Teilen mit Schutzleiterverbindung; *9.3* Messleitung zu aktiven Teilen; *10* mögliche Erdverbindung

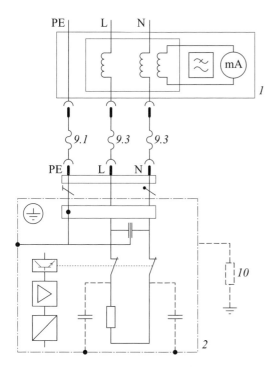

Bild 11.10 Schutzleiterstrommessung – Differenzstrommessverfahren – *1* Messeinrichtung; *2* Prüfling; *9.1* Messleitung zum Schutzleiter sowie berührbaren leitfähigen Teilen mit Schutzleiterverbindung; *9.3* Messleitung zu aktiven Teilen; *10* mögliche Erdverbindung

421

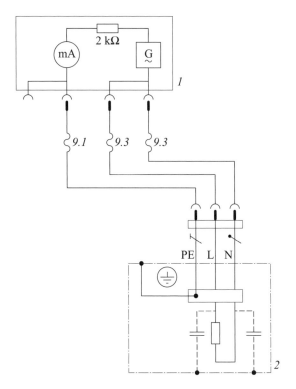

Bild 11.11 Schutzleiterstrommessung – Ersatzableitstrommessverfahren – *1* Messeinrichtung; *2* Prüfling; *9.1* Messleitung zum Schutzleiter sowie berührbaren leitfähigen Teilen mit Schutzleiterverbindung; *9.3* Messleitung zu aktiven Teilen

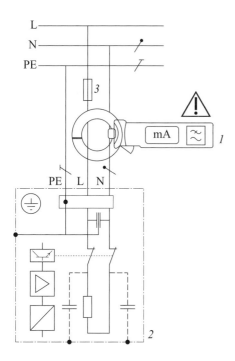

Bild 11.12 Schutzleiterstrommessung – Differenzstrommessverfahren mit Strommesszange – *1* Messeinrichtung; *2* Prüfling; *3* Sicherung oder Trennstelle

Die Messung nach Bild 11.9 lässt sich mit einem geeigneten Strommessgerät durchführen. Die Messung nach den Bildern 11.10 bis 11.12 erfordert einen speziellen Messaufbau, den verschiedene Geräte haben, siehe auch Tabelle 11.5.

Der Schutzleiterstrom darf bei Geräten 3,5 mA nicht überschreiten. Beim Überschreiten des Grenzwerts ist festzustellen, ob durch Herstellerangaben bzw. Produktnormen andere Grenzwerte gelten.

Nur der Hersteller kann die Höhe des durch Beschaltung notwendigen betriebsbedingten Schutzleiterstroms angeben, da dieser Strom je nach Konstruktion unterschiedlich sein kann.

Ableitströme von z. B. EMV-Beschaltungen

Da sich der Ableitstrom von Beschaltungen geometrisch zu den ohmschen Ableit- oder Fehlerströmen addiert, kann i. d. R. bei Geräten mit Beschaltungen aus dem Messwert nicht auf den Zustand der Isolierungen geschlossen werden.

423

Anwendung des Ersatzableitstrommessverfahrens

Diese Messmethode ist nicht geeignet, um bei den in steigender Anzahl vorhandenen Geräten mit netzspannungsabhängigen Schaltelementen ein ordnungsgemäßes Prüfergebnis zu erbringen. Da sie trotzdem unwissentlich oder versehentlich oder aus Gewohnheit vielfach angewandt wurde, kam es in der Praxis oftmals zu einer falschen Bewertung des Messergebnisses (Schutzleiterstrom/Berührungsstrom).

Dieses Ersatzableitstrommessverfahren darf jedoch unter der Verantwortung einer Elektrofachkraft weiterhin angewandt werden, wenn ihre Prüfergebnisse die gleiche Aussagekraft haben wie die der anderen beiden Verfahren. Dies ist z. B. der Fall beim Prüfen von Geräten, in denen sich keine netzspannungsabhängigen Schalteinrichtungen befinden und bei denen alle aktiven Teile in die Messung bzw. die dazu nötigen Messungen einbezogen werden.

Es ist zu beachten, dass bei einphasigen Geräten mit Beschaltungen zwischen aktiven Leitern und dem Schutzleiter oder einem berührbaren leitfähigen Teil der mit dem Ersatzableitstrommessverfahren gemessene Ableitstrom infolge einer symmetrischen Beschaltung doppelt so hoch sein kann wie der bei den anderen Messverfahren und im Betrieb auftretende Ableitstrom. Der Messwert darf daher bei Geräten mit symmetrischer Beschaltung vor dem Vergleich mit dem Grenzwert halbiert werden.

Anmerkung des Autors: Die Ersatzableitstrommessung wird nach DIN VDE 0404-1 [2.36] mit Spannungen zwischen 25 V und 250 V erlaubt. Viele Messgeräte messen mit kleineren Spannungen und rechnen den Wert dann hoch. Die Folge war, dass ein Gerät mit Motor bei der Ersatzableitstrommessung die Prüfung bestehen konnte, beim Inbetriebnehmen dann die Fehlerstromschutzeinrichtung (RCD) auslöste. Sicher erfolgte der Durchschlag der Wicklung oder des Kondensators erst bei angelegter Netzspannung. Die Prüfspannung reichte also nicht aus, diesen Fehler zu erkennen.

Versorgung der Prüflinge aus einem isolierten Netz

Steht zur Stromversorgung des Prüflings/Prüfgeräts nur ein gegenüber Erde isoliertes Netz zur Verfügung, so können die Methoden der direkten und der Differenzstrommessung zum Ermitteln der Ableitströme nicht angewandt werden. In Anbetracht dieser Einsatzbeschränkung und der Nachteile, die mit der Anwendung des Ersatzableitstrommessverfahrens verbunden sind, sollte für das Prüfen der vom Netz getrennten Geräte ein spezieller Prüfplatz mit einer dem TN-System entsprechenden Prüfschaltung eingerichtet werden.

11.2.5   Messung des Berührungsstroms

Das Gerät ist für die Messung mit Netzspannung zu versorgen.

An jedem berührbaren leitfähigen, nicht mit einem Schutzleiter verbundenen Teil des Geräts ist der Berührungsstrom zu messen.

Es dürfen dafür das

- **direkte Messverfahren (Bilder 11.14 bis 11.16)** oder
- **Differenzstrommessverfahren (Bild 11.13)** oder
- **Ersatzableitstrommessverfahren**, wenn sich in dem zu prüfenden Gerät keine netzspannungsabhängigen Schalteinrichtungen befinden und zuvor eine Isolationswiderstandsmessung mit positivem Ergebnis durchgeführt wurde,

verwendet werden.

Anmerkung 1: Bei der direkten Messung können Verbindungen zwischen dem Teil, an dem gemessen wird, und Teilen mit Erdpotential (z. B. Wasserleitungen oder Datenleitungen) das Messergebnis beeinflussen. Im Zweifelsfall sollte das Teil vom Erdpotential getrennt werden oder das Differenzmessverfahren (siehe Anmerkung 2) bzw. Ersatzableitstrommessverfahren angewendet werden.

Anmerkung 2: Erfolgt die Messung mit dem Differenzstrommessverfahren, so ist bei einem **Gerät mit Schutzleiter ein anteiliger Schutzleiterstrom im Messwert enthalten.** Wird bei dieser Messung der Grenzwert überschritten, kann das direkte Messverfahren verwendet werden, wenn keine Erdverbindungen (siehe Anmerkung 1) vorhanden sind, oder das Ersatzableitstrommessverfahren, wenn keine spannungsabhängigen Beschaltungen vorliegen und eine Isolationswiderstandsmessung durchgeführt wurde.

Kann der Anschluss eines einphasigen Geräts an den Versorgungsstromkreis unabhängig von seiner Polarität vorgenommen werden (ungepolter Anschlussstecker, Anschlussleitung ohne Stecker), so ist die Messung an allen Teilen in allen Positionen des Steckers oder der Anschlussleitung vorzunehmen. Bei der Messung müssen alle Schalter, Regler usw. geschlossen sein, um alle aktiven Teile vollständig zu erfassen. Gegebenenfalls sind die Messungen in mehreren Schalterstellungen vorzunehmen.

Der höchste Messwert ist als Messergebnis zu betrachten.

Nachzuweisen ist, dass der Berührungsstrom die in **Tabelle 11.3** festgelegten Werte nicht überschreitet.

Geräteart/Geräteteil	Grenzwert	Bemerkung
nicht mit dem Schutzleiter verbundene berührbare leitfähige Teile	0,5 mA	siehe Anmerkungen 3 und 4
bei Geräten der Schutzklasse III	Messung nicht erforderlich	

Tabelle 11.3 Grenzwerte (Höchstwerte) für den Berührungsstrom

Anmerkung 3: Die Messung darf bei SELV/PELV-führenden Teilen und bei Geräten der Informationstechnik entfallen, wenn durch das dabei nötige Adaptieren (z. B. an

Schnittstellen) oder durch den Messvorgang eine Beschädigung des Geräts erfolgen kann.

Anmerkung 4: Sind berührbare leitfähige Teile unterschiedlichen Potentials so angeordnet, dass sie gemeinsam mit einer Hand berührt werden können, ist die Summe ihrer Berührungsströme als Messwert anzusehen.

Anmerkung des Autors: Aufgrund des Messbereichs der Prüfgeräte ist die direkte Messung vorteilhafter. Bei einem Grenzwert von 0,5 mA ist zwangsläufig ein Messbereich von 2 mA (direkte Messung) zuverlässiger als ein Messbereich von 20 mA (Differenzstrommessung).

Bei der Messung des Berührungsstroms nach Bild 11.14 bis 11.16 muss das zu prüfende Gerät isoliert aufgestellt sein. Andere Verbindungen zum Erdpotential sind aufzutrennen, wie Gas-, Wasser-, Antennen- und Datenleitungen.

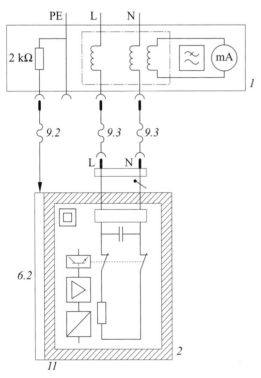

Bild 11.13 Berührungsstrommessung – Differenzstrommessverfahren – *1* Messeinrichtung; *2* Prüfling; *6.2* Messpunkt(e) an berührbaren leitfähigen Teilen, der (die) nicht mit dem Schutzleiter verbunden ist (sind); *9.2* Messleitung zu berührbaren leitfähigen Teilen ohne Erdverbindungen; *9.3* Messleitung zu aktiven Teilen; *11* doppelte oder verstärkte Isolierung

426

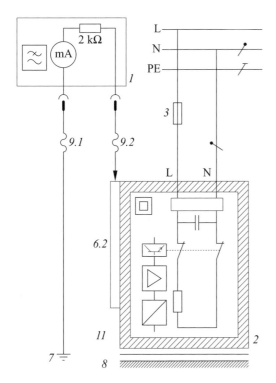

Bild 11.14 Berührungsstrommessung – direktes Messverfahren – *1* Messeinrichtung; *2* Prüfling; *3* Sicherung oder Trennstelle; *6.2* Messpunkt(e) an berührbaren leitfähigen Teilen, der (die) nicht mit dem Schutzleiter verbunden ist (sind); *7* Erdpotential; *8* isolierte Aufstellung des Prüflings; *9.1* Messleitung zum Schutzleiter sowie berührbaren leitfähigen Teilen mit Schutzleiterverbindung; *9.2* Messleitung zu berührbaren leitfähigen Teilen ohne Erdverbindungen; *11* doppelte oder verstärkte Isolierung

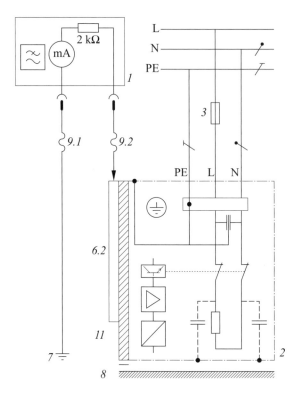

Bild 11.15 Berührungsstrommessung – direktes Messverfahren – *1* Messeinrichtung; *2* Prüfling; *3* Sicherung oder Trennstelle; *6.2* Messpunkt(e) an berührbaren leitfähigen Teilen, der (die) nicht mit dem Schutzleiter verbunden ist (sind); *7* Erdpotential; *8* isolierte Aufstellung des Prüflings; *9.1* Messleitung zum Schutzleiter sowie berührbaren leitfähigen Teilen mit Schutzleiterverbindung; *9.2* Messleitung zu berührbaren leitfähigen Teilen ohne Erdverbindungen; *11* doppelte oder verstärkte Isolierung

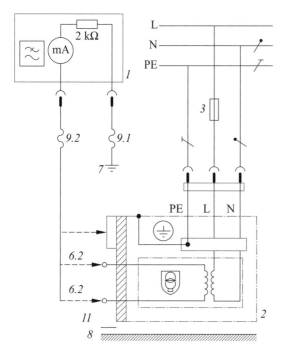

Bild 11.16 Berührungsstrommessung – direktes Messverfahren – *1* Messeinrichtung; *2* Prüfling; *3* Sicherung oder Trennstelle; *6.2* Messpunkt(e) an berührbaren leitfähigen Teilen, der (die) nicht mit dem Schutzleiter verbunden ist (sind); *7* Erdpotential; *8* isolierte Aufstellung des Prüflings; *9.1* Messleitung zum Schutzleiter sowie berührbaren leitfähigen Teilen mit Schutzleiterverbindung; *9.2* Messleitung zu berührbaren leitfähigen Teilen ohne Erdverbindungen; *11* doppelte oder verstärkte Isolierung

Die Messung nach den Bildern 11.14 bis 11.16 lässt sich mit einem geeigneten Strommessgerät durchführen.

Die Messung nach Bild 11.13 erfordert einen speziellen Messaufbau, den verschiedene Geräte haben, s. a. Tabelle 11.5. Die Tabelle 11.4 zeigt die Grenzwerte bei der Geräte- bzw. Betriebsmittelprüfung für Schutzleiterwiderstand, Isolationswiderstand und Ableitstrom unter Berücksichtigung verschiedener VDE-Bestimmungen.

Messgröße	Geräte bzw. Betriebs-mittel gemäß VDE-Bestimmungen	Geräte allgemein DIN VDE 0701-0702 [2.13]	Medizinische Geräte DIN EN 62353 (VDE 0751-1) [2.151]
Schutzleiter-widerstand	mit Anschlussleitung	0,3 Ω	0,3 Ω
	ohne Anschlussleitung		0,2 Ω
	Anschlussleitung allein		0,1 Ω
Isolationswiderstand (bei DC 500 V)	Schutzklasse I	1 MΩ	
	Schutzklasse II	2 MΩ	
	Schutzklasse III	0,25 MΩ	
Schutzleiterstrom		3,5 mA[1]	
Berührungsstrom		0,5 mA	
[1] bei Heizleistung größer 3,5 kW max. 1 mA/kW; max. 10 mA			

Tabelle 11.4 Grenzwerte bei der Geräte- bzw. Betriebsmittelprüfung für Schutzleiterwiderstand, Isolationswiderstand und Ableitstrom bei verschiedenen VDE-Bestimmungen

11.2.6 Nachweis der sicheren Trennung vom Versorgungsstromkreis (SELV und PELV)

Bei Geräten, die durch einen Sicherheitstransformator oder ein Schaltnetzteil eine SELV- oder PELV-Spannung erzeugen, ist deren Wirksamkeit bzw. Schutzwirkung durch folgende Prüfschritte nachzuweisen:

- **Nachweis der Übereinstimmung der Bemessungsspannung** mit den Vorgaben für die SELV- oder PELV-Spannung;

- **Messung des Isolationswiderstands** zwischen Primär- und Sekundärseite der Spannungsquelle;

- **Messung des Isolationswiderstands** zwischen aktiven Teilen des SELV-/PELV-Ausgangsstromkreises und berührbaren leitfähigen Teilen.

11.2.7 Nachweis der Wirksamkeit weiterer Schutzeinrichtungen

Verfügt das Gerät über **weitere** Schutzeinrichtungen (z. B. Fehlerstromschutzein-richtungen (RCD), Isolationsüberwachungsgeräte, Überspannungsschutzeinrich-tungen), die der elektrischen Sicherheit dienen und für den Prüfer erkennbar sind, so hat dieser zu entscheiden, wie die Prüfung durchzuführen ist.

Dabei sind Herstellerangaben zu berücksichtigen.

Anmerkung des Autors: Hierbei muss der Prüfer Erfahrungen als Anlagenprüfer (Prüfung von Fehlerstromschutzeinrichtungen (RCD)) mitbringen.

Beim Festlegen der erforderlichen Einzelprüfungen ist zu unterscheiden, ob die Funktion der Schutzeinrichtung oder die Wirksamkeit der von ihr zu gewährleistenden Schutzmaßnahme nachzuweisen ist. Eine Fehlerstromschutzeinrichtung (RCD) mit $I_{\Delta N} = 30$ mA hat z. B. die **Schutzmaßnahme „Zusatzschutz"** zu realisieren; demzufolge **muss messtechnisch nachgewiesen werden**, dass die Auslösung bei einem Differenzstrom von 30 mA spätestens nach 0,3 s erfolgt. Inwieweit die Funktionsprüfung der Schutzeinrichtungen auf sinnvolle Weise möglich ist, muss der Prüfer entscheiden.

Anmerkung des Autors: Die Schutzmaßnahme „Zusatzschutz" erfordert, dass bei der Prüfung mit $5 \cdot I_{\Delta N}$ geprüft werden soll, um die Abschaltzeit unter 40 ms nachzuweisen.

11.2.8 Abschließende Prüfung der Aufschriften

Die Aufschriften, die der Sicherheit dienen, sind nach dem Abschluss aller Einzelprüfungen zu kontrollieren.

11.2.9 Funktionsprüfung

Nach Instandsetzung, Änderung ist eine **Funktionsprüfung** des Geräts durchzuführen.

Eine Teilprüfung kann ausreichend sein.

Bei der Wiederholungsprüfung ist eine **Funktionsprüfung** des Geräts bzw. seiner Teile nur insoweit vorzunehmen, wie es zum **Nachweis der Sicherheit** erforderlich ist.

In diesen beiden Abschnitten wird dem Prüfer freigestellt, Einzelprüfungen nicht oder nicht vollständig vorzunehmen. Die Entscheidung, ob er von dieser Freizügigkeit Gebrauch macht und ob trotzdem die Sicherheit für den Anwender des geprüften Geräts und dessen Umwelt gewährleistet wird, muss er selbst treffen.

11.2.10 Auswertung, Beurteilung, Dokumentation

Die Prüfung gilt als bestanden, wenn alle nach Abschnitt 11.2 dieses Buchs geforderten Einzelprüfungen bestanden wurden. Das betreffende Gerät sollte entsprechend gekennzeichnet werden.

Wird die Prüfung *nicht bestanden*, ist das Gerät *deutlich als unsicher zu kennzeichnen* und der Betreiber ist zu informieren.

Die Prüfungen sind in geeigneter Form zu dokumentieren (z. B. in Form von Prüfplaketten oder elektronischer Aufzeichnung).

11.2.11   Mess- und Prüfgeräte

Für die Durchführung der Prüfungen sind Messgeräte nach den Normenreihen DIN VDE 0404 und DIN EN 61557 (**VDE 0413**) zu verwenden. **Die für die Prüfung benutzten Messgeräte sind regelmäßig nach Herstellerangaben zu prüfen und zu kalibrieren.** Die Prüfmittelüberwachung wird in den Normen DIN EN ISO 9000 [2.155], DIN EN ISO 9001 [2.156] und DIN EN ISO 9004 [2.157] gefordert. Es werden Fristen von einem Jahr bis drei Jahren genannt.

Die Messung des Isolationswiderstands kann mit den unter Abschnitt 9.1.2 beschriebenen und in Tabelle 9.1 aufgeführten Geräten erfolgen. Der Schutzleiterstrom lässt sich bei der direkten Messung mit einem Milliampere-Strommessgerät messen, wobei man die Netzspannung von 230 V anlegt. Für die Messung des Schutzleiterwiderstands von 1 Ω ist ein Niederohmmessgerät mit entsprechend niedrigem Messbereich erforderlich (Messstrom mind. 0,2 A). Teilweise haben Isolationsmessgeräte einen niederohmigen Bereich, mit dem die Messung möglich ist.

Der Wert 0,3 Ω sollte dann mind. 10 % der Skalenlänge ausmachen. Man benötigt für die vorstehenden Messungen drei Geräte und muss den entsprechenden Messaufbau vornehmen.

Wirtschaftlicher, zuverlässiger und sicherer lassen sich diese Messungen mit speziellen „Prüfgeräten nach DIN VDE 0701-0702", wie sie in Tabelle 11.5 aufgeführt sind, durchführen. Das zu prüfende Gerät wird mit seinem Schukostecker oder über Messleitungen an das Prüfgerät angeschlossen. Eine Leitung des Prüfgeräts wird mit dem Gehäuse des Prüflings kontaktiert. Danach können an einem Schalter nacheinander die Messungen: Schutzleiterwiderstand, Isolationswiderstand und Schutzleiterstrom ohne weiteres Umklemmen eingestellt und die Messwerte an einem Anzeigeinstrument abgelesen werden.

Die Messung erfolgt dabei jeweils so, wie in den Abschnitten 11.2.2 bis 11.2.7 beschrieben bzw. gefordert. Die zulässigen Widerstände bzw. Ströme sind vielfach auf der Skala oder am Gerät vermerkt. Mit einigen der in Tabelle 11.5 genannten Geräte können noch andere Messungen vorgenommen werden, wie Netzspannung, Stromaufnahme des Geräts, Widerstände in anderen Bereichen.

Die Geräte Machinemaster, Fluke 6500-2; Secutest-S II; Secutest Pro; Secustar FM; Metratester 5, Minitest Pro und Eurotest messen auch den Berührungsstrom an leitfähigen Teilen bei Geräten der Schutzklasse I und II. Manche Geräte können auf Tastendruck hin ein Messprogramm zur Messung aller Werte ausführen, haben Speicher und können die Werte über eine Schnittstelle an einen PC weitergeben. Die Messgeräte haben vielfach im Gerätenamen die Bezeichnung „0701-0702", siehe Tabelle 11.5. Einige der Geräte sollen näher beschrieben werden:

Die Geräte in **Bild 11.18, 11.20 und 11.21** sind einfache Prüfgeräte mit einem Preis unter 800 €, siehe Tabelle 11.5. Mit ihnen können in wenigen Schalterstellungen die Werte für Schutzleiterwiderstand, Isolationswiderstand und Schutzleiterstrom ohne weitere Handhabe ermittelt werden. Die Geräte ermöglichen außerdem die Messung des Berührungsstroms nach der Forderung in DIN VDE 0701-0702 [2.13].

Bezeichnung	Geräteausführung – Daten	Hersteller	Preise 2015 in €
Unitest 0113 Machine-master 9050	Koffergerät, fünf LED für Grenzwerte nach DIN EN 60204-1 (**VDE 0113-1**), automatisch oder manuell, I = AC 0,2 A oder 10 A, R = 0,01 … 20 Ω, R_{iso} = 0 … 20/200 MΩ, Drucker und 1 800 Speicher, RS-232-Schnittstelle	Beha-Amprobe [3.20]	3 625,00
C.A 6106B	Multitester 0701 nach DIN VDE 0701-0702 [2.13] automatischer und manueller Prüfablauf, Schutzleiterwiderstand 0 … 1 000 mΩ/… 4 Ω, Isolationswiderstand 0,2 … 10 MΩ/… 20 MΩ, Schutzleiterstrom 0 … 10 mA/… 40 mA, Berührungsstrom 0 … 10 mA/… 4 mA, Ersatzableitstrom 0 … 20 mA, RS-232-Schnittstelle und Protokollsoftware serienmäßig; mit Differenzstrommessung	Chauvin-Arnoux [3.21]	999,00
C.A 6107	wie oben, mit weiteren Funktionen Schutzleiterwiderstand 0 … 4 Ω, Isolationswiderstand 0,2 … 20 MΩ, Schutzleiterstrom 0 … 40 mA, Berührungsstrom 0 … 4 mA		1 613,00
Fluke 6500-02	Multitester nach DIN VDE 0701-0702 [2.13], automatischer und manueller Prüfablauf, Schutzleiterwiderstand 0 … 19,99 Ω, Isolationswiderstand 0 … 299 MΩ, Schutzleiterstrom 0,25 … 19,99 mA, Berührungsstrom 0 … 1,99 mA, Ersatzableitstrom 0 … 19,99 mA, serielle Schnittstelle, mit Automatikfunktion, Steckplatz für CF-Speicherkarte, alphanumerische Eingabe	Fluke [3.24]	1 670,00
Minitest Pro	Schutzleiterwiderstand, Isolationswiderstand, Schutzleiterstrom (Differenzstrom), Berührungsstrom (direkte Messung), Digitalanzeige, USB-Schnittstelle, Software auf CD-ROM, RCD im Stecker der Anschlussleitung	GMC-I [3.22]	795,00

Tabelle 11.5 Prüfgeräte verschiedener Hersteller für Schutzmaßnahmen nach DIN VDE 0701-0702 [2.13] (Hersteller in alphabetischer Reihenfolge, unverbindliche Preisangabe)

433

Bezeich-nung	Geräteausführung – Daten	Hersteller	Preise 2015 in €
Metratester 5+	digitale Anzeige, Prüfung nach DIN VDE 0701-0702 [2.13], Schutzleiterwiderstand 0 … 20 Ω, Isolationswiderstand 0 … 2 MΩ, 0 … 20 MΩ, DC 500 V, Ersatzableitstrom 0 … 20 mA, Verbraucherstrom 0 … 16 A, Berührungsstrommessung 0 … 2 mA, Differenzstrommessung 0,01 … 19,99 mA	GMC-I [3.22]	740,00
Secutest S2N+ Secutest S2N+10	Koffergerät, Speicherprüfgerät nach DIN VDE 0701-0702 [2.13], digitale Anzeige mit Text für Messwerte und Bedienungsanleitung im LC-Anzeigenfeld; Funktionserweiterung durch integrierbaren Drucker, Speicher bis 200 Geräteprüfungen (PSI) und Texttastatur A bis Z, Schnittstelle für PC, Schutzleiterwiderstand 0 … 31 Ω, 10-A-Prüfstrom (Modell S2+10), Isolationswiderstand 0 … 310 MΩ, DC 500 V, Ersatzableitstrom 0 … 100 mA, 0 … 10 mA, Laststrom 0 … 16 A, Differenzstrom 0 … 30 mA, Wirkleistung 10 … 3 600 W, cosφ-Messung 0,1 … 1, Strommessung 0 … 10 A/120 A, Temperaturmessung 50 … 500 °C		1 715,00 2 015,00
Secutest Base	(200 mA Prüfstrom)		1 875,00
Secutest Base 10	(200 mA + 10 A Prüfstrom)		2 075,00
Secutest Pro	(200 mA + 10 A Prüfstrom) wie Secutest SII/III; trifft für alle drei Geräte zu: Anzeigefeld für Menüs, Einstellmöglichkeiten, Messergebnisse, Hinweise; Dateneingabe über Barcodeleser, USB-Tastatur oder Softkey-Tastatur, interner Speicher für 50 000 Prüfungen, TFT-Farbdisplay, Drehschalter mit 10 + 12 Positionen, 8 + 1 Prüfsequenz über Drehschalter, R_{PE}-Messung wird nach Bestätigung bewertet; Besonderheiten Secutest Pro: • bidirektionaler Datenaustausch über ETC und/oder USB-Stick, • Prüfung mit zwei Prüfsonden, • Schutzleiterstrom von Drehstromgeräten mittels Adapter, • Bedienung über Drehschalter und Touchscreen;		2 525,00

Tabelle 11.5 (Fortsetzung) Prüfgeräte verschiedener Hersteller für Schutzmaßnahmen nach DIN VDE 0701-0702 [2.13] (Hersteller in alphabetischer Reihenfolge, unverbindliche Preisangabe)

Bezeichnung	Geräteausführung – Daten	Hersteller	Preise 2015 in €
Secustar FM	Überprüfung der elektrischen Sicherheit von Geräten mit allen notwendigen Messungen, einfache Ergänzung durch individuelle Prüfschritte und -abläufe, Touchscreen-Monitor, USB-Schnittstelle, Datenspeicher für mehr als 1 000 Objekte, netzunabhängiger Betrieb über Akkumulatoren	GMC-I [3.22]	3 300,00
Eurotest 0701/0702 S	kleines Handgerät, digitale Anzeige, alle Messungen nach DIN VDE 0701-0702 [2.13], Schnittstelle RS-232, mit Auswerteprogramm, direkte Schutzleiter- und Berührungsstrommessung, Adapter für Schutzleiterstrommessung	H. J. Suck [3.30] Vertrieb über HT Instruments [3.27]	472,00

Tabelle 11.5 (Fortsetzung) Prüfgeräte verschiedener Hersteller für Schutzmaßnahmen nach DIN VDE 0701-0702 [2.13] (Hersteller in alphabetischer Reihenfolge, unverbindliche Preisangabe)

Mit den Geräten in **Bild 11.17, 11.19 sowie 11.22 bis 11.24** kann man außer den vorgenannten Grundmessungen (Schutzleiterwiderstand, Isolationswiderstand, Schutzleiterstrom, Berührungsstrom) ein Messprogramm starten, das teilweise menügeführt ist. Dabei werden auch ein Funktionstest ausgeführt und U, I, $\cos\varphi$ und P gemessen. Die ermittelten Werte werden gespeichert und können dann auf einem Drucker oder PC ausgegeben werden. Für den PC gibt es eine Software zur Erstellung von Prüfprotokollen. Zur Kennung der Geräte kann man Strichcode-Etiketten aufbringen, die mit einem Barcodeleser eingelesen werden können.

Bild 11.17 Prüfgerät nach DIN VDE 0701-0702 [2.13] „C.A 6107" (Foto: Chauvin Armoux [3.21])

Bild 11.18 Prüfgerät nach DIN VDE 0701-0702 [2.13] „Eurotest 701/702 S"
(Foto: Dipl.-Ing. *Wilfried Hennig*, Burgthann)

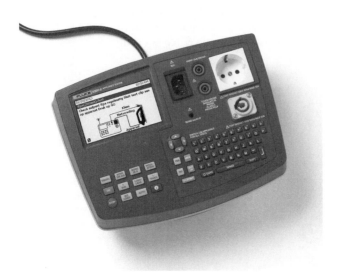

Bild 11.19 Prüfgerät nach DIN VDE 0701-0702 [2.13] „Fluke 6500-2"
(Foto: Fluke [3.24])

Bild 11.20 Prüfgerät nach DIN VDE 0701-0702 „Metratester 5-F" (Foto: GMC-I [3.22])

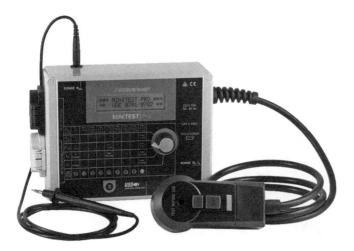

Bild 11.21 Prüfgerät nach DIN VDE 0701-0702 „Minitest Pro" (Foto: GMC-I [3.22])

Bild 11.22 Prüfgerät nach DIN VDE 0701-0702 „Secutest Pro" (Foto: GMC-I [3.22])

Bild 11.23 Prüfgerät nach DIN VDE 0701-0702 „Secutest-S II" (Foto: GMC-I [3.22])

Das Gerät Secutest Pro in Bild 11.22 verfügt über bidirektionalen Datenaustausch über ETC und/oder USB-Stick, Prüfung mit zwei Sonden, Schutzleiterstrommessung von Drehstromgeräten mittels Adapter sowie Touchscreen.

Bei dem Gerät Secutest-S II in Bild 11.23 besteht die Möglichkeit, als Zusatz im Deckel einen Speicher mit Streifendrucker „PSI-Modul" unterzubringen. Dort kann man auch Texte alphanumerisch eingeben und Messwerte für bis zu 200 Protokolle speichern. Die Schutzleiterprüfung über die „Sonde" erfolgt in Vierleiterschaltung, d. h., die Sondenleitung wird kompensiert.

Mit dem Secustar FM kommt von GMC-I [3.22] ein neues modulares Prüfsystem auf den Markt, welches die Forderungen gemäß der Normenreihen DIN VDE 0404 und DIN EN 61557 (**VDE 0413**) erfüllt (Bild 11.24).

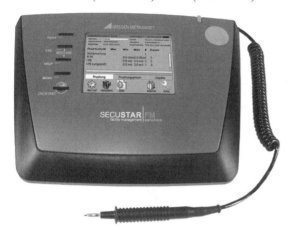

Bild 11.24 Secustar FM – modulares Prüfsystem (Foto: GMC-I [3.22])

Im Rahmen der Geräteprüfung werden gemessen:

- Schutzleiterwiderstand,
- Isolationswiderstand,
- Schutzleiterstrom,
- Berührungsstrom,
- Patientenableitstrom.

Abschließend erfolgt ein Funktionstest mit Leistungsanalyse.

In Vorbereitung sind:

- Netzstör- und Oberschwingungsanalyse,
- Anlagenprüfung (Schleifenimpedanzmessung, PRCD-Test, RCD-Test),
- Messungen über Sensoren (Temperatur, Luftfeuchte, Beleuchtungsstärke, Messung mit Stromzangen).

Dieses Gerät verfügt über umfangreiche Protokollierfunktionen, die die entsprechenden gesetzlichen Forderungen erfüllen. Ebenso sind Datenschnittstellen USB (für Anschluss von PC, Drucker oder Sensor), Ethernet und RS-232 vorhanden. Die Dateneingabe erfolgt über Softkeys oder über externe Tastatur.

Weiterhin wird die Prüfung des richtigen Netzanschlusses ermöglicht (Spannung am PE, PE und L vertauscht, N unterbrochen, Berührungsspannung am PE u. a.).

12 Prüfung elektromedizinischer Geräte nach DIN EN 62353 (VDE 0751-1) [2.151][31)](#)

12.1 Anforderungen

Allgemeine Anforderungen (Abschnitt 4.1 der Norm)

Die folgenden Anforderungen gelten für

- Prüfungen vor der Inbetriebnahme,
- Wiederholungsprüfungen und
- Prüfungen nach Instandsetzung.

Die Anzahl und der Umfang von Prüfungen muss so gewählt werden, dass sicherge-stellt wird, ausreichend Informationen und Prüfergebnisse zur Beurteilung der Si-cherheit des medizinischen elektrischen Geräts (ME-Geräts) zu erhalten.

Die Angaben des Herstellers müssen berücksichtigt werden.

Anmerkung 1: Der Hersteller muss in der Gebrauchsanweisung oder in anderen Be-gleitpapieren (z. B. für die Wartung) die notwendigen Messvorgaben und -verfahren festlegen; dies kann auch das Entfallen jeglicher Prüfung bedeuten.

Anmerkung 2: Bei ME-Systemen muss der Verantwortliche, der das System zusam-mengestellt hat, die notwendigen Messvorgaben und -verfahren, wie in DIN EN 60601-1-1 (**VDE 0750-1-1**) [2.158] gefordert, festlegen.

Anmerkung 3: Wenn vom Hersteller keine Anforderungen an die Wartung festgelegt wurden, darf auch eine verantwortliche Organisation mit angemessener Sachkennt-nis Anforderungen an die Wartung stellen. Angemessene Sachkenntnis enthält, ist jedoch nicht darauf beschränkt, die Kenntnis der und die Erfahrung mit den maßgeb-lichen Normen wie die Reihe DIN EN 60601 (**VDE 0750**), einschließlich Risikoma-nagement, DIN EN 60950 (**VDE 0805**), DIN EN 61010 (**VDE 0410**) und den örtli-chen Bestimmungen.

Die in Abschnitt 12.4 dieses Buchs beschriebenen Prüfungen sind die Grundlage für die Festlegung des Umfangs der Prüfungen von ME-Geräten und ME-Systemen, die nach DIN EN 60601-1 (**VDE 0750-1**) [2.153] entwickelt und gebaut sind.

Diese Prüfungen müssen von qualifiziertem Personal durchgeführt werden. Die Qua-lifikation muss die fachliche Ausbildung, Wissen und Erfahrung sowie Kenntnis der relevanten Technologien, Normen und örtlichen Bestimmungen umfassen. Personal, das die Sicherheit beurteilt, muss mögliche Auswirkungen und Gefahren erkennen

---

[31)] Textauszüge aus der Norm DIN EN 62353 (**VDE 0751-1**):2008-08 [2.151]

können, welche durch nicht den Anforderungen entsprechende Geräte hervorgerufen werden.

Jedes einzelne Gerät eines ME-Systems, das einen eigenen Anschluss an das Versorgungsnetz hat oder ohne Zuhilfenahme eines Werkzeugs an das Versorgungsnetz angeschlossen bzw. von diesem getrennt werden kann, muss einzeln geprüft werden. Zusätzlich muss das ME-System als Gesamteinheit geprüft werden, um eine Situation zu vermeiden, in der die „Alterung" einzelner Geräte in der Summe zu unvertretbaren Werten führen kann.

Ein ME-System, das mit einer Mehrfachsteckdose an das Versorgungsnetz angeschlossen ist, muss bei den Prüfungen wie ein einzelnes Gerät behandelt werden.

Wenn das ME-System oder ein Teil davon über einen Trenntransformator an das Versorgungsnetz angeschlossen ist, muss der Transformator in die Messungen einbezogen werden.

In ME-Systemen, bei denen mehr als ein ME-Gerät über Datenleitungen oder anderweitig, z. B. durch elektrisch leitende Befestigungen oder Kühlwasserrohre, miteinander verbunden sind, ist der Schutzleiterwiderstand bei jedem einzelnen Gerät zu prüfen.

Können einzelne ME-Geräte, die durch eine Funktionsverbindung zu einem ME-System zusammengefügt sind, aus technischen Gründen nicht einzeln geprüft werden, ist das ME-System als Ganzes zu prüfen.

Zubehör von ME-Geräten, das die Sicherheit des zu prüfenden Geräts oder die Messergebnisse beeinflussen kann, muss in die Prüfung einbezogen werden. In die Prüfung einbezogenes Zubehör ist zu dokumentieren.

Alle abnehmbaren Netzanschlussleitungen, die zum Gebrauch bereitgehalten werden, sind zu besichtigen, und der jeweilige Schutzleiterwiderstand muss nach Abschnitt 12.4.3.2 dieses Buchs gemessen werden.

Alle Prüfungen müssen so durchgeführt werden, dass keine Gefährdungen für Prüfpersonal, Patienten oder Dritte entstehen.

Sofern nicht anderweitig angegeben, sind alle Werte für Spannung und Strom Effektivwerte einer Wechsel-, Gleich- oder Mischspannung bzw. eines Wechsel-, Gleich- oder Mischstroms.

Begriffe

Berührbares leitfähiges Teil

Jedes Teil des ME-Geräts, ausgenommen des Anwendungsteils, das für den Patienten bzw. den mit dem Patienten in Berührung stehenden Bediener berührbar ist oder mit dem Patienten in Verbindung kommen kann.

Anmerkung: Andere berührbare Teile müssen ihren jeweiligen Sicherheitsanforderungen entsprechen.

Anwendungsteil

Teil des ME-Geräts, das beim bestimmungsgemäßen Gebrauch zwangsläufig in physischen Kontakt mit dem Patienten kommt, damit das ME-Gerät oder ein ME-System seine Funktion erfüllen kann.

Ableitstrom vom Anwendungsteil

Strom, der von Netzteilen und berührbaren leitfähigen Teilen des Gehäuses zu den Anwendungsteilen fließt – DIN EN 62353 (**VDE 0751-1**):2008-08 [2.151].

Schutzklasse I

Begriff, der sich auf ein elektrisches Gerät bezieht, bei dem der Schutz gegen elektrischen Schlag nicht nur von der Basisisolierung abhängt, sondern das eine zusätzliche Sicherheitsvorkehrung enthält, bei der an berührbaren Teilen aus Metall oder internen Teilen aus Metall Maßnahmen vorgesehen sind, damit sie mit dem Schutzleiter verbunden sind.

Schutzklasse II

Begriff, der sich auf ein elektrisches Gerät bezieht, bei dem der Schutz gegen elektrischen Schlag nicht nur von der Basisisolierung abhängt, sondern bei dem zusätzliche Sicherheitsvorkehrungen wie doppelte oder verstärkte Isolierung, vorhanden sind. Es bestehen keine Vorkehrungen für einen Schutzleiteranschluss und keine zuverlässigen Installationsbedingungen.

Anmerkung: ME-Geräte der Schutzklasse II können mit einem Funktionserdanschluss oder einem Funktionserdleiter versehen sein.

Geräteableitstrom

Strom, der von Netzteilen über den Schutzleiter sowie über berührbare leitfähige Teile des Gehäuses und Anwendungsteile zur Erde fließt.

Isoliertes (erdfreies) Anwendungsteil des Typs F (in DIN EN 62353 (VDE 0751-1) [2.151]: Anwendungsteil des Typs F)

Anwendungsteil, bei dem die Patientenanschlüsse von anderen Teilen des ME-Geräts derart isoliert sind, dass kein höherer Strom als der zulässige Patientenableitstrom fließt, wenn eine ungewollte Spannung aus einer externen Quelle mit dem Patienten in Verbindung kommt und dadurch zwischen dem Patientenanschluss und der Erde anliegt.

Anmerkung: Anwendungsteile des Typs F sind entweder Anwendungsteile des Typs BF oder Anwendungsteile des Typs CF.

Medizinisches elektrisches Gerät – ME-Gerät

Elektrisches Gerät, das ein Anwendungsteil hat oder das Energie zum oder vom Patienten überträgt bzw. eine solche Energieübertragung zum oder vom Patienten anzeigt und für das Folgendes gilt:

a) ausgestattet mit nicht mehr als einem Anschluss an ein bestimmtes Versorgungsnetz und

b) von seinem Hersteller zu folgendem Gebrauch bestimmt:

  1) Diagnose, Behandlung oder Überwachung eines Patienten oder

  2) Kompensation oder Linderung einer Krankheit, Verletzung oder Behinderung.

Anmerkung 1: Zum ME-Gerät gehört das Zubehör, das durch den Hersteller bestimmt wird und das erforderlich ist, um den bestimmungsgemäßen Gebrauch des ME-Geräts zu ermöglichen.

Anmerkung 2: Nicht alle elektrischen Geräte, die in der medizinischen Praxis verwendet werden, fallen unter diesen Begriff (z. B. In-vitro-Diagnosegeräte).

Anmerkung 3: Die implantierbaren Teile von aktiven implantierbaren medizinischen Geräten können unter diesen Begriff fallen, sie sind jedoch vom Anwendungsbereich der DIN EN 60601-1 (**VDE 0750-1**) [2.153] ausgeschlossen.

Medizinisches elektrisches System – ME-System

Kombination von einzelnen Geräten, wie vom Hersteller festgelegt, von denen mind. eines ein ME-Gerät sein muss und die durch eine Funktionsverbindung oder durch den Gebrauch einer Mehrfachsteckdose zusammengeschlossen sind.

Anmerkung 1: Wenn das Wort „Gerät" in DIN EN 62353 (**VDE 0751-1**) [2.151] erwähnt wird, sollte damit auch das ME-Gerät gemeint sein.

Anmerkung 2: Zum ME-System gehört das Zubehör, das durch den Hersteller bestimmt wird und das erforderlich ist, um den bestimmungsgemäßen Gebrauch des ME-Systems zu ermöglichen.

Patientenableitstrom

Strom,

- der von den Patientenanschlüssen über den Patienten zur Erde fließt oder

- der durch eine ungewollte Fremdspannung am Patienten verursacht wird und von diesem über die Patientenanschlüsse eines Anwendungsteils des Typs F zur Erde fließt.

Bezugswert

Wert, der für die Beurteilung nachfolgender Messungen dokumentiert wird.

Berührungsstrom

Ableitstrom, der vom Gehäuse oder von Teilen davon – ausgenommen Patientenanschlüsse –, die durch den Bediener oder den Patienten im bestimmungsgemäßen Gebrauch berührbar sind, durch eine externe Verbindung, außer dem Schutzleiter, zur Erde oder zu einem anderen Teil des Gehäuses fließt.

Anmerkung: Die Bedeutung dieses Begriffs ist die gleiche wie die des „Gehäuse-ableitstroms" in der ersten und zweiten Ausgabe von DIN EN 60601-1 (**VDE 0750-1**) [2.153]. Der Ausdruck wurde geändert, um ihn der DIN EN 60950-1 (**VDE 0805-1**) [2.159] anzupassen und um die Tatsache widerzuspiegeln, dass die Messung nun auch auf Teile angewendet wird, die üblicherweise mit dem Schutzleiter verbunden sind.

Anwendungsteil des Typs B

Anwendungsteil, das die in DIN EN 60601-1 (**VDE 0750-1**) [2.153] festgelegten Anforderungen einhält, einen Schutz gegen elektrischen Schlag zu gewähren, insbesondere unter Beachtung des zulässigen Patientenableitstroms und Patientenhilfsstroms.

Anmerkung 1: Ein Anwendungsteil des Typs B ist mit dem Bildzeichen IEC 60417 – 5840 [2.76] ⃗ gekennzeichnet oder, falls eingestuft als defibrillationsgeschützt, mit dem Bildzeichen IEC 60417 – 5841 [2.76] '⃗'.

Anmerkung 2: Anwendungsteile des Typs B sind nicht für die direkte Anwendung am Herzen geeignet.

Anwendungsteil des Typs BF

Anwendungsteil des Typs F, das die in DIN EN 60601-1 (**VDE 0750-1**) [2.153] festgelegten Anforderungen einhält, einen höherwertigen Schutz gegen elektrischen Schlag zu gewähren als Anwendungsteile des Typs B.

Anmerkung 1: Ein Anwendungsteil des Typs BF ist mit dem Bildzeichen IEC 60417 – 5333 [2.76] ⊡ gekennzeichnet oder, falls eingestuft als defibrillationsgeschützt, mit dem Bildzeichen IEC 60417 – 5334 [2.76] ⊡.

Anmerkung 2: Anwendungsteile des Typs BF sind nicht für die direkte Anwendung am Herzen geeignet.

12.2 Prüfen vor Inbetriebnahme, nach Änderungen und nach Instandsetzungen (Abschnitt 4.2 der DIN EN 62353 (VDE 0751-1) [2.151])

Vor dem ersten bestimmungsgemäßen Einsatz

- von neuen oder abgeänderten ME-Geräten oder ME-Systemen,
- von noch nicht nach Abschnitt 12.4 dieses Buchs geprüften ME-Geräten oder ME-Systemen oder
- nach Instandsetzung von ME-Geräten oder ME-Systemen

müssen die in Abschnitt 12.4 dieses Buchs angeführten Prüfungen durchgeführt werden. Die Ergebnisse dieser Messungen entsprechen dem „Bezugswert" und müssen zusammen mit dem Messverfahren als Vergleichsgrundlage für zukünftige Messungen dokumentiert werden.

Nach jeder Instandsetzung und/oder Änderung eines ME-Geräts muss die Übereinstimmung mit den zutreffenden Anforderungen der Normen, die bei der Entwicklung des Geräts verwendet wurden, beurteilt und nachgewiesen werden. Dies muss durch eine qualifizierte und befugte Person erfolgen.

Der Umfang der Prüfungen nach dieser Norm DIN EN 62353 (**VDE 0751-1**) [2.151] muss der Art der Instandsetzung oder Änderung entsprechen.

12.3 Wiederholungsprüfung (Abschnitt 4.3 der DIN EN 62353 (VDE 0751-1) [2.151])

Bei der Wiederholungsprüfung sind die in Abschnitt 12.4 dieses Buchs beschriebenen Prüfungen durchzuführen.

Die bei diesen Prüfungen ermittelten Werte sind gemeinsam mit dem Messverfahren zu dokumentieren und zu bewerten. Die Messwerte dürfen nicht über den in den Tabellen 12.2 und 12.3 bzw. im Anhang E der DIN EN 62353 (**VDE 0751-1**) [2.151] festgelegten zulässigen Grenzwerten liegen.

Falls die Messwerte zwischen 90 % und 100 % des zulässigen Grenzwerts betragen, sind die zuvor gemessenen Werte (Bezugswerte) zur Beurteilung der elektrischen Sicherheit des ME-Geräts oder ME-Systems heranzuziehen. Stehen keine derartigen, zuvor gemessenen Werte zur Verfügung, müssen verkürzte Fristen zwischen den anstehenden Wiederholungsprüfungen erwogen werden.

ME-Systeme sind einer Sichtprüfung zu unterziehen, um festzustellen, ob die Konfiguration die gleiche wie bei der vorausgegangenen Inspektion ist oder ob einzelne Einheiten des ME-Systems ausgetauscht, neu hinzugefügt oder entfernt wurden. Derartige Änderungen sowie jegliche Änderung der Konfiguration des ME-Systems sind zu dokumentieren und heben die Gültigkeit der zuvor bestimmten Bezugswerte auf. Die nach Änderungen eines ME-Systems erhaltenen Messergebnisse/-werte sind als Bezugswerte zu dokumentieren.

12.4 Prüfungen (Abschnitt 5 der DIN EN 62353 (VDE 0751-1) [2.151])

12.4.1 Allgemeines

Vor dem Prüfen sind Begleitpapiere einzusehen, um festzustellen, welche Empfehlungen der Hersteller zur Instandhaltung, einschließlich aller zu berücksichtigenden speziellen Bedingungen und Vorkehrungen, gibt.

Anmerkung: Die empfohlene Reihenfolge der durchzuführenden Prüfungen ist in **Bild 12.1** festgelegt.

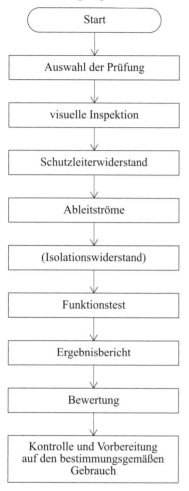

Bild 12.1 Prüffolge

Die Prüfungen dürfen unter den am Prüfort herrschenden Bedingungen bezüglich Umgebungstemperatur, Luftfeuchte und Luftdruck durchgeführt werden. Die Anforderungen an die Versorgungsspannung, wie in DIN EN 60601-1 (**VDE 0750-1**) [2.153] festgelegt, brauchen nicht eingehalten werden.

447

12.4.2 Inspektion durch Besichtigung

Abdeckungen und Gehäuse müssen lediglich geöffnet werden, wenn es:

- in den Begleitpapieren des ME-Geräts oder ME-Systems gefordert wird oder
- in dieser Norm DIN EN 62353 (**VDE 0751-1**) [2.151] gefordert wird oder
- es Anzeichen für unzureichende Sicherheit gibt.

Besondere Aufmerksamkeit muss Folgendem gewidmet werden:

- Alle von außen zugänglichen Sicherungseinsätze entsprechen den vom Hersteller angegebenen Werten (Bemessungswert des Stroms, Abschmelzcharakteristik);
- die sicherheitsbezogenen Kennzeichnungen, Schilder und Aufschriften sind lesbar und vollständig;
- die mechanischen Teile sind unversehrt;
- jeglicher Beschädigung oder Verschmutzung;
- Beurteilung des relevanten Zubehörs zusammen mit dem ME-Gerät oder ME-System (z. B. feste oder abnehmbare Netzanschlussleitung, Patientenleitungen, Schläuche);
- die notwendigen Unterlagen sind verfügbar und entsprechen dem aktuellen Stand des ME-Geräts oder ME-Systems.

Nach einer Prüfung, Instandsetzung oder Einstellung ist zu überprüfen, ob das ME-Gerät oder ME-System wieder in den für den bestimmungsgemäßen Gebrauch notwendigen Zustand versetzt wurde, bevor es wieder eingesetzt wird.

12.4.3 Messungen

12.4.3.1 Allgemeines

Anforderungen an die Messeinrichtung siehe Anhang C der DIN EN 62353 (**VDE 0751-1**) [2.151].

Vor dem Prüfen muss das ME-Gerät oder ME-System, wenn möglich, vom Versorgungsnetz getrennt werden. Ist dies nicht möglich, müssen für das Personal, das Prüfungen und Messungen durchführt, und für andere möglicherweise betroffene Personen spezielle Maßnahmen zum Verhindern von Gefährdungen ergriffen werden.

Verbindungsleitungen wie Datenleitungen und Leiter für die Funktionserde können Schutzleiterverbindungen vortäuschen. Derartige zusätzliche, jedoch unbeabsichtigte Schutzleiterverbindungen können zu fehlerhaften Messungen führen.

Kabel und Leitungen, z. B. Netzanschlussleitungen, Messleitungen und Datenleitungen, müssen so angeordnet sein, dass ihr Einfluss auf die Messung auf ein Mindestmaß beschränkt ist.

Wo es zweckmäßig erscheint, ist eine Messung des Isolationswiderstands nach Abschnitt 12.4.3.4 dieses Buchs durchzuführen. Diese Messung darf nicht vorgenommen werden, wenn sie vom Hersteller in den Begleitpapieren ausgeschlossen wurde.

12.4.3.2 Messung des Schutzleiterwiderstands

Allgemeines

Bei ME-Geräten der Schutzklasse I ist nachzuweisen, dass durch den Schutzleiter eine ordnungsgemäße und sichere Verbindung aller berührbaren leitfähigen Teile, die im Fehlerfall spannungsführend werden können, entweder mit dem Schutzleiteranschluss des Netzsteckers von steckbaren Geräten oder mit dem Schutzleiteranschluss von fest angeschlossenen Geräten besteht.

Zur Beurteilung der Unversehrtheit des Schutzleiters der Netzanschlussleitung muss die Leitung über die gesamte Länge während der Messung bewegt werden. Wenn beim Bewegen Änderungen im Widerstand beobachtet werden, muss angenommen werden, dass der Schutzleiter beschädigt ist oder keine ausreichende Verbindung besteht.

Messbedingungen

Die Messung muss mit einer Messeinrichtung durchgeführt werden, die eine Stromstärke von mind. 200 mA bei 500 mΩ erreicht. Die Leerlaufspannung darf 24 V nicht überschreiten.

Bei Verwendung von Gleichstrom ist die Messung mit entgegengesetzter Polarität zu wiederholen. Beide gemessenen Widerstandswerte dürfen den zulässigen Wert nicht überschreiten. Der höhere Wert muss dokumentiert werden.

Der Schutzleiterwiderstand darf folgende Werte nicht überschreiten:

a) Bei ME-Geräten oder ME-Systemen mit nicht abnehmbarer Netzanschlussleitung darf der Widerstand zwischen dem Schutzleiter des Netzsteckers und den schutzleiterverbundenen, berührbaren leitfähigen Teilen des ME-Geräts oder ME-Systems 300 mΩ nicht überschreiten (siehe **Bild 12.2**).

b) Bei ME-Geräten oder ME-Systemen mit abnehmbarer Netzanschlussleitung darf der Widerstand zwischen dem Schutzleiter des Gerätesteckers und den schutzleiterverbundenen, berührbaren leitfähigen Teilen des ME-Geräts oder ME-Systems 200 mΩ nicht überschreiten. Für die abnehmbare Netzanschlussleitung selbst darf der Widerstand zwischen den Schutzleiterkontakten an jedem Ende 100 mΩ nicht überschreiten. Wenn die abnehmbare Netzanschlussleitung mit dem ME-Gerät oder dem ME-System zusammen gemessen wird, darf der Widerstand 300 mΩ nicht überschreiten (siehe Bild 12.2).

Weitere zum Gebrauch bereitgehaltene abnehmbare Netzanschlussleitungen sind ebenfalls zu messen.

c) In fest angeschlossenen ME-Geräten muss die Schutzleiterverbindung zum Versorgungsnetz nach **Bild 12.3** geprüft werden. Der Widerstand zwischen dem Schutzleiteranschluss des ME-Geräts oder ME-Systems und den schutzleiterverbundenen, berührbaren leitfähigen Teilen des Geräts, die im Fehlerfall spannungsführend werden können, darf nicht größer als 300 mΩ sein. Bei der Prüfung wird kein Schutzleiter abgeklemmt.

Bei Messungen nach Bild 12.3 darf der Widerstand der Schutzleiterverbindungen des Versorgungsnetzes berücksichtigt werden.

d) Bei einem ME-System mit Mehrfachsteckdose darf der Gesamtwiderstand zwischen dem Schutzleiter des Netzsteckers der Mehrfachsteckdose und allen schutzleiterverbundenen, berührbaren leitfähigen Teilen des ME-Systems, 500 mΩ nicht überschreiten.

$\sim$	Versorgungsnetz	$\perp$	Schutzerde (Erde)
L, N	Versorgungsnetzan-schlussklemmen	PE	Schutzleiteranschluss
MP	Netzteil	AP	Anwendungsteil
AP	Anwendungsteil des Typs F	AP1, AP2	Anwendungsteile mit verschiedenen Funktionen
MD	Messanordnung (siehe Bild C.1 in DIN EN 62353 (**VDE 0751-1**) [2.151]	M	Differenzstrommess-einrichtung mit Frequenzgang wie MD
Ω	Widerstandsmessein-richtung	MΩ	Isolationswiderstands-messeinrichtung
N. C.	Normalzustand	S. F. C.	erster Fehler
	Verbindung zu berührbaren leitfähigen Teilen, die nicht mit dem Schutzleiter verbunden sind		Verbindung zu berührbaren leitfähigen Teilen
....	optionale Verbindung		

Tabelle 12.1 Legende der Abkürzungen und Bildzeichen

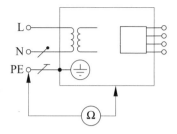

Bild 12.2 Messkreis für die Messung des Schutzleiterwiderstands bei ME-Geräten, die vom Versorgungsnetz getrennt sind – Legende siehe Tabelle 12.1

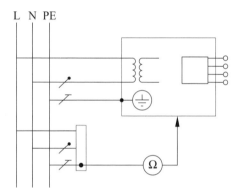

Bild 12.3 Messkreis für die Messung des Schutzleiterwiderstands in ME-Geräten oder ME-Systemen, die aus betrieblichen Gründen nicht vom Versorgungsnetz getrennt werden können, oder bei ME-Geräten bzw. ME-Systemen, die an das Versorgungsnetz fest angeschlossen sind – Legende siehe Tabelle 12.1

12.4.3.3   Ableitströme

Allgemeines

Abhängig vom ME-Gerät oder ME-System kann zum Messen der Geräteableitströme oder des Ableitstroms vom Anwendungsteil eines der folgenden Verfahren angewendet werden:

a) Ersatzmessung[32],

b) Direktmessung,

c) Differenzstrommessung.

Die Ableitströme dürfen die Werte nach **Tabelle 12.2** nicht überschreiten.

Dies gilt sowohl für ME-Geräte bzw. ME-Systeme als auch für Nicht-ME-Geräte in der Patientenumgebung.

Bei Geräten, bei denen Isolierungen im Netzteil nicht in die Messung einbezogen werden (z. B. durch ein Relais, das nur im Betriebszustand geschlossen ist), sind lediglich die Verfahren b) und c) anwendbar.

Bei ME-Geräten der Schutzklasse I darf die Ableitstrommessung nur nach bestandener Schutzleiterprüfung durchgeführt werden.

Die Messung des Geräteableitstroms muss so durchgeführt werden, dass sie zu dem gleichen Resultat führt wie bei der Messung beim ersten Fehler[33].

Bei fest angeschlossenen ME-Geräten ist die Messung des Geräteableitstroms nicht erforderlich, wenn die Schutzmaßnahmen gegen elektrischen Schlag im Versorgungsnetz DIN VDE 0100-710 [2.81] („Medizinisch genutzte Bereiche") entsprechen und die Prüfungen dazu regelmäßig durchgeführt werden.

Das Gerät muss in allen bestimmungsgemäßen Funktionszuständen (z. B. Schalterstellungen) gemessen werden, die den Ableitstrom beeinflussen. Der dabei festgestellte höchste Wert und die entsprechende Funktion, falls zutreffend, sind zu dokumentieren. Die Angaben des Herstellers sind einzuhalten.

Messungen nach DIN EN 60601-1 (**VDE 0750-1**) (alle Ausgaben) dürfen durchgeführt werden, wenn der Schutz des Prüfpersonals und der Umgebung sichergestellt ist. Bezüglich der zulässigen Werte wird auf die **Tabelle 12.3** dieses Buchs sowie die Tabellen in Anhang E der DIN EN 62353 (**VDE 0751-1**) [2.151] verwiesen.

Der Messwert muss auf den Wert, der einer Messung beim Nennwert der Netzspannung entspricht, korrigiert werden.

Die DIN EN 62353 (**VDE 0751-1**) [2.151] beinhaltet keine Messverfahren und zulässigen Werte für Geräte, die Gleichstromableitströme erzeugen. Verlangt der Hersteller eine Gleichstromprüfung, muss er Angaben in den Begleitpapieren machen, und es gelten die in DIN EN 60601-1 (**VDE 0750-1**) [2.153] angegebenen DC-Grenzwerte.

---

[32] Hierzu möchte ich anmerken, dass ich mit der „Ersatzmessung" (in DIN VDE 0701-0702 [2.13]: Ersatzableitstrommessung) bereits mehrfach schlechte Erfahrungen gemacht habe. Es gab Prüflinge, bei denen die Ersatzableitstrommessung (mit kleinen Spannungen ausgeführt) ein gutes Ergebnis brachte und trotzdem die Fehlerstromschutzeinrichtung (RCD) bzw. beim Funktionstest die Überstromschutzeinrichtung auslöste. Die Prüfung mit Nennspannung – in Form der Differenzstrommessung – ist auch hierbei sicher die bessere Wahl. „Fehler" schlagen bei höheren Spannungen eher durch als bei kleinen.

[33] Nationale Fußnote: Als erster Fehler ist die Fehlerbedingung PE unterbrochen zu verstehen.

452

ME-Geräte oder ME-Systeme, die an das Versorgungsnetz angeschlossen werden können, müssen nach den Bildern 12.4 bis 12.8 geprüft werden. ME-Geräte oder ME-Systeme, die von einer Geräteeigenen Stromversorgung betrieben werden, dürfen nur nach Bild 12.9 geprüft werden. Diese Prüfung gilt nur für ME-Geräte oder ME-Systeme, die von einer geräteeigenen Stromversorgung betrieben werden und in einem Fehlerfall für den Patienten gefährdende oder schädigende Patientenableitströme erzeugen können.

Bei Geräten in Mehrphasensystemen kann die Messung des Ableitstroms nach dem Alternativverfahren (Ersatzmessung) zu Stromstärken führen, die den in Tabelle 12.2 angegebenen zulässigen Höchstwert überschreiten. In diesem Fall muss die Messung mit dem Gerät im Betriebszustand vorgenommen werden, z. B. mittels einer Direkt- oder Differenzstrommessung.

Messung des Geräteableitstroms

Anwendbarkeit

Diese Messung ist für Geräte mit geräteeigener Stromversorgung nicht anwendbar.

Ersatzmessung

Das Gerät wird vom Netz getrennt und der Geräteableitstrom entsprechend **Bild 12.4** gemessen.

Anmerkung 1: Bei ME-Geräten der Schutzklasse I kann es erforderlich sein, die Ableitströme von den berührbaren leitfähigen Teilen, die nicht an den Schutzleiter angeschlossen sind, getrennt zu messen (siehe Tabelle 12.2).

Anmerkung 2: ME-Geräte der Schutzklasse I müssen bei dieser Messung nicht isoliert von Erde aufgestellt werden.

Schalter im Netzteil müssen bei der Messung wie im Betriebszustand geschlossen sein, um alle Isolierungen des Netzteils in die Messung einzubeziehen.

Wenn der gemessene Wert der Ersatzmessung 5 mA überschreitet, müssen andere Messverfahren durchgeführt werden.

Schutzklasse I

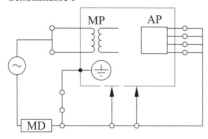

Schutzklasse II

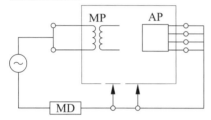

Bild 12.4 Messkreis für die Messung des Geräteableitstroms – Ersatzmessung (Legende siehe Tabelle 12.1)

Direktmessung

Die Messungen werden durchgeführt:

- bei Netzspannung und
- in jeder Position des Netzsteckers, falls anwendbar und
- **nach Bild 12.5.**

Wenn Messungen in verschiedenen Stellungen des Netzsteckers durchgeführt werden können, muss der höhere Wert dokumentiert werden.

Anmerkung 1: Im Fall eines IT-Stromversorgungssystems erfordert diese Messung einen speziellen Messkreis, z. B. Messgerät mit integriertem TN-System.

Während der Messung muss das Gerät, mit Ausnahme des Schutzleiters in der Netzanschlussleitung, von Erde getrennt sein. Andernfalls ist das Verfahren der Direktmessung nicht anwendbar.

Anmerkung 2: Ein Erdpotential kann z. B. durch externe Datenleitungen eingebracht werden.

Anmerkung 3: Beim Messen des Geräteableitstroms von ME-Geräten der Schutzklasse I ist besondere Vorsicht geboten, da durch eine Unterbrechung der Schutzleiterverbindung Personen gefährdet werden können.

Anmerkung 4: In ME-Geräten der Schutzklasse I kann es erforderlich sein, die Ableitströme von berührbaren leitfähigen Teilen, die nicht an den Schutzleiter angeschlossen sind, getrennt zu messen (siehe Tabelle 12.2).

Differenzstrommessung

Die Messungen werden durchgeführt:

* bei Netzspannung und

* in jeder Position des Netzsteckers, falls anwendbar, und

* nach **Bild 12.6**.

Wenn Messungen in verschiedenen Stellungen des Netzsteckers durchgeführt werden können, muss der höhere Wert dokumentiert werden.

Anmerkung 1: Im Fall eines IT-Stromversorgungssystems erfordert diese Messung einen speziellen Messkreis, z. B. Messgerät mit TN-Systemnachbildung.

Beim Messen geringer Ableitströme müssen die Angaben des Herstellers hinsichtlich der Beschränkungen der Messeinrichtung beachtet werden.

Anmerkung 2: In ME-Geräten der Schutzklasse I kann es erforderlich sein, die Ableitströme von berührbaren leitfähigen Teilen, die nicht an den Schutzleiter angeschlossen sind, getrennt zu messen (unterschiedliche zulässige Werte, siehe Tabelle 12.2).

Schutzklasse I

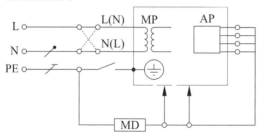

Schutzklasse II

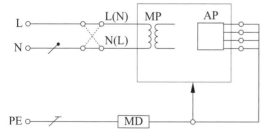

Bild 12.5 Messkreis für die Messung des Geräteableitstroms – Direktmessung (das zu prüfende Gerät muss von Schutzerde getrennt sein, Legende siehe Tabelle 12.1)

Messung des Ableitstroms vom Anwendungsteil

Allgemeines

Die Messung des Ableitstroms vom Anwendungsteil muss an folgenden Geräten vorgenommen werden:

- Bei Anwendungsteilen des Typs B ist üblicherweise keine getrennte Messung erforderlich. Die Anwendungsteile werden an das Gehäuse angeschlossen (siehe Bilder) und bei der Messung des Gehäuseableitstroms mit erfasst, wobei dieselben zulässigen Werte gelten.
  Anmerkung: Eine zusätzliche Messung des Ableitstroms von Anwendungsteilen des Typs B muss nur durchgeführt werden, wenn es vom Hersteller gefordert wird (siehe Begleitpapiere).

- Bei einem Anwendungsteil des Typs F muss von allen miteinander verbundenen Patientenanschlüssen einer Einzelfunktion des Anwendungsteils nach Bild 12.7, Bild 12.8 oder Bild 12.9 gemessen werden bzw. ist nach den Angaben des Herstellers vorzugehen.

- Bei Prüfung von ME-Geräten mit mehreren Anwendungsteilen sind diese nacheinander anzuschließen und die Messergebnisse mit den Grenzwerten nach Tabelle 12.2 zu bewerten; Anwendungsteile, die nicht in die Messung einbezogen sind, bleiben offen.

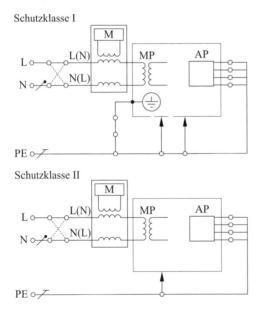

Bild 12.6 Messkreis für die Messung des Geräteableitstroms – Differenzstrommessung (Legende siehe Tabelle 12.1)

Zulässige Werte siehe Tabellen 12.2 und 12.3 sowie Anhang E der DIN EN 62353 (**VDE 0751-1**) [2.151].

Ersatzmessung

Bei ME-Geräten mit einem Anwendungsteil des Typs F werden die Messungen für netzbetriebene ME-Geräte entsprechend **Bild 12.7** durchgeführt.

Schutzklasse I

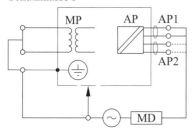

Schutzklasse II

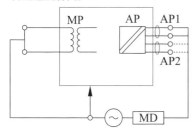

Bild 12.7 Messkreis für die Messung des Ableitstroms von Anwendungsteilen des Typs F – Ersatzmessung (Legende siehe Tabelle 12.1)

Direktmessung

Die Messungen werden durchgeführt:

- bei Netzspannung und
- in jeder Position des Netzsteckers, falls anwendbar, und
- nach **Bild 12.8** oder
- nach **Bild 12.9** an ME-Geräten mit einer geräteeigenen Stromversorgung.

Anmerkung: Im Fall eines IT-Stromversorgungssystems erfordert diese Messung einen speziellen Messkreis, z. B. Messgerät mit TN-Systemnachbildung.

Schutzklasse I

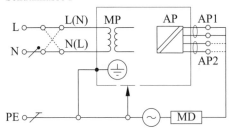

Schutzklasse II

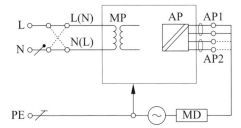

Bild 12.8 Messkreis für die Messung des Ableitstroms vom Anwendungsteil – Netzspannung am Anwendungsteil des Typs F – Direktmessung (Legende siehe Tabelle 12.1)

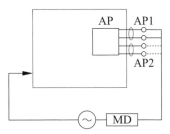

Bild 12.9 Messkreis für die Messung des Ableitstroms vom Anwendungsteil bei Geräten mit einer geräteeigenen Stromversorgung – Direktmessung (Legende siehe Tabelle 12.1)

Stromstärke in µA	Anwendungsteil		
	Typ B	**Typ BF**	**Typ CF**
Geräteableitstrom – Ersatzmessung (Bild 12.4)			
• Geräteableitstrom für berührbare leitfähige Teile von ME-Geräten der Schutzklasse I, die an den Schutzleiter angeschlossen sind oder nicht	1 000	1 000	1 000
• Geräteableitstrom für ME-Geräte der Schutzklasse II	500*	500*	500*
Geräteableitstrom – Direktmessung oder Differenzstrommessung (Bilder 12.5 oder 12.6)			
• Geräteableitstrom für berührbare leitfähige Teile von ME-Geräten der Schutzklasse I, die an den Schutzleiter angeschlossen sind oder nicht	500	500	500
• Geräteableitstrom für ME-Geräte der Schutzklasse II**	100*	100*	100*
Ableitstrom vom Anwendungsteil – Ersatzmessung (Wechselstrom) (Bild 12.7)			
• Ableitstrom vom Anwendungsteil	–	5 000	50
Ableitstrom vom Anwendungsteil – Direktmessung (Wechselstrom) (Bilder 12.8 oder 12.9)			
• Ableitströme von Anwendungsteilen (Netzspannung am Anwendungsteil)	–	5 000	50

*) Der Unterschied Ersatzmessung zu Direktmessung oder Differenzstrommessung von 500 µA zu 100 µA lässt sich wohl schwer fachlich begründen. Bei symmetrischer Beschaltung mit Kapazitäten wäre <u>nur</u> der Faktor zwei zu rechtfertigen.

**) Eigentlich ist nicht zu verstehen, dass bei der Ersatzmessung der fünffache Strom erlaubt ist – bezogen auf die Direkt- oder Differenzstrommessung. Aufgrund der symmetrischen kapazitiven Beschaltung wäre der doppelte Strom logisch, nicht aber der fünffache.

Anmerkung 1: DIN EN 62353 (**VDE 0751-1**) [2.151] enthält keine Messverfahren und zulässigen Werte für Geräte, die Gleichstromableitströme erzeugen. In diesem Fall sollte der Hersteller Angaben in den Begleitpapieren machen.

Anmerkung 2: „Besondere Anforderungen" können andere Werte für den Ableitstrom zulassen.

Tabelle 12.2 Zulässige Werte für Ableitströme

				Stromstärke in mA		
		Anwendungsteil				
		Typ B		**Typ BF**		**Typ CF**	
		Normal-zustand	**erster Fehler**	**Normal-zustand**	**erster Fehler**	**Normal-zustand**	**erster Fehler**
Erdableitstrom allgemein		0,5	1[a]	0,5	1[a]	0,5	1[a]
Erdableitstrom für ME-Geräte nach Anmerkung [2] und [4]		2,5	5[a]	2,5	5[a]	2,5	5[a]
Erdableitstrom für ME-Geräte nach Anmerkung [3]		5	10[a]	5	10[a]	5	10[a]
Gehäuseableitstrom		0,1	0,5	0,1	0,5	0,1	0,5
Patientenableitstrom nach Anmerkung [5]	Gleichstrom	0,01	0,05	0,01	0,05	0,01	0,05
	Wechselstrom	0,1	0,5	0,1	0,5	0,01	0,05
Patientenableitstrom (Netzspannung am Signaleingangsteil oder Signalaus-gangsteil)		–	5	–	–	–	–
Patientenableitstrom (Netzspannung am Anwendungsteil)		–	–	–	5	–	0,05
Patientenhilfsstrom nach Anmerkung [5]	Gleichstrom	0,01	0,05	0,01	0,05	0,01	0,05
	Wechselstrom	0,1	0,5	0,1	0,5	0,01	0,05

[a] Als einziger erster Fehler für den Erdableitstrom gilt die Unterbrechung von jeweils einem Stromversorgungsleiter.

[2] ME-Geräte, die keine schutzleiterverbundenen berührbaren Teile und keine Vorrichtungen haben, andere Geräte mit dem Schutzleiter zu verbinden, und die mit den Anforderungen für den Gehäuseableitstrom und (falls zutreffend) für den Patientenableitstrom übereinstimmen.
Beispiel: Manche Computer mit einem abgeschirmten Netzteil.

[3] ME-Geräte, die für den festen Anschluss bestimmt sind und einen Schutzleiter haben, der so angeschlossen ist, dass nur mit Werkzeug gelöst werden kann, und so befestigt oder mechanisch an einem bestimmten Platz gesichert ist, dass er nur nach Anwendung eines Werkzeugs bewegt werden kann. Beispiele für solche ME-Geräte sind:

• die Hauptteile einer Röntgeneinrichtung wie Röntgenstrahlenerzeuger, Untersuchungs- oder Behandlungstisch;
• ME-Geräte mit mineralisolierten Heizelementen;
• ME-Geräte, die wegen Einhaltung von Funkschutzbestimmungen einen höheren Erdableitstrom aufweisen, als in der ersten Zeile dieser Tabelle angegeben.

[4] Fahrbare Röntgen-ME-Geräte und fahrbare ME-Geräte mit Mineralisolierung.

[5] Die in dieser Tabelle festgelegten Maximalwerte des Wechselstroms – von Patientenableitstrom und von Patientenhilfsstrom – beziehen sich nur auf den Wechselanteil der Ströme.

Tabelle 12.3 Zulässige Werte für Dauerableitströme nach DIN EN 60601-1 (**VDE 0750-1**) [2.153]

12.4.3.4 Messung des Isolationswiderstands

Das Gerät wird vom Versorgungsnetz getrennt und der Isolationswiderstand des Geräts nach den Bildern 12.10, 12.11 oder Bild 12.12 gemessen.

Während der Messung müssen sich alle Schalter des Netzteils in der Betriebsstellung (EIN) befinden, um, soweit anwendbar, alle Isolierungen des Netzteils in die Messung einzuschließen.

Messungen des Isolationswiderstands müssen mit einer Gleichspannung von 500 V durchgeführt werden.

Anmerkung: Um eine Beschädigung des Geräts zu verhindern, darf eine Messung des Isolationswiderstands zwischen Anwendungsteilen und Schutzleiter bzw. Gehäuse nur durchgeführt werden, wenn das Gerät für eine derartige Messung ausgelegt ist.

Der Isolationswiderstand muss gemessen werden zwischen:

- Netzteil und Schutzerde nach **Bild 12.10** bei Geräten der Schutzklasse I;
- Netzteil und (nicht geerdeten) berührbaren leitfähigen Teilen nach Bild 12.10 bei Geräten der Schutzklasse I und Schutzklasse II;
- Netzteil und allen Patientenanschlüssen der Anwendungsteile nach **Bild 12.11**;
- allen Patientenanschlüssen der Anwendungsteile des Typs F und Schutzerde nach **Bild 12.12** bei Geräten der Schutzklasse I;
- allen Patientenanschlüssen der Anwendungsteile des Typs F und (nicht geerdeten) berührbaren leitfähigen Teilen nach Bild 12.12 bei Geräten der Schutzklasse I und Schutzklasse II.

Schutzklasse I

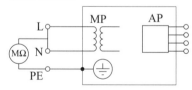

Schutzklasse II

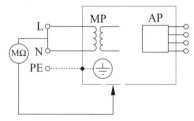

Bild 12.10 Messkreis für die Messung des Isolationswiderstands zwischen Netzteil und Schutzerde bei Geräten der Schutzklasse I und zwischen Netzteil und (nicht geerdeten) berührbaren leitfähigen Teilen bei Geräten der Schutzklasse I und Schutzklasse II – Legende siehe Tabelle 12.1

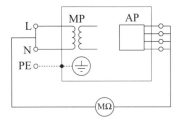

Bild 12.11 Messkreis für die Messung des Isolationswiderstands zwischen Netzteil und allen Patientenanschlüssen der Anwendungsteile – Legende siehe Tabelle 12.1

12.4.4 Funktionsprüfung

Die sicherheitsrelevanten Funktionen des Geräts müssen entsprechend den Herstellerempfehlungen geprüft werden, erforderlichenfalls mit der Unterstützung einer Person, die mit dem Gebrauch des ME-Geräts oder ME-Systems vertraut ist.

Anmerkung: Das sind auch Funktionsprüfungen, die in der DIN EN 60601-1 (**VDE 0750-1**) [2.153] und in den „Besonderen Anforderungen" der Normenreihe DIN EN 60601 (**VDE 0750**) als wesentliche Leistungsmerkmale definiert sind.

Schutzklasse I

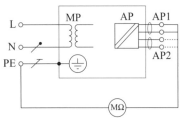

Schutzklasse I und Schutzklasse II

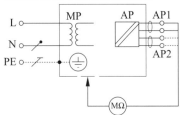

Bild 12.12 Messkreis für die Messung des Isolationswiderstands zwischen allen Patientenanschlüssen der Anwendungsteile des Typs F und Schutzerde bei Geräten der Schutzklasse I und zwischen allen Patientenanschlüssen der Anwendungsteile des Typs F und (nicht geerdeten) berührbaren leitfähigen Teilen bei Geräten der Schutzklasse I und Schutzklasse II – Legende siehe Tabelle 12.1

462

12.5 Prüfergebnisse und Bewertung (Abschnitt 6 der DIN EN 62353 (VDE 0751-1) [2.151])

12.5.1 Ergebnisbericht

Alle durchgeführten Prüfungen müssen umfassend dokumentiert werden. Die Unterlagen müssen mind. folgende Angaben enthalten:

- Bezeichnung der Prüfstelle (z. B. Unternehmen, Abteilung/Behörde);
- Namen der Person(en), die die Prüfung und die Bewertung(en) vorgenommen haben;
- Bezeichnung des geprüften Geräts/Systems (z. B. Typ, Seriennummer, Inventarnummer) und Zubehörs;
- Prüfungen und Messungen;
- Daten, Art und Resultat/Messergebnisse der:
  - Inspektion durch Besichtigung;
  - Messungen (Messwerte, Messverfahren, Messgeräte);
  - Funktionsprüfung nach Abschnitt 12.4.4 dieses Buchs;
- abschließende Bewertung;
- Datum und Unterschrift der Person, die die Bewertung durchführte;
- falls zutreffend (Entscheidung der verantwortlichen Organisation), muss das geprüfte ME-Gerät/ME-System entsprechend gekennzeichnet werden.

Bild 12.13 zeigt ein Beispiel zur Prüfdokumentation.

12.5.2 Bewertung

Die Bewertung der Sicherheit des ME-Geräts oder ME-Systems muss von einer oder mehreren Elektrofachkräften (wie in DIN EN 61140 (**VDE 0140-1**) [2.51] definiert) vorgenommen werden, die eine angemessene Ausbildung für das untersuchte Gerät haben.

Wenn die Sicherheit des ME-Geräts oder ME-Systems nicht gegeben ist, z. B. die Prüfungen nach Abschnitt 12.4 „Prüfungen" dieses Buchs wurden nicht mit positiven Ergebnissen abgeschlossen, muss das ME-Gerät oder ME-System entsprechend gekennzeichnet und das vom ME-Gerät oder ME-System ausgehende Risiko schriftlich der verantwortlichen Organisation mitgeteilt werden.

Prüforganisation:	Prüfung vor Inbetriebnahme (Bezugswert): ☐
	Wiederholungsprüfung: ☐
Name des Prüfers:	Prüfung nach Instandsetzung: ☐

Verantwortliche Organisation:

Gerät:	ID-Nummer:			
Typ:	Produktions-/Seriennummer:			
Hersteller:	Schutzklasse:	I	II	Batterie
Typ des Anwendungsteils: B BF CF	Netzverbindung:[1]	PIE	NPS	DPS

Zubehör:

Prüfung: Messeinrichtung:		Zutreffend:	
		Ja	Nein
Sichtprüfung:		☐	☐
Messungen:	gemessener Wert		
Schutzleiterwiderstand:	_____ Ω	☐	☐
Geräteableitstrom (nach Bild _____)	_____ mA	☐	☐
Patientenableitstrom (nach Bild _____)	_____ mA	☐	☐
Isolationswiderstand (nach Bild _____)	_____ MΩ	☐	☐
		☐	☐
Funktionsprüfung (geprüfte Parameter):		☐	☐
		☐	☐

Mängel/Bemerkung:

Gesamtbeurteilung:

☐ Sicherheits- oder Funktionsmängel wurden nicht festgestellt.

☐ Kein direktes Risiko, die entdeckten Mängel können kurzfristig behoben werden.

☐ Gerät muss bis zur Behebung der Mängel aus dem Verkehr gezogen werden!

☐ Gerät entspricht nicht den Anforderungen – Modifikationen/Austausch von Komponenten/Außerbetriebnahme wird empfohlen.

Die nächste Wiederholungsprüfung ist notwendig in 6 / 12 / 24 / 36 Monaten.

Bewertung durch:_____ Datum / Unterschrift: _____

[1] PIE Fest angeschlossenes ME-GERÄT (en: permanent installed equipment)

NPS NICHT ABNEHMBARE NETZANSCHLUSSLEITUNG (en: NON-DETACHABLE POWER SUPPLY CORD)

DPS ABNEHMBARE NETZANSCHLUSSLEITUNG (en: DETACHABLE POWER SUPPLY CORD)

Bild 12.13 Beispiel eines Prüfberichts

12.6 Messgeräte für medizinische Geräte

Alle nach DIN EN 62353 (**VDE 0751-1**) [2.151] gestellten Forderungen werden von den nachstehend beschriebenen Messgeräten vollständig erfüllt. Die Fa. Bender [3.25] stellt ein neues Gerät „Unimet 800 ST" vor, eine Weiterentwicklung des langjährig erprobten Vorgängermodells. Es ist durch folgende Merkmale gekennzeichnet: hoher Bedienungskomfort, großes beleuchtetes LC-Display, Menüsystem, Online-Hilfesystem, Barcode-Lesestift zur Identifikation des Prüflings, Klassifikation nach Typenkatalog, programmierbare Prüfabläufe, Dokumentation auf Drucker im DIN-A4-Format, PC-Memory-Card als „Datenspeicher ohne Ende", RS-232-Schnittstelle zur Datenweitergabe an PC, Drucker oder andere Geräte. Die technischen Daten sind in **Tabelle 12.4** aufgeführt, **Bild 12.14** zeigt das Gerät.

Die Fa. GMC-I [3.22] brachte ein kleineres, leichteres Gerät mit der Bezeichnung „Seculife ST" auf den Markt. Es hat wahlweise im Deckel ein PSI-Modul (Drucker/Speicher). **Bild 12.15** zeigt das Gerät.

Es verfügt über alle Funktionen, die gemäß DIN EN 62305 (**VDE 0751**) gefordert sind. Zusätzlich vorgesehen ist der Prüfablauf nach DIN EN 60601 (**VDE 0750**) mit SFC-Bedingungen sowie die Anschlussmöglichkeit für zehn Anwendungsteile.

Bezeich- nung	Geräteausführung – Daten	Hersteller	Preise 2015 in €
Unimet 800 ST	Nennspannung AC 100 … 240 V, Frequenzbereich 48 … 62 Hz, max. Ausgangsstrom 16 A, Schutzklasse II, Umgebungstemperatur 0 … 40 °C, Schutzleiterwiderstand max. AC 8 V, Messstrom max. AC 8 A, Messbereich 0,001 … 29,999 Ω, Ableitstrom: • Differenzstrommessung 0,02 … 19,99 mA, • direkte Messung 0,001 … 19,99 mA, • Ersatzableitstrommessung 0,001 … 19,99 mA/max. AC 250 V, Isolationswiderstand max. DC 550 V: Messbereich 0,01 … 199,9 MΩ, Leistungsmessung: Messbereich 5 … 3 600 VA, Laststrommessung 0,005 … 16 A, Spannungsmessung AC 90 V … 264 V, Abmessungen 300 mm × 277 mm × 126 mm, Kalibrierintervall 36 Monate, RS-232/USB/PS2	Bender [3.25]	3 550,00 bis 4 000,00
Seculife ST	universelles Gerät für Prüfungen nach dem Medizinproduktegesetz [1.39] (Prüfungen nach DIN EN 62353 (**VDE 0751-1**) [2.151] und DIN VDE 0701-0702 [2.13] und/oder DIN EN 60601 (**VDE 0750**)) mit automatischem Prüfablauf, Schnittstelle, Sprachengrundversion D, Schutzkontaktstecker und Schutzkontaktbuchse, Sonde mit Prüfspitze, Krokodilklemme, drei aufsteckbare Schnellspannklemmen, Bedie- nungsanleitung, Prüfprotokoll, Versorgungsspannung AC 207 … 253 V, Spannungsmessung AC 0 … 253 V, max. Laststrom 16 A, Schutzklasse I, Umgebungstemperatur 0 … 50 °C, Schutzleiterwiderstand U_L = 6 V, Prüfstrom AC 10 A oder 25 A: Messbereich 0 … 2100 Ω, 1 mΩ/digital, Ableit- und Ersatzableitstrom: 3 Messbereiche 0 … 2/21/120 mA, 1/10/100 µA/digital, Berührungsstrom, Differenzstrom L–N: Messbereich 0 … 3,500 mA, 1 µA/digital, Isolationswiderstand mit DC 500 V: 3 Messbereiche 0 … 1,5/11/310 MΩ, 1/10/100 kΩ/digital, Laststrommessung: Messbereich 0,01 … 16 A, Masse 4 kg, Abmessungen 292 mm × 130 mm × 243 mm	GMC-I [3.22]	3 952,00

Tabelle 12.4 Prüfgeräte verschiedener Hersteller für Schutzmaßnahmen nach DIN EN 62353 (**VDE 0751-1**) [2.151] (Preisangaben unverbindlich)

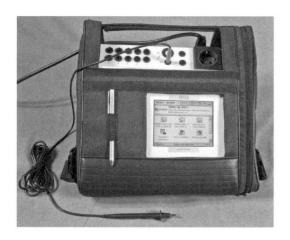

Bild 12.14 Messgerät für elektromedizinische Geräte nach
DIN EN 62353 (**VDE 0751-1**) [2.151] „Unimet 800 ST"
(Foto: Bender [3.25])

Bild 12.15 Messgerät für elektromedizinische Geräte nach
DIN EN 62353 (**VDE 0751-1**) [2.151] „Seculife ST"
(Foto: GMC-I [3.22])

13 Dokumentation der Prüfergebnisse

13.1 Allgemeines

In der DGUV-Vorschrift 3 (BGV A3) [1.5] wird im § 5 Prüfungen ausgesagt, dass auf Verlangen der Berufsgenossenschaft ein Prüfbuch mit bestimmten Eintragungen zu führen ist.

In dem Urteil des OLG Saarbrücken 4U 109/92 vom 4. Juni 1993 [21] wird die Begründung über die VBG 4 [1.6] so erläutert, dass diese Unfallverhütungsvorschrift zwar nur für Betriebe gilt, aber die in diesen Bestimmungen enthaltenen Prüffristen dem anerkannten Stand der Technik entsprechen und somit auch für private und gewerbliche Vermieter gelten.

In der Betriebssicherheitsverordnung [1.1] vom 2. Oktober 2002 wird im § 11 ausdrücklich gefordert, „der Arbeitgeber hat die Ergebnisse der Prüfungen nach § 10 (Prüfpflicht) aufzuzeichnen …".

Wenn man weiterhin davon ausgeht, dass die DIN-VDE-Normen als anerkannte Regeln der Elektrotechnik anzusehen sind, wird z. B. in DIN VDE 0105 seit dem Jahr 1997 gefordert, dass das Prüfergebnis aufzuzeichnen ist.

Aber auch in DIN VDE 0100-600 [2.39] wird seit 2008-06 gefordert, dass nach Beendigung der Prüfung ein Prüfprotokoll erstellt werden muss.

Rechtssicherheit besteht demnach nur, wenn auch die Prüfergebnisse nachweisbar aufgezeichnet wurden.

13.2 Protokollierung der Ergebnisse in Vordrucken

Im Kapitel 21 sind Muster von Prüfprotokollen des Richard Pflaum Verlags [3.31], von Weka Media [3.32] sowie des ZVEH [3.34] abgedruckt, die sowohl für Erst- als auch für Wiederholungsprüfungen von elektrischen Anlagen, Maschinen und Geräten benutzt werden können. Hierzu gibt es auch eine Anleitung zum Ausfüllen der Vordrucke von den genannten Verlagen. Die hier beschriebenen Vordrucke werden teilweise von einigen Netzbetreibern bzw. Stadtwerken bei Erstprüfungen dem Kunden vorgeschrieben.

Hierzu muss aber angemerkt werden, dass selbsterstellte Prüfprotokolle zulässig sind, sie dürfen aber nicht die Mindestanforderungen aufweichen. Strengere Vorgaben sind durchaus möglich. Es ist z. B. gefordert, die Abschaltzeit von Fehlerstromschutzeinrichtungen (RCD) bei wiederverwendeten Fehlerstromschutzeinrichtungen (RCD) nachzuweisen und beim Schutzpotentialausgleich die gemessenen Werte entsprechend Länge nach Querschnitt nachzuweisen.

13.3 Protokollierung der Ergebnisse mithilfe einer Software

Es wird immer wieder festgestellt, dass gerade beim Übertragen der Prüfergebnisse Fehler gemacht werden und auch Manipulationen nicht auszuschließen sind. Deshalb wird empfohlen, bei der Dokumentation der Prüfergebnisse auf die von den Messgeräteherstellern angebotene Software zurückzugreifen.

Die Firmen bieten teilweise ihre eigene bzw. auch eine vom Gerätehersteller unabhängige Software an. Letztere ist zu empfehlen, wenn Prüfgeräte verschiedener Hersteller zum Einsatz kommen.

Software-Produkte verschiedener Hersteller:

● Beha-Amprobe [3.20]
  – „es control“,
  – „es control professional“,
  – „Report-Studio“;
● Chauvin Arnoux [3.21]
  – „Utility“;
● GMC-I [3.22]
  – „ETC“ (kostenloser Download)
  – „SECU-Up“ (kostenloser Download)
  – „PS3“,
  – „PC.doc-Word/-Excel“,
  – „Elektromanager 6.0“,
  – „PROTOKOLLmanager“.

Der „ELEKTROmanager“ von Fa. Mebedo [3.33] ist messgeräteherstellerneutral, es sind über 40 verschiedene Gerätetreiber vorhanden, sodass mit verschiedenen Prüfgeräten gearbeitet werden kann.

Hierzu muss man anmerken, dass es aus Gründen des Wettbewerbsrechts nicht zulässig ist, bestimmte Protokollvordrucke zu verlangen. Wenn das vorliegende Protokoll die Forderung der anerkannten Regeln der Technik bzw. der gesetzlichen Vorgaben erfüllt, ist das so anzuerkennen.

14 Werkstattausrüstung

Neben der „Auswahl für das Elektrotechniker-Handwerk", zu beziehen über den VDE VERLAG [2.160], mit den VDE-Bestimmungen in ihren jeweils gültigen Fassungen, gewährleistet durch ein Ergänzungsabonnement, und dem Normen-Handbuch Elektrotechniker-Handwerk [22] sind eine Reihe von Mess- und Prüfgeräten vorgeschrieben.

In der „Richtlinie für die Werkstattausrüstung von Betrieben des Elektrotechniker-Handwerks" [23] des ZVEH (Zentralverband der Deutschen Elektrohandwerke, [3.34]) wird neben den Mess- und Prüfgeräten eine ortsfeste Prüftafel als Geräteprüfeinrichtung zur Prüfung gebrauchter elektrischer Betriebsmittel nach Instandsetzung oder Änderung entsprechend DIN VDE 0701-0702 [2.13] als Bestandteil der Ausstattung von Elektrowerkstätten gefordert.

Folgende Mess- und Prüfgeräte gehören zur Werkstattgrundausrüstung (Kombinationsmessgeräte sind jedoch auch zulässig):

- Spannungsmessgerät nach DIN EN 61010-1 (**VDE 0411-1**) [2.37], Messbereich bis mind. 600 V,

- Strommessgerät nach DIN EN 61010-1 (**VDE 0411-1**) [2.37], Messbereich bis mind. 15 A/300 A,

- Zangenstrommessgerät, Messbereich bis mind. 300 A,

- Isolationsmessgerät nach DIN EN 61557-2 (**VDE 0413-2**) [2.116],

- Schleifenimpedanzmessgerät nach DIN EN 61557-3 (**VDE 0413-3**) [2.124],

- Widerstandsmessgerät nach DIN EN 61557-4 (**VDE 0413-4**) [2.126],

- Messgerät nach DIN EN 61557-6 (**VDE 0413-6**) [2.130] zum Prüfen der Wirksamkeit der RCD- und FU-Schutzeinrichtungen,

- Phasenfolgeanzeiger (Drehfeldrichtung) nach DIN EN 61557-7 (**VDE 0413-7**) [2.131],

- Prüfplatz nach DIN EN 50191 (**VDE 0104**) [2.24] mit fest eingebauten Messgeräten zum Prüfen elektrischer Betriebsmittel, insbesondere zum Messen von Betriebsspannung, Betriebsstrom, Ableitstrom, Isolationswiderstand und Schutzleiterwiderstand,

- Prüfgerät für Geräteprüfungen gemäß DIN VDE 0701-0702 [2.13] nach DIN VDE 0404-2 [2.161].

15 Wartung und Kontrolle bzw. Kalibrierung von Mess- und Prüfgeräten

15.1 Wartung

Eine Wartung ist meist nur bei Geräten mit Batterie oder Akkumulator erforderlich. Batterien können auslaufen und sollten mind. jährlich erneuert werden. Man beachte die Angaben der Hersteller. Akkumulatoren sollten auch bei nicht benutzten Geräten gelegentlich aufgeladen werden. Man beachte auch hier die Angaben der Hersteller. Es ist notwendig, dass man sich auf die angezeigten Messwerte verlassen kann. Hierzu ist es erforderlich, dass die Geräte in regelmäßigen Abständen überprüft werden.

Für die Durchführung der Prüfungen sind Messgeräte nach DIN VDE 0404, DIN EN 61010 (**VDE 0411**) und DIN EN 61557 (**VDE 0413**) zu verwenden. Die für die Prüfung benutzten Messgeräte sind regelmäßig nach Herstellerangaben zu prüfen und zu kalibrieren. Die Prüfmittelüberwachung wird in der Normenreihe DIN EN ISO 9000 bis 9004 [2.155–2.157] gefordert. Es werden Fristen von ein bis drei Jahren genannt. Die Hersteller der Geräte bieten eine solche Prüfmittelüberwachung an.

Werden Messgeräte laufend benutzt und beachtet man bei der Messung die Üblichkeitswerte, kann man evtl. Abweichungen vielfach schon erkennen, wenn sie vor Erreichen der Prüffrist auftreten.

15.2 Kontrolle, Kalibrierung, Justierung, Eichen

In der Normenreihe DIN EN ISO 9000 bis 9004 [2.155–2.157] ist als wesentliches Qualitätssicherungselement die Prüfmittelüberwachung enthalten. Durch Prüfmittelüberwachung soll sichergestellt werden, dass alle Prüfmittel, die für die Produktqualität relevant sind, „richtig" messen. Um das zu gewährleisten, müssen diese regelmäßig kontrolliert bzw. kalibriert werden und auf nationale Normale rückführbar sein.

Kalibrieren bedeutet das Feststellen und Dokumentieren der Abweichung der Anzeige eines Messgeräts vom richtigen Wert bzw. der Ausgangsgröße eines Prüfmittels vom Nennwert. Liegt die Anzeige eines Messgeräts bzw. die Ausgangsgröße eines Prüfmittels bei der Kalibrierung außerhalb der zulässigen Toleranzen, ist meist eine Angleichung erforderlich. Das Gerät wird neu justiert, sodass die Werte innerhalb der zulässigen Toleranzen liegen, es wird dann nochmals kalibriert und die Werte werden erneut dokumentiert.

Justieren ist der Vorgang, bei dem ein Gerät so eingestellt bzw. abgeglichen wird, dass die Messabweichungen vom Sollwert möglichst klein sind und innerhalb der Gerätespezifikation liegen. Dabei ist Justieren ein Vorgang, der das Messgerät bleibend verändert.

Eichen ist ein Justieren durch ein Eichamt mit amtlicher Prüfung und Kennzeichnung. Oberste Behörde in der Bundesrepublik Deutschland ist die Physikalisch-Technische Bundesanstalt (PTB, [3.35]) in Braunschweig, in Österreich das Bundesamt für Eich- und Vermessungswesen (BEV, [3.36]) in Wien.

Rückführbarkeit beschreibt einen Vorgang, durch den der angezeigte Messwert eines Messgeräts über einen oder mehrere Schritte mit dem nationalen Normal für die Messgröße verglichen werden kann.

Welche **Kalibrierintervalle** sind für Mess- und Prüfmittel erforderlich?

Dazu lässt sich keine eindeutige Antwort geben, da das u. a. von folgenden Faktoren abhängig ist:

- Messgröße und zulässiges Toleranzband,
- Beanspruchung der Mess- und Prüfmittel,
- Stabilität der zurückliegenden Kalibrierungen,
- erforderliche Messgenauigkeit.

Das bedeutet, dass der Abstand zwischen zwei Kalibrierungen letztendlich vom Anwender selbst festgelegt und überwacht werden muss. Die Empfehlungen der Hersteller für Kalibrierintervalle liegen bei ein bis vier Jahren. Nach DGUV-Vorschrift 3 (BGV A3) [1.5] werden z. B. für Spannungsprüfer über 1 kV sechs Jahre angegeben.

Eine Kontrolle der Richtigkeit oder Genauigkeit der Anzeige darf nur an Messobjekten vorgenommen werden, deren Werte bekannt sind (Referenzmessstellen). Für die Prüfgeräte ist eine Prüftafel zu empfehlen. Andererseits kann man Multimeter an bekannten Spannungen oder durch Vergleich mehrerer Geräte auf richtige Anzeige kontrollieren. Isolationsmessgeräte kann man mit einem Festwiderstand von 1 MΩ oder 10 MΩ kontrollieren.

Verschiedene Firmen bieten auch einfache, preiswerte Prüfnormale an, mit denen man die Geräte kontrollieren kann, z. B. die Fa. GMC-I [3.22]. Kann oder möchte man die Überprüfung der Geräte nicht selbst durchführen, besteht die Möglichkeit, das von einer Prüfstelle ausführen zu lassen. Die meisten Hersteller, aber auch unabhängige Kalibrierdienstleister, z. B. esz [3.37], bieten entsprechende Leistungen an.

15.3 Werkskalibrierung

Die meisten Hersteller bieten eine Überprüfung der Geräte im Werk an. Die Preise hierfür liegen etwa bei einem Zehntel des Gerätepreises. Die ausgeführte Prüfung wird mit einem Zertifikat bestätigt.

Erfüllen die festgestellten Messwerte bei der Kalibrierung die geforderten Spezifikationen, so wird das in einem „Werks-Kalibrierschein" bescheinigt. Ebenso wird bestätigt, dass die Kalibrierung durch Vergleich mit Mess- und Prüfmitteln erfolgte, deren Rückführbarkeit auf nationale Normale sichergestellt ist. Zusätzlich sind auftragsbezogene Daten, Angaben zur Identifikation des Kalibriergegenstands, Datum der Kalibrierung sowie Datum der nächsten durchzuführenden Kalibrierung angegeben. Die Gültigkeit des Werks-Kalibrierscheins wird unter Angabe des Ausstellungsdatums mit Firmenstempel und Unterschrift bestätigt.

Ein Blatt „Kalibrierprotokoll" enthält im Kopfteil auftragsbezogene Daten und Angaben zur Identifikation des Kalibriergegenstands, um eine zweifelsfreie Zuordnung zum Deckblatt des Werks-Kalibrierscheins sicherzustellen. Weiter sind aufgeführt: die Kalibriergeräte, das Kalibrierdatum, die Messergebnisse mit Angabe der Messunsicherheiten. Die Gültigkeit des Kalibrierprotokolls wird durch Unterschrift des Ausführenden bestätigt.

Vom Hersteller wird die „Rückführbarkeit auf nationale Normale der PTB (Physikalisch-Technische Bundesanstalt, [3.35])" garantiert. Die Kalibriergeräte unterliegen einer Prüfmittelüberwachung gemäß DIN EN ISO 9001 [2.156].

16   Literatur

[1]   *Neumann, T.*: BetrSichV – die verantwortliche Elektrofachkraft in der Pflicht. VDE-Schriftenreihe 121. Berlin · Offenbach: VDE VERLAG, 2015. – ISBN 978-3-8007-3919-6, ISSN 0506-6719

[2]   Zeitschrift für angewandte Elektricitätslehre 1 (1879)

[3]   *N. N.*: Der erste Elektro-Unfall. Die Sicherheitsfachkraft 12 (1982) H. 3, S. 13. – ISSN 0941-1399

[4]   *Neumann, T.*: Organisation der Prüfung von Arbeitsmitteln. VDE-Schriftenreihe 120. Berlin · Offenbach: VDE VERLAG, 2011. – ISBN 978-3-8007-3374-3, ISSN 0506-6719

[5]   BGH, 14.5.1998 – VII ZR 184–97: Luftschallschutz gemäß anerkannten Regeln der Technik bei Abnahme. NJW 51 (1998), H. 38, S. 2 814. – ISSN 0341-1915

[6]   ELEKTROmanager. Mebedo GmbH, Koblenz: www.mebedo.de

[7]   Bundesarbeitsblatt Arbeitsmarkt und Arbeitsrecht. Stuttgart: Kohlhammer. – ISSN 0007-5868 (Erscheinen im Jahr 2006 eingestellt)

[8]   Bundesanzeiger. Köln: Bundesanzeiger. – ISSN 0344-7634

[9]   Gemeinsames Ministerialblatt des Auswärtigen Amtes, des Bundesministeriums des Innern, des Bundesministeriums der Finanzen, des Bundesministeriums für Wirtschaft und Technologie, des Bundesministeriums für Arbeit und Soziales, des Bundesministeriums für Ernährung, Landwirtschaft und Verbraucherschutz, des Bundesministeriums für Familie, Senioren, Frauen und Jugend, des Bundesministeriums für Gesundheit, des Bundesministeriums für Verkehr, Bau und Stadtentwicklung, des Bundesministeriums für Umwelt, Naturschutz und Reaktorsicherheit, des Bundesministeriums für Bildung und Forschung, des Bundesministeriums für Wirtschaftliche Zusammenarbeit und Entwicklung, des Beauftragten der Bundesregierung für Kultur und Medien. Köln: Heymanns. – ISSN 0939-4729

[10]   *Gothsch, H.*: Elektrische Anlagen und Betriebsmittel BGV A2. Kommentar Recht JB Bd. 13. Köln: Berufsgenossenschaft der Feinmechanik und Elektrotechnik (BGFE), 2003

[11]   *Egyptien, H.-H.; Schliephacke, J.; Siller, E.*: Elektrische Anlagen und Betriebsmittel – VBG 4. Köln: Deutscher Instituts-Verlag GmbH, 1998. – ISBN 3-602-14454-2

[12]   *Kreienberg, M.*: Wo steht was im VDE-Vorschriftenwerk? 2015. Stichwortverzeichnis zu allen DIN-VDE-Normen und VDE-Anwendungsregeln, unter Berücksichtigung von DIN-EN- und DIN-IEC-Normen mit VDE-Klassifikation. VDE-Schriftenreihe 1. Berlin · Offenbach: VDE VERLAG, 2015. – ISBN 978-3-8007-3891-5, ISSN 0506-6719

[13]   de – Der Elektro- und Gebäudetechniker. München · Heidelberg: Hüthig & Pflaum. – ISSN 1617-1160

[14]   ep – Elektropraktiker. Berlin: Huss. – ISSN 0013-5569

[15]   Erdungen in Starkstromnetzen. Vereinigung Deutscher Elektrizitätswerke (VDEW) (Hrsg.). Frankfurt am Main: VWEW, 1992. – ISBN 3-8022-0281-3

[16]   *Koch, W.*: Erdungen in Wechselstromanlagen über 1 kV. Berlin: Springer, 1961

[17]   *Niemann, W.*: Umstellung von Höchstspannungs-Erdungsanlagen auf den Betrieb mit starr geerdetem Sternpunkt. ETZ-A Elektrotechn. Z. 73 (1952) H. 10, S. 333–337. – ISSN 0302-265X

[18]   *Langrehr, H.*: Rechnungsgrößen für Hochspannungsanlagen, AEG-Telefunken-Handbücher, Bd. 9. Berlin: Elitera, 1974. – ISBN 3-87087-057-5

[19]   *Wenner, F.*: A Method of Measuring Earth Resistivity. Bulletin of the National Bureau of Standards 12 (1915) H. 4-258, S. 478–496

[20]   *Baeckmann, W. von:* GWF – Das Gas- und Wasserfach. 101 (1960) H. 49, S. 1 265–1 274. – ISSN 0341-2539

[21]   OLG Saarbrücken, 4.6.1993 – 4U 109/92: Vermieterprüfpflicht für elektrische Anlagen – FI-Schutzschalter. NJW 46 (1993), H. 47, S. 3 077. – ISSN 0341-1915

[22]   Elektrotechniker-Handwerk – DIN-Normen und technische Regeln für die Elektroinstallation. Berlin: Beuth, 2009. – ISBN 978-3-410-17745-6

[23]   Richtlinie für die Werkstattausrüstung von Betrieben des Elektrotechniker-Handwerks. Frankfurt am Main: VWEW, 2001. – ISBN 3-8022-0656-8

16.1   Gesetze, Verordnungen und Unfallverhütungsvorschriften

[1.1]   **Betriebssicherheitsverordnung (BetrSichV)**. Verordnung über die Sicherheit und des Gesundheitsschutzes bei der Bereitstellung von Arbeitsmitteln und deren Benutzung bei der Arbeit, über Sicherheit beim Betrieb überwachungsbedürftiger Anlagen und über die Organisation des betrieblichen Arbeitsschutzes vom 27. September 2002. BGBl. I 54 (2002) Nr. 70 vom 2.10.2002, S. 3 777–3 816 – zuletzt geändert durch Verordnung zur Rechtsvereinfachung und Stärkung der arbeitsmedizinischen Vorsorge vom 18. Dezember 2008. BGBl. I 60 (2008) Nr. 62 vom 23.12.2008, S. 2 768–2 779. – ISSN 0341-1095

[1.2]   **TRBS 1111** Technische Regeln für Betriebssicherheit – Gefährdungsbeurteilung und sicherheitstechnische Bewertung vom 15. September 2006. BAnz. 59 (2006) Nr. 232a vom 9.12.2006, S. 7–10. – ISSN 0344-7634

[1.3]   **TRBS 1201** Technische Regeln für Betriebssicherheit – Prüfungen von Arbeitsmitteln und überwachungsbedürftigen Anlagen vom 15. September 2006. BAnz. 59 (2006) Nr. 232a vom 9.12.2006, S. 11–19. – ISSN 0344-7634 – zuletzt geändert durch TRBS 1201 Technische Regeln für Betriebssicherheit – Prüfungen von Arbeitsmitteln und überwachungsbedürftigen Anlagen vom 24. Juni 2014. GMBl. 65 (2014) Nr. 43 vom 7.8.2014, S. 902–905. – ISSN 0939-4729

[1.4]   **TRBS 1203** Technische Regeln für Betriebssicherheit – Befähigte Personen vom 17. März 2010. GMBl. 61 (2010) Nr. 29 vom 12.5.2010, S. 627–642. – ISSN 0939-4729

[1.5]   **DGUV-Vorschrift 3 (BGV A3)** BG-Vorschrift. Unfallverhütungsvorschrift. Elektrische Anlagen und Betriebsmittel vom 1. April 1979 in der Fassung vom 1. Januar 1997, mit Durchführungsanweisungen vom Oktober 1996. Aktuelle Nachdruckfassung Januar 2005. Köln: Heymanns, 2005. – ISBN 978-3-452-20130-0

[1.6]   **VBG 4** (abgelöst durch DGUV-Vorschrift 3) BG-Vorschrift. Unfallverhütungsvorschrift. Elektrische Anlagen und Betriebsmittel vom April 1979. Köln: Heymanns, 1979

[1.7]   **DGUV-Vorschrift 1 (BGV A1)** BG-Vorschrift. Unfallverhütungsvorschrift. Grundsätze der Prävention vom Januar 2009. Köln: Heymanns, 2009

[1.8]   **Siebtes Buch Sozialgesetzbuch** – Gesetzliche Unfallversicherung (SGB VII) vom 7. August 1996. BGBl. I 48 (1996) Nr. 43 vom 20.8.1996, S. 1 254–1 317 – zuletzt geändert durch Gesetz zur Verbesserung der Absicherung von Zivilpersonal in internationalen Einsätzen zur zivilen Krisenprävention vom 17. Juli 2009. BGBl. I 61 (2009) Nr. 43 vom 22.7.2009, S. 1 974–1 976. – ISSN 0341-1095

[1.9]   **Grundgesetz der Bundesrepublik Deutschland (GG)** vom 23. Mai 1949. BGBl. 1 (1949) Nr. 1 vom 23.5.1949, S. 1–20 – zuletzt geändert durch Gesetz zur Änderung des Grundgesetzes (Artikel 91c, 91d, 104b, 109, 109a, 115, 143d) vom 29. Juli 2009. BGBl. I 61 (2009) Nr. 48 vom 31.7.2009, S. 2 248–2 250. – ISSN 0341-1095

[1.10]   **TRBS 1001** Technische Regeln für Betriebssicherheit – Struktur und Anwendung der Technischen Regeln für Betriebssicherheit vom 15. September 2006. BAnz. 59 (2006) Nr. 232a vom 9.12.2006, S. 5–6. – ISSN 0344-7634

[1.11]   **TRBS 1201 Teil 1** Technische Regeln für Betriebssicherheit – Prüfung von Anlagen in explosionsgefährdeten Bereichen und Überprüfung von Arbeitsplätzen in explosionsgefährdeten Bereichen vom 15. September 2006. BAnz. 59 (2006) Nr. 232a vom 9.12.2006, S. 20–26. – ISSN 0344-7634

[1.12]   **Gewerbeordnung (GewO)** vom 21. Juni 1869. Bundes-Gesetzblatt des Norddeutschen Bundes 3 (1869) Nr. 26 vom 1.7.1869, S. 245–282 – Neufassung der Gewerbeordnung vom 1. Januar 1987. BGBl. I 39 (1987) Nr. 8 vom 29.1.1987, S. 425–461, geändert durch Gesetz zur Änderung der Gewerbeordnung und sonstiger gewerberechtlicher Vorschriften vom 23. November 1994. BGBl. I 46 (1994) Nr. 83 vom 29.11.1994, S. 3 475–3 485 – zuletzt geändert durch Gesetz zur Reform der Sachaufklärung in der Zwangsvollstreckung vom 29. Juli 2009. BGBl. I 61 (2009) Nr. 48 vom 31.7.2009, S. 2 258–2 273. – ISSN 0341-1095

[1.13]   **Arbeitsschutzgesetz (ArbSchG).** Gesetz über die Durchführung von Maßnahmen des Arbeitsschutzes zur Verbesserung der Sicherheit und des Gesundheitsschutzes der Beschäftigten bei der Arbeit vom 7. August 1996. BGBl. I 48 (1996) Nr. 43 vom 20.8.1996, S. 1 246–1 253 – zuletzt geändert durch Gesetz zur Neuordnung und Modernisierung des Bundesdienstrechts (Dienstrechtsneuordnungsgesetz – DNeuG) vom 5. Februar 2009. BGBl. I 61 (2009) Nr. 7 vom 11.2.2009, S. 160–275. – ISSN 0341-1095

[1.14]   **Arbeitsstättenverordnung (ArbStättV).** Verordnung über Arbeitsstätten vom 20. März 1975. BGBl. I 27 (1975) Nr. 32 vom 25.3.1975, S. 729–742 – zuletzt geändert durch Verordnung zur Rechtsvereinfachung und Stärkung der arbeitsmedizinischen Vorsorge vom 18. Dezember 2008. BGBl. I 60 (2008) Nr. 62 vom 23.12.2008, S. 2 768–2 779. – ISSN 0341-1095

[1.15]   **Energiewirtschaftsgesetz (EnWG).** Gesetz über die Elektrizitäts- und Gasversorgung vom 13. Dezember 1935. RGBl. I (1935) Nr. 139, S. 1 451–1 456 – zuletzt geändert durch Gesetz zur Beschleunigung des Ausbaus der Höchstspannungsnetze vom 21. August 2009. BGBl. I 61 (2009) Nr. 55 vom 25.8.2009, S. 2 870–2 876. – ISSN 0341-1095

[1.16]   **Produktsicherheitsgesetz (ProSG).** Gesetz über die Bereitstellung von Produkten auf dem Markt vom 8. November 2011. BGBl. I 63 (2011) Nr. 57 vom 11.11.2011, S. 2 178–2 208 (Berichtigung BGBl. I 64 (2012) Nr. 6 vom 8.2.2012, S. 131). – ISSN 0341-1095

[1.17]   **Verordnung Nr. 765/2008/EG** des europäischen Parlaments und des Rates vom 9. Juli 2008 über die Vorschriften für die Akkreditierung und Marktüberwachung im Zusammenhang mit der Vermarktung von Produkten und zur Aufhebung der Verordnung Nr. 339/93/EWG des Rates. Amtsblatt der Europäischen Union 51 (2008) Nr. L 218, S. 30–47. – ISSN 1 725-2 539

[1.18]   **Produktsicherheitsrichtlinie.** Richtlinie 2001/95/EG des Europäischen Parlaments und des Rates vom 3. Dezember 2001 über die allgemeine Produktsicherheit. Amtsblatt der Europäischen Gemeinschaften 45 (2002) Nr. L 11 vom 15.1.2002, S. 4–71. – ISSN 1725-2539

[1.19]   **Niederspannungsrichtlinie.** Richtlinie 2006/95/EG des Europäischen Parlaments und des Rates vom 12. Dezember 2006 zur Angleichung der Rechtsvorschriften der Mitgliedstaaten betreffend elektrische Betriebsmittel zur Verwendung innerhalb bestimmter Spannungsgrenzen. Amtsblatt der Europäischen Union 49 (2006) Nr. L 374 vom 27.12.2006, S. 10–19. – ISSN 1725-2539

[1.20]   **Explosionsschutzrichtlinie.** Richtlinie 94/9/EG (ATEX 95). Richtlinie des Europäischen Parlaments und des Rates vom 23. März 1994 zur Angleichung der Rechtsvorschriften der Mitgliedstaaten für Geräte und Schutzsysteme zur bestimmungsgemäßen Verwendung in explosionsgefährdeten Bereichen. Amtsblatt der Europäischen Gemeinschaften 37 (1994) Nr. L 100 vom 19.4.1994, S. 1–29. – ISSN 0376-9453

[1.21]   **Erste Verordnung zum Produktsicherheitsgesetz (1. ProdSV).** Verordnung über die Bereitstellung elektrischer Betriebsmittel zur Verwendung innerhalb bestimmter Spannungsgrenzen auf dem Markt vom 11. Juni 1979. BGBl. I 31 (1979) Nr. 27 vom 13.6.1979, S. 629–630. – ISSN 0341-1095

[1.22]   **EG-Rahmenrichtlinie Arbeitsschutz.** Richtlinie 89/391/EWG des Rates vom 12. Juni 1989 über die Durchführung von Maßnahmen zur Verbesserung der Sicherheit und des Gesundheitsschutzes der Arbeitnehmer bei der Arbeit. Amtsblatt der Europäischen Gemeinschaften 32 (1989) Nr. L 183 vom 29.6.1989, S. 1–8. – ISSN 0376-9453

[1.23]   **Richtlinie 91/383/EWG** des Rates vom 25. Juni 1991 zur Ergänzung der Maßnahmen zur Verbesserung der Sicherheit und des Gesundheitsschutzes von Arbeitnehmern mit befristetem Arbeitsverhältnis oder Leiharbeitsverhältnis. Amtsblatt der Europäischen Gemeinschaften 34 (1991) Nr. L 206 vom 29.7.1991, S. 19–21. – ISSN 0376-9453

[1.24]   **Bundesberggesetz (BBergG)** vom 13. August 1980. BGBl. I 32 (1980) Nr. 48 vom 20.8.1980, S. 1 310–1 363. – ISSN 0341-1095

[1.25]   **BGVR Gesamtausgabe.** CD-ROM. Köln: Heymanns, 2010. – ISBN 978-3-452-23845-0

[1.26]   **DGUV-Vorschrift 30.** Unfallverhütungsvorschrift. Wärmekraftwerke und Heizwerke vom 1. April 1999. Köln: Heymanns, 1999

[1.27]   **DGUV-Grundsatz 303-001 (BGG 94).** Ausbildungskriterien für festgelegte Tätigkeiten im Sinne der Durchführungsanweisungen zur BG-Vorschrift „Elektrische Anlagen und Betriebsmittel" (BGV A3, VBG 4) vom Juli 2000. Köln: Heymanns, 2000

[1.28]   **Handwerksordnung.** Gesetz zur Ordnung des Handwerks vom 17. September 1953. BGBl. I 5 (1953) Nr. 63 vom 23.9.1953, S. 1 411–1 437 – geändert durch Gesetz zur Änderung der Handwerksordnung, anderer handwerksrechtlicher Vorschriften und des Berufsbildungsgesetzes vom 20. Dezember 1993. BGBl. I 45 (1993) Nr. 71 vom 28.12.1993, S. 2 256–2 268 – zuletzt geändert durch Gesetz zur Umsetzung der Dienstleistungsrichtlinie im Gewerberecht und in weiteren Rechtsvorschriften vom 17. Juli 2009. BGBl. I 61 (2009) Nr. 44 vom 24.7.2009, S. 2091–2096. – ISSN 0341-1095

[1.29]   **DGUV-Information 203-006.** Auswahl und Betrieb elektrischer Anlagen und Betriebsmittel auf Bau- und Montagestellen vom Juni 2004. Köln: Berufsgenossenschaft der Feinmechanik und Elektrotechnik (BGFE), 2004

[1.30]   **DGUV-Information 203-005.** Auswahl und Betrieb ortsveränderlicher elektrischer Betriebsmittel nach Einsatzbereichen vom August 1998. Köln: Heymanns, 1998

[1.31]   **DGUV-Information 203-013.** Sicherer Betrieb von Niederspannungs-Innenraumschaltanlagen ISA 2000 vom Januar 1995. Köln: Heymanns, 2000

[1.32]   **Jugendarbeitsschutzgesetz (JArbSchG).** Gesetz zum Schutze der arbeitenden Jugend vom 12. April 1976. BGBl. I 28 (1976) Nr. 42 vom 15.4.1976, S. 965–984 – zuletzt geändert durch Gesetz zur Umsetzung des Rahmenbeschlusses des Rates der Europäischen Union zur Bekämpfung der sexuellen Ausbeutung von Kindern und der Kinderpornographie vom 31. Oktober 2008. BGBl. I 51 (2008) Nr. 50 vom 4.11.2008, S. 2 149–2 151. – ISSN 0341-1095

[1.33]   **Landesbauordnung (BauO NW).** Bauordnung für das Land Nordrhein-Westfalen – Landesbauordnung – (BauO NRW) vom 1. März 2000 – Gesetz- und Verordnungsblatt für das Land Nordrhein-Westfalen 54 (2000) Nr. 18 vom 13.4.2000, S. 256–288 – zuletzt geändert durch Gesetz zur Umsetzung der EG-Dienstleistungsrichtlinie im Rahmen der Normenprüfung in Nordrhein-Westfalen und zur Änderung weiterer Vorschriften (DL-RL-Gesetz NRW) vom 17. Dezember 2009. Gesetz- und Verordnungsblatt für das Land Nordrhein-Westfalen 63 (2009) Nr. 41 vom 22.12.2009, S. 853–870 – ISSN 0177-5359

[1.34]   **Strafgesetzbuch (StGB).** Strafgesetzbuch vom 15. Mai 1871. RGBl. 1 (1871) Nr. 24 vom 14. Juni 1871, S. 127 – zuletzt geändert durch Gesetz zur Umsetzung des Rahmenbeschlusses 2006/783/JI des Rates vom 6. Oktober 2006 über die Anwendung des Grundsatzes der gegenseitigen Anerkennung auf Einziehungsentscheidungen und des Rahmenbeschlusses 2008/675/JI des Rates vom 24. Juli 2008 zur Berücksichtigung der in anderen Mitgliedstaaten der Europäischen Union ergangenen Verurteilungen in einem neuen Strafverfahren (Umsetzungsgesetz Rahmenbeschlüsse Einziehung und Vorverurteilungen) vom 2. Oktober 2009. BGBl. I 61 (2009) Nr. 66 vom 8.10.2009, S. 3214–3219. – ISSN 0341-1095

[1.35] **Bürgerliches Gesetzbuch (BGB).** Bürgerliches Gesetzbuch vom 18. August 1896. RGBl. 26 (1896) Nr. 21 vom 24.8.1896, S. 195 – zuletzt geändert durch Gesetz zur Begrenzung der Haftung von ehrenamtlich tätigen Vereinsvorständen vom 28. September 2009. BGBl. I 61 (2009) Nr. 64 vom 2.10.2009, S. 3161. – ISSN 0341-1095

[1.36] **Niederspannungsanschlussverordnung (NAV).** Verordnung über Allgemeine Bedingungen für den Netzanschluss und dessen Nutzung für die Elektrizitätsversorgung in Niederspannung vom 1. November 2006. BGBl. I 60 (2006) Nr. 50 vom 7.11.2006, S. 2477–2494 – zuletzt geändert durch Verordnung zum Erlass von Regelungen über Messeinrichtungen im Strom- und Gasbereich vom 17. Oktober 2008. BGBl. I 62 (2008) Nr. 47 vom 22.10.2008, S. 2006–2012. – ISSN 0341-1095

[1.37] **Einigungsvertrag (EinigVtr).** Vertrag zwischen der Bundesrepublik Deutschland und der Deutschen Demokratischen Republik über die Herstellung der Einheit Deutschlands vom 31. August 1990. BGBl. II 40 (1990) Nr. 35 vom 28.9.1990, S. 885–1245. – ISSN 0341-1109 – zuletzt geändert durch Zweites Gesetz über die Bereinigung von Bundesrecht im Zuständigkeitsbereich des Bundesministeriums der Justiz vom 23. November 2007. BGBl. I 61 (2007) Nr. 59 vom 29.11.2007, S. 2614–2630. – ISSN 0341-1095

[1.38] **DGUV-Vorschrift 4 (GUV-V A3) Unfallverhütungsvorschrift.** Elektrische Anlagen und Betriebsmittel vom Dezember 1978, in der Fassung vom Januar 1997, mit Durchführungsanweisungen vom Oktober 1999. Aktualisierte Ausgabe 2005. Berlin: Deutsche Gesetzliche Unfallversicherung, 2005

[1.39] **Medizinproduktegesetz (MPG).** Gesetz über Medizinprodukte vom 2. August 1994. BGBl. I 46 (1994) Nr. 52 vom 9.8.1994, S. 1963–1984 – zuletzt geändert durch Gesetz zur Änderung medizinprodukterechtlicher Vorschriften vom 29. Juli 2009. BGBl. I (2009) Nr. 48 vom 31. Juli 2009, S. 2326–2339. – ISSN 0341-1095

16.2 Technische Normen

[2.1] Z DIN 57100-410 (**VDE 0100-410**):1983-11 (zurückgezogen, Nachfolgedokument [2.53]) Errichten von Starkstromanlagen mit Nennspannungen bis 1000 V Schutzmaßnahmen – Schutz gegen gefährliche Körperströme. Berlin · Offenbach: VDE VERLAG

[2.2] DIN VDE 0100-410 (**VDE 0100-410**):2007-06 Errichten von Niederspannungsanlagen – Teil 4-41: Schutzmaßnahmen – Schutz gegen elektrischen Schlag. Berlin · Offenbach: VDE VERLAG

[2.3] Z DIN VDE 0100:1973-05 (zurückgezogen) Bestimmungen für das Errichten von Starkstromanlagen mit Nennspannungen bis 1000 V. Berlin · Offenbach: VDE VERLAG

[2.4] Z DIN VDE 0100g:1976-07 (zurückgezogen) Bestimmungen für das Errichten von Starkstromanlagen mit Nennspannungen bis 1000 V. Berlin · Offenbach: VDE VERLAG

[2.5] DIN VDE 0100-540 (**VDE 0100-540**):2012-06 Errichten von Niederspannungsanlagen – Teil 5-54: Auswahl und Errichtung elektrischer Betriebsmittel – Erdungsanlagen und Schutzleiter. Berlin · Offenbach: VDE VERLAG

[2.6] DIN VDE 0100-200 (**VDE 0100-200**):2006-06 Errichten von Niederspannungsanlagen – Teil 200: Begriffe. Berlin · Offenbach: VDE VERLAG

[2.7]   DIN VDE 0100-701 (**VDE 0100-701**):2008-10 Errichten von Niederspannungsanlagen –
          Teil 7-701: Anforderungen für Betriebsstätten, Räume und Anlagen besonderer Art – Räume
          mit Badewanne oder Dusche. Berlin · Offenbach: VDE VERLAG

[2.8]   DIN VDE 0100-702 (**VDE 0100-702**):2012-03 Errichten von Niederspannungsanlagen – Teil
          7-702: Anforderungen für Betriebsstätten, Räume und Anlagen besonderer Art – Becken
          von Schwimmbädern, begehbare Wasserbecken und Springbrunnen. Berlin · Offenbach:
          VDE VERLAG

[2.9]   DIN IEC/TS 60479-1 (**VDE V 0140-479-1**):2007-05 Wirkungen des elektrischen Stromes auf
          Menschen und Nutztiere – Teil 1: Allgemeine Aspekte. Berlin · Offenbach: VDE VERLAG

[2.10]   IEC/TR 60479-5:2007-11 Effects of current on human beings and livestock – Part 5: Touch
          voltage threshold values for physiological effects. Genf/Schweiz: Bureau Central de la
          Commission Electrotechnique Internationale. – ISBN 2-8318-9346-1

[2.11]   DIN VDE 0800-1 (**VDE 0800-1**):1989-05 Fernmeldetechnik – Allgemeine Begriffe,
          Anforderungen und Prüfungen für die Sicherheit der Anlagen und Geräte. Berlin · Offenbach:
          VDE VERLAG

[2.12]   DIN EN 60204-1 (**VDE 0113-1**):2007-06 Sicherheit von Maschinen – Elektrische Ausrüstung
          von Maschinen – Teil 1: Allgemeine Anforderungen. Berlin · Offenbach: VDE VERLAG

[2.13]   DIN VDE 0701-0702 (**VDE 0701-0702**):2008-06 Prüfung nach Instandsetzung, Änderung
          elektrischer Geräte – Wiederholungsprüfung elektrischer Geräte – Allgemeine Anforderungen
          für die elektrische Sicherheit. Berlin · Offenbach: VDE VERLAG

[2.14]   DIN VDE 0105-100 (**VDE 0105-100**):2009-10 Betrieb von elektrischen Anlagen – Teil 100:
          Allgemeine Festlegungen. Berlin · Offenbach: VDE VERLAG

[2.15]   DIN EN 50110-1 (**VDE 0105-1**):2014-02 Betrieb von elektrischen Anlagen. Berlin ·
          Offenbach: VDE VERLAG

[2.16]   DIN VDE 1000-10 (**VDE 1000-10**):2009-01 Anforderungen an die im Bereich der
          Elektrotechnik tätigen Personen. Berlin · Offenbach: VDE VERLAG

[2.17]   DIN 31051:2012-09 Grundlagen der Instandhaltung. Berlin: Beuth

[2.18]   Z DIN 57106-100 (**VDE 0106-100**):1983-03 (zurückgezogen, Nachfolgedokument [2.19])
          Schutz gegen elektrischen Schlag – Anordnung von Betätigungselementen in der Nähe
          berührungsgefährlicher Teile. Berlin · Offenbach: VDE VERLAG

[2.19]   DIN EN 50274 (**VDE 0660-514**):2002-11 Niederspannungs-Schaltgerätekombinationen –
          Schutz gegen elektrischen Schlag – Schutz gegen unabsichtliches direktes Berühren
          gefährlicher aktiver Teile. Berlin · Offenbach: VDE VERLAG

[2.20]   Z DIN VDE 0101 (**VDE 0101**):1989-05 (zurückgezogen, Nachfolgedokument [2.21, 2.22])
          Errichten von Starkstromanlagen mit Nennspannungen über 1 kV. Berlin · Offenbach:
          VDE VERLAG

[2.21]   DIN EN 61936-1 (**VDE 0101-1**):2014-12 Starkstromanlagen mit Nennwechselspannungen
          über 1 kV – Teil 1: Allgemeine Bestimmungen. Berlin · Offenbach: VDE VERLAG

[2.22]   DIN EN 50522 (**VDE 0101-2**):2011-11 Erdung von Starkstromanlagen mit Nennwechsel-
          spannungen über 1 kV. Berlin · Offenbach: VDE VERLAG

[2.23]   Z DIN VDE 0104 (**VDE 0104**):1989-10 (zurückgezogen, Nachfolgedokument [2.24]) Er-
          richten und Betreiben elektrischer Prüfanlagen. Berlin · Offenbach: VDE VERLAG

[2.24]   DIN EN 50191 (**VDE 0104**):2011-10 Errichten und Betreiben elektrischer Prüfanlagen.
          Berlin · Offenbach: VDE VERLAG

[2.25]   Z DIN 49450:1972-03 (zurückgezogen) Dreipolige Kragensteckdose für Rundstifte, mit
          Schutzkontakt 63 und 100 A 220/380 V und 25 bis 100 A 500 V – Hauptmaße. Berlin: Beuth

[2.26]   Z DIN 49451:1972-03 (zurückgezogen) Dreipoliger Kragenstecker mit Rundstiften und Schutzkontakt 63 und 100 A 220/380 V und 25 bis 100 A 500 V – Hauptmaße. Berlin: Beuth

[2.27]   Z DIN 49462-1:1972-02 (zurückgezogen, Nachfolgedokument [2.29]) Mehrpolige Kragensteckvorrichtung mit Schutzkontakt, 16 und 32 A über 42 bis 750 V – Steckdosen, abgedeckt, spritzwassergeschützt, wasserdicht – Hauptmaße. Berlin: Beuth

[2.28]   Z DIN 49462-2:1972-02 (zurückgezogen, Nachfolgedokument [2.30]) Mehrpolige Kragensteckvorrichtung mit Schutzkontakt, 16 und 32 A über 42 bis 750 V – Stecker, abgedeckt, spritzwassergeschützt, wasserdicht – Hauptmaße. Berlin: Beuth

[2.29]   DIN EN 60309-1 (VDE 0623-1):2013-02 Stecker, Steckdosen und Kupplungen für industrielle Anwendungen – Teil 1: Allgemeine Anforderungen. Berlin · Offenbach: VDE VERLAG

[2.30]   DIN EN 60309-2 (VDE 0623-2):2013-01 Stecker, Steckdosen und Kupplungen für industrielle Anwendungen – Teil 2: Anforderungen und Hauptmaße für die Austauschbarkeit von Stift- und Buchsensteckvorrichtungen. Berlin · Offenbach: VDE VERLAG

[2.31]   Z DIN 49463-1:1977-05 (zurückgezogen, Nachfolgedokument [2.29]) Mehrpolige Kragensteckvorrichtung mit Schutzkontakt, 63 und 125 A, über 42 bis 750 V – Steckdosen, spritzwassergeschützt, wasserdicht, Hauptmaße. Berlin: Beuth

[2.32]   Z DIN 49463-2:1977-05 (zurückgezogen, Nachfolgedokument [2.30]) Mehrpolige Kragensteckvorrichtung mit Schutzkontakt, 63 und 125 A, über 42 bis 750 V – Stecker, spritzwassergeschützt, wasserdicht, Hauptmaße. Berlin: Beuth

[2.33]   Z DIN VDE 0100-559 (VDE 0100-559):1983-03 (zurückgezogen, Nachfolgedokument [2.34]) Errichten von Starkstromanlagen mit Nennspannungen bis 1 000 V – Leuchten und Beleuchtungsanlagen. Berlin · Offenbach: VDE VERLAG

[2.34]   DIN VDE 0100-559 (VDE 0100-559):2014-02 Errichten von Niederspannungsanlagen – Teil 5-55: Auswahl und Errichtung elektrischer Betriebsmittel – Andere elektrische Betriebsmittel – Abschnitt 559: Leuchten und Beleuchtungsanlagen. Berlin · Offenbach: VDE VERLAG

[2.35]   DIN EN 60529 (VDE 0470-1):2014-09 Schutzarten durch Gehäuse (IP-Code). Berlin · Offenbach: VDE VERLAG

[2.36]   DIN VDE 0404-1 (VDE 0404-1):2002-05 Prüf- und Messeinrichtungen zum Prüfen der elektrischen Sicherheit von elektrischen Geräten – Teil 1: Allgemeine Anforderungen. Berlin · Offenbach: VDE VERLAG

[2.37]   DIN EN 61010-1 (VDE 0411-1):2011-07 Sicherheitsbestimmungen für elektrische Mess-, Steuer-, Regel- und Laborgeräte – Teil 1: Allgemeine Anforderungen. Berlin · Offenbach: VDE VERLAG

[2.38]   DIN EN 61557-1 (VDE 0413-1):2007-12 Elektrische Sicherheit in Niederspannungsnetzen bis AC 1 000 V und DC 1 500 V – Geräte zum Prüfen, Messen oder Überwachen von Schutzmaßnahmen – Teil 1: Allgemeine Anforderungen. Berlin · Offenbach: VDE VERLAG

[2.39]   DIN VDE 0100-600 (VDE 0100-600):2008-06 Errichten von Niederspannungsanlagen – Teil 6: Prüfungen. Berlin · Offenbach: VDE VERLAG

[2.40]   DIN EN 60204-32 (VDE 0113-32):2009-03 Sicherheit von Maschinen – Elektrische Ausrüstung von Maschinen – Teil 32: Anforderungen für Hebezeuge. Berlin · Offenbach: VDE VERLAG

[2.41]   DIN VDE 0100-420 (VDE 0100-420):2013-02 Errichten von Niederspannungsanlagen – Teil 4-42: Schutzmaßnahmen – Schutz gegen thermische Auswirkungen. Berlin · Offenbach: VDE VERLAG

[2.42]   DIN EN 60903 (VDE 0682-311):2004-07 Arbeiten unter Spannung – Handschuhe aus isolierendem Material. Berlin · Offenbach: VDE VERLAG

[2.43]   DIN EN 50286 (**VDE 0682-301**):2000-05 Elektrisch isolierende Schutzkleidung für Arbeiten an Niederspannungsanlagen. Berlin · Offenbach: VDE VERLAG

[2.44]   DIN VDE 0680-1 (**VDE 0680-1**):2013-04 Persönliche Schutzausrüstungen, Schutzvorrichtungen und Geräte zum Arbeiten an unter Spannung stehenden Teilen bis 1000 V – isolierende Schutzvorrichtungen. Berlin · Offenbach: VDE VERLAG

[2.45]   Z DIN VDE 31000-2 (**VDE 31000-2**):1987-12 (zurückgezogen, dafür soll [2.46] angewendet werden) Allgemeine Leitsätze für das sicherheitsgerechte Gestalten technischer Erzeugnisse – Begriffe der Sicherheitstechnik – Grundbegriffe. Berlin · Offenbach: VDE VERLAG

[2.46]   DIN 820-120:2014-06 Normungsarbeit – Teil 120: Leitfaden für die Aufnahme von Sicherheitsaspekten in Normen. Berlin: Beuth

[2.47]   TAB 2000 (zurückgezogen, Nachfolgedokument [2.48]). Technische Anschlussbedingungen für den Anschluss an das Niederspannungsnetz. VDEW – Verband der Elektrizitätswirtschaft (Hrsg.). Frankfurt am Main: VWEW, 2000. – ISBN 3-8022-0627-4

[2.48]   TAB Niederspannung 2007. TAB 2007 – Technische Anschlussbedingungen für den Anschluss an das Niederspannungsnetz. Verband der Netzbetreiber – VDN – e. V. beim VDEW. Frankfurt am Main: VWEW, 2007. – ISBN 978-3-8022-0922-2

[2.49]   DIN VDE 0100-100 (**VDE 0100-100**):2009-06 Errichten von Niederspannungsanlagen – Teil 1: Allgemeine Grundsätze, Bestimmungen allgemeiner Merkmale, Begriffe. Berlin · Offenbach: VDE VERLAG

[2.50]   IEC 60617-DB Graphical symbols for diagrams. Genf/Schweiz: Bureau Central de la Commission Electrotechnique Internationale (Hinweis: Online-Datenbank, die Datenbank ersetzt IEC 60617 Teile 2 bis 13, weitere Informationen unter www.iec-normen.de/shop/schaltzeichen.php)

[2.51]   DIN EN 61140 (**VDE 0140-1**):2007-03 Schutz gegen elektrischen Schlag – Gemeinsame Anforderungen für Anlagen und Betriebsmittel. Berlin · Offenbach: VDE VERLAG

[2.52]   IEC Guide 104:1997-08 The preparation of safety publications and the use of basic safety publications and group safety publications. Genf/Schweiz: Bureau Central de la Commission Electrotechnique Internationale. – ISBN 2-8318-3890-8

[2.53]   Z DIN VDE 0100-410 (**VDE 0100-410**):1997-01 (zurückgezogen, Nachfolgedokument [2.2]) Errichten von Starkstromanlagen mit Nennspannungen bis 1000 V – Teil 4: Schutzmaßnahmen – Kapitel 41: Schutz gegen elektrischen Schlag. Berlin · Offenbach: VDE VERLAG

[2.54]   Deutsche Online-Ausgabe des IEV. DKE Deutsche Kommission Elektrotechnik Elektronik Informationstechnik im DIN und VDE, Frankfurt am Main: www.dke.de/dke-iev

[2.55]   IEC 60050-826:2004-08 International Electrotechnical Vocabulary – Part 826: Electrical installations. Genf/Schweiz: Bureau Central de la Commission Electrotechnique Internationale. – ISBN 2-8318-7524-2

[2.56]   DVGW G 459-1:1998-07 Gas-Hausanschlüsse für Betriebsdrücke bis 4 bar – Planung und Errichtung. Bonn: WVGW Wirtschafts- und Verlagsgesellschaft Gas und Wasser

[2.57]   DIN VDE 0100-520 (**VDE 0100-520**):2013-06 Errichten von Niederspannungsanlagen – Teil 5: Auswahl und Errichtung elektrischer Betriebsmittel – Kapitel 52: Kabel- und Leitungsanlagen. Berlin · Offenbach: VDE VERLAG

[2.58]   DIN 18015-1:2013-09 Elektrische Anlagen in Wohngebäuden – Teil 1: Planungsgrundlagen. Berlin: Beuth

[2.59]   DIN EN 61009-21 (**VDE 0664-21**):1999-12 Fehlerstrom-/Differenzstrom-Schutzschalter mit eingebautem Überstromschutz (RCBOs) für Hausinstallationen und für ähnliche Anwendungen – Teil 2-1: Anwendung der allgemeinen Anforderungen auf netzspannungsunabhängige RCBOs. Berlin · Offenbach: VDE VERLAG

[2.60]   DIN EN 61008-1 (**VDE 0664-10**):2013-08 Fehlerstrom-/Differenzstrom-Schutzschalter ohne eingebauten Überstromschutz (RCCBs) für Hausinstallationen und für ähnliche Anwendungen – Teil 1: Allgemeine Anforderungen. Berlin · Offenbach: VDE VERLAG

[2.61]   DIN VDE 0100-430 (**VDE 0100-430**):2010-10 Errichten von Niederspannungsanlagen – Teil 4-43: Schutzmaßnahmen – Schutz bei Überstrom. Berlin · Offenbach: VDE VERLAG

[2.62]   DIN VDE 0100-530 (**VDE 0100-530**):2011-06 Errichten von Niederspannungsanlagen – Teil 530: Auswahl und Errichtung elektrischer Betriebsmittel – Schalt- und Steuergeräte. Berlin · Offenbach: VDE VERLAG

[2.63]   Z VDE 0635:1963-03 (zurückgezogen) Vorschriften für Leistungsschutzsicherungen mit geschlossenem Schmelzeinsatz 500 V und bis 200 A einschließlich Sondervorschriften für flinke Leitungsschutzsicherungen für 750 V und für den Bergbau 500 V. Berlin · Offenbach: VDE VERLAG

[2.64]   Z VDE 0660-4:1970-12 (zurückgezogen) Bestimmungen für Niederspannungsgeräte – Teil 4: Bestimmungen für Niederspannungs-(NH)-Sicherungen mit Nennspannungen bis 1 000 V Wechselspannung und bis 3 000 V Gleichspannung. Berlin · Offenbach: VDE VERLAG

[2.65]   Z VDE 0660-1:1969-08 (zurückgezogen) Bestimmungen für Niederspannungsschaltgeräte – Bestimmungen für Schalter mit Nennspannungen bis 1 000 V Wechselspannung und bis 3 000 V Gleichspannung, für Steuerschalter und Schütze bis 10 000 V Wechselspannung. Berlin · Offenbach: VDE VERLAG

[2.66]   Z VDE 0641:1964-03 (zurückgezogen) Vorschriften für Leitungsschutzschalter bis 25 A 440 V. Berlin · Offenbach: VDE VERLAG

[2.67]   Z DIN 57641 (**VDE 0641**):1978-06 (zurückgezogen) Leitungsschutzschalter bis 63 A Nennstrom, 415 V Wechselspannung. Berlin · Offenbach: VDE VERLAG

[2.68]   DIN VDE 0636-2 (**VDE 0636-2**):2014-09 Niederspannungssicherungen – Teil 2: Zusätzliche Anforderungen an Sicherungen zum Gebrauch durch Elektrofachkräfte bzw. elektrotechnisch unterwiesene Personen (Sicherungen überwiegend für den industriellen Gebrauch) – Beispiele für genormte Sicherungssysteme A bis K. Berlin · Offenbach: VDE VERLAG

[2.69]   DIN EN 60898-2 (**VDE 0641-12**):2007-03 Elektrisches Installationsmaterial – Leitungsschutzschalter für Hausinstallationen und ähnliche Zwecke – Teil 2: Leitungsschutzschalter für Wechsel- und Gleichstrom (AC und DC). Berlin · Offenbach: VDE VERLAG

[2.70]   DIN EN 60898-1 (**VDE 0641-11**):2006-03 Elektrisches Installationsmaterial – Leitungsschutzschalter für Hausinstallationen und ähnliche Zwecke – Teil 1: Leitungsschutzschalter für Wechselstrom (AC). Berlin · Offenbach: VDE VERLAG

[2.71]   DIN EN 60947-4-1 (**VDE 0660-102**):2014-02 Niederspannungsschaltgeräte – Teil 4-1: Schütze und Motorstarter – Elektromechanische Schütze und Motorstarter. Berlin · Offenbach: VDE VERLAG

[2.72]   DIN EN 60947-2 (**VDE 0660-101**):2014-01 Niederspannungsschaltgeräte – Teil 2: Leistungsschalter. Berlin · Offenbach: VDE VERLAG

[2.73]   DIN EN 60269-1 (**VDE 0636-1**):2015-05 Niederspannungssicherungen – Teil 1: Allgemeine Anforderungen. Berlin · Offenbach: VDE VERLAG

[2.74]   DIN EN 61439-1 (**VDE 0660-600-1**):2012-06 Niederspannungs-Schaltgerätekombinationen – Teil 1: Allgemeine Festlegungen. Berlin · Offenbach: VDE VERLAG

[2.75]   DIN EN 61439-2 (**VDE 0660-600-2**):2012-06 Niederspannungs-Schaltgerätekombinationen – Teil 2: Energie-Schaltgerätekombinationen. Berlin · Offenbach: VDE VERLAG

[2.76]   IEC 60417-DB Graphische Symbole für Betriebsmittel. Genf/Schweiz: Bureau Central de la Comission Electrotechnique Internationale (zu beziehen über www.iec-normen.de/shop/bildzeichen.php)

[2.77]   IEC 60449:1973-01 Voltage bands for electrical installations of buildings. Genf/Schweiz: Bureau Central de la Comission Electrotechnique Internationale

[2.78]   DIN EN 61558-2-6 (**VDE 0570-2-6**):2010-04 Sicherheit von Transformatoren, Drosseln, Netzgeräten und dergleichen für Versorgungsspannungen bis 1 100 V – Teil 2-6: Besondere Anforderungen und Prüfungen an Sicherheitstransformatoren und Netzgeräte, die Sicherheitstransformatoren enthalten. Berlin · Offenbach: VDE VERLAG

[2.79]   DIN EN 60127-1 (**VDE 0820-1**):2011-12 Geräteschutzsicherungen – Teil 1: Begriffe für Geräteschutzsicherungen und allgemeine Anforderungen an G-Sicherungseinsätze. Berlin · Offenbach: VDE VERLAG

[2.80]   DIN EN 61557-8 (**VDE 0413-8**):2007-12 Elektrische Sicherheit in Niederspannungsnetzen bis AC 1 000 V und DC 1 500 V – Geräte zum Prüfen, Messen oder Überwachen von Schutzmaßnahmen – Teil 8: Isolationsüberwachungsgeräte für IT-Systeme. Berlin · Offenbach: VDE VERLAG

[2.81]   DIN VDE 0100-710 (**VDE 0100-710**):2012-10 Errichten von Niederspannungsanlagen – Teil 7-710: Anforderungen für Betriebsstätten, Räume und Anlagen besonderer Art – Medizinisch genutzte Bereiche. Berlin · Offenbach: VDE VERLAG

[2.82]   Z DIN EN 62020 (**VDE 0663**):1999-07 (zurückgezogen) Elektrisches Installationsmaterial – Differenzstrom-Überwachungsgeräte für Hausinstallationen und ähnliche Verwendungen (RCMs). Berlin · Offenbach: VDE VERLAG

[2.83]   Z DIN 57106 (**VDE 0106**):1982-05 (zurückgezogen, Nachfolgedokument [2.51]) Schutz gegen elektrischen Schlag – Klassifizierung von elektrischen und elektronischen Betriebsmitteln. Berlin · Offenbach: VDE VERLAG

[2.84]   Z DIN 40050:1980-07 (zurückgezogen) IP-Schutzarten – Berührungs-, Fremdkörper- und Wasserschutz für elektrische Betriebsmittel. Berlin: Beuth

[2.85]   Z DIN VDE 0710-1 (**VDE 0710-1**):1969-03 (zurückgezogen) Vorschriften für Leuchten mit Betriebsspannungen unter 1 000 V – Teil 1: Allgemeine Vorschriften. Berlin · Offenbach: VDE VERLAG

[2.86]   DIN EN 60079-10-2 (**VDE 0165-102**):2010-03 Explosionsfähige Atmosphäre – Teil 10-2: Einteilung der Bereiche – Staubexplosionsgefährdete Bereiche. Berlin · Offenbach: VDE VERLAG

[2.87]   DIN EN 60079-0 (**VDE 0170-1**):2014-06 Explosionsgefährdete Bereiche – Teil 0: Betriebsmittel – Allgemeine Anforderungen. Berlin · Offenbach: VDE VERLAG

[2.88]   DIN EN 60079-6 (**VDE 0170-2**):2008-02 Explosionsfähige Atmosphäre – Teil 6: Geräteschutz durch Ölkapselung „o". Berlin · Offenbach: VDE VERLAG

[2.89]   DIN EN 60079-2 (**VDE 0170-3**):2015-05 Explosionsgefährdete Bereiche– Teil 2: Geräteschutz durch Überdruckkapselung „p". Berlin · Offenbach: VDE VERLAG

[2.90]   DIN EN 60079-5 (**VDE 0170-4**):2008-07 Explosionsfähige Atmosphäre – Teil 5: Geräteschutz durch Sandkapselung „q". Berlin · Offenbach: VDE VERLAG

[2.91]   DIN EN 60079-1 (**VDE 0170-5**):2015-04 Explosionsgefährdete Bereiche – Teil 1: Geräteschutz durch druckfeste Kapselung „d". Berlin · Offenbach: VDE VERLAG

[2.92]   DIN EN 60079-7 (**VDE 0170-6**):2007-08 Explosionsfähige Atmosphäre – Teil 7: Geräteschutz durch erhöhte Sicherheit „e". Berlin · Offenbach: VDE VERLAG

[2.93]   DIN EN 60079-11 (**VDE 0170-7**):2012-06 Explosionsgefährdete Bereiche – Teil 11: Geräteschutz durch Eigensicherheit „i". Berlin · Offenbach: VDE VERLAG

[2.94]   DIN EN 60079-18 (**VDE 0170-9**):2010-07 Elektrische Betriebsmittel für gasexplosionsgefährdete Bereiche – Teil 18: Konstruktion, Prüfung und Kennzeichnung elektrischer Betriebsmittel mit der Schutzart Vergusskapselung „m". Berlin · Offenbach: VDE VERLAG

[2.95]   Z DIN 57701-1 (**VDE 0701-1**):1981-12 (zurückgezogen) Instandsetzung, Änderung und Prüfung elektrischer Geräte für den Hausgebrauch und ähnliche Zwecke – Allgemeine Bestimmung. Berlin · Offenbach: VDE VERLAG

[2.96]   DIN VDE 0100-718 (**VDE 0100-718**):2014-06 Errichten von Niederspannungsanlagen – Anforderungen für Betriebsstätten, Räume und Anlagen besonderer Art – Teil 7-718: Bauliche Anlagen für Menschenansammlungen. Berlin · Offenbach: VDE VERLAG

[2.97]   Z DIN VDE 0100-610 (**VDE 0100-610**):2004-04 (zurückgezogen) Errichten von Niederspannungsanlagen – Teil 6-61: Prüfungen – Erstprüfungen. Berlin · Offenbach: VDE VERLAG

[2.98]   DIN VDE 0298-4 (**VDE 0298-4**):2013-06 Verwendung von Kabeln und isolierten Leitungen für Starkstromanlagen – Teil 4: Empfohlene Werte für die Strombelastbarkeit von Kabeln und Leitungen für feste Verlegung in und an Gebäuden und von flexiblen Leitungen. Berlin · Offenbach: VDE VERLAG

[2.99]   DIN VDE 0100 Beiblatt 5 (**VDE 0100 Beiblatt 5**):1995-11 Errichten von Starkstromanlagen mit Nennspannungen bis 1 000 V – Maximal zulässige Längen von Kabeln und Leitungen unter Berücksichtigung des Schutzes bei indirektem Berühren, des Schutzes bei Kurzschluß und des Spannungsfalls. Berlin · Offenbach: VDE VERLAG

[2.100]   Z DIN VDE 0100-600 (**VDE 0100-600**):1987-11 (zurückgezogen, Nachfolgedokument [2.39]) Errichten von Starkstromanlagen mit Nennspannungen bis 1 000 V – Erstprüfungen. Berlin · Offenbach: VDE VERLAG

[2.101]   DIN VDE 0100-510 (**VDE 0100-510**):2014-10 Errichten von Niederspannungsanlagen – Teil 5-51: Auswahl und Errichtung elektrischer Betriebsmittel – Allgemeine Bestimmungen. Berlin · Offenbach: VDE VERLAG

[2.102]   DIN EN 60079-17 (**VDE 0165-10-1**):2014-10 Explosionsgefährdete Bereiche – Teil 17: Prüfung und Instandhaltung elektrischer Anlagen. Berlin · Offenbach: VDE VERLAG

[2.103]   Z DIN 43780:1976-08 (zurückgezogen) Elektrische Meßgeräte – Direkt wirkende anzeigende Meßgeräte und ihr Zubehör. Berlin · Offenbach: VDE VERLAG

[2.104]   Z DIN 57410 (**VDE 0410**):1976-10 (zurückgezogen) VDE-Bestimmung für elektrische Meßgeräte – Sicherheitsbestimmungen für anzeigende und schreibende Meßgeräte und ihr Zubehör. Berlin · Offenbach: VDE VERLAG

[2.105]   Z DIN VDE 0413-6 (**VDE 0413-6**):1987-08 (zurückgezogen) Messen, Steuern, Regeln – Geräte zum Prüfen der Schutzmaßnahmen in elektrischen Anlagen – Geräte zum Prüfen der Wirksamkeit von FI- und FU-Schutzeinrichtungen in TN- und TT-Netzen. Berlin · Offenbach: VDE VERLAG

[2.106]   Z DIN 57413-1 (**VDE 0413-1**):1980-09 (zurückgezogen) Messen, Steuern, Regeln – Geräte zum Prüfen der Schutzmaßnahmen in elektrischen Anlagen – Isolations-Meßgeräte. Berlin · Offenbach: VDE VERLAG

[2.107]   Z DIN 57413-3 (**VDE 0413-3**):1977-07 (zurückgezogen) VDE-Bestimmung für Geräte zum Prüfen der Schutzmaßnahmen in elektrischen Anlagen – Schleifenwiderstands-Meßgeräte. Berlin · Offenbach: VDE VERLAG

[2.108]   Z DIN 57413-4 (**VDE 0413-4**):1977-07 (zurückgezogen) VDE-Bestimmung für Geräte zum Prüfen der Schutzmaßnahmen in elektrischen Anlagen – Widerstands-Meßgeräte. Berlin · Offenbach: VDE VERLAG

[2.109]   Z DIN 57413-5 (**VDE 0413-5**):1977-07 (zurückgezogen) VDE-Bestimmung für Geräte zum Prüfen der Schutzmaßnahmen in elektrischen Anlagen – Erdungs-Meßgeräte nach dem Kompensations-Meßverfahren. Berlin · Offenbach: VDE VERLAG

[2.110]   Z DIN 57413-7 (**VDE 0413-7**):1982-07 (zurückgezogen) Messen, Steuern, Regeln – Geräte zum Prüfen der Schutzmaßnahmen in elektrischen Anlagen – Erdungs-Meßgeräte nach dem Strom-Spannungs-Meßverfahren. Berlin · Offenbach: VDE VERLAG

[2.111] Z DIN 57413-9 (**VDE 0413-9**):1984-02 (zurückgezogen) Messen, Steuern, Regeln – Geräte zum Prüfen der Schutzmaßnahmen in elektrischen Anlagen – Drehfeldrichtungsanzeiger. Berlin · Offenbach: VDE VERLAG

[2.112] Z DIN EN 60060-2 (**VDE 0432-2**):1996-03 (zurückgezogen) Hochspannungs-Prüftechnik – Teil 2: Meßsysteme. Berlin · Offenbach: VDE VERLAG

[2.113] Z DIN 57432-3 (**VDE 0432-3**):1978-10 (zurückgezogen) Hochspannungs-Prüftechnik – Meßeinrichtungen. Berlin · Offenbach: VDE VERLAG

[2.114] DIN VDE 0100-460 (**VDE 0100-460**):2002-08 Errichten von Niederspannungsanlagen – Teil 4: Schutzmaßnahmen – Kapitel 46: Trennen und Schalten. Berlin · Offenbach: VDE VERLAG

[2.115] DIN EN 60060-2 (**VDE 0432-2**):2011-10 Hochspannungs-Prüftechnik – Teil 2: Messsysteme, Berlin · Offenbach: VDE VERLAG

[2.116] DIN EN 61557-2 (**VDE 0413-2**):2008-02 Elektrische Sicherheit in Niederspannungsnetzen bis AC 1 000 V und DC 1 500 V – Geräte zum Prüfen, Messen oder Überwachen von Schutzmaßnahmen – Teil 2: Isolationswiderstand. Berlin · Offenbach: VDE VERLAG

[2.117] DIN VDE 0100-729 (**VDE 0100-729**):2010-02 Errichten von Niederspannungsanlagen – Teil 7-729: Anforderungen für Betriebsstätten, Räume und Anlagen besonderer Art – Bedienungsgänge und Wartungsgänge. Berlin · Offenbach: VDE VERLAG

[2.118] DIN EN 61340-4-1 (**VDE 0300-4-1**):2004-12 Elektrostatik – Teil 4-1: Standard-Prüfverfahren für spezielle Anwendungen – Elektrischer Widerstand von Bodenbelägen und verlegten Fußböden. Berlin · Offenbach: VDE VERLAG

[2.119] DIN VDE 0100-442 (**VDE 0100-442**):2013-06 Errichten von Niederspannungsanlagen – Teil 4-442: Schutzmaßnahmen – Schutz von Niederspannungsanlagen bei vorübergehenden Überspannungen infolge von Erdschlüssen im Hochspannungsnetz und bei Fehlern im Niederspannungsnetz. Berlin · Offenbach: VDE VERLAG

[2.120] DIN EN 62305-1 (**VDE 0185-305-1**):2011-10 Blitzschutz – Teil 1: Allgemeine Grundsätze. Berlin · Offenbach: VDE VERLAG

[2.121] DIN 18014:2014-03 Fundamenterder – Allgemeine Planungsgrundlagen. Beuth: Berlin

[2.122] Erdungen in Starkstromnetzen. Vereinigung Deutscher Elektrizitätswerke (VDEW) (Hrsg.). Frankfurt am Main: VWEW, 1982. – ISBN 3-8022-0044-6

[2.123] DIN EN 61557-5 (**VDE 0413-5**):2007-12 Elektrische Sicherheit in Niederspannungsnetzen bis AC 1 000 V und DC 1 500 V – Geräte zum Prüfen, Messen oder Überwachen von Schutzmaßnahmen – Teil 5: Erdungswiderstand. Berlin · Offenbach: VDE VERLAG

[2.124] DIN EN 61557-3 (**VDE 0413-3**):2008-02 Elektrische Sicherheit in Niederspannungsnetzen bis AC 1 000 V und DC 1 500 V – Geräte zum Prüfen, Messen oder Überwachen von Schutzmaßnahmen – Teil 3: Schleifenwiderstand. Berlin · Offenbach: VDE VERLAG

[2.125] DIN EN 60909-0 (**VDE 0102**):2002-07 Kurzschlussströme in Drehstromnetzen – Teil 0: Berechnung der Ströme. Berlin · Offenbach: VDE VERLAG

[2.126] DIN EN 61557-4 (**VDE 0413-4**):2007-12 Elektrische Sicherheit in Niederspannungsnetzen bis AC 1 000 V und DC 1 500 V – Geräte zum Prüfen, Messen oder Überwachen von Schutzmaßnahmen – Teil 4: Widerstand von Erdungsleitern, Schutzleitern und Potential-ausgleichsleitern. Berlin · Offenbach: VDE VERLAG

[2.127] Z DIN VDE 0701-240 (**VDE 0701-240**):1986-04 Instandsetzung, Änderung und Prüfung elektrischer Geräte – Sicherheitsfestlegungen für Datenverarbeitungs-Einrichtungen und Büromaschinen. Berlin · Offenbach: VDE VERLAG

[2.128]   E DIN VDE 0664-100 (**VDE 0664-100**):2002-05 Fehlerstrom-Schutzschalter Typ B zur Erfassung von Wechsel- und Gleichströmen – Teil 100: RCCBs Typ B. Berlin · Offenbach: VDE VERLAG

[2.129]   E DIN VDE 0664-200 (**VDE 0664-200**):2003-07 Fehlerstrom-Schutzschalter Typ B mit eingebautem Überstromschutz zur Erfassung von Wechsel- und Gleichströmen – Teil 200: RCBOs Typ B. Berlin · Offenbach: VDE VERLAG

[2.130]   DIN EN 61557-6 (**VDE 0413-6**):2008-05 Elektrische Sicherheit in Niederspannungsnetzen bis AC 1 000 V und DC 1 500 V – Geräte zum Prüfen, Messen oder Überwachen von Schutzmaßnahmen – Teil 6: Wirksamkeit von Fehlerstrom-Schutzeinrichtungen (RCD) in TT-, TN- und IT-Systemen. Berlin · Offenbach: VDE VERLAG

[2.131]   DIN EN 61557-7 (**VDE 0413-7**):2008-02 Elektrische Sicherheit in Niederspannungsnetzen bis AC 1 000 V und DC 1 500 V – Geräte zum Prüfen, Messen oder Überwachen von Schutzmaßnahmen – Teil 7: Drehfeld. Berlin · Offenbach: VDE VERLAG

[2.132]   DIN 18015-2:2010-11 Elektrische Anlagen in Wohngebäuden – Teil 2: Art und Umfang der Mindestausstattung. Berlin: Beuth

[2.133]   DIN VDE 0100-520 Beiblatt 2 (**VDE 0100-520 Beiblatt 2**):2010-10 Errichten von Niederspannungsanlagen – Zulässige Strombelastbarkeit, Schutz bei Überlast, maximal zulässige Kabel- und Leitungslängen zur Einhaltung des zulässigen Spannungsfalls und der Abschaltbedingungen. Berlin · Offenbach: VDE VERLAG

[2.134]   DIN VDE 0276-603 (**VDE 0276-603**):2010-03 Starkstromkabel – Teil 603: Energieverteilungskabel mit Nennspannung 0,6/1 kV. Berlin · Offenbach: VDE VERLAG

[2.135]   DIN VDE 0250-204 (**VDE 0250-204**):2000-12 Isolierte Starkstromleitungen – PVC-Installationsleitung NYM. Berlin · Offenbach: VDE VERLAG

[2.136]   DIN VDE 0250-201 (**VDE 0250-201**):1992-09 Isolierte Starkstromleitungen – Stegleitung. Berlin · Offenbach: VDE VERLAG

[2.137]   DIN EN 60445 (**VDE 0197**):2011-10 Grund- und Sicherheitsregeln für die Mensch-Maschine-Schnittstelle – Kennzeichnung von Anschlüssen elektrischer Betriebsmittel, angeschlossener Leiterenden und Leitern. Berlin · Offenbach: VDE VERLAG

[2.138]   DIN EN 60947-3 (**VDE 0660-107**):2012-12 Niederspannungsschaltgeräte – Teil 3: Lastschalter, Trennschalter, Lasttrennschalter und Schalter-Sicherungs-Einheiten. Berlin · Offenbach: VDE VERLAG

[2.139]   DIN EN 60947-1 (**VDE 0660-100**):2011-10 Niederspannungsschaltgeräte – Teil 1: Allgemeine Festlegungen. Berlin · Offenbach: VDE VERLAG

[2.140]   DIN EN 61558-1 (**VDE 0570-1**):2006-07 Sicherheit von Transformatoren, Netzgeräten, Drosseln und dergleichen – Teil 1: Allgemeine Anforderungen und Prüfungen. Berlin · Offenbach: VDE VERLAG

[2.141]   DIN EN 60034-11 (**VDE 0530-11**):2005-04 Drehende elektrische Maschinen – Teil 11: Thermischer Schutz. Berlin · Offenbach: VDE VERLAG

[2.142]   DIN EN 61800-5-1 (**VDE 0160-105-1**):2008-04 Elektrische Leistungsantriebssysteme mit einstellbarer Drehzahl – Teil 5-1: Anforderungen an die Sicherheit – Elektrische, thermische und energetische Anforderungen. Berlin · Offenbach: VDE VERLAG

[2.143]   DIN ISO 7000:2008-12 Graphische Symbole auf Einrichtungen (ISO 7000:2004 + ISO 7000 Datenbank). Berlin: Beuth (ISO-7000-Datenbank auch zu beziehen über www.iec-normen.de/shop/bildzeichen.php)

[2.144]   DIN EN 62023 (**VDE 0040-6**):2012-08 Strukturierung technischer Information und Dokumentation. Berlin · Offenbach: VDE VERLAG

[2.145]   DIN EN 61082-1 (**VDE 0040-1**):2007-03 Dokumente der Elektrotechnik – Teil 1: Regeln. Berlin · Offenbach: VDE VERLAG

[2.146]   DIN EN 82079-1 (**VDE 0039-1**):2013-06 Erstellen von Gebrauchsanleitungen – Gliederung, Inhalt und Darstellung. Berlin · Offenbach: VDE VERLAG

[2.147]   DIN EN 62027 (**VDE 0040-7**): 2012-08 Erstellung von Objektlisten, einschließlich Teilelisten. Berlin · Offenbach: VDE VERLAG

[2.148]   DIN EN 60228 (**VDE 0295**):2005-09 Leiter für Kabel und isolierte Leitungen. Berlin · Offenbach: VDE VERLAG

[2.149]   IEC/TR 61200-53:1994-10 Electrical installation guide – Part 53: Selection and erection of electrical equipment – Switchgear and controlgear. Genf/Schweiz: Bureau Central de la Commission Electrotechnique Internationale

[2.150]   DIN EN 61180-2 (**VDE 0432-11**):1995-05 Hochspannungs-Prüftechnik für Niederspannungsgeräte – Teil 2: Prüfgeräte. Berlin · Offenbach: VDE VERLAG

[2.151]   DIN EN 62353 (**VDE 0751-1**):2008-08 Medizinische elektrische Geräte – Wiederholungsprüfungen und Prüfung nach Instandsetzung von medizinischen elektrischen Geräten. Berlin · Offenbach: VDE VERLAG

[2.152]   Z DIN VDE 0702 (**VDE 0702**):2004-06 Wiederholungsprüfungen an elektrischen Geräten. Berlin · Offenbach: VDE VERLAG

[2.153]   DIN EN 60601-1 (**VDE 0750-1**):2013-12 Medizinische elektrische Geräte – Teil 1: Allgemeine Festlegungen für die Sicherheit einschließlich der wesentlichen Leistungsmerkmale. Berlin · Offenbach: VDE VERLAG

[2.154]   Z DIN VDE 0701-1 (**VDE 0701-1**):2000-09 Instandsetzung, Änderung und Prüfung elektrischer Geräte – Teil 1: Allgemeine Anforderungen. Berlin · Offenbach: VDE VERLAG

[2.155]   DIN EN ISO 9000:2005-12 Qualitätsmanagementsysteme – Grundlagen und Begriffe. Berlin: Beuth

[2.156]   DIN EN ISO 9001:2008-12 Qualitätsmanagementsysteme – Anforderungen. Berlin: Beuth

[2.157]   DIN EN ISO 9004:2009-12 Leiten und Lenken für den nachhaltigen Erfolg einer Organisation – Ein Qualitätsmanagementansatz. Berlin: Beuth

[2.158]   DIN EN 60601-1-1 (**VDE 0750-1-1**):2002-08 Medizinische elektrische Geräte – Teil 1-1: Allgemeine Festlegungen für die Sicherheit – Ergänzungsnorm: Festlegungen für die Sicherheit von medizinischen elektrischen Systemen. Berlin · Offenbach: VDE VERLAG

[2.159]   DIN EN 60950-1 (**VDE 0805-1**):2014-08 Einrichtungen der Informationstechnik – Sicherheit – Teil 1: Allgemeine Anforderungen. Berlin · Offenbach: VDE VERLAG

[2.160]   Auswahl für das Elektrotechniker-Handwerk. Normenauswahlordner. Berlin · Offenbach: VDE VERLAG

[2.161]   DIN VDE 0404-2 (**VDE 0404-2**):2002-05 Prüf- und Messeinrichtungen zum Prüfen der elektrischen Sicherheit von elektrischen Geräten – Teil 2: Prüfeinrichtungen für Prüfungen nach Instandsetzung, Änderung oder für Wiederholungsprüfungen. Berlin · Offenbach: VDE VERLAG

16.3 Verbände, Institutionen, Firmen

[3.1]   Berufsgenossenschaft Energie Textil Elektro Medienerzeugnisse (BG ETEM), Köln: www.bgetem.de

[3.2]   Deutsche Gesetzliche Unfallversicherung e. V. (DGUV), Berlin: www.dguv.de

[3.3]   Statistisches Bundesamt (Destatis), Wiesbaden: www.destatis.de

[3.4]   DIN Deutsches Institut für Normung e. V., Berlin: www.din.de

[3.5]   VDE Verband der Elektrotechnik Elektronik Informationstechnik e. V., Frankfurt am Main: www.vde.com

[3.6]   TÜV Süd AG, München: www.tuev-sued.de

[3.7]   Ausschuss für Betriebssicherheit (ABS). Bundesanstalt für Arbeitsschutz und Arbeitsmedizin (BAuA), Dresden: www.baua.de/cln_137/de/Themen-von-A-Z/Anlagen-und-Betriebssicherheit/ABS/ABS.html

[3.8]   Bundesanstalt für Arbeitsschutz und Arbeitsmedizin, Dortmund: www.baua.de

[3.9]   Bundesministerium für Arbeit und Soziales (BMAS), Berlin: www.bmas.bund.de

[3.10] VDE VERLAG GMBH, Berlin · Offenbach: www.vde-verlag.de

[3.11] Wasser- und Schifffahrtsverwaltung des Bundes, Bonn: www.wsv.de

[3.12] Haus der Technik e. V., Essen: www.hdt-essen.de

[3.13] Technische Akademie Esslingen, Ostfildern: www.tae.de

[3.14] Technische Akademie Wuppertal e. V., Wuppertal: www.taw.de

[3.15] Günther Schuchardt GmbH, Lauffen (am Neckar): www.schuchardt-gmbh.de

[3.16] DKE Deutsche Kommission Elektrotechnik Elektronik Informationstechnik im DIN und VDE, Frankfurt am Main: www.dke.de

[3.17] Beta Niederspannungs-Schutzschaltechnik. Siemens AG, Industry Sector, Building Technologies, Electrical Installation Technology. Regensburg: www.siemens.de/beta

[3.18] System pro M compact. ABB Stotz-Kontakt GmbH, Heidelberg: www.abb.de/stotzkontakt

[3.19] Benning GmbH, Bocholt: www.benning.de

[3.20] Beha-Amprobe GmbH, Glottertal: www.beha.de

[3.21] Chauvin Arnoux GmbH, Kehl: www.chauvin-arnoux.de

[3.22] GMC-I Messtechnik GmbH, Nürnberg: www.gossenmetrawatt.com

[3.23] Müller + Ziegler GmbH & Co. KG, Gunzenhausen: www.mueller-ziegler.de

[3.24] Fluke Deutschland GmbH, Glottertal: www.fluke.de

[3.25] Dipl.-Ing. W. Bender GmbH & Co. KG, Grünberg (Hess): www.bender-de.com

[3.26] KEMA-IEV Ingenieurunternehmen für Energieversorgung GmbH, Dresden: www.kema-iev.de

[3.27] HT Instruments GmbH, Korschenbroich: www.ht-instruments.de

[3.28] EBM – Elektrotechnik GmbH (vormals Eltha Elektro Thaler), Beratzhausen: www.eltha.de

[3.29] VDE Prüf- und Zertifizierungsinstitut, Offenbach: www.vde-institut.com

[3.30] H. J. Suck Ingenieurbüro, Benefeld: www.hjsuck.de

[3.31] Richard Pflaum Verlag GmbH & Co. KG, München: www.pflaum.de

[3.32] WEKA Media GmbH & Co. KG, Kissing: www.weka.de

[3.33] Mebedo GmbH, Koblenz: www.mebedo.de

[3.34]   ZVEH – Zentralverband der Deutschen Elektro- und Informationstechnischen Handwerke e. V., Frankfurt am Main: www.zveh.de

[3.35]   Physikalisch-Technische Bundesanstalt (PTB), Braunschweig: www.ptb.de

[3.36]   Bundesamt für Eich- und Vermessungswesen, Wien/Österreich: www.bev.gv.at

[3.37]   esz AG calibration & metrology, Eichenau (bei München): www.esz-ag.de

[3.38]   Sonel S.A., Świdnica/Polen: www.sonel.pl

17   Abkürzungen

ArbSchG	Arbeitsschutzgesetz
ArbstättV	Arbeitsstättenverordnung
BAnz.	Bundesanzeiger
BetrSichV	Betriebssicherheitsverordnung
BGB	Bürgerliches Gesetzbuch
BGBl.	Bundesgesetzblatt
BGG	Berufsgenossenschaftliche Grundsätze
BGH	Bundesgerichtshof
BGI	Berufsgenossenschaftliche Informationen, jetzt DGUV-Informationen
BGR	Berufsgenossenschaftliche Regeln für Sicherheit und Gesundheit bei der Arbeit, jetzt DGUV-Regel
BGV	Berufsgenossenschaftliche Vorschriften, jetzt DGUV-Vorschrift
BGVR	Berufsgenossenschaftliches Vorschriften- und Regelwerk
CF	Compact Flash
DA	Durchführungsanweisung
DI	Differenzstromschutzschalter
DNeuG	Dienstrechtsneuordnungsgesetz
DVD	digital versatile disc
EF	Elektrofachkraft
ELV	extra-low voltage
EMV	elektromagnetische Verträglichkeit
EnWG	Energiewirtschaftsgesetz
EUP	elektrotechnisch unterwiesene Person
EVU	Elektrizitätsversorgungsunternehmen
FELV	functional extra-low voltage
FI	Fehlerstromschutzschalter
FU	Fehlerspannungsschutzschalter
GewO	Gewerbeordnung
GG	Grundgesetz
GMBl.	Gemeinsames Ministerialblatt
GSP	group safety publication

HD	Harmonisierungsdokument
HwO	Handwerksordnung
IEV	international electrotechnical vocabulary
IMD	insulation monitoring device
IR	Infrarot
IrDA	Infrared Data Association
LCD	liquid crystal display
LPS	lightning protection system
LS-Schalter	Leitungsschutzschalter
ME	medizinisch elektrisch
NAV	Niederspannungsanschlussverordnung
NiMH	Nickel-Metallhydrid
OLG	Oberlandesgericht
PELV	protective extra-low voltage
PRCD	portable residual current operated device
ProdSG	Produktsicherheitsgesetz
RCBO	residual current operated circuit-breaker with integral overcurrent protection
RCCB	residual current operated circuit-breaker without overcurrent protection
RCD	residual current protective device (früher FI)
RCM	residual current monitor
SELV	safety extra-low voltage
SGB	Sozialgesetzbuch
SRCD	socket outlet with residual current operated device
StGB	Strafgesetzbuch
TAB	Technische Anschlussbedingungen
TGL	Technische Güte- und Lieferbedingungen (der ehemaligen DDR)
TRBS	Technische Regeln für Betriebssicherheit
USB	Universal Serial Bus
UVV	Unfallverhütungsvorschrift (von der einzelnen Berufsgenossenschaft beschlossen, lfd. Nr. ist nicht in jedem Fall mit lfd. Nr. der VBG identisch)
VBG	Vorschriftenwerk der Berufsgenossenschaften
VNB	Verteilungsnetzbetreiber

17.1 Normensetzende deutsche Organisationen, Fachverbände, Einrichtungen usw.

ABS	Ausschuss für Betriebssicherheit, Dresden: www.baua.de/cln_137/ de/Themen-von-A-Z/Anlagen-und-Betriebssicherheit/ABS/ABS.html
BAuA	Bundesanstalt für Arbeitsschutz und Arbeitsmedizin, Dortmund: www.baua.de
BDEW	Bundesverband der Energie- und Wasserwirtschaft e. V., Berlin: www.bdew.de
BG	Berufsgenossenschaft
BG ETEM	Berufsgenossenschaft Energie Textil Elektro Medienerzeugnisse, Köln: www.bgetem.de
BMAS	Bundesministerium für Arbeit und Soziales, Berlin: www.bmas.bund.de
DGUV	Deutsche Gesetzliche Unfallversicherung e. V., Berlin: www.dguv.de
DIN	Deutsches Institut für Normung e. V., Berlin: www.din.de
DKE	Deutsche Kommission Elektrotechnik Elektronik Informationstechnik im DIN und VDE, Frankfurt am Main: www.dke.de
DVGW	Deutscher Verein des Gas- und Wasserfachs e. V., Bonn: www.dvgw.de
EG	Europäische Gemeinschaft (jetzt EU)
EU	Europäische Union: www.europa.eu
EWG	Europäische Wirtschaftsgemeinschaft (jetzt EU)
GS	geprüfte Sicherheit
PTB	Physikalisch-Technische Bundesanstalt (PTB), Braunschweig: www.ptb.de
TGL	Technische Güte- und Lieferbedingungen, Normen der ehemaligen DDR, sie sind seit 1990 durch DIN und VDE ersetzt worden.
TÜV	Technischer Überwachungsverein
VDE	Verband der Elektrotechnik Elektronik Informationstechnik e. V., Frankfurt am Main: www.vde.com
ZVEH	Zentralverband der Deutschen Elektro- und Informationstechnischen Handwerke e. V., Frankfurt am Main: www.zveh.de

17.2 Normensetzende ausländische und internationale Organisationen und Bezeichnungen

BEV   Bundesamt für Eich- und Vermessungswesen, Wien/Österreich: www.bev.gv.at

CE   Conformité Européenne
Übereinstimmung mit EU-Richtlinien

EN   European Standard
Europäische Norm (EN)

HD   Harmonization Document
Harmonisierungsdokument

IEC   International Electrotechnical Commission
Internationale Elektrotechnische Kommission, Genf/Schweiz: www.iec.ch

ISO   International Organization for Standardization
Internationale Organisation für Normung, Genf/Schweiz: www.iso.org

Teil D Anlage

18 VDE-Vorschriftenwerk, Gliederung

Die Gruppen 0 bis 8 mit den wichtigsten VDE-Bestimmungen, Stand 2015

DIN VDE	Titel
Gruppe 0	**Allgemeines**
VDE 0022	Satzung des VDE
VDE 0024	Satzung für das Prüf- und Zertifizierungswesen des VDE
VDE 0039-1	Erstellen von Gebrauchsanleitungen – Gliederung, Inhalt und Darstellung
VDE 1000	Allgemeine Leitsätze für das sicherheitsgerechte Gestalten technischer Erzeugnisse
Gruppe 1	**Energieanlagen**
VDE 0100	Errichten von Starkstromanlagen bis 1 000 V, Teile 100 bis 754
VDE 0101	Starkstromanlagen mit Nennwechselspannungen über 1 kV, Teile 1 bis 2
VDE 0104	Errichten und Betreiben elektrischer Prüfanlagen
VDE 0105	Betrieb von elektrischen Anlagen, Teile 1 bis 115
VDE 0106-102	Verfahren zur Messung von Berührungsstrom und Schutzleiterstrom
VDE 0108	Starkstromanlagen und Sicherheitsstromversorgung in baulichen Anlagen für Menschenansammlungen (zurückgezogen, ersetzt durch DIN VDE 0100-718)
VDE 0108-100	Sicherheitsbeleuchtungsanlagen
VDE 0110	Isolationskoordination für elektrische Betriebsmittel in Niederspannungsanlagen
VDE 0113	Sicherheit von Maschinen – Elektrische Ausrüstung von Maschinen, Teile 1 bis 211
VDE 0115	Bahnanwendungen – Allgemeine Bau- und Schutzbestimmungen, Teile 1 bis 606
VDE 0117	Sicherheit von Flurförderzeugen – Elektrische Anforderungen, Teile 1 bis 3
VDE 0118	Errichten elektrischer Anlagen im Bergbau unter Tage
VDE 0122	Elektrische Ausrüstung von Elektro-Straßenfahrzeugen
VDE 0126	Photovoltaische Einrichtungen, Teile 1 bis 33
VDE 0127	Windenergieanlagen, Teile 1 bis 100
VDE 0140-1	Schutz gegen elektrischen Schlag
VDE 0160	Drehzahlveränderbare elektrische Antriebe/EMV-Anforderungen, Teile 101 bis 106
VDE 0165	Elektrische Betriebsmittel für gasexplosionsgefährdete Bereiche
VDE 0166	Errichten elektrischer Anlagen in durch explosionsgefährliche Stoffe gefährdeten Bereichen
VDE 0185	Blitzschutz – Allgemeine Grundsätze VDE 0185-305-1

DIN VDE	Titel
Gruppe 2	**Energieleiter**
VDE 0207	Isolier- und Mantelmischungen für Kabel und isolierte Leitungen
VDE 0210	Freileitungen über AC 45 kV/über AC 1 kV bis AC 45 kV, Teile 1 bis 20
VDE 0211	Bau von Starkstrom-Freileitungen mit Nennspannungen bis 1 000 V
VDE 0212	Freileitungen
VDE 0228	Maßnahmen bei Beeinflussung von Fernmeldeanlagen durch Starkstromanlagen
VDE 0250	Isolierte Starkstromleitungen, Teile 1 bis 814
VDE 0253	Isolierte Heizleitungen
Gruppe 3	**Isolierstoffe**
VDE 0300	Elektrostatik, Teile 2 bis 5
VDE 0301 bis VDE 0302	Bewertung und Kennzeichnung von elektrischen Isoliersystemen
VDE 0303	Prüfungen von Isolierstoffen, Teile 4 bis 71
VDE 0304	Elektroisolierstoffe – thermisches Langzeitverhalten, Teile 4 bis 26
VDE 0306	Elektroisolierstoffe – Bestimmung der Wirkung ionisierender Strahlung, Teile 1 bis 5
VDE 0310 bis VDE 0389	Bestimmungen für die verschiedenen Isolierstoffe
VDE 0390	Supraleitfähigkeit, Teile 1 bis 13
Gruppe 4	**Messen, Steuern, Prüfen**
VDE 0403	Messen, Steuern, Regeln – Durchgangsprüfgeräte
VDE 0404	Prüf- und Messeinrichtungen zum Prüfen der elektrischen Sicherheit von elektrischen Geräten, Teile 1 bis 4
VDE 0411	Sicherheitsbestimmungen für elektrische Mess-, Steuer-, Regel- und Laborgeräte, Teile 1 bis 500
VDE 0413	Geräte zum Prüfen, Messen oder Überwachen von Schutzmaßnahmen, Teile 1 bis 12
VDE 0414	Messwandler, Teile 6 bis 44
VDE 0418	Elektrizitätszähler, Teile 2 bis 60
VDE 0432	Hochspannungs-Prüftechnik, Teile 1 bis 11
VDE 0435	Elektrische Relais, Teile 120 bis 3 040
VDE 0441	Prüfung von Kunststoff-Isolatoren für Betriebswechselspannungen über 1 kV, Teile 1 bis 1 000
VDE 0470	Schutzarten durch Gehäuse, Teile 1 bis 100
VDE 0471	Prüfungen zur Beurteilung der Brandgefahr, Teile 1-1 bis 11-20
VDE 0472	Prüfung an Kabeln und isolierten Leitungen, Teile 1 bis 815
Gruppe 5	**Maschinen, Umformer**
VDE 0510	VDE-Bestimmungen für Akkumulatoren und Batterie-Anlagen, Teile 1 bis 104
VDE 0530	Drehende elektrische Maschinen, Teile 1 bis 33
VDE 0532	Leistungstransformatoren, Teile 3 bis 289

498

DIN VDE	Titel
VDE 0544 bis VDE 0545	Lichtbogen- und Widerstands-Schweißeinrichtungen
VDE 0550	Bestimmungen für Kleintransformatoren, Teile 1 bis 3
VDE 0553-100	Leistungselektronik für Übertragungs- und Verteilungsnetze, Teil 100
VDE 0560	Bestimmungen für Kondensatoren, Teile 1 bis 811
VDE 0565	Festkondensatoren zur Verwendung in Geräten der Elektronik und zur Unterdrückung elektromagnetischer Störungen, Teile 1-1 bis 3-3
VDE 0570	Sicherheit von Transformatoren, Netzgeräten, Drosseln und dergleichen, Teile 1 bis 10
Gruppe 6	**Installationsmaterial, Schaltgeräte**
VDE 0603	Installationskleinverteiler und Zählerplätze AC 400 V, Teile 1 bis 102
VDE 0604	Elektroinstallationskanalsysteme für elektrische Installationen, Teile 1 bis 202
VDE 0605	Elektroinstallationsrohrsysteme für elektrische Energie und für Informationen, Teile 1 bis 100
VDE 0606 bis VDE 0613	Verbindungsmaterial für Niederspannungsstromkreise für Haushalt und ähnliche Zwecke
VDE 0616	Lampenfassungen, Teile 1 bis 5
VDE 0618	Betriebsmittel für den Potentialausgleich
VDE 0620 bis VDE 0628	Steckverbindungen (VDE 0620-300: Leitungsroller)
VDE 0631	Automatische elektrische Regel- und Steuergeräte für den Hausgebrauch und ähnliche Zwecke, Teile 1 bis 1 000
VDE 0632	Schalter für Haushalt und ähnliche ortsfeste elektrische Installationen, Teile 1 bis 700
VDE 0636	Niederspannungssicherungen, Teile 10 bis 3 011
VDE 0641	Leitungsschutzschalter für Hausinstallationen und ähnliche Zwecke, Teile 11 bis 12
VDE 0660	Niederspannungsschaltgeräte, Teile 100 bis 514
VDE 0664	Fehlerstrom-/Differenzstrom-Schutzschalter ohne eingebauten Überstromschutz (RCCBs) für Hausinstallationen und ähnliche Anwendungen, Teile 10 bis 101
VDE 0670	Hochspannungs-Sicherungen, Teile 4 bis 1 000
VDE 0675	Überspannungsableiter, Teile 1 bis 6
VDE 0680	Körperschutzmittel, Schutzvorrichtungen und Geräte zum Arbeiten an unter Spannung stehenden Teilen bis 1 000 V, Teile 1 bis 7
VDE 0681	Geräte zum Betätigen, Prüfen und Abschranken unter Spannung stehender Teile mit Nennspannungen über 1 kV, Teile 1 bis 6
VDE 0682	Arbeiten unter Spannung, Teile 100 bis 744
Gruppe 7	**Gebrauchsgeräte, Arbeitsgeräte**
VDE 0700	Sicherheit elektrischer Geräte für den Hausgebrauch und ähnliche Anforderungen, Teile 1 bis 771

DIN VDE	Titel
VDE 0701-0702	Prüfung nach Instandsetzung, Änderung elektrischer Geräte – Wiederholungsprüfung elektrischer Geräte – Allgemeine Anforderungen für die elektrische Sicherheit
VDE 0710 bis VDE 0711	Vorschriften für Leuchten mit Betriebsspannung unter 1 000 V, Teile 1 bis 400
VDE 0715	Glühlampen – Sicherheitsanforderungen, Teile 1 bis 12
VDE 0721	Sicherheit in Elektrowärmeanlagen
VDE 0740	Handgeführte motorbetriebene Elektrowerkzeuge – Sicherheit, Teile 1 bis 511
VDE 0745	Elektrische Betriebsmittel für explosionsgefährdete Bereiche – Elektrostatische Hand-Sprüheinrichtungen, Teile 100 bis 200
VDE 0750	Medizinische elektrische Geräte, Teile 1 bis 238
VDE 0751-1	Wiederholungsprüfung und Prüfungen vor der Inbetriebnahme von medizinischen elektrischen Geräten oder Systemen
VDE 0752	Grundsätzliche Aspekte der Sicherheit elektrischer Einrichtungen in medizinischer Anwendung
VDE 0789-100	Unterrichtsräume und Laboratorien
Gruppe 8	**Informationstechnik**
VDE 0800	Fernmeldetechnik, Teile 1 bis 2 und Informationstechnik, Teile 2-310 bis 174-3
VDE 0803	Funktionale Sicherheit – sicherheitsbezogener elektrischer/elektronischer/ programmierbarer elektronischer Systeme, Teile 1 bis 7
VDE 0804	Besondere Sicherheitsanforderungen an Geräte zum Anschluss an Telekommunikationsnetze, Teil 100
VDE 0805	Einrichtungen der Informationstechnik – Sicherheit, Teile 1 bis 116
VDE 0808	Signalübertragung auf elektrischen Niederspannungsnetzen der Informationstechnik
VDE 0812 bis VDE 0819	Schaltdrähte, Kabel und Außenkabel
VDE 0820	Geräteschutzeinrichtungen, Teile 1 bis 10
VDE 0830	Alarmanlagen, Teile 1-4 bis 8-7
VDE 0831 bis VDE 0834	Bahnanwendungen, Straßenverkehrs-Signalanlagen, Gefahrenmeldeanlagen, Rufanlagen in Krankenhäusern
VDE 0835 bis VDE 0837	Lasereinrichtungen und Sicherheit von Lasereinrichtungen
VDE 0838 bis VDE 0839	Rückwirkungen in Stromversorgungsnetzen, ..., Elektromagnetische Verträglichkeit (EMV), Teile 1 bis 6-4
VDE 0845	Schutz von Fernmeldeanlagen gegen Blitzeinwirkungen, statische Aufladungen und Überspannungen aus Starkstromanlagen, Teile 1 bis 6-2
VDE 0855	Kabelnetze für Fernsehsignale, Tonsignale und interaktive Dienste

DIN VDE	Titel
VDE 0860	Audio-, Video- und ähnliche elektronische Geräte
VDE 0866	Sicherheitsbestimmung für Funksender
VDE 0873 bis VDE 0879	Funk-Störungen, Funk-Entstörung und elektromagnetische Verträglichkeit
VDE 0887	Koaxialkabel
VDE 0888	Lichtwellenleiter-Kabel, Teile 3 bis 500
VDE 0891	Verwendung von Kabeln und isolierten Leitungen für Fernmeldeanlagen und Informationsverarbeitungsanlagen, Teile 1 bis 9
VDE 0898-1	Temperaturabhängige Widerstände mit positivem Temperaturkoeffizienten aus Polymerwerkstoffen

19 Übersicht über DIN VDE 0100 (Stand September 2015)

DIN VDE	Titel
Bbl. 1 zu VDE 0100:1982-11	Errichten von Starkstromanlagen mit Nennspannungen bis 1 000 V – Entwicklungsgang der Errichtungsbestimmungen
Bbl. 2 zu VDE 0100:2001-05	Errichten von Niederspannungsanlagen – Verzeichnis der einschlägigen Normen und Übergangsfestlegungen
Bbl. 3 zu VDE 0100:1983-03	Errichten von Starkstromanlagen mit Nennspannungen bis 1 000 V – Struktur der Normenreihe
Bbl. 5 zu VDE 0100:1995-11	Maximal zulässige Längen von Kabeln und Leitungen unter Berücksichtigung des Schutzes bei indirektem Berühren, des Schutzes bei Kurzschluss und des Spannungsfalls
VDE 0100-100:2009-06	Errichten von Niederspannungsanlagen – Teil 1: Allgemeine Grundsätze, Bestimmungen allgemeiner Merkmale, Begriffe
VDE 0100-200:2006-06	Elektrische Anlagen von Gebäuden – Begriffe
VDE 0100-410:2007-06	Errichten von Niederspannungsanlagen – Teil 4-41: Schutzmaßnahmen – Schutz gegen elektrischen Schlag
VDE 0100-420:2013-02	Schutzmaßnahmen; Schutz gegen thermische Einflüsse
VDE 0100-430:2010-10	Errichten von Niederspannungsanlagen – Teil 4-43: Schutzmaßnahmen – Schutz bei Überstrom
VDE 0100-442:2013-06	Errichten von Niederspannungsanlagen – Teil 4-442: Schutzmaßnahmen – Schutz von Niederspannungsanlagen bei vorübergehenden Überspannungen infolge von Erdschlüssen im Hochspannungsnetz und bei Fehlern im Niederspannungsnetz
VDE 0100-443:2007-06	Errichten von Niederspannungsanlagen – Schutzmaßnahmen, Schutz bei Überspannungen infolge atmosphärischer Einflüsse oder von Schaltvorgängen
VDE 0100-444:2010-10	Errichten von Niederspannungsanlagen – Teil 4-444: Schutzmaßnahmen – Schutz bei Störspannungen und elektromagnetischen Störgrößen
VDE 0100-450:1990-03	Errichten von Starkstromanlagen mit Nennspannungen bis 1 000 V – Schutzmaßnahmen; Schutz gegen Unterspannung
VDE 0100-460:2002-08	Errichten von Niederspannungsanlagen – Schutzmaßnahmen – Trennen und Schalten
VDE 0100-510:2014-10	Errichten von Niederspannungsanlagen – Teil 5-51: Auswahl und Errichtung elektrischer Betriebsmittel – Allgemeine Bestimmungen
VDE 0100-520:2013-06	Errichten von Niederspannungsanlagen – Kapitel 52: Kabel- und Leitungsanlagen
Bbl. 1 zu VDE 0100-520:2008-10	Leitfaden für elektrische Anlagen – Auswahl und Errichtung elektrischer Betriebsmittel – Kabel- und Leitungsanlagen – Begrenzung des Temperaturanstiegs bei Schnittstellenanschlüssen
Bbl. 2 zu VDE 0100-520:2010-10	Errichten von Niederspannungsanlagen – Auswahl und Errichtung elektrischer Betriebsmittel – Teil 520: Kabel- und Leitungsanlagen – Beiblatt 2: Schutz bei Überlast, Auswahl von Überstrom-Schutzeinrichtungen, maximal zulässige Kabel- und Leitungslängen zur Einhaltung des zulässigen Spannungsfalls und der Abschaltzeiten zum Schutz gegen elektrischen Schlag

DIN VDE	Titel
Bbl. 3 zu VDE 0100-520:2012-10	Errichten von Niederspannungsanlagen – Auswahl und Errichtung elektrischer Betriebsmittel – Teil 520: Kabel- und Leitungsanlagen – Beiblatt 3: Strombelastbarkeit von Kabeln und Leitungen in 3-phasigen Verteilungsstromkreisen bei Lastströmen mit Oberschwingungsanteilen
VDE 0100-530:2011-06	Errichten von Niederspannungsanlagen – Auswahl und Errichtung elektrischer Betriebsmittel – Schalt- und Steuergeräte
VDE 0100-534:2009-02	Errichten von Niederspannungsanlagen – Teil 5-53: Auswahl und Errichtung elektrischer Betriebsmittel – Trennen, Schalten und Steuern – Abschnitt 534: Überspannung-Schutzeinrichtungen (ÜSE)
VDE 0100-537:1999-06	Geräte zum Trennen und Schalten
VDE 0100-540:2012-06	Errichten von Niederspannungsanlagen – Auswahl und Errichtung elektrischer Betriebsmittel – Erdungsanlagen und Schutzleiter
VDE 0100-550:1988-04	Steckvorrichtungen, Schalter und Installationsgeräte
VDE 0100-551:2011-06	Errichten von Niederspannungsanlagen – Teil 5-55: Auswahl und Errichtung elektrischer Betriebsmittel – Andere Betriebsmittel – Abschnitt 551: Niederspannungsstromerzeugungseinrichtungen
VDE 0100-557:2014-10	Errichten von Niederspannungsanlagen – Teil 5-557: Auswahl und Errichtung elektrischer Betriebsmittel – Hilfsstromkreise
VDE 0100-559:2014-02	Errichten von Niederspannungsanlagen – Teil 5-559: Auswahl und Errichtung elektrischer Betriebsmittel – Leuchten und Beleuchtungsanlagen
VDE 0100-560:2013-10	Errichten von Niederspannungsanlagen – Teil 5-56: Auswahl und Errichtung elektrischer Betriebsmittel – Einrichtungen für Sicherheitszwecke
VDE 0100-600:2008-06	Errichten von Niederspannungsanlagen – Prüfungen
VDE 0100-701:2008-10	Errichten von Niederspannungsanlagen – Räume mit Badewanne oder Dusche
VDE 0100-702:2012-03	Errichten von Niederspannungsanlagen – Teil 7-702: Anforderungen für Betriebsstätten, Räume und Anlagen besonderer Art – Becken von Schwimmbädern, begehbare Wasserbecken und Springbrunnen
VDE 0100-703:2006-02	Räume und Kabinen mit Sauna-Heizungen
VDE 0100-704:2007-10	Errichten von Niederspannungsanlagen – Baustellen
VDE 0100-705:2007-10	Errichten von Niederspannungsanlagen – Anforderungen für Betriebsstätten, Räume und Anlagen besonderer Art – Elektrische Anlagen in landwirtschaftlichen und gartenbaulichen Betriebsstätten
VDE 0100-706:2007-10	Leitfähige Bereiche mit begrenzter Bewegungsfreiheit
VDE 0100-708:2010-02	Errichten von Niederspannungsanlagen – Teil 7-708: Anforderungen für Betriebsstätten, Räume und Anlagen besonderer Art – Caravanplätze, Campingplätze und ähnliche Bereiche
VDE 0100-709:2013-10	Errichten von Niederspannungsanlagen – Teil 7-709: Anforderungen für Betriebsstätten, Räume und Anlagen besonderer Art – Marinas und ähnliche Bereiche

DIN VDE	Titel
VDE 0100-710:2012-10	Errichten von Niederspannungsanlagen – Teil 7–710: Anforderungen für Betriebsstätten, Räume und Anlagen besonderer Art – Medizinisch genutzte Bereiche
Bbl. 1 zu VDE 0100-710:2014-06	Informationen zur Anwendung der normativen Anforderungen aus DIN VDE 0100-710 (VDE 0100-710):2012-10
VDE 0100-711:2003-11	Ausstellungen, Shows und Stände
VDE 0100-712:2006-06	Errichten von Niederspannungsanlagen – Solar-Photovoltaik-(PV)-Stromversorgungssysteme
VDE 0100-714:2014-02	Beleuchtungsanlagen im Freien
VDE 0100-715:2014-02	Errichten von Niederspannungsanlagen – Kleinspannungsbeleuchtungsanlagen
VDE 0100-717:2010-10	Errichten von Niederspannungsanlagen – Teil 7-717: Anforderungen für Betriebsstätten, Räume und Anlagen besonderer Art – Ortsveränderliche oder transportable Baueinheiten
VDE 0100-718:2014-06	Bauliche Anlagen für Menschenansammlungen
VDE 0100-721:2010-02	Errichten von Niederspannungsanlagen – Teil 7-721: Anforderungen für Betriebsstätten, Räume und Anlagen besonderer Art – Elektrische Anlagen von Caravans und Motorcaravans
VDE 0100-722:2012-10	Errichten von Niederspannungsanlagen – Teil 7-722: Anforderungen für Betriebsstätten, Räume und Anlagen besonderer Art – Stromversorgung von Elektrofahrzeugen
VDE 0100-723:2005-06	Unterrichtsräume mit Experimentiereinrichtungen
VDE 0100-724:1980-06	Elektrische Anlagen in Möbeln u. Ä. Einrichtungsgegenständen, z. B. Gardinenleisten, Dekorationsverkleidung
VDE 0100-729:2010-02	Errichten von Niederspannungsanlagen – Teil 7-729: Anforderungen für Betriebsstätten, Räume und Anlagen besonderer Art – Bedienungsgänge und Wartungsgänge
VDE 0100-731:2014-10	Abgeschlossene elektrische Betriebsstätten
VDE 0100-732:1995-07	Hausanschlüsse in öffentlichen Kabelnetzen
VDE 0100-737:2002-01	Errichten von Niederspannungsanlagen – Feuchte und nasse Bereiche und Räume und Anlagen im Freien
VDE 0100-739:1989-06	Errichten von Starkstromanlagen mit Nennspannungen bis 1 000 V – Zusätzlicher Schutz bei direktem Berühren in Wohnungen durch Schutzeinrichtungen mit $I_{\Delta N} \leq 30$ mA in TN- und TT-Netzen
VDE 0100-740:2007-10	Errichten von Niederspannungsanlagen – Vorübergehend errichtete elektrische Anlagen für Aufbauten, Vergnügungseinrichtungen und Buden auf Kirmesplätzen, Vergnügungsparks und für Zirkusse
VDE 0100-753:2003-06	Errichten von Niederspannungsanlagen – Anforderungen für Betriebsstätten, Räume und Anlagen besonderer Art – Fußboden- und Decken-Flächenheizungen

20 Verzeichnis der Unfallverhütungsvorschriften (UVV) der Berufsgenossenschaften, BG-Vorschriften (Stand Mai 2015)

Arbeits-umfeld	Neue DGUV-Nr.	BGV-Nr.	Titel der berufsgenossenschaftlichen Vorschriften für Sicherheit und Gesundheit bei der Arbeit
A	1	A1	Grundsätze der Prävention
	3	A3	Elektrische Anlagen und Betriebsmittel
B	11	B2	Laserstrahlung
	15	B11	Elektromagnetische Felder
C	17	C1	Veranstaltungs- und Produktionsstätten für szenische Darstellung
	21	C5	Abwassertechnische Anlagen
	30	C14	Wärmekraftwerke und Heizwerke
	32	C16	Kernkraftwerke
	38	C22	Bauarbeiten
	40	C23	Taucherarbeiten
	42	C25	Zelte und Tragluftbauten
D	50	D5	Chlorung von Wasser
	52	D6	Krane
	54	D8	Winden, Hub- und Zuggeräte
	56	D9	Arbeiten mit Schussapparaten
	59	D14	Wärmebehandlung von Aluminium oder Aluminium-knetlegierungen in Salpeterbädern
	68	D27	Flurförderzeuge
	70	D29	Fahrzeuge
	73	D30	Schienenbahnen
	77	D33	Arbeiten im Bereich von Gleisen
	79	D34	Verwendung von Flüssiggas

21   Muster von Prüfprotokollen

Nachfolgend werden Prüfprotokolle folgender Verlage/Verbände als Muster abgedruckt:

- Richard Pflaum Verlag [3.30],
- Weka Media [3.31],
- Zentralverband der Deutschen Elektro- und Informationstechnischen Handwerke (ZVEH) [3.33].

Der Nutzer der Vordrucke muss selbst entscheiden, für welche er sich entscheidet.

Leider entsprechen nicht immer alle Vordrucke den neuen DIN-VDE-Bestimmungen. Mitunter fehlt bei der Prüfung der Fehlerstromschutzeinrichtungen (RCD) die Spalte für die Abschaltzeit, oder es wird bei der Prüfung der Durchgängigkeit der Leiter nur angegeben „≤ 1 Ω", was auch nicht mehr den Forderungen entspricht.

Teilweise wird auch bei der Prüfung von Badezimmern die Schleifenimpedanz angegeben. Bei der Prüfung von Fehlerstromschutzeinrichtungen (RCD) ist eine Schleifenimpedanzmessung nicht vorgeschrieben, da hierbei die Fehlerstromschutzeinrichtungen (RCD) aufgrund des Prüfstroms auslösen.

Protokoll der ■ Erst- ■ Wiederholungsprüfung ■ der elektrischen Anlagen (Elektroinstallation) ■ elektrischen Ausrüstung [1)]

Auftragnehmer (prüfender Betrieb)

Prüfobjekt

Ort   Straße   Nr.

Teilobjekt

Auftraggeber   Auftrag-Nr.

Der Auftrag umfasst

die elektrischen Anlagen der ☐ Gebäude ☐ Bereiche ☐ Maschinen

☐   ☐

nach Schaltplan/Grundriss [1)]   Nr.

und die Sonderanlagen [1)]   Blitzschutzanlage, Photovoltaikanlage.

Grundlagen der Prüfung

Gesetzliche Grundlagen [1)]   BGB § 536, Betriebssicherheitsverordnung, Geräte- und Produktsicherheitsgesetz, Energiewirtschaftsgesetz,

UVV BGV A3

Technische Regeln, Normen [1)]   Errichtung nach: DIN VDE 0100

Prüfung nach: DIN VDE 0100 Teil 600 - DIN VDE 0105 Teil 100 - DIN VDE 0113 - DIN VDE 0701-0702

Sonstige [1)]

Ergebnis der Prüfung

An der oben genannten

☐ Elektroinstallation

☐ elektrischen Anlage/Ausrüstung

wurde die

☐ Erstprüfung

☐ Wiederholungsprüfung[1)] nach

den genannten Normen durch-

geführt. Diese Prüfung wurde

☐ bestanden

☐ nicht bestanden.

Bemerkungen [1)]

Wir bestätigen, dass die Anlage/
Installation/Ausrüstung, einschließ-
lich der fest angeschlossenen
Betriebsmittel/Geräte den für sie
geltenden DIN VDE Normen
entspricht [1)]**.**
Nach den oben genannten allgemein
anerkannten technischen Regeln ist
ihr sicherer Gebrauch bei bestim-
mungsgemäßer Anwendung
gewährleistet [1)]**.**

Teile der Anlage, für die diese Aussage nicht zutrifft, und Änderungen, die
wir hinsichtlich der Elektrosicherheit als notwendig ansehen, sowie Empfehlungen zur weiteren Verbesserung der Sicherheit und der Gebrauchsfähigkeit,
werden in der als Anlage beiliegenden Kundeninformation genannt[1)].
Die nächste Wiederholungsprüfung sollte entsprechend den gesetzlichen
Vorgaben und im Interesse der Benutzer der Anlage spätestens
für besondere Anlagenteile jedoch bis zu dem Termin erfolgen, den wir auf
der jeweils angebrachten Prüfkennzeichnung genannt haben. Zum bestimmungsgemäßen Gebrauch des Betreibers gehören auch das Einweisen der
Benutzer der Anlage in deren Besonderheiten, die möglichen Gefährdungen
und das sicherheitsgerechte Verhalten. Die einzelnen Prüfergebnisse und
Messwerte können für alle Prüfobjekte dem als Anlage beigefügten Prüf-
/Messbericht entnommen/auf Wunsch zur Verfügung gestellt werden[1)].

Prüfer und Prüfgeräte

Geprüft wurde die Anlage unter Verantwortung von

Frau/Herr   Telefon

sowie unter Mitwirkung von

Frau/Herr   Telefon

Diese Mitarbeiter unseres Betriebes stehen
Ihnen für weitere Auskünfte zur Verfügung.

Verwendet wurden die Prüfgeräte:

1. Typ/Bezeichnung   Inv. Nr.

2. Typ/Bezeichnung   Inv. Nr.

3. Typ/Bezeichnung   Inv. Nr.

4. Typ/Bezeichnung   Inv. Nr.

Anlagen zum Prüfprotokoll

☐ 1. Prüf-/Messbericht   Seiten   ☐ 2. Kundeninformation   Seiten   ☐ 3. [1)]

Bestätigung der Prüfung und Übergabe/Übernahme Installation/Anlage/Ausrüstung[1)]

☐ Prüfung fach- und normgerecht durchgeführt   ☐ Prüfprotokoll (mit Anlagen) erhalten[1)]

vom   bis   ☐ Installation/Anlage/Ausrüstung funktionsfähig übernommen[1)]

verantwortlicher Prüfer (Elektrofachkraft)   Auftraggeber

Ort/Datum   Unterschrift   Ort/Datum

[1)] gegebenenfalls ankreuzen/streichen/ergänzen

Protokoll der Erst-/Wiederholungsprüfung

© (11/2008) Richard Pflaum Verlag GmbH & Co. KG · Postfach 19 07 37 · 80607 München – Best. Nr. 7000

507

Prüf-/Messbericht, Gesamtanlage

Anlage 1 zum Protokoll Erst-/Wiederholungsprüfung [1] **Seite 1** von | Seiten

Auftragnehmer (prüfender Betrieb)

Prüfobjekt

Ort | Straße | Nr.

Teilobjekt

Auftraggeber | Auftrag-Nr.

Daten der Anlage [1]

☐ TN - C ☐ TN-S ☐ TT ☐ IT-System   ☐ 125 ☐ 230 ☐ 400 V ☐ I_N (HA) = ____ A

☐ L ☐ N ☐ PEN ☐ PE   ☐ DS ☐ WS ☐ ☐ I_K = ____ kA

Bemerkungen

1. Prüfobjekt	Schaltpläne:	☐ vorhanden	☐ komplett	☐ übereinstimmend mit der Anlage	Ergebnis [2]
Unterlagen	Nr.:				+/- siehe Seite

2. Prüfobjekt — Einspeisung

	Allgemein		Klemmen		abgehende Leitungen Besichtigen		Messen					Überspannungsschutz		+/- siehe Seite
	Zustand [3]	Umgebung [4]	Zustand [3]	Temperatur °C	Zustand [3]	Si/LS [1] A	R_{iso} MΩ	I_{PE} A von bis	$I_{Neutralleiter}$ A von bis		U_{st} kV	Zustand [3]	
Hausanschluss													
Hauptverteiler													
Zählerschrank [5]													
Steigleitung mit Klemmkasten [5]													

3. Prüfobjekt — Schutz bis Zähler

Kurzschlussschutz: ☐ vorhanden/selektiv   **Schutz gegen elektrischen Schlag vorhanden:** ☐ direkt

Überstromschutz: ☐ vorhanden/selektiv   ☐ indirekt

+/- siehe Seite

4. Prüfobjekt — Schutzpotentialausgleich

	Allgemein		Klemmen		abgehende Leitungen (mit Klemmen)						+/- siehe Seite
	Zustand [3]	einbezogen	Zustand	normgerecht [3]	Zustand [3]	R_{PA} Ω von bis		I_{PA} mA von bis		Querschnitt mm² Legung Schutz	
PA-Schiene zum PE						Ω		mA			
PA-Leiter zu den Systemen						Ω		mA			
Schutzerder	Ω					Ω		mA			
Fundamenterder	Ω					Ω		mA			
Blitzpotentialausgleich						Ω		mA			
Wassser/Gas/Heizung						Ω		mA			

Sonst. Systeme einbezogen ☐ Antenne ☐ Informationsanlage ☐ Gebäude ☐ ☐

5. Prüfobjekt — Sonderanlagen [1] [5]

	Vorhanden/Art Ort	Prüfung ist erfolgt Art/Umfang	Ergebnis der Prüfung	+/- siehe Seite
Blitzschutz				
el./magn. Verträglichkeit				
Brandschutz Bau				
Besondere Räume				

Bemerkungen

Bestätigung der ordnungsgemäßen Prüfung

Datum	Prüfer (Elektrofachkraft)	Unterschrift

[1] ankreuzen/streichen/ergänzen [2] positive Prüfung ⊞ negative Prüfung ⊟ [3] alle Teile des Prüfobjekts, sowie deren Übereinstimmung mit dem Schaltplan und deren Kennzeichnung, gegebenenfalls die benutzte Checkliste angeben [4] betrifft Schutzart, Sauberkeit, Zugänglichkeit, Wärmeableitung usw. [5] wenn vorhanden

Prüf-/Messbericht, Gesamtanlage

© (11/2008) Richard Pflaum Verlag GmbH & Co. KG · Postfach 19 07 37 · 80607 München – Best. Nr. 7000

508

Prüf-/Messbericht, Teilanlagen

Sicherheitsprüfung elektrischer Anlagen

Auftragnehmer (prüfender Betrieb)	Prüfobjekt
	Ort / Straße / Nr.
	Teilobjekt
Prüfer / Telefon	Auftraggeber / Auftrag-Nr.

6. Prüfobjekt
Hausanlage

6.1 Verteiler
L, N, PEN, PE

Prüfobjekt/Verteiler	Allgemein	Leitungen mit Klemmen	Einführung	Einbaugeräte, -teile	Neutralleiter der Zuleitung	Überspannungsschutz	Haupt-FI-Schutzschalter $I_{\Delta N}$ mA	Ergebnis +/-	siehe Seite
Zustand [3]									
Temperatur	Innen °C	°C	———	°C	A, °C	U_{st} kV	$I_{\Delta a}$ mA		

6.2 Stromkreise

	R_{iso} MΩ	Schutzleiter I_{PE} mA	R_{PE} Ω Zustand [3] von	bis	Stichpr. %	Z_{Schl} Ω I_k A	FI-Schutzschalter I_N A	$I_{\Delta N}$ mA	$I_{\Delta a}$ mA	U_B V	+/-
1 Flur, Treppenhaus											
2 Waschküche											
3 Keller											
4 Aussenanlage											
5 Heizung											
6											
7											

6.3 Sonstiges | örtlicher PA +/- | Drehfeld +/- | Bus/Kleinspannung +/- | Spannungsfall % +/- | +/- | ———

6.4 Ergebnis der Prüfung Prüfobjekt 6: Prüfsiegel vergeben ☐ ja ☐ nein

7. Prüfobjekt

7.1 Verteiler
L, N, PEN, PE

Prüfobjekt/Verteiler	Allgemein	Leitungen mit Klemmen	Einführung	Einbaugeräte, -teile	Neutralleiter der Zuleitung	Überspannungsschutz	Haupt-FI-Schutzschalter $I_{\Delta N}$ mA	Ergebnis +/-	siehe Seite
Zustand [3]									
Temperatur	Innen °C	°C	———	°C	A, °C	U_{st} kV	$I_{\Delta a}$ mA		

7.2 Stromkreise

	R_{iso} MΩ	Schutzleiter I_{PE} mA	R_{PE} Ω Zustand [3] von	bis	Stichpr. %	Z_{Schl} Ω I_k A	FI-Schutzschalter I_N A	$I_{\Delta N}$ mA	$I_{\Delta a}$ mA	U_B V	+/-
1											
2											
3											
4											
5											
6											
7											

7.3 Sonstiges | örtlicher PA +/- | Drehfeld +/- | Bus/Kleinspannung +/- | Spannungsfall % +/- | +/-

7.4 Ergebnis der Prüfung Prüfobjekt 7: Prüfsiegel vergeben ☐ ja ☐ nein

8. Prüfobjekt

8.1 Verteiler
L, N, PEN, PE

Prüfobjekt/Verteiler	Allgemein	Leitungen mit Klemmen	Einführung	Einbaugeräte, -teile	Neutralleiter der Zuleitung	Überspannungsschutz	Haupt-FI-Schutzschalter $I_{\Delta N}$ mA	Ergebnis +/-	siehe Seite
Zustand [3]									
Temperatur	Innen °C	°C	———	°C	A, °C	U_{st} kV	$I_{\Delta a}$ mA		

8.2 Stromkreise

	R_{iso} MΩ	Schutzleiter I_{PE} mA	R_{PE} Ω Zustand [3] von	bis	Stichpr. %	Z_{Schl} Ω I_k A	FI-Schutzschalter I_N A	$I_{\Delta N}$ mA	$I_{\Delta a}$ mA	U_B V	+/-
1											
2											
3											
4											
5											
6											
7											

8.3 Sonstiges | örtlicher PA +/- | Drehfeld +/- | Bus/Kleinspannung +/- | Spannungsfall % +/- | +/-

8.4 Ergebnis der Prüfung Prüfobjekt 8: Prüfsiegel vergeben ☐ ja ☐ nein

Bestätigung der ordnungsgemäßen und normgerechten Prüfung	Datum	Prüfer	Unterschrift

Prüf-/Messbericht, Teilanlagen

© (11/2008) Richard Pflaum Verlag GmbH & Co. KG · Postfach 19 07 37 · 80607 München – Best. Nr.: 7000

509

Prüf-/Messbericht, Protokoll[1] (Folgeblatt)[1]

zur Erst-/Wiederholungsprüfung[1] Anlage |_____ zum Protokoll Seite |_____

Auftragnehmer (prüfender Betrieb)

Prüfobjekt

Ort ___ Straße ___ Nr.

Teilobjekt ___ Objektort

Prüfer ___ Telefon ___ **Auftraggeber** ___ Auftrag-Nr.

Prüfobjekt	Verteiler Allgemein	Leitungen mit Klemmen / Einführung	Einbaugeräte, -teile	Neutralleiter der Zuleitung	Überspannungsschutz	Haupt-FI-Schutzschalter $I_{\Delta N}$ mA	Ergebnis +/-	siehe Seite
.1 Verteiler L, N, PEN, PE	Zustand [3]							
	Temperatur Innen °C	°C	—	°C	A, °C U_{st} kV	$I_{\Delta a}$ mA		

.2 Stromkreise	R_{iso} MΩ	Schutzleiter I_{PE} mA / Zustand[3] R_{PE} Ω von bis	Stichpr. %	Z_{Sch} Ω I_K A	FI-Schutzschalter I_N A $I_{\Delta N}$ mA $I_{\Delta a}$ mA U_B V	+/-
1						
2						
3						
4						
5						
6						
7						
8						
9						
10						

.3 Sonstiges örtlicher PA +/- Drehfeld +/- Bus/Kleinspannung +/- Spannungsfall % +/- +/- —

.4 Ergebnis der Prüfung Prüfobjekt — Prüfsiegel vergeben ☐ ja ☐ nein

Prüfobjekt	Verteiler Allgemein	Leitungen mit Klemmen / Einführung	Einbaugeräte, -teile	Neutralleiter der Zuleitung	Überspannungsschutz	Haupt-FI-Schutzschalter $I_{\Delta N}$ mA	Ergebnis +/-	siehe Seite
.1 Verteiler L, N, PEN, PE	Zustand [3]							
	Temperatur Innen °C	°C	—	°C	A, °C U_{st} kV	$I_{\Delta a}$ mA		

.2 Stromkreise	R_{iso} MΩ	Schutzleiter I_{PE} mA / Zustand[3] R_{PE} Ω von bis	Stichpr. %	Z_{Sch} Ω I_K A	FI-Schutzschalter I_N A $I_{\Delta N}$ mA $I_{\Delta a}$ mA U_B V	+/-
1						
2						
3						
4						
5						
6						
7						
8						
9						
10						

.3 Sonstiges örtlicher PA +/- Drehfeld +/- Bus/Kleinspannung +/- Spannungsfall % +/- +/- —

.4 Ergebnis der Prüfung Prüfobjekt — Prüfsiegel vergeben ☐ ja ☐ nein

Grundlagen der Prüfung[6]: Betriebssicherheitsverordnung, BGV A3, DIN VDE 0100-600, DIN VDE 0105-100, DIN VDE _____ ,

Prüfgeräte (Typ/Nr.) ___ / ___ , ___ / ___ Schaltplan ___ ,

Bestätigung der ordnungsgemäßen Prüfung
Bemerkung:

Die Anlage einschließlich der ortsfesten Geräte entspricht den für sie geltenden DIN VDE Normen. Ihr sicherer Gebrauch ist beim bestimmungsgemäßen Benutzen gewährleistet.

Nächste Prüfung ___ (Empfehlung) ☐ Prüf-/Messbericht erhalten[6] ☐ Anlage funktionsfähig übernommen[6]

verantwortlicher Prüfer (Elektrofachkraft) Ort/Datum ___ Unterschrift ___ Auftraggeber[6] Ort/Datum ___ Unterschrift

[1] gegebenenfalls ankreuzen/streichen/ergänzen [3] alle Teile und Eigenschaften des Prüfobjekts [6] nur ausfüllen/unterschreiben, wenn kein Protokoll mit übergeben wird

Prüf-/Messbericht, Protokoll (Folgeblatt)

© (11/2008) Richard Pflaum Verlag GmbH & Co. KG · Postfach 19 07 37 · 80607 München – Best. Nr. 7003

Kundeninformation

Sicherheitsprüfung elektrischer Anlagen

Auftragnehmer (prüfender Betrieb)

Prüfobjekt

Ort   Straße   Nr.

Teilobjekt

Prüfer   Telefon   **Auftraggeber**   Auftrag-Nr.

Informationen über zu beseitigende Mängel, Empfehlungen für Veränderungen

K Kennbuchstaben - zum Benennen der Mängel und Empfehlungen
S Sicherheitsmängel, vor dem Abschluss der Prüfung sofort (SS) oder unverzüglich (SU) zu beheben
M Mängel der Sicherheit oder Funktion, die den positiven Abschluss der Prüfung nicht behindern, aber demnächst zu beheben sind
B Bei der Prüfung behobene Mängel
E Empfehlungen zur Sicherheit gegen elektrischen Schlag, Brandschutz oder für andere Schutzmaßnahmen
V Möglichkeiten/Empfehlungen zur Verbesserung des Wohnwerts, Komforts usw.
I Sonstige Informationen
P Den Prüf-/Messbericht ergänzende Angaben/Daten

Achtung!

Für das Beseitigen der nachfolgend aufgeführten, bei der Erst-/Wiederholungsprüfung [1] _____ festgestellten Mängel/Unzulänglichkeiten ist der Anlagenbetreiber verantwortlich.

Prüfobjekt Nr.	Bezeichnung	Teil, Stromkreis	K	Mangel/Unzulänglichkeit Beschreibung	Maßnahme/Empfehlung	erledigt am	durch

Achtung! Bitte sichern Sie Ihre Sicherheit durch halbjähriges Betätigen der FI-Schutzschalter!

Prüfung/Bewertung fachgerecht durchgeführt: **Kundeninformation erhalten**

verantwortlicher Prüfer (Elektrofachkraft)   **Auftraggeber**
Ort/Datum   Unterschrift   Ort/Datum   Unterschrift

[1] ankreuzen/streichen/ergänzen

© (1/2008) Richard Pflaum Verlag GmbH & Co. KG · Postfach 19 07 37 · 80607 München – Best. Nr. 7000

Kundeninformation

Kundeninformation

Daten des Auftrags

Auftragnehmer (prüfender Betrieb)

Auftraggeber

Ort

Straße   Nr.

Prüfer   Telefon

Auftrag vom   **Auftrag Nr.**

Daten und Bewertung der beanstandeten und nicht freigegebenen Prüflinge

K Kennbuchstaben/Mängelkennzeichnung

A Erhebliche Mängel, Aussonderung sinnvoll

C Billiggerät/kein CE-Zeichen, trotz bestandener Prüfung
wird Aussonderung empfohlen [1]

B Erhebliche Mängel, Instandsetzung nötig

D Kein VDE oder GS-Zeichen, trotz bestandener Prüfung
wird Aussonderung empfohlen [1]

H Hinweise

H1 unsachgemäße Anwendung des Geräts

H3 Prüffrist überschritten

H2 unsachgemäßer Eingriff in das Gerät

H4 ....

Aufstellung aller Prüflinge, die auf Grund der Prüfergebnisse nicht oder nur in eingeschränktem Umfang als sicher anzusehen sind, Angabe der zum Erhalt bzw. Wiederherstellung der Sicherheit jeweils erforderlichen Maßnahmen oder Informationen für den Auftraggeber/Betreiber

Prüflinge

Bezeichnung	Nr.	K	Beanstandung/Fehler/Hinweis	erforderliche Maßnahme	Bemerkung

Bestätigung/Unterschrift

Prüfung/Bewertung wurden ordnungsgemäß und normgerecht durchgeführt:

Kundeninformation erhalten

Verantwortlicher Prüfer (Elektrofachkraft)
Ort/Datum   Unterschrift

Auftraggeber
Ort/Datum   Unterschrift

Kundeninformation

© (11/2008) Richard Pflaum Verlag GmbH & Co. KG · Postfach 19 07 37 · 80607 München – Best. Nr. 7001

07/05

Sicherheits-/Wiederholungsprüfung elektrischer Geräte

Dokumentation der Prüfung instandgesetzter elektrischer Geräte

Auftragnehmer (prüfender Betrieb)

Auftraggeber

Ort

Straße   Nr.

Gerät übernommen durch:

Auftrag vom   **Auftrag Nr.**

Angaben zum Gerät

Art   Typ/Bezeichnung   Hersteller

U_N V,   AC/DC - DS/WS [1)] P_N kW

CE-Zeichen ☐ja ☐nein   VDE-Zeichen ☐ja ☐nein   GS-Zeichen ☐ja ☐nein   Schutzklasse I II III   Schutzart IP
Zustand bei Übernahme

Angaben des Kunden zum Fehler/Schaden:

Instandsetzung/Prüfung nach: DIN VDE 0700 Teile 1 und   , DIN VDE 0750,   [1)]
DIN VDE 0701-0702   , DIN VDE 0751   , DIN VDE   [1)]

Instandsetzung

Befund

Art/Umfang der Instandsetzung/Änderung

Originalzustand verändert? ☐ja ☐nein wie?

Ersetzte Teile

Bemerkung

Prüfung: Besichtigen und Erproben [3)]

Mechanische Schutzvorrichtungen	Abdeckungen, Gehäuse	Belüftung Filter
Leitung, Einführung, Stecker	Einbauteile	Aufschriften
Zugentlastung, Biegeschutz	Verschleißteile	Anschlussstellen
Schalter, Regler, Taster	Schutzeinrichtungen	

Insgesamt [3)]

Prüfung: Messen [3)]

Schutzleiterwiderstand   ,   ,   , Ω I_p =   A, U_p =   V
Isolationswiderstand   ,   ,   ,   MΩ U_p =   V
Hochspannungsprüfung, kein Überschlag/Durchschlag U_p =   kV,   s

Schutzleiterstrom / Erdableitstrom   Verfahren   [2)]   mA   Auch nach Umpolen in
Berührungsstrom / Gehäuseableitstrom   Verfahren   [2)]   mA   allen Schaltstellungen gemessen.[3)]
/ Geräteableitstrom   Verfahren   [2)]   mA   Bei med. elektrischen Geräten ist
/ Patientenableitstrom   Verfahren   [2)]   mA   Vergleich mit Erstprüfung erfolgt [3)]

Insgesamt [3)]

Sonstige Prüfungen

Betriebsstrom: A
Funktionen: Leerlauf/Teil-/Volllast [1)]   Steuerung   Schutzeinrichtungen
Beschaltung (EMV)   Steckdosenausgang   Temperaturregler   °C
Kleinsp. (SELV/PELV):   V, R_{iso} Ausgang/Gehäuse   MΩ, Ausgang/Eingang   MΩ

Insgesamt [3)]

Prüfgeräte   1. Typ   Inv. Nr.   2. Typ   Inv. Nr.

Ergebnis der Instandsetzung/Prüfung

Die Instandsetzung wurde ordnungsgemäß (konnte nicht) vorgenommen (werden), das Gerät ist (nicht) funktionsfähig und bei bestimmungsgemäßem Gebrauch für seinen Benutzer (nicht) sicher [1)]. Eine Prüfmarke/Zustandskennzeichnung [1)] wurde angebracht, nächste Prüfung am
Bemerkung/Empfehlung [1)]

Verantwortlicher Prüfer (Elektrofachkraft)

Ort/Datum   Unterschrift

Auftraggeber (Gerät und Dokumentation/Prüfprotokoll erhalten)

Ort/Datum   Unterschrift

[1)] ankreuzen/streichen/ergänzen [2)] angeben: **dir** direkte, **Diff** Differenzstrom, **Er** Ersatz-Ableitstrom-Messung [3)] Prüfergebnis angeben; positive Prüfung ⊞ neagative Prüfung ⊟

Dokumentation der Prüfung instandgesetzter elektrischer Geräte

© (11/2008) Richard Pflaum Verlag GmbH & Co. KG · Postfach 19 07 37 · 80607 München – Best. Nr. 7002

513

Abschlussprotokoll der Wiederholungsprüfung

der in der Anlage aufgeführten elektrischen ☐ Geräte/Betriebsmittel
☐ Maschinen [1] ☐ ☐ [1]

Daten des Auftrags

Auftragnehmer (prüfender Betrieb)

Auftraggeber

Ort

Straße   Nr.

Prüfer   Telefon   Auftrag vom   Auftrag Nr.

Auftragsumfang

Grundlagen der Prüfung

Gesetzliche Grundlagen [1]   Betriebssicherheitsverordnung, Gerätesicherheitsgesetz,

Unfallverhütungsvorschrift BGV A3,

Technische Regeln, Normen [1]   DIN VDE 0701-0702, DIN VDE 0105 Teil 100 - DIN VDE 0113-1

Betriebsanweisungen

Prüfgeräte

1. Typ/Bezeichnung   Inv. Nr.   geprüft/kalibriert am

2. Typ/Bezeichnung   Inv. Nr.   geprüft/kalibriert am

3. Typ/Bezeichnung   Inv. Nr.   geprüft/kalibriert am

Ergebnis der Prüfung

Alle mit unserer dargestellten/beschriebenen

Prüfmarke/ -plombe/ -markierung [1] **gekennzeichneten**

☐ Geräte/Betriebsmittel ☐

☐ Maschinen [1]

haben die nach den oben genannten Gesetzen und technischen Regeln, besonders die nach den VDE 0701-0702 vorgeschriebenen Prüfungen bestanden. Sie sind im beiliegenden Prüf-/Messbericht entsprechend mit dem Ergebnis (+) aufgeführt sowie mit einer Kennzeichnung versehen. Nach den allgemein anerkannten technischen Regeln ist ihr sicherer Gebrauch bei bestimmungsgemäßer Anwendung gewährleistet.

Bemerkungen [1]

Die nächste Wiederholungsprüfung sollte spätestens zu dem auch auf der Kennzeichnung angegebenen Termin _____ bzw _____ erfolgen. Der/die vorgeschlagenen Termin(e) wurde(n) auf der Grundlage der Prüffristenermittlung/Gefährdungs-beurteilung[7] _____ und _____ ermittelt. Prüfergebnisse und Messwerte sind in dem als Anlage 2 beigefügten Prüf-/Messbericht zu entneh-men/können auf Wunsch zur Verfügung gestellt wer-den[1].

☐ Geräte/Betriebsmittel ☐

☐ Maschinen[1]

deren Zustand kein sicheres Betreiben mehr zulässt, sind im Prüf-/Messbericht entsprechend mit dem Ergebnis (-) gekennzeichnet . Hinweise dazu enthält die als Anlage 2 beigefügte Kundeninformation.

Kennzeichnung der positiv beurteilten Prüflinge durch [1]

☐ Prüfsiegel/-marke

☐ Prüfplombe

☐ Markierer

Farbe: grün-rot-blau-gelb-weiß

Form: rund-oval-rechteckig

(Platz für die Kennzeichnung)

Anlagen zum Prüfprotokoll

☐ 1. Prüf-/Messbericht   Seiten ☐ 2. Kundeninformation   Seiten ☐ 3. [1]

Bestätigung der Prüfung

Die Prüfung wurde ordnungsgemäß und normgerecht durchgeführt:

verantwortlicher Prüfer (Elektrofachkraft)

Ort/Datum   Unterschrift

Prüfprotokoll mit Anlagen wurde übernommen:

Auftraggeber

Ort/Datum   Unterschrift

[1] ankreuzen/streichen/ergänzen
[7] die Prüffristenermittlung/Gefährdungsbeurteilung wurde dokumentiert und kann eingesehen werden

Abschlussprotokoll der Wiederholungsprüfung

© (11/2008) Richard Pflaum Verlag GmbH & Co. KG · Postfach 19 07 37 · 80607 München – Best. Nr: 7001

0705

Prüf-/Messbericht

Anlage 1 zum Protokoll der Wiederholungsprüfung der nachstehend genannten
elektrischen ☐ Geräte/Betriebsmittel ☐ Maschinen 1)

Seite |___| von Seiten |___|

Daten des Auftrags

Auftragnehmer (prüfender Betrieb)	Auftraggeber
	Ort
	Straße — Nr.
Prüfer — Telefon	Auftrag vom — Auftrag Nr.

Aufstellung aller Prüflinge mit den Prüf- und Messergebnissen sowie der Bewertung ihrer Prüfung

Prüfling		Messungen					sonstige 3)		Besichtigen/Erproben 2)		Funktion 4)			Bewertung	
Bezeichnung	Nr.	R_{SL} Ω	R_{iso} 1 $M\Omega$	R_{iso} 2 $M\Omega$	I_{SL} mA	I_B mA	Art	Ergebn.	Zustand Körper/ Teile	Leitung/ Stecker	elektr.	mech.	sonst.3)	+/-	siehe Anlage 2 5)
1															
2															
3															
4															
5															
6															
7															
8															
9															
10															
11															
12															
13															
14															
15															
16															
17															
18															
19														/	
20															
21															
22															
23															
24															
25															
26															
27															
28															
29															
30															

Bestätigung der Prüfung

Die Prüfung wurde ordnungsgemäß und normgerecht durchgeführt:
Ort/Datum

verantwortlicher Prüfer (befähigte Person – Elektrofachkraft)
Unterschrift

1) ankreuzen/streichen/ergänzen 2) Betrifft den Zustand der sichtbaren Teile des Prüflings 3) nach Ansicht des Prüfers erforderliche Prüfungen 4) L Leerlauf, T Teillast, V Vollast, S Funktion Sicherheitseinrichtungen 5) Erläuterung in Anlage 2 Kundeninformation

Prüf-/Messbericht

© (11/2008) Richard Pflaum Verlag GmbH & Co. KG · Postfach 19 07 37 · 80607 München – Best. Nr.: 7001

0705

515

BESICHTIGUNGSPROTOKOLL
der Sichtprüfung
zum Prüf- und Messbericht

für Betriebsmittel der Schutzklasse I

Auftragnehmer (prüfender Betrieb)

Das Protokoll zur Sichtprüfung ist Bestandteil des Prüfprotokolls. Die Blätter sind einzeln zu unterzeichnen.
Bei bestandener Sichtprüfung kann auf das Protokoll verzichtet werden.
Das Ergebnis ist in der Betriebsmittel- und ggf. Mängelliste zu dokumentieren.

Sichtprüfung Nr.:

zur laufenden Nr.:   mit Inventar-/Geräte-Nr:

der Betriebsmittelliste Nr.:   des Prüfprotokolls Nr.:   vom:

Kunde/AG: verantwortlicher Prüfer:

Prüf-punkt	Prüfung auf (soweit vorhanden):	Prüfung bestanden	Prüfung nicht bestanden
1	Schäden an den Anschlussleitungen	☐	☐
2	Schäden an Isolierungen	☐	☐
3	Bestimmungsgemäße Auswahl und Anwendung von Leitungen und Steckern	☐	☐
4	Zustand des Netzsteckers, der Anschlussklemmen und -adern	☐	☐
5	Mängel am Biegeschutz	☐	☐
6	Mängel an der Zugentlastung der Anschlussleitung	☐	☐
7	Zustand der Befestigungen, Leitungshalterungen, durch Benutzer zugängliche Sicherungshalter usw.	☐	☐
8	Schäden am Gehäuse und den Schutzabdeckungen	☐	☐
9	Anzeichen von Überlastung oder unsachgemäßer Anwendung/Bedienung	☐	☐
10	Anzeichen unzulässiger Eingriffe oder Veränderungen	☐	☐
11	Sicherheitsbeeinträchtigende Verschmutzung, Korrosion oder Alterung	☐	☐
12	Verschmutzung oder Verstopfung von Kühlöffnungen	☐	☐
13	Zustand der Luftfilter	☐	☐
14	Dichtigkeit von Behältern für Luft, Wasser oder andere Medien; Zustand von Überdruckventilen	☐	☐
15	Bedienbarkeit von Schaltern, Steuereinrichtungen, Einstellvorrichtungen usw.	☐	☐
16	Lesbarkeit aller Sicherheitsaufschriften oder Sicherheitssymbole, der Bemessungsdaten und Stellungsanzeigen	☐	☐
17	Schäden an der Anschlussstelle des Schutzleiters	☐	☐
18	Verbindungen des Schutzleiters mit berührbaren Teilen	☐	☐
19	☐ Das Gerät besitzt berührbare Teile, die nicht mit dem Schutzleiter verbunden sind. (Messung nach Abschnitt 5.3 bis 5.8 DIN VDE 0701-0702 erforderlich!)		

Die Mängel sind zur Kenntnis genommen. Über die Gefahren wurde vom verantwortlichen Prüfer informiert.

Auftraggeber:	Verantwortlicher Prüfer/Auftragnehmer:
☐ Die Mängelliste wurde/wird zur Kenntnis genommen. Die darin enthaltenen Betriebsmittel werden der weiteren Benutzung entzogen.	☐ Das Betriebsmittel besitzt Mängel, die zu einer Gefährdung führen können. Das Betriebsmittel wurde entsprechend gekennzeichnet und in die Mängelliste übernommen.
Ort, Datum	Ort, Datum
Unterschrift	Unterschrift

VDE 0701-0702: Sichtprüfung Schutzklasse I

BESICHTIGUNGSPROTOKOLL
der Sichtprüfung
zum Prüf- und Messbericht

Auftragnehmer (prüfender Betrieb)

für Betriebsmittel der Schutzklasse II und III

Das Protokoll zur Sichtprüfung ist Bestandteil des Prüfprotokolls. Die Blätter sind einzeln zu unterzeichnen.
Bei bestandener Sichtprüfung kann auf das Protokoll verzichtet werden.
Das Ergebnis ist in der Betriebsmittel- und ggf. Mängelliste zu dokumentieren.

Sichtprüfung Nr.:

zur laufenden Nr.: | mit Inventar-/Geräte-Nr:

der Betriebsmittelliste Nr.: | des Prüfprotokolls Nr.: | vom:

Kunde/AG: | verantwortlicher Prüfer:

Prüf-punkt	Prüfung auf (soweit vorhanden):	Prüfung bestanden	Prüfung nicht bestanden
1	Schäden an den Anschlussleitungen	☐	☐
2	Schäden an Isolierungen	☐	☐
3	Bestimmungsgemäße Auswahl und Anwendung von Leitungen und Steckern	☐	☐
4	Zustand des Netzsteckers, der Anschlussklemmen und -adern	☐	☐
5	Mängel am Biegeschutz	☐	☐
6	Mängel an der Zugentlastung der Anschlussleitung	☐	☐
7	Zustand der Befestigungen, Leitungshalterungen, durch Benutzer zugängliche Sicherungshalter usw.	☐	☐
8	Schäden am Gehäuse und den Schutzabdeckungen	☐	☐
9	Anzeichen von Überlastung oder unsachgemäßer Anwendung/Bedienung	☐	☐
10	Anzeichen unzulässiger Eingriffe oder Veränderungen	☐	☐
11	Sicherheitsbeeinträchtigende Verschmutzung, Korrosion oder Alterung	☐	☐
12	Verschmutzung oder Verstopfung von Kühlöffnungen	☐	☐
13	Zustand der Luftfilter	☐	☐
14	Dichtigkeit von Behältern für Luft, Wasser oder andere Medien; Zustand von Überdruckventilen	☐	☐
15	Bedienbarkeit von Schaltern, Steuereinrichtungen, Einstellvorrichtungen usw.	☐	☐
16	Lesbarkeit aller Sicherheitsaufschriften oder -symbole, der Bemessungsdaten und Stellungsanzeigen	☐	☐

Die Mängel sind zur Kenntnis genommen. Über die Gefahren wurde vom verantwortlichen Prüfer informiert.

Auftraggeber:
☐ Die Mängelliste wurde/wird zur Kenntnis genommen.
Die darin enthaltenen Betriebsmittel werden der weiteren Benutzung entzogen.

Verantwortlicher Prüfer/Auftragnehmer:
☐ Das Betriebsmittel besitzt Mängel, die zu einer Gefährdung führen können.
Das Betriebsmittel wurde entsprechend gekennzeichnet und in die Mängelliste übernommen.

Ort, Datum

Ort, Datum

Unterschrift

Unterschrift

VDE 0701-0702: Sichtprüfung Schutzklasse II, III

Prüfung ortsveränderlicher elektrischer Betriebsmittel nach DIN VDE 0701-0702

Kunde/AG:

	Protokoll Nr.:		Auftragnehmer:

Beauftragter des AG:

| Beginn: | Ende: | vom: | verantwortlicher Prüfer: |

Grund der Prüfung:
- ☐ Erstprüfung
- ☐ Änderung
- ☐ Instandsetzung
- ☐ Wiederholungsprüfung

Verwendete Messgeräte:

Einordnung nach Schutzklasse

Betriebsmittel/Gerät	Lfd. Nr.
Inventar-Nr./Geräte-Nr.	

Sichtprüfungen

- Anschlussleitungen, -stecker, -klemmen, Zugentlastung, Biegeschutz mangelfrei
- Isolierungen mangelfrei
- Leitungen und Stecker bestimmungsgemäß
- Befestigungen, Halter, Sicherungen etc. i.O.
- Gehäuse oder Schutzabdeckungen i.O.
- Kein Hinweis auf Überlastung, unsachgemäße Bedienung, unzulässige Eingriffe
- Verschmutzung, Korrosion, Alterung, Kühlluftöffnungen, Luftfilter mangelfrei
- Medienbehälter und Überdruckventile i.O.
- Bedienelemente mangelfrei
- Aufschriften und Anzeigen mangelfrei
- Anschluss und alle Verbindungen des Schutzleiters mangelfrei
- Gerät besitzt nicht mit dem Schutzleiter verbundene berührbare Teile

(Nur möglich bei Schutzklasse:)

Messungen

Schutzleiter:
- R_{SL} [Ω] Schutzleiterwiderstand
- l [m] Leitungslänge
- Heizelemente
- ÜSS

Isolationswiderstand:
- R_{iso} [MΩ] Betriebsstromkreise gegen berührbare leitfähige Teile mit Schutzleiteranschluss
- R_{iso} [MΩ] Betriebsstromkreise gegen berührbare leitfähige Teile ohne Schutzleiteranschluss
- R_{iso} [MΩ] SELV/PELV-Stromkreise gegen berührbare leitfähige Teile
- R_{iso} [MΩ] SELV/PELV-Stromkreise gegen Primärstromkreise (sichere Trennung)
- $U_{prüf}$ [V] Prüfspannung

Ableitstrom:
- I_{SL} [mA] Schutzleiterstrom gegen berührbare Teile mit Schutzleiteranschluss
- I_{ber} [mA] Berührungsstrom gegen berührbare Teile ohne Schutzleiteranschluss

Funktionsprüfungen
- Weitere Schutzeinrichtungen wirksam
- Sicherheitseinrichtungen funktionieren
- Beschriftung in Ordnung
- Bestimmungsgemäße Benutzung
- Funktionsprüfung bestanden

Ergebnis
- JA / NEIN — **Prüfung bestanden, Plakette erteilt**

Auftraggeber:
☐ Die als mangelhaft geprüften Betriebsmittel wurden zur Kenntnis genommen. Diese Betriebsmittel werden der weiteren Benutzung entzogen.

Datum, Unterschrift

Verantwortlicher Prüfer/Auftragnehmer:
☐ Es gibt in der Liste Betriebsmittel mit Mängeln, die zu einer Gefährdung führen können.

Datum, Unterschrift

Nächster Prüfungstermin:

Prüfung nach DIN VDE 0701-0702

518

BETRIEBSMITTELLISTE
zum Prüf- und Messbericht
für ortsveränderliche
elektrische Betriebsmittel

Auftragnehmer (prüfender Betrieb)

Die Liste ist Bestandteil des Prüfprotokolls. Zur Liste gehören die mit entsprechenden Nummern angegebenen Besichtigungs- und Messprotokolle.
Die Blätter sind einzeln zu unterzeichnen. Die Ergebnisse sind ggf. in die Mängelliste zu übernehmen.

Betriebsmittelliste Nr.:

zum Prüfprotokoll Nr.:   vom:

Kunde/AG: verantwortlicher Prüfer:

Lfd. Nr.	Betriebsmittel/Gerät (Benennung)	Inventar-Nr./ Geräte-Nr.	Schutzklasse I	Schutzklasse II	Schutzklasse III	Besichtigungsprotokoll Nr.	In Ordnung	Nicht in Ordnung	Messprotokoll Nr.	Lfd. Nr. im Messprotokoll	In Ordnung	Nicht in Ordnung	Weitere Schutzeinrichtungen wirksam	Sicherheitseinrichtungen funktionieren	Beschriftungen in Ordnung	Bestimmungsgemäße Benutzung	Ja	Nein
				Identifikation des Betriebsmittels		**Prüfungsbezug**	**Besichtigen** Ergebnis			**Messen** Ergebnis							**Prüfung bestanden, Plakette erteilt**	
			☐	☐	☐	☐	☐			☐	☐	☐	☐	☐	☐	☐	☐	☐
			☐	☐	☐	☐	☐			☐	☐	☐	☐	☐	☐	☐	☐	☐
			☐	☐	☐	☐	☐			☐	☐	☐	☐	☐	☐	☐	☐	☐
			☐	☐	☐	☐	☐			☐	☐	☐	☐	☐	☐	☐	☐	☐
			☐	☐	☐	☐	☐			☐	☐	☐	☐	☐	☐	☐	☐	☐
			☐	☐	☐	☐	☐			☐	☐	☐	☐	☐	☐	☐	☐	☐
			☐	☐	☐	☐	☐			☐	☐	☐	☐	☐	☐	☐	☐	☐
			☐	☐	☐	☐	☐			☐	☐	☐	☐	☐	☐	☐	☐	☐
			☐	☐	☐	☐	☐			☐	☐	☐	☐	☐	☐	☐	☐	☐
			☐	☐	☐	☐	☐			☐	☐	☐	☐	☐	☐	☐	☐	☐

Auftraggeber:

☐ Die Mängelliste wurde/wird zur Kenntnis genommen. Die darin enthaltenen Betriebsmittel werden der weiteren Benutzung entzogen.

Verantwortlicher Prüfer/Auftragnehmer:

☐ Es gibt in der Liste Betriebsmittel mit Mängeln, die zu einer Gefährdung führen können. Diese Betriebsmittel wurden entsprechend gekennzeichnet und in der Mängelliste zusammengestellt.

Ort, Datum

Ort, Datum

Unterschrift

Unterschrift

 © WEKA MEDIA GmbH & Co. KG

VDE 0701-0702: Betriebsmittelliste

519

MÄNGELLISTE
zum Prüf- und Messbericht
für ortsveränderliche
elektrische Betriebsmittel

Auftragnehmer (prüfender Betrieb)

Die Liste ist Bestandteil des Prüfprotokolls. Die Blätter sind einzeln zu unterzeichnen.

Mängelliste Nr.:

zum Prüfprotokoll Nr.:   vom:

Kunde/AG: verantwortlicher Prüfer:

Die auf dieser Liste aufgeführten Betriebsmittel haben die Prüfung nach DIN VDE 0701-0702 für ortsveränderliche elektrische Betriebsmittel nicht bestanden. Die weitere Nutzung dieser Betriebsmittel stellt nach dem Stand der Technik eine Gefährdung für Gesundheit, Leben und Sachwerte dar. Sie sind der weiteren Benutzung zuverlässig zu entziehen! (Hinweis auf Eigentümerpflicht)

		Identifikation des Betriebsmittels		Betriebsmittel					Eintrag des Eigentümers		
Nr. der Betriebsmittelliste	Lfd. Nr. des Betriebsmittels	Betriebsmittel/Gerät (Benennung)	Inventar-Nr./ Geräte-Nr.	Fabrikat	Typ	Instandsetzung möglich	Instandsetzung nicht möglich	Zur Instandsetzung	Zur Entsorgung	Datum der Maßnahme
						☐	☐	☐	☐	
						☐	☐	☐	☐	
						☐	☐	☐	☐	
						☐	☐	☐	☐	
						☐	☐	☐	☐	
						☐	☐	☐	☐	
						☐	☐	☐	☐	
						☐	☐	☐	☐	
						☐	☐	☐	☐	
						☐	☐	☐	☐	

Auftraggeber:
☐ Die Mängelliste wurde/wird zur Kenntnis genommen. Die darin enthaltenen Betriebsmittel werden der weiteren Benutzung entzogen.

Verantwortlicher Prüfer/Auftragnehmer:

Ort, Datum

Ort, Datum

Unterschrift

Unterschrift

VDE 0701-0702: Mängelliste

MESSPROTOKOLL
zum Prüf- und Messbericht

Auftragnehmer (prüfender Betrieb)

für Betriebsmittel der Schutzklasse I

Das Messprotokoll ist Bestandteil des Prüfprotokolls.
Die Blätter sind einzeln zu unterzeichnen. Die Ergebnisse sind in die Betriebsmittel- und ggf. Mängelliste zu übernehmen.

Messprotokoll Nr.:

zum Prüfprotokoll Nr.:   vom:

Kunde/AG: verantwortlicher Prüfer:

Identifikation des Betriebsmittels				Schutzleiter-messung		Isolationswiderstand				Ableitstrom				Ergebnis	
Nr. der Betriebsmittelliste	Lfd. Nr. des Betriebsmittels	Betriebsmittel/ Gerät (Benennung)	Inventar-Nr./ Geräte-Nr.	Schutzleiterwiderstand R_{SL} [Ω]	Leitungslänge l [m]	Heizelemente > 3,5 kW vorhanden	Überspannungsableiter vorhanden	Betriebsstromkreise gegen berührbare Teile **mit** Schutzleiteranschluss R_{ISO} [MΩ]	Betriebsstromkreise gegen berührbare Teile **ohne** Schutzleiteranschluss R_{ISO} [MΩ]	Prüfspannung $U_{prüf}$ [V]	**Schutzleiterstrom gegen** berührbare Teile **mit** Schutzleiteranschluss I_{SL} [mA]	**Berührungsstrom gegen** berührbare Teile **ohne** Schutzleiteranschluss I_{ber} [mA]	Trennung SELV/PELV > 2 MΩ (falls vorh.)	Funktionsprüfung erfolgreich	In Ordnung / Nicht in Ordnung
						☐	☐						☐	☐	☐ ☐
						☐	☐						☐	☐	☐ ☐
						☐	☐						☐	☐	☐ ☐
						☐	☐						☐	☐	☐ ☐
						☐	☐						☐	☐	☐ ☐
						☐	☐						☐	☐	☐ ☐
						☐	☐						☐	☐	☐ ☐
						☐	☐						☐	☐	☐ ☐
						☐	☐						☐	☐	☐ ☐

Auftraggeber:
☐ Die Mängelliste wurde/wird zur Kenntnis genommen.
Die darin enthaltenen Betriebsmittel werden der weiteren
Benutzung entzogen.

Verantwortlicher Prüfer/Auftragnehmer:
☐ Es gibt in der Liste Betriebsmittel mit Mängeln, die zu einer
Gefährdung führen können. Diese Betriebsmittel wurden
entsprechend gekennzeichnet und in der Mängelliste
zusammengestellt.

Ort, Datum   Ort, Datum

Unterschrift   Unterschrift

521

für Betriebsmittel der Schutzklasse II

Das Messprotokoll ist Bestandteil des Prüfprotokolls.
Die Blätter sind einzeln zu unterzeichnen. Die Ergebnisse sind in die Betriebsmittel- und ggf. Mängelliste zu übernehmen.

Messprotokoll Nr.:

zum Prüfprotokoll Nr.:   vom:

Kunde/AG: verantwortlicher Prüfer:

Nr. der Betriebsmittelliste	Lfd. Nr. des Betriebsmittels	Betriebsmittel/Gerät (Benennung)	Inventar-Nr./ Geräte-Nr.	Betriebsstromkreise gegen berührbare leitfähige Teile R_{ISO} [MΩ]	SELV/PELV-Stromkreise gegen Primärstromkreise (wenn vorhanden) R_{ISO} [MΩ]	Prüfspannung $U_{prüf}$ [V]	Berührungsstrom gegen berührbare leitfähige Teile I_{ber} [mA]	Funktionsprüfung	In Ordnung	Nicht in Ordnung
									☐	☐ ☐
									☐	☐ ☐
									☐	☐ ☐
									☐	☐ ☐
									☐	☐ ☐
									☐	☐ ☐
									☐	☐ ☐
									☐	☐ ☐
									☐	☐ ☐
									☐	☐ ☐

Column groups: **Identifikation des Betriebsmittels** | **Isolationswiderstand** | **Berührungsstrom** | **Ergebnis**

Auftraggeber:
☐ Die Mängelliste wurde/wird zur Kenntnis genommen. Die darin enthaltenen Betriebsmittel werden der weiteren Benutzung entzogen.

Verantwortlicher Prüfer/Auftragnehmer:
☐ Es gibt in der Liste Betriebsmittel mit Mängeln, die zu einer Gefährdung führen können. Diese Betriebsmittel wurden entsprechend gekennzeichnet und in der Mängelliste zusammengestellt.

Ort, Datum

Ort, Datum

Unterschrift

Unterschrift

VDE 0701-0702 Messprotokoll Schutzklasse II

MESSPROTOKOLL
zum Prüf- und Messbericht

Auftragnehmer (prüfender Betrieb)

für Betriebsmittel der Schutzklasse III

Das Messprotokoll ist Bestandteil des Prüfprotokolls.
Die Blätter sind einzeln zu unterzeichnen. Die Ergebnisse sind in die Betriebsmittel- und ggf. Mängelliste zu übernehmen.

Messprotokoll Nr.:

zum Prüfprotokoll Nr.:   vom:

Kunde/AG: verantwortlicher Prüfer:

Identifikation des Betriebsmittels				Isolationswiderstand			Berührungs- strom (Messung nach Norm nicht erforderlich)		Funktionsprüfung	Ergebnis	
Nr. der Betriebsmittelliste	Lfd. Nr. des Betriebsmittels	Betriebsmittel/Gerät (Benennung)	Inventar-Nr./ Geräte-Nr.	SELV/PELV-Stromkreise gegen berührbare leitfähige Teile R_{ISO} [MΩ]	SELV/PELV-Stromkreise gegen Primärstromkreise (sichere Trennung) R_{ISO} [MΩ]	Prüfspannung $U_{prüf}$ [V]	Berührungsstrom gegen berührbare leitfähige Teile I_{ber} [mA]			In Ordnung	Nicht in Ordnung
									☐	☐	☐
									☐	☐	☐
									☐	☐	☐
									☐	☐	☐
									☐	☐	☐
									☐	☐	☐
									☐	☐	☐
									☐	☐	☐
									☐	☐	☐

Auftraggeber:
☐ Die Mängelliste wurde/wird zur Kenntnis genommen.
Die darin enthaltenen Betriebsmittel werden der weiteren Benutzung entzogen.

Verantwortlicher Prüfer/Auftragnehmer:
☐ Es gibt in der Liste Betriebsmittel mit Mängeln, die zu einer Gefährdung führen können. Diese Betriebsmittel wurden entsprechend gekennzeichnet und in der Mängelliste zusammengestellt.

Ort, Datum

Ort, Datum

Unterschrift

Unterschrift

VDE 0701-0702 Messprotokoll Schutzklasse III

Prüf- und Messbericht zur Prüfung ortsveränderlicher elektrischer Betriebsmittel
(Prüfprotokoll)

Kunde/AG:		Auftrag/vom:	
Straße, Nr.:		Objekt/Anlage:	
PLZ, Ort:		**Prüfprotokoll Nr.:**	**vom:**

Grundlagen der Prüfung

Rechtliche Grundlagen:	☐ BGV A3/GUV-VA3	☐ Gerätesicherheitsgesetz	☐ BetrSichV/TRBS 1201
Normen:	☐ DIN VDE 0701-0702	☐	
Sonstige:	☐		

Angaben zur Prüfung

Grund der Prüfung:	☐ Erstprüfung	☐ Änderung	☐ Instandsetzung	☐ Wiederholungsprüfung
Beginn der Prüfung am:	um	Uhr	Beauftragter des Auftraggebers:	
Ende der Prüfung am:	um	Uhr		

Prüfer und Prüfmittel

Verantwortlicher Prüfer:		Verwendete Messgeräte nach DIN VDE:	
Herr/Frau:	Tel.-Nr.:	Fabr./Typ:	Inv.-Nr.:
An der Prüfung beteiligt:		Fabr./Typ:	Inv.-Nr.:
Herr/Frau:	Tel.-Nr.:	Fabr./Typ:	Inv.-Nr.:
Herr/Frau:	Tel.-Nr.:	Fabr./Typ:	Inv.-Nr.:

Zum Protokoll gehören

☒ Dieses Protokoll

☐ Betriebsmittelliste Nr.:	mit den darin genannten Besichtigungs- und Messprotokollen	☐ hierzu siehe Mängelliste Nr.:
☐ Betriebsmittelliste Nr.:	mit den darin genannten Besichtigungs- und Messprotokollen	☐ hierzu siehe Mängelliste Nr.:
☐ Betriebsmittelliste Nr.:	mit den darin genannten Besichtigungs- und Messprotokollen	☐ hierzu siehe Mängelliste Nr.:
☐ Betriebsmittelliste Nr.:	mit den darin genannten Besichtigungs- und Messprotokollen	☐ hierzu siehe Mängelliste Nr.:
☐ Betriebsmittelliste Nr.:	mit den darin genannten Besichtigungs- und Messprotokollen	☐ hierzu siehe Mängelliste Nr.:
☐ Betriebsmittelliste Nr.:	mit den darin genannten Besichtigungs- und Messprotokollen	☐ hierzu siehe Mängelliste Nr.:
☐ Betriebsmittelliste Nr.:	mit den darin genannten Besichtigungs- und Messprotokollen	☐ hierzu siehe Mängelliste Nr.:
☐ Betriebsmittelliste Nr.:	mit den darin genannten Besichtigungs- und Messprotokollen	☐ hierzu siehe Mängelliste Nr.:
☐ Betriebsmittelliste Nr.:	mit den darin genannten Besichtigungs- und Messprotokollen	☐ hierzu siehe Mängelliste Nr.:

Prüfergebnis/Unterschriften (Alle Betriebsmittel- und Mängellisten sind gesondert zu unterzeichnen.)

☐ Keine Mängel festgestellt	Nächster Prüftermin:
☐ Mängel festgestellt	

Auftraggeber:

☐ Die Mängelliste wurde/wird zur Kenntnis genommen.
Die darin enthaltenen Betriebsmittel werden der weiteren Benutzung entzogen.

Verantwortlicher Prüfer/Auftragnehmer:

☐ Es wurden Betriebsmittel mit Mängeln festgestellt, die zu einer Gefährdung führen können. Diese Betriebsmittel sind der weiteren Nutzung zu entziehen. Sie wurden entsprechend gekennzeichnet und in der Mängelliste zusammengestellt.

Ort, Datum

Ort, Datum

Unterschrift

Unterschrift

Prüfung elektrischer Anlagen

Prüfprotokoll [1]

Nr.   Blatt .... von ....   Kunden Nr.:

Auftraggeber[2]:   Auftrag Nr.:   Auftragnehmer[3]:

Anlage:

Prüfung[4] **nach:** DIN VDE 0100-600 ☐   DIN VDE 0105-100 ☐   BGV A3 ☐ .... / ....   Betr.SichV ☐   E-CHECK ☐

Neuanlage ☐ Erweiterung ☐ Änderung ☐ Instandsetzung ☐ Wiederholungsprüfung ☐	
Beginn der Prüfung: Beauftragter des Auftraggebers: Prüfer[5]:	
Ende der Prüfung:	
Netz .... / .... V Netzform: TN-C ☐ TN-S ☐ TN-C-S ☐ TT ☐ IT ☐	
Netzbetreiber	

Besichtigen	i.O.	n.i.O.		i.O.	n.i.O.		i.O.	n.i.O.
Auswahl der Betriebsmittel	☐	☐	Kennzeichnung Stromkreis, Betriebsmittel	☐	☐	Zugänglichkeit	☐	☐
Trenn- und Schaltgeräte	☐	☐	Kennzeichnung N- und PE-Leiter	☐	☐	Schutzpotentialausgleich	☐	☐
Brandabschottungen	☐	☐	Leiterverbindungen	☐	☐	Zus. örtl. Potentialausgleich	☐	☐
Gebäudesystemtechnik	☐	☐	Schutz und Überwachungseinrichtungen	☐	☐	Dokumentation[6]	☐	☐
Kabel, Leitungen, Stromschienen	☐	☐	Basisschutz (Schutz gegen direktes Berühren)	☐	☐	siehe Ergänzungsblätter	☐	
Erproben			Funktion der Schutz-, Sicherheits- und			Rechtsdrehfeld	☐	☐
Funktionsprüfung der Anlage			Überwachungseinrichtungen	☐	☐	Überprüfung Spannungsfall	☐	☐
FI-Schutzschalter (RCD)	☐	☐	Drehrichtung der Motoren	☐	☐	Gebäudesystemtechnik	☐	☐

Durchgängigkeit des Schutzleiters[8] ≤ 1 Ω ☐   **Erdungswiderstand:** R_E .... Ω

Durchgängigkeit Potentialausgleich[9] (≤ 1 Ω **nachgewiesen**)

Fundamenterder ☐	Hauptwasserleitung ☐	Heizungsanlage ☐	EDV-Anlage ☐	Antennenanlage/BK ☐	
Haupterdungsschiene ☐	Hauptschutzleiter ☐	Klimaanlage ☐	Telefonanlage ☐	Gebäudekonstruktion ☐	
Wasserzwischenzähler ☐	Gasinnenleitung ☐	Aufzugsanlage ☐	Blitzschutzanlage ☐	.... ☐	

Verwendete Messgeräte	Fabrikat:	Fabrikat:	Fabrikat:
nach VDE	Typ:	Typ:	Typ:

Messen   Stromkreisverteiler Nr.:

Nr.	Stromkreis		Leitung/Kabel		Überstrom-Schutzeinrichtung				R_{iso} (MΩ)		Fehlerstrom-Schutzeinrichtung (RCD)						Fehler-code
	Zielbezeichnung	Typ	Leiter	Art	I_n	Z_s (Ω) ☐	Z_l (Ω) ☐		Verbraucher		I_n/Art	$I_{\Delta n}$	I_{mess}	Ausl.-Zeit	$U_{L\leq}$ V	siehe auch [7]
			Anzahl · Quers.	Charakteristik	(A)	I_k (A) ☐	I_k (A) ☐		ohne	mit	(A)	(mA)	(mA)	t_A	U_{mess}	
			(mm²)			L-PE	L-N						($\leq I_{\Delta n}$)	(ms)	(V)	
	Hauptleitung		x													
			x													
			x													
			x													
			x													
			x													
			x													
			x													
			x													
			x													

Prüfergebnis: keine Mängel festgestellt ☐   Prüf-Plakette angebracht: ja ☐   Nächster Prüftermin:

    Mängel festgestellt ☐   nein ☐

Auftraggeber[2]:	**Prüfer**[5]:
Gemäß Übergabebericht elektrische Anlage vollständig übernommen ☐	Die elektrische Anlage entspricht den anerkannten Regeln der Elektrotechnik ☐
Zustandsbericht erhalten ☐	Die elektrische Anlage entspricht nicht den anerkannten Regeln der Elektrotechnik ☐

Ort	Datum	Unterschrift	Ort	Datum	Unterschrift

© 2010 Zentralverband der Deutschen Elektro- und Informationstechnischen Handwerke (ZVEH) – Fachbereich Technik

Prüfung elektrischer Anlagen

Prüfprotokoll[1] (Folgeblatt)

Nr. Blatt .... von .... | Kunden Nr.:

Auftraggeber[2]: Auftrag Nr.: | Auftragnehmer[3]:

Anlage:

Messen   Stromkreisverteiler Nr.:

Stromkreis		Leitung/Kabel			Überstrom-Schutzeinrichtung					R_{iso} (MΩ)		Fehlerstrom-Schutzeinrichtung (RCD)					Fehler-
Nr.	Zielbezeichnung	Typ	Leiter		Art	I_n	Z_s (Ω)☐	Z_i (Ω)☐	Verbraucher		I_n/Art	$I_{\Delta n}$	I_{mess}	Ausl.-Zeit	$U_{L \leq}$ V	code
			Anzahl	Quers.	Charakteristik	(A)	I_k (A) ☐	I_k (A) ☐			(A)	(mA)	(mA)	t_A	U_{mess}	siehe
				(mm²)			L-PE	L-N	ohne	mit			($\leq I_{\Delta n}$)	(ms)	(V)	auch [7]
			x													
			x													
			x													
			x													
			x													
			x													
			x													
			x													
			x													
			x													
			x													
			x													
			x													
			x													
			x													
			x													
			x													
			x													
			x													
			x													
			x													
			x													
			x													
			x													

Auftraggeber[2]:

Gemäß Übergabebericht elektrische Anlage vollständig übernommen ☐
Zustandsbericht erhalten _____

Prüfer[4]:

Die elektrische Anlage entspricht den anerkannten Regeln der Elektrotechnik ☐
Die elektrische Anlage entspricht nicht den anerkannten Regeln der Elektrotechnik ☐

Ort   Datum   Unterschrift | Ort   Datum   Unterschrift

Prüfung elektrischer Anlagen

Übergabebericht [2] ☐   **Zustandsbericht** [2] ☐

Nr.   Blatt .... von ....   Kunden Nr.:

Auftraggeber[2]:   Auftrag Nr.:   Auftragnehmer[3]:

Anlage: Zähler Nr.:

Zählerstand   kWh

Ort/Anlagenteil[6]														
Anzahl / **Betriebsmittel** ☐ / **Fehler-Code** ☐														

Elektroinstallationsgeräte															
Stromkreisverteiler															
Aus-/Wechselschalter															
Serienschalter															
Taster															
Dimmer															
Jalousietaster/-schalter															
Schlüsseltaster/-schalter															
Nottaster/-schalter															
Zeitschalter/-taster															
Steckdose															
Bewegungsmelder															
Geräteanschlussdose															
Telefonanschlusseinheit															
TV-Steckdose															
EDV-Steckdose															
Sprechstelle															
Gong/Summer															
EIB-Aktor															
EIB-Sensor															
Leuchten-Auslass															
Leuchte															

Auftraggeber[2]:

Gemäß Übergabebericht elektrische Anlage vollständig übernommen. ☐
Zustandsbericht erhalten ☐

Ort   Datum   Unterschrift

Prüfer[3]:

Die elektrische Anlage vollständig übergeben ☐   Dokumentation[8] übergeben ☐
In der Anlage wurden Mängel festgestellt ☐

Ort   Datum   Unterschrift

© 2010 Zentralverband der Deutschen Elektro- und Informationstechnischen Handwerke (ZVEH) – Fachbereich Technik

Prüfprotokoll für instandgesetzte elektrische Geräte ①

ZVEH

Auftrag Nr. _____

Auftraggeber (Kunde) ②	Elektrohandwerksbetrieb (Auftragnehmer)
Herr / Frau / Firma _____	

Geräteart _____ Hersteller _____

Typenbezeichnung _____	Schutzklasse _____	Nennstrom _____ A

Fabr.-Nr. _____	Baujahr _____	Nennspannung ____ V	Nennleistung ____ W

Annahme/ Anlieferung am: _____	Reparatur am: _____	Rückgabe/ Abholung am: _____

Kundenangaben (Fehler): _____

Durchgeführte Reparaturarbeiten: _____

Prüfung nach Instandsetzung ③ gemäß DIN VDE 0701-0702 | Besondere Bestimmung DIN VDE 0701 Teil ④ ____

Sichtprüfung ⑤

Gehäuse i.O. ☐
sonstige mechanische Teile ⑥ i.O. ☐
Geräte-Anschlußleitungen einschl. Steckvorrichtungen mängelfrei ☐

Messung

Schutzleiterwiderstand ⑦ Ω	Isolationswiderstand ⑧ MΩ	Schutzleiterstrom ⑨ mA	Berührungsstrom ⑩ mA

Funktions- und Sicherheitsprüfung mängelfrei ☐	Das Gerät kann nicht mehr instandgesetzt werden ☐
Aufschriften vorhanden bzw. vervollständigt ☐	Das Gerät hat erhebliche sicherheitstechnische Mängel, ☐
Nächster Prüfungstermin gemäß Unfallverhütungsvorschrift BGV A3 ⑪	es besteht - Brandgefahr ☐
	- Gefahr durch elektrischen Schlag ☐
	- mechanische Gefahr ☐

Nennwerte stimmen mit den Herstellerdaten überein ☐

Verwendete Meßgeräte ⑫

Fabrikat _____ Typ _____

Fabrikat _____ Typ _____

Unterschriften

Prüfer ⑬	Verantwortlicher Unternehmer ⑭
Ort Datum Unterschrift	Ort Datum Unterschrift

Kunde _____ Eigentümer _____	Gegenstand: _____ _____	Rep. Komm. Nr.: _____

Leistungsschild

Fabrikat/Hersteller _____	Bemessungswerte		
Fertigungsnummer _____	P _____ kW/PS	Betriebsart	S _____
Art/Typ _____	S _____ kVA	n _____	min $^{-1}$
Wärmeklasse vor Reparatur _____	U _____ V	f _____	Hz
nach Reparatur _____	I _____ A	Schaltung	_____
Bauform IM _____ Schutzart IP _____	$\cos \varphi$ _____		
Kondensator C _____ µF U _____ V	$U_{Läufer}$ _____ V	$i_{Läufer}$ _____ A
Bremse M _____ Nm U _____ V	U_{err} _____ V	I_{err} _____ A

Prüfung nach Instandsetzung	Raumtemperatur _____ °C

Anschlussleitungen	**Wicklungsprüfung** nach DIN EN 60034-1 / VDE 0530-1
einschl. Steckvorrichtungen mängelfrei _____ ☐	Spannungsprüfung an betriebsmäßig montierter Maschine
zuverlässige Verbindung des Schutzleiters _____ ☐	alle Wicklungen gegen Masse (Maschinenkörper) _____ ☐
Isolationswiderstand _____ MΩ	Wicklung gegen Wicklung _____ ☐
Thermofühler (Öffner/Schließer) _____ °C	Wicklung gegen Hilfseinrichtung _____ ☐
Kaltleiter Anzahl in Reihe ____ NAT (TNF): ____ °C: ___ Ω	Prüfspannung _____ kV _____ ☐

Wicklungswiderstände   Anschlussbezeichnungen   neu DIN EN 60034-8 (VDE 0530-8): 2003
alt nach VDE 0530-8: 1987 (in Klammern falls anders)

U1 – U2 _____ Ω	1 U– _____ Ω	_____ – _____	_____ Ω
V1 – V2 _____ Ω	1 V– _____ Ω	_____ – _____	_____ Ω
W1 – W2 _____ Ω	1 W– _____ Ω	_____ – _____	_____ Ω
Z1 – Z2 _____ Ω	B1(1B1)–B2(1B2) _____ Ω	C1 – C2 _____ Ω	E1 – E2 _____ Ω
A1 – A2 _____ Ω	B3(2B1)–B4(2B2) _____ Ω	D1 – D2 _____ Ω	F1 – F2 _____ Ω

Prüflauf

f Hz	U V	I_1 A	I_2 A	I_3 A	P_{zu} kW	P_{ab} kW	n min $^{-1}$	M Nm	I_{err} A	Bemerkungen
										Leerlauf
										Kurzschluss
										Belastung

Schweiß-Spannung: _____ V	Schweiß-Strom: _____ A
Leistungsschild neu ☐ unverändert ☐ zusätzlich ☐	Bemerkungen: _____
Funktions- und Sicherheitsprüfung	
durchgeführt _____ ☐	Prüfplakette ja ☐ nein ☐

Prüfer:	Verantwortlicher Unternehmer:

Ort/Datum	Unterschrift	Ort/Datum	Unterschrift

22   Bestätigung nach § 5 Abs. 4 der Unfallverhütungsvorschrift DGUV-Vorschrift 3 (vorherige BGV A3)

Bestätigung

nach § 5 Abs. 4 der Unfallverhütungsvorschrift

„Elektrische Anlagen und Betriebsmittel" (DGUV-Vorschrift 3 (vorherige BGV A3))

An

(Anschrift des Auftraggebers)

Es wird bestätigt, dass die elektrische Anlage/das elektrische Betriebsmittel oder Gerät/die elektrotechnische Ausrüstung der Maschine oder Anlage

(genaue Angaben über Art und Aufstellungsort)

den Bestimmungen der Unfallverhütungsvorschrift „Elektrische Anlagen und Betriebsmittel" (DGUV-Vorschrift 3 (vorherige BGV A3)) entsprechend beschaffen ist.

Diese Bestätigung dient ausschließlich dem Zweck, den Unternehmer davon zu entbinden, die elektrische Anlage/das elektrische Betriebsmittel/die elektrotechnische Ausrüstung der Maschine oder Anlage vor der ersten Inbetriebnahme zu prüfen bzw. prüfen zu lassen (§ 5 Abs. 1, 4 der DGUV-Vorschrift 3 (vorherige BGV A3)). Zivilrechtliche Gewährleistungs- und Haftungsansprüche werden durch diese Bestätigung nicht geregelt.

Hersteller oder Errichter der Anlage/des Betriebsmittels:

(Stempel)

23   Bestätigung über Unterweisung von Mitarbeitern

Übertragung von Unternehmerpflichten zur Arbeitssicherheit

Herrn/Frau

werden für

in der Abteilung

des Unternehmens die Pflichten des Unternehmers hinsichtlich des Arbeitsschutzes und der Unfallverhütung übertragen.

Übertragen werden insbesondere die Pflichten:

- Anordnungen zu treffen und Anweisungen zu geben,
- auf die Anwendung und Einhaltung der Sicherheitsvorschriften zu achten,
- Mitarbeiter einzusetzen, zu unterweisen, zu informieren,
- auf die Benutzung der Körperschutzmittel zu achten,
- Arbeitsplätze zu kontrollieren,
- Gefahren und Gesundheitsschäden zu melden,
- vorläufige Regelungen im Falle plötzlicher Gefahr zu treffen.

Auf die nachstehend wiedergegebenen Vorschriften § 9 Abs. 2 und 3 OWiG, § 209 Abs. 1 Nr. 1 (SGB VII) und § 13 DGUV-Vorschrift 1 (BGV A1) wird besonders hingewiesen.

(Unterschrift für den Bevollmächtigten) (Unterschrift des mit der Wahrnehmung der Pflichten betrauten Mitarbeiters)

§ 9 Abs. 2 und 3 des Gesetzes über Ordnungswidrigkeiten

Ist jemand vom Inhaber eines Betriebs oder einem sonst dazu Befugten

1. beauftragt, den Betrieb ganz oder zum Teil zu leiten, oder
2. ausdrücklich beauftragt, in eigener Verantwortung Pflichten zu erfüllen, die den Inhaber des Betriebs treffen, und handelt er aufgrund dieses Auftrags, so ist ein Gesetz, nach dem besondere persönliche Merkmale die Möglichkeit der Ahndung begründen, auch auf den Beauftragten anzuwenden, wenn diese Merkmale zwar nicht bei ihm, aber bei dem Inhaber des Betriebs vorliegen. Dem Betrieb im Sinne des Satzes 1 steht das Unternehmen gleich.

Handelt jemand aufgrund eines entsprechenden Auftrags für eine Stelle, die Aufgaben der öffentlichen Verwaltung wahrnimmt, so ist Satz 1 sinngemäß anzuwenden. Die Abs. 1 und 2 sind auch dann anzuwenden, wenn die Rechtshandlung, welche die Vertretungsbefugnis oder das Auftragsverhältnis begründen sollte, unwirksam ist.

§ 209 Abs. 1 Nr. 1 Siebtes Sozialgesetzbuch (SGB VII), (§ 708 Abs. 1 Reichsversicherungsordnung)

(1) Die Berufsgenossenschaften erlassen Vorschriften über:

– Einrichtungen, Anordnungen und Maßnahmen, welche die Unternehmer zur Verhütung von Arbeitsunfällen zu treffen haben, sowie die Form der Übertragung dieser Aufgaben an andere Personen,

– das Verhalten, das die Versicherten zur Verhütung von Arbeitsunfällen zu beobachten haben, ärztliche Untersuchungen von Versicherten, die vor der Beschäftigung mit Arbeiten durchzuführen sind, deren Verrichtung mit außergewöhnlichen Unfall- oder Gesundheitsgefahren für sie oder Dritte verbunden ist,

– die Maßnahmen, die der Unternehmer zur Erfüllung der sich aus dem Gesetz über Betriebsärzte, Sicherheitsingenieure und andere Fachkräfte für Arbeitssicherheit ergebenden Pflichten zu treffen hat.

§ 13 DGUV-Vorschrift 1 (BGV A1) Pflichtenübertragung

Der Unternehmer kann zuverlässige und fachkundige Personen schriftlich damit beauftragen, ihm nach Unfallverhütungsvorschriften obliegende Aufgaben in eigener Verantwortung wahrzunehmen. Die Beauftragung muss den Verantwortungsbereich und Befugnisse festlegen und ist vom Beauftragten zu unterzeichnen. Eine Ausfertigung der Beauftragung ist ihm auszuhändigen.

Erklärung für elektrotechnisch unterwiesene Personen

(nach DIN VDE 0105-100:2009-10, Abschnitt 3.2.4)

Name

Arbeitsstelle

Ich erkläre durch meine Unterschrift, dass ich vor Beginn der Arbeiten an der o. g. Arbeitsstelle über die Gefahren des elektrischen Stroms sowie über die notwendigen Schutzeinrichtungen, Schutzmaßnahmen und Sicherheitsabstände beim Arbeiten in oder an elektrischen Anlagen belehrt wurde und diese Belehrung verstanden habe.

Ich bescheinige ausdrücklich, dass ich den mir von den Vorgesetzten gegebenen Anordnungen Folge leiste und dass ich die Personen, die mir unterstellt sind bzw. die ich beaufsichtige, in gleicher Weise belehren werde oder dafür Sorge trage, dass sie von Elektrofachkräften belehrt werden.

Mir ist insbesondere bekannt, dass elektrische Betriebsstätten und Anlagen nur betreten werden dürfen, soweit dies für die aufgetragenen Arbeiten erforderlich ist und soweit die Anlagen durch eine Elektrofachkraft zur Arbeit freigegeben wurden. Bei Arbeiten in der Nähe von unter Spannung stehenden Teilen sind die mir genannten Sicherheitsabstände einzuhalten, insbesondere beim Handhaben von Metallteilen wie Drahtenden und Rohren oder von Leitern und Werkzeugen.

Eine Zweitschrift dieser Erklärung habe ich erhalten.

.................., den ....
Unterschrift (elektrotechnisch unterwiesene Person)

Unterweisung durchgeführt von: Der Vorgesetzte:

533

Stichwortverzeichnis